计算力学前沿丛书

工程结构可靠性分析与风险优化设计

李 刚 曾 岩 著

科 学 出 版 社
北 京

内 容 简 介

本书主要以随机不确定性为研究对象，针对结构可靠性分析、可靠性优化、风险优化研究领域的前沿难点问题，例如，强非线性、高维、高可靠性、多目标优化等问题，系统介绍了高效、精确、稳健的可靠性分析与优化方法研究的最新进展，全书共10章，包括绪论、一阶可靠性理论与收敛性控制方法、可靠性分析的整数阶矩最大熵方法、可靠性分析的分数阶矩最大熵方法、可靠性分析的广义 Pareto 分布方法、可靠性分析的重要性抽样方法、可靠性分析的高维模型表征方法、基于混沌控制的结构可靠性优化设计方法、结构可靠性优化的 SORA 方法、基于后验偏好的结构风险优化方法等。

本书可供力学、机械、土木、航空航天等专业的科学研究人员、工程技术人员，以及高等院校的教师和研究生、本科生参考使用。

图书在版编目（CIP）数据

工程结构可靠性分析与风险优化设计 / 李刚，曾岩著. —北京：科学出版社，2024.2

（计算力学前沿丛书）

ISBN 978-7-03-077163-6

Ⅰ. ①工…　Ⅱ. ①李…　②曾…　Ⅲ. ①工程结构-可靠性设计　Ⅳ. ①TU311.2

中国国家版本馆 CIP 数据核字（2023）第 236141 号

责任编辑：赵敬伟　孔晓慧 / 责任校对：彭珍珍

责任印制：张　伟 / 封面设计：无极书装

科学出版社 出版

北京东黄城根北街 16 号

邮政编码：100717

http://www.sciencep.com

北京捷迅佳彩印刷有限公司印刷

科学出版社发行　各地新华书店经销

*

2024 年 2 月第　一　版　开本：720×1000　1/16

2024 年 2 月第一次印刷　印张：24 1/4

字数：489 000

定价：228.00 元

（如有印装质量问题，我社负责调换）

编 委 会

主　　编：钟万勰　程耿东

副 主 编：李　刚　郭　旭　亢　战

编　　委（按姓氏音序排序）

陈　震　崔俊芝　段宝岩　高效伟

韩　旭　何颖波　李锡夔　刘书田

欧阳华江　齐朝晖　申长雨　唐　山

仝立勇　杨海天　袁明武　章　青

郑　耀　庄　茁

秘 书 组：杨迪雄　阎　军　郑勇刚　高　强

丛 书 序

力学是工程科学的基础，是连接基础科学与工程技术的桥梁。钱学森先生曾指出，“今日的力学要充分利用计算机和现代计算技术去回答一切宏观的实际科学技术问题，计算方法非常重要”。计算力学正是根据力学基本理论，研究工程结构与产品及其制造过程分析、模拟、评价、优化和智能化的数值模型与算法，并利用计算机数值模拟技术和软件解决实际工程中力学问题的一门学科。它横贯力学的各个分支，不断扩大各个领域中力学的研究和应用范围，在解决新的前沿科学与技术问题以及与其他学科交叉渗透中不断完善和拓展其理论和方法体系，成为力学学科最具活力的一个分支。当前，计算力学已成为现代科学研究的重要手段之一，在计算机辅助工程（CAE）中占据核心地位，也是航空、航天、船舶、汽车、高铁、机械、土木、化工、能源、生物医学等工程领域不可或缺的重要工具，在科学技术和国民经济发展中发挥了日益重要的作用。

计算力学是在力学基本理论和重大工程需求的驱动下发展起来的。20 世纪 60 年代，计算机的出现促使力学工作者开始重视和发展数值计算这一与理论分析和实验并列的科学研究手段。在航空航天结构分析需求的强劲推动下，一批学者提出了有限元法的基本思想和方法。此后，有限元法短期内迅速得到了发展，模拟对象从最初的线性静力学分析拓展到非线性分析、动力学分析、流体力学分析等，也涌现了一批通用的有限元分析大型程序系统和可不断扩展的集成分析平台，在工业领域得到了广泛应用。时至今日，计算力学理论和方法仍在持续发展和完善中，研究对象已从结构系统拓展到多相介质和多物理场耦合系统，从连续介质力学行为拓展到损伤、破坏、颗粒流动等宏微观非连续行为，从确定性系统拓展到不确定性系统，从单一尺度分析拓展到时空多尺度分析。计算力学还出现了进一步与信息技术、计算数学、计算物理等学科交叉和融合的趋势。例如，数据驱动、数字孪生、人工智能等新兴技术为计算力学研究提供了新的机遇。

中国一直是计算力学研究最为活跃的国家之一。我国计算力学的发展可以追溯到近 60 年前。冯康先生 20 世纪 60 年代就提出“基于变分原理的差分格式”，被国际学术界公认为中国独立发展有限元法的标志。冯康先生还在国际上第一个给出了有限元法收敛性的严格的数学证明。早在 20 世纪 70 年代，我国计算力学的奠基人钱令希院士就致力于创建计算力学学科，倡导研究优化设计理论与方法，引领了中国计算力学走向国际舞台。我国学者在计算力学理论、方法和工程应用研究中都做出了贡献，其中包括有限元构造及其数学基础、结构力学与最优控制的相互模拟理论、结构拓扑优化基本理论等方向的先驱性工作。进入 21 世纪以来，我国计算力学研究队伍不断扩大，取得了一批有重要学术影响的研究成果，也为解决我国载人航天、高速列车、深海开发、核电装备等一-批重大工程中的力学问题做出了突出贡献。

“计算力学前沿丛书”集中展现了我国计算力学领域若干重要方向的研究成果，广泛涉及计算力学研究热点和前瞻性方向。系列专著所涉及的研究领域，既包括计算力学基本理论体系和基础性数值方法，也包括面向力学与相关领域新的问题所发展的数学模型、高性能算法及其应用。例如，丛书纳入了我国计算力学学者关于 Hamilton 系统辛数学理论和保辛算法、周期材料和周期结构等效性能的高效数值预测、力学分析中对称性和守恒律、工程结构可靠性分析与风险优化设计、不确定性结构鲁棒性与非概率可靠性优化、结构随机振动与可靠度分析、动力学常微分方程高精度高效率时间积分、多尺度分析与优化设计等基本理论和方法的创新性成果，以及声学和声振问题的边界元法、计算颗粒材料力学、近场动力学方法、全速域计算空气动力学方法等面向特色研究对象的计算方法研究成果。丛书作者结合严谨的理论推导、新颖的算法构造和翔实的应用案例对各自专题进行了深入阐述。

本套丛书的出版，将为传播我国计算力学学者的学术思想、推广创新性的研究成果起到积极作用，也有助于加强计算力学向其他基础科学与工程技术前沿研究方向的交叉和渗透。丛书可为我国力学、计算数学、计算物理等相关领域的教学、科研提供参考，对于航空、航天、船舶、汽车、机械、土木、能源、化工等工程技术研究与开发的人员也将具有很好的借鉴价值。

“计算力学前沿丛书”从发起、策划到编著，是在一批计算力学同行的响应和支持下进行的。没有他们的大力支持，丛书面世是不可能的。同时，丛书的出版承蒙科学出版社全力支持。在此，对支持丛书编著和出版的全体同仁及编审人员表示深切谢意。

感谢大连理工大学工业装备结构分析优化与 CAE 软件全国重点实验室对“计算力学前沿丛书”出版的资助。

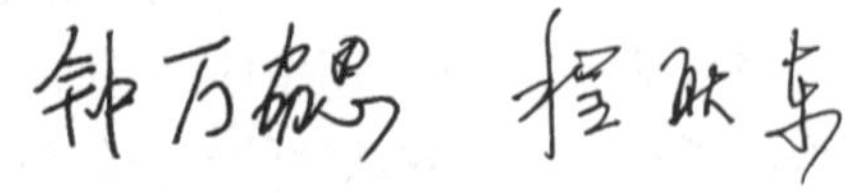

2022 年 6 月

前　言

近年来，随着我国经济飞速发展，越来越多的重大工程结构需要进行结构优化设计，例如跨度更大、造型优美的桥梁，体型独特、功能完备的高层建筑，重量更轻、射程更远的飞行器。这种高性能、高安全系数的设计需求与低投入的期望形成巨大矛盾，给现代结构设计带来新的挑战。结构优化是计算力学的一个分支，把传统的设计-校核-重设计的过程发展为先进的设计-寻优过程，为设计人员提供经济、安全的设计方案。作为一门结合数学、计算力学和产品设计而形成的综合学科，结构优化设计已被广泛应用于农业、工业、国防诸多领域。传统工程问题的分析以及优化设计一般采用确定性参数和优化模型，然而在实际工程中存在着大量的不确定性因素，例如载荷环境、材料属性、几何形状、初始条件、制造公差、边界条件等。各类不确定性因素会对结构的性能产生极大影响，无法通过确定性设计理论进行全面考量，这促使人们必须改变传统的设计观念，提出新的结构设计理论，所以基于不确定性的结构设计理念逐渐发展起来。基于不确定性的结构设计内涵十分丰富，按照目标性能可分为可靠性设计、鲁棒性设计、风险设计诸多方面。根据不同的不确定性来源，又可分为概率设计和以凸模型、模糊理论、证据理论为代表的非概率设计。

本书全面总结了作者所在课题组近年来在概率可靠性分析、可靠性优化和风险优化方面的代表性研究成果，针对强非线性、高维、高可靠性、多目标优化等不确定性分析与设计中的前沿与难点问题，系统介绍了高效、精确、稳健的可靠性分析与优化方法研究的最新进展。本书的特色在于系统深入地阐述了主流可靠性分析与优化方法的基本理论，以当前方法面临的挑战性问题为导向介绍解决问题的思想与具体算法，旨在为读者呈现理论扎实、思路新颖、有效实用的概率不确定性分析与优化方法。全书共 10 章，包括绪论、一阶可靠性理论与收敛控制方法、可靠性分析的整数阶矩最大熵方法、可靠性分析的分数阶矩最大熵方法、可靠性分析的广义 Pareto 分布方法、可靠性分析的重要性抽样方法、可靠性分析的高维模型表征方法、基于混沌控制的结构可靠性优化设计方法、结构可靠性优化的 SORA 方法、基于后验偏好的结构风险优化方法等。

本书内容包含了许多研究生的科研成果，他们是赫万鑫博士、赵刚博士、胡浩博士、李彬博士、周春晓博士、孟增博士、张凯博士、杨华硕士、卢彬硕士等。赫万鑫博士在统稿过程中做了大量工作；研究生王奕元、潘博、娄雪莹、贾承宇、李滢、赵冉阳等协助进行了绘图、文本处理等工作。

本书的研究工作得到国家 973 计划课题（2014CB046506），国家重点研发计划课题（2019YFA0706803），国家自然科学基金重大研究计划重点项目（90815023）、集成项目课题（91315301）以及面上项目（11872142、11372061）等的支持，在此一并表示感谢！同时，也感谢大连理工大学工业装备结构分析优化与 CAE 软件全国重点实验室对本书出版的支持！

由于作者水平有限，书中难免存在不妥之处，恳请读者批评指正。

李　刚　曾　岩

2023 年 7 月

目　录

第 1 章　绪　　论

1.1　结构可靠性的概念

随着科技水平的飞速发展及人类物质需求的不断提高，工程结构日趋大型化、复杂化，如何给出低成本、高质量的设计方案尤为重要，所面临的困难和挑战也越来越多。纵观结构设计发展史，结构设计理论可大体分为两类，即确定性设计和基于不确定性的设计。确定性设计的典型代表是容许应力法。容许应力定义为材料屈服应力除以安全系数之后的值。通常规定，在外载荷作用下结构产生的应力不应超过容许应力值。容许应力法是伴随线弹性理论的发展而提出的，其核心包含两点：第一，利用材料线弹性极限状态规定结构的极限状态；第二，通过安全系数保证结构的安全性。这种设计理念至今看来仍具有一定合理性，因此在一些领域还在使用。然而，容许应力法也存在一定不足。例如，对于应力分布不均匀的结构，采用固定的安全系数显然是不合理的。此外，与材料属性无关的因素也通过安全系数在结构设计中予以考虑，这导致不同因素的特点被相同的优化格式“同质化”，直接影响结构的安全水平。更重要的是，不确定性广泛存在于工程中，如材料属性、载荷强度、结构尺寸等。这些不确定性会对结构的性能产生极大影响，而且无法通过安全系数进行全面考量。所以，基于不确定性的结构设计理念逐渐发展起来。

基于不确定性的结构设计内涵十分丰富，包含可靠性设计、鲁棒性设计、风险设计诸多方面。其中，可靠性设计可以看作结构在失效概率小于允许值约束下的费用或重量等最小化问题，直接关系到结构安全性，是本书重点探讨的对象。可靠性指结构在规定条件下、规定时间内完成规定功能的能力[1]，是考虑不确定性因素下结构安全性的直接体现。随着计算力学理论日益完善，从确定性的角度提升产品性能的空间变得越来越有限，可靠性设计成为未来结构设计发展的趋势。

1.2　结构可靠性与风险设计

可靠性设计作为不确定性优化领域的一个分支，已经取得了丰硕的研究成果，被广泛应用于土木工程、汽车工业以及航空航天等领域[2-4]。与确定性优化方法不同(图 1.1(a))，可靠性优化需要对当前设计点的每个约束分别求解其可靠性信息，并传递到外层的确定性优化继续迭代，直至收敛到最优解(图 1.1(b))，显然无论是数学表达形式还是计算方式，可靠性优化都比传统的确定性优化更为复杂，同时其求解难度和计算成本也相应大幅增加。由于可靠性分析以及确定性优化求解策略共同决定了可靠性设计的精度和效率，因此，目前国内外学者围绕结构可靠性分析和优化求解策略开展了大量研究。

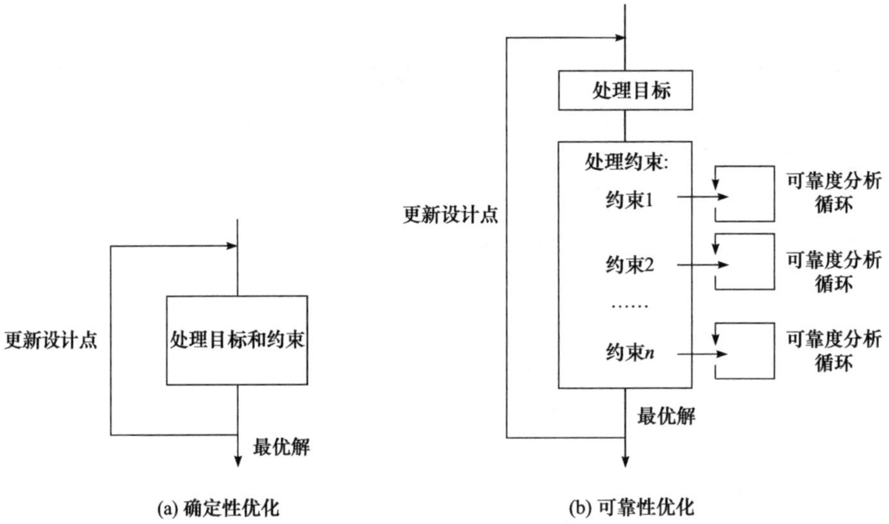

图 1.1 结构优化设计流程

1.2.1 结构可靠性分析方法

工程中的不确定性主要分为随机性和认知不确定性。随机性是由系统本身的固有特征引起的，反映了研究对象的本质特性，一般不会被消除或减少，因此，又称为客观不确定性。随机性在实际工程中有多种表现形式，例如，产品在生产时经常会受到许多不可控的外界因素影响，导致其材料性质、几何尺寸具有随机性；结构在服役过程中承受的外部载荷(风载荷、地震载荷等)通常具有较大的随机性。认知不确定性又被称作主观不确定性，是由于研究者个体的能力水平、研究方法、信息量、主观感受等导致的，因此，可以通过研究者的主观努力降低这种不确定性。影响认知不确定性的因素较多，其体现形式也具有多样性，例如模糊不确定性、区间不确定性等。模糊不确定性是由概念的外延不明确、边界不清晰导致的，如“中年人”“天气冷”等概念。区间不确定性指变量在某一特定范围变化，但是并不清楚其具体分布规律。根据不确定性类型的不同，可靠性分析方法一般分为概率可靠性分析和非概率可靠性分析两大类，前者面向随机性问题，后者主要面向认知不确定性问题。一般来说，随机可靠性分析的基本方法有抽样方法、近似可靠性计算方法、矩方法等。

蒙特卡罗模拟(Monte Carlo simulation, MCS)方法是最典型的抽样方法，也是可靠性分析中应用范围最广的方法之一，其基本思想是按照已知随机变量的分布进行大量重复性的确定性试验，从而获得结构响应的样本点，并通过统计分析方法得到结构的统计特性后作为可靠性分析的数值解。蒙特卡罗模拟方法概念清晰、执行简单、稳健性好和适应性强，同时对于概率分布的类型以及功能函数形式要求较低。但是该方法存在计算效率过低的明显缺点，尤其是对于有限元模型和小失效概率模型。所以在其基础上又衍生出了一系列高效的方法来改善计算效率，例如重要抽样法[5-8]、线抽样方法[9]、子集模拟法[10-12]等。重要抽样法把抽样中心改变为极限状态函数上的验算点，利用增加样本点落入失效域的概率来提高计算效率。而线抽样方法通过在标准正态空间将一个高维抽样问题转化为多个一维的条件概率问题，实现了高效计算的目的。子集模拟法也是近年来被研究较多的方法之一，该方法通过将一个较小的失效概率转化为多个较大的失效概率相乘的问题，大幅减少了计算成本。总的来说，抽样方法具有对功能函数和随机变量参数不敏感的优势，但是缺点是计算成本过高。

近似可靠性分析方法主要指一次二阶矩和二次二阶矩方法。一次二阶矩方法的概念最早由 Cornell[13]建立，后来经过 Hasofer 和 Lind[14]与 Rackwitz 和 Flessler[15]等的发展，形成了著名的 HL-RF 迭代方法。该方法具有概念清晰、效率较高的优点，被国际安全度联合委员会(JCSS)推荐使用，广泛应用于土木工程、航空航天、机械工程诸多领域。但是当遇到强非线性功能函数的时候，一次二阶矩方法所得失效概率的误差较大[16]。这是因为结构的失效概率不仅仅与坐标原点和极限状态曲面之间的距离有关，而且受最可能失效点附近曲面的几何特性影响。为此，Fiessler 等[17]基于功能函数的二阶泰勒(Taylor)展开提出了二次二阶矩方法。相比于一次二阶矩方法，二次二阶矩方法能够利用极限状态函数的曲率信息，提高了失效概率的计算精度。但是，由于二次二阶矩方法需要计算结构的黑塞(Hessian)矩阵，计算过程较为复杂且效率低，不便于实际采用。

与近似可靠性计算方法不同，矩方法是从可靠性的数学定义出发，通过输入变量的分布得到结构响应的统计矩，继而求出响应的失效概率。Rosenblueth[18, 19]最早从事了有关方面的工作，他提出用 2^n 个点处的结构响应值函数来得到其 3 阶及以下的统计矩，其中 n 是指随机变量的维度。因为所有随机变量都需要两个点进行估值求解，所以该方法称为两点估计法。但是当求解随机变量维度较多的问题时，这种方法计算量会过大，适用范围有限。Gorman[20]则提出了三点估计法，把响应函数的统计矩提高到了第四阶。Seo 和 Kwak[21]则利用试验设计法也获得了结构响应函数的三点估计法计算公式。Zhao 和 Ono[22]指出，三点估计法的计算精度对功能函数的非线性程度以及随机变量的分布类型比较敏感，当功能函数的非线性较高或者随机分布较复杂时计算精度会随之相应降低。为此，Zhao 和 Ono[23]采用 Roseblatt 变换给出了新的点估计方法，但是该变换本身的使用存在较多的限制，适用性并不强。Xu 和 Cheng[24]对该方法的不足展开了详细的讨论。后来，还发展出了一系列通过拟合概率分布简洁求解失效概率的矩方法，如最大熵原理[25]、鞍点近似[26]等。总的来说，矩方法通过计算结构响应的高阶矩来得到结构的失效概率，相比于近似可靠性计算方法的计算精度得到进一步改进，然而由于高阶矩方法是通过样本点的局部信息来估计整体的概率信息，因此，如何准确获取高阶矩信息仍然需要进一步研究。

上述概率可靠性分析方法可以较好地解决随机性问题，但是随着新技术、新材料的大量使用，以及深地深海、高超声速等极端工作环境的探索，工程中的认知不确定性不能被忽视。常用于认知不确定性建模的非概率方法有区间模型、模糊理论、证据理论、贝叶斯模型等。在信息量有限时，可以采用凸模型理论描述不确定性，凸模型的形状和大小分别反映了认知程度和变量的变异性。由于凸模型的灵活性和包容性，目前在非概率可靠性中应用较广，出现了椭球凸模型[27]、区间模型[28]等经典的非概率可靠性分析方法。其中，区间模型假设变量在某个区间取值，得出结构响应的包络，进而量化失效概率的取值区间。有研究通过响应的一阶泰勒展开量化区间不确定性下结构极限状态的变化范围[29]。很多情况下，认知不确定性还存在于对事件本身的定义，即事件的模糊性。这类问题可由模糊数学求解，也可以等价转化成区间问题。例如，宋利锋和邱志平[30]将模糊变量转化成区间变量，提出了基于体积比的可靠性分析模型。证据理论能有效处理随机、模糊及区间问题，是更一般的不确定性建模理论，可以与一阶或二阶可靠性分析方法结合来解决非概率问题[31]。贝叶斯模型融合先验和样本信息并建立后验分布来描述参数不确定性。由于先验信息的选取灵活多样，贝叶斯模型可以融入更多有益信息对变量进行不确定性建模[32]。除上述研究外，还有学者同时考虑多源不确定性作用，提出混合不确定性分析模型，如概率-区间模型[33]、概率-模糊模型[34]等。

1.2.2 代理模型方法

近年来，随着工程结构的大型化和复杂化，对高效数值方法和高性能计算的需求愈发突出，而代理模型作为建立输入-输出近似关系的有效手段，愈发得到广泛重视。美国国家航空航天局(NASA)“2030 年 CFD 研究展望”指出[35]：“多学科、跨领域的分析与优化是未来攻关的六大重点方向之一”，“将实验数据与高保真度和低保真度的模拟数据集成将会为降低航空系统的总体风险提供强有力的工具”，“更复杂的模型降阶、代理模型技术的发展尚处于初级阶段”。因此，在未来的十年内，高性能的数值代理模型方法研究仍然是工程领域的热点方向。目前常用的代理模型方法主要有：响应面方法、Kriging 方法、支持向量机(SVM)方法、人工神经网络(artificial neural network, ANN)方法及多项式混沌展开(polynomial chaos expansion, PCE)方法等。

响应面方法利用一系列多项式来近似真实函数，其原理简单，容易实现，是工程中应用最为广泛的代理模型之一。早在 20 世纪 50 年代就有响应面方法的相关研究，后来，Faravelli[36]将响应面方法引入了可靠性分析领域。虽然响应面方法简单易行，但是它在处理强非线性和高维问题时，计算精度和效率都难以保证，极大限制了其在复杂工程问题中的应用。

Kriging 方法本质上是基于高斯过程回归的一种多项式插值方法，在满足一定条件时，Kriging 模型可以给出未知响应的最佳线性无偏预测。与响应面方法相比，Kriging 方法即使对于强非线性问题仍有很高的精度，并且可以通过预测值的后验分布，给出预测值的可信区间。更重要的是，得益于高斯过程回归理论，Kriging 模型具有独特的学习能力，便于用户开发自适应、自学习的设计点更新算法，因此，在可靠性分析领域得到广泛应用。然而目前大部分研究只涉及中、低维度(⩽10 维)的问题[37]，并且有研究表明，Kriging 代理模型对于高维问题的适用性较差[38, 39]。因此，如何解决 Kriging 方法中由输入变量维度引起的精确性和效率的问题，是值得进一步研究的课题。

支持向量机方法是一种基于核函数的监督学习方法，在 20 世纪 90 年代被提出，并应用于机器学习中的分类和回归问题，因为支持向量机方法有严格的数学基础，预测精度高，适用于小样本问题，所以提出后很快被广泛用于不确定性分析。Hariri-Ardebili 和 Pourkamali-Anaraki[40]提出一种有限元-支持向量机混合模型，用于分析地震载荷作用下的混凝土坝的可靠性，并讨论了不同核函数对计算精度的影响，指出了当前支持向量机方法在可靠性分析中存在的不足和若干值得深入研究的问题。李刚和刘志强[41]讨论了相关参数和样本数量对支持向量机代理模型精度的影响，并提出通过遗传算法求解最优参数的算法流程，在小样本条件下准确地分析了结构的可靠性。目前支持向量机方法已广泛应用于工程领域，并取得了较好的效果，但其精确性依赖于核函数的选择，而实际应用中往往缺乏合适的选取准则。同时，在处理高维问题时，支持向量机模型的训练速度和规模是另一个需要解决的问题。

人工神经网络方法在计算力学领域已经成为一种成熟的代理模型技术，并且因其强大的学习能力以及对复杂的非线性问题的适应能力，在各类工程学科中广泛应用。在可靠性分析领域，Deng 等[42]最早将人工神经网络方法应用于可靠性分析，并将其与一阶和二阶可靠性分析方法结合，准确地计算了无显式功能函数问题的可靠性指标。在随后的几年中，人工神经网络被逐步应用到实际工程的可靠性分析中。Gomes 和 Awruch[43]将人工神经网络与响应面方法结合，解决了混凝土结构的可靠性分析问题。Cheng 和 Li[44]将遗传算法与人工神经网络相结合，提出了一种新的可靠性分析方法，并对所提方法的敏感性进行了深入讨论。诸如此类的研究极大地促进了人工神经网络方法的发展，同时其出色的性能也逐渐引起了国内学者的重视。孟广伟等[45,46]研究了神经网络方法对疲劳可靠性分析的适用性，并在随后的工作中结合无网格伽辽金方法解决了含多裂纹结构的断裂可靠性分析问题。虽然人工神经网络方法有许多独特的优势，但是其缺点也很明显。建立人工神经网络往往需要求解强非线性优化问题的全局最优解，这是优化领域的一个难题，很可能由在计算过程中陷入局部最优解而导致最终的代理模型精度不足。另外，在复杂问题中(如高维问题)，其建模过程还可能遇到 NP 困难(NP-hard)问题。

多项式混沌展开(PCE)方法是由一系列正交多项式基底构成的代理模型，其原型于 1938 年由维纳(Wiener)[47]提出，用于处理高斯随机过程。基于 Wiener 的思想，Ghanem 和 Spanos[48]将 PCE 方法引入随机有限元分析，用于量化结构响应的统计特性。由于这一时期的 PCE 方法是基于厄米(Hermite)多项式，主要用于处理高斯随机变量，因此也常被称为“Wiener-Hermite PCE”。为了将 PCE 方法拓展至非高斯输入随机变量的情形，Xiu 和 Karniadakis[49-51]提出了广义 PCE 方法，并将其应用于求解随机微分方程和流体力学中的不确定性分析问题。Blatman 和 Sudret[52]于 2011 年提出了基于最小角回归的稀疏 PCE(sparse PCE, SPCE)方法，并开发了基于 MATLAB 的工具包[53]。该工具包兼容性好，功能全面，在不确定性分析领域应用很广。随后，PCE 方法的数学理论日臻完善，因其对于光滑函数具有良好的均方收敛特性，迅速发展成不确定性分析中应用最为广泛的代理模型技术。

代理模型种类繁多，本书只列出了部分主流方法，一些新兴的代理模型取长补短，将上述方法结合，诸如 PCE-Kriging[54]、PCE-SVM[55]、Kriging-ANN[56]，也取得了很好的效果。总之，代理模型方法在不确定性分析领域的发展方兴未艾，但是大部分代理模型对于复杂高维问题都面临着维度诅咒和过拟合的难题，所以，如何发展强非线性、高维问题的高效准确代理模型技术，仍然值得深入探究。

1.2.3　结构可靠性与风险优化设计方法

可靠性优化设计本质上是一个双层嵌套优化问题，建立计算效率高、收敛性好的求解算法是需要解决的关键问题。围绕这一点，学者们开展了大量研究。目前可靠性优化设计的求解算法主要分为双层循环方法、单循环方法和解耦方法[57]。双层循环方法采用嵌套的求解策略，即内环的可靠性信息传播至外环的确定性优化，这种方法与一般的不确定性优化的双环特性一致，也最符合此类问题的数学本质。双层循环方法可分为两类，即可靠性指标法[58]和功能度量法[59]。可靠性指标法采用可靠性指标代替概率约束以寻找最可能失效点，本质上是在非线性函数上搜索到标准正态空间原点距离最近的点；而功能度量法采用逆可靠性的概念，在目标可靠性所对应的超球面上搜索到非线性函数距离最近的点，即最可能目标点。功能度量法能显著降低双环优化问题的求解难度，推动了可靠性优化的发展。

虽然双层循环方法与可靠性优化问题的数学本质吻合，但求解过程较为复杂，计算效率低。因此，为了提高效率，有必要在双层循环的求解策略上进行一定的简化。基于 Chen 等提出的单循环单向量法[60]，Liang 等提出了单循环方法[61]，其中可靠性分析环节由 KKT(Karush-Kuhn-Tucker)最优条件代替。算例验证表明，单循环方法对于弱非线性问题具有很高的求解效率和收敛性。解耦法将可靠性分析和确定性优化分离进行，采用序列优化的思想，逐步逼近最优解，包括安全因子法[62]、概率满足因子法[63]、序列优化与可靠性分析[64]和自适应解耦法[65]等。与单循环方法和双层循环方法相比，解耦法兼顾算法的稳定性和效率，综合性能较好。

尽管可靠性优化方法相对于传统的确定性优化设计有长足的进步，但正如 Beck 和 Gomes[66]所指出的，结构在服役过程中不可避免地面临不同程度的损伤，这会带来直接的经济损失、维修费用乃至人员伤亡。如何找到一种设计方案使结构在保证预定性能要求的情况下使未来可能发生的损失最小，通常是用户更为关注的问题。可靠性优化并不能保证设计方案是在这种意义下的最优解。解决这一问题的可行途径是在目标函数中考虑风险，即期望损失项。具体来说，可靠性优化中较高的初始造价在目标可靠性约束下可能并不对应于一个偏好解，但在风险优化中，提高初始安全储备很可能降低之后不利事件带来的风险，从而产生低于可靠性优化解的预期总费用。所以，近年来基于风险的优化设计(简称风险优化)理念逐步发展起来。

早在20世纪90年代，Frangopol等[67]就认识到在列举最不利失效模式并基于可靠性进行设计的基础上，额外考虑期望损失和时间相关因素的重要性。Wen和Kang[68]通过考虑载荷和结构抗力中的不确定性，提出了最小化结构全寿命期望总造价的优化模型，其中包括初始建造成本、未来的维护费用和失效后果。后来，Wen和Kang[69]将该优化模型用于实际工程，在目标可靠性下分析单个和多个时变灾害载荷作用下的最优解，发现风险对于性能化的抗震设计是不可忽略的。Sarma和Adeli[70]建立了钢结构全寿命造价的优化模型。Mitropoulou等[71]研究了钢筋混凝土结构的全寿命造价优化设计，在考虑贴现率的基础上，额外考虑了由层间位移、楼层加速度、人员伤亡等造成的损失。Li等采用模拟退火算法、改进的推覆分析和模糊损伤判据进行了全寿命总费用优化设计[72]。

上述关于风险设计的研究主要是针对多个目标加权后的单目标函数对结构进

行设计，我们称之为基于先验偏好的多目标设计方法。但是在实际工程中，投资者希望能在多种类型设计方案中进行选择，我们称这种“设计-决策”过程为基于后验偏好的多目标设计方法。目前对基于后验偏好的设计方法也有较多研究。例如，邹晓康等采用ε约束法进行了基于多目标优化格式的钢筋混凝土结构抗震设计[73]。Okasha和Frangopol在两目标优化的基础上，额外考虑造价、可靠性和冗余度的三目标优化问题，并将该模型应用于桥梁结构设计[74]。Rojas等指出了抗震设计中同时考虑结构和非结构损失风险的重要性[75]。

需要强调的是，无论是可靠性优化还是风险优化，结构可靠性的概念都扮演了非常重要的角色。在可靠性优化中，其约束条件中包含了可靠性约束，即结构预定性能的失效概率不超过预设值。在风险优化中，目标函数的风险指标由经济指标和失效概率计算，而且其约束条件中仍然可以包含可靠性约束。所以，结构可靠性分析贯穿优化全过程，是保障优化方案合理、可行的关键。

目前，结构可靠性优化方法和风险优化方法都已得到长足发展，形成了较完善的理论体系和算法流程，可以较好地求解常规问题，但是其对于强非线性、多失效域、非光滑函数、高维设计空间与目标空间等挑战性问题仍然存在很多困难，需要深入探索高效稳健的求解策略。

1.3　本书主要内容

本书主要以随机不确定性为研究对象，针对结构可靠性分析、可靠性优化、风险优化研究领域的前沿难点问题，例如强非线性、高维、高可靠性、多目标等，系统介绍了高效、精确、稳健的可靠性分析与优化方法研究的最新进展，全书共10章。

第1章“绪论”，主要对结构可靠性分析、可靠性优化、风险优化等领域的主要研究方法及进展进行简要评述。

第2章“一阶可靠性理论与收敛控制方法”。一次二阶矩方法具有操作简单、收敛快的优点，同时也是很多其他可靠性分析方法的基础。针对算法收敛性问题，以往是从单目标约束优化入手，以梯度类迭代算法为计算工具，主要关注迭代过程的振荡情况及最优解的精度，而较少关注迭代点与单目标优化最优解的关系。本书以一次二阶矩方法的收敛性控制技术为切入点，对当前的一次二阶矩方法进行系统介绍，并通过多目标优化的视角讨论影响一次二阶矩方法收敛性的根本原因，并从多目标优化的决策和搜索两方面对传统一次二阶矩方法进行改进。

第3章“可靠性分析的整数阶矩最大熵方法”。最大熵方法通过结构响应的统计矩拟合概率密度函数进而计算失效概率，是常用的基于统计矩的可靠性分析方法。本书系统阐述了最大熵方法的基本原理和算法，提出了一类基于非线性映射的改进整数阶矩最大熵方法，并详细探讨了非线性映射类型和参数对可靠性分析结果的影响，以及映射前后信息熵的演化规律。

第 4 章“可靠性分析的分数阶矩最大熵方法”。分数阶矩最大熵方法通过若干分数阶统计矩拟合结构响应的概率密度函数，是最大熵方法的一个重要分支，具有精度高的优点。本书提出了一类基于概率分布函数的分数阶矩最大熵方法，不但保留了非线性映射在失效概率预测精度上的优势，还将功能函数的值域统一变换到[0, 1]区间，使得原来分数阶矩最大熵方法的应用范围得到推广，提升了算法的精度和运行效率。此外，还介绍了一种模型选择和参数确定的零熵准则。

第 5 章“可靠性分析的广义 Pareto 分布方法”。对强非线性功能函数的高可靠性问题进行高效、高精度的评估，是当前工程领域的迫切需求。本书对基于广义帕累托分布(generalized Pareto distribution, GPD)函数的高可靠性分析方法进行了详细阐述，并针对强非线性问题，建立了基于径向基函数的尾部样本筛选方法和基于样本距离信息的径向基函数模型更新方法。此外，还提出了一种基于 Kriging 模型的分位点计算方法和基于分位点信息的 GPD 函数最小二乘拟合方法。

第 6 章“可靠性分析的重要性抽样方法”。重要性抽样是一种常见的可靠性分析方法。本书首先介绍了重要性抽样方法的若干重要进展，并从基于 Kriging 代理模型重要性抽样方法出发，针对强非线性问题、低失效概率问题、多失域问题，提出一类基于混合蒙特卡罗模拟的重要性抽样方法，并详细探讨了该方法在非时变问题与时变问题中的适用性。此外，还发展了一种基于主动学习 Kriging 和序列重要性抽样的随机-区间可靠性分析方法。

第 7 章“可靠性分析的高维模型表征方法”。随着工程结构日益大型化、复杂化，高维问题给可靠性分析的效率带来巨大挑战。本书系统介绍了一种处理高维函数的有效手段——高维模型表征方法，并从统计矩计算、代理模型构建等多个角度介绍了高维模型表征方法的最新研究进展，详细讨论相关输入变量的处理、稀疏学习算法的设计等技术细节。

第 8 章“基于混沌控制的结构可靠性优化设计方法”。对于基于逆可靠性分析的可靠性优化方法，逆可靠性分析算法的性能决定了优化算法的效率和稳定性。本书详细介绍了可靠性优化的基本理论和主流算法，并以如何求解逆可靠性问题为线索对近年来可靠性优化的一些代表性进展进行回顾，同时探讨了如何综合不同优化策略优势建立高效的可靠性优化算法。

第 9 章“结构可靠性优化的 SORA 方法”。在目前可靠性优化的研究中，优化算法大都是基于一阶可靠性理论的，所以一阶可靠性理论本身的缺陷严重限制了这些算法的应用。本书针对序列优化与可靠性评定(sequential optimization and reliability assessment, SORA)方法收敛失败的原因进行详细探讨，提出了改进策略，提高了解耦法的精度和鲁棒性；提出了基于分位点的 SORA 方法，拓展了求解可靠性优化问题内层的可靠性分析算法，摆脱了可靠性优化算法对一阶可靠性理论的依赖。

第 10 章“基于后验偏好的结构风险优化方法”。在结构风险优化领域中，基于先验偏好的理论、算法与应用占据主流，并且发展比较完善，而基于后验偏好的结构风险优化方法研究还比较缺乏。本书将结构不确定性优化方法推广到基于后验偏好的结构风险优化体系，详细介绍了结构风险优化的广义风险建模、风险优化的多目标决策本质和面向多目标决策需求的多目标优化方法，并进一步讨论了基于后验偏好的结构风险优化的优势、带来的困难，以及如何在多目标优化的范畴内解决这些困难等。

参 考 文 献

[1] 贡金鑫, 魏巍巍. 工程结构可靠性设计原理[M]. 北京：机械工业出版社, 2007.

[2] Yao W, Chen X, Luo W, et al. Review of uncertainty-based multidisciplinary design optimization methods for aerospace vehicles [J]. Progress in Aerospace Sciences, 2011, 47 (6): 450-479.

[3] Gu L, Yang R J, Tho C H, et al. Optimisation and robustness for crashworthiness of side impact [J]. International Journal of Vehicle Design, 2001, 26 (4): 348-360.

[4] 李刚, 程耿东. 基于性能的结构抗震设计——理论、方法与应用[M]. 北京: 科学出版社，2004.

[5] Schuëller G I, Bucher C G, Bourgund U, et al. On efficient computational schemes to calculate structural failure probabilities [J]. Probabilistic Engineering Mechanics, 1989, 4 (1): 10-18.

[6] Maes M A, Breitung K, Dupuis D J. Asymptotic importance sampling [J]. Structural Safety, 1993, 12 (3): 167-186.

[7] Ditlevsen O, Melchers R E, Gluver H. General multi-dimensional probability integration by directional simulation [J]. Computers & Structures, 1990, 36 (2): 355-368.

[8] Melchers R. Radial importance sampling for structural reliability [J]. Journal of Engineering Mechanics, 1990, 116 (1): 189-203.

[9] Pradlwarter H J, Schuëller G I, Koutsourelakis P S, et al. Application of line sampling simulation method to reliability benchmark problems [J]. Structural Safety, 2007, 29 (3): 208-221.

[10] Au S K, Ching J, Beck J L. Application of subset simulation methods to reliability benchmark problems [J]. Structural Safety, 2007, 29 (3): 183-193.

[11] Ching J, Beck J L, Au S K. Hybrid subset simulation method for reliability estimation of dynamical systems subject to stochastic excitation [J]. Probabilistic Engineering Mechanics, 2005, 20 (3): 199-214.

[12] Ching J, Au S K, Beck J L. Reliability estimation for dynamical systems subject to stochastic excitation using subset simulation with splitting [J]. Computer Methods in Applied Mechanics and Engineering, 2005, 194 (12-16): 1557-1579.

[13] Cornell C A. A probability-based structural code [J]. Journal of American Concrete Institute, 1969, 66 (12): 974-985.

[14] Hasofer A M, Lind N C. Exact and invariant second-moment code format [J]. Journal of the Engineering Mechanics Division-ASCE, 1974, 100 (1): 111-121.

[15] Rackwitz R, Flessler B. Structural reliability under combined random load sequences [J]. Computers & Structures, 1978, 9 (5): 489-494.

[16] Ditlevsen O, Madsen H O. Structural Reliability Methods [M]. Chichester: John Wiley&Sons Ltd, 2005.

[17] Fiessler B, Neumann H J, Rackwitz R. Quadratic limit states in structural reliability [J]. Journal of the Engineering Mechanics Division-ASCE, 1979, 105 (4): 661-676.

[18] Rosenblueth E. Point estimates for probability moments [J]. Proceedings of the National Academy of Sciences, 1975, 72 (10): 3812-3814.

[19] Rosenblueth E. Two-point estimates in probabilities [J]. Applied Mathematical Modelling, 1981, 5 (5): 329-335.

[20] Gorman M R. Reliability of structural systems [D]. Cleveland: Case Western Reserve University, 1980.

[21] Seo H S, Kwak B M. Efficient statistical tolerance analysis for general distributions using three-point information [J]. International Journal of Production Research, 2002, 40 (4): 931-944.

[22] Zhao Y G, Ono T. New point estimates for probability moments [J]. Journal of Engineering Mechanics, 2000, 126 (4): 433-436.

[23] Zhao Y G, Ono T. Moment methods for structural reliability [J]. Structural Safety, 2001, 23 (1): 47-75.

[24] Xu L, Cheng G D. Discussion on: Moment methods for structural reliability [J]. Structural Safety, 2003, 25 (2): 193-199.

[25] Li G, Zhang K. A combined reliability analysis approach with dimension reduction method and maximum entropy method[J]. Structural and Multidisciplinary Optimization, 2011, 43(1): 121-134.

[26] Du X, Sudjianto A. First order saddlepoint approximation for reliability analysis[J]. AIAA Journal, 2004, 42(6): 1199-1207.

[27] 乔心州, 仇原鹰, 孔宪光. 一种基于椭球凸集的结构非概率可靠性模型[J]. 工程力学, 2009, 26(11): 203-208.

[28] 江涛, 陈建军, 姜培刚, 等. 区间模型非概率可靠性指标的一维优化算法[J]. 工程力学, 2007, 24(7):23-27.

[29] 苑凯华, 邱志平. 含不确定参数的复合材料壁板热颤振分析[J]. 航空学报, 2010, 31(1): 119-124.

[30] 宋利锋, 邱志平. 含模糊-区间变量的结构非概率可靠性优化设计[J]. 工程力学, 2013, 30(6): 36-40, 46.

[31] Zhang Z, Jiang C, Wang G G, et al. First and second order approximate reliability analysis methods using evidence theory[J]. Reliability Engineering & System Safety, 2015, 137: 40-49.

[32] Jiang S H, Papaioannou I, Straub D. Bayesian updating of slope reliability in spatially variable soils with *in situ* measurements [J]. Engineering Geology, 2018, 239: 310-320.

[33] 刘继红, 付超, 孟欣佳. 随机与区间不确定性下基于 BLISS 的多学科可靠性设计优化 [J]. 计算机集成制造系统, 2015, 21(8): 1979-1987.

[34] 孟广伟, 冯昕宇, 周立明, 等. 基于降维算法的结构混合可靠性分析方法 [J]. 中南大学学报(自然科学版), 2018, 49(8): 1944-1949.

[35] Slotnick J, Khodadoust A, Alonso J, et al. CFD vision 2030 study: A path to revolutionary computational aerosciences[R]. 2014.

[36] Faravelli L. Response-surface approach for reliability analysis[J]. Journal of Engineering Mechanics, 1989, 115(12): 2763-2781.

[37] Sadoughi M K, Li M, Hu C, et al. A high-dimensional reliability analysis method for simulation-based design under uncertainty[J]. Journal of Mechanical Design, 2018, 140(7): 071401.

[38] Shahriari B, Swersky K, Wang Z, et al. Taking the human out of the loop: A review of Bayesian optimization[J]. Proceedings of the IEEE, 2016, 104(1): 148-175.

[39] Wang Z, Hutter F, Zoghi M, et al. Bayesian optimization in a billion dimensions via random embeddings[J]. Journal of Artificial Intelligence Research, 2016, 55: 361-387.

[40] Hariri-Ardebili M A, Pourkamali-Anaraki F. Support vector machine based reliability analysis of concrete dams[J]. Soil Dynamics and Earthquake Engineering, 2018, 104: 276-295.

[41] 李刚, 刘志强. 基于支持向量机替代模型的可靠性分析[J]. 计算力学学报, 2011, 28(5): 676-681.

[42] Deng J, Gu D, Li X, et al. Structural reliability analysis for implicit performance functions using artificial neural network[J]. Structural Safety, 2005, 27(1): 25-48.

[43] Gomes H M, Awruch A M. Reliability analysis of concrete structures with neural networks and response surfaces[J]. Engineering Computations, 2005, 22(1): 110-128.

[44] Cheng J , Li Q S . Reliability analysis of structures using artificial neural network based genetic algorithms[J]. Computer Methods in Applied Mechanics and Engineering, 2008, 197(45-48): 3742-3750.

[45] 孟广伟, 沙丽荣, 李锋, 等. 基于神经网络的结构疲劳可靠性优化设计[J]. 兵工学报, 2010, 31(6): 765-769.

[46] 孟广伟, 周立明, 赵云亮, 等. 基于 EFGM-ANN 的含多裂纹结构的断裂可靠性分析[J]. 机械强度, 2010, 32(6): 1012-1017.

[47] Wiener N. The homogeneous chaos[J]. American Journal of Mathematics, 1938, 60(4): 897-936.

[48] Ghanem R G, Spanos P D. Stochastic Finite Element Method: Response Statistics[M]//Stochastic Finite Elements: A Spectral Approach. New York: Springer, 1991: 101-119.

[49] Xiu D, Karniadakis G E. Modeling uncertainty in steady state diffusion problems via generalized polynomial chaos[J]. Computer Methods in Applied Mechanics and Engineering, 2002, 191(43): 4927-4948.

[50] Xiu D, Karniadakis G E. The Wiener Askey polynomial chaos for stochastic differential equations[J]. SIAM Journal on Scientific Computing, 2002, 24(2): 619-644.

[51] Xiu D, Karniadakis G E . Modeling uncertainty in flow simulations via generalized polynomial chaos[J]. Journal of Computational Physics, 2003, 187(1):137-167.

[52] Blatman G, Sudret B. Adaptive sparse polynomial chaos expansion based on least angle regression[J]. Journal of Computational Physics, 2011, 230(6): 2345-2367.

[53] Marelli S, Sudret B. UQLab user manual—Polynomial chaos expansions[J]. Chair of Risk,

Safety & Uncertainty Quantification, ETH Zürich, 0.9-104 edition, 2015: 97-110.
[54] 于震梁, 孙志礼, 曹汝男, 等. 基于 PC-Kriging 模型与主动学习的齿轮热传递误差可靠性分析[J]. 东北大学学报(自然科学版), 2019, 40(12): 1750-1754.
[55] Zhou Y, Lu Z, Cheng K. A new surrogate modeling method combining polynomial chaos expansion and Gaussian kernel in a sparse Bayesian learning framework[J]. International Journal for Numerical Methods in Engineering, 2019, 120(4): 498-516.
[56] Dai F, Zhou Q, Lv Z, et al. Spatial prediction of soil organic matter content integrating artificial neural network and ordinary Kriging in Tibetan Plateau[J]. Ecological Indicators, 2014, 45: 184-194.
[57] Aoues Y, Chateauneuf A. Benchmark study of numerical methods for reliability-based design optimization [J]. Struct. Multidisc. Optim., 2010, 41(2): 277-294.
[58] Nikolaidis E, Burdisso R. Reliability based optimization: A safety index approach [J]. Comput. Struct., 1988, 28(6): 781-788.
[59] Tu J, Choi K K, Park Y H. A new study on reliability-based design optimization [J]. J. Mech. Des. ASME, 1999, 121(4): 557-564.
[60] Chen X G, Hasselman T, Neill D, et al. Reliability-based structural design optimization for practical applications [C]. Proceedings of the 38th AIAA/ASME/ASCE/AHS/ ASC Structures, Structural Dynamics, and Material Conference, Kissimmee, 1997.
[61] Liang J, Mourelatos Z P, Tu J. A single-loop method for reliability-based design optimisation [J]. In. J. Product Develop, 2008, 5(1/2): 76-92.
[62] Wu Y, Wang W. Efficient probabilistic design by converting reliability constraints to approximately equivalent deterministic constraints [J]. J. Integr. Des. Process. Sci., 1998, 2(4): 13-21.
[63] Qu X, Haftka R T. Reliability-based design optimization using probabilistic sufficiency factor [J]. Struct. Multidisc. Optim., 2004, 27(5): 314-325.
[64] Du X, Chen W. Sequential optimization and reliability assessment method for efficient probabilistic design [J]. J. Mech. Des., 2004, 126(2): 225-233.
[65] Chen Z, Qiu H, Gao L, et al. An adaptive decoupling approach for reliability-based design optimization [J]. Comput. Struct., 2013, 117: 58-66.
[66] Beck A T, de Santana Gomes W J. A comparison of deterministic, reliability-based and risk-based structural optimization under uncertainty [J]. Probab. Eng. Mech., 2012, 28: 18-29.
[67] Frangopol D M, Lin K Y, Estes A C. Life-cycle cost design of deteriorating structures [J]. J. Struct. Eng., 1997, 123(10): 1390-1401.
[68] Wen Y K, Kang Y J. Minimum building life-cycle cost design criteria. Ⅰ: Methodology [J]. J. Struct. Eng., 2001, 127(3): 330-337.
[69] Wen Y K, Kang Y J. Minimum building life-cycle cost design criteria. Ⅱ: Applications [J]. J. Struct. Eng., 2001, 127(3): 338-346.
[70] Sarma K C, Adeli H. Life-cycle cost optimization of steel structures [J]. Int. J. Numer. Meth. Engng., 2002, 55(12): 1451-1462.
[71] Mitropoulou C C, Lagaros N D, Papadrakakis M. Life-cycle cost assessment of optimally

designed reinforced concrete buildings under seismic actions [J]. Reliab. Eng. Sys. Saf., 2011, 96(10): 1311-1331.

[72] Li G, Jiang Y, Yang D X. Modified-modal-pushover-based seismic optimum design for steel structures considering life-cycle cost [J]. Struct. Multidisc. Optim., 2012, 45(6): 861-874.

[73] Zou X K, Chan C M, Li G, et al. Multiobjective optimization for performance-based design of reinforced concrete frames [J]. J. Struct. Eng., 2007, 133(10): 1462-1474.

[74] Okasha N M, Frangopol D M. Lifetime-oriented multi-objective optimization of structural maintenance considering system reliability, redundancy and life-cycle cost using GA [J]. Struct. Saf., 2009, 31(6): 460-474.

[75] Rojas H A, Foley C M, Pezeshk S. Risk-based seismic design for optimal structural and nonstructural system performance [J]. Earthq. Spectra., 2011, 27(3): 857-880.

第 2 章　一阶可靠性理论与收敛控制方法

2.1　引　　言

一阶可靠性理论的起源可以追溯到 1969 年由 Cornell[1]提出的一次二阶矩方法，该方法将极限状态函数在输入变量的均值处进行一阶泰勒展开，故又称均值点一次二阶矩方法。将展开后的极限状态函数的均值和方差的比值定义为可靠性指标，再利用正态分布函数则可将可靠性指标转化为失效概率。该方法概念简单、容易实现，但是对于物理意义相同、数学形式不同的极限状态函数可能得到不同的可靠性指标，并且该方法未考虑到输入变量分布不同对结果的影响。为了解决这些问题，Hasofer 和 Lind[2]定义了最可能失效点(most probable failure point, MPP)：在标准正态空间内，极限状态面(极限状态函数值为零的曲面)上与原点距离最近的点；并提出了具有几何意义的 HL(Hasofer-Lind)可靠性指标：在标准正态空间内原点到极限状态面的最短距离，这也是标准正态空间内原点到 MPP 的距离。因此，求解 HL 可靠性指标实际上是寻找 MPP 的过程，这需要求解一个等式约束的优化问题。通常将极限状态函数在 MPP 处进行一阶泰勒展开，通过梯度类优化算法求解该问题。HL 可靠性指标不会随极限状态函数形式而变，克服了均值一次二阶矩方法的不足，为一阶可靠性理论奠定了坚实的理论基础，其算法的简洁性、高效性和实用性极大地推动了可靠性分析理论的发展与应用，也使可靠性设计的理念有了长足发展，具有很深远的影响。

为了解决含有非正态输入变量的可靠性分析问题，Rackwitz 和 Flessler[3]在 Hasofer 和 Lind 的研究基础上通过引入随机变量的空间变换方法将非正态随机变量变换为标准正态随机变量，之后再进行标准正态空间下的 MPP 搜索和可靠性指标求解，称为 HL-RF 方法。关于如何将非正态随机变量变换为标准正态随机变量，学者们提出了很多种方法，例如当量正态化法(JC 法)[4]、映射变换法[5]、实用分析法[6]、Rosenblatt 变换法[7]、正交变换法[8,9]、广义随机空间变换法[10]、Nataf 变换法[11]等，其中前三种方法是用于处理相互独立的非正态随机变量，而后四种方法是用于处理存在相关性的随机变量。

HL-RF 方法在计算 MPP 的过程中可能出现不稳定，甚至不收敛的现象。为了解决这一问题，学者们提出了各种各样的改进方法。Lee 等[12]通过引入一个检测“之”字形振荡的判据，对迭代式进行改进，达到减小振荡的目的。Liu 和

Kiureghian[13]将一个评价函数引入 HL-RF 算法中，提出了修正 HL-RF 算法，虽然算法的鲁棒性得到了改善，但由于给定的评价函数不能保证迭代方向为下降方向，因此修正 HL-RF 算法的收敛性也得不到保证。Santosh 等[14]引入与修正 HL-RF 算法相同的评价函数，且通过 Armijo 准则进行迭代步长的线性搜索，从而实现对 HL-RF 算法收敛性的改进。Zhang 和 Kiureghian[15]引入一个表达式更为简洁的评价函数，同样以 Armijo 准则作为迭代步长的选择依据，提出了改进 HL-RF(improved HL-RF，iHL-RF)算法，该算法可以自适应地调节每步的迭代步长以保证收敛性，且计算效率比修正 HL-RF 算法更高。杨迪雄等[16-18]通过混沌动力学分析了 HL-RF 算法的数值不稳定性机理，并基于混沌控制(chaos control, CC)理论的稳定转换法(stability transformation method，STM)提出了改善 HL-RF 算法收敛性的混沌控制(chaos control，CC)算法。

上述研究可以归结为在迭代步长上对算法的收敛性进行控制，除此之外，也有一些研究在迭代方向上对算法的迭代过程进行控制。Meng 等[19]针对 HL-RF 迭代过程振荡具有方向性的特点，对 CC 算法进行修正，提出了方向性稳定转换法(directional stability transformation method，DSTM)，不仅收敛性得到改善，而且计算效率得到显著提高。Keshtegar 和 Miri[20]将共轭梯度搜索方法应用于 HL-RF 的迭代式中，提出了共轭 HL-RF 算法，并用于管道腐蚀的可靠性分析。之后，在该算法的基础上又进一步发展出了共轭混沌控制法[21]、共轭有限步长法[22]、有限共轭 Fletcher-Reeves 法[23]和混合自适应共轭法[24]等方法。

上述算法不管是从迭代步长还是从迭代方向对 HL-RF 算法进行改进，理论基础都与 HL-RF 算法一致，具有收敛快、计算结果变异性小的优点。不过梯度类迭代算法可能会出现迭代不收敛或者陷入局部最优的问题，为了解决这类问题，一些学者将演化类算法引入一阶可靠性方法中，建立了基于演化类算法的一次二阶矩方法。赵衍刚和江近仁[25]总结了传统一阶可靠性方法存在的五个弱点，并指出可以通过演化算法来避免极限状态函数求导困难和陷入局部最优的问题。他们首先将计算可靠性指标的约束优化问题转化为一个无约束优化问题，然后采用遗传算法(genetic algorithm，GA)求解上述无约束优化问题，从而得到可靠性指标和 MPP。Elegbede[26]采用粒子群优化(particle swarm optimization，PSO)算法求解可靠性指标，在求解过程中同样需要先将原问题转化为一个无约束优化问题，转化方法为外罚函数法，其中罚系数是一个由罚函数值收敛效果决定的可变系数，对于全局优化问题具有很好的计算效果，此外，作者在文中还详细研究了种群大小和演化代数对可靠性指标和 MPP 的计算精度的影响。由于演化类算法的多样性，因此，与之结合产生的一阶可靠性方法也层出不穷，例如，基于混沌粒子群优化算法，基于帝国竞争算法和基于蝙蝠算法的一阶可靠性方法[27-29]等。这些算法充分利用了相应演化类算法的特点，其计算结果具有很好的收敛性和全局最优性。然而，演化类算法的一个弊端是计算效率较低，将其用于实际工程还有较长的路要走。

由于一阶可靠性理论建立在函数的一阶泰勒展开的基础上，因此对于在 MPP 处非线性程度较高的问题计算精度可能不足。为此，出现了以二阶泰勒展开为基础的二阶可靠性方法，如二次二阶矩(second order second moment，SOSM)法[30]、二次三阶矩法[31]、二次四阶矩法[32]。总的来说，二阶可靠性方法的计算精度要高于一阶可靠性方法，但是计算过程比较复杂，而且通常需要计算黑塞矩阵，计算量较大且不便于实际应用，因此其相关研究远少于一阶可靠性方法。此外，二阶可靠性方法也需要提供准确的 MPP 信息，因此同样可能面临一阶可靠性方法中的 MPP 搜索的准确性和稳定性问题。相比之下，一阶可靠性方法简单实用，特别是其高效性是其他可靠性分析方法所不及的，因此历经半个多世纪，目前仍是可靠性分析和优化中应用最广的方法。本章将从算法收敛性的视角出发，对几种具有代表性的一阶可靠性方法进行详细介绍，并基于多目标优化理论重新解读一阶可靠性方法的收敛机理。为了便于读者理解，下面首先对相关的基础理论进行阐述。

2.2 一阶可靠性方法的基本理论

2.2.1 一次二阶矩方法

结构可靠性是在规定时间、规定条件下，结构完成预定功能的能力，可靠性指标是这种能力的概率度量，通常用 β 表示。假设结构的极限状态函数 Y 服从正态分布，β 与失效概率 P_f 存在如下函数关系：

$$P_f=\int_{\Omega} f_Y(y)\mathrm{d}y=\Phi(-\beta) \tag{2.1}$$

其中，$\Phi(\cdot)$表示标准正态分布的累积概率分布函数；$f_Y(y)$代表 Y 的概率密度函数；Ω 代表结构的失效域，本章将其定义为 $Y<0$。根据正态分布的性质，可以进一步得到可靠性指标的定义式：

$$\beta=\frac{\mu_Y}{\sigma_Y} \tag{2.2}$$

其中，μ_Y 和 σ_Y 分别代表 Y 的均值和标准差。如果极限状态函数可以表示成 n 个相互独立的正态分布随机变量的线性组合，即

$$Y=G(\boldsymbol{X})=\sum_{i=1}^{n} X_i \tag{2.3}$$

则根据正态分布的性质可得 Y 也服从正态分布，所以可靠性指标可以精确地表示为

$$\beta=\frac{\sum_{i=1}^{n}\mu_i}{\sqrt{\sigma_i^2}} \tag{2.4}$$

其中，μ_i 和 σ_i 分别是输入随机变量 X_i 的均值和标准差。对于任意非线性极限状态函数 Y，在输入变量的均值处对其进行一阶泰勒展开，可以得到极限状态函数的近似表达式：

$$Y \approx \tilde{Y} = G(\boldsymbol{\mu}_X) + \sum_{i=1}^{n}\frac{\partial G}{\partial X_i}(X_i - \mu_i) \tag{2.5}$$

其中，$\boldsymbol{\mu}_X=[\mu_1, \mu_2, \cdots, \mu_n]$ 代表输入随机变量的均值向量。根据均值和方差的定义，可以进一步得出极限状态函数均值和标准差的近似解：

$$\mu_Y \approx \mu_{\tilde{Y}} = G(\boldsymbol{\mu}_X) \tag{2.6}$$

$$\sigma_Y \approx \sigma_{\tilde{Y}} = \sqrt{\sum_{i=1}^{n}\sum_{j=1}^{n}\frac{\partial G}{\partial X_i}\frac{\partial G}{\partial X_j}\operatorname{cov}(X_i, X_j)} \tag{2.7}$$

其中，cov 代表协方差算子。将式(2.6)和式(2.7)代入式(2.2)，便可得到结构可靠性指标的估计值：

$$\beta \approx \beta_{\tilde{Y}} = \frac{\mu_{\tilde{Y}}}{\sigma_{\tilde{Y}}} = \frac{G(\boldsymbol{\mu}_X)}{\sqrt{\sum_{i=1}^{n}\sum_{j=1}^{n}\frac{\partial G}{\partial X_i}\frac{\partial G}{\partial X_j}\operatorname{cov}(X_i, X_j)}} \tag{2.8}$$

式(2.8)即为可靠性计算的一次二阶矩方法，因其计算过程只涉及极限状态函数的一阶泰勒展开和前两阶统计矩而得名。该方法优点在于简单易行，但是其缺点也非常明显。第一，对于物理意义相同而数学表达形式不同的极限状态函数，一次二阶矩方法得出的可靠性指标可能不同。第二，仅利用输入随机变量的均值和标准差来体现输入不确定性，不能反映出输入变量分布类型不同对可靠性指标造成的影响。第三，式(2.8)只是在形式上与式(2.2)相同，实际上并没有明确的意义，而且在输入变量不服从正态分布时，所得的近似可靠性指标与失效概率之间不能精确满足式(2.1)的对应关系。

2.2.2 HL-RF 方法

一次二阶矩方法的不足严重限制了其在实际工程中的应用，Hasofer 和 Lind[2]在 MPP 处对极限状态函数进行一阶泰勒展开，提出了可靠性指标的计算

方法，简称 HL 迭代算法。Rackwitz 和 Flessler[3]通过引入输入随机变量的概率分布信息，进一步将 HL 迭代算法拓展至输入变量服从非正态分布的情况，提出了 HL-RF 方法。

为了直观理解 HL-RF 方法，首先以一个二维问题为例对其进行说明。假设功能函数形式为 $Y=G(X_1,X_2)$，通过如下映射关系将输入随机变量($\boldsymbol{x}=[x_1,x_2]$)转换成相互独立的标准正态随机变量($\boldsymbol{u}$=$[u_1,u_2]$)：

$$\boldsymbol{u}=T(\boldsymbol{x}) \tag{2.9}$$

其中，函数关系 $T(\cdot)$可以选用 Rosenblatt 变换、JC 变换等。然后绘制出 Y=0 在标准正态空间的极限状态曲线，如图 2.1 所示。HL-RF 方法将极限状态曲线上距离原点最短的点定义为 MPP($\boldsymbol{u}^*$)，对应的距离定义为 HL 可靠性指标，原点与 MPP 的连线正是极限状态曲线在 MPP 处的法线。将上述概念拓展至具有 n 维输入随机变量的功能函数 $Y=G(X_1,X_2,\cdots,X_n)$，可以类似地得到 MPP 和 HL 可靠性指标的一般定义。不难看出，只要得到 MPP 即可计算出可靠性指标，因此，可靠性指标的计算可以表述为如下优化问题：

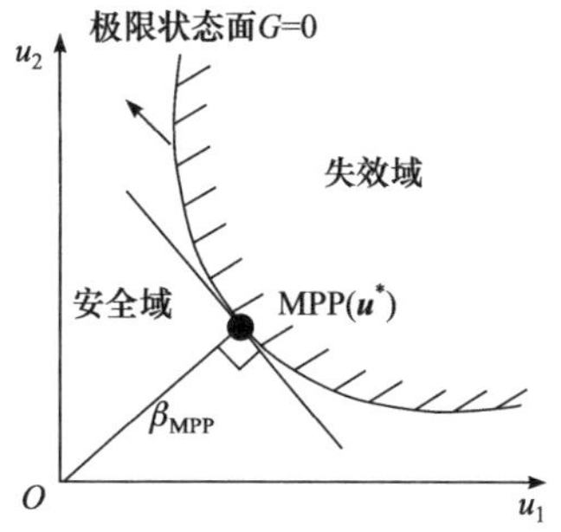

图 2.1 可靠性指标的几何意义

$$\begin{cases}\text{find } \boldsymbol{u}=[u_1,u_2,\cdots,u_n]\\ \min \ \|\boldsymbol{u}\|_2\\ \text{s.t.} \quad G(\boldsymbol{u})=0\\ \qquad \boldsymbol{u}\in\boldsymbol{U}^n\end{cases} \tag{2.10}$$

其中，$\boldsymbol{u}$ 是与输入随机变量对应的相互独立的标准正态随机变量；$\|\bullet\|_2$代表向量的 2 范数算子；$\boldsymbol{U}^n$ 代表 n 维标准正态随机变量空间。将极限状态函数在第 k 个迭代步的 MPP($\boldsymbol{u}^k$)处进行一阶泰勒近似：

$$Y=G(X_1,X_2,\cdots,X_n)\approx G(\boldsymbol{x}^*)+\sum_{i=1}^{n}\frac{\partial G(\boldsymbol{x}^*)}{\partial x_i}\left(x_i-x_i^*\right) \tag{2.11}$$

并推导式(2.10)的 KKT 条件，可以得到 HL-RF 方法的迭代式：

$$\boldsymbol{u}^{k+1}=\frac{\beta^{k+1}\nabla G\left(\boldsymbol{u}^k\right)}{\left\|\nabla G\left(\boldsymbol{u}^k\right)\right\|_2} \tag{2.12}$$

其中，β^{k+1} 代表第 k+1 步的 HL 可靠性指标，表达式如下：

$$\beta^{k+1}=\frac{G\left(\boldsymbol{u}^{k}\right)-\left[\nabla G\left(\boldsymbol{u}^{k}\right)\right]^{\mathrm{T}}\boldsymbol{u}^{k}}{\left\|\nabla G\left(\boldsymbol{u}^{k}\right)\right\|_{2}} \tag{2.13}$$

2.3　一阶可靠性方法收敛性控制的经典方法

对于较为简单的功能函数，HL-RF 方法可以很快搜索到 MPP 并求出相应的可靠性指标，而对于比较复杂的问题则容易出现不收敛的情况。Lee 等[12]以二维问题为例，形象地描述了 HL-RF 方法的典型迭代历程。图 2.2(a)中展示了低非线性功能函数的迭代情况，可以看出，连续三个迭代点的连线构成的夹角都是钝角，且相邻两点距离越来越小，这种迭代历程呈现出典型的收敛性。图 2.2(b)和(c)中连续三个迭代点的连线构成的夹角会出现锐角的情况，但图 2.2(b)中的振幅随着迭代逐渐减小，且相邻迭代点距离也越来越小，这种迭代历程呈现出振荡收敛特性；而图 2.2(c)中振幅及相邻迭代点距离会逐渐增大，这种迭代历程表现出发散特性。图 2.2(d)表示迭代过程在若干迭代点之间反复振荡，也属于不收敛的情况。

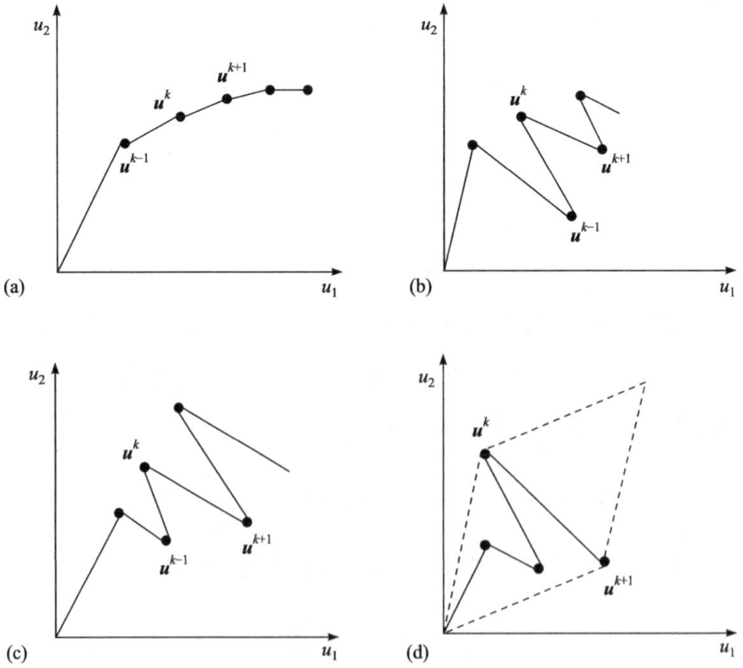

图 2.2　HL-RF 方法的典型迭代历程示意图

针对由 HL-RF 算法迭代过程振荡而导致的计算效率低或不收敛问题，目前已发展出多种改进方法，本书按振荡控制方式将它们分为步长式控制方法和方向式控制方法，并从多目标优化的角度深入剖析影响一阶可靠性方法收敛性能的根本原因，进一步认识当前一阶可靠性方法的局限性。

2.3.1 基于迭代步长的收敛控制方法

HL-RF 算法的迭代步长对算法收敛性起到非常重要的作用，步长过小则计算效率较低，过大则容易产生振荡现象甚至不收敛。本小节介绍两种通过调整迭代步长控制算法收敛性的典型算法。

1. iHL-RF 算法

基于 Armijo 准则[33]，Zhang 和 Kiureghian[15]提出了 iHL-RF 算法。该算法以一个不可微的评价函数为目标函数，通过如下优化问题搜索 MPP：

$$\begin{cases}\text{find} \ \ \boldsymbol{u} \\ \min \ \ F(\boldsymbol{u}) = \dfrac{1}{2}\boldsymbol{u}^{\mathrm{T}}\boldsymbol{u} + c\left|G(\boldsymbol{u})\right| \\ \text{s.t.} \ \ \ \boldsymbol{u} \in \boldsymbol{U}\end{cases} \tag{2.14}$$

其中，$c = 2\|\boldsymbol{u}\|_2 / \|\nabla G(\boldsymbol{u})\|_2$，目标函数的梯度可以表示为

$$\nabla F(\boldsymbol{u}^k) = \boldsymbol{u}^k + c^k \cdot \operatorname{sgn}\left[G(\boldsymbol{u}^k)\right]\nabla G(\boldsymbol{u}^k) \tag{2.15}$$

Armijo 准则在求解式(2.14)的优化问题时通常采用如下迭代式更新最优点：

$$\boldsymbol{u}^{k+1} = \boldsymbol{u}^k + \alpha^k \boldsymbol{d}^k \tag{2.16}$$

同时连续两步的目标函数之间满足如下不等式关系：

$$F(\boldsymbol{u}^{k+1}) \leqslant F(\boldsymbol{u}^k) + \rho\alpha^k\left[\nabla F(\boldsymbol{u}^k)\right]^{\mathrm{T}} \boldsymbol{d}^k \tag{2.17}$$

其中，α^k 为第 k 个迭代步的步长；ρ 为定义在(0, 0.5)区间上的常数；$\boldsymbol{d}^k$ 表示下降方向，且满足如下关系：

$$\boldsymbol{d}^k = \frac{-\beta^{k+1}}{\left\|\nabla G(\boldsymbol{u}^k)\right\|_2}\nabla G(\boldsymbol{u}^k) - \boldsymbol{u}^k \tag{2.18}$$

式中，β^{k+1} 的迭代同式(2.13)。通过 Armijo 准则，iHL-RF 算法可以实现自适应调整每个迭代步的步长因子，可以有效减小振荡次数，有助于保证迭代收敛性。然而，为了自适应获得步长因子，需要提供额外的计算量，且振荡的控制过程未考虑振荡具有方向性的特点，因此可能会导致迭代步增加。

2. 基于混沌控制的 HL-RF 方法

混沌控制理论主要分为无反馈控制和反馈控制两类[34,35]。利用混沌控制理论对 HL-RF 方法的迭代过程进行分析，可以发现在特定的参数区间，HL-RF 方法的解会出现发散、周期振荡、分叉等现象。杨迪雄[17,18]通过引入反馈控制理论的稳定转换法，提出了基于混沌控制的 HL-RF 方法(简称混沌控制方法)，较好地控制了 HL-RF 方法的收敛性，该方法的具体表达形式为

$$\begin{aligned} &\boldsymbol{u}^{k+1} = \boldsymbol{u}^k + \lambda \boldsymbol{C}[f(\boldsymbol{u}^k) - \boldsymbol{u}^k] \\ &f(\boldsymbol{u}^k) = -\beta^k \nabla G(\boldsymbol{u}^k) \Big/ \left\| \nabla G(\boldsymbol{u}^k) \right\| \\ &\beta^k = \frac{G(\boldsymbol{u}^k) - \nabla G(\boldsymbol{u}^k)^{\mathrm{T}} \boldsymbol{u}^k}{\left\| \nabla G(\boldsymbol{u}^k) \right\|} \end{aligned} \tag{2.19}$$

其中，$\boldsymbol{u}$ 是 n 维随机变量；β^k 的迭代同式(2.13)；λ 是混沌控制因子，取值范围为 0～1。可以看出，λ 值越大则迭代步长越大，算法效率也越高；反之，λ 值越小则算法稳健性越好，但是效率越低。$\boldsymbol{C}$ 是 $n \times n$ 维对合矩阵，即矩阵的每一行和每一列只能有一个元素值为 1 或–1，其他元素的值为 0。Pingel 等[36]给出了在 λ 取值合适的前提下一个二维系统的 $\boldsymbol{C}$ 矩阵的取值方式。为了方便起见，$\boldsymbol{C}$ 一般取单位矩阵。但需要说明的是，对于高维系统，目前还缺乏普适的对合矩阵选取方法。图 2.3 给出了混沌控制方法迭代历史示意图，可以看出混沌控制方法也是通过减小步长来提高算法的收敛性。然而，该方法计算效率通常较低，特别是在极限状态函数附近等比步长的缩小会造成前后迭代点变化过小，可能导致迭代点的提前收敛。

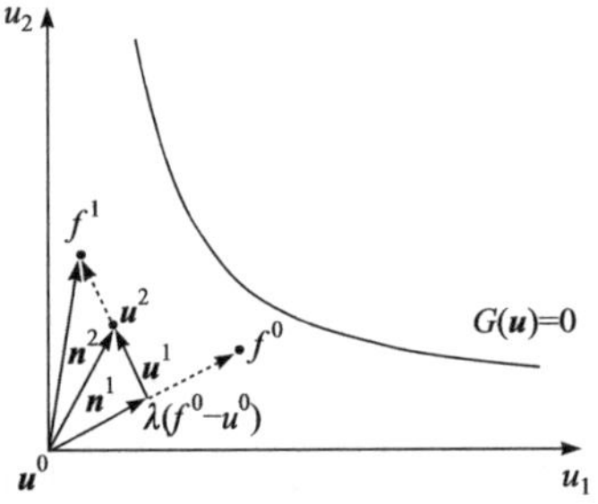

图 2.3　基于混沌控制的 HL-RF 方法迭代历史

对比基于混沌控制的 HL-RF 方法和 iHL-RF 算法可以看出，两者迭代式在形式上几乎一致，均可以看作是通过调整迭代步长来控制算法的收敛性。它们的区别在于前者采用固定步长进行控制，而后者采用的是可变步长，相同点在于两者均未考虑算法振荡的方向性。

2.3.2　基于迭代方向的收敛控制方法

方向式控制是指在某个方向上对迭代振荡进行控制，由图 2.2(b)和(c)可以看出，迭代点的振荡具有明显的方向性特点，即振荡主要发生在 β 圆的切向。根据这一特点，孟增和李刚[37]提出了基于修正混沌控制(modified chaos control, MCC)

的 HL-RF 方法，简称修正混沌控制方法，也称作方向稳定转换法(DSTM)，在振荡的主方向上对迭代进程进行混沌控制，而在原点与迭代点连线方向上进行放松，其迭代式为

$$\boldsymbol{u}^{k+1}=\beta^{k}\frac{\tilde{\boldsymbol{n}}(\boldsymbol{u}^{k+1})}{\left\|\tilde{\boldsymbol{n}}(\boldsymbol{u}^{k+1})\right\|}$$
$$\tilde{\boldsymbol{n}}(\boldsymbol{u}^{k+1})=\boldsymbol{u}^{k}+\lambda\boldsymbol{C}\left[f(\boldsymbol{u}^{k})-\boldsymbol{u}^{k}\right] \tag{2.20}$$
$$f(\boldsymbol{u}^{k})=-\beta^{k}\frac{\nabla_{\boldsymbol{u}}G(\boldsymbol{u}^{k})}{\left\|\nabla_{\boldsymbol{u}}G(\boldsymbol{u}^{k})\right\|}$$

其中，$\tilde{\boldsymbol{n}}(\boldsymbol{u}^{k+1})$ 是修正后的方向向量。从上式可以看出，修正混沌控制方法与混沌控制方法的不同之处在于 $\beta^{k}\tilde{\boldsymbol{n}}(\boldsymbol{u}^{k+1})/\left\|\tilde{\boldsymbol{n}}(\boldsymbol{u}^{k+1})\right\|$ 一项，如图 2.4 所示，修正混沌控制方法把混沌控制产生的向量 $\tilde{\boldsymbol{n}}(\boldsymbol{u}^{k+1})$ 作为新方向向量，然后控制其在 β^{k} 切向上的步长，放松其在径向上的步长至当前迭代步的步长。这样可在保证算法稳健性的同时提高计算效率。

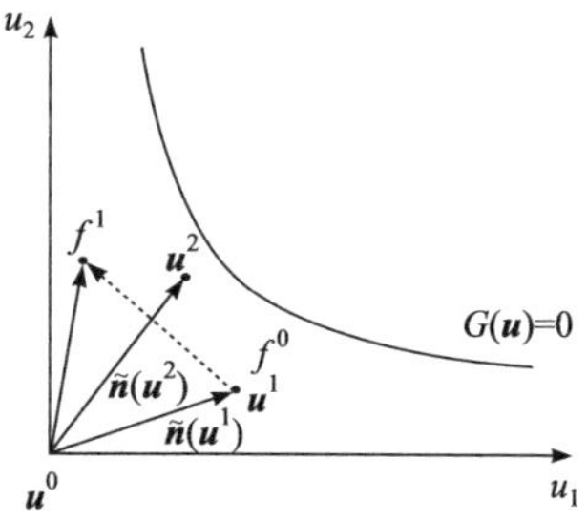

图 2.4 基于修正混沌控制的 HL-RF 方法迭代历史

虽然式(2.20)能够对发生振荡的问题实现高效的收敛控制，然而对于不发生振荡的问题则通常直接使用 HL-RF 迭代算法更加适合。修正混沌控制方法通过如下准则可以很好地判定迭代是否发生振荡，进而实现自适应选择合适的算法：

$$\zeta^{k+1}=(\boldsymbol{n}^{k+1}-\boldsymbol{n}^{k})\cdot(\boldsymbol{n}^{k}-\boldsymbol{n}^{k-1})$$
$$\boldsymbol{n}^{k}=-\frac{\nabla_{\boldsymbol{u}}G(\boldsymbol{u}^{k})}{\left\|\nabla_{\boldsymbol{u}}G(\boldsymbol{u}^{k})\right\|} \tag{2.21}$$

其中，$\boldsymbol{n}^{k}$ 表示功能函数对随机变量的负梯度方向向量。图 2.5 中给出了判定准则示意图，图 2.5(a)对应 $\zeta^{k+1}>0$，向量 $\boldsymbol{n}^{k+1}-\boldsymbol{n}^{k}$ 和向量 $\boldsymbol{n}^{k}-\boldsymbol{n}^{k-1}$ 之间的夹角小于 90°，未发生振荡，应选择 HL-RF 方法。图 2.5(b)对应 $\zeta^{k+1}<0$，向量 $\boldsymbol{n}^{k+1}-\boldsymbol{n}^{k-1}$ 和向量 $\boldsymbol{n}^{k}-\boldsymbol{n}^{k-1}$ 之间的夹角大于 90°，则迭代发生振荡，此时选择式(2.20)进行计算。

图 2.6 给出了基于修正混沌控制的 HL-RF 方法流程图，其主要步骤如下所述：

(1) 初始化迭代点 $\boldsymbol{x}^{k}$ 为随机变量均值，k=0。

(2) 由 Rosenblatt 变换或 JC 法，将非正态随机变量 $\boldsymbol{x}^{k}$ 变换为标准正态随机变量 $\boldsymbol{u}^{k}$。

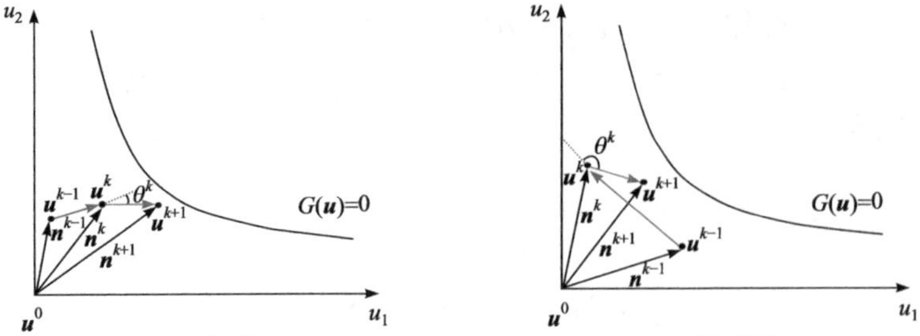

图 2.5　函数类型判定准则

(3) 通过式(2.21)判定迭代点是否发生振荡，如果 $\zeta^{k+1}>0$，则使用式(2.13)和式(2.12)分别计算可靠性指标 β^k 和下一步迭代点 $\boldsymbol{u}^{k+1}$；如果 $\zeta^{k+1}<0$，转入式(2.13)和式(2.20)计算可靠性指标 β^k 和下一步迭代点 $\boldsymbol{u}^{k+1}$。

(4) 将在标准正态空间里的随机变量 $\boldsymbol{u}^{k+1}$ 变换到原物理空间 $\boldsymbol{x}^{k+1}$。

(5) 计算前后两次迭代点之间的相对变化量，$\varepsilon=\left\|\boldsymbol{x}^{k+1}-\boldsymbol{x}^k\right\|/\boldsymbol{x}^{k+1}$，若 ε 小于给定阈值，则停止迭代；否则，转至步骤(2)重复计算直至收敛。

(6) 输出可靠性指标值 β 以及验算点 $\boldsymbol{x}^*$。

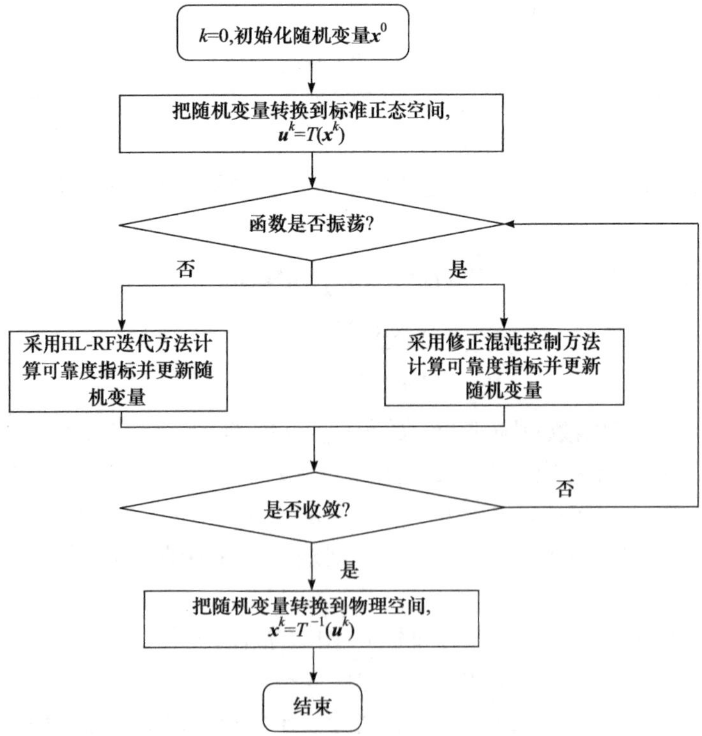

图 2.6　基于修正混沌控制的 HL-RF 方法流程图

2.3.3 步长式与方向式控制方法的内在联系

虽然步长式控制方法和方向式控制方法采用不同形式的迭代式，但从求解优化问题的角度来看，两者本质上是相同的，都是直接采取梯度类迭代算法求解原优化问题。那么两者的迭代格式是否存在某种一致性呢？下面我们来解答这个问题。

将初始点 $\boldsymbol{u}^0$ 选为 $\boldsymbol{U}$ 空间的原点(对应 $\boldsymbol{X}$ 空间内的均值点)，且第一个迭代步采用 HL-RF 方法，可以得到

$$\boldsymbol{u}^1 = \frac{-G^0}{\left\|\nabla G^0\right\|^2}\nabla G^0 = p_0^1 \nabla G^0 = q_0^1 \nabla G^0 \tag{2.22}$$

式中，$G^0 = G\left(\boldsymbol{u}^0\right)$，$\nabla G^0 = \nabla G\left(\boldsymbol{u}^0\right)$，类似的定义有 $G^k = G\left(\boldsymbol{u}^k\right)$ 和 $\nabla G^k = \nabla G\left(\boldsymbol{u}^k\right)$。

若从第二个迭代步起进行步长控制，则由式(2.13)、式(2.16)和式(2.18)可得

$$\begin{aligned}\boldsymbol{u}^2 &= \boldsymbol{u}^1 + \alpha^1 \boldsymbol{d}^1 \\ &= p_0^1 \nabla G^0 + \alpha^1 \left(\frac{-\beta^2}{\left\|\nabla G^1\right\|_2} \nabla G^1 - p_0^1 \nabla G^0 \right) \\ &= p_0^2 \nabla G^0 + p_1^2 \nabla G^1\end{aligned} \tag{2.23}$$

以此类推，可得

$$\begin{aligned}\boldsymbol{u}^{k+1} &= \boldsymbol{u}^k + \alpha^k \boldsymbol{d}^k \\ &= p_0^k \nabla G^0 + p_1^k \nabla G^1 + \cdots + p_{k-1}^k \nabla G^{k-1} \\ &\quad + \alpha^k \left[\frac{-\beta^{k+1}}{\left\|\nabla G^k\right\|_2} \nabla G^k - \left(p_0^k \nabla G^0 + p_1^k \nabla G^1 + \cdots + p_{k-1}^k \nabla G^{k-1} \right) \right] \\ &= \left(1-\alpha^k\right)\left(p_0^k \nabla G^0 + p_1^k \nabla G^1 + \cdots + p_{k-1}^k \nabla G^{k-1} \right) + \alpha^k \frac{-\beta^{k+1}}{\left\|\nabla G^k\right\|_2} \nabla G^k \\ &= p_0^{k+1} \nabla G^0 + p_1^{k+1} \nabla G^1 + \cdots + p_{k-1}^{k+1} \nabla G^{k-1} + p_k^{k+1} \nabla G^k\end{aligned} \tag{2.24}$$

根据式(2.24)可以看出，$\boldsymbol{u}^{k+1}$ 可表示为前 $k+1$ 个迭代点的极限状态函数梯度向量的线性组合，其中线性组合的系数 p_i^{k+1} 可表示为

$$p_i^{k+1} = \begin{cases} \left(1-\alpha^k\right) p_i^k & (i = 0,1,2,\cdots,k-1) \\ -\dfrac{\alpha^k \beta^{k+1}}{\left\|\nabla G^k\right\|_2} & (i = k) \end{cases} \tag{2.25}$$

式中，$p_0^1=-G^0\Big/\left\|\nabla G^0\right\|^2$。

若从第二个迭代步起进行步长式控制，则根据式(2.13)、式(2.18)和式(2.20)，采用与式(2.23)和式(2.24)类似的推导方式可得

$$\begin{aligned}
\boldsymbol{u}^{k+1} &= \beta^{k+1}\frac{\boldsymbol{u}^k+\lambda\boldsymbol{d}^k}{\left\|\boldsymbol{u}^k+\lambda\boldsymbol{d}^k\right\|_2} \\
&= \frac{\beta^{k+1}}{\left\|\boldsymbol{u}^k+\lambda\boldsymbol{d}^k\right\|_2}\left[\boldsymbol{u}^k+\lambda\left(\frac{-\beta^{k+1}}{\left\|\nabla G^k\right\|_2}\nabla G^k-\boldsymbol{u}^k\right)\right] \\
&= \frac{\beta^{k+1}}{\left\|\boldsymbol{u}^k+\lambda\boldsymbol{d}^k\right\|_2}(1-\lambda)\boldsymbol{u}^k-\frac{\lambda\left(\beta^{k+1}\right)^2}{\left\|\boldsymbol{u}^k+\lambda\boldsymbol{d}^k\right\|_2\left\|\nabla G^k\right\|_2}\nabla G^k \\
&= \frac{\beta^{k+1}}{\left\|\boldsymbol{u}^k+\lambda\boldsymbol{d}^k\right\|_2}(1-\lambda)\left(q_0^k\nabla G^0+q_1^k\nabla G^1+\cdots+q_{k-1}^k\nabla G^{k-1}\right)-\frac{\lambda\left(\beta^{k+1}\right)^2}{\left\|\boldsymbol{u}^k+\lambda\boldsymbol{d}^k\right\|_2\left\|\nabla G^k\right\|_2}\nabla G^k \\
&= q_0^{k+1}\nabla G^0+q_1^{k+1}\nabla G^1+\cdots+q_{k-1}^{k+1}\nabla G^{k-1}+q_k^{k+1}\nabla G^k
\end{aligned} \tag{2.26}$$

可见 $\boldsymbol{u}^{k+1}$ 同样可表示为前 $k+1$ 个迭代点的极限状态函数梯度向量的线性组合，其中线性组合的系数 q_i^{k+1} 可表示为

$$q_i^{k+1}=\begin{cases}\dfrac{\beta^{k+1}}{\left\|\boldsymbol{u}^k+\lambda\boldsymbol{d}^k\right\|_2}(1-\lambda)q_i^k & (i=0,1,2,\cdots,k-1)\\ -\dfrac{\lambda(\beta^{k+1})^2}{\left\|\boldsymbol{u}^k+\lambda\boldsymbol{d}^k\right\|_2\left\|\nabla G^k\right\|_2} & (i=k)\end{cases} \tag{2.27}$$

式中，$q_0^1=-G^0\Big/\left\|\nabla G^0\right\|^2$。

综上所述，步长式控制方法和方向式控制方法的迭代式可统一记作

$$\boldsymbol{u}^{k+1}=m_0^{k+1}\nabla G^0+m_1^{k+1}\nabla G^1+\cdots+m_{k-1}^{k+1}\nabla G^{k-1}+m_k^{k+1}\nabla G^k \tag{2.28}$$

其中，在步长式控制方法中 $m_i^{k+1}=p_i^{k+1}$，在方向式控制方法中 $m_i^{k+1}=q_i^{k+1}$。

2.4　基于 Armijo 准则的混合控制算法

由 2.3 节分析可知，从理论上来看，步长式和方向式控制方法具有明显的内在一致性，就算法效果而言，两者各有所长。李彬和李刚[38]将这两种控制方法

结合，提出了基于 Armijo 准则的混合控制(Armijo-based hybrid control，AHC)算法，该算法主要包括基于 Armijo 准则的混沌控制因子自适应调整策略和基于 iHL-RF 的前期快速迭代策略。

2.4.1 基于 Armijo 准则的混沌控制因子自适应调整策略

基于 Armijo 准则的混沌控制因子自适应调整策略同时使用混沌控制方法和修正混沌控制方法的迭代式，其具体实现方法如下所述。

首先，将第 k 个迭代步的待定混沌控制因子 λ^k 代入混沌控制方法和修正混沌控制方法的迭代式中，求得下一个迭代点相应的待定解，分别表示为 $\boldsymbol{u}_{\mathrm{C}}^{k+1}$ 和 $\boldsymbol{u}_{\mathrm{D}}^{k+1}$，将上述两解分别代入 Armijo 准则中进行收敛性检验。将 Armijo 准则的不等式(式(2.17))左右两端分别用 y_2、y_1 表示，同时 α^k 代换为 λ^k，即

$$y_1 = F\left(\boldsymbol{u}^k\right) + \rho\lambda^k\left[\nabla F\left(\boldsymbol{u}^k\right)\right]^{\mathrm{T}}\boldsymbol{d}^k \tag{2.29}$$

$$y_2 = F\left(\boldsymbol{u}^{k+1}\right) \tag{2.30}$$

其中，y_2 由 $\boldsymbol{u}_{\mathrm{C}}^{k+1}$ 和 $\boldsymbol{u}_{\mathrm{D}}^{k+1}$ 分别求得，记作 $y_{2\mathrm{C}}$、$y_{2\mathrm{D}}$；y_1 由当前迭代点求得，且在检验两个待定解的迭代收敛性时采用同一个 y_1。

然后，分别比较 $y_{2\mathrm{C}}$、$y_{2\mathrm{D}}$ 与 y_1 的大小，可以得到如下四种情况：①$y_{2\mathrm{C}} - y_1 \leqslant 0$ 且 $y_{2\mathrm{D}} - y_1 \leqslant 0$；②$y_{2\mathrm{C}} - y_1 > 0$ 且 $y_{2\mathrm{D}} - y_1 > 0$；③$y_{2\mathrm{C}} - y_1 > 0$ 且 $y_{2\mathrm{D}} - y_1 \leqslant 0$；④$y_{2\mathrm{C}} - y_1 \leqslant 0$ 且 $y_{2\mathrm{D}} - y_1 > 0$。

最后，根据上述四种情况，按以下三个步骤对待定混沌控制因子 λ^k 进行决策(每次迭代时 λ^k 初始值为 1)。

(1) 当 $\lambda^k = 1$ 时，如果满足情况①或③，则将 $\lambda^k = 1$ 作为当前迭代步的最终混沌控制因子，并选取 $\boldsymbol{u}_{\mathrm{D}}^{k+1}$ 作为下一个迭代点；如果满足情况②，则将待定混沌控制因子修正为一个非常小的数(本书采用 10^{-4})，并进入步骤(2)继续检验修正后的迭代收敛性；如果满足情况④，则将 $\lambda^k = 1$ 作为当前迭代步的最终混沌控制因子，并选取 $\boldsymbol{u}_{\mathrm{C}}^{k+1}$ 作为下一个迭代点。

(2) 当 $\lambda^k = 10^{-4}$ 时，如果满足情况①或③或④，则将待定混沌控制因子修正为 0.5，并进入步骤(3)继续检验修正后的迭代收敛性；如果满足情况②，说明再小的混沌控制因子都无法避免迭代振荡，则将混沌控制因子最终取为一个合适的较小值 $\lambda^{\min}$ (本书采用 0.05)，并通过混沌控制方法求得 $\lambda^{\min}$ 下的 $\boldsymbol{u}_{\mathrm{C}}^{k+1}$，以此作为下一个迭代点。

(3) 当 $\lambda^{\min} < \lambda^k < 1$ 时，如果满足情况①或③，则将 λ^k 当前值作为当前迭代

步的最终混沌控制因子，并选取当前 λ^k 下的 $\boldsymbol{u}_{\mathrm{D}}^{k+1}$ 作为下一个迭代点；如果满足情况②，则将 λ^k 当前值减半，并将修正后的混沌控制因子重新进行步骤(3)的收敛性检验，直至 λ^k 达到下界值 $\lambda^{\min}$，然后通过混沌控制方法迭代式求得 $\lambda^{\min}$ 下的 $\boldsymbol{u}_{\mathrm{C}}^{k+1}$，以此作为下一个迭代点；如果满足情况④，则将 λ^k 当前值作为当前迭代步的最终混沌控制因子，并选取当前 λ^k 下的 $\boldsymbol{u}_{\mathrm{C}}^{k+1}$ 作为下一个迭代点。

基于 Armijo 准则的混沌控制因子自适应调整策略在处理各种问题时，均能从混沌控制方法和修正混沌控制方法中自适应地选择合适的算法进行迭代，以提高迭代收敛速度，继承了两种混沌控制方法的优点，避免了两者的不足。

2.4.2　基于 iHL-RF 的前期快速迭代策略

虽然上述调整策略可以在每个迭代步内自适应地选取合适的混沌控制因子，但迭代步中需要多次检验迭代收敛性，而且每次检验时又运用两次 Armijo 准则分别求解 $y_{2\mathrm{C}}$、$y_{2\mathrm{D}}$，需要多计算两次功能函数。因此，在处理非线性程度较低的问题时，如果迭代全过程均采用上述调整策略，其计算量会比传统迭代方法更大。为了保证效率，考虑到迭代过程一般具有前期阶段迭代快、后期阶段迭代慢的特点，且 iHL-RF 算法同样具有自适应调整步长的能力，因此将 iHL-RF 算法用于前期阶段的迭代，而混沌控制因子自适应调整策略用于后期阶段的迭代。

为了界定前期和后期两个阶段，需要给出 iHL-RF 计算阶段的停止条件。由于振荡累计次数能够反映算法的迭代效果，如果当前振荡累计次数较少，说明算法的迭代效果较好，适合继续采用；如果当前振荡累计次数较多，说明算法的迭代效果不佳，不宜继续采用。因此，可以将标准正态空间内当前振荡累计次数(记作 j_1)作为迭代过程前期和后期的界定指标，并作为 iHL-RF 计算阶段的停止条件指标之一。

首先，将 j_1 初始值设置为 0。如图 2.5 所示，若迭代发生振荡，向量 $\left(\boldsymbol{u}^{k+1}-\boldsymbol{u}^k\right)$ 和向量 $\left(\boldsymbol{u}^k-\boldsymbol{u}^{k-1}\right)$ 之间的夹角的余弦值(ξ^{k+1})小于 0，此时 j_1 的当前值需要累计加 1；若 ξ^{k+1} 大于 0，j_1 保持不变，即

$$j_1=\begin{cases} j_1 & \left(\xi^{k+1}\geqslant 0\right) \\ j_1+1 & \left(\xi^{k+1}<0\right) \end{cases} \tag{2.31}$$

其中，$\xi^{k+1}=\dfrac{\left(\boldsymbol{u}^{k+1}-\boldsymbol{u}^k\right)\left(\boldsymbol{u}^k-\boldsymbol{u}^{k-1}\right)}{\left\|\boldsymbol{u}^{k+1}-\boldsymbol{u}^k\right\|_2\left\|\boldsymbol{u}^k-\boldsymbol{u}^{k-1}\right\|_2}$。

iHL-RF 计算阶段的停止条件为

$$k\geqslant k_{\max}\quad 或\quad \varDelta\leqslant\delta\quad 或\quad j_1\geqslant j_{\max} \tag{2.32}$$

其中，k 为当前迭代次数；$k_{\max}$ 为允许的最大迭代次数；$\varDelta=\left\|\boldsymbol{u}^{k+1}-\boldsymbol{u}^k\right\|_2\Big/\left\|\boldsymbol{u}^{k+1}\right\|_2$

表示相邻迭代解间的相对变化量；δ 为相对变化量的收敛阈值；j_1 表示当前迭代的振荡累计次数；$j_{\max}$ 表示 iHL-RF 计算阶段允许的最大振荡次数。计算全过程的停止条件为

$$k \geqslant k_{\max} \quad 或 \quad \varDelta \leqslant \delta \tag{2.33}$$

2.4.3 算法流程

将混沌控制因子自适应调整策略和基于 iHL-RF 的迭代加速策略结合，便得到了基于 Armijo 准则的混合控制算法(AHC)，其算法流程如图 2.7 所示，具体步骤如下所述。

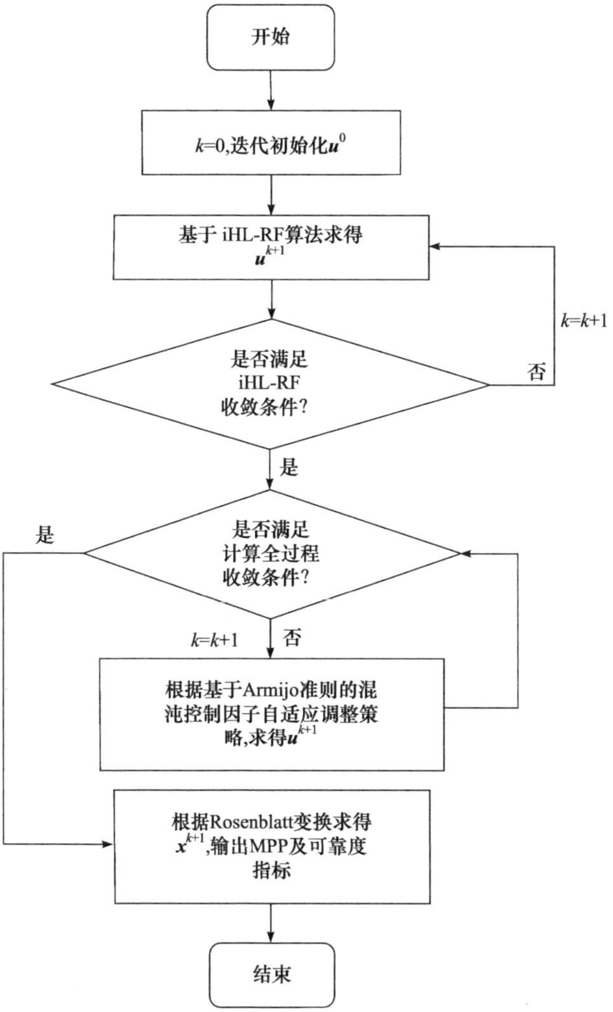

图 2.7 基于 Armijo 准则的混合控制算法流程图

(1) 令 k=0，以标准正态空间($\boldsymbol{U}$ 空间)原点作为初始迭代点 $\boldsymbol{u}^0$。

(2) 基于 iHL-RF 算法求得下一个迭代点 $\boldsymbol{u}^{k+1}$。

(3) 判断 iHL-RF 计算阶段停止条件是否满足。如果不满足，则 k=k+1 且返回步骤(2)；如果满足，则进入步骤(4)。

(4) 判断计算全过程停止条件是否满足。如果不满足，则 k=k+1 且进入步骤(5)；如果满足，则进入步骤(6)。

(5) 根据基于 Armijo 准则的混沌控制因子自适应调整策略，得到当前迭代步的 λ^k 及下一个迭代点 $\boldsymbol{u}^{k+1}$，且返回步骤(4)。

(6) 通过 Rosenblatt 变换或 JC 变换将 $\boldsymbol{u}^{k+1}$ 从 $\boldsymbol{U}$ 空间转换至 $\boldsymbol{X}$ 空间得到 $\boldsymbol{x}^{k+1}$。将当前迭代点作为 MPP，并输出可靠性指标 $\beta=\left\|\boldsymbol{u}^{k+1}\right\|_2$。

2.4.4 典型数值算例分析

本节通过 2 个典型算例深入分析 AHC 算法和其他四种经典算法(HL-RF、iHL-RF、CC 和 DSTM)在求解非线性问题时的性能差异。各算法初始迭代点取为随机变量的均值点，即标准正态空间的原点；各算法的停止条件中允许的最大迭代次数 $k_{\max}$ 取为 400；相对误差的精度要求 δ 取为 10^{-4}。

例 2-1　二维非线性问题[39]

本例的功能函数是一个二次函数，其表达式如下：

$$\boldsymbol{g}=x_1-1.7x_2+\alpha\left(x_1+1.7x_2\right)^2+5 \tag{2.34}$$

其中，x_1、x_2 是两个相互独立的标准正态随机变量；参数 α 反映了非线性项对功能函数的贡献，其值越大，则非线性作用越显著，这里令 α=1.5。

图 2.8 呈现不同算法在 $\boldsymbol{U}$ 空间内的 MPP 搜索路径，其中 u_1 和 u_2 分别对应随机变量 $\boldsymbol{x}_1$ 和 $\boldsymbol{x}_2$ 在 $\boldsymbol{U}$ 空间中的映射值。可以看出，HL-RF 方法发生严重的振荡。CC 方法振荡控制效果最好，但是迭代步长很小。另外三种方法虽然在个别迭代点处发生振荡，但是总体来说振荡控制效果较好。不同方法的最终计算结果如表 2.1 所示，其中 $\boldsymbol{x}^*$表示 MPP 在 $\boldsymbol{X}$ 空间下的值；g_{MPP} 表示 MPP 对应的功能函数值，如果 MPP 搜索准确，那么 g_{MPP} 应接近于 0；β_{MPP} 表示各算法求得的可靠性指标。HL-RF 方法因振荡未能得出结果。DSTM 得到的 MPP 处的功能函数值为 9.9，所以可以得出其计算结果不在极限状态面上。iHL-RF、CC 和 AHC 三种算法都可以收敛到正确解，所求得的可靠性指标结果几乎一致。虽然 CC 算法结果非常精确且未发生振荡，但计算效率很低，需要 504 次函数调用。iHL-RF 计算效率略低于 CC 方法，但是也需要调用 452 次功能函数。AHC 算法在迭代的前期阶段(前 11 个迭代步)通过 iHL-RF 算法快速迭代，后期阶段(后 16 个迭代步)通

过找到合适的混沌控制因子，并自适应选择合适的算法进行迭代，仅需要调用功能函数 256 次即可得到非常精确的结果，所得到的 $g_{\mathrm{MPP}}=8.8\times10^{-5}$。因此，对于本算例而言，在五种算法中，AHC 算法的综合性能最好。

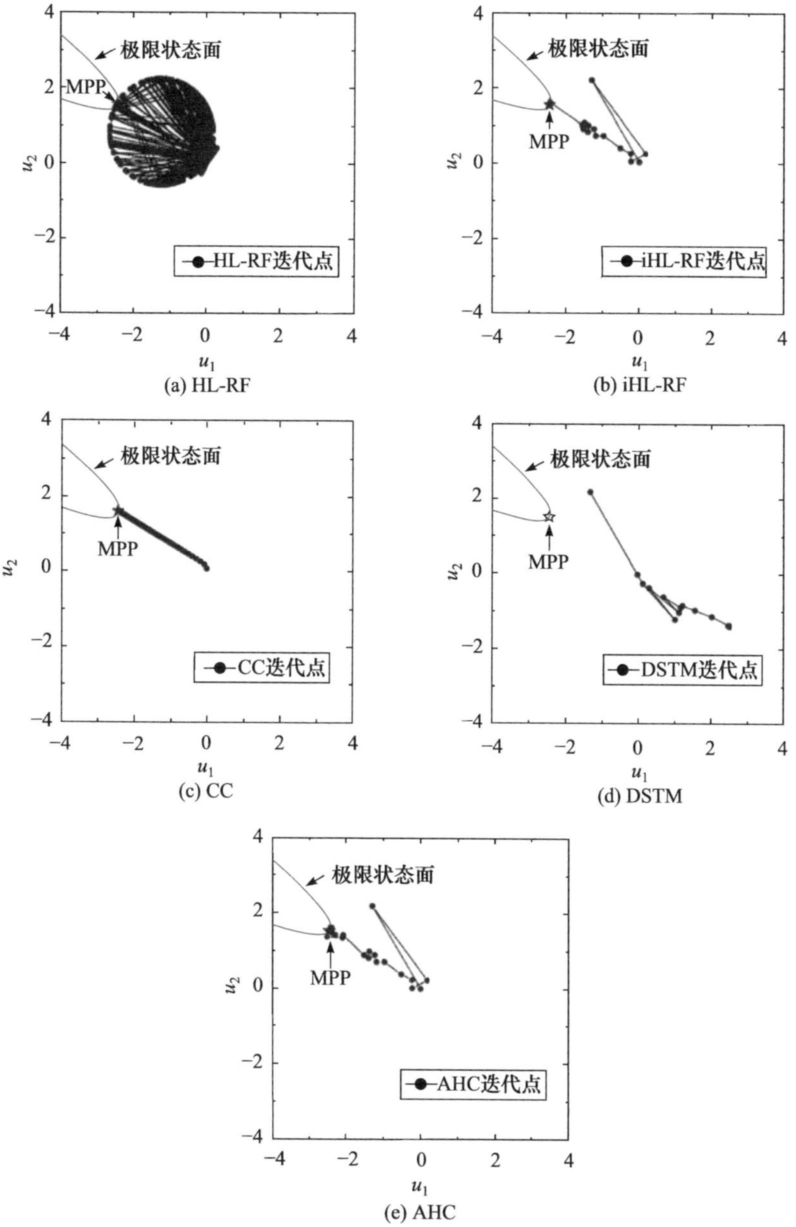

图 2.8　不同方法的 MPP 搜索路径

表 2.1　例 2-1 的计算结果

算法	x^*	β_{MPP}	g_{MPP}	迭代次数	功能函数调用次数
HL-RF	混沌振荡	—	—	—	—
iHL-RF	(−2.4411,1.5258)	2.8787	9.9×10^{-5}	71	452
CC	(−2.4403,1.5261)	2.8782	9.5×10^{-4}	168	504
DSTM	(2.5180,−1.3807)	2.8717	9.9	18	54
AHC	(−2.4408,1.5263)	2.8787	8.8×10^{-5}	27	256

例 2-2　两自由度强非线性动力可靠性分析问题[40]

图 2.9 表示含有主要结构(指系统承重构件部分)和次要结构(指系统非承重构件部分)的两自由度动力学系统。本例针对次要结构进行可靠性分析，其极限状态函数与结构体系的属性密切相关，表达式如下：

$$g = F_s - K_s \times P[E(x_s^2)]^{0.5} \tag{2.35}$$

其中，F_s 表示次要结构的抗力；P 表示峰值因子，用于度量次要结构在激励下的峰值响应，通常取为 3；$E(x_s^2)$ 表示主、次要结构间相对位移响应的均方值，在系统受到白噪声的激励下，$E(x_s^2)$ 的表达式为

$$E(x_s^2)=\frac{\pi S_0}{4\zeta_s\omega_s^3}\times\frac{\zeta_a\zeta_s}{\zeta_p\zeta_s(4\zeta_a^2+\theta^2)+\gamma\zeta_a^2}\times\frac{\omega_p(\zeta_p\omega_p^3+\zeta_s\omega_s^3)}{4\zeta_a\omega_a^4} \tag{2.36}$$

其中，S_0 表示白噪声强度；$\gamma=M_s/M_p$ 表示质量比，这里 M_p 和 M_s 分别为主、次要结构的质量；$\omega_a=(\omega_p+\omega_s)/2$ 表示平均频率，这里 ω_p 和 ω_s 分别为主、次要结构的自振频率；$\zeta_a=(\zeta_p+\zeta_s)/2$ 表示两自由度系统的平均阻尼比，这里 ζ_p 和 ζ_s 分别为主、次要结构的阻尼比；$\theta=(\omega_p-\omega_s)/\omega_a$ 表示系统的调谐参数。本例包含 8 个相互独立且服从对数正态分布的随机变量，它们的分布参数如表 2.2 所示。

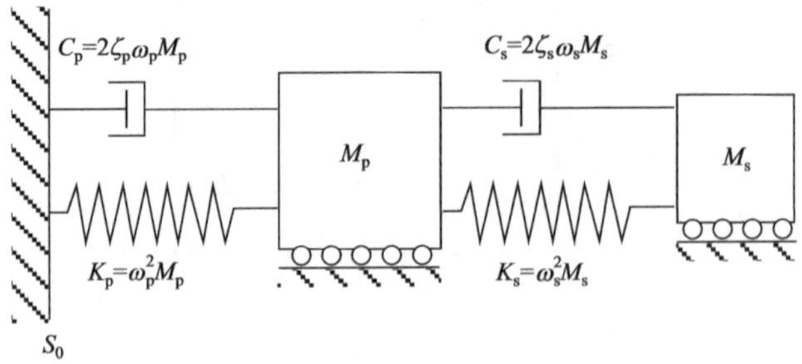

图 2.9　主、次要结构下两自由度动力学系统

表 2.2　例 2-2 的随机变量分布参数

随机变量	分布类型	均值	标准差
M_p	对数正态分布	1	0.1
M_s	对数正态分布	0.01	0.001
K_p	对数正态分布	1	0.2
K_s	对数正态分布	0.01	0.002
ζ_p	对数正态分布	0.05	0.02
ζ_s	对数正态分布	0.02	0.01
F_s	对数正态分布	15	1.5
S_0	对数正态分布	100	10

五种方法的分析结果如图 2.10 和表 2.3 所示。在本例的计算过程中，CC 的混沌控制因子设为 0.05，DSTM 的混沌控制因子设为 0.05、0.1 和 0.2 三种情况。结果表明，当 DSTM 的混沌控制因子设置较好时，该算法能较快收敛至正确解，但混沌控制因子过大或过小都会对收敛性造成较大影响。HL-RF 算法和在 λ=0.2 下的 DSTM 发生明显的振荡现象，未能收敛。iHL-RF、CC、DSTM(λ=0.05，λ=0.1)和 AHC 算法都可以收敛，且求得的可靠性指标结果几乎一致，但从 MPP 处的功能函数值的角度来看，iHL-RF 和 CC 两种算法的结果比 AHC 算法至少大一个量级，所以 AHC 算法求得的 MPP 离极限状态面更接近，收敛精度相对更高。另外，就计算效率而言 AHC 算法性能依然最优，只需要调用 234 次函数。所以，对于本例而言，无论是在计算精度还是效率上，AHC 方法都具有明显优势。

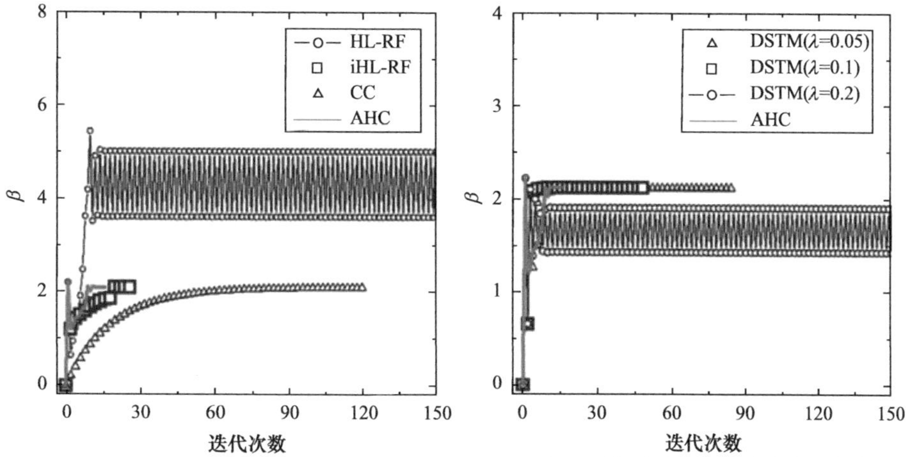

(a) 四种算法的计算结果　(b) 不同混沌控制因子下方向性稳定转换法计算结果

图 2.10　例 2-2 的可靠性指标迭代过程

表 2.3　例 2-2 的计算结果

算法	β_{MPP}	g_{MPP}	迭代次数	功能函数调用次数
HL-RF	周期振荡	—	—	—
iHL-RF	2.1224	2.4×10^{-3}	26	308
CC	2.1190	1.3×10^{-2}	121	1089
DSTM(λ=0.05)	2.1231	2.2×10^{-5}	84	756
DSTM(λ=0.1)	2.1231	4.8×10^{-6}	49	441
DSTM(λ=0.2)	周期振荡	—	—	—
AHC	2.1231	4.2×10^{-4}	16	234

2.5　基于多目标优化理论的一阶可靠性方法收敛性分析

以往对一阶可靠性方法的研究主要集中在如何改进算法的计算精度和效率，而很少讨论影响迭代收敛的根本原因。本节将以全新的视角，利用多目标优化理论分析一阶可靠性方法的收敛性能，揭示传统迭代算法的局限性。首先，提出一阶可靠性方法的多目标优化列式；然后，在此基础上探讨两类传统收敛控制方法(步长式和方向式控制方法)与 ε 约束法之间的内在联系；最后，从多目标优化的目标函数空间入手，阐述影响一阶可靠性方法收敛性的根本原因。

2.5.1　基于多目标优化的一阶可靠性方法

一阶可靠性方法是基于功能函数的一阶泰勒展开建立起来的可靠性分析理论，主要解决两类问题，如图 2.11 所示。①可靠性分析问题：给定极限状态函数，求解标准正态空间内极限状态面上与原点最近的点及对应的距离(可靠性指标)；②逆可靠性分析问题(详见第 8 章)：给定目标可靠性指标 β^{t}，求解满足目标可靠性指标要求的最小功能函数值 $G(\boldsymbol{u})_{\min}$。两类问题的优化列式分别如式(2.10)和式(2.37)所示。

$$\begin{aligned}&\min_{\boldsymbol{u}} G(\boldsymbol{u})\\&\text{s.t.}\ \ \|\boldsymbol{u}\|=\beta^{\text{t}}\end{aligned}\tag{2.37}$$

如果我们将可靠性指标 β 和功能函数值 G 均作为目标函数，可以构造出如下多目标优化问题：

$$\begin{cases}\text{find}\ \ \boldsymbol{u}\\ \min\ \ \{\beta(\boldsymbol{u}),G(\boldsymbol{u})\}\\ \text{s.t.}\ \ \ \boldsymbol{u}\in\boldsymbol{U}^{n}\end{cases}\tag{2.38}$$

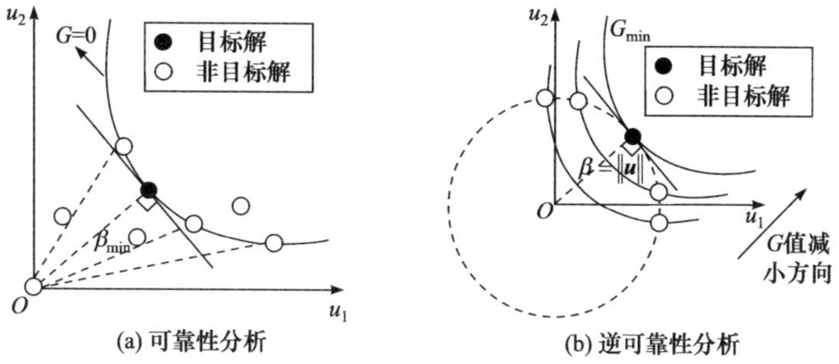

图 2.11 一阶可靠性方法

当采用 ε 约束法(详见第 10 章)求解该问题时，如果将功能函数 $G(\boldsymbol{u})$ 选为约束函数，且对应的 ε 参数值设为 0，那么式(2.38)将变为式(2.10)的可靠性分析问题。如果将目标可靠性指标函数 $\beta(\boldsymbol{u})$ 选为约束函数，且对应的 ε 参数值设为 β^{t}，那么式(2.38)将变为式(2.37)的逆可靠性分析问题。所以，本书将式(2.38)称作一阶可靠性方法的多目标优化列式。

2.5.2 两类传统收敛控制方法与 ε 约束法的关系

为了便于论述影响两类传统收敛控制方法性能的根本原因，本小节结合一阶可靠性方法的多目标优化列式，探讨它们与 ε 约束法的关系。在进行可靠性分析时，两类传统收敛控制方法的迭代过程如图 2.12 所示。将整个过程化整为零，可得迭代点 $\boldsymbol{u}^k$ 、$\boldsymbol{u}^{k+1}$ 分别来源于超球面 $\beta(\boldsymbol{u})=\beta^k$ 、$\beta(\boldsymbol{u})=\beta^{k+1}$ 上的 Pareto 最优解，其中 β^k 、β^{k+1} 分别为 β 轴上两个不同的 ε 参数值，可看作两个不同的目标可靠性指标。从 ε 约束法的角度，两类传统收敛控制方法的迭代过程可具体表述为：将目标可靠性指标函数 $\beta(\boldsymbol{u})$ 选为约束函数，在进行第 k+1 步迭代时，由迭代点 $\boldsymbol{u}^k$ 搜索求得下一个迭代点 $\boldsymbol{u}^{k+1}$，再根据 $\left\|\boldsymbol{u}^{k+1}\right\|_2$ 的大小决策出目标可靠性指

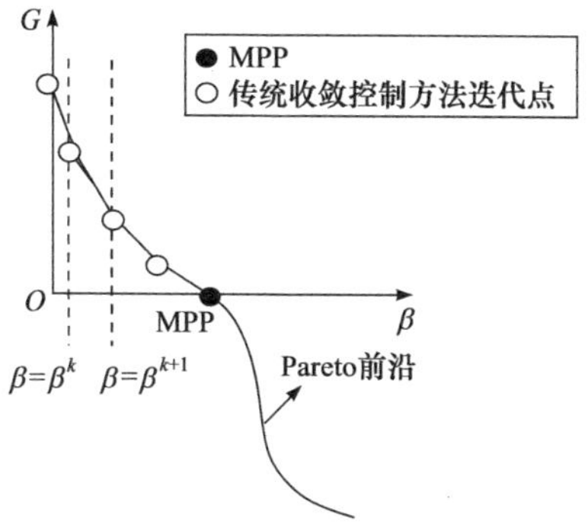

图 2.12 两类传统收敛控制方法与 ε 约束法的关系

标函数 β 轴上的 ε 参数值 β^{k+1}，同时判断 β^{k+1} 是否满足收敛条件。如果不满足收敛条件，则需要进行下一步迭代，以此类推，直至满足收敛条件。

综上，两类传统收敛控制方法实际上是基于 ε 约束法对一阶可靠性方法的多目标优化列式执行搜索与决策的交互过程(搜索↔决策)，所以本书将其统称为基于 ε 约束法的交互式多目标优化方法。

2.5.3　影响一阶可靠性方法收敛性的根本原因

一阶可靠性方法本质上是求解优化问题，本书从多目标优化的视角将影响一阶可靠性方法收敛性的根本原因总结为两个方面：目标可靠性指标的被动决策以及精度不足的单步搜索。

1. 目标可靠性指标的被动决策

若要保证如图 2.2(a)所示的收敛型迭代历程，需要使 $\boldsymbol{u}^k$ 和 $\boldsymbol{u}^{k+1}$ 满足

$$\begin{cases}\left(\boldsymbol{u}^{k+1}-\boldsymbol{u}^k\right)^{\mathrm{T}}\cdot\boldsymbol{u}^k\geqslant 0\\\left(\boldsymbol{u}^{k+1}-\boldsymbol{u}^k\right)^{\mathrm{T}}\cdot\boldsymbol{u}^{k+1}\geqslant 0\end{cases}\tag{2.39}$$

上式等价于

$$\left\|\boldsymbol{u}^{k+1}\right\|_2\geqslant\left\|\boldsymbol{u}^k\right\|_2\tag{2.40}$$

以 $\left\|\boldsymbol{u}^{k+1}\right\|_2$ 对目标可靠性指标 β^{k+1} 进行决策时，如果出现 $\left\|\boldsymbol{u}^{k+1}\right\|_2<\left\|\boldsymbol{u}^k\right\|_2$，那么在随机变量空间($\boldsymbol{U}$ 空间或 $\boldsymbol{X}$ 空间)内迭代过程会发生振荡；相应地，在目标函数空间内目标可靠性指标也会发生迭代振荡。在一阶可靠性的理论框架中，对目标可靠性指标的决策依赖于搜索结果，例如，在第 k、k+1 个迭代步中，目标可靠性指标 β^k、β^{k+1} 的决策值主要依赖于两个迭代步的搜索结果 $\boldsymbol{u}^k$、$\boldsymbol{u}^{k+1}$。在得到 β^{k+1} 的过程中，虽然目标可靠性指标 β^k 对第 k+1 个迭代步的搜索起到了给定初始点位置的作用，但不直接参与 β^{k+1} 的计算。由此可见，在式(2.28)的迭代过程中，目标可靠性指标是被动地接受当前搜索结果，而不是由决策者主动控制。并且迭代点为一组功能函数梯度向量的线性组合，受功能函数非线性程度的影响较大，在强非线性问题中，当前搜索结果很可能使目标可靠性指标发生振荡。因此，目标可靠性指标的被动决策不利于收敛。

2. 精度不足的单步搜索

需要注意的是，式(2.40)是式(2.39)的必要条件，而非充要条件。如果迭代点

满足$\left\|\boldsymbol{u}^{k+1}\right\|_2 \geqslant \left\|\boldsymbol{u}^{k}\right\|_2$(即目标可靠性指标的迭代不振荡)，但不满足式(2.39)，那么 MPP 的搜索依然会受到影响，主要原因是在目标可靠性指标$\beta^{k+1}=\left\|\boldsymbol{u}^{k+1}\right\|$的超球面上未能搜索到最优解。根据图 2.12 可知，在β^{k+1}下搜索得到的最优解应为 Pareto 最优解(即目标空间内 Pareto 前沿上的一个点)，记作$\boldsymbol{u}^*$，可通过逆可靠性分析求得

$$\begin{cases}\text{find} \ \ \boldsymbol{u} \\ \min \ \ G(\boldsymbol{u}) \\ \text{s.t.} \ \ \ \beta(\boldsymbol{u})=\left\|\boldsymbol{u}\right\|_2=\beta^{k+1} \\ \qquad \boldsymbol{u}\in\boldsymbol{U}^n\end{cases} \tag{2.41}$$

实际上，两类传统收敛控制方法的每个迭代步均对应一个基于逆可靠性分析的搜索过程，而β^{k+1}表示第 k+1 个迭代步下逆可靠性分析所需的目标可靠性指标。通常逆可靠性分析需要在多步迭代下才能求得最优解，但两类传统收敛控制方法中每个迭代步对应的搜索过程是在单步迭代方式下完成，而以这种方式求得最优解的难度较大，原因如下所述。

根据 KKT 条件可知，最优解$\boldsymbol{u}^*$应该满足

$$\begin{cases}\nabla\left\|\boldsymbol{u}^*\right\|_2+\lambda\nabla G\left(\boldsymbol{u}^*\right)=0 \\ \left\|\boldsymbol{u}^*\right\|_2=\left\|\boldsymbol{u}^{k+1}\right\|_2\end{cases} \tag{2.42}$$

其中，λ表示拉格朗日乘子。将式(2.42)进一步改写，可得

$$\begin{cases}\dfrac{\boldsymbol{u}^*}{\left\|\boldsymbol{u}^*\right\|_2}+\lambda\nabla G\left(\boldsymbol{u}^*\right)=0 \\ \left\|\boldsymbol{u}^*\right\|_2=\left\|\boldsymbol{u}^{k+1}\right\|_2\end{cases} \tag{2.43}$$

对上式第一个式子两边同乘$\nabla G\left(\boldsymbol{u}^*\right)$，可得

$$\frac{\left[\nabla G\left(\boldsymbol{u}^*\right)\right]^{\mathrm{T}}\boldsymbol{u}^*}{\left\|\boldsymbol{u}^*\right\|_2}+\lambda\left\|\nabla G\left(\boldsymbol{u}^*\right)\right\|_2^2=0 \tag{2.44}$$

因为式(2.41)的最优解$\boldsymbol{u}^*$表示等值面$G(\boldsymbol{u})$=$G\left(\boldsymbol{u}^*\right)$与超球面$\beta(\boldsymbol{u})=\left\|\boldsymbol{u}^{k+1}\right\|_2$的切点，所以等值面$G(\boldsymbol{u})$=$G\left(\boldsymbol{u}^*\right)$在点$\boldsymbol{u}^*$的梯度向量$\nabla G\left(\boldsymbol{u}^*\right)$与向量$\boldsymbol{u}^*$方向相反，即

$$\left[\nabla G\left(\boldsymbol{u}^*\right)\right]^{\mathrm{T}}\boldsymbol{u}^* = -\left\|\nabla G\left(\boldsymbol{u}^*\right)\right\|_2\left\|\boldsymbol{u}^*\right\|_2 \tag{2.45}$$

将其代入式(2.44)，可得

$$\lambda = \frac{1}{\left\|\nabla G\left(\boldsymbol{u}^*\right)\right\|_2} \tag{2.46}$$

再将 λ 回代至式(2.43)中，可得第 k+1 次迭代的目标可靠性指标下的最优解 $\boldsymbol{u}^*$：

$$\boldsymbol{u}^* = -\frac{\beta^{k+1}}{\left\|\nabla G\left(\boldsymbol{u}^*\right)\right\|}\nabla G\left(\boldsymbol{u}^*\right) \tag{2.47}$$

如果 $\boldsymbol{u}^{k+1}$ 就是当前最优解 $\boldsymbol{u}^*$，则有

$$\boldsymbol{u}^{k+1} = -\frac{\beta^{k+1}}{\left\|\nabla G\left(\boldsymbol{u}^{k+1}\right)\right\|}\nabla G\left(\boldsymbol{u}^{k+1}\right) = m_{k+1}^{k+1}\nabla G^{k+1} \tag{2.48}$$

将上式与式(2.28)进行对比，可以发现，要使两类传统收敛控制方法的 $\boldsymbol{u}^{k+1}$ 成为当前最优解，就需要对(k+1)个线性组合系数进行调整，使式(2.28)与式(2.48)等价。

综上所述，影响一阶可靠性方法收敛性的根本原因为：目标可靠性指标的被动决策导致在目标函数空间 β 轴上发生迭代振荡(图 2.13(a))，以及精度不足的单步搜索导致连续出现多个迭代点未在 Pareto 前沿上(图 2.13(b))。

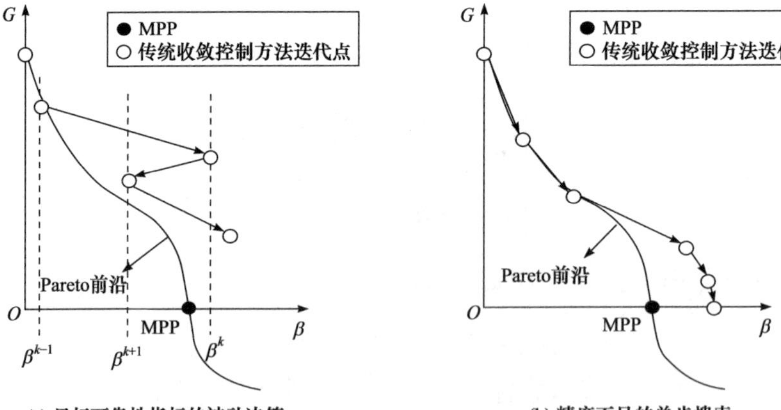

(a) 目标可靠性指标的被动决策　　(b) 精度不足的单步搜索

图 2.13　影响一阶可靠性方法收敛性的根本原因

2.5.4　典型数值算例分析

例 2-3　二维强非线性问题[39]

本例的功能函数是一个含指数项的非线性函数，其表达式如下：

$$g\left(X_1, X_2\right)=\exp\left(1+\alpha X_1-X_2\right)+\exp\left(5-5\alpha X_1-X_2\right)-1 \tag{2.49}$$

其中，X_1、X_2是两个相互独立的标准正态的随机变量；参数 α 表示 $\boldsymbol{X}_1$ 方向上的非线性程度对函数的影响，本书取 α=15。如图 2.14(a)所示，将随机变量转换至 $\boldsymbol{U}$ 空间内后，极限状态面 $G(\boldsymbol{u})=0$ (功能函数记作 $g(\boldsymbol{x})=G(\boldsymbol{u})$)呈现出形状尖锐的“V”形，所以，该可靠性分析问题是强非线性的。

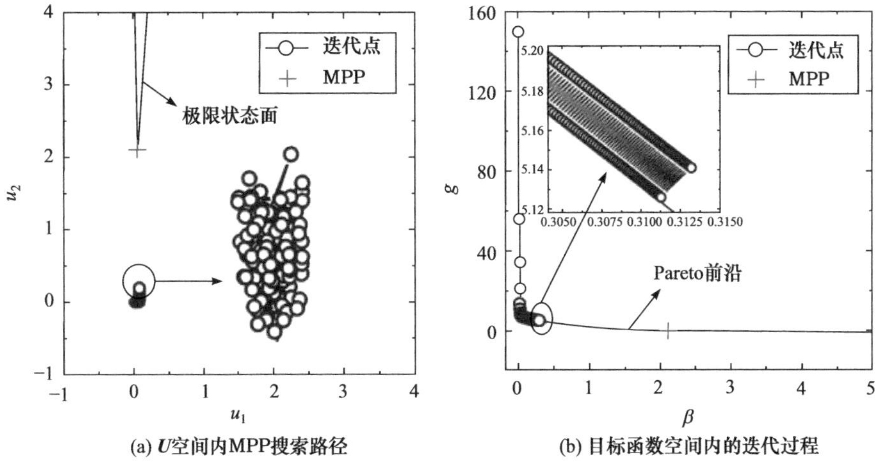

图 2.14 例 2-3 中一阶可靠性方法的迭代历程

如表 2.4 所示，对于这种强非线性问题，在 iHL-RF、DSTM 和 AHC 算法中均未能收敛。根据 2.2 节和 2.3 节分析可知，这三种算法存在内在的一致性，具有共同的迭代规律，且 AHC 算法的计算性能高于 iHL-RF 和 DSTM。因此，本节以 AHC 算法为代表对一阶可靠性方法的失效机理进行深入分析。

表 2.4 例 2-3 的计算结果

算法	功能函数调用次数	β_{MPP}	$\lvert g_{\mathrm{MPP}}/g_0\rvert$	MPP($\boldsymbol{X}$空间)
参考解	—	2.1181	5.0×10^{-8}	(0.0623,2.1172)
iHL-RF	混沌振荡	—	—	—
DSTM(λ=0.05)	混沌振荡	—	—	—
AHC	混沌振荡	—	—	—

如图 2.14(a)所示，从 $\boldsymbol{U}$ 空间分析 MPP 搜索路径可以发现，宏观上，MPP 搜索路径比较规则，且搜索方向朝向 MPP；通过放大搜索路径的末端，可以发现搜索路径产生了严重的振荡现象。从目标函数空间分析，如图 2.14(b)所示，虽然所有迭代点几乎都位于 Pareto 前沿上，但通过局部放大可以发现，迭代点的运动路线在目标函数空间内呈现出密集的“之”字形。目标可靠性指标的被动

决策导致在目标函数空间中相邻迭代点对应的目标可靠性指标多次出现减小的情况，即被动决策下的目标可靠性指标也发生了严重的振荡，从而导致算法无法收敛。本例充分验证了目标可靠性指标的被动决策是影响一阶可靠性方法收敛性的一个根本原因，这种影响在处理强非线性问题时尤为显著。

例 2-4　极限状态面非凸问题[41]

本例是一个多项式功能函数，其表达式如下：

$$\boldsymbol{g} = 2-\left(X_1+0.25\right)^2+\left(X_1+0.25\right)^3+\left(X_1+0.25\right)^4-X_2 \tag{2.50}$$

其中，X_1、X_2 是相互独立的标准正态随机变量。该函数沿 X_1 方向呈现出强非线性特征，而沿 X_2 方向则为线性函数。如图 2.15(a)所示，在 $\boldsymbol{U}$ 空间内，极限状态面呈现出双峰形状，这极易导致一阶可靠性方法在优化迭代过程中陷入局部最优解，影响最终的计算精度。

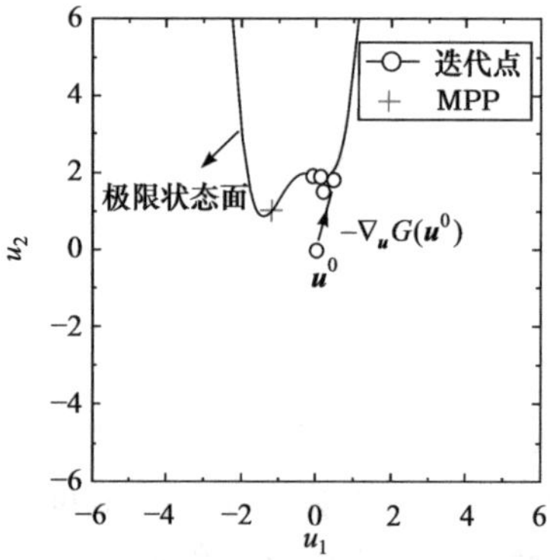

(a) $\boldsymbol{U}$空间内MPP搜索路径

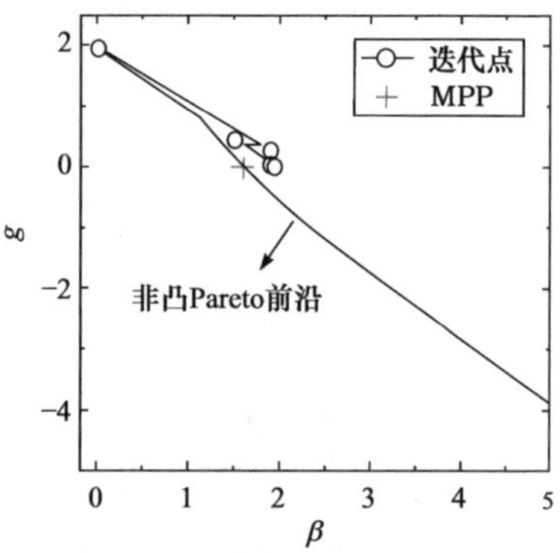

(b) 目标函数空间内的迭代过程

图 2.15　例 2-4 中一阶可靠性方法的迭代历程

如图 2.15(a)所示，在标准正态空间内，每个迭代点的功能函数梯度 $-\nabla_{\boldsymbol{u}}G(\boldsymbol{u}^0)$ 均指向局部最优解，使得最终搜索到的点并不是极限状态面上距离 $\boldsymbol{U}$ 空间原点最近的点。所以，如表 2.5 所示，虽然各一阶可靠性方法均收敛且结果几乎相同，而且此解在极限状态面上，但是可靠性指标大于参考解，即三种一阶可靠性方法均未求得准确 MPP。

表 2.5　例 2-4 的计算结果

算法	功能函数调用次数	β_{MPP}	$\lvert g_{\mathrm{MPP}}/g_0\rvert$	MPP($\boldsymbol{X}$空间)
参考解	—	1.5975	9.7×10^{-8}	(−1.2061,1.0475)
iHL-RF	78	1.9353	4.2×10^{-5}	(0.1467,1.9297)
DSTM(λ=0.05)	93	1.9354	1.9×10^{-8}	(0.1451,1.9299)
AHC	64	1.9353	2.7×10^{-5}	(0.1453,1.9299)

如图 2.15(b)所示，本例的 Pareto 前沿为非凸的。由于第二个迭代点位于 MPP 右侧，而在此处的目标可靠性指标下很难通过一步搜索得到非凸 Pareto 前沿上的解，从而导致下一个迭代点在逼近 Pareto 最优解时难度显著增加。其次，包括第二个迭代点在内，大部分迭代点位于 MPP 右侧，在目标可靠性指标被动决策下无法得到 MPP 处的目标可靠性指标，那么无论如何求解均不能得到准确 MPP。最终，在相邻目标可靠性指标近似相等的情况下，迭代结束，求得的解只是极限状态面上的局部最优解。

综上，对于强非线性问题，特别是极限状态面非凸的情况，目标可靠性指标的被动决策和精度不足的单步搜索均会对一阶可靠性方法的收敛性产生很大影响。

2.6　工程应用——航空曲筋板结构屈曲承载能力可靠性分析

如图 2.16 所示，该结构是由 NASA 兰利研究中心设计和制造的多孔的曲线曲筋板[42]，应用于大型机翼发动机悬架肋。该曲筋板尺寸为 609.6mm × 711.2mm，有四个曲线筋条和两个圆形切口，其圆环宽度分别为 10.25mm、10.55mm，切口加强环厚度分别为 5.9mm、4.7mm。曲筋板材料密度 ρ=2.7 × 10^{-9}t/mm^3，弹性模量 E=72504MPa，泊松比υ=0.33。本节将曲筋板筋条高度 h、筋条厚度 t_c、蒙皮厚度 t 设为正态随机变量，它们的分布参数如表 2.6 所示。当曲筋板的抗屈曲极限

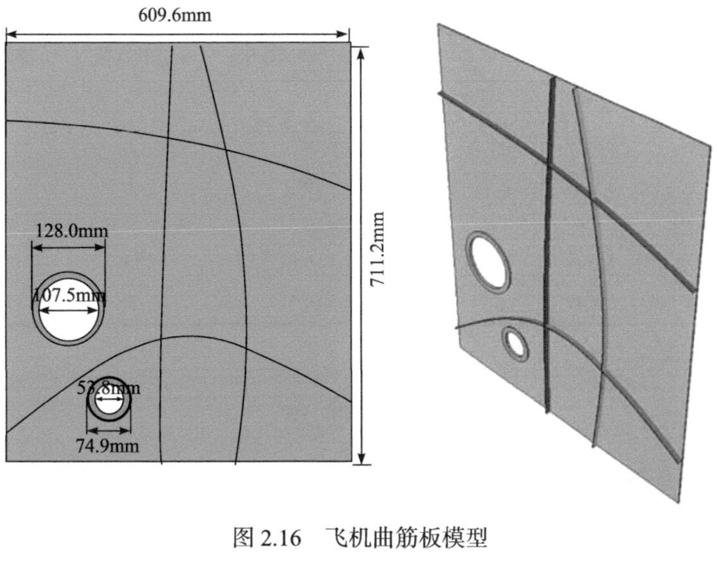

图 2.16　飞机曲筋板模型

承载力低于面内外载(37850N)时，结构会发生屈曲，进入失效状态。因此，曲筋板屈曲问题的极限状态函数为

$$g = P_c - 37850 \tag{2.51}$$

其中，P_c 为曲筋板的抗屈曲极限承载力，可由 Abaqus 软件进行线性屈曲分析求得。本书采用五种方法对该问题进行可靠性分析，包括 HL-RF 方法、iHL-RF 方法、CC 方法、DSTM 和 AHC 算法，其中，CC 方法和 DSTM 的混沌控制因子设为 0.05。

表 2.6　曲筋板结构参数的统计信息

随机变量	分布类型	均值	标准差
h/mm	正态分布	18	0.9
t_c/mm	正态分布	1.36	0.068
t/mm	正态分布	2.36	0.118

不同方法的结果对比如表 2.7 所示，可以看出，虽然五种算法求得的可靠性指标均为 2.3549，与 MCS 结果较为接近(相对误差为 0.22%)，但是 HL-RF、iHL-RF 和 AHC 仅需调用 20 次功能函数。CC 和 DSTM 的计算效率较低，分别需要调用 176 次和 60 次功能函数。从本工程案例可以看出，在选取适当的收敛控制策略的情况下，一阶可靠性方法处理常规工程问题的精度和效率是非常高的，如果收敛控制策略选择不当，则容易造成计算效率较低。

表 2.7　五种方法的可靠性指标计算结果对比

方法	可靠性指标计算结果	MPP 处的功能函数值	迭代次数	函数调用次数
MCS	2.36	—	—	10^5
HL-RF	2.3549	6.7×10^{-4}	5	20
iHL-RF	2.3549	6.7×10^{-4}	5	20
CC	2.3549	6.7×10^{-4}	44	176
DSTM	2.3549	6.7×10^{-4}	15	60
AHC	2.3549	6.7×10^{-4}	5	20

参 考 文 献

[1] Cornell C A. A probability-based structural code[J]. Journal of American Concrete Institute, 1969, 66(12): 974-985.

[2] Hasofer A M, Lind N C. Exact and invariant second moment code format[J]. Journal of the Engineering Mechanics Division-ASCE, 1974, 100(1): 111-121.

[3] Rackwitz R, Flessler B. Structural reliability under combined random load sequences[J]. Computers & Structures, 1978, 9(5): 489-494.

[4] Vrouwenvelder T. The JCSS probabilistic model code[J]. Structural Safety, 1997, 19(3): 245-251.

[5] 王新堂, 杨晓明. 基于映射变换法的平面预应力钢桁架整体可靠性分析[J]. 工业建筑, 2007, 37(1): 93-95.

[6] 张明. 结构可靠度分析——方法与程序[M]. 北京: 科学出版社, 2009.

[7] Rosenblatt M. Remarks on a multivariate transformation[J]. The Annals of Mathematical Statistics, 1952, 23(3): 470-472.

[8] 洪昌华, 龚晓南. 相关情况下 Hasofer-Lind 可靠度指标的求解[J]. 岩土力学, 2000, 21(1): 68-71, 75.

[9] 陈将宏, 李建林, 许晓亮, 等. 相关变量生成算法及边坡可靠度 Monte Carlo 模拟[J]. 岩土力学, 2017, 38(11): 3341-3346.

[10] 刘金刚, 王世鹏, 解艳彩. 广义随机空间内结构可靠性优化设计[J]. 机械设计与研究, 2010, 26(5): 7-8, 12.

[11] 吕大刚. 基于线性化 Nataf 变换的一次可靠度方法[J]. 工程力学, 2007, 24(5): 79-86, 124.

[12] Lee J O, Yang Y S, Ruy W S. A comparative study on reliability-index and target-performance-based probabilistic structural design optimization[J]. Computers & Structures, 2002, 80(3/4): 257-269.

[13] Liu P L, Der Kiureghian A. Optimization algorithms for structural reliability[J]. Structural Safety, 1991, 9(3): 161-177.

[14] Santosh T V, Saraf R K, Ghosh A K, et al. Optimum step length selection rule in modified HL-RF method for structural reliability[J]. International Journal of Pressure Vessels and Piping, 2006, 83(10): 742-748.

[15] Zhang Y, Kiureghian A D. Two Improved Algorithms for Reliability Analysis[M]// Rackwitz R, Augusti G, Borri A. Reliability and Optimization of Structural Systems. Boston: Springer US, 1995: 297-304.

[16] Yang D X, Li G, Cheng G D. Convergence analysis of first order reliability method using chaos theory[J]. Computers & Structures, 2006, 84(8/9): 563-571.

[17] 杨迪雄. 结构可靠度分析 FORM 迭代算法的混沌控制[J]. 力学学报, 2007, 39(5): 647-654.

[18] Yang D X. Chaos control for numerical instability of first order reliability method[J]. Communications in Nonlinear Science and Numerical Simulation, 2010, 15(10): 3131-3141.

[19] Meng Z, Li G, Yang D X, et al. A new directional stability transformation method of chaos control for first order reliability analysis[J]. Structural and Multidisciplinary Optimization, 2017, 55(2): 601-612.

[20] Keshtegar B, Miri M. Reliability analysis of corroded pipes using conjugate HL-RF algorithm based on average shear stress yield criterion[J]. Engineering Failure Analysis, 2014, 46: 104-117.

[21] Keshtegar B. Stability iterative method for structural reliability analysis using a chaotic conjugate map[J]. Nonlinear Dynamics, 2016, 84(4): 2161-2174.

[22] Keshtegar B. A hybrid conjugate finite-step length method for robust and efficient reliability analysis[J]. Applied Mathematical Modelling, 2017, 45: 226-237.

[23] Keshtegar B. Limited conjugate gradient method for structural reliability analysis[J]. Engineering with Computers, 2017, 33(3): 621-629.

[24] Keshtegar B, Chakraborty S. A hybrid self-adaptive conjugate first order reliability method for robust structural reliability analysis[J]. Applied Mathematical Modelling, 2018, 53: 319-332.

[25] 赵衍刚, 江近仁. 一个以遗传算法为基础的结构可靠性分析方法[J]. 地震工程与工程振动, 1995, 15(3): 47-58.

[26] Elegbede C. Structural reliability assessment based on particles swarm optimization[J]. Structural Safety, 2005, 27(2): 171-186.

[27] Zhao H, Ru Z, Chang X, et al. Reliability analysis using chaotic particle swarm optimization[J]. Quality and Reliability Engineering International, 2015, 31(8): 1537-1552.

[28] Hao Y, Meng G W, Zhou Z P, et al. Structural reliability analysis based on imperialist competitive algorithm[C]// International Conference on Intelligent Systems Design and Engineering Applications. IEEE Computer Society, 2013: 570-574.

[29] Chakri A, Khelif R, Benouaret M. Improved bat algorithm for structural reliability assessment: Application and challenges[J]. Multidiscipline Modeling in Materials and Structures, 2016, 12(2): 218-253.

[30] Fiessler B, Neumann H J, Rackwitz R. Quadratic limit states in structural reliability[J]. Journal of the Engineering Mechanics Division, 1979, 105(4): 661-676.

[31] Zhao Y G, Ono T, Kato M. Second-order third-moment reliability method[J]. Journal of Structural Engineering, 2002, 128(8): 1087-1090.

[32] Lu Z H, Hu D Z, Zhao Y G. Second-order fourth-moment method for structural reliability[J]. Journal of Engineering Mechanics, 2017, 143(4): 06016010.

[33] Armijo L. Minimization of functions having Lipschitz continuous first partial derivatives[J]. Pacific Journal of Mathematics, 1966, 16(1): 1-3.

[34] Xu D, Bishop S R. Self-locating control of chaotic systems using Newton algorithm [J]. Physics Letters A, 1996, 210 (4/5): 273-278.

[35] Luo X S, Chen G R, Wang B H, et al. Hybrid control of period-doubling bifurcation and chaos in discrete nonlinear dynamical systems [J]. Chaos Solitons & Fractals, 2003, 18 (4): 775-783.

[36] Pingel D, Schmelcher P, Diakonos F K. Stability transformation: A tool to solve nonlinear problems [J]. Physics Reports, 2004, 400 (2): 67-148.

[37] 孟增, 李刚. 基于修正混沌控制的一次二阶矩可靠度算法[J]. 工程力学, 2015, 32(12): 21-26.

[38] 李彬, 李刚. 基于 Armijo 准则的自适应稳定转换法[J]. 计算力学学报, 2018, 35(4): 399-407.

[39] Jiang C, Han S, Ji M, et al. A new method to solve the structural reliability index based on homotopy analysis[J]. Acta Mechanica, 2015, 226(4): 1067-1083.

[40] Der Kiureghian A, de Stefano M. Efficient algorithm for second-order reliability analysis[J]. Journal of Engineering Mechanics, 1991, 117(12): 2904-2923.

[41] Yi P, Zhu Z. Step length adjustment iterative algorithm for inverse reliability analysis[J]. Structural and Multidisciplinary Optimization, 2016, 54(4): 999-1009.

[42] Havens D, Shiyekar S, Norris A, et al. Design, optimization, and evaluation of integrally-stiffened Al-2139 panel with curved stiffeners[R]. 2011.

第 3 章　可靠性分析的整数阶矩最大熵方法

3.1　引　　言

广义来说，可靠性分析中的矩方法是通过极限状态函数的统计矩直接或间接计算可靠性指标或者失效概率的方法。早期矩方法的研究主要集中在建立统计矩与可靠性指标之间的解析表达，从这个意义上来讲，将可靠性指标定义为均值和标准差之比的一次二阶矩方法也可看作是矩方法的一种。一次二阶矩方法仅用到了极限状态函数的前两阶统计矩，很大程度上浪费了可以获得的极限状态函数的统计信息。所以，一些学者引入前三或前四阶矩来计算可靠性指标，以提高计算精度。

在这方面，较早的研究是 Ono 和 Idota[1]的相关工作，他们提出一种利用极限状态函数的前四阶统计矩计算结构可靠性指标和失效概率的方法，并给出了统计矩与可靠性指标之间的解析表达。Ono 和 Idota 的四阶矩可靠性指标可以看作是对二阶矩可靠性指标的修正，由于引入了极限状态函数更多的统计信息，因此其计算精度一般要比一次二阶矩方法更精确。除此之外，Hong[2]从 Edgeworth 级数展开的角度出发，建立前四阶统计矩、二阶矩可靠性指标和失效概率之间的联系。在此基础上，一些学者进一步利用 Edgeworth 级数展开拟合极限状态函数的概率分布，进而根据失效概率的定义方便地进行可靠性分析。基于 Edgeworth 级数的矩方法的提出，将矩方法的研究引入了更深的层次，因为研究的焦点已经从可靠性指标计算转移到极限状态函数(或结构响应)的概率分布的拟合。这表明，通过统计矩不仅仅可以评估结构的可靠性，而且能够更全面地获得结构极限状态(或响应)的不确定性信息，这为不确定性传播、灵敏度分析等研究提供了一种新的思路。从这个角度来看，矩方法从可靠性或失效概率计算到概率分布拟合的拓展对于不确定性分析而言是非常有意义的。因此，在 Hong 以后，越来越多的学者开始关注矩方法，逐步结合概率统计理论提出了多种新的概率分布拟合方法。这些方法中比较有代表性的是皮尔逊(Pearson)系统[3]、广义λ分布[4]、鞍点近似方法[5]和最大熵方法[6]等。

事实上，在相同的有限阶统计矩信息下，满足这些矩信息的概率密度函数并不唯一，所以采用不同的矩方法可能得到不同的结果，如图 3.1 所示。Edgeworth 级数、Pearson 系统等矩方法实际上对概率密度函数的形式进行了严格假设，然而，这些假设对于现实问题的合理性一般是难以验证的，对于超出方法适用范围的问题，最终的计算结果必然误差很大。所以，对于一个先验认知有限的问题，我们通常并不希望在求解响应的概率密度函数时引入过多的假设或限制条件，但是选择上述矩方法又不得不接受其合理性未知的假设，这种矛盾促使我们寻求更为公正、客观的矩方法。在这样的背景下，最大熵原理应运而生。

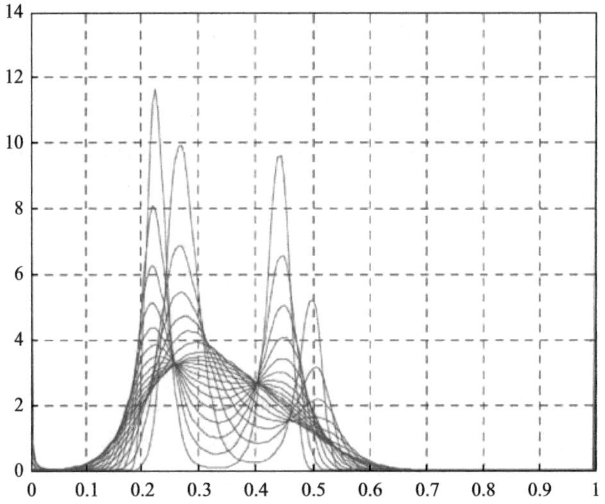

图 3.1 前四阶统计矩相同的多种概率分布[6]

1957 年，Jaynes[7]基于信息熵的概念提出了著名的最大熵方法，旨在通过随机变量的若干阶统计矩信息实现对于概率分布的高精度重构。Jaynes 指出：在对目标信息进行估测时，必须选取满足已知条件，且信息熵最大的一种概率分布形式，只有这样，作出的选择才是无偏的；而如果选取其他的分布形式，则意味着作出了额外的某种假设，可能导致结果失真。换言之，最大熵方法是给定统计矩信息条件下对未知概率密度函数最无偏、最公正的一种估计方法。因此，最大熵方法一经提出便很快受到人们的重视，被广泛应用于不确定性的分析与量化，极大地推动了概率统计、金融、经济、水文气象、力学诸多领域的发展。Kapur 和 Kesavan[8]甚至认为最大熵方法是过去 50 年中概率不确定性分析领域最重要的研究进展之一。

最大熵方法分为整数阶矩和分数阶矩最大熵方法(将在第 4 章中详细介绍)，整数阶矩最大熵方法在可靠性分析中应用较早，20 世纪 80 年代就有相关研究[9]，后来逐步应用到土木、水利等领域[10,11]。Li 和 Zhang[12]进一步将单变量降维方法(univariate dimension reduction method, UDRM)与最大熵方法结合，提出了一种高效的可靠性分析方法，增强了最大熵方法的实用性。在此基础上，Li 等[13,14]对整数阶矩最大熵方法的理论进行了深入研究，并建立了一种基于非线性映射的整数阶矩最大熵方法，推导了映射前后的功能函数熵值的变化规律，揭示了非线性映射影响计算精度的本质原因，进一步提高了整数阶矩最大熵方法的精度和数值稳定性。

矩方法的主要优势是无需 MPP 点计算，无需大量抽样，并且可以引入高效的数值方法计算统计矩，从而提高可靠性分析的精度和效率。作为矩方法中的典型代表，整数阶矩最大熵方法具有理论完善、客观、无偏、简单诸多优点，已经有非常广泛的应用。本章主要对近年来若干代表性研究进行详细介绍，下面首先对相关的基本理论进行阐述。

3.2 最大熵方法

最大熵方法利用熵的概念对概率密度函数进行筛选，在已知统计矩信息的条件下，选取具有最大熵值的一个概率分布作为最终概率密度估计。最大的熵值意味着最随机的状态，人为添加的主观信息最少，也就是在当前信息条件下所能够作出的最无偏估计[7]。其他矩方法需要预先对概率密度函数形式作出人为假定，但这极有可能引入主观的错误信息，从而造成结果失真。相比之下，最大熵方法可以避免这一问题，而且有着显著的理论优势，其核心思想在于对“信息熵”这一概念的引入和有效利用。

3.2.1 信息熵的概念

信息熵是一种衡量随机变量混乱程度的度量，也是平均意义上的描述随机变量所需信息量的度量。“熵”的概念最初起源于热力学领域，用于描述物质体系的混乱程度，熵值越高，说明体系越混乱；反之若熵值越低，说明体系越有序。在 1948 年，香农(Shannon)[15]将熵的概念引入信息论领域，以便解决信息的量化问题，同时，提出了信息熵的概念，并给出了明确的数学表达式。因此，通常也将信息熵称为香农熵。随着信息论研究的进一步深入，一些学者也提出了其他形式的熵，例如 Rényi 熵[16]，进一步对香农熵的内容进行了推广。在可靠性分析中的最大熵方法是基于香农熵提出的，因此，本书所提及的熵均为香农熵。

对于离散型随机变量 X 而言，其熵值 $H(X)$可以定义为

$$H(X)=-\sum_{x\in X}p(x)\ln[p(x)] \tag{3.1}$$

其中，$p(x)$为随机变量 X 的概率密度函数，并规定 $0\log 0 = 0$。若求和式中的某一项为零，就意味着此项对于熵的值不产生影响。不难看出，熵的定义式还可以写成

$$H(X)=E\left\{\ln\left[\frac{1}{p(x)}\right]\right\} \tag{3.2}$$

根据离散型随机变量的信息熵的定义可以总结出两点性质。

(1) 离散变量的信息熵是非负的。这一性质除了由熵的定义式可以推导出来之外，还可以从实际意义的角度来解释。因为负的熵值代表了负的信息，即当获取了某些信息之后反而增加了系统的不确定性，这并不符合逻辑，因此要求信息熵是非负的。

(2) 发生概率高的随机事件，其熵值较小。当某一事件为确定性事件时，熵值为零，因为从信息学的角度，获取了确定性的事件信息，对于整体的不确定性程度没有造成任何影响。

对于连续型随机变量而言，其信息熵可以由如下积分定义：

$$H(X) = -\int_X p(x)\ln[p(x)]\mathrm{d}x \tag{3.3}$$

其中，$p(x)$为随机变量 X 的概率密度函数。需要注意的是，与离散随机变量的熵不同，连续型随机变量的熵可以为负值。

3.2.2　最大熵原理

对于系统“最大熵”状态的思考可追溯至 20 世纪 50 年代的热力学领域，克劳修斯(Clausius)提出了热力学第二定律的另一表述形式——熵增原理。其内涵为：孤立系统中的自发过程总会趋向于熵增，最终达到最大熵值的平衡状态，即系统最混乱无序的状态。从哲学角度来讲，各种事物总在客观约束下朝最混乱的方向发展，混乱程度越高，概率越大。这也就意味着，熵越大越有可能接近事物的真实情况。

受热力学研究的启发，Jaynes[7]在信息论领域最早提出了最大熵原理，并明确其内涵：在对目标信息进行估测时，必须选取满足已知条件，且信息熵最大的一种概率分布形式，只有这样，作出的选择才是无偏的；而如果选取其他的分布形式，则意味着作出了某种假设，可能导致结果失真。最大熵原理实际上是以若干给定的统计矩值作为约束条件，熵值最大化为目标的优化问题，本书将其优化列式写作

$$\begin{aligned}
&\text{find } p_{\mathrm{m}}(y) \\
&\max H = -\int_{-\infty}^{+\infty} p_{\mathrm{m}}(y)\ln p_{\mathrm{m}}(y)\mathrm{d}y \\
&\text{s.t. } \int_{-\infty}^{+\infty} p_{\mathrm{m}}(y)\mathrm{d}y = 1 \\
&\qquad \int_{-\infty}^{+\infty} [G_i(y)]^{\alpha_i} p_{\mathrm{m}}(y)\mathrm{d}y = m_i, \quad i = 1,2,\cdots,n
\end{aligned} \tag{3.4}$$

其中，H 为随机变量 Y 的信息熵；$p_{\mathrm{m}}(y)$为 Y 的最大熵概率密度函数；$G_i(y)$表示随机变量 Y 的任意连续函数；α_i 为实数；m_i 代表与$[G_i(y)]^{\alpha_i}$对应的一种统计量；

n 为所使用的统计约束的个数。对此类有约束优化问题，可构造如下的拉格朗日函数进行求解：

$$L=-\int_{-\infty}^{+\infty}p_{\mathrm{m}}(y)\ln p_{\mathrm{m}}(y)\mathrm{d}y+\lambda\left[\int_{-\infty}^{+\infty}p_{\mathrm{m}}(y)\mathrm{d}y-1\right]$$
$$+\sum_{i=1}^{n}\lambda_i\left\{\int_{-\infty}^{+\infty}\left[G_i(y)\right]^{\alpha_i}p_{\mathrm{m}}(y)\mathrm{d}y-m_i\right\} \tag{3.5}$$

推导式(3.5)的驻值条件可得到原问题的解的一般表达：

$$p_{\mathrm{m}}(y)=\exp\left\{-\lambda_0-\sum_{i=1}^{n}\lambda_i\left[G_i(y)\right]^{\alpha_i}\right\} \tag{3.6}$$

其中，

$$\lambda_0=\ln\left(\int_Y\exp\left\{-\sum_{i=1}^{n}\lambda_i\left[G_i(y)\right]^{\alpha_i}\right\}\mathrm{d}y\right) \tag{3.7}$$

根据所面向问题的特点，α_i 和 $G_i(y)$可以取不同的形式。对应地，最大熵原理的具体优化格式也有所不同。本书对基于如下四种形式的最大熵原理的可靠性分析方法进行深入探讨。

(1) 传统的整数阶矩最大熵方法：α_i 为整数，$G_i(y)=(y-\mu_Y)/\sigma_Y$，其中，$\mu_Y$是 Y 的均值，σ_Y是 Y 的标准差。

(2) 基于非线性映射的整数阶矩最大熵方法：α_i 为整数，$G_i(y)$表示实数域上的某种非线性映射关系。

(3) 传统的分数阶矩最大熵方法：α_i 为分数，$G_i(y)=y$，且 $y>0$。

(4) 基于非线性映射的分数阶矩最大熵方法：α_i 为分数，$G_i(y)$表示实数域上的某种非线性映射关系，且 $G_i(y)>0$。

以上四类方法各有特色，针对不同的问题，它们各自在效率、精度或适用范围上体现出不同的优势。本章将对整数阶矩范畴内的最大熵方法(即(1)和(2))进行详细介绍，而分数阶矩范畴内的最大熵方法将在第 4 章进行系统阐述。

需要指出，最大熵原理将熵值作为概率密度估计的一项重要指标，对结果的合理性进行判断。更为具体地说，在实际计算中，我们只能获取关于功能函数的某些统计信息(通常为统计矩信息)，无法完整描述全部的概率分布特征，因此这些信息所指向的概率密度函数往往并不唯一。通常的处理方法是，人为根据工程经验或其他先验信息，预设或在计算中引入各类概率密度模型，并选取其中最贴近此模型的一个作为结果。显然，此类模型都会引入额外的人为假设，这极有可能直接影响概率密度估计的公正性。而最大熵原理提供了一个更加科学的选取原则，其计算结果引入的额外信息最少，是在当前信息条件下的最无偏的估计。

3.2.3 最大熵原理的等价形式——最小化 K-L 散度

由式(3.4)不难看出，最大熵原理本质上是一个凸优化问题。与该最大化问题对应，存在一个与之对偶的最小化问题，即最小交叉熵原理[17]。该理论同样是一种基于熵的优化原理，并且在诸多领域被广泛使用，也称为最小定向散度原理或最小差别信息原理。

交叉熵又称作 K-L 散度(Kullback-Leibler divergence)，用于度量两个概率密度函数间的差异。对于离散型的概率问题，两组离散的概率分布 $\boldsymbol{p}=(p_1,p_2,\cdots,p_n)$ 和 $\boldsymbol{q}=(q_1,q_2,\cdots,q_n)$的 K-L 散度定义为

$$K(\boldsymbol{q}:\boldsymbol{p})=\sum_{i=1}^{n}q_i\ln\frac{q_i}{p_i} \tag{3.8}$$

其中，约定 $0(\cdot)=0$，$q_i\ln(q_i/0)=+\infty$。K-L 散度有很多重要性质，本书列出常用的几条。

性质 1　K 是关于 q_i 和 p_i 的连续函数，而且 $K(\boldsymbol{q}:\boldsymbol{p})$具有置换对称性，即概率质量对$(p_1,q_1), (p_2,q_3),\cdots, (p_n,q_n)$的顺序改变不影响结果。

性质 2　$K\geqslant 0$，当且仅当 $\boldsymbol{q}=\boldsymbol{p}$ 时等号成立。

证明　由对数和不等式可以得到如下关系：

$$K(\boldsymbol{q}:\boldsymbol{p})=\sum_{i=1}^{m}q_i\ln\frac{q_i}{p_i}\geqslant\sum_{i=1}^{m}q_i\ln\left(\frac{\sum_{i}^{m}q_i}{\sum_{i}^{m}p_i}\right)=1\ln\left(\frac{1}{1}\right)=0 \tag{3.9}$$

证毕。

性质 3　K 是关于 $\boldsymbol{q}$ 和 $\boldsymbol{p}$ 的凸函数。

证明　推导 K 关于 $\boldsymbol{q}$ 和 $\boldsymbol{p}$ 的一阶、二阶和二阶混合偏导数得到

$$\frac{\partial D}{\partial q_i}=1+\ln\left(\frac{q_i}{p_i}\right),\quad \frac{\partial D}{\partial p_i}=-\frac{q_i}{p_i} \tag{3.10}$$

$$\frac{\partial^2 D}{\partial q_i^2}=\frac{1}{q_i},\quad \frac{\partial^2 D}{\partial p_i^2}=\frac{q_i}{p_i^2} \tag{3.11}$$

$$\frac{\partial^2 D}{\partial q_i\partial q_j}=0,\quad \frac{\partial^2 D}{\partial p_i\partial p_j}=0 \tag{3.12}$$

其中，$i, j = 1,2,\cdots,m$，且 $i\neq j$。由式(3.10)～式(3.12)可知，交叉熵关于 $q_1,q_2,\cdots,q_m$(或 $p_1,p_2,\cdots,p_m$)的黑塞矩阵正定。所以，K 是关于 $\boldsymbol{q}$ 和 $\boldsymbol{p}$ 的凸函数。证毕。

上述三条性质保证了交叉熵极值的存在性和唯一性，即当且仅当 $\boldsymbol{q}=\boldsymbol{p}$ 成立时，K 取得极小值 0。所以，可以通过 K 与 0 的接近程度，判断两个概率分布之间的“距离”。值得注意的是，这里的距离并非泛函分析中的概念，因为交叉熵不满足距离的对称性公理和三角不等式公理。

对于连续型随机变量，两个概率密度函数之间的 K-L 散度的定义为

$$\begin{aligned}K\left[p_Y(y),p(y)\right]&=\int_Y p_Y(y)\ln[p_Y(y)/p(y)]\mathrm{d}y\\&=H[p_Y(y)]-\int_Y p_Y(y)\ln[p(y)]\mathrm{d}y\end{aligned}\tag{3.13}$$

不难证明，$K[p_Y(y), p(y)]$依然满足性质 1～3。如果将 $p_Y(y)$定义为 Y 的真实概率密度函数，而 $p_{\mathrm{m}}(y)$为最大熵概率分布，那么最小化 $K[p_Y(y), p_{\mathrm{m}}(y)]$等价于式(3.4)所示的有约束的熵最大化问题，二者互为对偶问题。由于 $H[p_Y(y)]$是常数，所以，最小化 $K[p_Y(y), p_{\mathrm{m}}(y)]$可以等价写成

$$\min \varGamma(\boldsymbol{\alpha},\boldsymbol{\lambda})=-\int_Y p_Y(y)\ln[p_{\mathrm{m}}(y)]\mathrm{d}y\tag{3.14}$$

将式(3.6)代入式(3.14)可以得到

$$\begin{aligned}&\text{find } \boldsymbol{\alpha} \text{ and } \boldsymbol{\lambda}\\&\min \varGamma(\boldsymbol{\alpha},\boldsymbol{\lambda})=\lambda_0+\sum_{i=1}^{n}\lambda_i E\left\{\left[G_i(y)\right]^{\alpha_i}\right\}\end{aligned}\tag{3.15}$$

其中，$\boldsymbol{\alpha}=[\alpha_1, \alpha_2,\cdots, \alpha_n]$，$\boldsymbol{\lambda}=[\lambda_1, \lambda_2,\cdots, \lambda_n]$。下面我们将对式(3.4)和式(3.15)的等价性进行证明。

证明 由概率密度函数的归一化条件可知，式(3.4)可以等价写成

$$\begin{aligned}&\text{find } p_{\mathrm{m}}(y)\\&\max I\left[p_{\mathrm{m}}(y)\right]=H\left[p_{\mathrm{m}}(y)\right]+\int_Y p_{\mathrm{m}}(y)\mathrm{d}y=-\int_Y\left[p_{\mathrm{m}}(y)\ln p_{\mathrm{m}}(y)-p_{\mathrm{m}}(y)\right]\mathrm{d}y\\&\text{s.t.}\ \int_{-\infty}^{+\infty}p_{\mathrm{m}}(y)\mathrm{d}y=1\\&\quad\ \int_{-\infty}^{+\infty}\left[G_i(y)\right]^{\alpha_i}p_{\mathrm{m}}(y)\mathrm{d}y=m_i,\quad i=1,2,\cdots,n\end{aligned}\tag{3.16}$$

令 $\phi\left[p_{\mathrm{m}}(y)\right]=-p_{\mathrm{m}}(y)\ln p_{\mathrm{m}}(y)+p_{\mathrm{m}}(y)$，则 $\phi''\left[p_{\mathrm{m}}(y)\right]=-\dfrac{1}{p_{\mathrm{m}}(y)}$，又因为 $p_{\mathrm{m}}(y)>0$，所以 $\phi\left[p_{\mathrm{m}}(y)\right]$ 为 $p_{\mathrm{m}}(y)$ 的一个凸泛函，因此式(3.6)是式(3.16)的优化问题的唯一解。理论上，在给定 $\boldsymbol{\alpha}=[\alpha_1, \alpha_2,\cdots, \alpha_n]$的情况下，$p_{\mathrm{m}}(y)$ 中的 $\boldsymbol{\lambda}=[\lambda_1, \lambda_2,\cdots, \lambda_n]$可以由式(3.16)的统计矩约束条件构成的非线性方程组求解。

在给定 $\boldsymbol{\alpha}=[\alpha_1,\alpha_2,\cdots,\alpha_n]$的情况下，求 $\Gamma(\boldsymbol{\alpha},\boldsymbol{\lambda})$对 $\boldsymbol{\lambda}$ 的前两阶偏导数可得

$$\begin{aligned}\frac{\partial \Gamma}{\partial \lambda_r}&=E\left\{\left[G_r(y)\right]^{\alpha_r}\right\}-\int_Y\left[G_r(y)\right]^{\alpha_r}\exp\left\{-\lambda_0-\sum_{i=1}^{n}\lambda_i\left[G_i(y)\right]^{\alpha_i}\right\}\mathrm{d}y\\&=m_r-\int_Y\left[G_r(y)\right]^{\alpha_r}p_{\mathrm{m}}(y)\mathrm{d}y\end{aligned}\tag{3.17}$$

$$\frac{\partial^2 \Gamma}{\partial \lambda_r\partial\lambda_s}=\int_Y\left[G_r(y)\right]^{\alpha_r}\left[G_s(y)\right]^{\alpha_s}p(y)\mathrm{d}y-E\left\{\left[G_r(y)\right]^{\alpha_r}\right\}E\left\{\left[G_s(y)\right]^{\alpha_s}\right\}\tag{3.18}$$

其中，$r,s=1,2,\cdots,n$；$E\left\{\left[G_r(y)\right]^{\alpha_r}\right\}$和$E\left\{\left[G_s(y)\right]^{\alpha_s}\right\}$分别表示为

$$E\left\{\left[G_r(y)\right]^{\alpha_r}\right\}=\int_Y\left[G_r(y)\right]^{\alpha_r}p_{\mathrm{m}}(y)\mathrm{d}y\tag{3.19}$$

$$E\left\{\left[G_s(y)\right]^{\alpha_s}\right\}=\int_Y\left[G_s(y)\right]^{\alpha_s}p_{\mathrm{m}}(y)\mathrm{d}y\tag{3.20}$$

令 Γ 的黑塞矩阵为 $\boldsymbol{H}$，$\boldsymbol{v}=[v_1,v_2,\cdots,v_n]^{\mathrm{T}}$是任意 n 维列向量，则有

$$\begin{aligned}\boldsymbol{v}^{\mathrm{T}}\boldsymbol{H}\boldsymbol{v}&=\int_Y\sum_{r=1}^{n}\sum_{s=1}^{n}\left[G_r(y)\right]^{\alpha_r}\left[G_s(y)\right]^{\alpha_s}v_rv_sp_{\mathrm{m}}(y)\mathrm{d}y\\&\quad-\int_Y\sum_{r=1}^{n}E\left\{\left[G_r(y)\right]^{\alpha_r}\right\}v_rp(y)\mathrm{d}y\int_Y\sum_{s=1}^{n}E\left\{\left[G_s(y)\right]^{\alpha_s}\right\}v_sp_{\mathrm{m}}(y)\mathrm{d}y\\&=\int_Y\left\{\sum_{r=1}^{n}\left[G_r(y)\right]^{\alpha_r}v_r\right\}^2p(y)\mathrm{d}y-\left(\int_Y\sum_{r=1}^{n}E\left\{\left[G_r(y)\right]^{\alpha_r}\right\}v_rp_{\mathrm{m}}(y)\mathrm{d}y\right)^2\end{aligned}\tag{3.21}$$

由 Jensen 不等式可知，$\boldsymbol{v}^{\mathrm{T}}\boldsymbol{H}\boldsymbol{v}\geqslant 0$，即 $\boldsymbol{H}$ 半正定，因此，Γ 是关于 $\boldsymbol{\lambda}$ 的凹函数。反观式(3.17)，令其等于 0，可得 Γ 关于 $\boldsymbol{\lambda}$ 的驻值条件：

$$\int_Y\left[G_r(y)\right]^{\alpha_r}p_{\mathrm{m}}(y)\mathrm{d}y=\int_Y\left[G_r(y)\right]^{\alpha_r}\exp\left\{-\lambda_0-\sum_{i=1}^{n}\lambda_i\left[G_i(y)\right]^{\alpha_i}\right\}\mathrm{d}y=m_r\tag{3.22}$$

通过求解式(3.22)可得到相应的 $\boldsymbol{\lambda}$，又由凹函数的特性可知，该解即是 Γ 的唯一极小值点。对比式(3.22)与式(3.16)的约束条件可发现，两者完全相同，即 Γ 关于 $\boldsymbol{\lambda}$ 的驻值条件等价于原最大熵问题的矩约束条件。又因为式(3.16)的优化问题解的唯一性，所以，在给定 $\boldsymbol{\alpha}$ 的条件下，式(3.4)与式(3.15)的解等价。将式(3.6)代入 $H[p_{\mathrm{m}}(y)]$，可得矩约束条件下熵的最大值为

$$H[p_{\mathrm{m}}(y)]=\lambda_0+\sum_{i=1}^{n}\lambda_iE\left\{\left[G_i(y)\right]^{\alpha_i}\right\}\tag{3.23}$$

对比式(3.23)与式(3.15)可发现，在给定 $\boldsymbol{\alpha}$ 的矩约束条件下的最大熵值等于真实概率分布与最大熵分布的 K-L 散度的最小值，即

$$\max_{p_{\mathrm{m}}(y)} H[p_{\mathrm{m}}(y)] \Leftrightarrow \min_{\boldsymbol{\lambda}} \Gamma(\boldsymbol{\alpha}, \boldsymbol{\lambda}) \tag{3.24}$$

综上，原有约束的最大熵优化问题(式(3.4))与无约束的最小化 K-L 散度问题(式(3.15))等价，且两者互为对偶。证毕。

通常我们将最大熵问题称为原问题，而最小化 K-L 散度称为其对偶问题，前者是寻找满足统计矩约束条件且信息熵最大的函数，而后者是在无约束的情况下，寻找 n 个实数，使 K-L 散度(或 Γ)最小化。需要强调的是，影响 K-L 散度的实际上是两组参数，$\boldsymbol{\alpha}$ 和 $\boldsymbol{\lambda}$，本节证明的等价性是在 $\boldsymbol{\alpha}$ 给定的条件下成立的。若将 $\boldsymbol{\alpha}$ 也参数化，则两者并不一定等价，此时，采用最小化 K-L 散度的方法可以同时确定 $\boldsymbol{\alpha}$ 和 $\boldsymbol{\lambda}$，而采用最大熵的优化格式则不可，因为在不同矩约束下比较分布函数的信息熵并没有实际意义。所以，最大熵原理可以看作是最小化 K-L 散度的一种特殊情况。当然，最小化 K-L 散度中不可避免地要用到最大熵分布，即形如式(3.6)的概率密度函数表达形式，因此，最大熵原理的重要意义是不言而喻的。

最小 K-L 散度的引入进一步丰富了最大熵原理的内涵和外延，大量学者基于此概念对最大熵方法的流程进行了各种改进与简化，推动了该方法的发展，在后续章节会对其应用进行详细介绍。

3.3 传统的整数阶矩最大熵方法

如 3.2.2 节所述，当 α_i 为整数，$G_i(y)=(y-\mu_Y)/\sigma_Y$时，式(3.4)退化为传统的整数阶矩最大熵方法，即

$$\begin{aligned}
&\text{find } p_{\mathrm{m}}(y) \\
&\max H = -\int_Y p_{\mathrm{m}}(y)\ln p_{\mathrm{m}}(y)\mathrm{d}y \\
&\text{s.t. } \int_Y p_{\mathrm{m}}(y)\mathrm{d}y = 1 \\
&\qquad \int_Y \left(\frac{y-\mu_Y}{\sigma_Y}\right)^i p_{\mathrm{m}}(y)\mathrm{d}y = m_i,\ \ i=1,2,\cdots,n
\end{aligned} \tag{3.25}$$

相应地，式(3.6)变成

$$p_{\mathrm{m}}(y) = \exp\left[-\lambda_0 - \sum_{i=1}^{n}\lambda_i\left(\frac{y-\mu_Y}{\sigma_Y}\right)^i\right] \tag{3.26}$$

其中，

$$\lambda_0 = \ln\left\{\int_Y \exp\left[-\sum_{i=1}^{n}\lambda_i\left(\frac{y-\mu_Y}{\sigma_Y}\right)^i\right]\mathrm{d}y\right\} \tag{3.27}$$

为了进一步计算 n 个拉格朗日乘子 $\boldsymbol{\lambda}$ ，将式(3.25)的约束条件记为如下形式：

$$\begin{aligned}&G_0(\boldsymbol{\lambda}) = \int_Y \exp\left[-\sum_{i=1}^{n}\lambda_i\left(\frac{y-\mu_Y}{\sigma_Y}\right)^i\right]\mathrm{d}y = 1\\&G_j(\boldsymbol{\lambda}) = \int_Y \left(\frac{y-\mu_Y}{\sigma_Y}\right)^j \exp\left[-\sum_{i=1}^{n}\lambda_i\left(\frac{y-\mu_Y}{\sigma_Y}\right)^i\right]\mathrm{d}y = m_j,\quad j=1,2,\cdots,n\end{aligned} \tag{3.28}$$

本书采用标准牛顿迭代法求解式(3.28)的非线性方程组。首先，将这些方程在拉格朗日乘子的当前迭代值 $\boldsymbol{\lambda}^k$(或初始值 $\boldsymbol{\lambda}^0$)处一阶泰勒级数展开：

$$G_j(\boldsymbol{\lambda}) \approx G_j(\boldsymbol{\lambda}^k) + \left(\boldsymbol{\lambda}-\boldsymbol{\lambda}^k\right)\left[\mathrm{grad}G_j(\boldsymbol{\lambda})\right]_{\left(\boldsymbol{\lambda}=\boldsymbol{\lambda}^k\right)} = m_j,\quad j=0,1,\cdots,n \tag{3.29}$$

定义如下两个向量：

$$\boldsymbol{\delta}=\boldsymbol{\lambda}-\boldsymbol{\lambda}^k \tag{3.30}$$

$$\boldsymbol{\upsilon} = \left[m_0 - G_0(\boldsymbol{\lambda}),\cdots,m_n - G_n(\boldsymbol{\lambda})\right]^{\mathrm{T}} \tag{3.31}$$

则式(3.29)可进一步简化写为

$$\boldsymbol{\Omega}\boldsymbol{\delta} = \boldsymbol{\upsilon} \tag{3.32}$$

其中，$\boldsymbol{\Omega}$ 是雅可比(Jacobian)矩阵：

$$\boldsymbol{\Omega} = [\omega_{jl}] = \left[\frac{\partial G_j(\boldsymbol{\lambda})}{\partial \lambda_l}\right],\quad j,l=0,1,\cdots,n \tag{3.33}$$

不难得出，$\boldsymbol{\Omega}$ 是对称的汉克尔(Hankel)矩阵，其中的元素分别为

$$\omega_{jl} = \omega_{lj} = -\int_Y \left(\frac{y-\mu_Y}{\sigma_Y}\right)^j \left(\frac{y-\mu_Y}{\sigma_Y}\right)^l \exp\left[-\sum_{i=1}^{n}\lambda_i\left(\frac{y-\mu_Y}{\sigma_Y}\right)^i\right]\mathrm{d}y,\quad i,j=0,1,\cdots,n \tag{3.34}$$

然后，求解式(3.32)的线性方程组，并用下式更新拉格朗日乘子，直至收敛：

$$\boldsymbol{\lambda}^{k+1}=\boldsymbol{\delta}+\boldsymbol{\lambda}^k \tag{3.35}$$

具体的步骤如下：

(1) 给定拉格朗日乘子的初值 $\boldsymbol{\lambda}^k$，k=0；

(2) 通过式(3.34)计算雅可比矩阵 $\boldsymbol{\Omega}$，通过式(3.29)～式(3.31)计算向量 $\boldsymbol{\upsilon}$ 和 $\boldsymbol{\delta}$；

(3) 通过式(3.32)计算向量 $\boldsymbol{\delta}$，并由式(3.35)计算得到 $\boldsymbol{\lambda}^{k+1}$，更新当前拉格朗日乘子 $\boldsymbol{\lambda}^k$；

(4) 用更新后的拉格朗日乘子，重复步骤(2)～(4)进行迭代，直至满足收敛条件，输出 λ 结果；

(5) 将最终结果代入式(3.26)，得到概率密度函数。

需要注意的是，在传统整数阶矩最大熵方法中，统计矩约束的个数通常取 4，即功能函数的前四阶统计矩，它们分别反映了功能函数的均值、标准差、偏度系数和峰度系数等统计信息。在无特殊说明的情况下，本书所提到的整数阶矩最大熵方法均是以前四阶统计矩作为约束条件的。

3.4 基于非线性映射的整数阶矩最大熵方法

传统整数阶矩最大熵方法理论完备、计算高效，为可靠性分析问题提供了一类行之有效的求解策略，目前在可靠性分析中有非常广泛的应用。但该方法对于一些问题的概率分布尾部拟合精度不足，而且实际计算中会面临对无穷域的积分问题。基于非线性映射的整数阶矩最大熵方法[13,14]为解决这些问题提供了有效途径。

3.4.1 非线性映射

假设 Y 是定义在$(-\infty, +\infty)$上的实值函数，Z 是定义在有界区间$[a, b]$上的实值函数，$\vartheta:(-\infty,\ +\infty)\to[a,b]$ 是一种单调、可微、可逆的非线性映射，且 Z 与 Y 之间满足

$$Z=\vartheta(Y) \tag{3.36}$$

满足上述定义的非线性映射有很多，本小节介绍比较常用的几种。

(1) 反正切函数：

$$Z_1=\vartheta(Y,k_t)=\frac{2}{\pi}\arctan\left(\frac{Y}{k_t}\right),\quad Z_1\in[-1,1] \tag{3.37}$$

(2) 逻辑斯谛(logistic) sigmoid 函数：

$$Z_2=\vartheta(Y,k_t)=\frac{1}{1+\exp(-k_tY)},\quad Z_2\in[0,1] \tag{3.38}$$

(3) 双曲正切函数：

$$Z_3=\vartheta(Y,k_t)=\frac{\exp(k_tY)-\exp(-k_tY)}{\exp(k_tY)+\exp(-k_tY)},\quad Z_3\in[-1,1] \tag{3.39}$$

如图 3.2～图 3.4 所示，三种非线性映射均为一一映射，且都具有单调递增特性。式(3.37)～式(3.39)中的 k_t 是非线性映射中的可调参数，通过改变参数 k_t 的

取值，可以调整 Z 与 Y 之间的函数曲线的形状，随着参数 k_t 变化，其对应的 Z 值在有界区间中点附近的疏密程度发生变化。这种疏密性质的调整，会使 Z 与 Y 的概率密度函数有截然不同的特性。

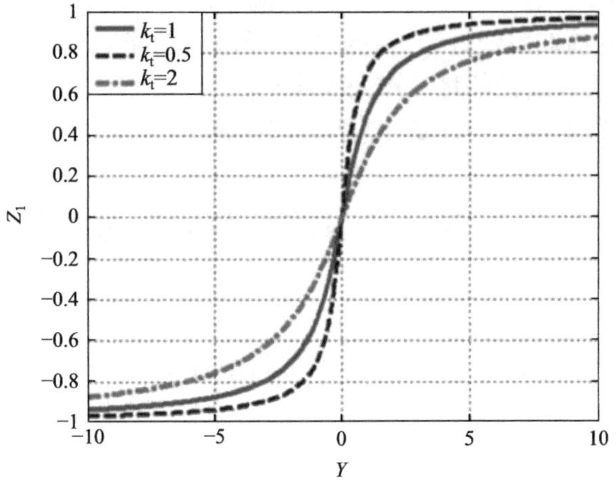

图 3.2　反正切函数 Z_1 的曲线示意图

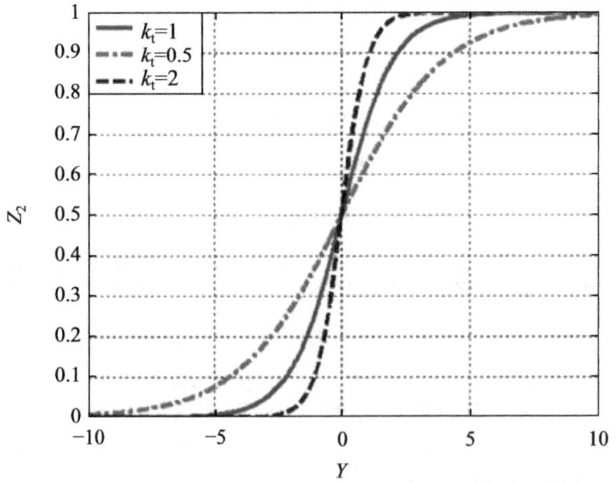

图 3.3　逻辑斯谛 sigmoid 函数 Z_2 的曲线示意图

三类变换函数中，k_t 值都是与功能函数 Y 相乘或相除后一起作为变换函数自变量的，如果原功能函数值的样本统计均值偏离零点，会导致映射后的函数样本值向边界集中。因此，考虑结合功能函数自身的统计特征，先对原函数 y 进行如下标准化：

$$Y'(\boldsymbol{x}) = \frac{Y(\boldsymbol{x})}{Y_\mu} \tag{3.40}$$

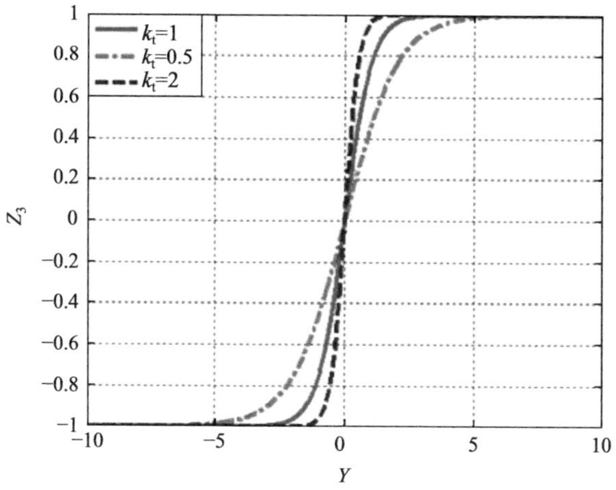

图 3.4 双曲正切函数 Z_3 的曲线示意图

其中，$y_\mu = y(\boldsymbol{\mu})$是输入随机矢量的均值处的功能函数值。这时可以将式(3.36)改写为

$$Z = \vartheta(Y', k_t) = \vartheta\left(\frac{Y}{Y_\mu}, k_t\right) \tag{3.41}$$

由上式对前面给出的三种转换函数形式进行改写，得到

(1) 反正切函数：

$$Z_1 = \vartheta\left(\frac{Y}{y_\mu}, k_t\right) = \frac{2}{\pi}\arctan\left(\frac{Y}{k_t y_\mu}\right), \quad Z_1 \in [-1,1] \tag{3.42}$$

(2) 逻辑斯谛 sigmoid 函数：

$$Z_2 = \vartheta\left(\frac{Y}{y_\mu}, k_t\right) = \frac{1}{1+\exp\left(-\dfrac{k_t Y}{y_\mu}\right)}, \quad Z_2 \in [0,1] \tag{3.43}$$

(3) 双曲正切函数：

$$Z_3 = \vartheta\left(\frac{Y}{y_\mu}, k_t\right) = \frac{\exp\left(\dfrac{k_t Y}{y_\mu}\right) - \exp\left(-\dfrac{k_t Y}{y_\mu}\right)}{\exp\left(\dfrac{k_t Y}{y_\mu}\right) + \exp\left(-\dfrac{k_t Y}{y_\mu}\right)}, \quad Z_3 \in [-1,1] \tag{3.44}$$

其中，k_t是此类非线性映射的可调参数。

经过如上变换，定义在无穷区间内的功能函数可被转换到一个合理的有界区间内，通过调整可调参数值，可以进一步调整映射关系，使映射后的随机变量 Z 的概率分布特性容易被精确捕捉。不仅如此，进一步深入研究可以发现，通过引入非线性映射，映射前后的概率分布之间存在着一些有趣的关系，这些关系为非线性映射中的可调参数的确定提供了坚实的理论基础。我们将其总结成如下两条定理。

定理 1(K-L 散度守恒定理) 设随机变量 Z 和 Y 满足公式(3.41)，Z 的真实概率密度函数表示为 $\varphi(z)$，对应的最大熵分布为 $\varphi_{\mathrm{m}}(z)$，Y 的真实概率密度函数表示为 $p(y)$，其近似的概率分布由 $\varphi_{\mathrm{m}}(z)$根据概率守恒条件导出，记作 $p_{\mathrm{m}}(y)$，则如下关于 K-L 散度的等式恒成立：

$$K[p(y),p_{\mathrm{m}}(y)]=K[\varphi(z),\varphi_{\mathrm{m}}(z)] \tag{3.45}$$

证明 由概率守恒条件可得

$$p(y)\mathrm{d}y=\varphi(z)\mathrm{d}z \tag{3.46}$$

$$p_{\mathrm{m}}(y)\mathrm{d}y=\varphi_{\mathrm{m}}(z)\mathrm{d}z \tag{3.47}$$

将上述关系代入 K-L 散度的定义式可得

$$\begin{aligned}K[\varphi(z),\varphi_{\mathrm{m}}(z)]&=\int_Z\varphi(z)\log\left[\frac{\varphi(z)}{\varphi_{\mathrm{m}}(z)}\right]\mathrm{d}z\\&=\int_Z p[\vartheta^{-1}(z)]|[\vartheta^{-1}(z)]'|\log\left\{\frac{p[\vartheta^{-1}(z)]|[\vartheta^{-1}(z)]'|}{p_{\mathrm{m}}[\vartheta^{-1}(z)]|[\vartheta^{-1}(z)]'|}\right\}\mathrm{d}z\\&=\int_Z p(y)\left|\frac{\mathrm{d}y}{\mathrm{d}z}\right|\log\left[\frac{p(y)}{p_{\mathrm{m}}(y)}\right]\mathrm{d}z\\&=\int_Z p(y)\log\left[\frac{p(y)}{p_{\mathrm{m}}(y)}\right]\mathrm{d}y=K[p(y),p_{\mathrm{m}}(y)]\end{aligned} \tag{3.48}$$

证毕。

定理 2(一致性定理) 考虑形如式(3.41)的两个不同的非线性映射 $Z_1=\vartheta_1(Y',k_1)=\vartheta_1\left(\dfrac{Y}{Y_\mu},k_1\right)$ 和 $Z_2=\vartheta_2(Y',k_2)=\vartheta_2\left(\dfrac{Y}{Y_\mu},k_2\right)$，它们的真实概率密度函数分别记作 $\varphi_1(z_1)$ 和 $\varphi_2(z_2)$，相应近似概率密度函数分别记作 $\varphi'_{\mathrm{m}}(z_1,k_1)$ 和 $\varphi''_{\mathrm{m}}(z_2,k_2)$。如果 $\varphi'_{\mathrm{m}}(z_1,k_1)$ 和 $\varphi''_{\mathrm{m}}(z_2,k_2)$ 与各自对应的真实概率密度函数的 K-L 散度之间满足 $K[\varphi_1(z_1),\varphi'_{\mathrm{m}}(z_1,k_1)]<K[\varphi_2(z_2),\varphi''_{\mathrm{m}}(z_2,k_2)]$，那么从最小化 K-L 散度的角度来看，$\varphi'_{\mathrm{m}}(z_1)$对 $\varphi_1(z_1)$ 的拟合效果要好于 $\varphi''_{\mathrm{m}}(z_2)$ 对 $\varphi_2(z_2)$ 的拟合效果。

证明 将 Y 的真实概率密度函数记作 $p(y)$，根据概率守恒条件可以由 $\varphi'_{\mathrm{m}}(z_1)$ 和 $\varphi''_{\mathrm{m}}(z_2)$ 分别导出 $p(y)$ 的两个近似概率密度函数，$p'_{\mathrm{m}}(y)$ 和 $p''_{\mathrm{m}}(y)$。由定理 1 可知，$K[\varphi_1(z_1),\varphi'_{\mathrm{m}}(z_1,k_1)]=K[p(y),p'_{\mathrm{m}}(y)]$ 且 $K[\varphi_2(z_2),\varphi''_{\mathrm{m}}(z_2,k_2)]=K[p(y),p''_{\mathrm{m}}(y)]$。所以，如果 $K[\varphi_1(z_1),\varphi'_{\mathrm{m}}(z_1,k_1)]<K[\varphi_2(z_2),\varphi''_{\mathrm{m}}(z_2,k_2)]$，那么 $K[p(y),p'_{\mathrm{m}}(y)]<K[p(y),p''_{\mathrm{m}}(y)]$，即 $p'_{\mathrm{m}}(y)$ 比 $p''_{\mathrm{m}}(y)$ 更接近于 $p(y)$。所以，从这个意义上来说，$\varphi'_{\mathrm{m}}(z_1)$ 比 $\varphi''_{\mathrm{m}}(z_2)$ 的近似效果更好。证毕。

3.4.2 三种非线性映射在整数阶矩最大熵方法中的应用

因为 3.4.1 节介绍的非线性映射为一一映射，所以本质上来说 Z 和原始函数 Y 的概率信息存在一致性关系。因此，可以通过最大熵方法拟合 Z 的概率密度函数，进而得到 Y 的概率分布。如 3.1.2 节所述，令式(3.4)中的 α_i 为整数，$G_i(y)$ 为非线性映射，即可得出基于非线性映射的整数阶矩最大熵方法，其优化列式为

$$
\begin{aligned}
&\text{find } p_{\mathrm{m}}(y)\\
&\max H=-\int_{-\infty}^{+\infty} p_{\mathrm{m}}(y)\ln p_{\mathrm{m}}(y)\mathrm{d}y\\
&\text{s.t.}\ \int_{-\infty}^{+\infty} p_{\mathrm{m}}(y)\mathrm{d}y=1\\
&\qquad \int_{-\infty}^{+\infty}[\vartheta(y)]^i p_{\mathrm{m}}(y)\mathrm{d}y=m_i,\quad i=1,2,3,4
\end{aligned}
\tag{3.49}
$$

上式也可等价地写成

$$
\begin{cases}
\text{find } \varphi_{\mathrm{m}}(z)\\
\max\ H[\varphi_{\mathrm{m}}(z)]=-\int_Z \varphi_{\mathrm{m}}(z)\ln[\varphi_{\mathrm{m}}(z)]\mathrm{d}z\\
\text{s.t.}\ \int_Z \varphi_{\mathrm{m}}(z)\mathrm{d}z=1\\
\qquad E[Z^i]=\int_Z z^i\varphi_{\mathrm{m}}(z)\mathrm{d}z,\quad i=1,2,3,4
\end{cases}
\tag{3.50}
$$

式(3.49)和式(3.50)是完全等价的，前者是通过最大熵方法直接对 Y 的概率分布进行建模，而后者是通过对 Z 的概率分布建模，然后可以通过概率守恒条件间接获得 Y 的概率分布：

$$
p_{\mathrm{m}}(y)=\varphi_{\mathrm{m}}(z)\left|\frac{\mathrm{d}z}{\mathrm{d}y}\right|=\varphi_{\mathrm{m}}[\vartheta(y)]\left|\frac{\mathrm{d}\vartheta(y)}{\mathrm{d}y}\right|
\tag{3.51}
$$

但是前者会不可避免地面临由无穷域的积分引起的误差，而后者充分利用非线性映射的性质，将无穷域映射至有限区间，从而有效避免了这种误差。更重要的

是，在有限区间内，约束条件的非线性方程组可以转化成线性方程组进行求解(详见 3.3.4 节)。因此，式(3.50)不仅是式(3.49)的等价形式，而且对算法的效率和精度而言具有更深远的意义。

由式(3.51)可知，基于非线性映射的整数阶矩最大熵方法的关键在于求解 Z 的概率密度函数 $\varphi_{\mathrm{m}}(z)$，$\varphi_{\mathrm{m}}(z)$的一般表达仍然可以按照最大熵分布的形式给出，即

$$\varphi_{\mathrm{m}}(z)=\exp\left(-\lambda_0-\sum_{i=1}^{4}\lambda_i z^i\right) \tag{3.52}$$

其中的拉格朗日乘子可以采用 3.2 节中介绍的牛顿法进行求解。基于 $\varphi_{\mathrm{m}}(z)$即可直接进行可靠性分析，如果 $Y<0$ 时结构失效，原功能函数 Y 的失效概率可按如下积分计算：

$$P_{\mathrm{f}}=\int_{-\infty}^{0} p_{\mathrm{m}}(y)\mathrm{d}y=\int_{a}^{a'}\varphi_{\mathrm{m}}(z)\mathrm{d}z \tag{3.53}$$

其中，a'为当 $Y=0$ 时 Z 的值，即 $a'=\vartheta(0)$。

上述基于非线性映射的整数阶矩最大熵方法计算流程如图 3.5 所示。

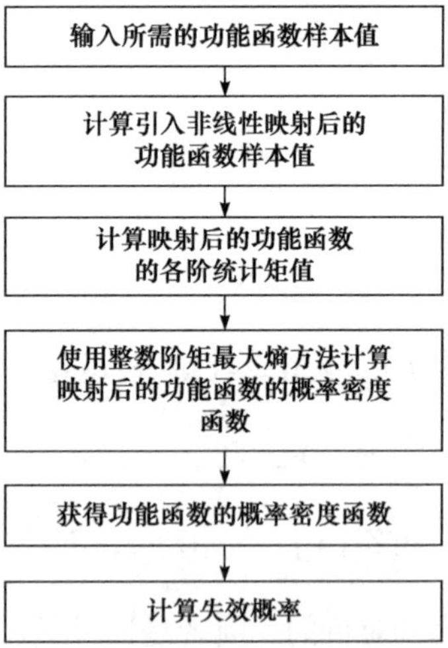

图 3.5　基于非线性映射的整数阶矩最大熵方法的计算流程图

与传统的整数阶矩最大熵方法相比，引入非线性映射可以有效地避免无穷边界截断误差的影响。更重要的是，基于非线性映射的整数阶矩最大熵方法可以在相同的样本信息条件下，更充分地利用响应的统计信息，具有比传统方法更高的拟合精度，尤其是在概率密度函数尾部的拟合方面，有明显优势，这对于可靠性分析的意义是不言而喻的。我们以反正切非线性映射为例说明这一点。

将式(3.42)表示成泰勒级数的形式，可以得到

$$Z_1=\vartheta\left(\frac{Y}{y_\mu},k_\mathrm{t}\right)=\frac{2}{\pi}\arctan\left(\frac{Y}{k_\mathrm{t}y_\mu}\right)=\frac{2}{\pi}\sum_{i=1}^{N}\left[(-1)^{N-1}\frac{1}{2N-1}\left(\frac{Y}{k_\mathrm{t}y_\mu}\right)^{2N-1}\right] \tag{3.54}$$

对 Z_1 取期望得到

$$E(Z_1)=\frac{2}{\pi}\sum_{i=1}^{N}\left\{(-1)^{N-1}\frac{1}{2N-1}E\left[\left(\frac{Y}{k_\mathrm{t}y_\mu}\right)^{2N-1}\right]\right\} \tag{3.55}$$

从式(3.55)中不难看出，一个非线性映射后的函数 Z_1 的均值实际上是大量的 Y 的统计矩的加权求和。因此，采用相同个数的统计矩作为约束条件，基于非线性映射的整数阶矩最大熵方法得到的结果所反映出的概率信息要远多于传统整数阶矩最大熵方法。而且，式(3.55)中所包含的大量的高阶统计矩信息对于概率分布尾部的拟合是至关重要的，所以在引入非线性映射后，概率分布尾部的拟合精度会大大提高。

3.4.3 非线性映射参数的影响

式(3.42)～式(3.44)所示的非线性映射均包含待定参数 k_t，这一参数对映射后的函数曲线形状，即映射后的函数样本的分布情况有很大影响。更具体地说，k_t 的取值一定程度地决定了转换后的功能函数 Z 的概率分布形式，因此，k_t 的选择对失效概率的计算精度至关重要。为进一步定量分析可调参数对失效概率估计误差的影响，本小节通过一个经典可靠性分析案例分析不同 k_t 下的结果，并以 10^6 个样本的蒙特卡罗模拟方法得到的结果为基准讨论 k_t 对计算误差的影响。需要注意的是，影响最大熵方法精度的两个重要因素包括最大熵求解算法和统计矩计算精度，本章旨在分析最大熵及其改进算法的性能，因此，为了避免统计矩计算误差，本章的统计矩采用蒙特卡罗模拟计算。

例 3-1 车辆碰撞问题

本例是车辆耐撞性可靠性优化问题的一部分，其功能函数的显式表达由 Gu 等[18]提出。在此，选择其中 B 柱冲击速度的功能函数进行分析，其表达式如式(3.56)所示，此问题包含的 7 个输入变量的物理意义及统计参数见表 3.1。

$$\begin{aligned}&Y=9.9-V_{\text{B-pillar}}\\&V_{\text{B-pillar}}=10.58-0.674X_1X_2-1.95X_2X_6+0.02054X_3X_7\\&\qquad\quad-0.0198X_4X_7+0.028X_5X_7\end{aligned} \tag{3.56}$$

表 3.1　各输入随机变量的分布参数

变量	物理意义	分布类型	平均值	标准差
X_1	B 柱内侧无量纲厚度	正态分布	1.0	0.03
X_2	B 柱加强件无量纲厚度	正态分布	1.0	0.03
X_3	底板无量纲厚度	正态分布	1.0	0.03
X_4	横梁无量纲厚度	正态分布	1.0	0.03
X_5	门带线加固件无量纲厚度	正态分布	1.0	0.03
X_6	B 柱内侧无量纲材料属性	正态分布	0.3	0.006
X_7	无量纲障碍物高度	正态分布	1.0	10.0

为更加直观地说明参数 k_t 取值对基于非线性映射的整数阶矩最大熵方法的失效概率估计结果的重要影响，图 3.6 给出了三种非线性映射下的失效概率的相对误差随参数 k_t 的变化曲线(k_t-ε 曲线)。由于非线性映射的形式差异，反正切函数需要在[0, 10]区间内选择 k_t 值，而对于逻辑斯谛 sigmoid 函数和双曲正切函数，则需在[0, 1]区间内选择 k_t 值。可见，在本例中不同非线性转换函数获得的失效概率相对误差曲线有显著差异；同一非线性转换函数，不同的 k_t 取值情况下，结果也存在着极大差异。在反正切函数结果曲线中，失效概率误差在 $k_t<3$ 时存在比较明显的波动，但误差可被控制在 5% 以内，仍然能够满足大多数实际问题的精度需求。当 $k_t>3$ 时，曲线趋于平缓，误差可稳定在 1% 以内。而对于逻辑斯谛 sigmoid 函数和双曲正切函数来说，当 $k_t>0.5$ 时，曲线均出现了显著的发散，误差明显增加。但相较而言，逻辑斯谛 sigmoid 函数所得结果整体可控，在

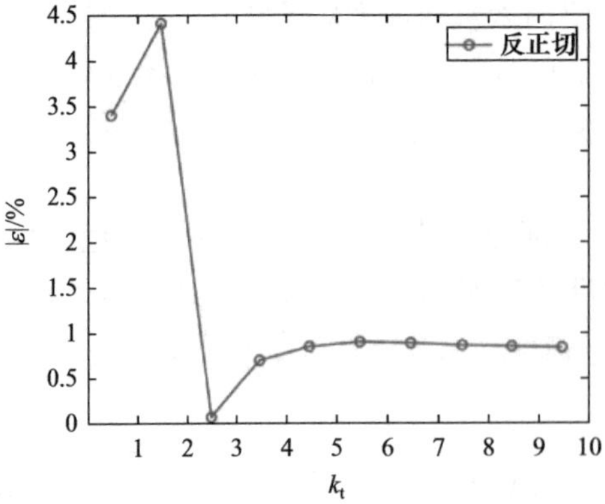

(a) Z_1的k_t-ε曲线

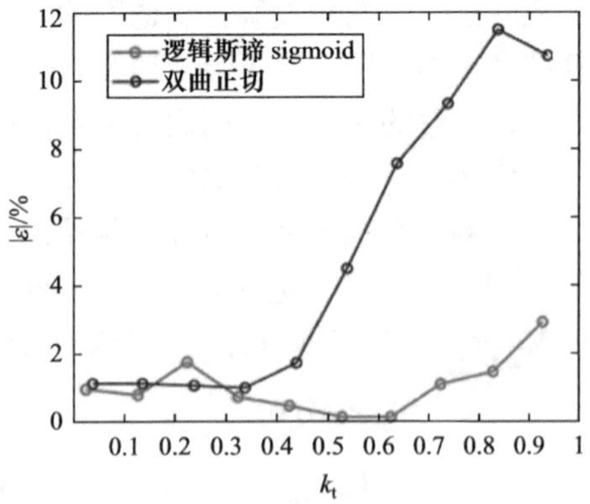

(b) Z_2和Z_3的k_t-ε 曲线

图 3.6　失效概率估计的 k_t - ε 曲线

k_t的取值区间内，均仍表现出较好的精度。由此可看出，若令误差小于 1% 的 k_t 作为其合理选择区间，则对于此例而言，反正切函数性能最好，k_t 取值合理区间较大，为[2, 10]；逻辑斯谛 sigmoid 函数效果次之，最优 k_t取值区间为[0, 0.2]和[0.3, 0.7]；双曲正切函数在所有 k_t 取值下，误差均大于 1%，因此其性能逊色于另外两者。但是总体而言，无论对于哪种非线性映射而言，都存在合适的 k_t 使计算误差较小，但是 k_t 的选取对三者结果的影响均较大，不合适的取值反而容易导致计算误差增加，所以如何合理确定可调参数，成为基于非线性映射的整数阶矩最大熵方法中至关重要的一环。本例中以蒙特卡罗模拟的结果作为基准选取 k_t，虽然效果很好，但并不实用。在 3.4.4 节中，将进一步介绍更加严谨、实用的参数选取方法。

3.4.4 非线性映射参数的确定

基于非线性映射的整数阶矩最大熵方法，可以充分利用响应函数的统计信息，相比于传统方法而言在精度上有更大的优势，而且能够避免无穷区间积分的截断误差。但是 3.4.3 节的分析表明，可调参数对结果影响非常显著，只有在其取值合适的情况下，非线性映射的作用才能充分体现。除可调参数外，基于非线性映射的整数阶矩最大熵方法还需确定最大熵概率分布中的拉格朗日乘子。所以，该方法本质上是一个双层嵌套的优化过程，外层是 k_t 的无约束一维搜索问题，内层是给定 k_t 条件下的最大熵原理优化问题。He 等[14]基于交叉熵的概念，提出了一种行之有效的可调参数确定方法。

对 Z 和 Y 建立如下非线性映射关系：

$$Z = \vartheta\left(\frac{Y}{y_\mu k_t}\right) \in (0,1) \tag{3.57}$$

其中，Z 的真实和最大熵概率密度函数分别记作 $\varphi(z,k_t)$ 和 $\varphi_m(z,k_t)$；Y 的真实概率密度函数记作 $p(y)$，由 $\varphi_m(z,k_t)$ 推导而来的最大熵分布记作 $p_m(y,k_t)$。

首先，讨论在给定 k_t 的条件下，最大熵分布的计算。为了充分利用非线性映射的优势，此处采用式(3.50)求解 $\varphi_m(z)$，然后通过式(3.51)间接得到 $p_m(y)$。由于非线性映射的引入，统计矩约束构成的非线性方程组可以简化成线性方程组。首先，对式(3.50)中的统计矩约束进行分部积分：

$$E(Z^i) = \frac{1}{i+1}[z^{i+1}\varphi_m(z)]_0^1 - \frac{1}{i+1}\int_Z z^{i+1}\mathrm{d}\varphi_m(z) = \frac{1}{i+1}\varphi_m(1) + \frac{1}{i+1}\sum_{k=1}^{4}\lambda_k k E(Z^{i+k}) \tag{3.58}$$

然后，令 $i=i-1$，式(3.58)可以写成

$$E(Z^{i-1})=\frac{1}{i}[z^i\varphi_{\mathrm{m}}(z)]_0^1-\frac{1}{i}\int_Z z^i\mathrm{d}\varphi_{\mathrm{m}}(z)=\frac{1}{i}\varphi_{\mathrm{m}}(1)+\frac{1}{i}\sum_{k=1}^{4}\lambda_k kE(Z^{i-1+k}) \tag{3.59}$$

最后，将式(3.58)与式(3.59)合并，可以得到如下关于 $\boldsymbol{\lambda}$ 的线性方程组：

$$(i+1)E(Z^i)-iE(Z^{i-1})=\sum_{k=1}^{4}\lambda_k k[E(Z^{i+k})-E(Z^{i-1+k})],\quad i=1,2,3,4 \tag{3.60}$$

通过求解该线性方程组，即可得到相应的拉格朗日乘子，把得到的结果代入式(3.52)即可得到 Z 的最大熵分布 $\varphi_{\mathrm{m}}(z)$。

令 $k_{\mathrm{t}}=k_1$ 和 $k_{\mathrm{t}}=k_2$ 时的非线性映射分别为 $Z_1=\vartheta\left(\dfrac{Y}{Y_\mu k_1}\right)$ 和 $Z_2=\vartheta\left(\dfrac{Y}{Y_\mu k_2}\right)$，它们的真实概率密度函数分别记作 $\varphi(z_1,k_1)$ 和 $\varphi(z_2,k_2)$，最大熵概率密度函数分别记作 $\varphi_{\mathrm{m}}(z_1,k_1)$ 和 $\varphi_{\mathrm{m}}(z_2,k_2)$。由 3.4.1 节的定理 2 可知，根据 $K[\varphi(z_1,k_1),\varphi_{\mathrm{m}}(z_1,k_1)]$ 和 $K[\varphi(z_2,k_2),\varphi_{\mathrm{m}}(z_2,k_2)]$ 可以直接判定拟合结果的精度，即 $k_{\mathrm{t}}=k_1$ 和 $k_{\mathrm{t}}=k_2$ 两个可调参数的优劣。所以，k_{t} 的选择可以通过如下优化列式实现：

$$k_{\mathrm{t}}=\underset{k_{\mathrm{t}}}{\operatorname{argmin}}\,K[\varphi(z,k_{\mathrm{t}}),\varphi_{\mathrm{m}}(z,k_{\mathrm{t}})] \tag{3.61}$$

根据 3.4.1 节的定理 1，式(3.61)可以进一步写成

$$\begin{aligned}k_{\mathrm{t}}&=\underset{k_{\mathrm{t}}}{\operatorname{argmin}}\,K[\varphi(z,k_{\mathrm{t}}),\varphi_{\mathrm{m}}(z,k_{\mathrm{t}})]\\&=\underset{k_{\mathrm{t}}}{\operatorname{argmin}}\,K[p(y),p_{\mathrm{m}}(y,k_{\mathrm{t}})]\\&=\underset{k_{\mathrm{t}}}{\operatorname{argmin}}-H[p(y)]-\int_Y p(y)\ln p_{\mathrm{m}}(y,k_{\mathrm{t}})\mathrm{d}y\end{aligned} \tag{3.62}$$

因为 $H[p(y)]$是常数，所以将 $p_{\mathrm{m}}(y,k_{\mathrm{t}})$按照式(3.51)的概率守恒条件处理后，式(3.62)可以等价地写成

$$\begin{aligned}k_{\mathrm{t}}=\underset{k_{\mathrm{t}}}{\operatorname{argmin}}\,\varGamma(k_{\mathrm{t}},\boldsymbol{\lambda})&=-\int_Y p(y)\ln p_{\mathrm{m}}(y,k_{\mathrm{t}})\mathrm{d}y\\&=\lambda_0+\sum_{i=1}^{4}\lambda_i E(Z^i)-E\left\{\ln\left[\left|\vartheta'\left(\frac{Y}{Y_\mu k_{\mathrm{t}}}\right)\right|\right]\right\}\end{aligned} \tag{3.63}$$

其中，拉格朗日乘子 $\boldsymbol{\lambda}$ 由式(3.60)的线性方程组求解。

至此，可调参数的选取和拉格朗日乘子的计算问题都得到了较好的解决。图 3.7 将非线性映射参数的确定方法进行了总结，更直观地展示了上述的算法流程。

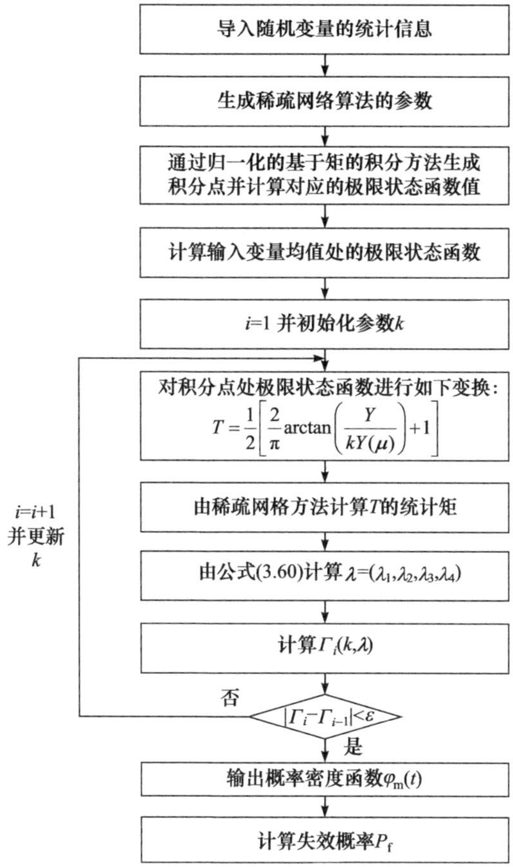

图 3.7　确定非线性映射参数的算法流程图

3.4.5　典型数值算例分析

这里通过两个典型的数值算例，将基于非线性映射的整数阶矩最大熵方法与传统方法进行对比，深入分析两者在概率分布拟合与失效概率计算方面的性能差异。为了简明起见，这里以一种反正切类的非线性映射函数——柯西分布函数(详见 4.3.1 节)为例进行说明。为了方便对比，采用如下相对误差对比方法的精度：

$$\varepsilon=\frac{\left|r-r_{\mathrm{MCS}}\right|}{r_{\mathrm{MCS}}} \tag{3.64}$$

其中，r_{MCS} 表示由 10^6 次蒙特卡罗模拟(MCS)得到的参考解；r 表示其他方法的结果。

例 3-2　多项式非线性问题[19]

本例是一个典型的强非线性可靠性分析问题，其功能函数公式如下：

$$Y=1-(y-6)^2-(y-6)^3+0.6(y-6)^4-z \tag{3.65}$$

其中，$y=0.9063x_1+0.4226x_2$，$z=0.4226x_1-0.9063x_2$，这里 x_1 和 x_2 相互独立且分别服从均值为 4.5580、标准差为 0.3 和均值为 1.9645、标准差为 0.3 的正态分布。

表 3.2 给出了基于非线性映射的整数阶矩最大熵方法得到的可调参数和最大熵分布参数。由图 3.8(a)可以看出，真实概率分布的左尾较厚，右尾很长，整个概率密度呈现出高度左偏的形态。这种概率分布的拟合难度是非常大的。由图 3.8(b)可以看出，非线性映射后的概率分布形式有非常大的变化，映射后的函数值较为合理地分布在有限区间内，有助于提高拟合的精度。通过映射前后的最大熵分布与 MCS 标准解的对比可以定性地说明，基于非线性映射的整数阶矩最大熵方法对该功能函数的概率分布拟合精度较高。表 3.3 给出了不同方法的失效概率计算结果，基于非线性映射的整数阶矩最大熵方法的计算误差仅为 2.24%，准确地捕捉到了真实概率分布的尾部信息；而传统方法误差则高达 50.52%。综上可得，基于非线性映射的整数阶矩最大熵方法找到了合适的可调参数，并利用对应的非线性映射准确拟合出了功能函数的概率分布。

表 3.2　例 3-2 的可调参数和最大熵分布参数

可调参数	λ_0	λ_1	λ_2	λ_3	λ_4
1.9651	−1.4155	0.7537	0.1901	−0.3568	0.1195

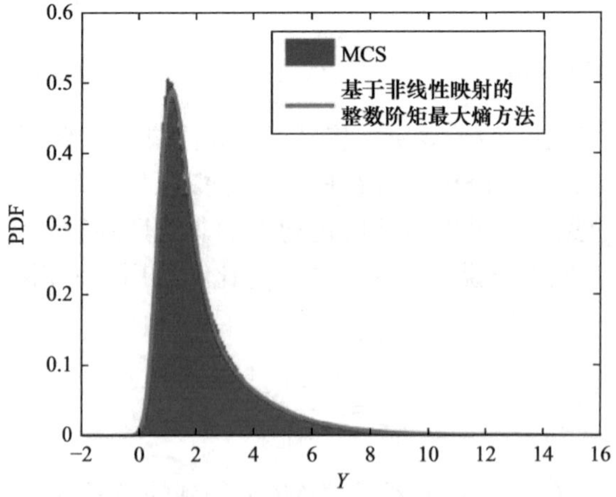

(a) 原始功能函数的概率分布对比图

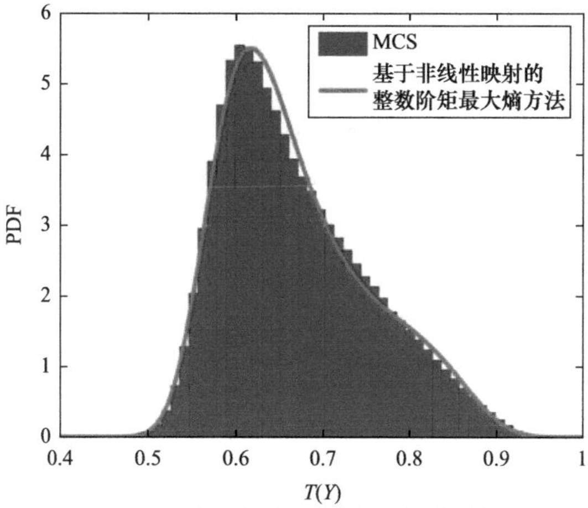

(b) 非线性映射后的概率分布对比图

图 3.8　例 3-2 的功能函数概率密度函数(PDF)拟合对比图

表 3.3　例 3-2 的失效概率计算结果

方法	失效概率	相对误差
MCS	6.71×10^{-4}	—
传统整数阶矩最大熵方法	1.01×10^{-3}	50.52%
基于非线性映射的整数阶矩最大熵方法	6.86×10^{-4}	2.24%

例 3-3　输入变量非正态分布的非线性问题[20]

如图 3.9 所示，本例是一个承受轴压的柱状结构的可靠性分析问题，其功能函数表达式如下：

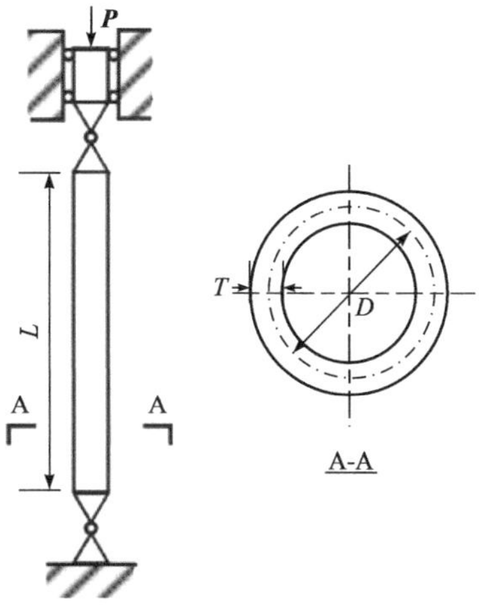

图 3.9　例 3-3 结构示意图

$$L_{\mathrm{B}}=\frac{\pi^2 E}{L^2}\left\{\frac{\pi}{64}\left[(D+T)^4-D^4\right]\right\}-P \tag{3.66}$$

其中，各个随机变量的物理意义和统计信息如表 3.4 所示。

表 3.4　例 3-3 的输入变量信息表

变量	物理意义	分布类型	均值	标准差
E	材料弹性模量	对数正态	203 GPa	30.45 GPa
D	截面平均直径	对数正态	23.5 mm	0.5 mm
T	柱的壁厚	对数正态	6 mm	0.4 mm
L	柱的高度	对数正态	2500 mm	50 mm
P	轴向载荷	耿贝尔(Gumbel)	4000 N	200 N

本例的非线性映射可调参数与对应的最大熵分布参数如表 3.5 所示。由图 3.10 不难看出，基于非线性映射的整数阶矩最大熵方法对原始和映射后的功能函数的概率密度函数均有非常高的拟合精度。由表 3.6 可知，传统整数阶矩最大熵方法的失效概率计算误差接近基于非线性映射的整数阶矩最大熵方法的 3 倍，这进一步说明了基于非线性映射的整数阶矩最大熵方法在概率分布尾部拟合上的优势。总的来说，基于非线性映射的整数阶矩最大熵方法能够自适应地搜索最优的可调参数，在计算精度上相对于传统整数阶矩最大熵方法有很大提高。

表 3.5　例 3-3 的可调参数和最大熵分布参数

可调参数	λ_0	λ_1	λ_2	λ_3	λ_4
2.7338	566.812	−3227.17	6928.671	−6733.654	2526.470

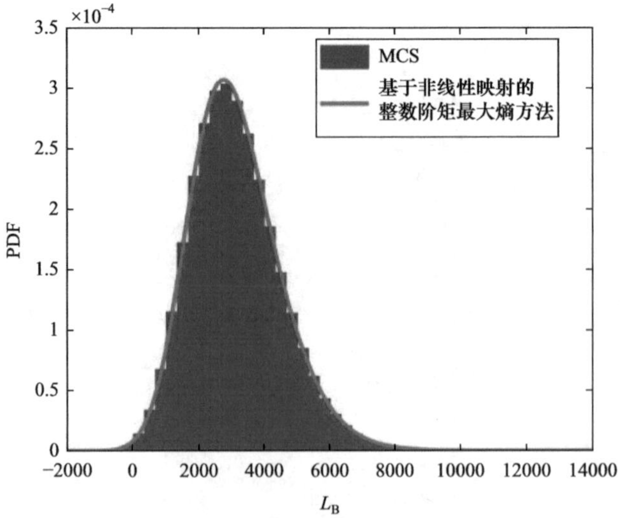

(a) 原始功能函数的概率分布对比图

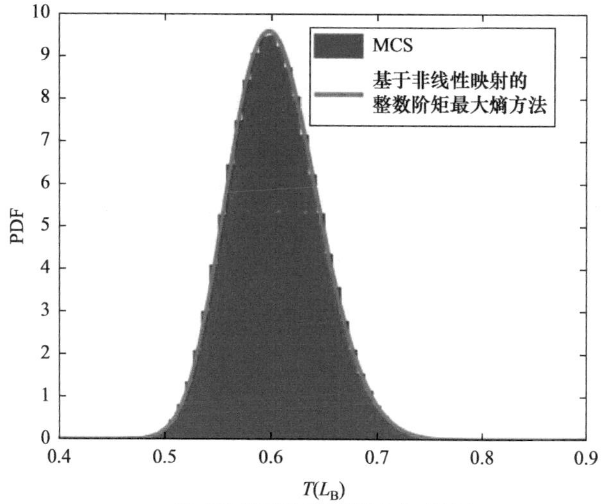

(b) 非线性映射后的概率分布对比图

图 3.10 例 3-3 的功能函数概率密度函数拟合对比图

表 3.6 例 3-3 的失效概率计算结果

方法	失效概率	相对误差
MCS	0.0019	—
传统整数阶矩最大熵方法	0.0016	15.79%
基于非线性映射的整数阶矩最大熵方法	0.0020	5.26%

3.5 工程应用——水下航行体连接结构的抗弯可靠性分析

高速运动的水下航行体会产生空化现象，空泡溃灭将产生巨大的水动力，这种水动力外部载荷具有高度的时空分布不确定性，且轴向、周向的发展特征并不相同，导致结构动力响应具有很大的不确定性，分析难度增大。水下航行体的结构和载荷简化模型示意图分别如图 3.11 和图 3.12 所示。为提高有限元分析效率，整个结构简化为环形梁模型，总长为 13m，直径和厚度分别为 2.11m 和 7.11mm。结构材料等效密度为 $9.8\times10^4\text{kg/m}^3$，泊松比为 0.3。模型有三个线性部分，分别在 3.2m 和 6m 处由两个连接件相连。每个连接件由四个双线性弹簧构成，弹簧拉压刚度不同。线性部分的杨氏模量和弹簧拉压刚度均为随机变量。为了方便进行动力学分析，将分布在 0.9m 和 5.6m 之间的水动力载荷转化为梁结构上选定的 15 个结点上的时变横向力，第 i 个结点的位置为 $0.3(i+3)$m，$i=1,2,\cdots,15$。每个点的加载为两个半正弦函数的连续组合，周期分别为 24ms 和 60ms。当周期 24ms 的前半正弦函数的随机振幅为 X 时，周期为 60ms 的后半正弦函数的振幅为 $-0.3X$。结构的初始状态为静止，第 i 点加载的开始时间为 $0.01(i-1)$s，$i=1,2,\cdots,15$。设定当 0.3s 内的连接结构时变弯矩最大值大于 220kN · m 时结构发生破坏。因此，极限状态函数可以记作

$$Y=220-M\left(X_1,X_2,\cdots,X_{20}\right) \tag{3.67}$$

其中，$M(X_1, X_2,\cdots, X_{20})$为结构时变弯矩的最大值。$X_1, X_2,\cdots, X_{20}$ 均为正态分布随机变量。其中，X_1 为杨氏模量，均值为 70GPa，变异系数为 0.05；X_2 和 X_3 分别为 3.2m 和 6m 处的拉伸刚度，均值为 3.65×10^5N/mm，变异系数为 0.1；X_4 和 X_5 分别为 3.2 m 和 6 m 处的抗压刚度，均值为 3.3×10^7N/mm，变异系数为 0.1；

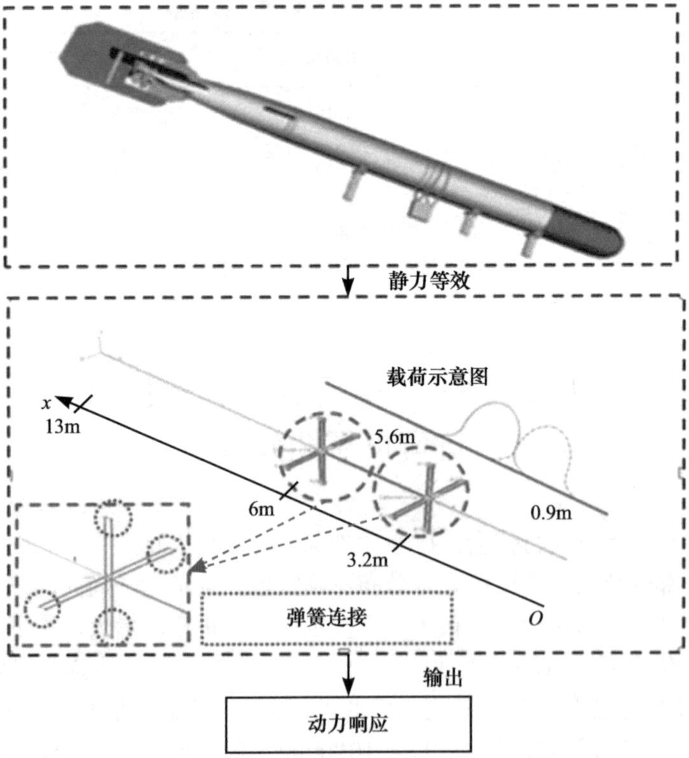

图 3.11　水下航行体结构含有非线性连接梁简化模型

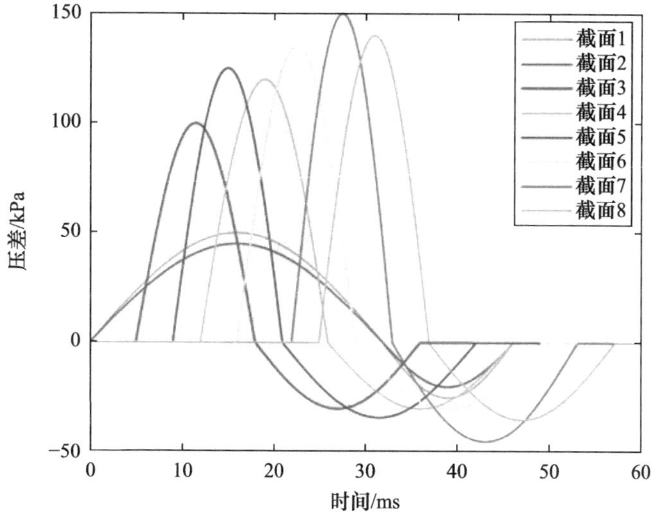

图 3.12　外载荷模型示意图

$X_6, X_7, \cdots, X_{20}$是 15 个加载点的载荷振幅，均值为 200kPa，变异系数为 0.2。本节分别采用式(3.36)～式(3.38)所给出的映射函数，通过基于非线性映射的整数阶矩最大熵方法拟合结构极值弯矩的概率密度函数。

此例中，由于传统整数阶矩最大熵方法在计算中出现雅可比矩阵病态的现象，无法得到收敛的结果。而在引入非线性映射函数后，算法性能得到很大改善。从表 3.7 中数据可见，基于非线性映射的整数阶矩最大熵方法的失效概率估计精度很高。图 3.13 进一步给出了各种非线性映射得到的概率分布拟合结果，不难看出，基于非线性映射的整数阶矩最大熵方法其对概率分布的整体和尾部拟合效果都很好。

表 3.7　各方法的失效概率计算结果

分析方法	失效概率 P_f	相对误差 ε /%
MCS	0.023600	—
传统整数阶矩最大熵方法	—	—
柯西分布函数(z_1)	0.023600	0.00(<0.001%)
逻辑斯谛分布函数(z_2)	0.024200	2.54
耿贝尔分布函数(z_3)	0.023300	1.27

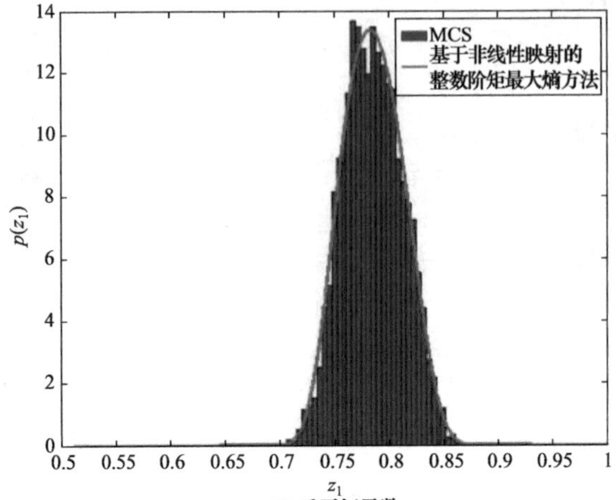

(a) 反正切函数

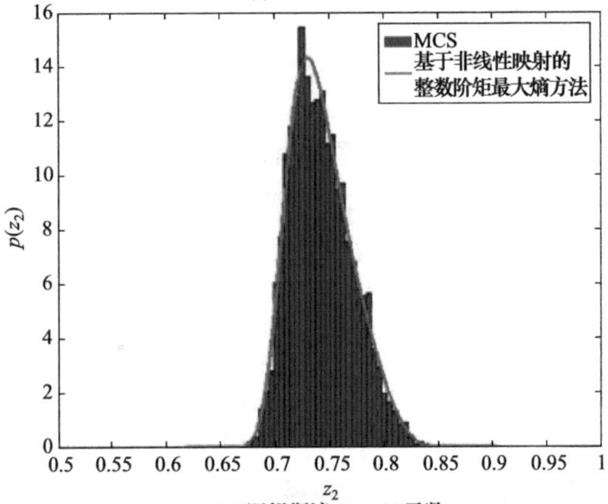

(b) 逻辑斯谛sigmoid 函数

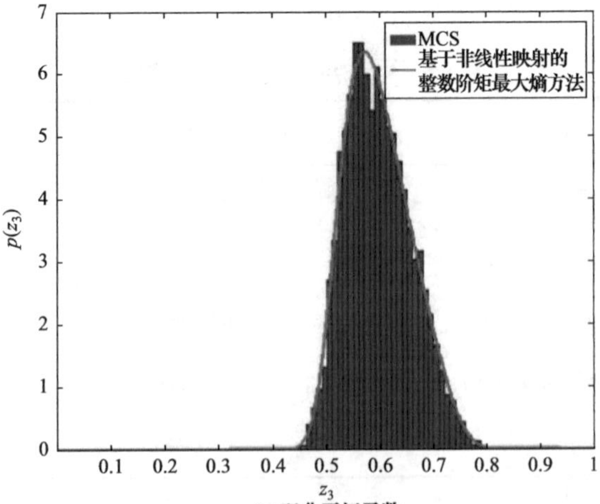

(c) 双曲正切函数

图 3.13　使用不同映射函数得到的概率密度估计结果

参 考 文 献

[1] Ono T, Idota H. Development of high order moment standardization method into structural design and its efficiency: A study on reliability-based design using high order moment part 2[J]. Journal of Structural and Construction Engineering, 1986, 365: 40-47.

[2] Hong H P. Point-estimate moment-based reliability analysis[J].Civil Engineering Systems, 1996, 13(4): 281-294.

[3] Zhao Y G, Ono T. Moment methods for structural reliability[J]. Structural Safety, 2001, 23(1): 47-75.

[4] Acar E, Rais-Rohani M, Eamon C D. Reliability estimation using univariate dimension reduction and extended generalised lambda distribution[J]. International Journal of Reliability and Safety, 2010, 4(2/3): 166-187.

[5] 刘继红, 付超, 孟欣佳. 一种基于鞍点近似的高效二阶可靠性分析方法[J]. 机械设计与制造, 2018, 327(5): 32-34.

[6] Kang H Y, Kwak B M. Application of maximum entropy principle for reliability-based design optimization[J]. Structural and Multidisciplinary Optimization, 2009, 38(4): 331-346.

[7] Jaynes E T. Information theory and statistical mechanics[J]. Physical Review, 1957, 106(4): 620-630.

[8] Kapur J, Kesavan H. Entropy Optimization Principles with Applications[M]. Boston: Academic Press Inc., 1992.

[9] Teitler S, Rajagopal A K, Ngai K L. Maximum entropy and reliability distributions[J]. IEEE Transactions on Reliability, 1986, 35(4): 391-395.

[10] 韦征, 叶继红, 沈世钊. 最大熵法可靠度理论在工程中的应用[J]. 振动与冲击, 2007, 26(6): 146-148, 151, 190.

[11] 邹春霞, 申向东, 王丽萍, 等. 水工建筑物可靠性分析中的最大熵法[J]. 福州大学学报(自然科学版), 2005, 33(S1): 115-118.

[12] Li G, Zhang K. A combined reliability analysis approach with dimension reduction method and maximum entropy method[J]. Structural and Multidisciplinary Optimization, 2011, 43(1): 121-134.

[13] Li G, Zhou C, Zeng Y, et al. New maximum entropy-based algorithm for structural design optimization[J]. Applied Mathematical Modelling, 2019, 66: 26-40.

[14] He W, Zeng Y, Li G. A novel structural reliability analysis method via improved maximum entropy method based on nonlinear mapping and sparse grid numerical integration[J]. Mechanical Systems and Signal Processing, 2019, 133: 106247.

[15] Shannon C E. A mathematical theory of communication[J]. The Bell System Technical Journal, 1948, 27(3): 379-423.

[16] Rényi A. On measures of entropy and information[J]. Proceedings of the fourth Berkeley Symposium on Mathematical Statistics Probability, 1961, 1: 547-561.

[17] Kullback S , Leibler R A . On information and sufficiency[J]. The Annals of Mathematical

Statistics, 1951, 22(1): 79-86.
[18] Gu L, Yang R J, Tho C H, et al. Optimisation and robustness for crashworthiness of side impact[J]. International Journal of Vehicle Design, 2001, 26(4): 348-360.
[19] Sung Y H, Kwak B M. Reliability bound based on the maximum entropy principle with respect to the first truncated moment[J]. Journal of Mechanical Science and Technology, 2010, 24(9): 1891-1900.
[20] Huang X, Zhang Y. Reliability-sensitivity analysis using dimension reduction methods and saddlepoint approximations[J]. International Journal for Numerical Methods in Engineering, 2013, 93(8): 857-886.

第 4 章　可靠性分析的分数阶矩最大熵方法

4.1　引　　言

虽然传统的整数阶矩最大熵方法概念简洁且容易实现，但是在实际应用中仍然存在一些问题。第一，如果要得到高精度的概率密度函数尾部拟合结果，则需要大量高精度的高阶统计矩。然而随着统计矩阶数的增加，算法的数值稳定性问题会变得非常显著[1-4]。第二，高阶统计矩的抽样方差较大，通常不易准确获得，尤其是在样本量很少的情况下，如果所求得的统计矩精度不足，那么最终得到的可靠性分析结果很可能是不准确的。这些不足限制了传统整数阶矩最大熵方法的应用，最近兴起的分数阶矩最大熵算法可以很好地解决这些问题。顾名思义，分数阶矩最大熵方法是将最大熵原理中的整数阶统计矩约束条件换为分数阶矩。理论上，一个分数阶矩可以看作是无穷多个整数阶矩的加权求和，从这个意义上来讲，它包含的统计信息要远多于一个整数阶矩。所以分数阶矩最大熵方法仅利用少量的低阶分数阶统计矩即可高精度拟合随机变量的概率分布，很好地解决了整数阶矩最大熵方法面临的种种困难。分数阶矩最大熵方法最早应用在数学和经济学领域[5-8]，后来，Zhang 和 Pandey[9]提出了一种乘积形式的单变量降维方法，为实际工程中的分数阶矩计算提供了一种高效可行的方法，进而将分数阶矩最大熵方法引入可靠性分析中。可靠性分析主要关注功能函数的概率分布的尾部拟合精度，Zhang 和 Pandey 的研究充分展示了分数阶矩最大熵方法在这方面的巨大潜力，所以，分数阶矩最大熵方法的相关研究很快成为可靠性分析中的热点。后来，Li 等[10-13]对分数阶矩最大熵方法的理论和应用展开了一系列深入研究，极大提高了分数阶矩最大熵方法的算法运行效率，并将其应用于可靠性优化和多峰概率分布的拟合。

显而易见，分数阶统计矩的计算很大程度上决定了分数阶矩最大熵方法的精度和效率。Zhang 和 Pandey 提出的乘积形式单变量降维方法，虽然非常高效，但是对于复杂问题的计算精度可能不足。为此，Xu[14]将双变量降维方法(bivariate dimension-reduction method, BDRM)的思想用于分数阶统计矩的计算，并结合分数阶矩最大熵方法提出了一种新的动力系统可靠性分析方法。最近，He 等[15]针对含有相关变量的可靠性分析问题，将单变量降维和双变量降维方法结合提出了一种混合降维方法(hybrid dimension-reduction method, HDRM)，并与分数阶矩最大熵方法结合用于可靠性分析，实现了计算效率和精度的折中。此外，Xu 等对复杂问题分数阶统计矩计算的高效数值方法开展了系统的研究，例如分层抽样方法[16]、自适应无迹变换方法[17]、旋转拟对称点方法[18]、低差异序列方法[19]、混合容积度规则方法[20]、非等权蒙特卡罗方法[21]等，并将这些方法分别与分数阶矩最大熵方法结合，建立了一系列高效准确的可靠性分析方法。

分数阶矩最大熵方法的主要优势在于，借助分数阶矩的概念提高概率分布拟合精度，给高可靠性分析的相关研究注入新的活力，从而是目前较为流行的可靠性分析算法之一。本章将详细介绍分数阶矩最大熵方法的理论基础、求解流程，以及最近提出的若干代表性算法。

4.2　传统的分数阶矩最大熵方法

所谓分数阶矩最大熵方法(fractional moment-based maximum entropy method, FM-MEM)，就是把分数阶矩作为公式(3.4)中的约束条件。分数阶矩最大熵方法有完善的数学理论基础，起初应用在概率论和经济学等领域[5, 8]，后来由 Zhang 和 Pandey[9]引入可靠性分析。已有研究表明，一个正的随机变量的概率分布，可以由有限个分数阶矩来描述[7]。而且一个分数阶矩理论上包含大量整数阶矩的信息，因此，采用少量的低阶分数统计矩就可以实现对概率分布及其尾部的高精度拟合，这样可以避免由高阶整数统计矩带来的一系列问题。大量的研究表明，分数阶矩最大熵方法可以精确评估结构的可靠性，并且可以克服传统整数阶矩最大熵方法的不足。下面本书从分数阶矩的概念入手，逐步深入地对分数阶矩最大熵方法进行介绍。

4.2.1　分数阶矩的概念

分数阶矩最大熵方法的核心在于引入了分数阶矩的概念。一个正的随机变量 Y 的分数阶矩可以表示为如下形式：

$$E[Y^{\alpha}]=\int_{Y} y^{\alpha} f(y)\mathrm{d}y,\quad \alpha\in\mathbf{R}^{1} \tag{4.1}$$

其中，α 为统计矩的阶数；$f(y)$是 Y 的概率分布函数；$\mathbf{R}^1$ 为一维实数空间。式(4.1)中的 y^{α} 可以在一个实常数 μ 处展开为泰勒级数形式：

$$y^{\alpha}=\sum_{i=0}^{\infty}\binom{\alpha}{i}\mu^{\alpha-i}(y-\mu)^{i} \tag{4.2}$$

其中，分数阶二项式系数可以被表示为

$$\binom{\alpha}{i}=\frac{\alpha(\alpha-1)\cdots(\alpha-i+1)}{i!},\quad \binom{\alpha}{0}=1 \tag{4.3}$$

在此需要说明的是，分数二项式系数的概念与一般的二项式系数不同。式(4.3)中分数矩的阶 α 可为任意实数，且不需满足 $i<\alpha$。将式(4.2)代入式(4.1)，可以看出，一个分数阶矩可以表示为无限整数阶矩的加权求和形式，即

$$E(\boldsymbol{Y}^{\alpha})=\sum_{i=0}^{\infty}\binom{\alpha}{i}\mu^{\alpha-i}E\left[\left(Y-\mu\right)^{i}\right] \tag{4.4}$$

所以，一个分数阶矩包含着大量整数阶矩的统计信息。因此可以推断，通过少量的分数阶矩，可获取比同等数量整数阶矩更多的概率信息，从而显著地提高对于统计矩信息的利用率。这一点对于最大熵方法而言是非常有意义的。

4.2.2 分数阶矩最大熵方法

将式(4.4)的 α_j 定义为分数，并令 $G_j(y)=y$，即可得到分数阶矩最大熵方法的一般表达形式：

$$\begin{aligned}
&\text{find } f_{\mathrm{m}}(y)\\
&\max H=-\int_{Y} f_{\mathrm{m}}(y)\ln f_{\mathrm{m}}(y)\mathrm{d}y\\
&\text{s.t.}\ \int_{Y} f_{\mathrm{m}}(y)\mathrm{d}y=1\\
&\qquad \int_{Y} y^{\alpha_i} f_{\mathrm{m}}(y)\mathrm{d}y=E(Y^{\alpha_i})=m_i,\ \ i=1,2,\cdots,N
\end{aligned} \tag{4.5}$$

与整数阶矩类似，通过构造拉格朗日函数可以推导出 Y 的最大熵分布 $f_{\mathrm{m}}(y)$ 的一般表达形式：

$$f_{\mathrm{m}}(y)=\exp\left(-\lambda_0-\sum_{i=1}^{n}\lambda_i y^{\alpha_i}\right) \tag{4.6}$$

其中，

$$\lambda_0=\ln\left[\int_{Y}\exp\left(-\sum_{i=1}^{n}\lambda_i y^{\alpha_i}\right)\mathrm{d}y\right] \tag{4.7}$$

与整数阶矩最大熵方法相同的是，当 $n\to+\infty$时，分数阶矩最大熵方法的结果也能收敛于真实概率密度函数。不同点在于，整数阶矩最大熵方法中的待定参数只有 $\boldsymbol{\lambda}=[\lambda_1,\ \lambda_2,\ \cdots,\ \lambda_n]$，而在分数阶矩最大熵方法中，除了 $\boldsymbol{\lambda}$ 外，统计矩阶次 $\boldsymbol{\alpha}=[\alpha_1,\ \alpha_2,\ \cdots,\ \alpha_n]$也是待定参数。所以，不难看出，在给定统计矩个数 n 的情况下，分数阶矩最大熵方法的优化列式本质上是一个双层嵌套问题，内层利用由约束条件构成的非线性方程组求解拉格朗日乘子 $\boldsymbol{\lambda}$，外层是对统计矩阶次 $\boldsymbol{\alpha}$ 的寻优过程。然而，由分数阶统计矩约束构成的非线性方程组的雅可比矩阵通常条件数过大，所以直接按照传统整数阶矩最大熵方法的思路求解分数阶矩最大熵方法中

的待定系数是行不通的。目前通用的方法是通过 3.2.3 节中的最小化 K-L 散度来得到最大熵分布中的各项参数，其优化列式如下：

$$\min_{\boldsymbol{\alpha}}\left\{\min_{\boldsymbol{\lambda}}\left\{\Gamma(\boldsymbol{\alpha},\boldsymbol{\lambda})\right\}\right\} \tag{4.8}$$

其中，$\boldsymbol{\alpha}=[\alpha_1, \alpha_2,\cdots, \alpha_n]$是优化问题的外层循环；$\boldsymbol{\lambda}=[\lambda_1, \lambda_2,\cdots, \lambda_n]$是内层循环；$\Gamma(\boldsymbol{\alpha}, \boldsymbol{\lambda})$的表达为

$$\Gamma(\boldsymbol{\alpha},\boldsymbol{\lambda})=\lambda_0+\sum_{i=1}^{n}\lambda_i E(Y^{\alpha_i}) \tag{4.9}$$

这一双层循环优化问题的求解流程图如图 4.1 所示。

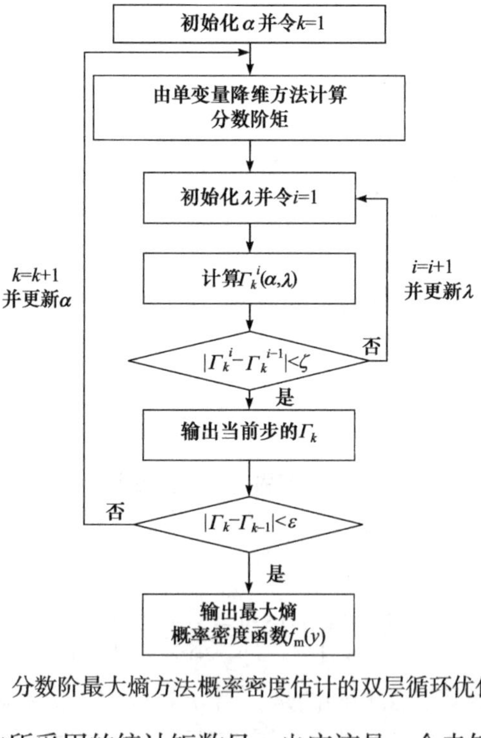

图 4.1　分数阶最大熵方法概率密度估计的双层循环优化流程

实际上，计算中所采用的统计矩数目 n 也应该是一个未知参数，因此，最大熵分布的求解本质上是一个三层的循环的优化问题，即

$$\min_{n}\left\{\min_{\boldsymbol{\alpha}}\left\{\min_{\boldsymbol{\lambda}}\{\Gamma(\boldsymbol{\alpha},\boldsymbol{\lambda})\}\right\}\right\} \tag{4.10}$$

但是，考虑到算法应用的简洁性，通常直接指定 n=3 或 4 进行计算，这可以满足大多数问题的需求。

4.2.3 整数阶矩与分数阶矩最大熵方法性能比较

例 4-1 强非线性问题

本小节通过如下非线性功能函数说明分数阶矩最大熵方法相对于整数阶矩最大熵方法在概率分布拟合精度上的优势：

$$Y=0.1[\exp(0.8X_1-1.2)+\exp(0.7X_2-0.6)] \tag{4.11}$$

其中，X_1 和 X_2 独立同分布于均值为 3、标准差为 0.8 的正态分布。需要说明，同第 3 章一样，为了避免统计矩计算误差，本章也采用蒙特卡罗模拟方法获得分数阶矩。

表 4.1 和表 4.2 给出了两种最大熵方法得到的最大熵分布参数及它们所用到的统计矩信息，相应的概率分布拟合情况如图 4.2 所示。图中结果明显地展示了两种最大熵方法的拟合精度的差异，显然分数阶矩最大熵方法的结果与 MCS 的参考解更接近，而整数阶矩最大熵方法则产生了巨大的误差。进一步估计两个最大熵分布与真实概率分布之间的 K-L 散度(用 Γ 代替)可发现，分数阶矩最大熵方法的结果约为 1.2×10^{-4}，而整数阶矩最大熵方法则为 2.9×10^{-3}，这种量级上的差距与图 4.2 所体现出的两种方法在精度上的巨大差异相吻合。此外，由表中数据还可以发现，分数阶矩最大熵方法仅用三个低阶分数阶矩的统计信息即可得到非常精确的结果，相比之下，虽然整数阶矩最大熵方法用了前四阶统计信息，但其精度却较差。综上所述，由于分数阶矩比整数阶矩包含更多的统计信息，所以分数阶矩最大熵方法可以使用少量的低阶分数阶矩实现概率分布的高精度拟合，比整数阶矩最大熵方法更为精确。

表 4.1 分数阶矩最大熵方法的分布参数及统计矩约束

分数矩阶次 α	分数阶矩	拉格朗日乘子 λ	K-L 散度
0	—	−39.3176	1.2×10^{-4}
−0.3224	1.0652	20.8189	
0.6768	0.9337	1677.3857	
0.6792	0.9336	−1658.7244	

表 4.2 整数阶矩最大熵方法的分布参数及统计矩约束

整数矩阶次 α	分数阶矩	拉格朗日乘子 λ	K-L 散度
0	—	0.4213	2.9×10^{-3}
1	0.9331	−3.2871	
2	1.0522	5.7455	
3	1.4515	−1.7331	
4	2.4748	0.1413	

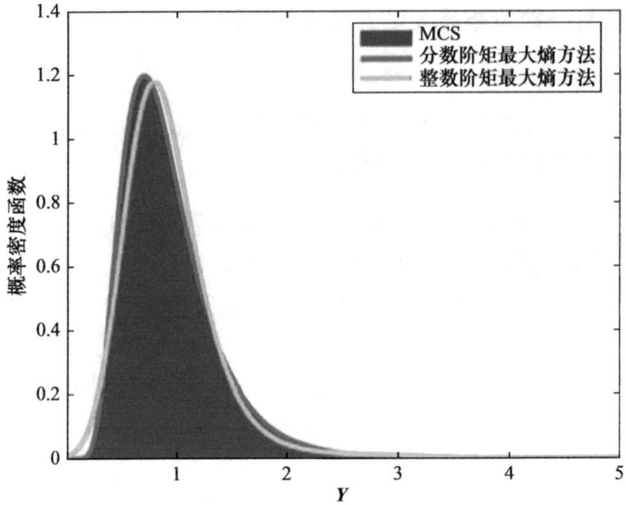

图 4.2　$\boldsymbol{Y}$ 的概率密度函数结果对比图

4.3　基于非线性映射的分数阶矩最大熵方法

第 3 章通过引入单调非线性函数可以将无界函数空间映射至有界空间，极大地提高了整数阶矩最大熵方法的可靠性分析精度。在分数阶矩最大熵法中，由于分数阶矩对功能函数有非负需求，类似的非线性映射方法体现出更重要的意义。本章将介绍适用于分数阶矩最大熵方法的一类非线性映射，并介绍几种典型的基于非线性映射的分数阶矩最大熵方法。

4.3.1　基于典型概率分布的分数阶矩最大熵方法

为满足分数阶矩对于功能函数的非负需求，需要引入一类单调递增函数 $F(y)$ 将原功能函数的范围由$(-\infty, +\infty)$转化到非负区间。显然，概率分布函数可以满足这类区间映射要求。

首先，与 3.4.1 节类似，将原功能函数进行标准化：

$$Y'(X) = \frac{Y(X)}{k_t y_\mu} \tag{4.12}$$

其中，$k_t > 0$ 是可调参数；$y_\mu = y(\boldsymbol{\mu})$，这里 $\boldsymbol{\mu}$ 是随机向量 X 的均值。

然后，选择与 $Y'(X)$的定义域一致的概率分布函数 $F(Y')$，将功能函数转换为如下形式：

$$Z = F\left[\frac{Y(X)}{k_t y_\mu}\right] \tag{4.13}$$

其中，Z 是[0, 1]上的随机函数；$Y(X)$的取值范围可以是任何区间，包括$(-\infty, +\infty)$。因为概率分布函数是单调递增函数，所以原功能函数与转换后的函数之间是一一映射关系。在常用的概率分布函数中，本书选择以下三种概率分布函数作为从$(-\infty, +\infty)$到[0, 1]的非线性映射。

(1) 柯西分布函数 z_1：

$$z_1 = F\left[\frac{y(x)}{k_t y_\mu}\right] = \frac{1}{\pi}\arctan\left[\frac{y(x)}{k_t y_\mu}\right] + \frac{1}{2} \tag{4.14}$$

(2) 逻辑斯谛分布函数 z_2：

$$z_2 = F\left[\frac{y(x)}{k_t y_\mu}\right] = \frac{1}{1+\exp\left[-\dfrac{y(x)}{k_t y_\mu}\right]} \tag{4.15}$$

(3) 耿贝尔分布函数(极值分布函数)z_3：

$$z_3 = F\left[\frac{y(x)}{k_t y_\mu}\right] = \exp\left\{-\exp\left[-\frac{y(x)}{k_t y_\mu}\right]\right\} \tag{4.16}$$

由图 4.3～图 4.5 可知，可调参数可以调整三种典型概率分布函数的 Y-Z 曲线上各点向 $Z = 0.5$ 处的集中程度，换言之，变换后功能函数 Z 的离散程度可以得到合理调整。如果要将$[0, +\infty)$转换为[0, 1]，也有各类型的概率分布函数可供用作非线性变换函数，例如厄兰(Erlang)分布函数、指数分布函数、瑞利(Rayleigh)

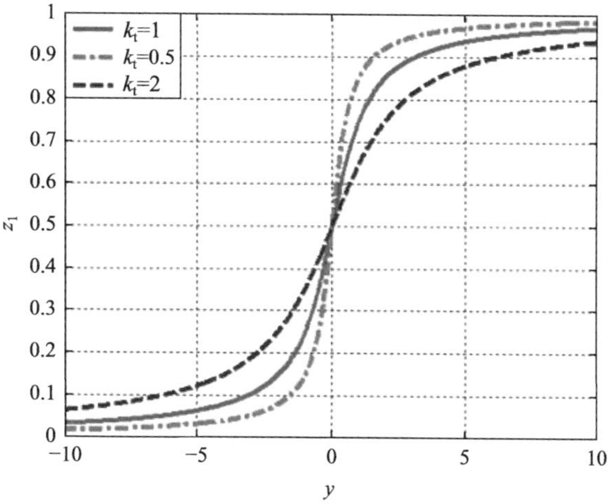

图 4.3 柯西分布函数 z_1 的曲线示意图

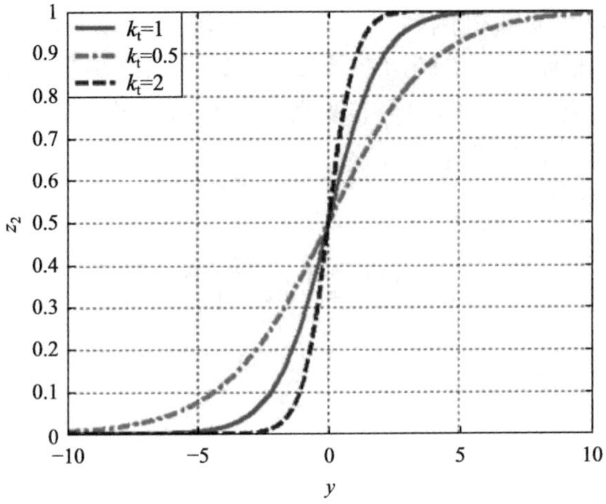

图 4.4　逻辑斯谛分布函数 z_2 的曲线示意图

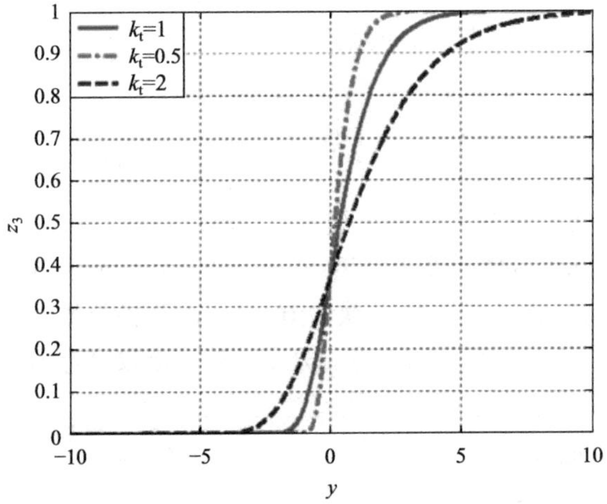

图 4.5　耿贝尔分布函数 z_3 的曲线示意图

分布函数、韦布尔(Weibull)分布函数和 Pareto 分布函数等，可根据实际问题的具体需要灵活选用。

不难得出，映射后的功能函数 Z 的最大熵分布求解格式为

$$\begin{aligned}
&\text{find} && f_Z(z) \\
&\max && H[f_Z(z)] = -\int_0^1 f_Z(z)\ln f_Z(z)\mathrm{d}z \\
&\text{s.t.} && E[Z^{\alpha_m}] = \int_0^1 z^{\alpha_m} f_Z(z)\mathrm{d}z, \quad m = 1,2,\cdots,n
\end{aligned} \tag{4.17}$$

该优化列式的求解具体流程可以参照 4.2.2 节。

因为非线性映射是单调的，由概率守恒关系可以推导出原功能函数的概率密度函数 $p(y)$与映射后的概率密度函数之间的关系：

$$p(y) = f(z)\frac{\mathrm{d}F(y')}{\mathrm{d}y'}\frac{1}{k_{\mathrm{t}}y_{\mu}} \tag{4.18}$$

如果功能函数 $Y < y_{\mathrm{f}}$时结构失效，可以将失效概率计算为

$$P_{\mathrm{f}} = \int_{-\infty}^{y_{\mathrm{f}}} p(y)\mathrm{d}y = \int_{0}^{a} f(z)\mathrm{d}z \tag{4.19}$$

而如果结构在 $Y > y_{\mathrm{f}}$时失效，可以将失效概率计算为

$$P_{\mathrm{f}} = \int_{y_{\mathrm{f}}}^{+\infty} p(y)\mathrm{d}y = \int_{a}^{1} f(z)\mathrm{d}z \tag{4.20}$$

其中，当 $y = y_{\mathrm{f}}$时，$z = a$。

基于非线性映射的改进分数阶矩最大熵方法的计算流程图如图 4.6 所示，与原有方法流程相比，基于非线性变换的分数阶最大熵方法在功能函数形式上有了更广的适用范围，同时也避免了由数值积分边界无穷导致的截断误差问题。

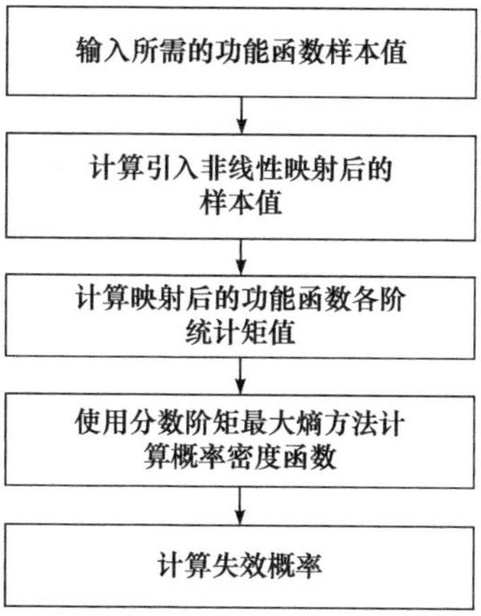

图 4.6 基于非线性变换的改进分数阶最大熵方法的计算流程图

4.3.2 非线性映射参数的影响

基于非线性映射的分数阶矩最大熵方法能够克服传统方法的不足，在提升概率分布拟合精度方面有较大潜力。与第 3 章类似，本章的可调参数 k_{t} 的选择对最大熵分布精度会产生一定的影响。这里通过一个常见的数值问题，验证基于非线性映射的分数阶矩最大熵方法的正确性，并进一步讨论 k_{t}对结果的影响。

例 4-2 悬臂梁可靠性分析问题[22]

如图 4.7 所示，悬臂梁截面高度 $t = 2.349\mathrm{in}(1\mathrm{in} = 2.54\mathrm{cm})$，宽度 $w = 3.907\mathrm{in}$，

梁的长度 L=100in，材料的弹性模量 E 和两个方向的载荷 W_x，W_y 考虑成随机变量，它们的概率信息如表 4.3 所示。该结构的功能函数为端部位移，即

$$Y = \frac{4L^3}{Ewt}\sqrt{\left(\frac{W_y}{t^2}\right)^2 + \left(\frac{W_x}{w^2}\right)^2} \tag{4.21}$$

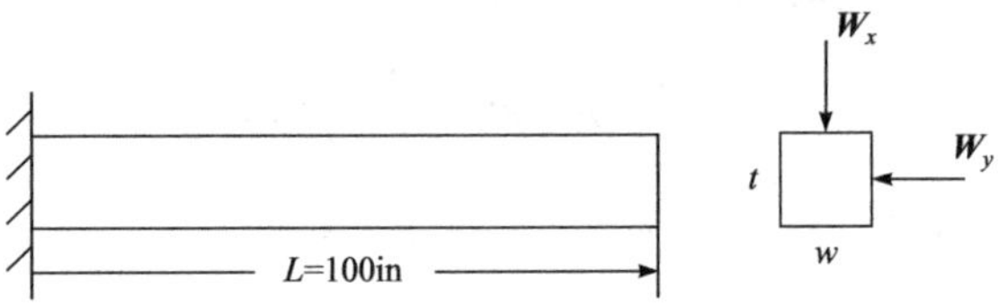

图 4.7　悬臂梁结构示意图

表 4.3　例 4-2 中各输入随机变量分布参数

随机变量	物理含义	分布类型	单位	均值	变异系数	说明
W_x	水平外力	正态分布	lb	500	0.2	1lb = 453.59g
W_y	竖直外力	正态分布	lb	1000	0.1	
E	杨氏模量	正态分布	psi	2.9×10^6	0.05	1psi = 6.895kPa

对于三种非线性映射(z_1、z_2 和 z_3)，分别采用 10 个 k_t(具体值见表 4.4)进行分析，并以 10^6 次抽样的蒙特卡罗模拟结果作为参考解分析每个结果的误差。如图 4.8 所示，可调参数 k_t 的取值会对最终的结果产生非常显著的影响，不合理的 k_t 值很可能导致结果误差较大。但不难发现，三种非线性映射的“k_t-ε”曲线的总体变化规律相似，都存在一个合适的 k_t 使得结果精度很高。如表 4.5 所示，三种非线性映射在 k_t 取得各自对应的“最优值”时，其失效概率预测是非常精确的，误差均在 3% 以下。因此，选择合理的 k_t 值对基于非线性映射的分数阶矩最大熵方法的重要性是不言而喻的。本书将在 4.4 节对这一问题进行更加深入的讨论和分析。直接应用传统分数阶矩最大熵方法得到的失效概率结果误差则达到 7.0%。可见，当采用合理的可调参数时，基于非线性映射的分数阶矩最大熵方法的可靠性分析精度高于传统的分数阶矩最大熵方法。

表 4.4　三种非线性映射的 k_t 取值

非线性映射	k_t									
柯西分布函数(z_1)	0.5	1	1.5	2.2	2.5	3	3.5	4	4.5	5
逻辑斯谛分布函数(z_2)	0.5	1.1	1.5	2	2.5	3	3.5	4	4.5	5
耿贝尔分布函数(z_3)	0.5	1	1.6	2	2.5	3	3.5	4	4.5	5

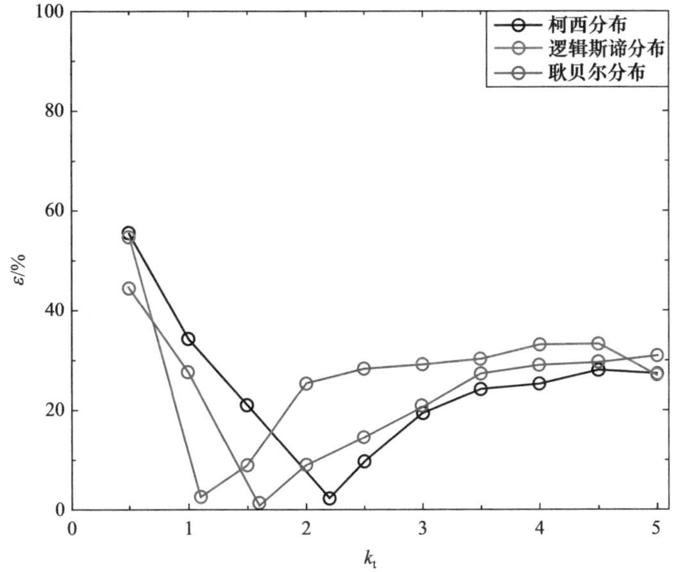

图 4.8 失效概率估计的 k_t - ε 曲线

表 4.5 各方法的失效概率估计结果

分析方法	k_t	失效概率 P_f/%	相对误差 ε/%
MCS	—	0.9663	—
柯西分布函数(z_1)	2.2	0.9879	2.2
逻辑斯谛分布函数(z_2)	1.1	0.9907	2.5
耿贝尔分布函数(z_3)	1.6	0.9573	0.9
FM-MEM	—	1.0327	6.9

4.3.3 基于拉普拉斯变换的分数阶矩最大熵方法

本章介绍的分数阶矩最大熵方法在概率分布尾部的拟合方面有非常高的精度，能够准确地预测结构的失效概率，在可靠性分析领域有非常广泛的应用。分数阶矩最大熵方法的优化列式本质上是一个双层循环优化问题，目前通常采用单纯形方法来进行求解。这种做法收敛性较好，在条件合适的情况下总能得到较为满意的计算结果。但这种算法本身面临一定的困难。第一，算法的运行效率低，需要很长的 CPU 运行时间，这是由单纯形算法和双层循环优化策略的低效性共同导致的。第二，整个算法对于外层优化的初始值极其敏感，不同的初始值可能会得到截然不同的结果，其原因在于外层优化是一个多变量、强非线性的多局部最优问题。因此，随着分数阶矩数目的增加，算法的 CPU 运行时长和初值敏感程度都会明显增加。所以，传统的分数阶矩最大熵方法仅适用于单次概率分布拟合的场景，如可靠性分析；而对于需要多次迭代的问题，如可靠性优化等，并不适用。针对上述问题，Li 等[10]基于非线性映射的思想，提出一种基于拉普拉斯变换的分数阶矩最大熵方法，并将其成功应用到可靠性优化中[12]。本节将对基于拉普拉斯变换的分数阶矩最大熵方法进行详细介绍，而关于其应用将在 9.4 节结合可靠性优化方法进行介绍。

基于拉普拉斯变换的分数阶矩最大熵方法的核心在于两点，其一是将内层循环($\boldsymbol{\lambda}$ 的寻优)转化成线性方程组的求解，其二是将外层循环($\boldsymbol{\alpha}$ 的寻优)的变量维度缩减至一维。对于内层循环的处理，首先参照式(3.58)将式(4.5)中的矩约束等式进行分部积分，可得

$$E[(Y^{\alpha_i})]=\int_Y y^{\alpha_i}f_{\mathrm{m}}(y)\mathrm{d}y=\frac{1}{\alpha_i+1}[y^{\alpha_i+1}f_{\mathrm{m}}(y)]_{y_a}^{y_b}-\frac{1}{\alpha_i+1}\int_Y y^{\alpha_i+1}\mathrm{d}f_{\mathrm{m}}(y),\quad i=0,1,\cdots,n \tag{4.22}$$

其中，y_a 和 y_b 分别是功能函数的上下界，为便于说明，暂且假设 y_a=0，y_b=1，并将式(4.6)代入式(4.22)整理可得

$$\begin{aligned}E[(Y^{\alpha_i})]&=\frac{1}{\alpha_i+1}[y^{\alpha_i+1}f_{\mathrm{m}}(y)]_0^1-\frac{1}{\alpha_i+1}\int_0^1 y^{\alpha_i+1}\mathrm{d}\left[\exp\left(-\lambda_0-\sum_{k=1}^{n}\lambda_k y^{\alpha_k}\right)\right]\\&=\frac{1}{\alpha_i+1}f_{\mathrm{m}}(1)-\frac{1}{\alpha_i+1}\sum_{k=1}^{n}\lambda_k\alpha_k E[(\boldsymbol{Y}^{\alpha_i+\alpha_k})]\end{aligned} \tag{4.23}$$

进一步简化为

$$(\alpha_i+1)E[(Y^{\alpha_i})]=f_{\mathrm{m}}(1)-\sum_{k=1}^{n}\lambda_k\alpha_k E[(Y^{\alpha_i+\alpha_k})] \tag{4.24}$$

将式(4.24)中的 i 替换为 i+1 可得

$$(\alpha_{i+1}+1)E[(Y^{\alpha_{i+1}})]=f_{\mathrm{m}}(1)-\sum_{k=1}^{n}\lambda_k\alpha_k E[(Y^{\alpha_{i+1}+\alpha_k})] \tag{4.25}$$

将式(4.24)与式(4.25)合并，可以得到如下关于 $\boldsymbol{\lambda}$ 的线性方程组：

$$(\alpha_{i+1}+1)E[(Y^{\alpha_{i+1}})]-(\alpha_i+1)E[(Y^{\alpha_i})]=\sum_{k=1}^{n}\lambda_k\alpha_k\left\{E[(Y^{\alpha_{i+1}+\alpha_k})]-E[(Y^{\alpha_i+\alpha_k})]\right\} \tag{4.26}$$

可见，当 $y\in[0,\ 1]$时，$\boldsymbol{\lambda}$ 可以通过线性方程组求解，其效率相比于原始的单纯形优化有极大提升。需要注意的是，对于 y 定义在有界区间(y_a, y_b)内的情况，需要通过如下线性变换，将 y 映射至[0, 1]：

$$\eta=\frac{Y-y_a}{y_b-y_a} \tag{4.27}$$

然后，对 η 按照式(4.22)～式(4.26)进行处理。对于更一般的情形，例如 $y\in(0,+\infty)$，可以将拉普拉斯变换作为非线性映射，将其映射至(0, 1)空间，再构建变换后的函数的线性方程组。

拉普拉斯变换可将一个关于实变量的函数转化为一个关于复变量 α 的函数。作为一个全纯函数，拉普拉斯变换具有幂级数表达形式，可将函数表示为其矩值的线性叠加。在概率论领域，拉普拉斯变换可以被定义为一种期望值。若 Y 是非负随机变量，则其概率密度函数 $f(y)$的拉普拉斯变换可写为如下形式：

$$L\{f\}(\alpha)=\int_0^{+\infty}\mathrm{e}^{-\alpha y}f(y)\mathrm{d}y=E(\mathrm{e}^{-\alpha Y}) \tag{4.28}$$

由此，拉普拉斯变换可用于估计连续非负随机变量 Y 的概率密度函数，如下所示：

$$f(y)=L^{-1}\{L\{f\}(\alpha)\}(y)=L^{-1}\left\{E\left(\mathrm{e}^{-\alpha Y}\right)\right\}(y) \tag{4.29}$$

其中，算子 $L^{-1}\{\cdot\}$表示拉普拉斯变换的数值反演。此处并不直接将式(4.29)应用于拟合概率密度函数，因为其计算量过大。将拉普拉斯变换与分数阶矩最大熵方法相结合，可以实现对于概率密度函数的高效准确估计。

首先，将传统的分数阶矩最大熵方法中的矩约束替换为对于概率密度函数 $f(y)$的 n 个拉普拉斯变换，则式(4.5)中的优化列式可改写为

$$\begin{cases}\text{find} & f(y)\\ \max & H[f(y)]=-\int_Y f(y)\ln[f(y)]\mathrm{d}y\\ \text{s.t.} & E[(\mathrm{e}^{-\alpha_i Y})]=E[(\mathrm{e}^{-Y})^{\alpha_i}]=\int_Y(\mathrm{e}^{-y})^{\alpha_i}f(y)\mathrm{d}y,\quad i=1,2,\cdots,n\end{cases} \tag{4.30}$$

相应的概率密度函数的一般形式也被改写为

$$f_{\mathrm{m}}(y)=\exp\left(-\lambda_0-\sum_{i=1}^{n}\lambda_i\mathrm{e}^{-\alpha_i y}\right) \tag{4.31}$$

其中，

$$\lambda_0=\ln\left[\int_Y\exp\left(-\sum_{i=1}^{n}\lambda_i\mathrm{e}^{-\alpha_i y}\right)\mathrm{d}y\right] \tag{4.32}$$

由于算子“exp(–•)”可以将一个正的随机变量映射到(0,1)区间，所以可以利用式(4.22)～式(4.26)构造出类似的线性方程组：

$$\alpha_{i+1}E[(\mathrm{e}^{-\alpha_{i+1}Y})]-\alpha_i E[(\mathrm{e}^{-\alpha_i Y})]=\sum_{k=1}^{n}\lambda_k\alpha_k\left[E\left(\mathrm{e}^{-(\alpha_{i+1}+\alpha_k)Y}\right)-E\left(\mathrm{e}^{-(\alpha_i+\alpha_k)Y}\right)\right] \tag{4.33}$$

这样，便可通过拉普拉斯变换将传统分数阶矩最大熵方法的内层优化等效转化为线性方程组的求解，从而高效计算拉格朗日乘子 $\boldsymbol{\lambda}$。

为进一步提升方法鲁棒性与效率，基于如下两个定理对于外层循环进行处理，将其简化为一维搜索问题。

定理 1[23]　一个正随机变量Y可以由无穷个分数阶矩 $E\left(Y^{\alpha_i}\right)(i=1, 2, \cdots, \infty)$唯一地表达，其中$\alpha_i \in (0, \alpha^*)$，且满足 $E\left(Y^{\alpha_i}\right)<\infty$，$\alpha^*>0$。

定理 2[8]　若令随机变量 Y 的概率密度函数为 $f(y)$，且其各阶分数阶矩 $E\left(Y^{\alpha_i}\right)$ 存在，其中 $j = 1, 2, \cdots, n$，且 $\alpha_j=j\alpha^*/n$，$\varphi_n(y)$为在 n 个分数矩约束下的最大熵概率密度函数，则当 $n\to+\infty$时，$\varphi_n(y)$将收敛于真实概率密度函数 $f(y)$。

在上述定理的基础上，可对分数阶矩最大熵方法中的统计矩阶数的取值方式进行合理调整。将定理 2 中的 α_j 改写为如下形式：

$$\alpha_j = j\alpha^*/n = j\beta \tag{4.34}$$

综上所述，基于拉普拉斯变换的分数阶矩最大熵方法的优化列式可以总结为

$$\min_{\beta} \Gamma(\beta) = \sum_{k=1}^{n} \lambda_k E\left(\mathrm{e}^{-k\beta Y}\right) + \lambda_0 \tag{4.35}$$

其中，$\boldsymbol{\lambda}$由式(4.33)计算。由此，当给定n后，分数阶矩最大熵方法的外层多变量优化问题被简化成一个一维搜索问题，即$\boldsymbol{\alpha} = (\beta, 2\beta, \cdots, n\beta)$，这里$\beta$是优化变量。这极大降低了计算成本和优化问题的求解难度。内层优化问题借助拉普拉斯变换转化为一个线性方程组的求解，显著提高了算法效率。算法的实现流程图见图 4.9。

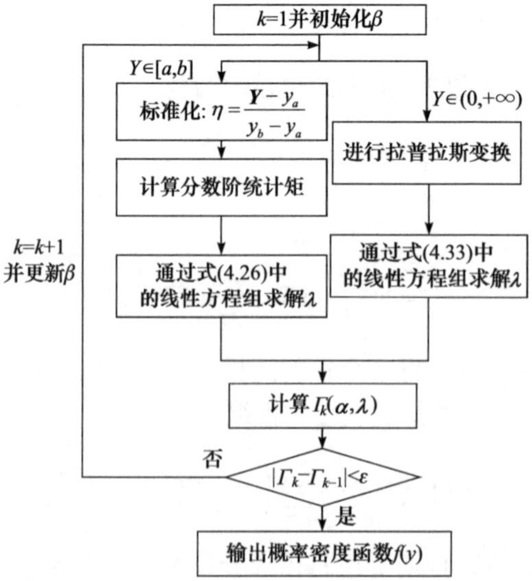

图 4.9　基于拉普拉斯变换的分数阶矩最大熵方法流程图

4.3.4 典型数值算例分析

下面通过一个典型的数值算例对基于拉普拉斯变换的分数阶矩最大熵方法与传统分数阶矩最大熵方法的性能进行对比。为了对比两种方法的初值稳定性，分数阶矩最大熵方法采用两个不同的初始点进行分析，基于拉普拉斯变换的分数阶矩最大熵方法采用不同的初始点独立运行五次，由于五次的结果基本相同，为了简明起见，本书只展示其中一组结果。两种方法均以 10^6 次MCS作为参考解进行对比，其计算精度通过式(3.64)的相对误差进行评估。

例 4-3 矩形截面柱可靠性分析问题[24]

本例的功能函数表达式如下：

$$Y=\frac{4M}{bh^2s}+\left(\frac{F}{bhs}\right)^2 \tag{4.36}$$

其中，各个符号的含义及概率信息详见表 4.6。

表 4.6 例 4-3 中变量信息表

变量	物理意义	分布类型	单位	均值	变异系数
F	轴力	正态分布	kN	500	0.2
M	弯矩	正态分布	kN · m	2000	0.2
s	屈服应力	对数正态分布	MPa	5	0.1
b	柱截面宽度	—	mm	8.669	—
h	柱截面深度	—	mm	25	—

本例的可靠性分析结果如表 4.7 所示，可以看出，随着失效阈值增加，失效概率越来越小。基于拉普拉斯变换的分数阶矩最大熵方法精度非常高，即使对于小失效概率的情形，其计算误差仍仅为 1.27%。相比之下，传统分数阶矩最大熵方法在不同的初始值下，结果差异非常大，如果不慎选择一个不合适的初始点，则计算结果误差会很大。例如，初始点 1 的分析结果误差均在 12% 以上，这在实际工程中是无法接受的。图 4.10 给出了基于拉普拉斯变换的分数阶矩最大熵方法的概率分布拟合结果，直观地说明了该方法对功能函数整体概率信息的预测精度。此外，基于拉普拉斯变换的分数阶矩最大熵方法的CPU运行时间约为 3～5s，而传统分数阶矩最大熵方法的CPU时间超过 5000s，算法运行效率的提高为其进一步应用于可靠性优化设计提供了可能。

表 4.7　例 4-3 失效概率计算结果

方法	失效阈值	0.8	1	1.2	1.4
MCS	失效概率	3.6286×10^{-2}	4.1230×10^{-3}	4.8000×10^{-4}	5.7000×10^{-5}
LT-FM-MEM	失效概率	3.6125×10^{-2}	4.1259×10^{-3}	4.7609×10^{-4}	5.7722×10^{-5}
	相对误差	0.44%	0.07%	0.81%	1.27%
FM-MEM 初始点 1	失效概率	3.6327×10^{-2}	4.7240×10^{-3}	4.2138×10^{-4}	7.5279×10^{-6}
	相对误差	0.11%	14.58%	12.21%	86.78%
FM-MEM 初始点 2	失效概率	3.6333×10^{-2}	4.1321×10^{-3}	4.7871×10^{-4}	5.8145×10^{-5}
	相对误差	0.13%	0.22%	0.55%	2.01%

注：$\boldsymbol{Y}$ 大于阈值为失效域。

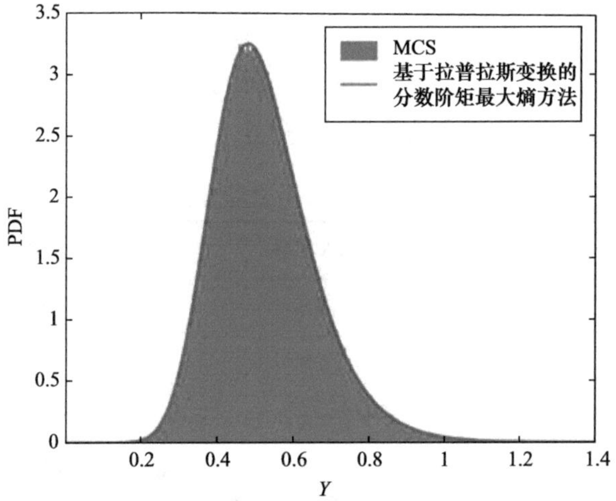

(a) 概率密度曲线对比图

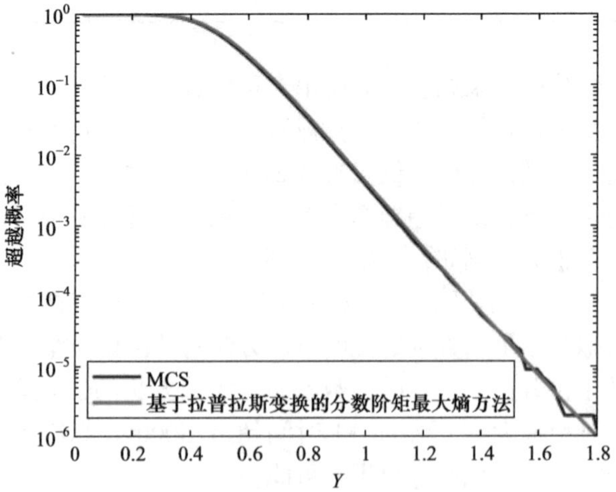

(b) 超越概率曲线对比图

图 4.10　例 4-3 概率分布拟合结果对比

综上分析，基于拉普拉斯变换的分数阶矩最大熵方法通过对内层和外层的共同改进，改善了传统方法在初值敏感性和CPU运行效率方面面临的问题，而且具有非常高的计算精度。需要指出的是，基于拉普拉斯变换的分数阶矩最大熵方法本质上依然是一种基于非线性映射的方法，将拉普拉斯变换替换成其他任意$\mathbf{R}^1\to(0,\ 1)$的映射，相关的推导依然成立。对于不同的问题，不同的映射可体现出特有的性质，有兴趣的读者可以选用其他映射进行尝试。

4.4 零熵准则

在 3.4 节和 4.3 节中，本书分别介绍了基于非线性变换的整数阶矩和分数阶矩最大熵方法。通过前文的分析可以发现，非线性映射类型及其可调参数会对最终结果的精度产生非常大的影响。针对可调参数选取的问题，He 等[25]提出了一种高效选择方法，但是目前尚缺少一种统一的理论框架用于参数选择、计算精度评判和非线性映射性能评价。有鉴于此，本章提出一种基于零熵准则的概率密度函数拟合、结果精度评价方法，并对其理论进行深入剖析。

4.4.1 零熵映射

在最大熵方法中，熵的概念始终是方法的基础与关键。对于一个功能函数 $\boldsymbol{Y}$，非线性映射前后两个概率密度函数势必存在一定的熵值变化，这一变化有可能与概率密度估计精度存在某种关联，对其变化规律和机理进行分析有助于参数和映射类型的合理选取。为此，我们再次由非线性映射和概率守恒关系出发，可得

$$p_Z(z)=p_Y(y)\frac{\mathrm{d}y}{\mathrm{d}z}=p_Y(y)\left(\frac{\mathrm{d}F}{\mathrm{d}y}\right)^{-1} \tag{4.37}$$

其中，$p_Y(y)$和 $p_Z(z)$分别是转换前和转换后的概率密度函数；F 为选取的任意包含待定可调参数的非线性映射。当变换后的功能函数值域在[0, 1]区间时，其熵值可表示为

$$H_{p_Z}(Z)=-\int_0^1 p_Z(z)\ln p_Z(z)\mathrm{d}z=H_{p_Y}(\boldsymbol{Y})+\int_{-\infty}^{\infty}p_Y(y)\ln\left(\frac{\mathrm{d}F}{\mathrm{d}y}\right)\mathrm{d}y \tag{4.38}$$

其中，$H_{p_Y}(Y)$为原始功能函数 Y 的真实概率密度函数对应的熵值；$H_{p_Z}(Z)$为变换后功能函数 Z 的真实概率密度函数对应的熵值。

若 F 为某种概率分布函数，其概率密度记为$f_Y(y)$，则变换过后的功能函数 Z 的熵值可以进一步记作

$$H_{p_Z}(Z)=H_{p_Y}(Y)+\int_Y p_Y(y)\ln f_Y(y)\mathrm{d}y=-\int_Y p_Y(y)\ln\frac{p_Y(y)}{f_Y(y)}\mathrm{d}y \tag{4.39}$$

显然，通过将某种累积概率分布函数作为非线性映射，可使得变换后功能函数的熵等价于原功能函数的真实概率密度函数与该概率密度函数之间的 K-L 散度(详见 3.2.3 节)。换言之，当且仅当累积概率分布函数是原始功能函数的真实累积概率分布函数，即 $f_Y(y) = p_Y(y)$时，$H_{p_Z}(Z)=0$成立。由概率论可知，当选用原始功能函数的真实累积概率分布函数作为非线性映射时，映射后功能函数 Z 必然是[0, 1]区间上的均匀分布，其概率密度函数为 $p_z(z) = 1$，由此也可以得出 $H_{p_Z}(Z)=0$ 的结论。所以，本书将原始功能函数真实累积概率分布函数称为零熵映射。

4.4.2　概率密度函数拟合精度评估的零熵准则

本小节提出一种概率密度函数拟合精度的评估准则，由于该准则是建立在零熵映射的基础之上，因此称其为零熵准则。首先，假定通过某种方法获得了功能函数 Y 的概率密度函数近似表达 $f_Y(y)$，以及与之对应的如下形式概率分布函数：

$$F_Y(y)=\int_{-\infty}^{y} f_Y(s)\mathrm{d}s \tag{4.40}$$

零熵映射可以将 Y 映射为[0, 1]区间上的均匀分布。一般来说，无论采用哪种概率密度估计方法，其结果都会与零熵映射之间存在一定的误差，因此，如果采用近似的概率分布 $F_Y(Y)$作为非线性映射，得到映射后的随机变量 Z 的概率分布与[0, 1]区间上的均匀分布之间必然存在一定的误差。我们可以通过量化这种误差来评估概率密度函数拟合的精度。这样做的好处是显然的，我们有望在 MCS 以外找到一个明确、显式、已知的标准([0, 1]区间上的均匀分布)来评判概率分布拟合精度。

基于上述思想，我们可以尝试通过如下积分评估随机变量 Z 的概率分布与[0, 1]区间上的均匀分布之间的差异：

$$\varepsilon_Z=\int_0^1\left|f_Z(z)-p_Z(z)\right|\mathrm{d}z=\int_0^1\left|f_Z(z)-1\right|\mathrm{d}z \tag{4.41}$$

其中，$f_Z(z)$表示 Z 的概率密度函数。但是 $f_Z(z)$难以直接显式获得，因此我们不妨借助 Z 的统计矩量化 Z 与定义在[0, 1]区间上的均匀分布随机变量之间的差异，即

$$\varepsilon_E(\alpha)=\left|E_{f_Z}[Z^\alpha]-E_{p_Z}[Z^\alpha]\right|=\left|\int_0^1 z^\alpha[f_Z(z)-p_Z(z)]\mathrm{d}z\right| \tag{4.42}$$

Tagliani 在研究中指出，$\varepsilon_E(\alpha)$、ε_Z 和熵之间存在如下不等式关系[7]：

$$\varepsilon_E(\alpha) \leqslant \int_0^1 z^\alpha \left|f_Z(z) - p_Z(z)\right| \mathrm{d}z \leqslant \varepsilon_Z \leqslant \sqrt{2(H_{f_Z}[Z] - H_{p_Z}[Z])} \tag{4.43}$$

其中，$H_{f_Z}(Z)$ 和 $H_{p_Z}(Z)$ 分别为 $f_Z(z)$和 $p_Z(z)$对应的熵值。将 $p_Z(z)=1$ 代入式(4.43)，则该不等式关系变为

$$\varepsilon_E(\alpha) \leqslant \int_0^1 z^\alpha \left|f_Z(z) - 1\right| \mathrm{d}z \leqslant \varepsilon_Z \leqslant \sqrt{2H_{f_Z}[Z]} \tag{4.44}$$

式(4.44)只表达了单个统计矩误差与概率密度函数误差之间的关系，为了量化大量统计矩的累计误差与概率密度函数误差的关系，我们在如下积分意义下考察 $\varepsilon_E(\alpha)$、ε_Z 和熵三者之间的定量关系：

$$\int_a^b \varepsilon_E(\alpha) \mathrm{d}\alpha \leqslant \int_a^b \int_0^1 z^\alpha \left|f_Z(z) - 1\right| \mathrm{d}z\mathrm{d}\alpha \leqslant \int_a^b \varepsilon_Z \mathrm{d}\alpha \leqslant \int_a^b \sqrt{2H_{f_Z}[Z]}\mathrm{d}\alpha, \quad 0 \leqslant a < b \tag{4.45}$$

注意到

$$\varepsilon_\alpha = \int_a^b \varepsilon_E(\alpha) \mathrm{d}\alpha = \int_a^b \left| \int_0^1 z^\alpha [f_Z(z) - 1] \mathrm{d}z \right| \mathrm{d}\alpha = \int_a^b \left| E_{f_Z}[Z^\alpha] - \frac{1}{1+\alpha} \right| \mathrm{d}\alpha \tag{4.46}$$

并且有

$$\int_a^b \int_0^1 z^\alpha \left|f_Z(z) - 1\right| \mathrm{d}z\mathrm{d}\alpha = \int_0^1 \int_a^b z^\alpha \mathrm{d}\alpha \left|f_Z(z) - 1\right| \mathrm{d}z = \int_0^1 \frac{z^b - z^a}{\ln z} \left|f_Z(z) - 1\right| \mathrm{d}z \tag{4.47}$$

$$\int_a^b \varepsilon_Z \mathrm{d}\alpha = (b-a) \int_0^1 \left|f_Z(z) - 1\right| \mathrm{d}z \tag{4.48}$$

$$\int_a^b \sqrt{2H_{f_Z}[Z]} \mathrm{d}\alpha = (b-a)\sqrt{2H_{f_Z}[Z]} \tag{4.49}$$

那么，变换后功能函数 Z 的概率密度累积误差范围可以量化如下：

$$\frac{\varepsilon_\alpha}{b-a} \leqslant \varepsilon_Z \leqslant \sqrt{2H_{f_Z}[Z]} \tag{4.50}$$

由式(4.50)可知，Z 与 U 的概率密度函数之间的误差上界由变换后功能函数的样本信息熵决定，而误差下界由积分意义下的统计矩误差决定。由式(4.43)可知，最大熵方法得到的概率密度函数令 K-L 散度最小的同时，概率密度函数累积误差上界也同步达到最小。所以，若使误差下界也能够减小，则有可能令概率密度累计误差限制在较小的量级上。

综上，ε_α 可用于判别原功能函数概率密度估计精度，同时，为避免高阶

统计矩带来的不利影响，并充分利用分数阶矩包含信息量较大的优势，令式(4.46)中的 b=1，a=0，这样可以给出最终的概率密度估计精度评估准则，即零熵准则：

$$\varepsilon_{\alpha}=\int_{0}^{1}\left|E_{f_Z}[Z^{\alpha}]-\frac{1}{1+\alpha}\right|\mathrm{d}\alpha \tag{4.51}$$

需要强调的是，因为零熵映射的单调性，变换后功能函数 Z 的所有样本值都是与原功能函数 Y 的样本值一一对应的，所以，Z 和 Y 都可看作系统输入随机变量的函数。

4.4.3　基于零熵准则的分数阶矩最大熵方法

零熵准则通过度量零熵映射后的功能函数的概率分布与(0, 1)区间上的均匀分布的差异来量化概率分布拟合的误差，这对于基于概率分布的可靠性分析而言具有非常重要的意义。首先，如式(4.51)所示，零熵准则中的统计矩 $E_{f_Z}[Z^{\alpha}]$ 可以通过最大熵方法过程中计算分数阶矩的样本点得到，因此，无需额外的计算量即可对结果的精度进行量化。其次，因为零熵准则能够对计算结果的精度进行量化评估，所以可以用于确定 4.3 节中非线性映射的最优参数。本小节以分数阶矩最大熵方法为示例，展示零熵准则的应用流程。值得注意的是，不仅仅是分数阶矩最大熵方法，其他概率分布拟合方法均可纳入零熵准则体系中，实现参数选择和概率分布拟合精度的后验评判。基于零熵准则的分数阶矩最大熵方法流程如图 4.11 所示，为更加直观地展示零熵准则的准确性与稳定性，可以对可调参数 k_t 值按照不同步长进行枚举，并设定不同误差收敛阈值。算法具体实现流程总结如下：

(1) 采用式(4.14)、式(4.15)或式(4.16)中的非线性映射将原功能函数映射至(0,1)区间。

(2) 给定可调参数 k_t 的取值区间范围[k_a, k_b]，同时给定在此区间内枚举 k 值的数量 n_k，同时设定最小误差参数 $\varepsilon_{\min}$ 的值。

(3) 从 $k_t=k_a$ 开始，以$\Delta k=(k_b-k_a)/n_k$ 为步长，遍历 k_t 值。在遍历的每一步，采用基于非线性映射的 FM-MEM 进行概率密度估计后，利用零熵准则(参见 4.4.2 节)对其估计误差进行计算，由式(4.51)得到当前 k_t 值对应的估计误差 $\varepsilon_{\alpha}(k_t)$，如果该误差结果小于或等于最小误差参数 $\varepsilon_{\min}$，则输出当前 k_t 值对应的概率密度函数估计结果，并转到步骤(4)；否则继续遍历，直到 $k_t=k_b$ 后，将所有 k_t 值对应的估计误差 $\varepsilon_{\alpha}(k_t)$进行比较，选取其中估计误差最小的 k_t 值，输出此 k_t 值对应的概率密度函数估计结果，转到步骤(4)。

(4) 利用来自步骤(3)的概率密度函数估计结果，积分计算失效概率。

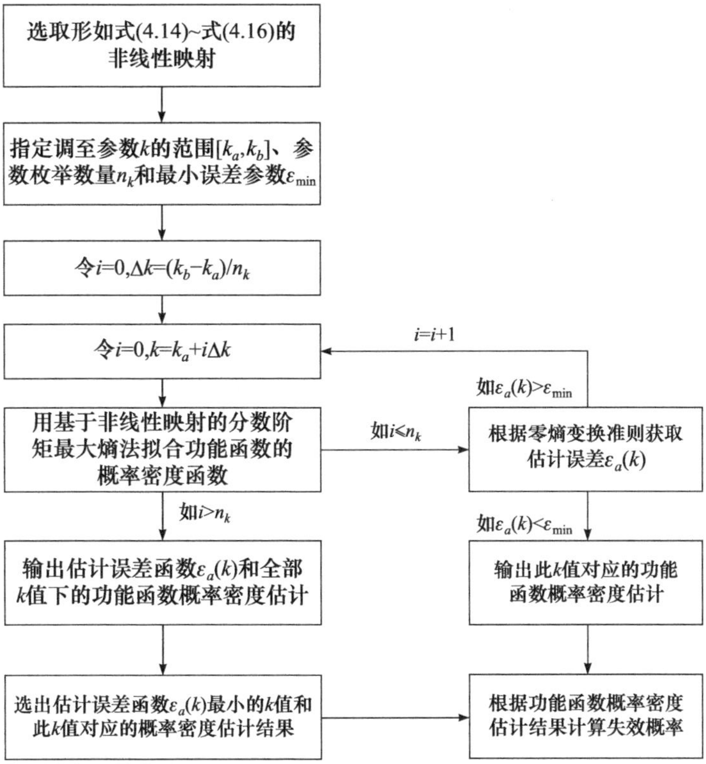

图 4.11 基于零熵映射的分数阶矩最大熵方法实现流程

需要注意的是，本书为更清晰地展示零熵准则实现的整个过程和细节，采用了枚举方式逐步选取最优的 k_t。而实际上，可以根据实际计算情况对这一环节进行进一步的设计和调整，例如，将上述步骤(3)整合为一个优化问题，其中优化变量为 k_t，优化目标为最小化零熵准则判别误差，以此实现最优 k_t 值的确定。

4.4.4 典型数值算例分析

下面通过两个数值算例对基于零熵准则的分数阶矩最大熵方法进行深入讨论，并以 10^6 次 MCS 结果为基准评价算法的精确性，误差计算方法同式(4.64)。按照 4.4.3 节的流程，需要首先给定一个非线性映射，本小节以逻辑斯谛分布函数(式(4.15))为例进行说明。然后，在两个算例中分别设置可调参数 k 的取值区间为[0.5, 5]，并分别讨论枚举数量 n_k 为 90、180、450(即Δk 分别为 0.05、0.025 和 0.01)时，最小误差参数 $\varepsilon_{\min}$ 变化对失效概率估计结果的影响。由于零熵准则作为一种计算精度评判标准用于选择最优的可调参数取值，所以，在算例分析中主要关注以下两个问题：

(1) 在可调参数的取值变化时，基于零熵准则的误差估计 ε_α 和失效概率估计

的相对误差 ε_p 变化的规律是否一致；

(2) 能否在较少的枚举次数和特定的误差参数 $\varepsilon_{\min}$ 取值下，找出可调参数取何值时得到的失效概率估计结果较佳。

例 4-4　同例 4-2

按照图 4.11 中给出的流程，利用不同的参数对非线性映射中的可调参数进行搜索，结果如表 4.8 所示。可以看出，对本例而言，设置不同的枚举个数虽然会影响遍历到的调制参数取值结果，但增加枚举个数并不一定能够提高失效概率估计精度。例如，枚举个数为 90 时，若最小误差参数 $\varepsilon_{\min}$ 取 1×10^{-3}，在第 11 步得到最优可调参数值，对应的失效概率估计相对误差为 9.82%；但枚举个数增加到 180 时，同样的最小误差参数 $\varepsilon_{\min}$ 下，要到第 20 步才得出结果，且对应的失效概率估计相对误差反而增大为 10.68%。然而，调整最小误差参数 $\varepsilon_{\min}$ 取值则能有效提高失效概率估计精度，当最小误差参数设定为 1×10^{-3} 和 5×10^{-4} 时，均能在较少的计算量下得到结果，但不同枚举个数下得到的失效概率相对误差都在 10%左右；当最小误差参数设定为 1×10^{-4} 和 5×10^{-5} 时，由于零熵准则的误差判据都大于最小误差参数设定值，因此完全遍历整个区间后给出了当前区间内的最佳输出结果，这时所需计算量较大，但失效概率相对误差较小，仅为 2.53%。这是因为 $\varepsilon_{\min}$ 直接控制了输出结果的零熵准则的估计误差上限，即使在极端情况下，没有搜索出符合该参数要求的结果，也可以得到在[0.5, 5]区间内使零熵准则最小的可调参数。总体来说，在实际使用过程中，可根据实际需要，选取合适的最小误差参数，以达到效率和精度间的权衡。

表 4.8　例 4-4 中基于零熵准则的分数阶矩最大熵方法结果

枚举个数 n_k	步长 Δk	最小误差参数 $\varepsilon_{\min}$	最佳可调参数	失效概率估计值	失效概率误差 ε_p /%	零熵准则判据误差 ε_α	实际枚举步数
90	0.05	1×10^{-3}	1.00	1.06×10^{-2}	9.82	4.82×10^{-4}	11
		5×10^{-4}	1.00	1.06×10^{-2}	9.82	4.82×10^{-4}	11
		1×10^{-4}	1.10	9.91×10^{-3}	2.53	1.12×10^{-4}	90
		5×10^{-5}	1.10	9.91×10^{-3}	2.53	1.12×10^{-4}	90
180	0.025	1×10^{-3}	0.975	1.07×10^{-2}	10.68	7.59×10^{-4}	20
		5×10^{-4}	1.00	1.06×10^{-2}	9.82	4.82×10^{-4}	21
		1×10^{-4}	1.10	9.91×10^{-3}	2.53	1.12×10^{-4}	180
		5×10^{-5}	1.10	9.91×10^{-3}	2.53	1.12×10^{-4}	180
450	0.01	1×10^{-3}	0.96	1.07×10^{-2}	11.11	9.25×10^{-4}	47
		5×10^{-4}	1.00	1.06×10^{-2}	9.82	4.82×10^{-4}	51
		1×10^{-4}	1.10	9.91×10^{-3}	2.53	1.12×10^{-4}	450
		5×10^{-5}	1.10	9.91×10^{-3}	2.53	1.12×10^{-4}	450

如果计算次数达到最大枚举个数 450 时才停止搜索，可以得到整个区间上不同可调参数的失效概率相对误差与零熵准则判据误差的结果，如图 4.12 所示，其中蓝色实线为失效概率相对误差结果，红色虚线为零熵准则判据误差结果。两种误差评价指标曲线的变化规律极为吻合。换言之，通过预先计算出的零熵准则判据误差曲线的最小值，可以预测失效概率估计误差曲线的最小值的位置。对于本例，可调参数取值为 1.1 时，零熵准则取得最小值，为 1.12×10^{-4}，对应的失效概率误差也同步取得最小值 2.53%。从曲线整体来看，在前段的下降趋势与后半部分的几个较为明显的突变点也有着良好的对应关系，也同样证明可以通过零熵准则对失效概率误差进行较为精确的判断。

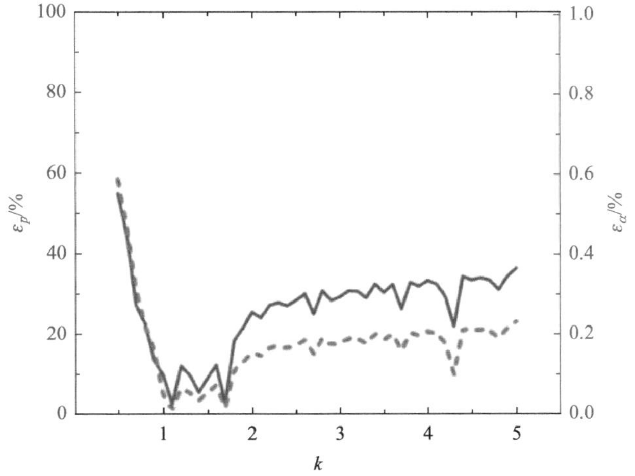

图 4.12 例 4-4 中零熵准则与失效概率误差随可调参数的变化关系

例 4-5 含非正态分布输入随机变量的问题[26]

本例的功能函数形式如下：

$$Y = X_1 X_2 - bX_3 \tag{4.52}$$

其中，$b = 10^9$，各输入变量分布类型和分布参数如表 4.9 所示。

表 4.9 例 4-5 中随机变量信息表

随机变量	类型	均值	标准差
X_1	正态分布	80	8
X_2	对数正态分布	40	4
X_3	伽马(gamma)分布	2000	140

按照图 4.11 中的流程，将可调参数的枚举区间限定在[0.5, 5]内时，可以搜索到出现在区间内部的最优可调参数值，结果如表 4.10 所示。同样可以发现设置不同的枚举个数对结果影响较小，比如枚举个数为 90、最小误差参数 $\varepsilon_{\min}$ 取 0.1%时，在第 23 步得到最优可调参数值，对应失效概率相对误差为 13.90%；但枚举个数增加到 450 时，同样的最小误差参数 $\varepsilon_{\min}$ 下，要到第 107 步才能得到最优解，且对应的失效概率相对误差有一定的增加，为 15.66%，这是因为步长变小后，零熵准则判据误差值提前满足了收敛条件，反而不利于获得更精确的结果。在此例中，调整最小误差参数 $\varepsilon_{\min}$ 取值对失效概率的估计精度同样有着较为明显的影响，当最小误差参数设定为 1×10^{-3} 时，所需的计算次数较少，但失效概率计算误差均在 10%以上；当最小误差参数设定为 5×10^{-4} 和 1×10^{-4} 时，失效概率计算误差可降低至 6% 和 1% 左右，结果的精度有了明显提升，且所需计算量也较小，当最小误差参数设定为 5×10^{-5} 时，达到最大枚举个数时输出结果，所需计算量较大，但结果相对于最小误差参数设定为 1×10^{-4} 时的提升并不明显。

表 4.10　例 4-5 中基于零熵准则的分数阶矩最大熵方法结果

枚举个数 n_k	步长 Δk	最小误差参数 $\varepsilon_{\min}$	最佳可调参数	失效概率估计值	失效概率误差 ε_p /%	零熵准则判据误差 ε_α	实际枚举步数
90	0.05	1×10^{-3}	1.60	2.15×10^{-3}	13.90	8.71×10^{-4}	23
		5×10^{-4}	1.75	2.35×10^{-3}	6.02	4.72×10^{-4}	26
		1×10^{-4}	2.00	2.53×10^{-3}	1.10	9.04×10^{-5}	31
		5×10^{-5}	2.00	2.53×10^{-3}	1.10	9.04×10^{-5}	90
180	0.025	1×10^{-3}	1.575	0.2125	15.00	9.46×10^{-4}	44
		5×10^{-4}	1.75	0.2349	6.02	4.72×10^{-4}	51
		1×10^{-4}	1.975	0.2465	1.38	9.95×10^{-5}	60
		5×10^{-5}	2.00	0.2528	1.10	9.04×10^{-5}	180
450	0.01	1×10^{-3}	1.56	0.2108	15.66	9.92×10^{-4}	107
		5×10^{-4}	1.74	0.2336	6.55	4.99×10^{-4}	125
		1×10^{-4}	1.98	0.2468	1.20	9.76×10^{-5}	149
		5×10^{-5}	2.00	0.2528	1.10	9.04×10^{-5}	450

不同可调参数的失效概率相对误差与零熵准则的结果对比如图 4.13 所示，其中蓝色实线为失效概率误差结果，红色虚线为零熵准则判据误差结果。两种误差曲线的变化规律仍然表现出很强的一致性。当可调参数 k 取值为 2.0 时，零熵

准则判据误差取得最小值 0.00904%，此时失效概率相对误差也同步取得最小值 1.102%，从图中还可发现，两条曲线在整体趋势上不但具有比较明显的对应关系，在后半部分的振荡段也十分吻合，进一步证明了零熵准则判据的有效性。

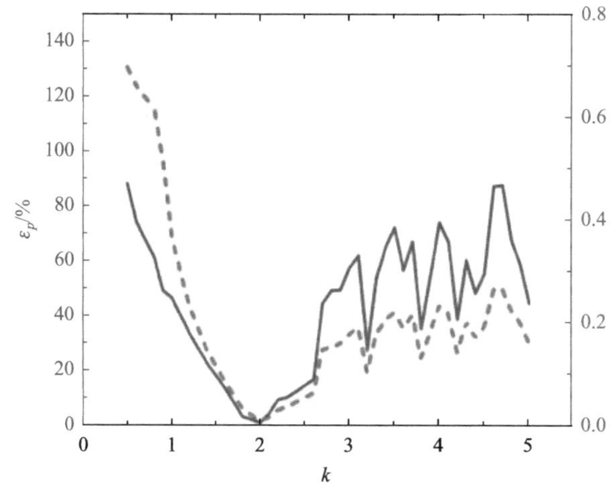

图 4.13 例 4-5 中零熵准则与失效概率误差随可调参数的变化关系

两个算例都表明，失效概率估计的相对误差与零熵准则 ε_α 密切相关，且二者随着可调参数的变化趋势近乎一致。但需要特别指出的是，这两种误差的描述对象不同，前者的评价对象是失效概率，后者是对概率密度估计结果的累积误差下限的描述，因此二者的取值大小并不一致。总体而言，零熵准则不仅能够为基于非线性映射的分数阶矩最大熵方法选择最优可调参数提供很好的途径，而且可以为概率分布拟合结果的精确性提供合理的量化评估标准。

4.5 工程应用——航空曲筋板结构屈曲承载能力可靠性分析

本节采用 2.6 节中的航空曲筋板结构可靠性分析问题，说明零熵准则在非线性映射参数选取和计算结果精度评估方面的正确性与实用性。此处的曲筋板结构与前文相同，但输入随机变量与极限状态函数形式略有不同。假设杨氏模量、泊松比、筋条厚度与高度、蒙皮厚度和等效外载荷为正态分布随机变量，其分布参数如表 4.11 所示。结构的极限状态函数如下：

$$Y = R(X_1, X_2, X_3, X_4, X_5) - X_6 \tag{4.53}$$

其中，$R(X_1, X_2, X_3, X_4, X_5)$ 表示结构抗力，假设当 $Y<0$ 时结构失效。

表 4.11　航空曲筋板可靠性分析问题输入变量信息

随机变量	物理意义	分布类型	均值	标准差
X_1	杨氏模量	正态分布	72504MPa	2100MPa
X_2	泊松比	正态分布	0.33	0.0099
X_3	蒙皮厚度	正态分布	2.36mm	0.118mm
X_4	筋条高度	正态分布	18mm	0.9mm
X_5	筋条厚度	正态分布	1.36mm	0.068mm
X_6	等效外载荷	正态分布	35750N	1787.5N

首先采用 4.3.1 节给出的基于非线性映射的分数阶矩最大熵方法拟合极限状态函数的概率分布，并以蒙特卡罗模拟结果作为参考解选出三种非线性映射的最佳可调参数的取值，如表 4.12 所示。可以看出，在失效概率估计的相对误差方面，使用三种非线性映射在最佳可调参数的情况下所得结果都具有非常高的精度。表 4.13 中给出了三种非线性映射下极限状态函数的最大熵分布的参数值。

表 4.12　曲筋板失效问题的失效概率估计结果

分析方法	可调参数	失效概率 P_f/%	相对误差 ε_p/%
MCS	—	0.02650	—
柯西分布函数	7.00	0.02671	0.792
逻辑斯谛分布函数	4.58	0.02603	1.774
耿贝尔分布函数	2.60	0.02599	1.925

表 4.13　三种非线性映射的最大熵分布参数值

非线性映射	最大熵分布参数	$m=1$	$m=2$	$m=3$	$m=4$
柯西分布函数	α_m	0.3043	0.6139	0.8710	1.2295
	λ_m	3135	−11318	7411	326
逻辑斯谛分布函数	α_m	0.3092	0.6010	0.9196	1.1939
	λ_m	5718	−20445	21897	−7720
耿贝尔分布函数	α_m	0.3056	0.6264	0.8890	1.2224
	λ_m	−3734	9248	−9195	3024

在图 4.14 中给出了三种分布函数情况下，经过零熵映射后得到的概率密度函数估计结果与均匀分布曲线的差异对比。可见，柱状图与均匀分布曲线间的差异直观地表现出了概率密度估计误差，不难看出，柯西分布的结果与均匀分布最为接近，另外两种非线性映射的结果次之。此外，通过红线与蓝色柱状图之间的空白可以定性地判断出失效概率估计误差的大小，可以看出，依然是柯西分布误差最小，逻辑斯谛分布次之，耿贝尔分布误差最大，这与表 4.12 中给出的结论良好吻合。因此可以得出，通过零熵映射后的概率分布是否逼近均匀分布来判断概率密度估计精度，是一种行之有效的方法。

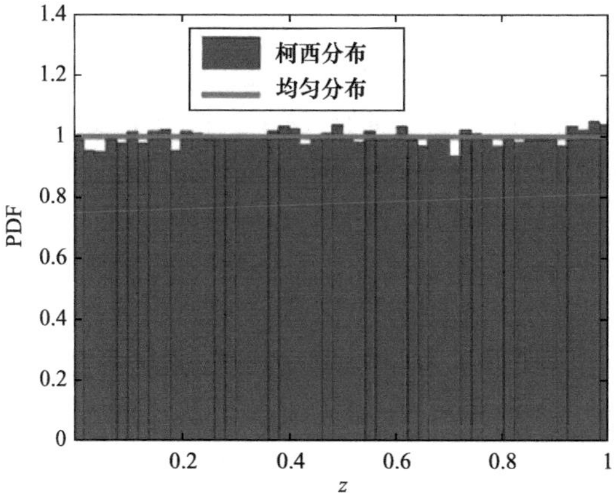

(a) 基于柯西分布的概率密度估计结果

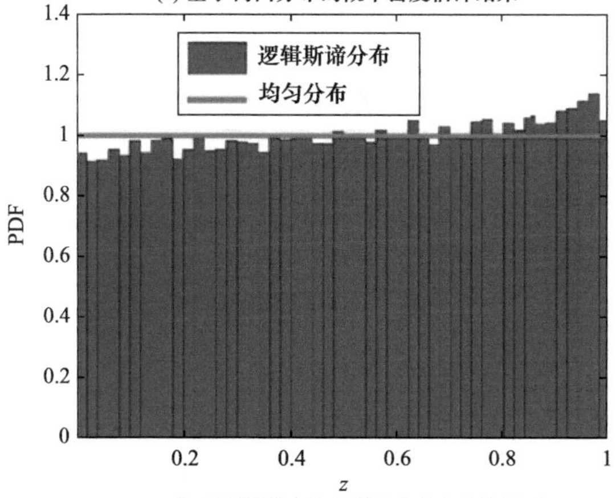

(b) 基于逻辑斯谛分布的概率密度估计结果

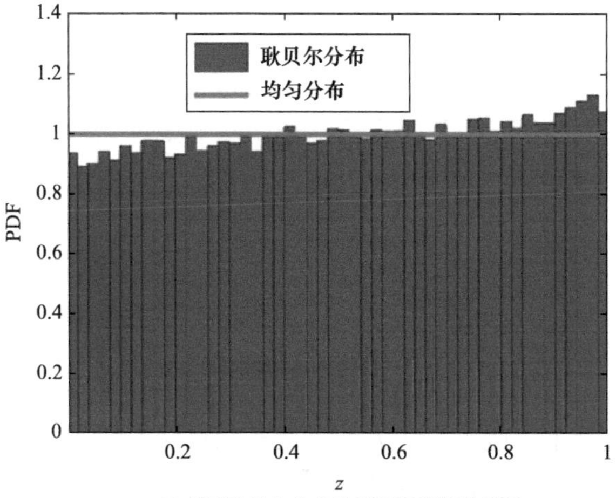

(c) 基于耿贝尔分布的概率密度估计结果

图 4.14 零熵映射后的概率密度估计曲线与均匀分布函数曲线对比示意图

下面以逻辑斯谛分布函数为例具体说明如何通过零熵准则确定可调参数并量化概率密度函数拟合误差，对于其他非线性映射，读者可参照图 4.11 所示流程自行验证。本例计算结果汇总如表 4.14 所示，枚举个数为 450 时所得到的结果与枚举个数为 90 时相差不大，然而 CPU 运行时间却有明显的增加。调整最小误差参数 $\varepsilon_{\min}$ 对失效概率估计精度有较为明显的影响。例如，当最小误差参数 $\varepsilon_{\min}$ 为 1×10^{-3} 时，所需的枚举步数较少，但得到的失效概率的计算误差较大，在 8%左右；当最小误差参数 $\varepsilon_{\min}$ 减小为 5×10^{-4} 时，失效概率的计算误差有着明显的降低；在最小误差参数为 1×10^{-4} 时，失效概率误差在 1.7%左右，计算精度较高，且并不需要过多的枚举步数。进一步减小最小误差参数会使枚举过程遍历整个区间，所需步数较多，但计算精度并没有显著提升。对于本问题而言，兼顾计算精度和 CPU 运行效率，显然最小误差参数 $\varepsilon_{\min}=1\times10^{-4}$ 是最为有利的。对于其他问题，可根据实际需求灵活选取各参数，以获得更好的结果。

表 4.14　曲筋板可靠性分析问题的零熵准则分析结果

枚举个数 n_k	步长 Δk	最小误差参数 $\varepsilon_{\min}$	最佳可调参数	失效概率估计值	失效概率误差 ε_p /%	零熵准则判据误差 ε_α	实际枚举步数
90	0.05	1×10^{-3}	1.20	2.44×10^{-2}	7.98	8.95×10^{-4}	15
		5×10^{-4}	1.30	2.51×10^{-2}	5.13	4.92×10^{-4}	17
		1×10^{-4}	2.10	2.61×10^{-2}	1.70	9.81×10^{-5}	33
		5×10^{-5}	4.58	2.60×10^{-2}	1.77	7.33×10^{-5}	90
180	0.025	1×10^{-3}	1.175	2.41×10^{-2}	8.93	8.98×10^{-4}	28
		5×10^{-4}	1.30	2.51×10^{-2}	5.13	4.92×10^{-4}	33
		1×10^{-4}	2.10	2.61×10^{-2}	1.70	9.81×10^{-5}	65
		5×10^{-5}	4.58	2.60×10^{-2}	1.77	7.33×10^{-5}	180
450	0.01	1×10^{-3}	1.17	2.41×10^{-2}	9.10	9.32×10^{-4}	68
		5×10^{-4}	1.3	2.51×10^{-2}	5.13	4.92×10^{-4}	81
		1×10^{-4}	2.09	2.61×10^{-2}	1.70	9.94×10^{-5}	160
		5×10^{-5}	4.58	2.60×10^{-2}	1.77	7.33×10^{-5}	450

图 4.15 给出了零熵准则判据得到的误差曲线与失效概率相对误差(以 MCS 为基准)曲线对比结果，蓝色实线为失效概率相对误差结果，红色虚线为零熵准则判据误差结果。可见，两种误差曲线的变化趋势近乎一致。所以，总的来说，零熵准则可以作为非线性映射参数选择与概率密度函数拟合精度评估的有效方法。

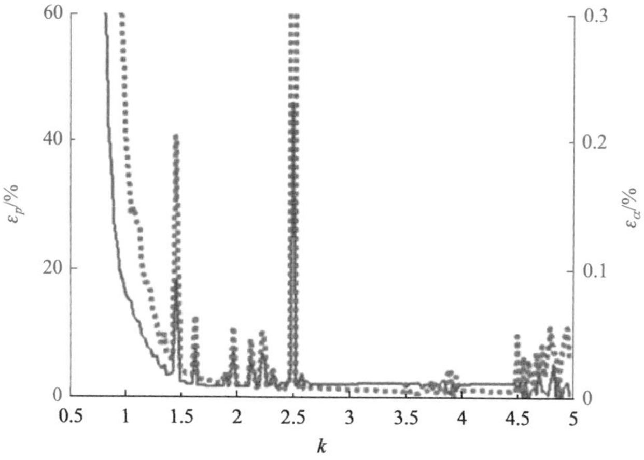

图 4.15 零熵准则与失效概率误差随可调参数的变化关系

参 考 文 献

[1] Mnatsakanov R M. Hausdorff moment problem: reconstruction of distributions[J]. Statistics & Probability Letters, 2008, 78(12): 1612-1618.

[2] Mnatsakanov R M. Hausdorff moment problem: Reconstruction of probability density functions[J]. Statistics & Probability Letters, 2008, 78(13): 1869-1877.

[3] Tagliani A. Maximum entropy in the Hamburger moments problem[J]. Journal of Mathematical Physics, 1994, 35(9): 5087-5096.

[4] Tagliani A. Hausdorff moment problem and maximum entropy: a unified approach[J]. Applied Mathematics and Computation, 1999, 105(2/3): 291-305.

[5] Novi Inverardi P L, Tagliani A. Maximum entropy density estimation from fractional moments[J]. Communications in Statistics—Theory and Methods, 2003, 32(2): 327-345.

[6] Inverardi P N, Pontuale G, Petri A, et al. Hausdorff moment problem via fractional moments[J]. Applied Mathematics and Computation, 2003, 144(1): 61-74.

[7] Gzyl H, Tagliani A. Hausdorff moment problem and fractional moments[J]. Applied Mathematics and Computation, 2010, 216(11): 3319-3328.

[8] Gzyl H, Novi-Inverardi P L, Tagliani A. Determination of the probability of ultimate ruin by maximum entropy applied to fractional moments[J]. Insurance: Mathematics and Economics, 2013, 53(2): 457-463.

[9] Zhang X, Pandey M D. Structural reliability analysis based on the concepts of entropy, fractional moment and dimensional reduction method[J]. Structural Safety, 2013, 43: 28-40.

[10] Li G, He W, Zeng Y. An improved maximum entropy method via fractional moments with Laplace transform for reliability analysis[J]. Structural and Multidisciplinary Optimization, 2019, 59(4): 1301-1320.

[11] He W, Hao P, Li G. A novel approach for reliability analysis with correlated variables based on the concepts of entropy and polynomial chaos expansion[J]. Mechanical Systems and Signal

Processing, 2021, 146: 106980.
[12] He W, Yang H, Zhao G, et al. A quantile-based SORA method using maximum entropy method with fractional moments[J]. Journal of Mechanical Design, 2021, 143(4): 041702.
[13] Li G, Wang Y, Zeng Y, et al. A new maximum entropy method for estimation of multimodal probability density function[J]. Applied Mathematical Modelling, 2022, 102: 137-152.
[14] Xu J. A new method for reliability assessment of structural dynamic systems with random parameters[J]. Structural Safety, 2016, 60: 130-143.
[15] He W, Li G, Hao P, et al. Maximum entropy method-based reliability analysis with correlated input variables via hybrid dimension-reduction method[J]. Journal of Mechanical Design, 2019, 141(10): 101405.
[16] Xu J, Dang C. A novel fractional moments-based maximum entropy method for high-dimensional reliability analysis[J]. Applied Mathematical Modelling, 2019, 75: 749-768.
[17] Xu J, Kong F. Adaptive scaled unscented transformation for highly efficient structural reliability analysis by maximum entropy method[J]. Structural Safety, 2019, 76: 123-134.
[18] Xu J, Dang C, Kong F. Efficient reliability analysis of structures with the rotational quasi-symmetric point-and the maximum entropy methods[J]. Mechanical Systems and Signal Processing, 2017, 95: 58-76.
[19] Xu J, Wang D. A two-step methodology to apply low-discrepancy sequences in reliability assessment of structural dynamic systems[J]. Structural and Multidisciplinary Optimization, 2018, 57(4): 1643-1662.
[20] He S, Xu J, Zhang Y. Reliability computation via a transformed mixed-degree cubature rule and maximum entropy[J]. Applied Mathematical Modelling, 2022, 104: 122-139.
[21] Xu J, Zhang W, Sun R. Efficient reliability assessment of structural dynamic systems with unequal weighted quasi-Monte Carlo simulation[J]. Computers & Structures, 2016, 175: 37-51.
[22] Yang R J, Gu L. Experience with approximate reliability-based optimization methods[J]. Structural and Multidisciplinary Optimization, 2004, 26(1): 152-159.
[23] Lin G D. Characterizations of distributions via moments[J]. Sankhyā: The Indian Journal of Statistics, Series A, 1992: 128-132.
[24] Yi P, Cheng G, Jiang L. A sequential approximate programming strategy for performance-measure-based probabilistic structural design optimization[J]. Structural Safety, 2008, 30(2): 91-109.
[25] He W, Zeng Y, Li G. A novel structural reliability analysis method via improved maximum entropy method based on nonlinear mapping and sparse grid numerical integration[J]. Mechanical Systems and Signal Processing, 2019, 133: 106247.
[26] 张明. 结构可靠度分析：方法与程序[M]. 北京：科学出版社, 2009.

第 5 章　可靠性分析的广义 Pareto 分布方法

5.1 引　　言

高可靠性问题(或罕遇事件发生概率计算)是一类较为特殊的工程可靠性评估问题，其主要关注工程结构中关键性部件结构，该类结构一旦发生失效则往往会造成十分严重的后果，因此在随机因素作用下，其设计校核需要考虑较大的可靠性指标，以保障结构足够安全。随着工程结构向复杂化、大型化发展，尤其是新材料、新技术的应用，如何对复杂结构的高可靠性问题进行高效、高精度的评估，是当前工程领域的迫切需求，对结构可靠性研究提出了挑战。在早期针对极端事件的研究过程中，人们一直采用正态分布进行随机建模，但是随着技术的进步和建模精度要求的提高，人们逐渐认识到正态分布不能满足极端事件概率拟合的精度要求[1]。许多学者针对极端事件的概率进行深入的研究，直至 1923 年 von Mises 给出了最大次序统计量收敛为极值分布的充分条件[2]，并由 Gnedenko 于 1943 年对极值类型定理进行了证明，最终确立了极值理论[3]。早期极值理论存在一定的局限性，即仅能描述独立同分布的随机变量最值的渐近分布特性，而在实际问题中，由于数据噪声的影响，直接针对数据极值进行分析可能使得计算结果误差较大。同时，工程中有很多问题不仅仅关注极值，可能更关注某一概率对应的值，因此，Pickands[4]提出了广义 Pareto 分布(GPD)方法。

广义 Pareto 分布方法发展至今已经比较成熟，成为极值理论的重要方法，在工程中诸多领域的数据分析中发挥重要作用。在水文气象方面，广义 Pareto 分布方法广泛用于洪水、气温、降水、风力的预测[5, 6]；而在金融保险领域，广义 Pareto 分布方法是预测其风险值的重要方法之一[7, 8]；在工程结构可靠性分析问题中，国际结构与多学科优化学会原主席 Haftka 教授 2010 年将广义 Pareto 分布方法应用于高可靠性分析问题，并明确指出，由于该方法是直接基于尾部样本信息进行建模，对于功能函数维度和非线性程度不敏感[9]。

广义 Pareto 分布方法的核心在于阈值和待定参数的计算，其中，合理阈值的选择至关重要[10-12]。相关数学证明已经指出，当阈值趋于无穷大时，随机参数的超限分布是广义 Pareto 分布形式，因此，阈值需要足够大；但是过大的阈值势必导致尾部数据量的减少，很可能造成拟合结果的方差较大。因此，很多学者对阈值的选择做了大量的研究。早期阈值的确定方法主要是图解法[10-13]，该方法通过观察超出量函数的线性变化或者超出量函数对于阈值变化的敏感性来确定阈值。这类方法简单直观，但是阈值选择过程中主观因素影响较大，可能选不到最优的阈值，因此出现了阈值确定的计算法[14-16]。相较于图解法，计算法在确定阈值的过程中能够降低主观因素的影响，所选阈值更接近于最优阈值。

广义 Pareto 分布方法中另一个关键的要素是未知参数的确定[17]。矩方法以及后续发展出的概率加权矩法和 L 矩法是早期用于未知参数拟合的重要方法，该方法基于辛钦(Khinchine)大数定律认为，当样本数量足够多时，样本的矩与总体矩是相同的[15, 18-23]。这种方法简单易行，但是对于尾部样本数量较少的问题，会导致计算精度不足。最大似然法是未知参数拟合的又一重要方法[24-26]，该方法适用范围更广，但是对于形状参数小于−1 的情况收敛性较差。最小二乘法也常用于广义 Pareto 分布的未知参数计算[27-29]。该方法主要基于样本的经验概率公式，建立样本值与其对应经验概率值的映射，并采用均方误差(mean square error, MSE)最小为准则对未知参数进行拟合。

综上所述，通过尾部样本确定阈值和待定参数是广义 Pareto 分布方法的关键步骤，但是在可靠性分析问题中，当前的阈值和参数确定方法均受尾部样本较少所限而难以直接应用。因此，需要针对问题的特点建立相应的求解算法。本章将对广义 Pareto 分布方法的基本理论进行系统介绍，并介绍若干基于代理模型技术的广义 Pareto 分布方法。

5.2　GPD 的基本理论

5.2.1　GPD 函数

Pickands[4]于 1975 年基于极值理论提出了 GPD 方法。极值理论是处理与概率分布的中值相离极大情况下的理论，常用来分析极端(小概率)事件。极值理论认为，对于一组独立同分布的随机样本 $\boldsymbol{X}=\{X_1, X_2, \cdots, X_n\}$，令 $M_n=\max(X_1, X_2, \cdots, X_n)$，那么必存在数列 $a_n>0$ 和 $b_n\in R$，当 $n\to\infty$时，有 $P\{(M_n-b_n)/a_n\leqslant z\}\to G(z)$，其中，$G(z)$是式(5.1)～式(5.3)中的一个：

$$G(z)=\exp\left[-\exp\left(-\frac{z-b}{a}\right)\right],\quad -\infty<z<\infty \tag{5.1}$$

$$G(z)=\begin{cases}0, & z\leqslant b\\ \exp\left\{-\exp\left[-\left(\dfrac{z-b}{a}\right)^{-\alpha}\right]\right\}, & z>b\end{cases} \tag{5.2}$$

$$G(z)=\begin{cases}\exp\left\{-\exp\left[-\left(\dfrac{b-z}{a}\right)^{-\alpha}\right]\right\}, & z<b\\ 1, & z\geqslant b\end{cases} \tag{5.3}$$

其中，式(5.1)对应于耿贝尔分布(极值Ⅰ型)，式(5.2)对应于 Frechet 分布(极值Ⅱ型)，式(5.3)对应于韦布尔分布(极值Ⅲ型)。上述三种分布的表达形式可以通过如下广义极值函数统一表示[4]：

$$G(z)=\exp\left\{-\left[1+\xi\left(\frac{z-\mu}{\sigma}\right)\right]^{-\frac{1}{\xi}}\right\} \tag{5.4}$$

其中，σ 为比例参数；ξ 为形状参数；μ 为位置参数。当 $\xi=0$ 时，$G(z)$为极值Ⅰ型；当 $\xi>0$ 时，$G(z)$为极值Ⅱ型；当 $\xi<0$ 时，$G(z)$为极值Ⅲ型。使用广义极值函数进行分析避免了根据 X 的分布形式选择特定极值分布类型的过程，简化了计算。下面介绍广义极值分布的一个重要特性。

设 X 为服从某一分布的随机变量，则称 X 超过指定阈值 u 的条件概率分布 $F_u(x|X>u)$为 X 的超出量分布。当阈值足够大时，一大类分布(包括几乎所有的常见分布)的超出量分布近似服从 GPD[4]，即式(5.5)：

$$G(x,\xi,\sigma)=\begin{cases}1-\left(\dfrac{\xi x}{\sigma}\right)^{-1/\xi}, & \xi\neq 0\\ 1-\mathrm{e}^{-x/\sigma}, & \xi=0\end{cases} \tag{5.5}$$

其中，ξ 和 σ 为未知参数，ξ 为分布的形状参数，σ 为分布的尺度参数，这两个未知参数的计算方法有多种，其中应用最为广泛的是最大似然拟合方法和最小二乘拟合方法。由条件概率公式可以推导出原随机变量 X 的累积分布函数如下：

$$F(x)=\left[1-F(u)\right]F_u\left(x|X>u\right)+F(u) \tag{5.6}$$

联合式(5.5)和式(5.6)可以得到指定概率 P 对应的分位点值：

$$\hat{x}_p=F^{-1}(p)=u+\frac{\hat{\sigma}}{\hat{\xi}}\left\{\left[\frac{1-F(p)}{1-F(u)}\right]^{-\hat{\xi}}-1\right\} \tag{5.7}$$

5.2.2 GPD 阈值的确定

如前所述，当阈值足够大时超出量分布服从 GPD。再根据超出阈值的样本点对随机参数的尾部进行建模，得到其尾部分布。因此，阈值的选择对最终尾部估计结果的影响很大。阈值选择过小，达不到理论本身的要求，则导致拟合精度不好，甚至可能得到错误的结果；但是如果选择过大的阈值，则不但增加获取样本的难度，而且获得的样本也可能会受抽样方差的影响较大，导致拟合结果不好。因此，有必要对阈值的选择做深入研究。文献中关于阈值选择方法可以分为图解法和计算法两类。

1. 阈值确定的图解法

图解法是较早的确定阈值的方法。大量研究表明，当超限期望函数 $e(u)$ 随着 u 的增加呈现近似的线性增加时，在线性变化区间内选取的阈值 u 是满足 GPD 要求的阈值。另外，阈值也可以通过观察 GPD 的形状参数 ξ 随着阈值的变化来选取，当形状参数趋于稳定时，阈值 u 为满足 GPD 要求的阈值。图解法的优点是较为简单直观，可以直接通过观察图像的变化得出合理的阈值。主要的图解法有经验平均超出函数法[10]、Pickands 图法[11]、Hill 图法[12]和矩估计法[13]等。

经验平均超出函数法主要用于阈值初步定性的选取。经验平均超出函数 $E(u)$如式(5.8)所示，对于给定的阈值 u_0 为真实可行的阈值，超限分布 $F(X-u_0)$应为参数为 σ 和 ξ 的 GPD。当取更大的阈值 $u=u_0+y$ $(y>0)$时，可以推导出超限期望函数 $e(u)$，如式(5.9)所示，可以看出 $e(u)$为关于更大阈值 u 的线性函数，因此可以根据 $e(u)$-u 的图像为线性时的起始点来确定合适的阈值。

$$E\left(X-u_0\middle|X>u_0\right)=\sigma\left(u_0\right)/(1-\xi) \tag{5.8}$$

$$\begin{aligned} e\left(u\middle|u>u_0\right)&=E\left[X-\left(u_0+y\right)\middle|X>\left(u_0+y\right)\right] \\ &=\left[\sigma\left(u_0\right)+\xi y\right]/(1-\xi) \end{aligned} \tag{5.9}$$

Pickands 图法通过式(5.10)计算 GPD 的形状参数，在此基础上不难证明，形状参数 ξ 满足如式(5.11)所示的强相合性，即在 n 趋于无穷大，k 趋于无穷大且 k/n 趋于 0 时，Pickands 的形参数估计是渐近正态分布的[15]。

$$\hat{\xi}_{\mathrm{P}}=\frac{1}{\ln 2}\ln\frac{X_{k:n}-X_{2k:n}}{X_{2k:n}-X_{4k:n}} \tag{5.10}$$

$$\begin{aligned} &\sqrt{k}\left(\hat{\xi}_{\mathrm{P}}-\xi\right)\to N\left[0,\sigma\left(\xi\right)\right] \\ &\sigma\left(\xi\right)=\frac{1}{k}\sum_{i=1}^{k}\ln\frac{X_{n-i:n}}{X_{n-k:n}} \end{aligned} \tag{5.11}$$

根据不同的 k 值，得到 GPD 形状参数 ξ 的估计值，定义$(k_i,\hat{\xi}_{\mathrm{P}}^{i})$散点图为 Pickands 图，选取形状参数 ξ 趋于稳定的 k 值，通过这个 k 值计算 GPD 估计的阈值 u_0。

与 Pickands 图法类似，在 GPD 形状参数 $\xi>0$ 时，Hill 图法的表达式如式(5.12)所示。随后，也有人证明了在 n 趋于无穷大，k 趋于无穷大且 k/n 趋于 0 时，形状参数的 Hill 估计也是渐近正态分布的。绘制(k_i, $\hat{\xi}_{\mathrm{H}}^i$)散点图，通过使得 $\hat{\xi}_{\mathrm{H}}^i$ 趋于平稳时的 k 值，计算得到 GPD 估计的阈值 u_0。

$$\hat{\xi}_{\mathrm{H}}^k = \frac{1}{k}\sum_{i=1}^{k}\ln\frac{X_{n-i+1:n}}{X_{n-k:n}} \tag{5.12}$$

矩估计法如式(5.13)所示，与 Pickands 图法和 Hill 图法类似，绘制(k_i, $\hat{\xi}_{\mathrm{M}}^i$)散点图，并观察 $\hat{\xi}_{\mathrm{M}}^i$ 随 k_i 的变化，通过 $\hat{\xi}_{\mathrm{M}}^i$ 趋于稳定时的 k_i 值计算 GPD 估计的阈值。由于矩估计法的适用范围较广，因此较前述三种方法的应用更多。

$$\begin{aligned}
&\hat{\xi}_{\mathrm{M}} = 1 + M_k^1 + 0.5\left[\frac{\left(M_k^1\right)^2}{M_k^2} - 1\right]^{-1} \\
&M_k^l = \frac{1}{k}\sum_{i=1}^{k}\left(\ln X_{n-i+1:n} - \ln X_{n-k:n}\right)^l, \quad l = 1,2
\end{aligned} \tag{5.13}$$

2. 阈值确定的计算法

鉴于图解法过度依赖于主观判断，容易产生由认知不确定性带来的误差，同时，依赖主观判断的方法无法通过程序实现自动运行，增加了方法执行的复杂性。因此，在图解法思路的基础上发展出了许多阈值确定的计算法，主要有改进的 Hill 估计法[14]、峰度法[15]、指数回归模型法[14]、基于最小均方误差的自助方法[16, 30]等。

改进的 Hill 估计法是在 Hill 图法的基础上发展而来的，主要思路是将斜率变点模型引入方法中。根据不同的 k 值，对 Hill 图中的尾部散点进行直线拟合，计算得到直线斜率发生结构性突变的 k 值，再根据所得的 k 值，计算得到 GPD 的阈值。将式(5.12)形成的散点以 k_0 点为界分为两段，并针对此两段散点进行线性拟合，得到如式(5.14)所示的拟合表达式。计算两条拟合直线斜率之差 $\Delta k_0=|\beta^{(1)}-\beta^{(2)}|$，搜索斜率最大差值 max$-\Delta k_0$ 对应的 k_0，则 k_0 为斜率变点，而此时 k_0 对应的 X_i 为所求的阈值。

$$y_i = \begin{cases} \alpha^{(1)} + \beta^{(1)}X_i + \varepsilon_i, & 1 \leqslant i \leqslant k_0 \\ \alpha^{(2)} + \beta^{(2)}X_i + \varepsilon_i, & k_0 \leqslant i \leqslant n \end{cases} \tag{5.14}$$

峰度法源自于厚尾部分布与正态分布相交法，即将实际分布与正态分布相比较，得到两个分布的交点即是所求的阈值点。当随机变量 X 中部为正态分布，两边服从 GPD 时，如式(5.15)所示，其中，$\varphi(x)$为正态分布，N 为样本总数，

N_t^L、N_t^R 分别为左右两侧尾部样本数量，ξ^L、σ^L、u^L 分别为左侧尾部 GPD 的形状参数、尺度参数、阈值，而 ξ^R、σ^R、u^R 分别为右侧尾部 GPD 的形状参数、尺度参数、阈值。

$$F(x)=\begin{cases}\dfrac{N_t^L}{N}\left(1+\xi^L\dfrac{\left|x-u^L\right|}{\sigma^L}\right)^{\frac{-1}{\xi^L}}, & x<u^L\\ \varphi(x), & u^L<x<u^R\\ \dfrac{N_t^R}{N}\left(1+\xi^R\dfrac{\left|x-u^R\right|}{\sigma^R}\right)^{\frac{-1}{\xi^R}}, & x>u^R\end{cases} \tag{5.15}$$

峰度法的原理和厚尾分布与正态分布相交法类似，主要的区别是采用厚尾分布与正态分布相交法确定阈值时首先需要确定具体的分布，而分布参数的求解较为困难。峰度法不需要确定具体的分布，因此，峰度法确定阈值的过程较为简捷。当随机变量服从厚尾分布时，其峰度系数是大于 3 的；而随机变量服从正态分布时，其峰度系数等于 3。根据此结论可以通过样本的峰度系数确定阈值，具体的方法如下所述。

(1) 计算样本的均值和峰度系数，如式(5.16)所示：

$$\begin{aligned}&\bar{X}=\frac{1}{n}\sum_{i=1}^{n}X_i\\&K_n=\frac{E\left(X_i-\bar{X}\right)^4}{\left[E\left(X_i-\bar{X}\right)^2\right]^2},\quad i=1,2,\cdots,n\end{aligned} \tag{5.16}$$

(2) 判断峰度系数 K_n 是否小于 3，如大于 3，则将样本中使得$|X_i-X_n|$最大的样本 X_i 去掉，再执行(1)，直至 K_n 小于 3；

(3) 最终剩余的样本中最大的样本即为所求阈值。

由于 GPD 适用于概率密度函数尾部估计，因此一旦阈值选择偏小，则不能满足 GPD 的高尾的要求，最终导致 GPD 估计的偏差较大，不能真实表征随机变量的尾部分布；但是阈值选择偏大，尾部样本数量较少，则参数 ξ 的评估跳跃性较大，这样会导致 GPD 估计的方差变大，使得单次尾部估计正确率降低。因此，有必要采用能够同时考虑偏差和方差的参数评价阈值选择的优劣。有学者提出采用最小化均方误差(MSE)作为选择阈值的准则[31]。

$$\text{MSE}=\text{bias}^2+\text{var} \tag{5.17}$$

其中，bias 表示 GPD 估计的偏差；var 表示 GPD 估计的方差；而 MSE 表示两种误差之和。可以认为，当 MSE 最小时确定的 GPD 参数是最合理的，而 GPD 参数与尾部样本数量紧密相关，因此，可以通过最小化 MSE 确定 GPD 方法的阈值。具体的做法是先通过图解法大致确定阈值区间，再通过计算不同阈值下 GPD 参数的 MSE，选取最小的 MSE 对应的阈值为当前阈值。

图解法和计算法在确定阈值时只能针对随机变量的一组样本进行计算，能够保证 GPD 在当前样本集上偏差较小。对同一随机变量的另一组新样本进行估计时，如果重新计算阈值，会产生额外计算量；如果采用之前确定的阈值，GPD 方法的方差则不能定量地度量。最小化 MSE 方法在确定阈值的过程中能够定量考虑 GPD 方法的偏差与方差，使得由该方法确定的阈值更具有普适性，GPD 方法的结果稳定性更好，因此本书采用最小化 MSE 的方法确定 GPD 的阈值。

5.2.3 GPD 参数估计

在阈值确定之后，需要使用尾部样本对 GPD 函数中的未知参数进行估计。根据已获得的尾部样本对未知参数进行估计，要尽量保证所得的未知参数估计值能使 GPD 函数逼近真实的条件尾部分布，降低估计方法对尾部样本的依赖。许多学者针对 GPD 未知参数的拟合方法进行了大量研究，提出了许多相关的计算方法，主要包括矩法[17, 19-21]、最大似然法[25, 26]和最小二乘法[32-36]等。

1. 矩估计法

传统的矩估计法是早期估计 GPD 未知参数使用最广泛的方法之一，其理论基础是辛钦大数定律，即当样本数量足够多时，样本统计矩依概率收敛到总体矩。因此根据 GPD 函数表达式推导出由 GPD 未知参数表示的随机变量的前三阶矩，如式(5.18)所示：

$$
\begin{aligned}
&E(X)=\mu+\frac{\sigma}{1-\xi},\quad \xi<1\\
&\operatorname{var}(X)=\frac{\sigma^2}{(1-\xi)^2(1-2\xi)},\quad \xi<0.5\\
&\operatorname{skew}(X)=\frac{2(1+\xi)\sqrt{1-2\xi}}{1-3\xi},\quad \xi<1/3
\end{aligned}
\tag{5.18}
$$

随机生成 n 个服从 GPD 的样本 X_i，$i=1,2,\cdots,n$，当样本数量足够大时，可以通过式(5.19)近似计算随机变量前三阶矩，从而得出 GPD 函数未知参数的矩估计。

$$
\begin{aligned}
\hat{\mu} &= \frac{1}{n}\sum_{1}^{n} X_i \approx E(X) \\
\hat{\sigma} &= \frac{1}{n}\sum_{1}^{n} (X_i - \hat{\mu})^2 \approx \mathrm{var}(X) \\
\hat{S}_k &= \frac{1}{n}\sum_{1}^{n} \left(\frac{X_i - \hat{\mu}}{\hat{\sigma}}\right)^3 \approx \mathrm{skew}(X)
\end{aligned}
\tag{5.19}
$$

矩估计法原理简单，容易实现，但是存在一定的局限性。如式(5.18)所示，矩估计法仅在 GPD 的形状参数小于 1/3 的情况下成立；当形状参数 ξ 大于 1/3 时，GPD 的第三阶矩为负值，不满足 GPD 函数关于厚尾的假定。因此，需要研究更为普适的方法。

2. 极大似然估计法

假设随机变量 X 的概率密度函数为 $f(x, \theta)$，$(X_1, X_2, \cdots, X_n)$为 X 的观测值，定义如下似然函数：

$$
L(\theta) = \prod_{i=1}^{n} f(X_i;\theta) \tag{5.20}
$$

由于 X_i 为 X 的独立观测值，因此似然函数可以认为是 n 维随机变量的联合概率密度函数，而事件$(X_1, X_2, \cdots, X_n)$为该联合概率密度函数的一个事件。根据极大似然原理，事件$(X_1, X_2, \cdots, X_n)$所对应的概率是最大的，即似然函数在$(X_1, X_2, \cdots, X_n)$位置取最大值，因此，待定参数 θ 可以通过如下优化列式进行估计：

$$
\begin{aligned}
&\mathrm{find}\,\hat{\theta} \\
&\max L(\theta) = \prod_{i=1}^{n} f(X_i;\theta)
\end{aligned}
\tag{5.21}
$$

将 GPD 概率密度函数代入式(5.21)中即可得到待定参数。对于 GPD 函数，最大似然估计往往具有较高的精度。

3. 最小二乘估计法

GPD 参数的最小二乘估计法最早由 Moharram 等[32-36]提出，是一种较容易实现和较为直观的 GPD 参数估计方法。对于一个样本集，其超限样本 x_i 可以根据前述阈值确定方法计算得到。超限样本数量设为 m。根据各个样本的经验概率 F_i，并结合考虑 GPD 函数表达式可以得出所有超限样本的 GPD 估计值 $\hat{x}_i$，如式(5.22)所示：

$$\begin{aligned}&\hat{x}_i = u + \frac{\sigma}{\xi}\left[1-\left(1-F_i\right)^{\xi}\right],\quad \xi \neq 0\\&F_i = \frac{i-0.4}{m+0.2}\end{aligned}\tag{5.22}$$

GPD 估计的残差之和如式(5.23)所示：

$$S = \sum_{i=1}^{m}\left(x_i - \hat{x}_i\right)^2 = \sum_{i=1}^{m} e_i^{\,2}\tag{5.23}$$

根据最小二乘法原理，最小化残差 S 可以得到一个关于 GPD 形状参数 ξ 的方程，如式(5.24)所示。这个方程可以通过牛顿-辛普森(Newton-Simpson)迭代等数值方法进行求解。

$$\begin{aligned}&\left(\overline{x}-\overline{xz}\right)\left(z^{*}\overline{zy}-\overline{z^2}\overline{y}\right)+\left(\overline{z}-1\right)\left(z^{*}\overline{xyz}-x_{\min}\overline{z^2 y}\right)+\left(\overline{z^2}-\overline{z}\right)\left(x_{\min}\overline{zy}-\overline{xyz}\right)=0\\&\overline{x}=\frac{\sum_{i=1}^{m}x_i}{m},\quad \overline{z}=\frac{\sum_{i=1}^{m}z_i}{m},\quad \overline{z^2}=\frac{\sum_{i=1}^{m}z_i^2}{m},\quad \overline{xz}=\frac{\sum_{i=1}^{m}x_i z_i}{m}\\&\overline{zy}=\frac{\sum_{i=1}^{m}z_i y_i}{m},\quad \overline{z^2 y}=\frac{\sum_{i=1}^{m}z_i^2 y_i}{m},\quad \overline{xyz}=\frac{\sum_{i=1}^{m}z_i y_i x_i}{m}\\&z_i=\left(1-F_i\right)^{\xi},\quad y_i=\ln\left(1-F_i\right),\quad z_1^{*}=\left(1-F_1\right)\xi/m\\&i=1,2,\cdots,m\end{aligned}\tag{5.24}$$

其中，F_i 为 x_i 经验概率值；$x_{\min}$ 为超限样本的最小值；F_1 为 $x_{\min}$ 对应的经验概率值。

在求得形状参数之后，可根据式(5.25)求解 GPD 函数的尺度参数 σ：

$$\hat{\sigma} = \frac{\hat{\xi}\left[\left(\overline{x}-\overline{xz}\right)+x_{\min}\left(\overline{z}-1\right)\right]}{\left(\overline{z^2}-\overline{z}\right)-z_1^{*}\left(\overline{z}-1\right)}\tag{5.25}$$

5.3 基于 RBF 辅助抽样的 GPD 拟合方法

在可靠性分析领域中， Ramu 等[9] 2010 年将 GPD 理论用于高可靠性问题，并明确指出，由于该方法是直接基于尾部样本信息进行 GPD 函数建模，因此它对于功能函数维度和非线性程度不敏感。而且，尾部的范围越小(可靠性指标越高)，则理论上 GPD 方法的精度越高。但是为了得到较小的尾部区域，则 GPD 方法往往需要建立在大量抽样的前提下，势必导致计算成本的激增。如果减少样本数量，那么 GPD 的高阈值要求可能得不到满足，使得 GPD 估计结果具有较大的偏差。

因此，采用 GPD 方法进行可靠性评估需要解决两个问题，一是 GPD 方法的计算效率问题，二是 GPD 方法的阈值确定问题。为此，李刚和赵刚[37]提出径向基函数(radial basis function, RBF)辅助抽样方法，避免大量无用样本的计算，提高 GPD 方法的计算效率；同时提出阈值附近样本的甄别方法确保阈值计算的准确性，讨论了不同样本总量与尾部样本数量情况下 GPD 方法的精度，确定 GPD 阈值的选择策略。

5.3.1　径向基函数模型

径向基函数(RBF)是一个取值仅依赖于离中心点距离的插值函数，即 $\Phi(\boldsymbol{x}, \boldsymbol{c})=\Phi(\|\boldsymbol{x}-\boldsymbol{c}\|)$，$\boldsymbol{c}$ 点称为中心点。RBF 是一种三层的前馈模型，如图 5.1 所示，第一层为输入层，为样本的输入值，是外界与网络的接入层；中间层为隐层，即为径向基函数，隐层实现了输入到输出的非线性变换；第三层为输出层，即为隐层的线性组合。其中，第二层的径向基函数是网络的核心，常用的 RBF 有高斯 RBF、多元二次 RBF、薄板样条 RBF 等(如式(5.26)所示)。

$$
\begin{aligned}
&\varphi_i(\boldsymbol{x})=\exp\left(-\frac{\|\boldsymbol{x}-\boldsymbol{x}_i\|}{2\sigma^2}\right)\\
&\varphi_i(\boldsymbol{x})=\left[(\boldsymbol{x}-\boldsymbol{x}_i)^2+a^2\right]^{m-1.5} \qquad ,i=1,2,\cdots,n\\
&\varphi_i(\boldsymbol{x})=\begin{cases}\|\boldsymbol{x}-\boldsymbol{x}_i\|^{2m}\ln\|\boldsymbol{x}-\boldsymbol{x}_i\|\\ \|\boldsymbol{x}-\boldsymbol{x}_i\|^{2m-1}\end{cases}
\end{aligned}
\tag{5.26}
$$

其中，$\|\boldsymbol{x}-\boldsymbol{x}_i\|$为两点之间的直线距离；$\boldsymbol{x}_i$ 为训练样本点；a 为形状参数；m 为整数。本书采用目前最为常用的高斯 RBF 进行建模。

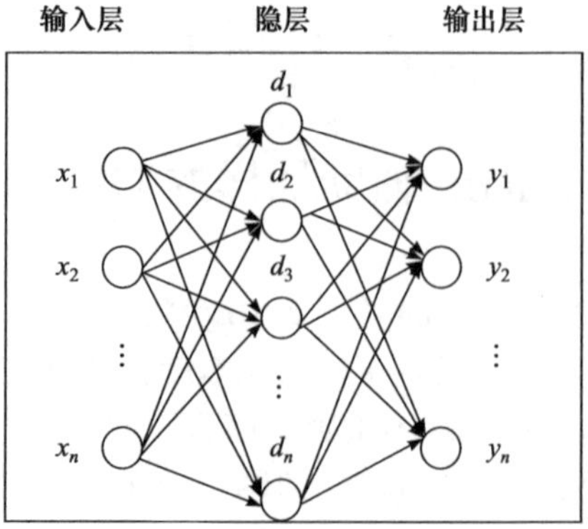

图 5.1　RBF 模型网络结构

如果采用一系列点($\boldsymbol{x}_i, y_i$)训练 RBF，则对未知函数的预测如式(5.27)所示：

$$\hat{y}(\boldsymbol{x})=\sum_{i=1}^{n} w_i \varphi_i(\boldsymbol{x}) \tag{5.27}$$

其中，$\varphi_i(\boldsymbol{x})$为最常用的高斯函数形式的基函数；$w_i$ 为基函数的权系数，一般可以根据训练点($\boldsymbol{x}_i, y_i$)通过一定的学习算法得到。

RBF 神经网络的学习算法会在很大程度上影响网络本身的性能，如收敛速度、泛化性能以及鲁棒性能等。学习算法主要针对 RBF 神经网络隐层节点选取问题，以网络在训练样本的预测值与真实值方差最小为准则，对网络隐层到输出层的权值向量进行计算。根据网络隐层节点的不同选取方式，RBF 模型的学习算法可以分为随机选取中心法、自组织选取中心法、有监督选取中心法等[38]。

随机选取中心法是最早提出的学习方法，是在训练样本集中随机选取一定数量的样本作为隐层节点，该方法原理简单，实现较为容易，但是得到的 RBF 网络对选取的隐层节点依赖性较强，可能造成模型精度达不到要求。自组织选取中心法通过 K-Mean 聚类方法求取基函数的中心，即初始化 K 个聚类中心，计算各训练样本到中心的距离，并将各个训练样本分配给距离最近的聚类中心。根据当前聚类中训练样本重新计算聚类中心，而后计算各个训练样本与更新后的聚类中心的距离，重新划分聚类，直至所有聚类中的样本不发生变化为止。这种方法在 RBF 网络学习中应用较广，但是对初始中心的选择十分敏感。采用有监督的学习算法对 RBF 模型的各个参数进行训练，主要利用误差函数的梯度信息修正模型的参数，如 RBF 模型中心、方差以及隐层到输出层的权值。首先，需要定义如下误差函数：

$$\begin{gathered}e_i=\min\left\|\boldsymbol{c}_i-\boldsymbol{c}_j\right\|-\sum_{k=1}^{M} w_k \exp\left(-\frac{1}{2\sigma}\left\|X_i-\boldsymbol{c}_k\right\|\right)\\ E=0.5\sum_{i=1}^{NP} e_i^2\end{gathered} \tag{5.28}$$

其中，e_i 为第 i 个样本的误差；$\boldsymbol{c}_i$ 为第 i 个隐层节点；X_i 为第 i 个样本；w_k 为隐层到输出层的权值；M 为隐层节点的个数；NP 为输入样本点数。式(5.28)将确定 RBF 模型参数的问题转化成最小化误差 E 的优化问题，这种学习方法对初值的选取非常敏感，如果初值选取不当，可能导致 RBF 模型训练时间较长，甚至会陷入局部最优。

正交最小二乘法同样是从训练样本中选取隐层节点，但不是随机选取，而是先将训练样本按照对模型输出的贡献大小排序，将贡献最大的训练样本作为隐层节点，并将其他训练样本按照之前的排序逐个加入模型中，直至得到适当的模型为止。这种训练方法的数值稳定性好，简单高效，但是得到的模型往往较为复杂。

Chen[39]将最小二乘法与正则化方法相结合提出了正则化正交最小二乘算法，使得 RBF 模型结构更加简单，性能更加优越。所以，本书将该方法用于训练 RBF 模型。

5.3.2　RBF 模型辅助抽样方法

以往应用 GPD 函数对随机参数尾部进行建模的过程中，用于拟合 GPD 函数的数据往往是通过长期观测所获得的，例如某一地区的降水、河流的流量、股票价格变动等。这些数据不需要数值模拟，仅需不断的积累便可以获得，因此不需要考虑数据获取所带来的计算成本。在可靠性评估过程中，样本数据是通过数值计算得到的，获取大量数据所带来的计算成本对于工程问题一般是不可接受的，因此以往应用 GPD 方法解决可靠性评估问题过程中，样本数量往往较少。而少量样本必然导致 GPD 拟合结果方差较大，不能保障 GPD 方法的计算精度。因此，如何高效获取更多的尾部样本，并进一步应用 GPD 方法对可靠性问题进行评估，成为 GPD 方法应用于工程问题的关键。

GPD 是针对随机参数的尾部进行建模的方法，换言之，建立 GPD 函数的过程中，仅需要对符合要求的尾部样本进行精确计算，而对于非尾部样本仅需进行定性判断即可。对于大多数情况，非尾部样本数量远多于尾部样本，如果通过代理模型对样本进行判断，将非尾部样本排除，仅对尾部样本进行精确计算，那么 GPD 方法的计算效率将会大大提高。因此，本章提出 RBF 辅助抽取尾部样本的方法，即先通过 RBF 模型对随机参数的样本集进行初步预测，选取尾部样本，并通过原始功能函数对所选尾部样本进行计算，最后再通过尾部样本甄别(tail sample validation, TSV)方法对阈值附近样本进行筛选，保障尾部样本的真实性。最终实现尾部样本的快速选取，提高 GPD 方法实现的效率。RBF 辅助抽样方法的步骤如下(图 5.2)：

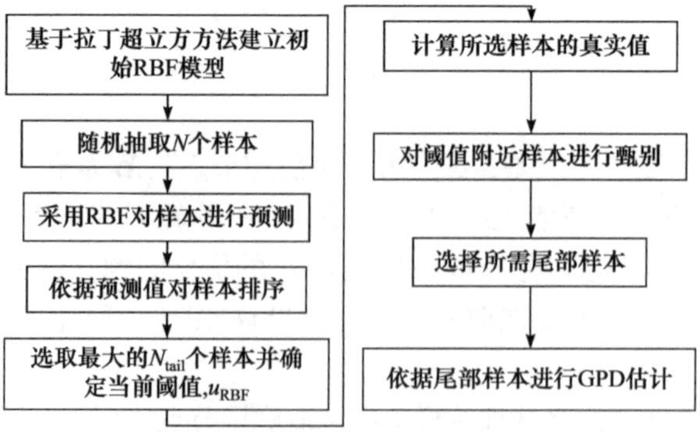

图 5.2　RBF 模型辅助抽样方法流程图

(1) 通过拉丁超立方方法抽取训练样本，训练 RBF 模型；

(2) 利用 RBF 模型对当前样本集进行预测；
(3) 对预测结果进行排序，并选出当前的尾部样本；
(4) 通过原始模型对(3)中选出的样本进行计算，得出真实的样本值；
(5) 用尾部样本甄别方法计算当前阈值附近的样本，确定真实的尾部样本；
(6) 基于(5)中所得的尾部样本进行 GPD 估计，得到功能函数的尾部分布。

1. 尾部样本甄别方法

GPD 方法的精度依赖于准确的阈值和相应的尾部样本，而通过 RBF 模型直接选取的尾部样本可能存在两个问题：一是由于 RBF 模型存在误差，其预测得到的尾部样本值不准确，可能导致最终由 GPD 函数拟合所得的尾部分布误差较大；二是通过 RBF 预测结果确定的阈值与真实的阈值相差较大，这也会导致 GPD 拟合不准确。因此需要对 RBF 所确定的尾部样本，尤其是阈值附近的样本进行甄别，以保证得到真实的尾部样本和阈值，确保 GPD 拟合结果的精度不受到 RBF 模型精度的影响。

对于一个高可靠性问题，首先通过拉丁超立方方法建立 RBF。由于拉丁超立方方法抽取的训练样本在全域内是均匀分布的，出现在尾部的训练样本数量较少，因此可以认为 RBF 模型在尾部的误差是最大的。如果通过原始模型计算得到尾部样本的真实值，并与 RBF 模型进行比较得到最大误差，那么将最大误差引入阈值附近样本点的甄别当中，真实的尾部样本便可以计算得出。具体过程如下：

(1) 以样本的预测值为横坐标，样本的真实值为纵坐标，得到如图 5.3 所示散点图，再对当前数据进行线性拟合得到直线 L_1；

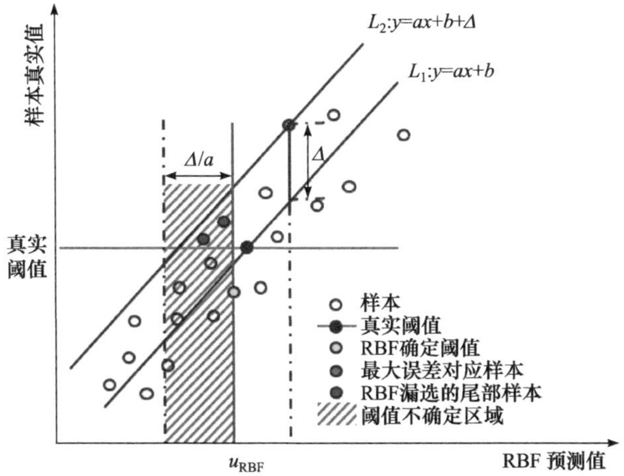

图 5.3　尾部样本甄别方法示意图

(2) 找到误差最大的点，并过该点作平行于 L_1 的直线 L_2，同时计算最大误差点到直线 L_1 的纵向距离 Δ；

(3) 由于 L_2 将所有样本包络在内，则由 $ax_{\mathrm{d}}+b+\Delta=au_{\mathrm{RBF}}+b$ 可以解出真实阈值所在样本区间的下限 $x_{\mathrm{d}}=u_{\mathrm{RBF}}-\Delta/a$，因此，需要选出预测值在($u_{\mathrm{RBF}}-\Delta/a$，$u_{\mathrm{RBF}}$)区间内的样本输入数据，并通过原始模型对样本进行补充计算；

(4) 在样本预测值序列中，将通过原始模型计算的样本预测值更新为真实样本值；

(5) 根据当前样本序列选取指定数量的尾部样本。

2. 阈值的确定

在可靠性分析过程中，由于计算成本的限制，GPD 所需要的整体样本集是不可能获得的，而前述的阈值确定方法皆建立在整体样本集已知的条件下，因此不适用于可靠性分析。有学者基于少量样本的情况给出 GPD 阈值确定的方法，当样本数量在 50～500 时，尾部样本数量占样本总数的比例为 2%，当样本数量在 500～1000 时，尾部样本的占比为 1%[9, 30]。虽然这种确定阈值的方法同时考虑了尾部样本的偏差和方差，但是由于样本总数过小，最终的 GPD 估计的精度可能不高。还有学者通过最小化 GPD 估计的均方根误差确定阈值，该方法能够更准确地描述尾部样本的偏差和方差，但是这种方法依赖于所有样本信息，因此它不适用于可靠性分析中 GPD 方法阈值的确定。

本章介绍的 RBF 辅助抽样方法避免了非尾部样本的计算，使得基于大样本集的 GPD 估计可以实现。也就是说，GPD 方法的高阈值要求可以通过“大总体，小尾部”的方式获得，而不必考虑大量总体样本带来的高额计算成本。但是就 RBF 辅助抽样方法而言，样本总数量(total sample number, ToSN)和尾部样本数量(tail sample number, TaSN)需要提前确定，而且这两个参数直接关系到 GPD 估计的方差和偏差。因此，有必要对结合前述两种确定阈值的方法进行研究，即针对不同的样本总数量和尾部样本数量，计算得到 GPD 估计的均方根误差(如式(5.29)所示)，通过最小化均方误差，选出最优的样本总数量和尾部样本数量。

$$
\begin{aligned}
&\mathrm{MSE}\left(\hat{u}_\beta\right)=\mathrm{bias}\left(\hat{u}_\beta\right)+\mathrm{var}\left(\hat{u}_\beta\right)\\
&\mathrm{RSME}\left(\hat{u}_\beta\right)=\sqrt{\mathrm{MSE}}=\sqrt{\left[\sum_{i=1}^{N_{\mathrm{tail}}}\left(\hat{u}_\beta-u_\beta\right)^2\right]\Big/N_{\mathrm{rep}}}
\end{aligned}
\tag{5.29}
$$

其中，bias 表示 GPD 估计的偏差；var 表示 GPD 估计的方差；均方误差 MSE 表示两种误差之和；N_{total} 是总样本数；N_{rep} 是用于验证算法稳定性而重复计算的次数。

5.3.3 基于更新 RBF 模型的辅助抽样方法

尽管 RBF 辅助抽样方法可以避免非尾部样本的计算，能够提高 GPD 函数拟合的效率，但是对于高维强非线性问题，RBF 不能对功能函数进行很好的近似，导致 RBF 模型辅助抽样方法无法选出准确的尾部样本，或需要大量真实样本方能选出真实的尾部样本。同时，以上研究中的尾部样本均基于 MCS 方法，其 GPD 拟合结果的方差与 MCS 方法的方差一致。为了解决高维强非线性问题，这里介绍一种基于样本距离的 RBF 模型更新方法，加强 RBF 模型在功能函数尾部区域的精度，实现高维强非线性问题的 GPD 函数拟合。同时，为了降低抽样方差，需要借助低差异序列等拟蒙特卡罗方法进行随机采样。

1. 拟蒙特卡罗方法

采用传统 MCS 方法对某一随机参数进行估计时，需要根据原始概率模型产生一定数量的随机样本。而产生随机样本首先要依据一定的准则产生均匀分布的伪随机样本作为种子，再通过转换函数将伪随机样本种子转化为服从指定分布的样本。MCS 方法的精确性与伪随机样本的均匀性息息相关，而直接依据均匀分布所产生的伪随机样本的均匀性往往较差，有学者提出采用确定性的超均匀分布序列(低差异序列，low discrepancy sequences)代替 MCS 方法中的伪随机样本，以改善随机种子点的均匀性，降低 MCS 方法的方差，这种方法称为拟 MCS 方法[40]。目前常用的低差异序列有：van der Corput 序列、Halton 序列、Faure 序列、Sobol 序列和 Niederreiter 的(t, s)序列等，其中在可靠性分析领域，Halton 序列和 Sobol 序列应用较为广泛。Halton 序列产生过程如下所述。

(1) 令 b 为大于问题维度 m 的素数，对于任意非负整数 n，可以唯一分解成与数基 b 有关的展开式：

$$n=\sum_{i=0}^{l}a_i b^i,\quad a_i\in[0,1,\cdots,b-1] \tag{5.30}$$

(2) 步骤(1)实质上是将整数 n 由十进制转化为 b 进制，a_i 为整数 n 在 b 进制下各数位上的数值。将 b 进制所表示的 n 作二进制反射变换，如 10101 变为 0.10101。

(3) 将二进制反射变换所得的二进制数变换为十进制数：

$$\psi_b(n)=\sum_{i=0}^{l}a_i b^{-i-1} \tag{5.31}$$

(4) 对于前 k 个素数 b_1，…，b_k 分别进行以上转换得到 k 维 Halton 序列：

$$x_n=\left[\psi_{b_1}(n),\cdots,\psi_{b_k}(n)\right] \tag{5.32}$$

Sobol 序列产生过程如下所述。

(1) 对于任意整数 n 可以展开为以 2 为数基的表达式：

$$n=\sum_{i=0}^{l}a_i b^i,\quad a_i\in\{0,1\} \tag{5.33}$$

其中，l 为大于等于 $\log_2 n$ 的最小整数。

(2) 定义 d 次本原多项式如式(5.34)所示：

$$Q=x^d+h_1x^{d-1}+\cdots+h_{d-1}+1,\quad h_j\in\{0,1\} \tag{5.34}$$

(3) 通过本原多项式的系数和式(5.35)计算 m_i：

$$m_i=2\times h_1\times m_{i-1}\oplus 2^2\times h_2\times m_{i-2}\oplus\cdots\oplus 2^d\times h_d\times m_{i-d} \tag{5.35}$$

其中，$\oplus$ 为异或运算符。

(4) 计算 Sobol 序列的第 n 个元素：

$$\begin{aligned}\psi(n)&=a_1v(1)\oplus a_2v(2)\oplus\cdots\oplus a_iv(i)\\ v(i)&=\frac{m_i}{2^i}\end{aligned} \tag{5.36}$$

如图 5.4 所示，以二维情况为例，分别采用线性同余方法(Rand)、Halton 序列和 Sobol 序列产生 200 个种子点。由图中种子点可以看出，Halton 序列和 Sobol 序列产生的种子点的均匀性比随机生成的种子更优。

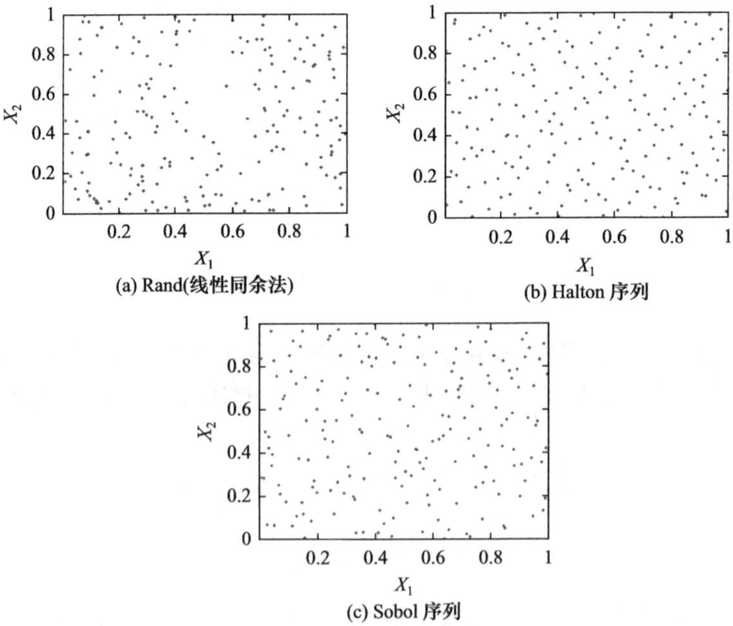

(a) Rand(线性同余法)　　(b) Halton 序列

(c) Sobol 序列

图 5.4　基于不同方法产生[0,1]区间内随机种子点

对于一个随机变量 X，其概率密度函数为 $f(x)$，其累积分布函数 $F_X(x)$ 如下：

$$F_X(x)=\int_{-\infty}^{x} f(s)\mathrm{d}s \tag{5.37}$$

对于一个服从[0,1]区间上均匀分布的随机变量 Y，其累积分布函数为 $F(Y)=Y$，即 $P[y<Y]=Y$。通过 $U=F_X^{-1}(Y)$将 Y 映射为 U，由于 $F_X(\cdot)$为 X 的累积分布函数，则 U 到 Y 是一一映射。由式(5.38)可知 U 与 X 具有相同的累积分布函数。

$$F_U(U)=P[u\leqslant U]=P\left[F_X^{-1}(u)\leqslant F_X^{-1}(U)\right]=P[x\leqslant X]=F_X(X) \tag{5.38}$$

因此，若欲产生服从 $F_X(X)$分布的随机样本，可以先产生服从[0,1]区间上均匀分布的样本 Y_i，再通过 $X_i=F_X^{-1}(Y_i)$将服从均匀分布的样本转换为服从 $F_X(X)$分布的样本，如式(5.39)所示：

$$Y_i\in U(0,1),\quad X_i=F_X^{-1}(Y_i) \tag{5.39}$$

为了验证基于低差异序列产生随机样本的精度，这里针对一个服从标准正态分布的随机变量，分别依据线性同余方法所得伪随机种子(Rand)、Halton 序列(Halton)、Sobol 序列(Sobol)产生 10000 个服从[0,1]区间上均匀分布的样本，再通过式(5.39)所示方法将均匀分布样本转化为标准正态分布样本，并计算相应的累积分布函数以及概率为 91%、93%、95%、97%和 99%时对应的分位点。以上三种方法分别实现 100 次，以求得抽样方差。如图 5.5 所示，基于 Halton 序列和 Sobol 序列所得到的正态分布样本的抽样方差远小于基于随机种子点的正态分布。

由表 5.1 中分位点 Q_{91}、Q_{93}、Q_{95}、Q_{97} 和 Q_{99} 计算结果可以看出，基于 Halton 序列和 Sobol 序列所得到的分位点与真实分位点值基本一致，同时，分位点的抽样标准差最小值为 4.287×10^{-4}，最大值为 2.551×10^{-3}；而基于随机种子

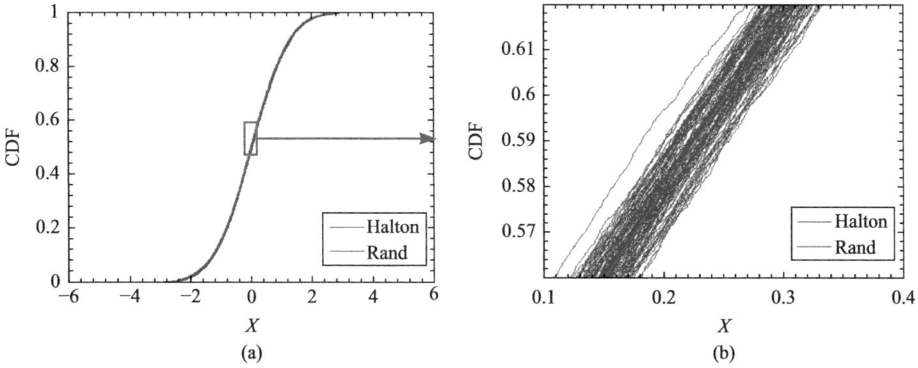

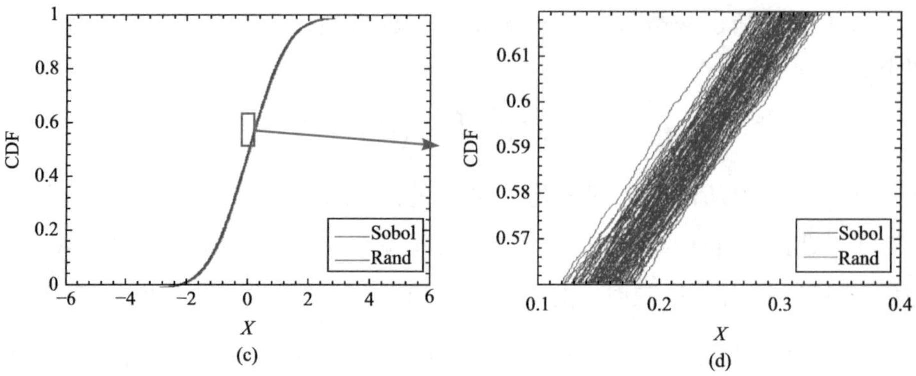

图 5.5　低差异序列抽样(Sobol 序列与 Halton 序列)与线性同余法抽样(Rand)所得正态分布对比

(b)和(d)分别是(a)和(c)的局部放大图

点所得到的分位点，其标准差最小值为 0.01782，最大值为 0.03708，远大于基于低差异序列的抽样方法。

表 5.1　低差异序列(Sobol 序列与 Halton 序列)与线性同余法抽样(Rand)所得分位点计算结果

方法		Q_{91}	Q_{93}	Q_{95}	Q_{97}	Q_{99}
Halton 序列	均值	1.3404	1.4754	1.6444	1.8801	2.3245
	标准差	0.0004287	0.0005043	0.0006813	0.001182	0.002551
Sobol 序列	均值	1.3404	1.4754	1.6444	1.8801	2.3245
	标准差	0.0004287	0.0005043	0.0006813	0.001182	0.002551
Rand	均值	1.3409	1.4750	1.6439	1.8794	2.3223
	标准差	0.01782	0.01854	0.02053	0.02267	0.03708
真实结果	—	1.3407	1.4757	1.6448	1.8807	2.3263

注：Q_{91} 代表 91%分位点，其余符号定义方式相同。

2. 基于样本距离参数的 RBF 更新方法

如前所述，尽管可以通过 RBF 模型辅助抽样的方法削减计算成本，但对于非线性程度较高的问题，RBF 精度问题仍会使得辅助抽样方法失效。目前改善 RBF 精度的方法主要是围绕模型自身参数的优化进行的，例如优化模型网络结构、优化基函数带宽、基函数混合策略等，这些方法实现了模型精度的提高，但此类改进精度的方法往往是在较大的训练样本集的基础上完成的，目的是使模型在全域内的泛化程度较高，避免局部出现过学习问题。对于复杂结构可靠性问题，得到较大的训练样本集往往很困难。对于小训练样本集的情况，样本点的选择很大程度上影响了 RBF 的精度，因此需要选择更具代表性的训练样本点。

在 GPD 函数拟合过程中，尾部区域的样本起到关键作用，而其他区域样本无关紧要，因此对于 GPD 函数的拟合，RBF 模型在尾部区域的精度至关重要，而功能函数尾部区域所对应的自变量范围无法事先确定，且由于训练样本是通过拉丁超立方方法获得的，不能保证在功能函数的尾部区域有足够多的训练样本，因此 RBF 模型在尾部区域内的精度得不到保障。直接增加训练样本的数量可能会使 RBF 模型的精度提升，但是由于尾部区域往往对应的自变量范围较小，因此需要大量增加训练样本方能解决 RBF 的精度问题，而这势必导致建立 RBF 模型的计算成本激增。

如式(5.40)所示，以高斯 RBF 为例，样本的预测值同样本与训练样本的距离有关。如果采用训练样本 z_i 为中心，则待预测样本距离训练样本越近，其预测精度越高。如图 5.6 所示，红色圆所覆盖的点受圆心处的训练样本的影响较大，受其他训练样本的影响较小，而红色圆覆盖区域以外的待测样本与所有的训练样本的距离均较大，受到训练样本的影响较小，因此在功能函数非线性程度较高时，这些样本点的预测精度得不到保障，甚至出现预测错误的情况。

$$
\begin{aligned}
y_j &= \sum_{i=1}^{m} w_{ij} \exp\left(-\frac{1}{2\sigma^2} r_i^2\right) \\
r_i &= \left\| \boldsymbol{x}_j - \boldsymbol{z}_i \right\|
\end{aligned}
\tag{5.40}
$$

其中，z_i 为训练样本；$\boldsymbol{x}_j$ 为待测样本；w_{ij} 为权系数；y_j 为样本 $\boldsymbol{x}_j$ 的预测值。

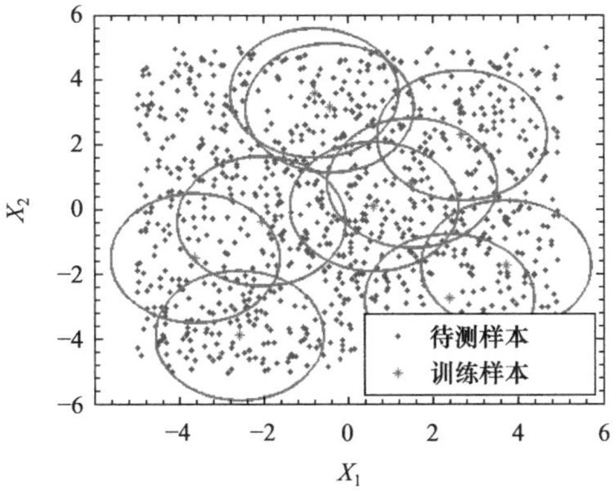

图 5.6 训练样本影响区域示意图

基于以上分析，如果能够选取尾部样本作为 RBF 的训练样本，则既能提高 RBF 在尾部区域的精度，又能够节约计算成本。但由于功能函数的复杂性，尾部样本几乎很难直接抽取。因此，这里首先采用拉丁超立方方法抽取样本训练得到的 RBF 模型，并对一定数量的随机样本进行预测。根据预测值选出一定数量的尾部样本，同时将所选尾部样本根据预测值均匀分为若干段。在每段内样本中选择与所有训练样本的最小距离最大的样本更新 RBF 模型，以快速提高 RBF 在功能函数尾部区域的精度，将 RBF 辅助抽样方法推广应用到非线性程度较高的 GPD 拟合问题。之所以将尾部样本分段，并在每段中选取更新样本，而不是直接在尾部样本中选取一个或多个更新样本，主要目的是避免由单个更新样本造成的 RBF 模型更新过程提前收敛，以及由多个更新样本过于集中导致的样本浪费。

基于更新 RBF 的 GPD 函数拟合算法具体流程如下所述(图 5.7)。

(1) 利用拉丁超立方方法抽取训练样本构造初始的 RBF。

(2) 利用 RBF 对所有 N 个样本进行预测，根据预测结果的排序，将 n 个尾部样本均匀分成 m 段，分别计算每段内样本距离训练样本的最小距离。

(3) 找出每段样本中距离训练样本最小距离的样本，判断其是否在训练样本集中：如果是则忽略该样本；否则采用原始函数计算其真实值，求出当前预测值与真实值的误差。

(4) 判断最大的误差是否小于给定误差阈值 ε_1：如果是则停止更新，执行(6)；否则更新 RBF 模型，执行(5)。

(5) 将这 m 个补充样本作为训练样本，训练得到新的 RBF，返回(2)。

(6) 采用当前 RBF 的预测值进行 GPD 函数拟合，计算所需分位点。

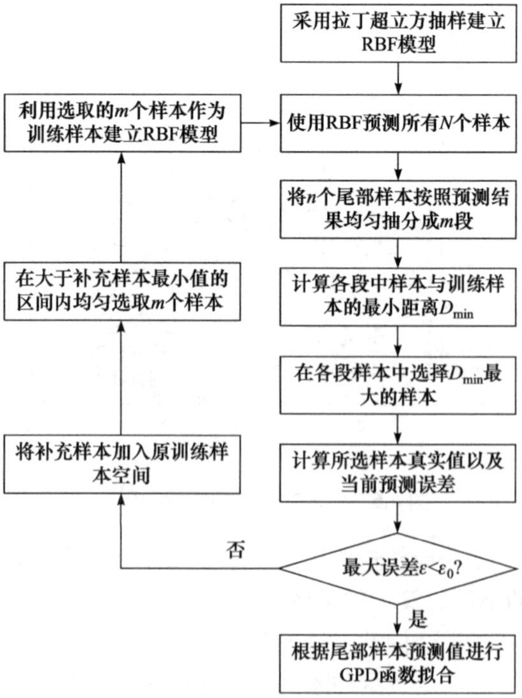

图 5.7　RBF 训练点更新流程图

5.3.4 典型数值算例分析

这里采用两个文献中的可靠性分析算例对上述方法进行测试，主要包括以下内容。

(1) 针对 RBF 更新过程进行研究。通过拉丁超立方方法抽取一定数量的样本(10 倍随机变量维度)，建立初始 RBF 模型；采用初始 RBF 进行预测，从 5×10^5 的样本集中选出数量为 1000 的尾部样本，将所选尾部样本按照预测值均匀分为 5 段，在每段样本中按照本书所提出的更新方法选出一个更新样本，对 RBF 模型进行更新。通过与样本真实值对比，研究更新 RBF 模型在功能函数尾部区域的预测精度。

(2) 基于样本集的 RBF 预测值和真实值进行 GPD 函数拟合，并比较两种结果之间的差异，验证基于更新 RBF 预测值的 GPD 函数拟合精度。

(3)为了研究 Halton 序列抽样方法对降低 GPD 函数拟合方差的效果，分别基于线性同余方法产生的伪随机数(Rand)和 Halton 序列各进行 100 次抽样(每次样本数为 5×10^5)。采用更新 RBF 模型方法计算尾部样本(数量为 1000)进行 GPD 函数拟合，计算可靠性指标为 3.0、3.5、4.0 和 4.5 对应的分位点值，计算其均值和标准差。同时统计计算原始功能函数调用次数的均值，表征 RBF 模型更新方法的计算效率。

例 5-1 二维指数型算例[41]

本例函数形式如下：

$$Y = 0.638441390907802 - \exp\left[\frac{-1}{1+100x_1^2+2x_2^2+(x_1x_2)^2}\right] \tag{5.41}$$

其中，x_1 和 x_2 相互独立且服从正态分布 $N(0,0.2)$。图 5.8 所示为该功能函数的三维图像和基于拉丁超立方抽样的 RBF 预测样本与真实样本的比较。基于拉丁超立方抽样建立的 RBF 对该功能函数的预测精度不高，导致通过 RBF 筛选的样本点几乎都不是真正的尾部样本。

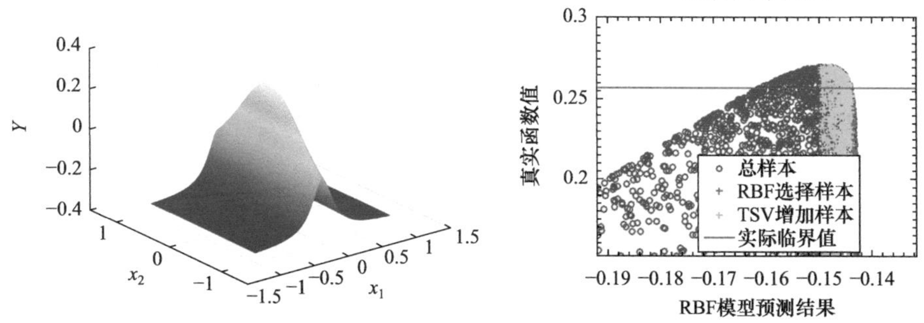

图 5.8 功能函数图像以及初始 RBF 对样本点的预测

为了研究尾部样本分段数量对本书方法的影响，这里将尾部区域分为 1、3、5 段，并在每段中选择一个更新样本，对 RBF 模型进行更新，其对应更新收敛过程以及最终 RBF 模型预测情况如图 5.9 所示。其中，蓝色点为所有样本，红色点为 RBF 选出的尾部样本。由图中结果可以看出，随着更新样本数量的增加，最终 RBF 模型的预测精度得到提高，当更新样本数量为 5 时，RBF 模型

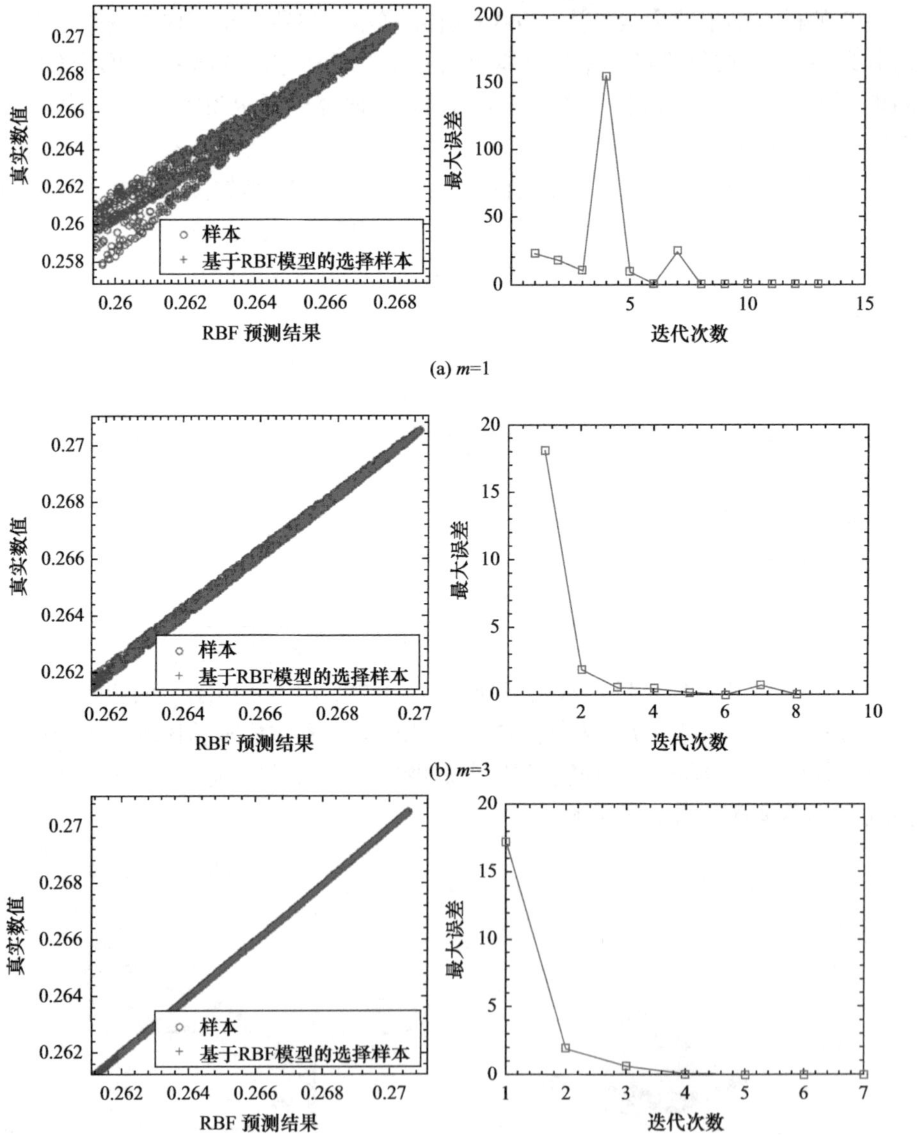

(a) m=1

(b) m=3

(c) m=5

图 5.9　不同数量更新样本对 RBF 模型更新过程的影响

已经足够精确。更新样本数量在 m=1 时为 13 个，m=3 时为 27 个，m=5 时为 35 个，这说明计算成本随着更新样本数量的增加而增加，因此这里 m 选择为 5。

采用样本总数 N 为 5×10^5、尾部样本数为 1000 来测试更新 RBF 模型方法的有效性，如图 5.10 所示，初始建立的 RBF 无法选出真正的尾部样本点，但随着训练样本点的更新，训练样本逐渐向尾部区域集中，RBF 在尾部区域的预测精度得到极大提升，如图 5.11 所示，样本预测值与真实值所形成的散点图逐渐趋于线性化。

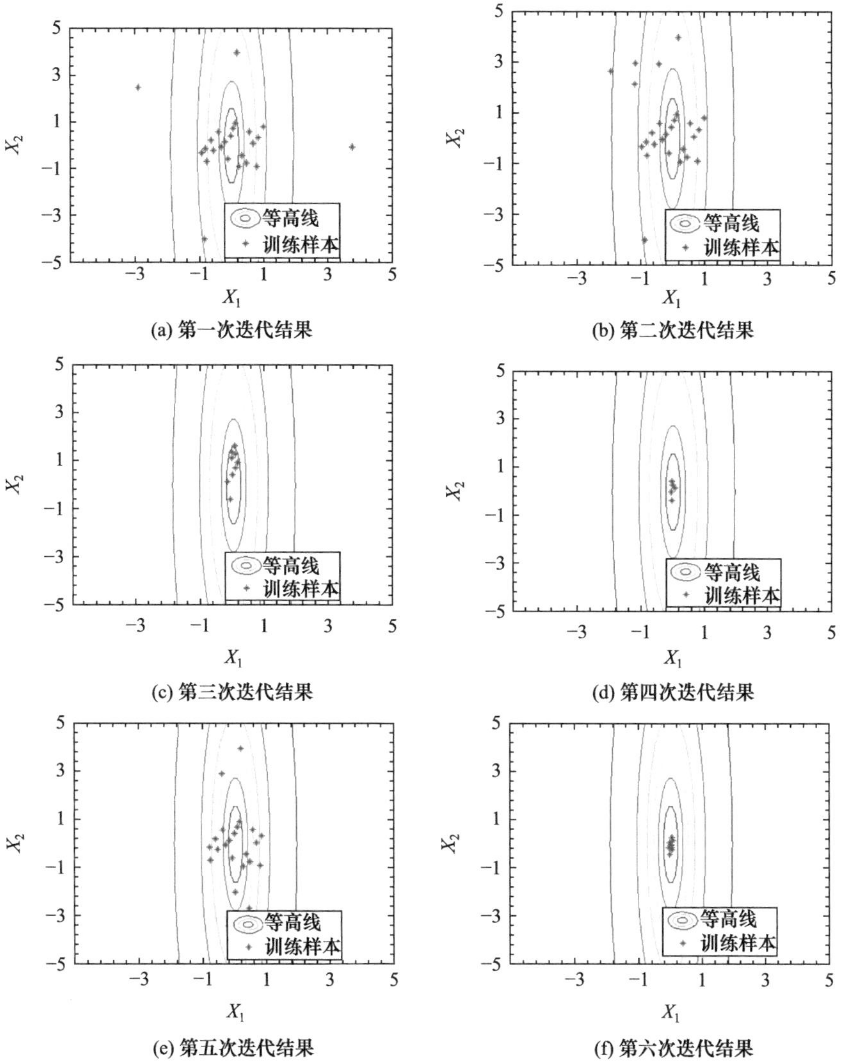

(a) 第一次迭代结果　(b) 第二次迭代结果

(c) 第三次迭代结果　(d) 第四次迭代结果

(e) 第五次迭代结果　(f) 第六次迭代结果

图 5.10 RBF 模型训练样本的更新

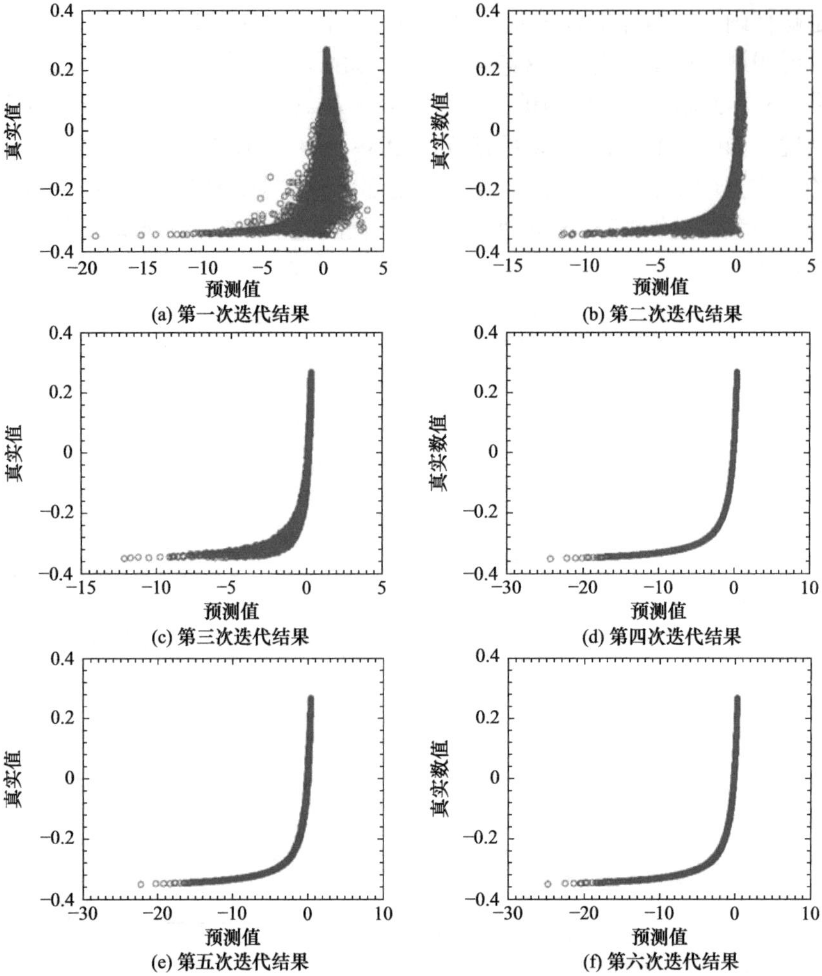

图 5.11　RBF 模型对样本空间的预测情况

RBF 模型在尾部测的最大误差迭代历程如图 5.12 所示，最终收敛时，RBF 模型在尾部的最大误差已接近于 0。除第一次通过拉丁超立方方法得到初始的 RBF 外，每次更新最多仅需要增加 5 个样本点，便得到了尾部预测精度较好的 RBF 模型。

为了验证基于更新 RBF 预测结果的 GPD 函数拟合精度，这里对于同一组样本(样本总数 $N=5\times10^5$)，分别采用更新 RBF 抽样和直接计算所有样本两种方式抽取 1000 个尾部样本，并分别做 GPD 函数拟合，得到功能函数的尾部估计，比较基于两种抽样方式得到的 GPD 函数。如图 5.13(a)所示，两种方式得到的 GPD 函数曲线吻合度较好，这说明更新 RBF 模型所计算的尾部样本与真实尾部样本基本一致。

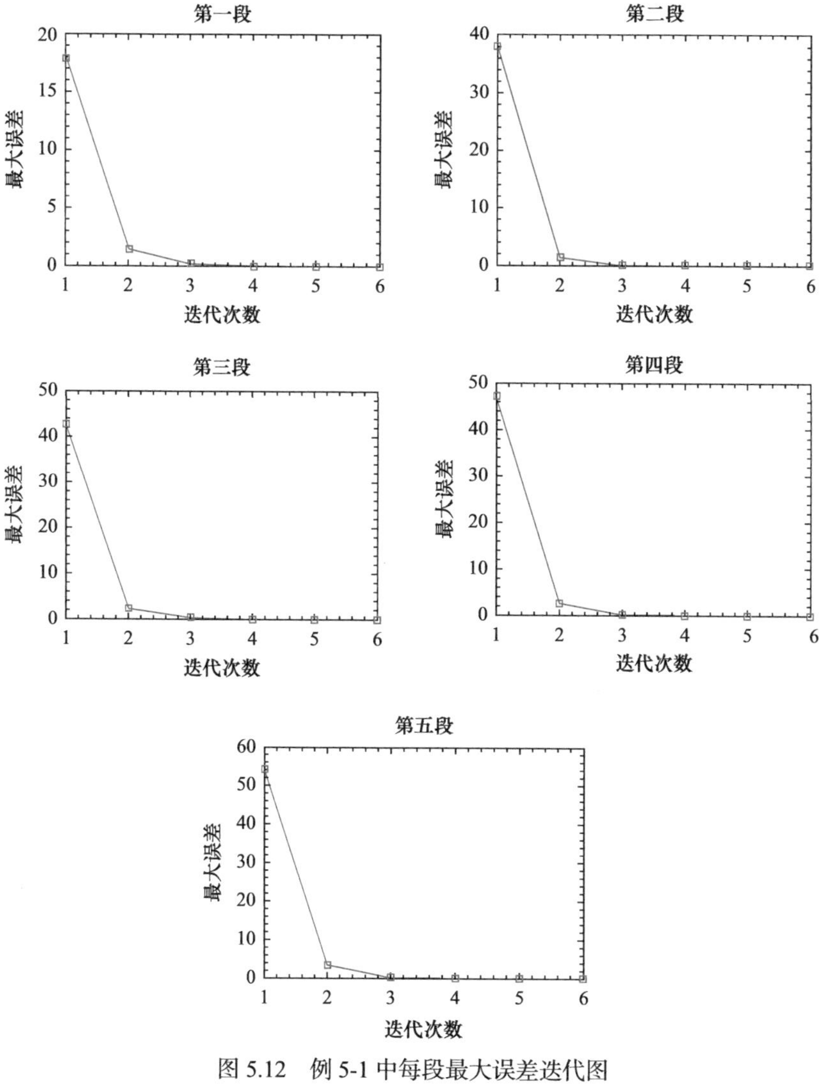

图 5.12　例 5-1 中每段最大误差迭代图

为了研究低差异序列抽样方法的抽样方差，这里分别基于线性同余随机抽样方法(Rand)和低差异序列抽样方法(Halton)各进行 100 次 GPD 函数拟合，得到结果如图 5.13(b)和表 5.2 所示。由图中曲线对比可见，低差异序列抽样的抽样方差小于直接随机抽样方法，所得到的 GPD 函数曲线与 10^8 次 MCS 估计结果基本一致。表 5.2 表明基于低差异序列的 GPD 估计结果与 MCS 结果更为接近，同时抽样方差约为随机抽样方法的 1/4。本例需要 RBF 更新迭代平均为 5 次，根据之前的设定，一次需要增加 5 个样本点，平均增加样本点 25 个，考虑建立初始 RBF 模型所需的 20 个拉丁超立方样本，总共需要调用原始功能函数 45 次。

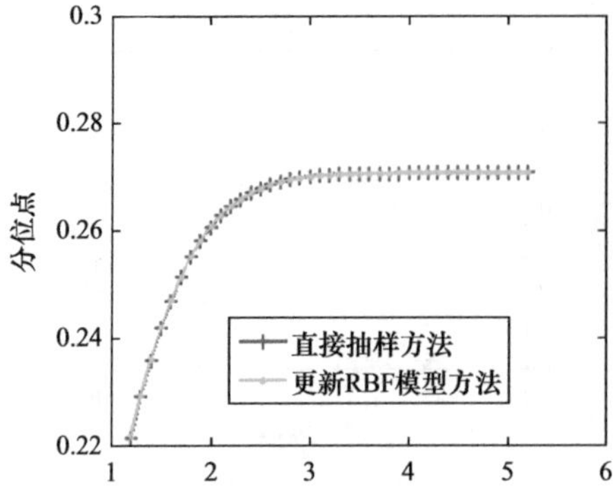

(a) 更新RBF和直接抽样结果对比

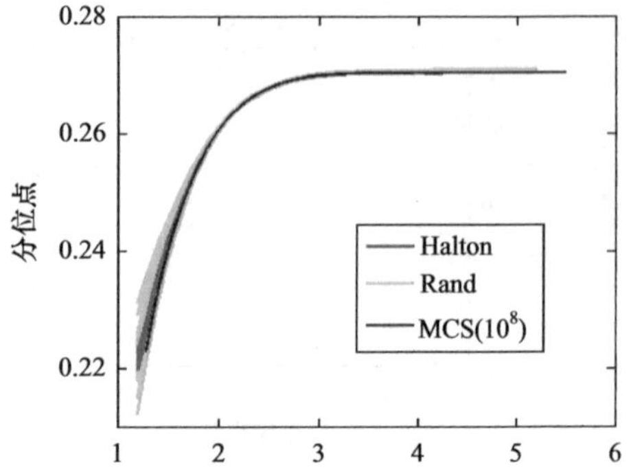

(b) Halton序列和随机抽样结果对比

图 5.13　例 5-1 的 GPD 拟合结果对比

表 5.2　基于 Halton 序列和线性同余方法所得到分位点计算结果

Q_R		$Q_{3.0}$	$Q_{3.5}$	$Q_{4.0}$	$Q_{4.5}$
Halton	均值	0.2700	0.2705	0.2706	0.2706
	标准差/(× 10^{-5})	1.6847	3.0992	3.5560	3.6522
Rand	均值	0.2701	0.2706	0.2707	0.2707
	标准差/(× 10^{-5})	8.0686	11.3093	12.9852	13.3927
MCS(10^8)		0.2700	0.2704	0.2705	0.2706

例 5-2　十一维非正态分布算例

本例功能函数如式(5.42)所示，其随机变量的分布形式以及分布参数如表 5.3 所示，表中 U 表示均匀分布，N 表示正态分布。

$$\begin{aligned}
&g_1(\boldsymbol{x})=1-\left(16.45-0.489x_3x_7-0.843x_5x_6+0.0432x_9x_{10}-0.0556x_9x_{11}-0.000786x_{11}^2\right)/15.7\\
&g_2(\boldsymbol{x})=1-\left(10.58-0.674x_1x_2-1.950x_2x_8+0.02054x_3x_{10}-0.0198x_4x_{10}-0.028x_6x_{10}\right)/9.9\\
&g(\boldsymbol{x})=g_2/g_1
\end{aligned} \tag{5.42}$$

表 5.3　十一维随机变量分布参数

变量	类型	均值	标准差
x_1～x_7	U	1	$0.5/\sqrt{3}$
x_8	N	0.3	0.006
x_9	N	0.3	0.006
x_{10}	N	10	1
x_{11}	N	10	1

通过拉丁超立方方法抽取 110 个训练样本，建立初始的 RBF 模型。采用当

前 RBF 模型对 10^5 个随机样本进行预测，并根据预测值选出 1000 个尾部样本，将尾部样本均匀分成 5 段，并在每段内依据待预测样本与当前训练样本的距离信息选择更新样本，最后更新 RBF 模型，直至收敛。其部分迭代过程如图 5.14 所示。本例建立的初始 RBF 模型精度较差，尾部区域预测值与真实值基本不存在线性相关性。基于样本距离信息的更新方法捕捉到了尾部样本集中误差较大的样本，实现 RBF 模型精度的快速提升。在更新迭代过程中，预测值与真实值在尾部区域已经呈现大致的线性情况，这说明本书更新方法使得 RBF 模型的精度已经大大提高。虽然非尾部区域样本的预测精度较差，但 GPD 函数的拟合对该区域样本并不关注，因此，尽管该区域样本预测精度较差，也不需要在该区域增加样本。

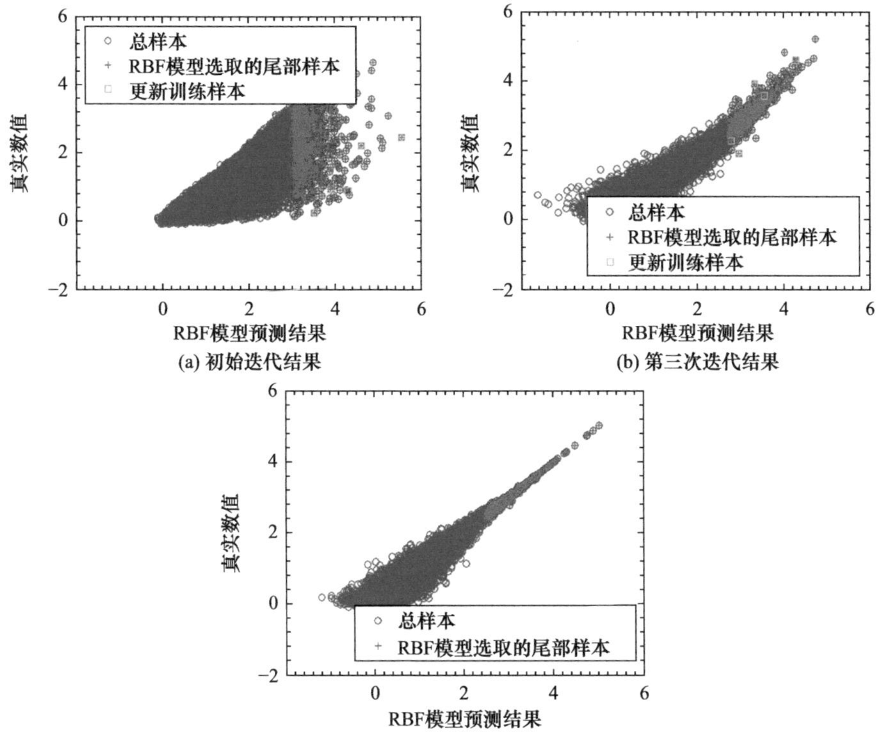

(a) 初始迭代结果

(b) 第三次迭代结果

(c) 最终迭代结果

图 5.14　更新 RBF 对例 5-2 的预测情况

如图 5.15 所示，RBF 的尾部区域样本更新使得尾部区域的预测精度大大提高，因此，基于样本的真实值和 RBF 模型预测值的 GPD 函数拟合结果基本一致。本例调用原始功能函数次数为 456 次，相较于例 5-1，本例的计算成本增加一倍左右，主要是由于本例维度更高，且功能函数形式更为复杂，呈现出更强的非线性，最终导致 RBF 模型更新所需样本点的增加。

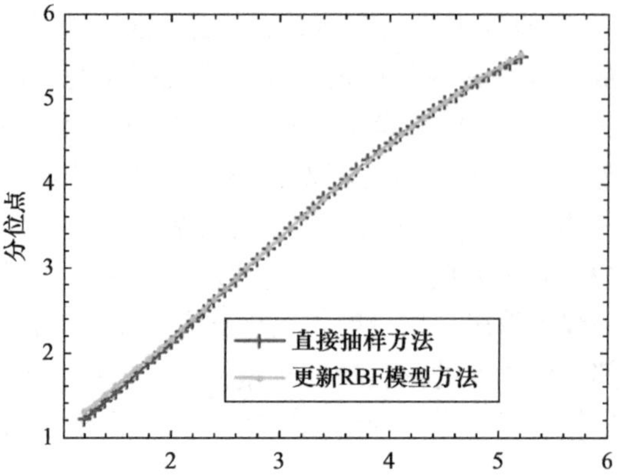

图 5.15　基于直接抽样方法和更新 RBF 的 GPD 拟合结果

为了测试基于低差异序列抽样方法的变异性，本书分别采用直接抽样和基于 Halton 序列抽样进行 GPD 函数的拟合，相应参数设置与例 5-1 一致。基于以上两种抽样方法各进行 100 次 GPD 拟合，并将拟合结果与 10^8 次 MCS 结果进行对比，最终得到计算结果如图 5.16 所示。基于 Halton 序列的 GPD 函数拟合结果与 MCS(10^8)结果更为接近，同时变异性低于直接抽样方法。

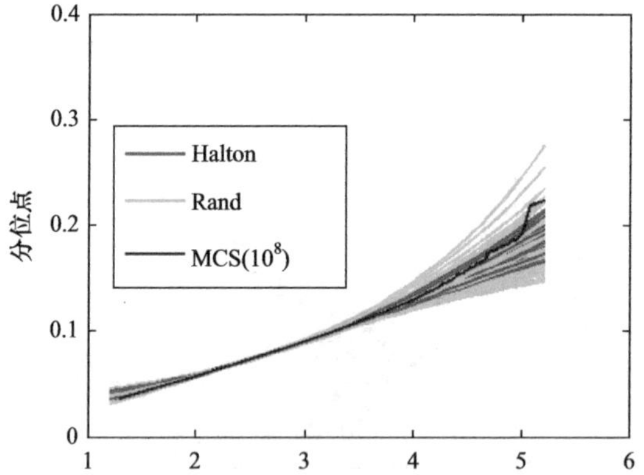

图 5.16　基于 Halton 序列和直接抽样方法的 GPD 拟合结果

针对可靠性指标为 3.0、3.5、4.0 和 4.5 所对应的分位点进行计算，得到分位点拟合结果的均值和标准差如表 5.4 所示。基于 Halton 序列的 GPD 方法计算分位点结果相对误差较小，最大相对误差仅为 0.17%。基于 Holton 序列抽样 GPD 拟合结果的标准差为 0.1530，而基于直接抽样 GPD 拟合结果的标准差为 0.2425，这说明基于 Holton 序列抽样 GPD 拟合方法的变异性小于基于直接抽样 GPD 方法。但是对于本例，Halton 序列虽然使得结果的变异性减小，但是不如例 5-1 明显。

表 5.4 基于 Halton 序列和直接抽样方法所得到例 5-2 的分位点计算结果

Q_R		$Q_{3.0}$	$Q_{3.5}$	$Q_{4.0}$	$Q_{4.5}$
Halton	均值	3.3160	3.9460	4.6194	5.3263
	标准差	0.008855	0.01738	0.065611	0.1530
	相对误差/%	0.091	0.089	0.11	0.17
Rand	均值	3.3164	3.9471	4.6212	5.3301
	标准差	0.02746	0.05491	0.1233	0.2425
	相对误差/%	0.10	0.061	0.15	0.24
MCS(10^8)		3.3130	3.9495	4.6144	5.3172

5.4 基于分位点的 GPD 函数最小二乘方法

针对某些强非线性问题，例如求最值形式功能函数，RBF 模型即使采用更新样本的方法也可能出现精度低或者计算成本无法满足工程需要的情况；同时前述研究采用最大似然法对 GPD 函数中的未知参数进行拟合，该方法过度依赖尾部样本，且受到尾部样本抽样方差影响较大。针对这些问题，赵刚和李刚[42]基于 Kriging 模型，提出依据少量的分位点信息对 GPD 函数进行最小二乘拟合，降低抽样方差对 GPD 函数拟合的影响。

在可靠性分析领域中，关于 Kriging 模型更新方法的研究有很多。著名的 U 学习函数[43]是一种经典的 Kriging 模型更新准则，但其仅可评估功能函数 $G(\boldsymbol{x})<q$ 的概率，而不能直接进行分位点计算。文献[44]提出了基于最大化 L_{AN} 函数的方法更新 Kriging 模型，虽然该方法可以用于计算分位点，但是其更新样本的选择需在小样本集中进行。而 GPD 方法的实现需要建立在大样本集的基础上，此时 L_{AN} 函数优化过程将会非常耗时，甚至出现不收敛而得不到更新样本。因此，文献[42]将以上两种方法结合，并考虑 GPD 方法对样本数量的要求，提出了 Kriging 模型的两阶段更新方法，实现了高效的分位点求解。

5.4.1 Kriging 模型

20 世纪 50 年代，法国的地质学家 D. G. Krige 第一次将 Kriging 思想应用到地质情况的模拟中。在接下来的几十年中，Kriging 模型发展迅速，并在很多领域得到成功应用。Kriging 代理模型包括了回归项和随机项两个部分，对一个形式为 $y=g(\boldsymbol{x})$的函数来说，其函数响应和自变量的关系可用 Kriging 模型表示为

$$y(\boldsymbol{x})=\boldsymbol{f}^{\mathrm{T}}(\boldsymbol{x})\boldsymbol{\beta}+\xi(\boldsymbol{x}) \tag{5.43}$$

其中，$\boldsymbol{f}^{\mathrm{T}}(\boldsymbol{x})$为确定的回归模型；$\boldsymbol{\beta}$ 为待定参数；$\xi(\boldsymbol{x})$为一个均值为 0 的高斯随机过程，其协方差可以表示为

$$\begin{aligned}&\operatorname{cov}\left[\xi(\boldsymbol{x}),\xi(\boldsymbol{z})\right]=\sigma_{\xi}^{2}\operatorname{corr}(\boldsymbol{x},\boldsymbol{z})\\&\operatorname{corr}(\boldsymbol{x},\boldsymbol{z})=\exp\left(-\sum_{i=1}^{n}\theta_i\left|\boldsymbol{x}_i-z_i\right|^{p}\right)\end{aligned}\tag{5.44}$$

式中，θ_i为各向异性参数；n 为随机变量维度；p 表示插值的平滑性。

设 $\boldsymbol{Z}=\{z_1,z_2,\cdots,z_m,\ z_i\in\mathbf{R}^n\}$为训练样本的输入，而 $\boldsymbol{Y}=\{y_1,y_2,\cdots,y_m\}$为训练样本的输出，这里 y_i 是通过真实功能函数计算得到的，即 $y_i=g(z_i)$。根据训练样本点的输入而形成一个相关矩阵 $\boldsymbol{R}$，再结合加权最小二乘法得到 Kriging 模型的多项式参数为

$$\begin{aligned}&\boldsymbol{R}=\begin{bmatrix}\boldsymbol{R}(z_1,z_1)&\cdots&\boldsymbol{R}(z_1,z_m)\\\vdots&\ddots&\vdots\\\boldsymbol{R}(z_m,z_1)&\cdots&\boldsymbol{R}(z_m,z_m)\end{bmatrix},\quad\boldsymbol{X}=\begin{bmatrix}f_1(z_1)&\cdots&f_l(z_1)\\\vdots&\ddots&\vdots\\f_l(z_m)&\cdots&f_l(z_m)\end{bmatrix}\\&\hat{\boldsymbol{\beta}}=\left(\boldsymbol{X}^{\mathrm{T}}\boldsymbol{R}^{-1}\boldsymbol{X}\right)^{-1}\boldsymbol{X}^{\mathrm{T}}\boldsymbol{R}^{-1}\boldsymbol{Y}\end{aligned}\tag{5.45}$$

Kriging 方法方差估计为

$$\hat{\sigma}_{\xi}^{2}=\frac{1}{m}\left(\boldsymbol{Y}-\boldsymbol{X}\hat{\boldsymbol{\beta}}\right)^{\mathrm{T}}\boldsymbol{R}^{-1}\left(\boldsymbol{Y}-\boldsymbol{X}\hat{\boldsymbol{\beta}}\right)\tag{5.46}$$

可以看出，估计方差是一个关于各向异性参数 θ_i 的函数，最优的参数 θ_i 可以利用训练样本通过最大似然估计得到。最终得到 Kriging 模型的预测表达式为

$$\begin{aligned}&\hat{y}\left(\boldsymbol{x}^*\right)=\boldsymbol{f}^{\mathrm{T}}\left(\boldsymbol{x}^*\right)\hat{\boldsymbol{\beta}}+\boldsymbol{r}\left(\boldsymbol{x}^*\right)\boldsymbol{R}^{-1}\left(\boldsymbol{Y}-\boldsymbol{X}\hat{\boldsymbol{\beta}}\right)\\&\boldsymbol{r}\left(\boldsymbol{x}^*\right)=\left[\boldsymbol{R}\left(\boldsymbol{x}^*,z_1\right),\boldsymbol{R}\left(\boldsymbol{x}^*,z_2\right),\cdots,\boldsymbol{R}\left(\boldsymbol{x}^*,z_m\right)\right]\end{aligned}\tag{5.47}$$

5.4.2　Kriging 模型的单点更新方法

Kriging 模型最大的特点之一便是可以估计预测结果的方差，并依据该方差参数选取样本实现 Kriging 模型的更新。Balesdent 等[44]提出基于最大化 L_{AN} 函数的样本更新方法，并将其应用于重要性抽样。该更新方法的主要目的是针对一个小样本集计算指定概率对应的分位点。首先通过拉丁超立方方法抽取训练样本建立初始的 Kriging 模型，并对样本数量为 N 的样本空间进行预测。根据 Kriging 预测值和预测方差计算得到分位点 q 的可能样本集，如式(5.48)所示，其中相应参数计算公式如式(5.49)所示。

$$\tilde{\boldsymbol{X}}=\left\{\boldsymbol{x}_i \middle| \hat{g}(\boldsymbol{x}_i)-k\hat{\sigma}(\boldsymbol{x}_i)<q<\hat{g}(\boldsymbol{x}_i)+k\hat{\sigma}(\boldsymbol{x}_i)\right\} \tag{5.48}$$

$$\hat{\sigma}(\boldsymbol{x}_i)^2=\hat{\sigma}_\xi^2\left[1-\boldsymbol{r}(\boldsymbol{x}_i)^{\mathrm{T}}\boldsymbol{R}^{-1}\boldsymbol{r}(\boldsymbol{x}_i)\right]$$

$$\boldsymbol{R}=\begin{bmatrix}\boldsymbol{R}(z_1,z_1) & \cdots & \boldsymbol{R}(z_1,z_m)\\ \vdots & \ddots & \vdots\\ \boldsymbol{R}(z_m,z_1) & \cdots & \boldsymbol{R}(z_m,z_m)\end{bmatrix} \tag{5.49}$$

$$\boldsymbol{r}(\boldsymbol{x}_i)=\left[\boldsymbol{R}(\boldsymbol{x}_i,z_1),\boldsymbol{R}(\boldsymbol{x}_i,z_2),\cdots,\boldsymbol{R}(\boldsymbol{x}_i,z_m)\right]$$

其中，$\boldsymbol{Z}=\{z_1,z_2,\cdots,z_m\}$为训练样本的输入；$\boldsymbol{X}=\{\boldsymbol{x}_1,\boldsymbol{x}_2,\cdots,\boldsymbol{x}_n\}$为待预测的样本集；$k$是方差放大参数，一般取 k=1.96；q 为根据当前 Kriging 预测结果得到的指定分位点；$\hat{\sigma}(x_i)$为 Kriging 模型在 x_i 处的预测方差。

由式(5.50)和式(5.51)进一步在 $\tilde{\boldsymbol{X}}$ 中选取样本 $\boldsymbol{x}^*$对 Kriging 模型进行更新，直至满足一定条件后停止更新。如果 $\tilde{\boldsymbol{X}}$ 中的样本数量较多，则优化得到更新样本的计算变得非常耗时，甚至会出现不收敛的情况而得不到更新样本。因此，该方法不适用于基于大样本集的 Kriging 模型更新。

$$\boldsymbol{x}^*=\underset{\boldsymbol{x}}{\operatorname{argmax}}\left[L_{\mathrm{AN}}(\boldsymbol{x},\tilde{\boldsymbol{X}})\right]=\underset{\boldsymbol{x}}{\operatorname{argmax}}\left\{\sum_{i=1}^{h}\left[\hat{\sigma}(\tilde{\boldsymbol{X}}_i)-\hat{\sigma}(\tilde{\boldsymbol{X}}_i,\boldsymbol{x})\right]\right\} \tag{5.50}$$

$$\hat{\sigma}(\tilde{\boldsymbol{X}}_i,\boldsymbol{x})^2=\hat{\sigma}_\xi^2\left[1-\boldsymbol{r}(\tilde{\boldsymbol{X}}_i,\boldsymbol{x})^{\mathrm{T}}\boldsymbol{R}'^{-1}\boldsymbol{r}(\tilde{\boldsymbol{X}}_i,\boldsymbol{x})\right]$$

$$\boldsymbol{R}'=\begin{bmatrix}\boldsymbol{R}(z_1,z_1) & \cdots & \boldsymbol{R}(z_1,z_m) & \boldsymbol{R}(z_1,\boldsymbol{x})\\ \vdots & \ddots & \vdots & \vdots\\ \boldsymbol{R}(z_m,z_1) & \cdots & \boldsymbol{R}(z_m,z_m) & \boldsymbol{R}(z_m,\boldsymbol{x})\\ \boldsymbol{R}(\boldsymbol{x},z_1) & \cdots & \boldsymbol{R}(\boldsymbol{x},z_m) & \boldsymbol{R}(\boldsymbol{x},\boldsymbol{x})\end{bmatrix} \tag{5.51}$$

$$\boldsymbol{r}(\tilde{\boldsymbol{X}}_i,\boldsymbol{x})=\left[\boldsymbol{r}(\tilde{\boldsymbol{X}}_i),\mathrm{corr}(\tilde{\boldsymbol{X}}_i,\boldsymbol{x})\right]$$

另一种常用的 Kriging 模型更新准则是 Echard 等[43]提出的 U 学习函数，其表达式如下：

$$U(\boldsymbol{x}_i)=\frac{|\varphi(\boldsymbol{x}_i)|}{\sigma(\boldsymbol{x}_i)} \tag{5.52}$$

其中，$\varphi(\boldsymbol{x}_i)$和 $\sigma(\boldsymbol{x}_i)$表示当前 Kriging 模型在样本 $\boldsymbol{x}_i$ 处的预测值和预测标准差。

Kriging 模型更新过程中选取使 U 达到最小的样本加入训练样本集。很明显，该准则选取的更新样本是在 $G(\boldsymbol{x})=0$ 附近且预测精度差的样本，因此能够实现 Kriging 模型在 $G(\boldsymbol{x})=0$ 附近预测精度快速提升。通常，当所有样本点的 U 函数都大于 2，即 $\min[U(\boldsymbol{x}_i)]>2$ 时，认为 Kriging 模型精度已经满足要求，停止更新。该准则容易实现且更新效率较高，可以应用于基于大样本集的 Kriging 模型的更新。U 函数主要是针对功能函数的极限状态附近进行更新。因此，U 准则仅可以用于计算 $G(\boldsymbol{x})>q$ 的概率，而无法计算指定概率对应的分位点。

5.4.3　Kriging 模型的多点更新方法

为了解决上述 Kriging 模型单点更新的局限性，文献[42]提出 Kriging 模型的多点更新方法，并结合使用前述两种更新准则，实现分位点的快速准确计算。

首先通过拉丁超立方方法建立初始 Kriging 模型，并对个数为 N 的样本集进行预测，通过 L_{AN} 准则确定指定分位点的不确定样本集 $\tilde{\boldsymbol{X}}$。在 $\tilde{\boldsymbol{X}}$ 中，根据样本预测值均匀分为 m 段，并在各段中找到距离训练样本距离最大的样本作为更新样本更新 Kriging 模型，实现不确定样本集的迅速缩小。当不确定样本集中的样本数量减少到某一给定值时，根据当前 Kriging 模型预测值确定分位点估计值 q。此时可以认为真实的分位点值与 q 较为接近，因此可以采用 U 准则(如式(5.53)所示)在不确定样本集 $\tilde{\boldsymbol{X}}$ 中选择样本对 Kriging 模型进行更新，直至收敛。为避免收敛准则过于严格导致不必要的计算成本，文献[42]采用不确定样本集预测值区间长度 D 作为收敛参数，在 D 小于给定值时停止迭代。这样在保障分位点计算精度的同时，适当放宽了收敛准则，可以减少 Kriging 模型更新迭代次数。

$$U(\boldsymbol{x}_i)=\frac{\left|\varphi(\boldsymbol{x}_i)-q\right|}{\sigma(\boldsymbol{x}_i)} \tag{5.53}$$

多点-单点更新方法流程如图 5.17 所示，具体步骤如下：

(1) 采用拉丁超立方方法抽取训练样本初步建立 Kriging 模型；

(2) 利用 Kriging 模型对个数为 N 的样本空间 $\boldsymbol{X}$ 进行预测，得到样本集 $\tilde{\boldsymbol{X}}$；

(3) 根据 Kriging 模型在 $\tilde{\boldsymbol{X}}$ 上的预测结果将 $\tilde{\boldsymbol{X}}$ 均匀分为 m 个子样本集，并根据各个子集中样本与训练样本的距离信息选取更新样本，更新 Kriging 模型；

(4) 判断 $\tilde{\boldsymbol{X}}$ 中的样本个数是否小于指定的数量 l_0，如果小于 l_0，记录当前分位点估计值 q，并进入下一阶段的更新，如果大于 l_0 则回到(2)；

(5) 采用 U 准则选取样本对 Kriging 模型进行更新，直至不确定样本集区间长度小于给定值，停止迭代，根据 Kriging 模型预测值重新计算分位点值。

当 $\tilde{\boldsymbol{X}}$ 中的样本个数小于指定的数量 l_0 时，如果仍然采用多点更新方法，将会导致计算成本激增。原因是此时 $\tilde{\boldsymbol{X}}$ 中的样本个数减少效率不高，迭代次数增加。所以此时需要采用单点更新的方法更新 Kriging 模型，最终得到分位点。

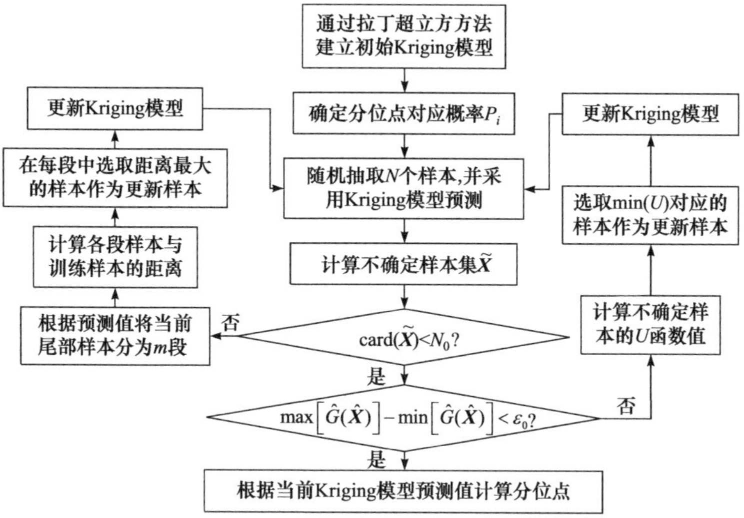

图 5.17 Kriging 模型多点-单点更新方法实现流程图

5.4.4 基于分位点的 GPD 函数最小二乘拟合方法

GPD 函数的两个重要未知参数是根据尾部样本，利用最大似然拟合或最小二乘拟合得到。传统的最小二乘拟合方法是通过随机抽样并对样本进行排序得到尾部样本，再利用经验概率公式，如式(5.54)所示，计算每个尾部样本对应的概率，最终根据 GPD 函数形式对尾部样本值及其对应的概率值进行拟合得到未知参数。

$$P_i = \frac{i}{N+1} \tag{5.54}$$

其中，N 为样本总量；i 为样本按大小排序的序号；P_i 为第 i 个样本对应的经验概率。

最大似然拟合不需要经验概率公式，直接针对尾部样本进行拟合得到未知参数。以上两种方法都需要获取所有的尾部样本点，而为使 GPD 函数具有较高的近似精度就需要大量的尾部样本，导致计算效率降低。如何减少尾部样本数量，同时又能保障 GPD 近似的精度，是值得深入研究的问题。

根据最小二乘原理可知，拟合过程中不需要所有的尾部样本。本小节介绍的基于分位点的 GPD 函数最小二乘拟合方法只需根据功能函数尾部样本对应的经验概率值，均匀抽取一定数量的分位点，再对 GPD 未知参数进行最小二乘拟合。相比于传统的最小二乘拟合方法，本小节方法采用少量分布均匀的尾部分位点代替所有尾部样本，能够保障 GPD 拟合的尾部样本空间足够大，不仅提高了

GPD 拟合精度和稳定性，而且节约了计算量。分位点可以通过更新 Kriging 模型方法进行计算。方法流程如图 5.18 所示。

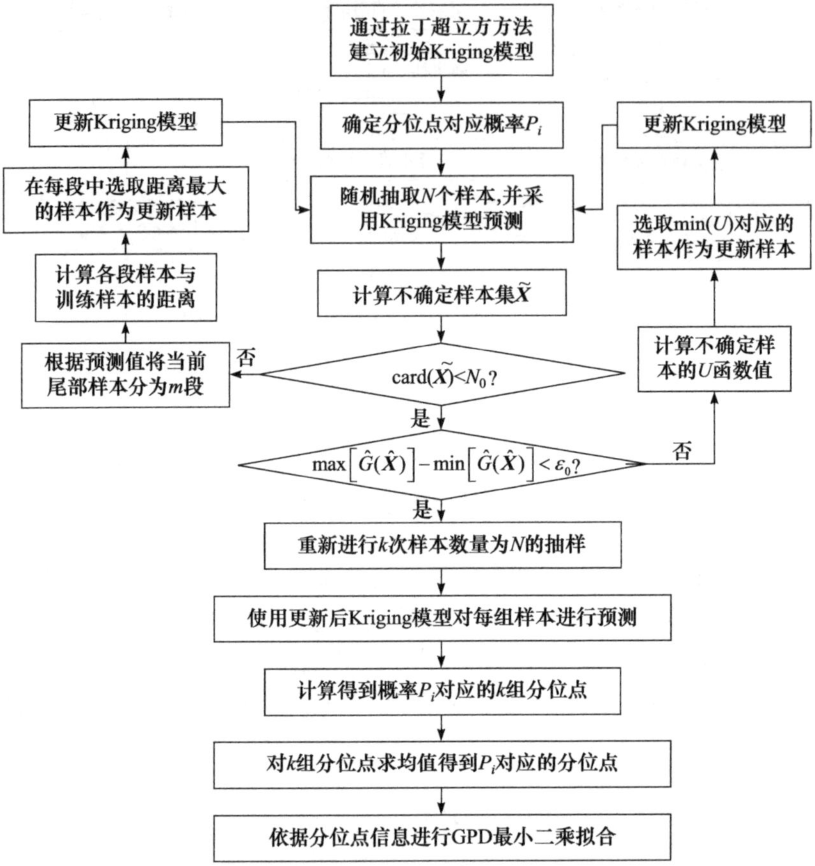

图 5.18　基于分位点最小二乘拟合 GPD 方法流程图

5.4.5　典型数值算例分析

本小节采用两个文献中的可靠性分析算例对基于分位点的 GPD 函数最小二乘拟合方法进行验证。由于分位点需要通过 Kriging 模型计算，分位点的数量直接影响原始功能函数的调用次数，因此，需要尽可能减少分位点的数量。根据最小二乘法的要求，分位点数量最少为 3 个，因此本章中分位点数量确定为 3。同时将分位点对应的概率确定为 0.990、0.995 和 0.999。

例 5-3　二维求最值型算例[44]

本例函数形式如下：

$$G(\boldsymbol{x}) = \max\begin{cases} 7-0.1(x_1-x_2)^2+\dfrac{x_1+x_2}{\sqrt{2}} \\ 7-0.1(x_1-x_2)^2-\dfrac{x_1+x_2}{\sqrt{2}} \\ 10-(x_1-x_2)-\dfrac{6}{\sqrt{2}} \\ 10-(x_2-x_1)-\dfrac{6}{\sqrt{2}} \end{cases} \tag{5.55}$$

其中，随机变量相互独立且服从标准正态分布。

为了验证更新 Kriging 模型得到的分位点精度，在数量为 10^4 的样本空间中分别采用更新 Kriging 模型方法和直接抽样(DS)方法计算概率为 0.990、0.995 和 0.999 对应的分位点 $Q_{0.990}$、$Q_{0.995}$、$Q_{0.999}$。由于直接抽样方法是根据样本空间中所有样本的真实值得到的分位点，因此可以将其分位点结果作为验证。在 Kriging 模型更新过程中，多点更新和单点更新的分界确定值 l_0 取 500，多点更新过程中更新样本点数量 m 取 5。这两种计算分位点的方法分别执行 100 次，最终得到各个分位点的均值和方差如表 5.5 所示(其中，Q(Kriging)和 σ(Kriging)分别为更新 Kriging 模型计算所得分位点的均值和标准差，Q(DS)和 σ(DS)分别为直接抽样计算所得分位点均值和标准差，RE 为更新 Kriging 模型计算分位点均值的相对误差)。Kriging 模型得到的分位点结果与直接抽样得到的结果无论在均值还是标准差上都非常接近，这说明采用更新 Kriging 模型计算分位点具有很高的精度。在 100 次分析中更新 Kriging 模型平均需要调用原始功能函数 56 次(包含拉丁超立方方法抽取的 20 个初始训练样本)便可以计算出 3 个分位点值。因此本节方法兼具较高的计算效率。

表 5.5 通过更新 Kriging 模型和直接抽样得到例 5-3 的分位点结果比较

Q_P	$Q_{0.990}$	$Q_{0.995}$	$Q_{0.999}$
Q(Kriging)	9.6948	9.9549	10.5102
Q(DS)	9.6937	9.9536	10.5112
RE /%	0.011	0.013	0.010
σ(Kriging)	0.4132	0.4846	0.5180
σ(DS)	0.5501	0.5946	0.6162

采用 Kriging 模型更新方法确定分位点的过程中，将不确定样本集数量和区间长度同时输出，分别如图 5.19 和图 5.20 所示。其中，图 5.19 为文献[44]中收敛参数(不确定样本数量 N)的迭代情况，图 5.20 为本节采用收敛参数(不确定样本集预测值区间长度 D)的迭代情况。两者相比较可知，针对本例，本节采用收

敛准则最终计算的分位点与文献[44]的准则得到分位点效果一致。在确定第一个分位点的过程中，由于初始 Kriging 模型在第一个分位点处的精度不高，因此初始的不确定样本集中样本数量为 5165，经过第一次多点更新，不确定样本数量降到 2660，经过两次多点更新，不确定样本数量降到 172。这说明多点更新方法能够使分位点的不确定样本数量迅速降低，提高了算法的收敛速度。当不确定样本数量接近 l_0 时，多点更新方法的收敛效率降低，因此需要进行单点更新，最终得到分位点值。在确定所有分位点的过程中，只有第一个分位点需要进行多点更新。这是因为在确定第一个分位点的过程中，多点更新方法加强了 Kriging 模型在整个尾部上的精度，因此在确定其他分位点时，初始不确定样本数量小于 l_0，直接进行单点更新。

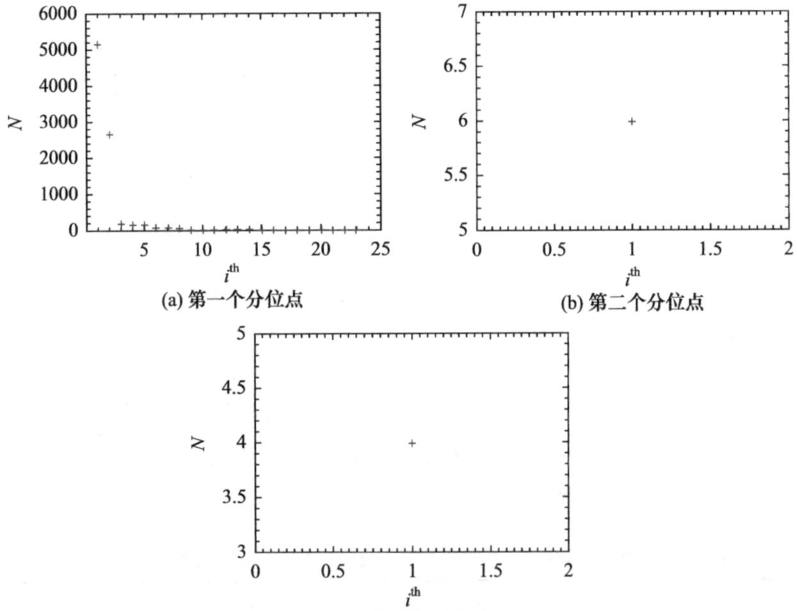

(a) 第一个分位点　(b) 第二个分位点

(c) 第三个分位点

图 5.19　可能分位点数量收敛情况[44]

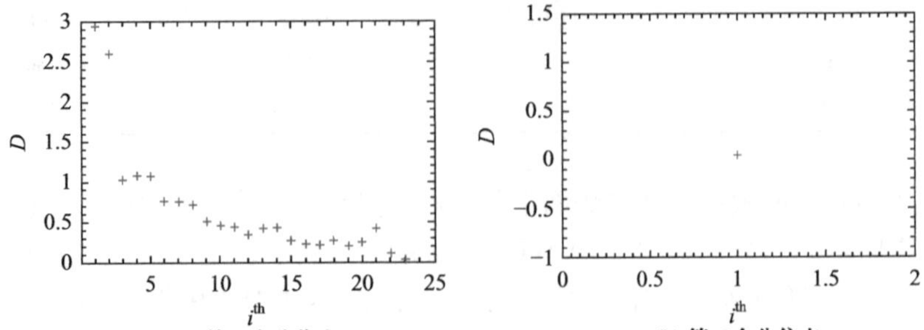

(a) 第一个分位点　(b) 第二个分位点

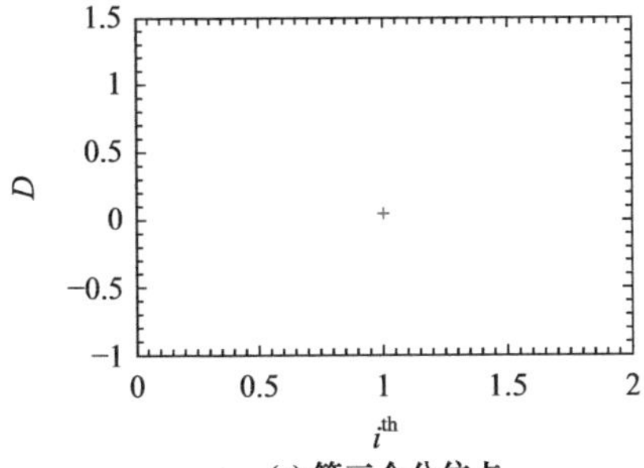

(c) 第三个分位点

图 5.20 可能分位点区间长度收敛情况

为了验证基于分位点的 GPD 函数最小二乘拟合方法的精度，这里将本节方法与 GPD 函数最大似然拟合法进行比较，并采用 MCS 结果进行验证(10^8 个样本)。采用更新 Kriging 模型方法在样本总数量为 10^4 的样本空间中确定概率分别为 0.990、0.995 和 0.999 对应的分位点。重复抽样计算 100 次，对 100 组分位点值求均值作为最后的计算结果。依据分位点信息对 GPD 函数进行最小二乘拟合，然后通过拟合得到的 GPD 函数对可靠性指标为 3.0、3.5、4.0 和 4.5 处的分位点值进行估计。同时将本节方法与样本总数为 10^6、尾部样本数为 10^4 的最大似然拟合方法进行对比。两种方法分别进行 100 次计算得到的尾部拟合结果如图 5.21 和表 5.6 所示。最大似然拟合方法在可靠性指标为 5 时已经发散，而基于分位点最小二乘拟合方法一直较为集中。同时从表 5.6 可知，两种方法计算结果的均值精度相当，但是标准差至少相差 10 倍，这说明了本节方法计算结果具有较高的稳定性。

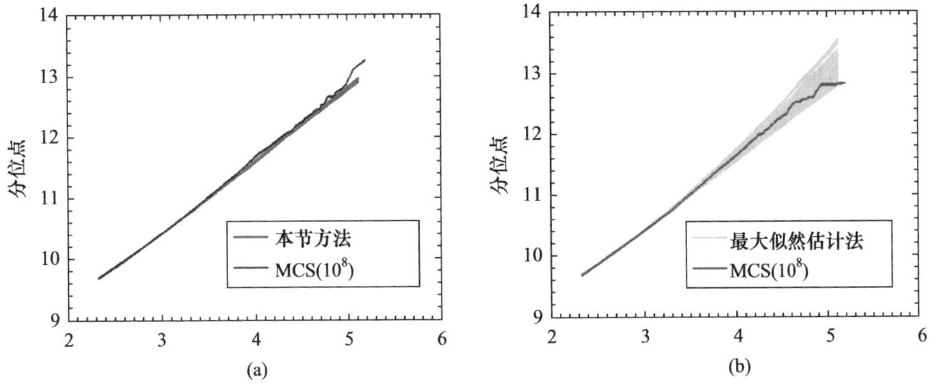

图 5.21 基于(a)本节方法和(b)最大似然法拟合所得例 5-3 的 GPD 函数对比

表 5.6　基于本节方法与最大似然法的 GPD 函数计算例 5-3 分位点结果的对比

Q_R		$Q_{3.0}$	$Q_{3.5}$	$Q_{4.0}$	$Q_{4.5}$
本节方法	均值	10.4251	11.0247	11.6468	12.2994
	标准差/(× 10^{-3})	0.2811	1.6756	4.4908	8.8336
	相对误差/%	0.0067	0.036	0.065	0.090
最大似然法	均值	10.4294	11.0247	11.6458	12.2982
	标准差/(× 10^{-3})	6.7802	18.3325	45.9786	91.1202
	相对误差/%	0.034	0.036	0.074	0.081
MCS(10^8)		10.4258	11.0207	11.6544	12.2883

例 5-4　六维含绝对值算例[45]

本例功能函数如下：

$$G(c_1,c_2,m,r,t_1,F_1)=10-3r+\left|\frac{2F_1}{c_1+c_2}\sin\left(\sqrt{\frac{c_1+c_2}{m}}\frac{t_1}{2}\right)\right| \tag{5.56}$$

其中，随机变量的分布参数如表 5.7 所示。

表 5.7　随机变量分布参数

随机变量	c_1	c_2	r	m	t_1	F_1
分布参数	$N(1,0.1)$	$N(0.1,0.01)$	$N(1,0.05)$	$N(0.5,0.05)$	$N(1,0.2)$	$N(1,0.2)$

本例的分位点计算结果如表 5.8 所示，基于更新 Kriging 模型计算得到的分位点均值与直接抽样得到的分位点均值的最大误差仅为 0.0044%，同时，两者标准差也十分接近，这证明了本节方法计算分位点具有较高的精度和稳定性。

表 5.8　通过更新 Kriging 模型和直接抽样得到例 5-4 的分位点结果比较

Q_P	$Q_{0.990}$	$Q_{0.995}$	$Q_{0.999}$
Q(Kriging)	6.5491	6.6208	6.7638
Q(DS)	6.5489	6.6210	6.7641
RE/%	0.0031	0.0030	0.0044
σ(Kriging)/(× 10^{-3})	0.6912	0.8957	2.0658
σ(DS)/(× 10^{-3})	0.6774	0.9017	2.0471

这里采用拉丁超立方方法抽取 60 个训练样本建立初始的 Kriging 模型，分位点迭代计算过程如图 5.22 和图 5.23 所示。在计算第一个分位点过程中，由初始 Kriging 模型计算得到的分位点不确定样本个数为 1436 个，大于 $l_0(500)$，经过一次多点更新，不确定样本数量降到 216，开始进行单点更新，直至不确定样本空间上最大预测值与最小预测值之差小于 0.001，停止当前迭代，进入第二个分位点求解。第二个分位点需要更新 8 次，第三个分位点求解仅需更新 3 次。在求解所有分位点过程中，共需要 47 次更新，考虑初始建立 Kriging 模型所需的 60 个样本，因此，共需要 111 次原始功能函数的迭代。

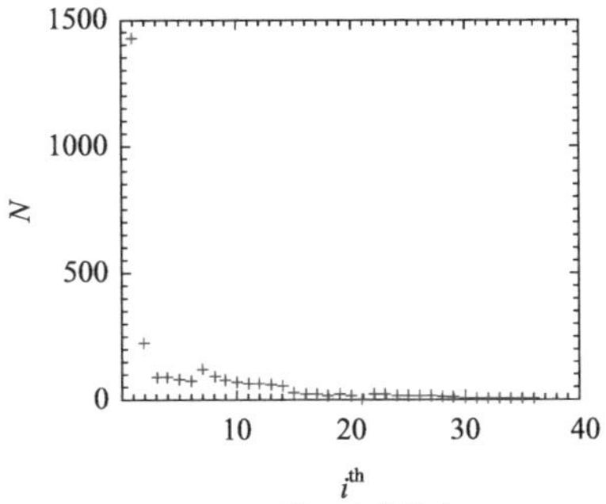

(a) 第一个分位点

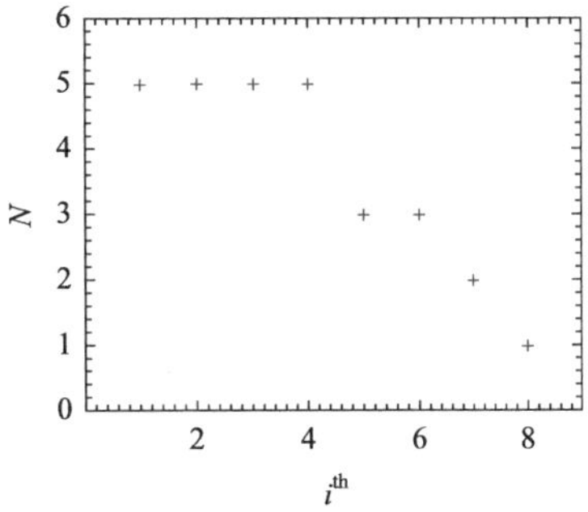

(b) 第二个分位点

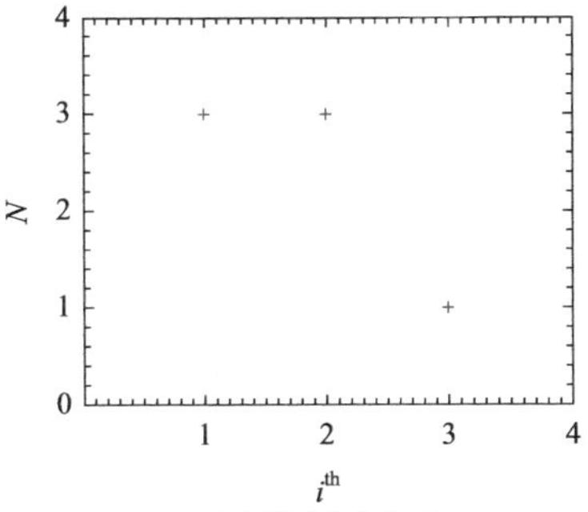

(c) 第三个分位点

图 5.22 可能分位点数量收敛情况

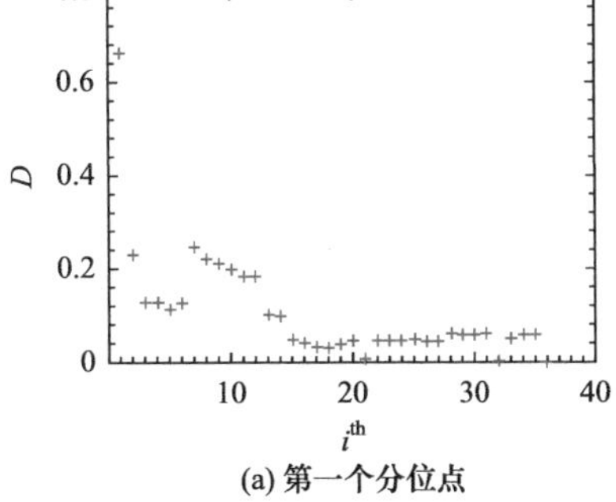

(a) 第一个分位点

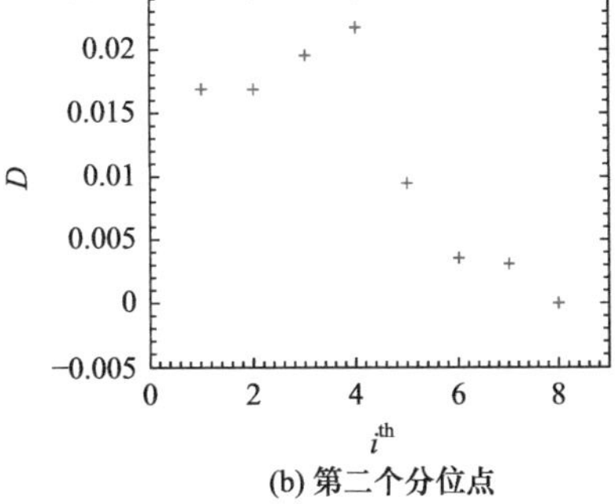

(b) 第二个分位点

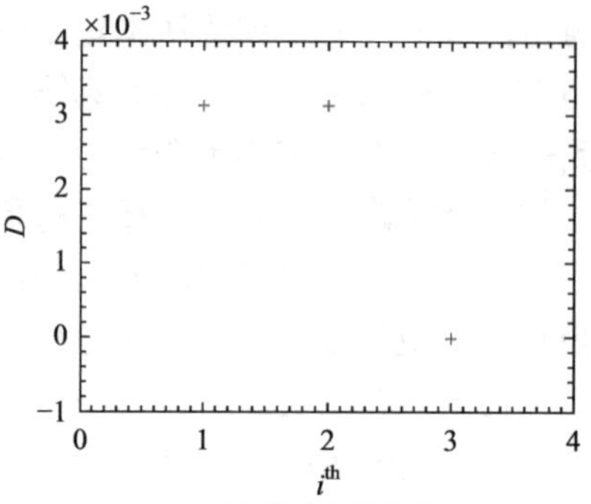

(c) 第三个分位点

图 5.23　可能分位点区间长度收敛情况

根据随机变量的分布参数，这里采用 Holton 序列抽取 10^4 个样本输入，并采用以上更新 Kriging 模型方法计算概率 0.990、0.995、0.999 对应的分位点，并基于分位点信息对 GPD 函数进行最小二乘拟合。重复进行 50 次基于分位点 GPD 最小二乘拟合和基于所有尾部样本 GPD 最大似然拟合(样本总数为 10^6，尾部样本数为 10^4，样本同样通过 Holton 序列抽取)，得到计算结果如图 5.24 和表 5.9 所示。通过与 10^8 次 MCS 计算结果进行对比发现，基于分位点 GPD 最小二乘拟合方法所得到的计算结果非常稳定，结果标准差为最大似然拟合方法的 1/10～1/4。基于分位点 GPD 最小二乘拟合方法平均需要调用原始功能函数 102 次(包含 60 个拉丁超立方样本)。因此可以认为本节方法可以通过少量分位点信息替代大量尾部样本进行高精度的 GPD 函数拟合，且分位点计算过程所需计算成本较小。

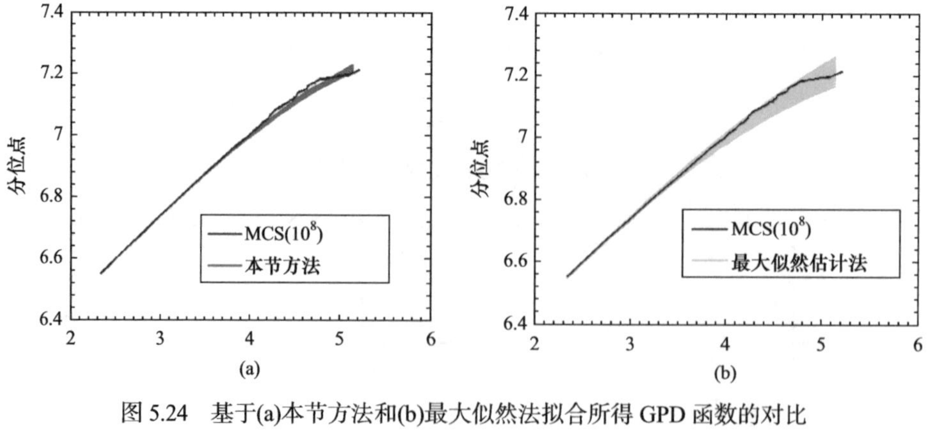

图 5.24　基于(a)本节方法和(b)最大似然法拟合所得 GPD 函数的对比

表 5.9 基于本节方法与最大似然法的 GPD 函数计算例 5-4 的分位点结果的对比

Q_R		$Q_{3.0}$	$Q_{3.5}$	$Q_{4.0}$	$Q_{4.5}$
本节方法	均值	6.7441	6.8787	7.0018	7.1093
	标准差/($\times 10^{-3}$)	0.2022	0.5488	1.4735	2.8104
	相对误差/%	0.012	0.021	0.077	0.22
最大似然法	均值	6.7444	6.8791	7.0008	7.1062
	标准差/($\times 10^{-3}$)	2.0017	3.8608	7.4823	12.5977
	相对误差/%	0.016	0.027	0.091	0.27
MCS(10^8)		6.7433	6.8772	7.0072	7.1253

5.5 工程应用——含损伤复合材料盒段承载力概率分析

飞机盒段结构是机翼中主要承载结构，由前梁、后梁、内部翼肋框架上下壁板组成。目前新型号的飞机均尽可能采用复合材料盒段，以实现飞机减重。盒段结构尺寸较大，结构复杂，因此在其制备过程中很容易产生诸如分层、孔隙等初始制造缺陷。图 5.25 所示为某型号客机垂尾盒段有限元模型及其载荷边界条件。该盒段制造过程中产生了分层和孔隙两种缺陷，根据检测结果，在图示黄色圆圈定位置存在 10mm × 10mm 分层，同时基体孔隙率为 3.3%，这些制造缺陷会对盒段结构的承载性能造成很大的影响。由于孔隙缺陷具有很强的随机性，所以受其影响的宏观物理量，如弹性模量、剪切强度和弯曲刚度等参数，也是随机的。

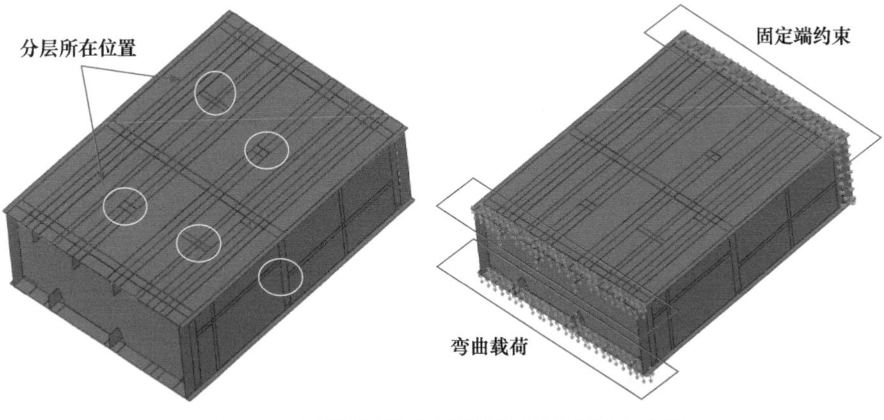

图 5.25 含缺陷实验盒段模型及其载荷边界条件

本节将孔隙的尺寸和空间分布考虑为随机参数，建立随机孔隙与材料宏观性能参数之间的代理模型，并通过代理模型抽样得到材料宏观参数的概率分布；在此基础上，进一步采用基于分位点的 GPD 函数最小二乘拟合方法对含孔隙和分层缺陷的航空复合材料盒段结构的承载能力进行概率分析。

5.5.1 盒段结构承载性能分析

本盒段主要采用碳纤维树脂基复合材料制造，相较于金属材料，复合材料具有更多的破坏模式，而初始制造缺陷具体可以诱导何种破坏模式的发生是无法事先确定的，若直接采用有限元分析方法对盒段的承载性能进行分析，需要同时考虑多种失效模式及其对应的材料刚度退化行为。而且，盒段结构的复杂性、强非线性以及复合材料失效行为的多样性，会导致盒段结构承载能力分析效率非常低，甚至出现不收敛的情况。因此，本小节采用文献[46]提出的模型群分析策略对盒段结构进行承载能力分析，流程如图 5.26 所示。

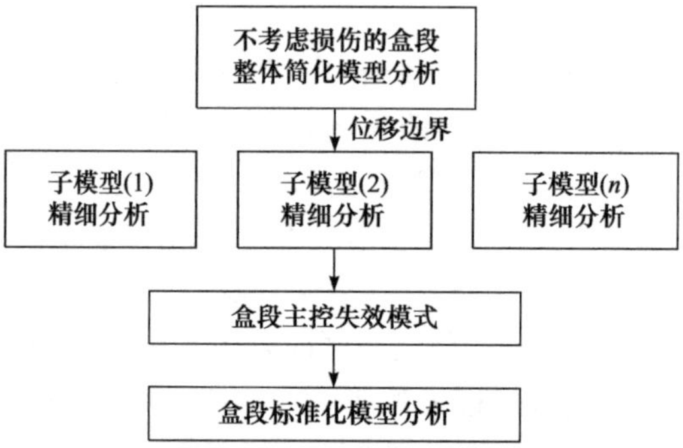

图 5.26　模型群方法流程图

模型群分析策略首先根据实际结构建立合理的整体等效简化模型，包括结构本身的简化、载荷和边界条件的等效处理、结构材料本构的等效处理等，然后进行整体简化模型的有限元计算，根据计算结果获取载荷传递和分配规律、基本强度和刚度信息，提供子模型分析所需要的应力和位移边界信息。简化模型的破坏是采用广义强度准则来判定的。随后建立模型群，按分析模型的类型或局部结构的相似性和周期分布进行分类，将整体结构细分成不同种类的子模型进行分析，比较评估分析出整体结构主要的失效位置及其对应的失效模式，建立标准化模型。最后对标准化模型进行分析，评估结构的承载能力。模型群二次分析的目的是预测该局部在此应力水平下有可能发生的破坏模式。为了简化分析，假定局部精细分析中各局部的破坏不会对整体其他局部造成影响。

首先将盒段各铺层等效为正交各向异性板，再进一步对边界条件和加载方式进行简化。对简化模型进行考虑大变形的几何非线性分析，可以得到结构中总体变形图，盒段各组成部分在各个增量载荷步内的应力、位移和载荷分配，同时可确定无制造缺陷时理想结构的危险位置。如图 5.27 所示，为盒段结构主模型分析位移场和应力场结果，红色越深则表示结构响应值越大，可以看出，上下壁板含分层位置、筋-板胶接位置、肋-板胶接位置和下壁板开口边缘皆为危险位置，因此将主模型离散为如图 5.27 所示的一系列子模型，再由子模型分析模块对各个子模型进行分析。

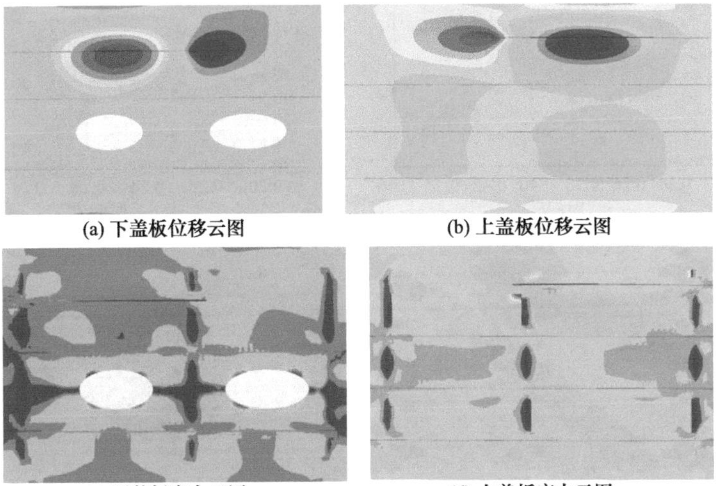

(a) 下盖板位移云图　(b) 上盖板位移云图

(c) 下盖板应力云图　(d) 上盖板应力云图

图 5.27　盒段主模型位移、Mises 应力云图

对每个子模型进行二次精细化建模，如图 5.28 所示，通过对各子模型的精细分析，综合比较强度、刚度、稳定性，以及损伤演化面积和损伤扩展速率等指标，确定导致结构失效的主控因素。各个子模型计算结果如图 5.29 所示，图中英文缩写分别表示纤维拉伸(FT)、纤维压缩(FC)、基体拉伸(MT)、基体压缩(MC)、纤维基体剪切(SH)和分层(DE)，红色表示发生破坏的单元。从图中可以得出，盒

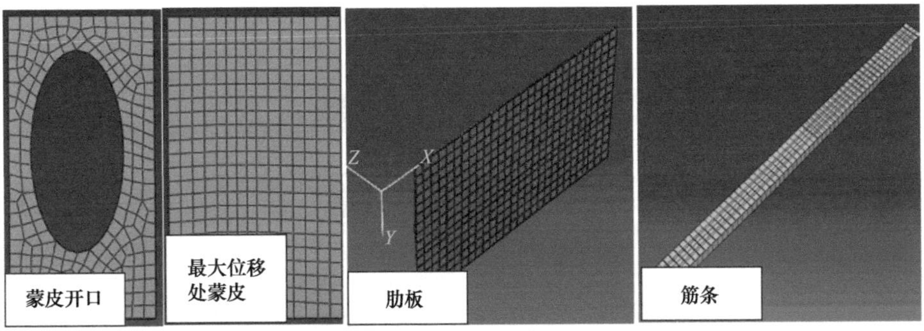

图 5.28　根据主模型结果离散子模型类别

段结构主要失效模式为上壁板含分层缺陷处的强度破坏，因此将该子模型的主控失效模式引入主模型中，得到标准化模型，进一步分析得到构件的载荷位移曲线，如图 5.30 所示。

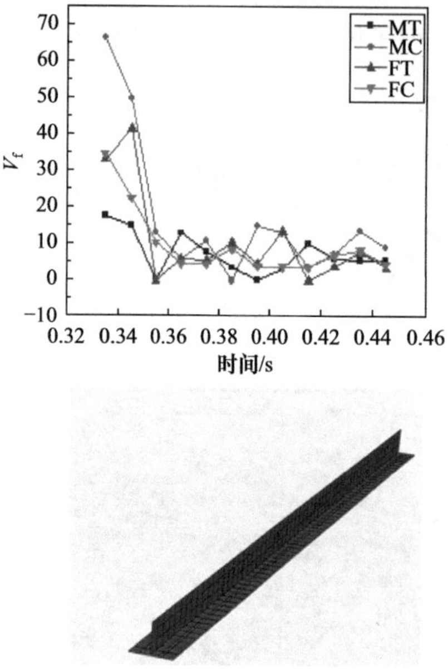

(a) 筋条损伤演化过程

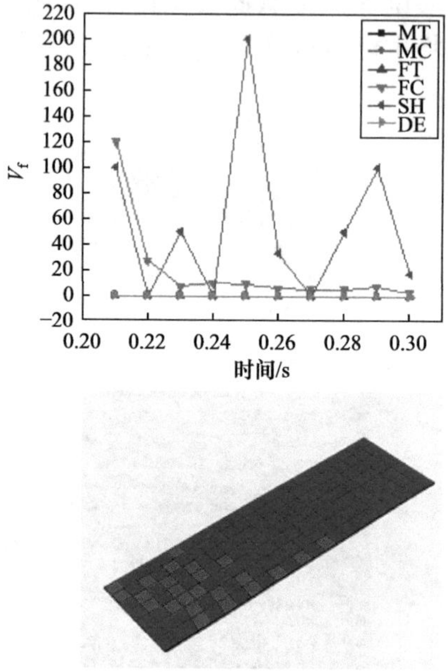

(b) 盖板组件损伤演化过程

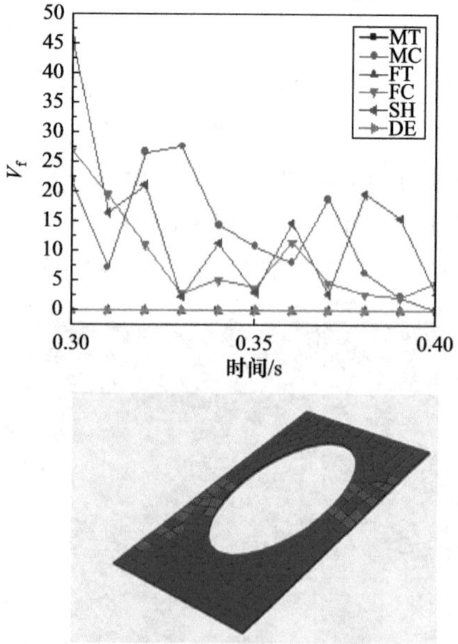

(c) 盖板开口组件损伤演化过程

图 5.29　盒段子模型分析结果

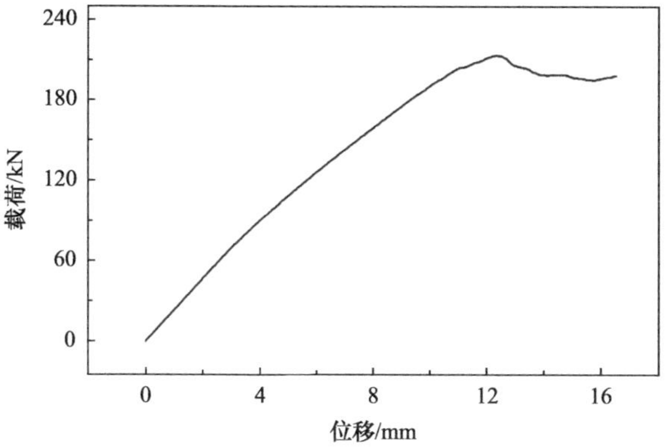

图 5.30 盒段承载能力曲线

5.5.2 基于 GPD 的复合材料盒段承载力概率分析

该盒段采用的高体分比碳纤维树脂基复合材料，纤维体分比设置为 70%。由于孔隙缺陷主要影响基体材料的材料参数，因此纤维材料模量设置为固定值 210GPa。基体材料的弹性模量为 3GPa，考虑盒段基体孔隙率检测结果为 3.3%，采用文献[47]提出的随机孔隙等效弹性模量分析方法得到复合材料单向板的模量缩减因子，如图 5.31 所示，其均值约为 0.97，标准差约为 0.0078。

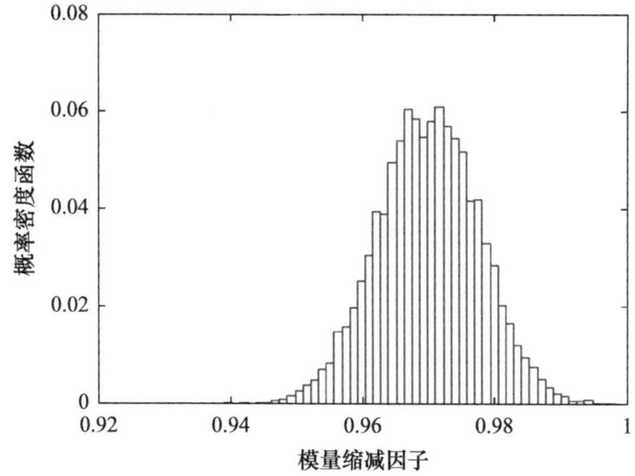

图 5.31 基体孔隙率为 3.3%的材料模量缩减因子概率密度函数

复合材料混合定律公式为

$$
\begin{aligned}
E_1 &= E_{\mathrm{f}} V_{\mathrm{f}} + E_{\mathrm{c}}\left(1 - V_{\mathrm{f}}\right) \\
E_2 &= 1 \Big/ \left(\frac{V_{\mathrm{f}}}{E_{\mathrm{f}}} + \frac{1 - V_{\mathrm{f}}}{E_{\mathrm{c}}}\right)
\end{aligned} \tag{5.57}
$$

其中，E_{f} 和 E_{c} 分别为纤维和基体的弹性模量；V_{f} 为复合材料的纤维体分比；E_1 和 E_2 分别为复合材料单向板纤维方向和垂直纤维方向的模量。

计算可得，单向板纤维方向模量的均值和标准差分别为 147.87GPa、0.0069GPa，垂直纤维方向模量的均值和标准差分别为 9.39GPa、0.072GPa。可以看出，孔隙的存在对纤维方向的模量影响较小，而对垂直纤维方向模量影响较大，变异系数约为 0.01。由于 E_1 与 E_2 的分布接近正态分布形式，这里将其设为正态分布，分布参数如表 5.10 所示。同时表中其他材料参数也假设为正态分布，均值根据实验测定，变异性按照剪切模量的变异系数为 5%，强度参数变异系数为 10%的工程经验进行假设。

表 5.10　材料随机参数

参数	均值	标准差
E_1	147870	6.9
E_2	9390	72.0
G_{12}	4370	218.5
G_{23}	3570	178.5
G_{13}	3570	178.5
XT	1548	154.8
XC	1226	122.6
YT	55	5.5
YC	218	21.8
SS	89	8.9

注：XT 表示材料纤维方向拉伸强度，XC 表示材料纤维方向压缩强度，YT 表示垂直纤维方向拉伸强度，YC 表示垂直纤维方向压缩强度，SS 表示剪切强度。

考虑孔隙等缺陷的随机性造成的材料弹性参数和强度参数的随机性。这里采用基于分位点最小二乘拟合的 GPD 方法对可靠性指标为 3.0、3.5、4.0 和 4.5 对应的盒段极限承载力进行计算，其中分位点对应的失效概率分别选为 0.001、0.005 和 0.010。分位点计算所需样本总数设为 10^4，并采用多点-单点更新的 Kriging 模型进行计算。最终通过 GPD 计算的结果如图 5.32 和表 5.11 所示。可

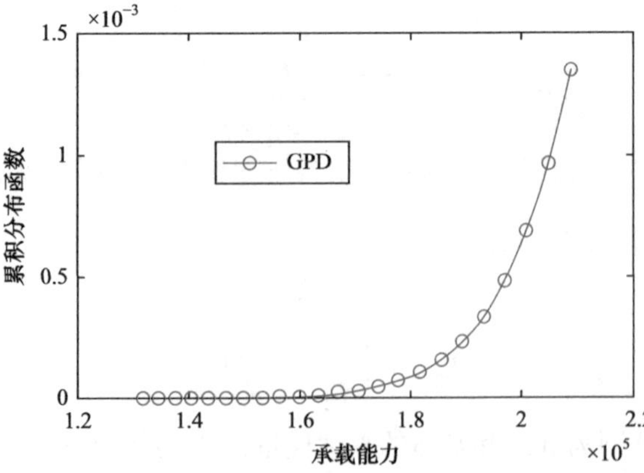

图 5.32　GPD 方法得到的尾部累积分布函数曲线

表 5.11　指定可靠性指标对应的承载力

可靠性指标	P_f	承载能力/kN
3.0	1.3498×10^{-3}	2.0860×10^{2}
3.5	2.3262×10^{-4}	1.8917×10^{2}
4.0	3.1671×10^{-5}	1.7047×10^{2}
4.5	3.3976×10^{-6}	1.5307×10^{2}

以看出，盒段的承载能力随着可靠性的升高(失效概率的降低)而降低，即可靠性越高，要求外载荷越低。同时结果也说明，复合材料盒段损伤的不确定性对其承载性能不确定性具有较大的影响。

参 考 文 献

[1] Bortkiewicz L V. Variationsbreite and mittlerer fehler[J]. Berli Math Ges Sitzungsber, 1922, 3(21): 3-11.

[2] von Mises R. Uber die variationsbreite einer beobachtungsreihe[J]. Berlin Math Ges Sitzungsber, 1923, 22(3-8): 3.

[3] Gnedenko B V. Sur la distribution limite du terme maximum *D'* une serie aleatoire[J]. Ann. of Math., 1943, 44(3): 423-453.

[4] Pickands J. Statistical inference using extreme order statistics[J]. The Annals of Statistics, 1975, 3(1): 119-131.

[5] 周长让, 陈元芳, 顾圣华, 等. 高阶概率权重矩法在广义 Pareto 分布参数估计中的应用[J]. 水力发电学报, 2016, 35(6): 30-38.

[6] 陈子燊, 刘曾美, 路剑飞. 基于广义 Pareto 分布的洪水频率分析[J]. 水力发电学报, 2013, 32(2): 68-73, 83.

[7] 吴慧慧. 人民币汇率厚尾特征及 VAR 估计[J]. 重庆工商大学学报(自然科学版), 2017, 34(2): 41-47.

[8] 魏正元, 李娟, 罗云峰. 基于 EGARCH-GPD 模型的沪深 300 指数的 VaR 度量[J]. 重庆理工大学学报(自然科学), 2016, 30(5): 119-124.

[9] Ramu P, Kim N H, Haftka R T. Multiple tail median approach for high reliability estimation[J]. Structural Safety, 2010, 32(2): 124-137.

[10] Draghicescu D, Ignaccolo R. Modeling threshold exceedance probabilities of spatially correlated time series[J]. Electronic Journal of Statistics, 2009, 3(1): 149-164.

[11] Eastoe E F, Tawn J A. Modelling the distribution of the cluster maxima of exceedances of subasymptotic thresholds[J]. Biometrika, 2012, 99(1): 43-55.

[12] Drees H, Kaufmann E. Selecting the optimal sample fraction in univariate extreme value estimation[J]. Stochastic Processes and Their Applications, 1998, 75(2): 149-172.

[13] 王元月, 杜希庆, 曹圣山. 阈值选取的 Hill 估计方法改进——基于极值理论中 POT 模型的实证分析[J]. 中国海洋大学学报(社会科学版), 2012, (3): 42-46.

[14] Smith R. Estimating tails of probability distributions[J]. The Annals of Statistics, 1987, 15(13):

1174-1207.

[15] Dekkers A L M , Einmahl J H J , de Haan L. A moment estimator for the index of an extreme-value distribution[J]. The Annals of Statistics, 1989, 17(4): 1833-1855.

[16] Melchers R E. Importance sampling in structural systems[J]. Structural Safety, 1989, 6(1): 3-10.

[17] de Zea Bermudez P Kotz S. Parameter estimation of the generalized Pareto distribution—Part I[J]. Journal of Statistical Planning & Inference, 2010, 140(6): 1353-1373.

[18] Rosenblueth E. Point estimates for probability moments[J]. Proceedings of the National Academy of Sciences, 1975, 72(10): 3812-3814.

[19] Abdul-Moniem I B, Selim Y M. TL-moments and L-moments estimation for the generalized pareto distribution[J]. Applied Mathematical Sciences, 2009, 3(1): 43-52.

[20] Ahmad U N, Shabri A, Zakaria Z A. Trimmed L-moments (1,0) for the generalized Pareto distribution[J]. Hydrological Sciences Journal, 2011, 56(6): 1053-1060.

[21] Liu J, Shi D, Wu X. Estimation of poisson-generalized Pareto compound extreme value distribution by probability-weighted moments and empirical analysis[J]. Transactions of Tianjin University, 2008, 14(1): 50-54.

[22] Rasmussen P F. Generalized probability weighted moments: Application to the generalized Pareto distribution[J]. Water Resources Research, 2001, 37(6): 1745-1751.

[23] Zhao X, Cheng W, LI J. Parameter estimation of generalized partial probability weighted moments for the generalized Pareto distribution[J]. Acta Mathematicae Applicatae Sinica, 2012, 35(2): 321-329.

[24] Grimshaw S D. Computing maximum likelihood estimates for the generalized Pareto distribution[J]. Technometrics, 1993, 35(2): 185-191.

[25] Hüsler J, Li D, Raschke M. Estimation for the generalized Pareto distribution using maximum likelihood and goodness of fit[J]. Communications in Statistics—Theory and Methods, 2011, 40(14): 2500-2510.

[26] Zhang J. Likelihood moment estimation for the generalized Pareto distribution[J]. Australian & New Zealand Journal of Statistics, 2007, 49(1): 69-77.

[27] Chen H Q, Cheng W H. Estimation of parameters of the generalized Pareto distribution by the least squares[J]. Chinese Journal of Applied Probability and Statistics, 2013, 29(2): 121-135.

[28] Hundecha Y, Pahlow M, Schumann A. Modeling of daily precipitation at multiple locations using a mixture of distributions to characterize the extremes[J]. Water Resources Research, 2009, 45(12): 69-76.

[29] Stefanakos C N, Athanassoulis G A. Extreme value predictions based on nonstationary time series of wave data[J]. Environmetrics, 2006, 17(1): 25-46.

[30] Boos D. Using extreme value theory to estimate large percentiles[J]. Technometrics, 1984, 26(1): 33-39.

[31] Caers J, Maes M A. Identifying tails, bounds and end-points of random variables[J]. Structural Safety, 1998, 20(1): 1-23.

[32] Moharram S H, Gosain A K, Kapoor P N. A comparative study for the estimators of the generalized Pareto distribution[J]. Journal of Hydrology, 1993, 150(1): 169-185.

[33] Hosking J R M, Wallis J R. Parameter and quantile estimation for the generalized Pareto distribution[J]. Technometrics, 1987, 29(3): 339-349.

[34] Singh V P, Guo H. Parameter estimation for 2-parameter generalized Pareto distribution by POME[J]. Stochastic Hydrology and Hydraulics, 1997, 11(3): 211-227.

[35] Song J, Song S. A quantile estimation for massive data with generalized Pareto distribution [J]. Computational Statistics & Data Analysis, 2012, 56(1): 143-150.

[36] Villaseñ or-Alva J A, González-Estrada E. A bootstrap goodness of fit test for the generalized Pareto distribution[J]. Computational Statistics & Data Analysis, 2009, 53(11): 3835-3841.

[37] 李刚, 赵刚. 基于更新径向基函数网络模型的广义 Pareto 分布函数拟合[J]. 计算力学学报, 2016, 33(4): 495-499.

[38] Sundararajan N, Saratchandran P, Wei L Y. A Review of Radial Basis Function (RBF) Neural Networks[M]// Radial Basis Function Neural Networks with Sequential Learning: MRAN and Its Applications. Singapore: World Scientific, 2015.

[39] Chen T. Design method of radial basis function network based on orthogonal least square[J]. China Mechanical Engineering, 1997, 8(6): 95-97.

[40] 雷桂媛. 关于蒙特卡罗及拟蒙特卡罗方法的若干研究 [D]. 杭州: 浙江大学, 2003.

[41] Torii A J, Lopez R H, Miguel L F F. A general RBDO decoupling approach for different reliability analysis methods[J]. Structural & Multidisciplinary Optimization, 2016, 54(2): 317-332.

[42] 赵刚, 李刚. 基于分位点的广义 Pareto 分布函数最小二乘拟合方法[J]. 应用数学和力学, 2018, 39(4): 415-423.

[43] Echard B, Gayton N, Lemaire M. AK-MCS: An active learning reliability method combining Kriging and Monte Carlo simulation[J]. Structural Safety, 2011, 33(2): 145-154.

[44] Balesdent M, Morio J, Marzat J. Kriging-based adaptive Importance Sampling algorithms for rare event estimation[J]. Structural Safety, 2013, 44: 1-10.

[45] Guo Q, Liu Y, Chen B, et al. An active learning Kriging model combined with directional importance sampling method for efficient reliability analysis[J]. Probabilistic Engineering Mechanics, 2020, 60: 103054.

[46] 韦啸. 大型复杂复合材料结构的承载能力研究[D]. 大连: 大连理工大学, 2016.

[47] Li G, Zhao G, Zhou C, et al. Stochastic elastic properties of composite matrix material with random voids based on radial basis function network[J]. International Journal of Computational Methods, 2018, 15(1): 1750082.

第 6 章　可靠性分析的重要性抽样方法

6.1　引　　言

对于实际工程问题，可以通过结构响应值来判断结构的状态，例如，可以将结构内最大应力($\sigma_{\max}(\boldsymbol{x})$)大于材料屈服应力($\sigma_{\mathrm{y}}$)定义为结构失效，反之为安全。我们可以通过“抽样”来统计结构的失效概率。首先，通过结构输入变量 $\boldsymbol{x}$ 的概率分布随机抽取若干样本，$[\boldsymbol{x}_1, \boldsymbol{x}_2,\cdots,\boldsymbol{x}_N]$，随后通过结构分析或实验得到相应的结构最大应力，$[\sigma_{\max}(\boldsymbol{x}_1),\sigma_{\max}(\boldsymbol{x}_2),\cdots,\sigma_{\max}(\boldsymbol{x}_N)]$，并统计其中大于 σ_{y} 的数目 N^*，进而利用失效事件发生的频率 N^*/N 来近似获得结构的失效概率。对于一般问题而言，可以找到一个函数 $Y=G(\boldsymbol{X})$用来描述结构所处的状态，即

$$\begin{aligned} &Y=G(\boldsymbol{X})>0,\ \text{安全状态} \\ &Y=G(\boldsymbol{X})\leqslant 0,\ \text{失效状态} \end{aligned} \tag{6.1}$$

其中，$\boldsymbol{X}=[X_1, X_2,\cdots, X_n]$代表由 n 个输入随机变量构成的向量；Y 称为结构的极限状态函数。结构失效概率的严格定义如下：

$$P_{\mathrm{f}}=\mathrm{Prob}\{G(\boldsymbol{X})\leqslant 0\}=\int_{G(\boldsymbol{X})\leqslant 0} h(\boldsymbol{X})\mathrm{d}\boldsymbol{X} \tag{6.2}$$

其中，P_{f} 代表失效概率；$h(\boldsymbol{X})$代表输入变量的联合概率密度函数。通过计算公式(6.2)统计失效概率的方法通常称为蒙特卡罗模拟(MCS)方法。MCS 是最基本也是最具代表性的抽样方法，其失效概率计算可以抽象成如下数学表达式：

$$P_{\mathrm{f}}=\int_{G(\boldsymbol{X})\leqslant 0} h(\boldsymbol{X})\mathrm{d}\boldsymbol{X}\approx \overline{P_{\mathrm{f}}}=\frac{1}{N}\sum_{i=1}^{N} I\left[G(\boldsymbol{x}_i)\leqslant 0\right] \tag{6.3}$$

其中，$\boldsymbol{x}_i$ 表示第 i 个样本点；N 代表抽样数目；函数 $I(\cdot)$是示性函数，即

$$I\left[G(\boldsymbol{x}_i)\leqslant 0\right]=\begin{cases}0, & G(\boldsymbol{x}_i)>0 \\ 1, & G(\boldsymbol{x}_i)\leqslant 0\end{cases} \tag{6.4}$$

样本空间的随机特性决定了 $\overline{P_{\mathrm{f}}}$ 本质上是一个随机变量，失效概率的变异系数为

$$\mathrm{cov}(\overline{P_{\mathrm{f}}})=\sqrt{\frac{1-P_{\mathrm{f}}}{NP_{\mathrm{f}}}} \tag{6.5}$$

MCS 的优点在于鲁棒性好、简单易行，随着样本数量的增加，其结果会逐渐收敛于真实解，而且收敛效率与问题维度无关。然而，由式(6.5)可以看出，对于失效概率为 10^{-3} 的问题，MCS 需要 10^5 量级的样本才能保证失效概率预测值的变异性在 0.1 以下。所以，对于小失效概率的实际工程问题而言，MCS 的计算代价过高，实用性较差。为了解决这一问题，学者们提出一些有效的方差缩减技术，例如目前非常流行的重要性抽样(importance sampling，IS)方法[1-3]。

重要性抽样方法的基本思想是通过转移抽样的中心，增加样本进入失效区域的概率，从而提高抽样的效率，降低计算量。由于重要性抽样方法能够显著增加进入失效域的样本数量，而且便于与代理模型和主动学习算法结合，因此吸引了众多学者的关注。比较有代表性的是 Kurtz 和 Song[4]提出的交叉熵重要性抽样方法，将重要性抽样密度函数假设成混合高斯分布，其中，权重、高斯分布的均值、协方差矩阵作为待定参数，通过推导最小化重要性抽样密度函数与最优抽样密度的交叉熵的驻值条件，得到了待定参数的迭代公式，建立了高效的重要性抽样可靠性分析框架。随后，Wang 和 Song[5]发现，基于高斯密度函数的交叉熵重要性抽样方法对于高维问题效果并不理想，因此提出用 Mises-Fisher 混合分布代替高斯混合分布，并利用最小交叉熵的驻值条件推导了参数的迭代公式，建立了与文献[4]相同的可靠性分析基本框架。受 Song 等相关工作的启发，Yang 等[6]基于交叉熵重要性抽样方法提出了一种新的时变可靠性分析方法，并详细分析了最小化交叉熵过程中的初值选取、参数控制等诸多技术问题。最近，Straub 等[7-9]对交叉熵重要性抽样从理论到应用均做了非常深入的研究，很大程度上推动了该方法的发展。序列重要性抽样(sequential importance sampling, SIS)方法也是一种有效的自适应重要性抽样方法，该方法通过中间分布的逐级采样逼近最优抽样函数，渐近收敛的特性使得算法处理复杂功能函数十分有效，在随机不确定性分析领域得到广泛应用，包括可靠性分析[10]、可靠性灵敏性分析[11]、可靠性优化[12]等。近年来，吕震宙等对重要性方法进行了系统性研究，并相继提出了一系列有效的改进策略，进一步提高抽样效率，例如扩展重要性抽样方法[13]、β 面截断重要性抽样法[14]、自适应 Kriging 交叉熵重要性抽样(CE-IS-AK)方法[15]等。为了解决随机和相关区间变量的混合可靠性分析问题，Liu 和 Elishakoff[16]提出了一种基于一阶可靠度理论的重要抽样法，对小失效概率问题有较好的效果。诸如此类的研究还有很多，本书不一一列举，总之，重要性抽样方法在可靠性分析中具有重要的地位，特别是其与代理模型、机器学习技术结合时可以大幅度提高可靠性分析效率，是可靠性分析领域的研究热点，对工程实践有重要的指导意义。本章将系统阐述重要性抽样方法的理论和方法，并对若干最新研究进展进行详细介绍。

6.2　重要性抽样方法

6.2.1　重要性抽样方法基本原理

重要性抽样方法是降低抽样方差的重要手段，能够大幅度提高 MCS 的抽样效率。该方法的主要思想是寻找一个重要性抽样密度函数，利用该密度函数得到更多的失效样本，从而高效地计算失效概率。引入重要性抽样密度函数 $h(\boldsymbol{x})$后，失效概率的计算式可以改写成如下形式：

$$\begin{aligned} P_{\mathrm{f}} &= \int_{-\infty}^{+\infty} I\left[G(\boldsymbol{x})<0\right] f(\boldsymbol{x})\mathrm{d}\boldsymbol{x} \\ &= \int_{-\infty}^{+\infty} I\left[G(\boldsymbol{x})<0\right] \frac{f(\boldsymbol{x})}{h(\boldsymbol{x})} h(\boldsymbol{x})\mathrm{d}\boldsymbol{x} \end{aligned} \tag{6.6}$$

由此可得失效概率的无偏估计为

$$\overline{P_{\mathrm{f}}} = \frac{1}{N}\sum_{i=1}^{N} \frac{I\left[G(\boldsymbol{x}_i)<0\right] f(\boldsymbol{x}_i)}{h(\boldsymbol{x}_i)} \tag{6.7}$$

其中，$\boldsymbol{x}_i$ 是从重要性抽样密度函数 $h(\boldsymbol{x})$抽取的第 i 个样本点。式(6.7)中失效概率的方差为

$$\operatorname{var}(\overline{P_{\mathrm{f}}}) = \frac{1}{N}\left(\frac{1}{N}\sum_{i=1}^{N}\left\{I\left[(G(\boldsymbol{x}_i)<0)\right]\left[\frac{f(\boldsymbol{x}_i)}{h(\boldsymbol{x}_i)}\right]^2\right\} - (P_{\mathrm{f}})^2\right) \tag{6.8}$$

抽样函数 $h(\boldsymbol{x})$的选择是重要性抽样方法的核心内容。观察式(6.7)可以发现：①$h(\boldsymbol{x})$的中心应选在失效域内，否则使 $I\left[\mathrm{G}(\boldsymbol{x}_i)<0\right]=0$ 的样本较多，造成计算资源浪费；②对于给定样本数量的情况下，$\dfrac{f(\boldsymbol{x}_i)}{h(\boldsymbol{x}_i)}$ 越大则落入失效域的样本对失效概率估计值的贡献越大，所以 $h(\boldsymbol{x})$的中心区域要和原始分布 $f(\boldsymbol{x})$在失效域内概率密度大的部分接近。综合考虑上述两点，目前常见重要性抽样方法通常以 MPP 作为抽样中心，采用相互独立的高斯分布作为抽样函数，并将抽样分布的变异系数设为原随机变量的 1～2 倍[17]。

大量研究表明，以 MPP 为中心的重要性抽样方法可以极大地提高 MCS 的效率，但是由于一阶可靠性理论本身的不足，对于一些特殊问题效果欠佳。例如，当函数在 MPP 处的非线性程度很高时，一阶可靠性方法可能较难收敛或 MPP 的计算精度较差。另外，对于多 MPP 问题，将单个 MPP 作为抽样中心显然是不合理的，而且当失效域非凸时，很多样本点仍然会落入安全域，造成计算

资源浪费。

6.2.2 自适应重要性抽样方法

由式(6.7)可以看出，最优的重要性抽样密度函数应具有如下形式：

$$h_{\text{opt}} = \frac{I\left[G(\boldsymbol{x})<0\right]f(\boldsymbol{x})}{P_{\text{f}}} \tag{6.9}$$

此时，只需要一个样本点即可精确地计算出失效概率，但因为 P_{f} 是未知的，所以直接用其进行抽样是不现实的。最近兴起的自适应重要性抽样方法可以较好地解决这一问题。常见的自适应重要性抽样方法有：基于交叉熵的重要性抽样(cross-entropy-based IS，CEIS)方法[4]、马尔可夫链重要性抽样(Markov chain IS, MCIS)方法[18]和序列重要性抽样方法，下面分别对这三种方法进行介绍。

1. CEIS 方法

将含有待定参数($\boldsymbol{\theta}$)的重要性抽样函数记作 $h(\boldsymbol{x};\boldsymbol{\theta})$，CEIS 方法通过求解如下优化问题来确定最佳的参数$\boldsymbol{\theta}$，使 $h(\boldsymbol{x};\boldsymbol{\theta})$尽可能接近最优抽样函数 h_{opt}：

$$\min_{\boldsymbol{\theta}} \text{KL}\left[h_{\text{opt}}(\boldsymbol{x};\boldsymbol{\theta}) \,\|\, h(\boldsymbol{x})\right] = H\left[h_{\text{opt}}(\boldsymbol{x};\boldsymbol{\theta})\right] - \int h_{\text{opt}}(\boldsymbol{x};\boldsymbol{\theta}) \ln h(\boldsymbol{x}) \mathrm{d}\boldsymbol{x} \tag{6.10}$$

舍去其中的常数项，式(6.10)可记作

$$\boldsymbol{\theta}^* = \underset{\boldsymbol{\theta}}{\text{argmax}} \int h_{\text{opt}}(\boldsymbol{x};\boldsymbol{\theta}) \ln h(\boldsymbol{x}) \mathrm{d}\boldsymbol{x} \tag{6.11}$$

将式(6.9)代入上式可得

$$\begin{aligned}\boldsymbol{\theta}^* &= \underset{\boldsymbol{\theta}}{\text{argmax}} \int \frac{I[G(\boldsymbol{x})<0]f(\boldsymbol{x})}{P_{\text{f}}} \ln h(\boldsymbol{x};\boldsymbol{\theta}) \mathrm{d}\boldsymbol{x} \\ &= \underset{\boldsymbol{\theta}}{\text{argmax}} \int I[G(\boldsymbol{x})<0] f(\boldsymbol{x}) \ln h(\boldsymbol{x};\boldsymbol{\theta}) \mathrm{d}\boldsymbol{x}\end{aligned} \tag{6.12}$$

再次运用重要性抽样思想可得

$$\boldsymbol{\theta}^* = \underset{\boldsymbol{\theta}}{\text{argmax}} \int I[G(\boldsymbol{x})<0] \ln h(\boldsymbol{x};\boldsymbol{\theta}) \frac{f(\boldsymbol{x})}{h(\boldsymbol{x};\boldsymbol{\omega})} h(\boldsymbol{x};\boldsymbol{\omega}) \mathrm{d}\boldsymbol{x} \tag{6.13}$$

其中，$h(\boldsymbol{x};\boldsymbol{\theta})$ 与 $h(\boldsymbol{x};\boldsymbol{\omega})$ 是形式相同但参数不同的概率分布函数。令 $W(\boldsymbol{x};\boldsymbol{\omega}) = \dfrac{f(\boldsymbol{x})}{h(\boldsymbol{x};\boldsymbol{\omega})}$，可得

$$\boldsymbol{\theta}^* = \underset{\boldsymbol{\theta}}{\text{argmin}} \frac{1}{N} \sum_{i=1}^{N} I[G(\boldsymbol{x}_i)<0] \ln h(\boldsymbol{x}_i;\boldsymbol{\theta}) W(\boldsymbol{x}_i;\boldsymbol{\omega}) \tag{6.14}$$

在计算 $\boldsymbol{\theta}^*$ 的过程中，首先给需要给 $h(\boldsymbol{x};\boldsymbol{\theta})$ 指定一个合适的函数族，并对 $\boldsymbol{\omega}$

赋予初始值 $\boldsymbol{\omega}_0$，然后通过优化算法求解式(6.14)得到$\boldsymbol{\theta}_0^*$。用$\boldsymbol{\theta}_0^*$更新 $\boldsymbol{\omega}$，并再次通过式(6.14)求得$\boldsymbol{\theta}_1^*$，如此反复迭代直到满足收敛条件。我们将 CEIS 法的具体实现流程总结如下：

(1) 给定初始化参数 $\boldsymbol{\omega}_0$；

(2) 从 $h(\boldsymbol{x};\boldsymbol{\omega})$中抽取 N 个样本点并计算响应的函数值，得到 N 个函数值的 ρ 分位点值 G_ρ，其中，$\boldsymbol{\omega}$ 采用步骤(1)中的初始值或上一轮迭代中得到的$\boldsymbol{\theta}^*$；

(3) 如果 $G_\rho>0$，求解式(6.14)，得到参数$\boldsymbol{\theta}^*$，并返回步骤(2)，如果 $G_\rho\leqslant 0$，则停止程序，并转到步骤(4)；

(4) 利用最后一次得到的参数$\boldsymbol{\theta}^*$进行重要性抽样，并计算失效概率，即

$$\overline{P_{\mathrm{f}}}=\frac{1}{N_{\mathrm{final}}}\sum_{i=1}^{N_{\mathrm{final}}}\frac{I\left[G(\boldsymbol{x}_i)<0\right]f(\boldsymbol{x}_i)}{h(\boldsymbol{x}_i;\boldsymbol{\theta}^*)} \tag{6.15}$$

其中，N_{final}是最终用于计算失效概率的重要性抽样样本点数目。

2. MCIS 方法

MCIS 是一种基于马尔可夫链蒙特卡罗(Markov chain Monte Carlo, MCMC)方法的重要性抽样方法，对于高维问题有较好的效果。对于任意分布 $p(\boldsymbol{x})=p(\boldsymbol{x})/Z_p$，假设随机变量 $\boldsymbol{x}$ 在任何位置都可以得到$p(\boldsymbol{x})$的值，即使归一化参数Z_p未知，MCMC 依然可以从此分布中抽样。Metropolis-Hastings(MH)算法是实现 MCMC 抽样的典型方法，首先需假设一个提议分布$q(\boldsymbol{x}\mid\boldsymbol{x}^{(\tau)})$ 用于抽取候选样本点$\boldsymbol{x}^*$，并以如下概率接受该样本：

$$A(\boldsymbol{x}^*,\boldsymbol{x}^{(\tau)})=\min\left[1,\frac{p(\boldsymbol{x}^{(\tau)})q(\boldsymbol{x}^{(\tau)}\mid\boldsymbol{x}^*)}{p(\boldsymbol{x}^*)q(\boldsymbol{x}^*\mid\boldsymbol{x}^{(\tau)})}\right] \tag{6.16}$$

如果提议分布为对称分布，即$q(\boldsymbol{x}^*\mid\boldsymbol{x}^{(\tau)})=q(\boldsymbol{x}^{(\tau)}\mid\boldsymbol{x}^*)$，则式(6.16)可以简化为

$$A(\boldsymbol{x}^*,\boldsymbol{x}^{(\tau)})=\min\left[1,\frac{p(\boldsymbol{x}^{(\tau)})}{p(\boldsymbol{x}^*)}\right] \tag{6.17}$$

若将 h_{opt} 看作目标分布，其中的失效概率 P_{f} 即为归一化参数Z_p，$p(\boldsymbol{x})$对应$I\left[G(\boldsymbol{x})<0\right]f(\boldsymbol{x})$，因此，可以通过 Metropolis-Hastings 算法得到与 h_{opt} 对应的样本。然后利用抽取的样本用适当方法构造重要性抽样密度函数，并利用该密度函数进行抽样求得失效概率。

3. 序列重要性抽样方法

序列重要性抽样方法通过中间分布的逐级采样逼近最优重要性抽样函数，其

关键是将失效指示函数采用含有参数的光滑函数[19]近似：

$$I_{\mathrm{F}}(\boldsymbol{x}) \approx \Phi\left[-\frac{G(\boldsymbol{x})}{\sigma}\right] \tag{6.18}$$

其中，$\Phi(\cdot)$表示标准正态累积分布函数。随着参数 σ 逐渐趋近于 0，光滑函数对于指示函数的近似效果更好，即存在如下极限情况：

$$I_{\mathrm{F}}(\boldsymbol{x}) = \lim_{\sigma \to 0} \Phi\left[-\frac{G(\boldsymbol{x})}{\sigma}\right] \tag{6.19}$$

根据以上光滑函数的近似特性定义一个分布序列逼近 $h_{\mathrm{opt}}(\boldsymbol{x})$，即

$$h_j(\boldsymbol{x}) = \frac{1}{P_j}\Phi\left[-\frac{G(\boldsymbol{x})}{\sigma_j}\right] f(\boldsymbol{x}) = \frac{1}{P_j}\eta_j(\boldsymbol{x}) \tag{6.20}$$

其中，P_j 称为分布的归一化常数，j=0,1,…,M，而分布序列参数定义为 $\sigma_0 > \cdots > \sigma_L > 0$。序列重要性抽样方法即从上面的分布序列中逐级采样。相邻分布序列中同样采用重要性抽样的思想，为了估计第 j 步分布的归一化常数 P_j，可将第 j–1 步的分布作为重要抽样函数。假定$\{\boldsymbol{X}^{(k)}, k=1,2,\cdots,n_s\}$是从分布 $h_{j-1}(\boldsymbol{x})$ 中获得的样本，那么第 j 个分布的归一化常数 P_j 可以表示如下：

$$P_j = \int \eta_j(\boldsymbol{x})\mathrm{d}\boldsymbol{x} = P_{j-1}\int w_j(\boldsymbol{x}) h_{j-1}(\boldsymbol{x})\mathrm{d}\boldsymbol{x} \tag{6.21}$$

其中，$w_j(\boldsymbol{x}) = \dfrac{\eta_j(\boldsymbol{x})}{\eta_{j-1}(\boldsymbol{x})} = \dfrac{\Phi\left(-G(\boldsymbol{x})/\sigma_j\right)}{\Phi\left(-G(\boldsymbol{x})/\sigma_{j-1}\right)}$，是相邻分布之间的重要性权重函数，进而可以得到相邻分布序列归一化常数比的估计值：

$$\hat{S}_j = \frac{\hat{P}_j}{\hat{P}_{j-1}} = \frac{1}{n_s}\sum_{k=1}^{n_s} w_j\left(\boldsymbol{x}^{(k)}\right) \tag{6.22}$$

中间分布的参数选择是序列重要性抽样方法的重要组成部分。为了保证计算精度，应该合理选择参数 σ，使得相邻分布之间的差异不大。文献[19]提出，可以通过求解如下优化问题，在序列重要性抽样的每一个迭代步中自适应地选择参数 σ：

$$\sigma_j = \underset{\sigma \in \left(0, \sigma_{j-1}\right)}{\operatorname{argmin}} \left[\hat{\delta}_{w_j}(\sigma) - \delta_{\mathrm{target}}\right]^2 \tag{6.23}$$

其中，$\hat{\delta}_{w_j}(\sigma)$ 表示相邻分布样本权重 $w_j(\boldsymbol{x})$ 的变异系数；δ_{target} 是预先指定的目标值。当样本权重变异系数小于目标值时，序列重要性抽样方法收敛，最终的失效概率估计为

$$\begin{aligned}\hat{P}_{\mathrm{f}}^{\max} &= \frac{\hat{P}_M}{n_s}\sum_{k=1}^{n_s} I\left[G\left(\boldsymbol{x}^{(k)}\right)\leqslant 0\right]\frac{f\left(\boldsymbol{x}^{(k)}\right)}{\eta_M\left(\boldsymbol{x}^{(k)}\right)} \\ &= \frac{\hat{P}_M}{n_s}\sum_{k=1}^{n_s}\frac{I\left[G\left(\boldsymbol{x}^{(k)}\right)\leqslant 0\right]}{\Phi\left[-G(\boldsymbol{x}^{(k)})/\sigma_M\right]}\end{aligned} \tag{6.24}$$

其中，$\hat{P}_M$ 是第 M 步的分布 $h_M(\boldsymbol{x})$ 的归一化常数，计算公式如下：

$$\hat{P}_M = \prod_{j=1}^{M}\hat{S}_j \tag{6.25}$$

CEIS、MCIS 和序列重要性抽样是自适应重要性抽样方法的三种代表性算法，它们都是自适应地建立一个重要性抽样函数，令其尽可能接近 h_{opt}。可以看出，相比于 CEIS，MCIS 更加灵活，无须对 h_{opt} 分布作出假设。但如果对 h_{opt} 分布有较为清晰的先验认知，则 CEIS 会更具有优势。序列重要性抽样中式(6.23)的求解不需要调用真实功能函数，其计算成本与可靠性分析过程相比几乎可以忽略，所以序列重要性抽样方法的效率决定于迭代过程的抽样次数，在可以得到合理抽样参数的情况下，其计算效率和精度均较高。

6.3　基于 Kriging 的重要性抽样方法

6.3.1　主动学习 Kriging-蒙特卡罗方法

主动学习 Kriging-蒙特卡罗(active learning Kriging-Monte Carlo simulation, AK-MCS)方法[20]是一种经典的基于代理模型的可靠性分析方法，其核心是利用 Kriging 方法的特点建立学习函数，选取新的样本点并更新代理模型。可靠性分析只关心样本点是否落入失效域，而不关心其具体响应值。因此 Kriging 代理模型只需对极限状态面附近精确拟合，正确判断样本点的状态(即极限状态函数的符号)即可。为此，Echard 等[20]提出了著名的 U 学习函数，用于提高 Kriging 代理模型对失效边界的拟合能力，其表达式为

$$U(\boldsymbol{u}) = \frac{\left|\hat{G}(\boldsymbol{u})\right|}{\sqrt{\sigma_{\hat{G}}^2(\boldsymbol{u})}} \tag{6.26}$$

其中，$\hat{G}(\boldsymbol{u})$ 和 $\sigma_{\hat{G}}^2(\boldsymbol{u})$ 是 Kriging 代理模型的预测均值和预测方差。U 函数反映了正确判断样本点状态的可信性。由于 Kriging 代理模型的预测值服从正态分布，所以，当 $U\geqslant 2$ 时，对样本点状态分类的正确率可达 97.7%。一般而言，选

择使 U 函数最小的点作为新的样本点，加入 Kriging 代理模型的训练样本集，直到达到收敛条件。由此可以总结出 AK-MCS 方法的具体流程：

(1) 用 MCS 方法生成 n_{mcs} 个样本点，作为候选样本集 S_{mcs}；

(2) 利用拉丁超立方抽样抽取 N_l 个初始样本，作为训练样本集 S，并计算对应的响应值；

(3) 通过训练样本集 S 得到初始 Kriging 代理模型；

(4) 计算 S_{mcs} 中所有样本点的 Kriging 预测值 $\hat{G}$ 和方差 $\sigma_{\hat{G}}^2(\boldsymbol{u})$，并估计失效概率 P_{f}；

(5) 计算 S_{mcs} 中样本的 U 函数的值，将最小的值记作 $U_{\min}$，选取相应的样本作为最佳候选训练点 $\boldsymbol{x}^*$；

(6) 判断是否满足 $U_{\min} \geqslant 2$，若满足则转到步骤(8)，若不满足则转到步骤(7)；

(7) 计算 $\boldsymbol{x}^*$ 功能函数值，并令 $S = S \cup \left\{\boldsymbol{x}^*\right\}$，转到步骤(3)；

(8) 判断变异系数(δ)是否满足收敛条件，若满足则结束迭代，否则回到步骤(1)，并扩大 S_{mcs} 的规模，其中，$\delta = \sqrt{\dfrac{1-P_{\mathrm{f}}}{P_{\mathrm{f}} n_{\mathrm{mcs}}}}$。

AK-MCS 方法整个流程中失效概率的计算利用 Kriging 代理模型代替真实功能函数，所以计算效率很高。

6.3.2 主动学习 Kriging-重要性抽样方法

主动学习 Kriging-重要性抽样(AK-IS)方法[21]是基于 AK-MCS 建立起来的可靠性分析方法，该方法结合了重要性抽样、Kriging 模型和一阶可靠性方法的优势，具有非常高的计算效率。AK-IS 首先通过一阶可靠性方法求解 MPP，然后利用一阶可靠性方法迭代过程中的样本点初始化 Kriging 代理模型，并选择以 MPP 点为中心的高斯分布作为重要性抽样密度函数进行重要性抽样，最后通过 U 函数反复训练 Kriging 代理模型，进而准确计算失效概率。该算法具体流程如下所述。

(1) 基于一阶可靠性方法搜索 MPP，对于不易收敛的问题，可以适当放松收敛条件，求得近似的 MPP。将搜索过程中的迭代点作为初始训练样本集 S，建立初始 Kriging 代理模型，以 MPP 构建高斯重要性抽样密度函数。

(2) 对高斯重要性抽样密度函数抽样获得样本集 S_{IS}。

(3) 预测待选样本集 S_{IS} 的 U 函数，选择最佳候选训练点 $\boldsymbol{x}^*$，并判断是否满足 $U_{\min} \geqslant 2$，若满足则转到步骤(5)，若不满足则转到步骤(4)。

(4) 将 $\boldsymbol{x}^*$ 加入训练集中，并令 $S = S \cup \left\{\boldsymbol{x}^*\right\}$，更新 Kriging 代理模型，回到步骤(3)。

(5) 判断变异系数是否满足 $\delta < 0.05$ ，若满足，则停止迭代，通过重要性抽样公式计算失效概率。若不满足，则扩充 S_{IS} 转到步骤(3)。

AK-IS 法大幅度提高了可靠性分析的效率，然而该方法基于一阶可靠性方法建立重要性抽样函数，所以对于多 MPP、强非线性问题的性能仍有待进一步提高。

6.3.3 基于 Kriging 的自适应重要性抽样方法

基于 Kriging 的自适应重要性抽样(Kriging-based adaptive importance sampling, KAIS)方法[22]利用 MCMC 方法获得最优重要性抽样密度函数 h_{opt} 的样本点(马尔可夫链状态)，并以每个马尔可夫链状态为抽样中心分别建立重要性抽样函数，得到候选重要性抽样样本点。MCMC 抽样过程涉及计算 $I[G(\boldsymbol{x})<0]$，需要调用功能函数，KAIS 通过这些样本和功能函数值建立初始 Kriging 代理模型，因此不会造成计算资源浪费。在模型自适应更新阶段，KAIS 通过初始或前一步得到的 Kriging 模型预测候选重要性抽样样本点，选择 U 函数最小的点用于更新代理模型，直到所有候选点的 U 函数值都大于 2。然后，利用最终的 Kriging 模型计算失效概率及其变异系数，若不满足收敛条件，则需要扩充候选样本集，继续更新代理模型。本书将 KAIS 的主要步骤总结如下。

(1) 在失效域中选择初始样本点，用于 MCMC 抽样。

(2) 将输入随机变量的联合概率密度的中心平移至初始样本点或当前接受的样本点，生成提议分布，并以 h_{opt} 为目标概率密度函数进行 MCMC 抽样，得到 N_{R} 个拒绝样本、N_{M} 个接受样本(马尔可夫链状态)。

(3) 分别以每个马尔可夫链状态作为抽样中心，建立重要性抽样概率密度函数。从每个概率密度函数中抽 N_{I} 个样本点，将这 $N_{\text{M}} \times N_{\text{I}}$ 个样本点作为候选样本集 S_{C}。

(4) 利用 MCMC 抽样过程中的 $N_{\text{R}}+N_{\text{M}}$ 个样本建立初始 Kriging 模型。

(5) 利用初始或上一步更新过后的 Kriging 模型计算样本集 S_{C} 的预测值和 U 函数，如果所有 U 函数的值都大于 2，则转入步骤(7)，否则转入步骤(6)。

(6) 选择样本集 S_{C} 中 U 函数最小的样本点，计算相应的真实极限状态函数值，并将其加入训练样本集更新 Kriging 代理模型，然后返回步骤(5)。

(7) 按照如下公式计算失效概率：

$$
\begin{aligned}
P_{\text{f}} &\approx \int \frac{I[G_{\text{kriging}}(\boldsymbol{x})<0]f(\boldsymbol{x})}{h_X(\boldsymbol{x})} h_X(\boldsymbol{x})\mathrm{d}\boldsymbol{x} \\
&= \int \frac{I[G_{\text{kriging}}(\boldsymbol{x})<0]f(\boldsymbol{x})}{h_X(\boldsymbol{x})} \sum_{j=1}^{N_{\text{M}}} \alpha_j h_j(\boldsymbol{x})\mathrm{d}\boldsymbol{x} \\
&= \sum_{j=1}^{N_{\text{M}}} \alpha_j \frac{1}{N_{\text{I}}} \sum_{k=1}^{N_{\text{I}}} \left\{ \frac{I\left[G(\boldsymbol{x}_j^k)<0\right] f_X(\boldsymbol{x}_j^k)}{h_X(\boldsymbol{x}_j^k)} \right\}
\end{aligned}
\tag{6.27}
$$

其中，$h_X(\boldsymbol{x})=\sum_{j=1}^{N_{\mathrm{M}}}\alpha_j h_j(\boldsymbol{x})$，这里 $h_j(\boldsymbol{x})$是以马尔可夫链状态为中心的重要性抽样函数；N_{I} 是 $h_j(\boldsymbol{x})$中抽取的用于计算最终失效概率的样本数量；权重系数 α_j 满足 $\sum_{j=1}^{N_{\mathrm{M}}}\alpha_j=1$。根据 P_{f} 可进一步推导失效概率的变异系数为

$$\mathrm{COV}\approx\frac{\sqrt{\mathrm{var}(\tilde{P}_{\mathrm{f}})}}{\tilde{P}_{\mathrm{f}}} \tag{6.28}$$

其中，var 代表方差，其表达式为[23]

$$\begin{aligned}\mathrm{var}(\tilde{P}_{\mathrm{f}})&\approx\sum_{j=1}^{N_{\mathrm{M}}}\alpha_j^2\mathrm{var}\left(\frac{1}{N_{\mathrm{I}}}\sum_{k=1}^{N_{\mathrm{I}}}\left\{\frac{I\left[G(\boldsymbol{x}_j^k)<0\right]f_X(\boldsymbol{x}_j^k)}{h_X(\boldsymbol{x}_j^k)}\right\}\right)\\&=\sum_{j=1}^{N_{\mathrm{M}}}\frac{\alpha_j^2}{N_{\mathrm{I}}-1}\left(\frac{1}{N_{\mathrm{I}}}\sum_{k=1}^{N_{\mathrm{I}}}\left\{\frac{I\left[G(\boldsymbol{x}_j^k)<0\right]f_X(\boldsymbol{x}_j^k)}{h_X(\boldsymbol{x}_j^k)}\right\}^2-\left(\frac{1}{N_{\mathrm{I}}}\sum_{k=1}^{N_{\mathrm{I}}}\left\{\frac{I\left[G(\boldsymbol{x}_j^k)<0\right]f_X(\boldsymbol{x}_j^k)}{h_X(\boldsymbol{x}_j^k)}\right\}\right)^2\right)\end{aligned} \tag{6.29}$$

(8) 如果失效概率的变异系数大于阈值，扩充样本集 S_{C}，返回步骤(5)；否则输出最终的失效概率，结束程序。

6.4 基于混合蒙特卡罗-Kriging 的可靠性分析方法

在 KAIS 的基础上，本节介绍一种混合蒙特卡罗-Kriging 重要性抽样(hybrid Monte Carlo-Kriging-based IS, HMC-KIS)方法。该方法继承了 KAIS 的高效性，并在求解强非线性、低失效概率以及多 MPP 问题上具有更优越的性能。

6.4.1 混合蒙特卡罗方法

混合蒙特卡罗(hybrid Monte Carlo，HMC)方法[24]是一种基于 MCMC 的抽样方法，利用哈密顿动力学系统实现抽样过程的快速收敛。将系统的动力学行为考虑成位置变量 $\boldsymbol{z}=\{z_i\}$ 在连续时间域(t)上的演化过程，根据牛顿第二定律，质点运动的加速度与其受到的合外力成正比，由此可得出一个关于时间的二阶微分方程。可以通过引入中间动量变量 $\boldsymbol{v}$，将该二阶微分方程分解成两个互相耦合的一阶方程，这里的动量变量对应当前位置变量 $\boldsymbol{z}$ 的时间变化率，其定义式为

$$\boldsymbol{v}_i = \frac{\mathrm{d}z_i}{\mathrm{d}t} \tag{6.30}$$

不失一般性，可以将概率分布 $p(z)$ 由下式表达：

$$p(z) = \frac{1}{Z_p} p(z) = \frac{1}{Z_p} \exp[-E(z)] \tag{6.31}$$

其中，$E(z)$ 可以看作状态 z 处的势能。动态系统的加速度是动量的时间变化率，它本身也是势能的负梯度，即

$$\frac{\mathrm{d}\boldsymbol{v}_i}{\mathrm{d}t} = -\frac{\partial E(z)}{\partial z_i} \tag{6.32}$$

在哈密顿系统中，动能的表达式定义如下：

$$K(\boldsymbol{v}) = \frac{1}{2}\|\boldsymbol{v}\|^2 = \frac{1}{2}\sum_i v_i^2 \tag{6.33}$$

系统的总动能是势能与动能之和，即

$$H(z, \boldsymbol{v}) = E(z) + K(\boldsymbol{v}) \tag{6.34}$$

其中，$H(\cdot)$ 为哈密顿函数。

由式(6.30)～式(6.34)，可将动力学系统用哈密顿方程表示出来，其形式为

$$\frac{\mathrm{d}z_i}{\mathrm{d}t} = \frac{\partial H}{\partial \boldsymbol{v}_i} \tag{6.35}$$

$$\frac{\mathrm{d}\boldsymbol{v}_i}{\mathrm{d}t} = -\frac{\partial H}{\partial z_i} \tag{6.36}$$

由式(6.35)和式(6.36)可以看出，在系统动态变化中，哈密顿函数 $H(\cdot)$ 是常数，即哈密顿函数对时间的变化率为零，所以可得如下微分方程：

$$\frac{\mathrm{d}H}{\mathrm{d}t} = \sum_i \left\{ \frac{\partial H}{\partial z_i}\frac{\partial z_i}{\partial t} + \frac{\partial H}{\partial \boldsymbol{v}_i}\frac{\partial \boldsymbol{v}_i}{\partial t_i} \right\} = \sum_i \left\{ \frac{\partial H}{\partial z_i}\frac{\partial H}{\partial \boldsymbol{v}_i} - \frac{\partial H}{\partial \boldsymbol{v}_i}\frac{\partial H}{\partial z_i} \right\} = 0 \tag{6.37}$$

利用哈密顿函数可以将抽样目标联合概率分布函数写成如下形式：

$$p(z, \boldsymbol{v}) = \frac{1}{Z_H} \exp[-H(z, \boldsymbol{v})] \tag{6.38}$$

由于哈密顿体系的不变性以及哈密顿函数 $H(\cdot)$ 的守恒性，该系统下的 $p(z,\boldsymbol{v})$ 保持不变，但 z 和 $\boldsymbol{v}$ 是会发生改变的，并且通过在有限的时间间隔上对哈密顿动态系统积分变可让 z 以一种系统化的形式发生较大的变化，避免随机游走的行为。然而，哈密顿系统的变化对 $p(z,\boldsymbol{v})$ 不具有各态历经性，为了解决这一问题，可以引入一个格外的扰动来改变 $H(\cdot)$ 的值而保持概率分布 $p(z,\boldsymbol{v})$ 的不变

性。这里将 $\boldsymbol{v}$ 值替换为一个以 $\boldsymbol{z}$ 为条件的概率分布中抽取的样本。条件概率分布 $p(\boldsymbol{v}\,|\,\boldsymbol{z})$ 定义为高斯分布，因此可以很容易从中采样。

解决哈密顿方程的数值问题对于 HMC 方法而言十分重要。一般来说，求解过程会引入一定的误差。蛙跳离散化方法是减小求解误差的有效途径，该方法使用下式对位置和动量变量进行交替更新：

$$\hat{\boldsymbol{v}}_i\left(t+\frac{\varepsilon}{2}\right)=\hat{\boldsymbol{v}}_i(t)-\frac{\varepsilon}{2}\frac{\partial E}{\partial \boldsymbol{z}_i}\left[\hat{\boldsymbol{z}}(t)\right] \tag{6.39}$$

$$\hat{\boldsymbol{z}}_i(t+\varepsilon)=\hat{\boldsymbol{z}}_i(t)+\varepsilon\hat{\boldsymbol{v}}_i\left(t+\frac{\varepsilon}{2}\right) \tag{6.40}$$

$$\hat{\boldsymbol{v}}_i(t+\varepsilon)=\hat{\boldsymbol{v}}_i\left(t+\frac{\varepsilon}{2}\right)-\frac{\varepsilon}{2}\frac{\partial E}{\partial z_i}\left[\hat{\boldsymbol{z}}(t+\varepsilon)\right] \tag{6.41}$$

可以看到，蛙跳离散化方法对动量 $\hat{\boldsymbol{v}}$ 更新的方式为半步更新，即步长为 $\varepsilon/2$；然后对位置 $\hat{\boldsymbol{z}}$ 进行更新，步长为 ε；最后再对动量进行第二次半步更新。该哈密顿动态系统引入的数值误差会随步长减小而趋近于 0。相比于 Metropolis-Hastings 抽样方法，哈密顿动力学方法不仅利用了概率分布本身的信息，还利用了其梯度信息。因此在可以得到梯度信息的情况下，使用哈密顿动力学方法是很有优势的。在 HMC 中，如果 $(\boldsymbol{z},\boldsymbol{v})$ 是初始状态，$(\boldsymbol{z}^*,\boldsymbol{v}^*)$ 是蛙跳积分后的状态，那么候选状态接受概率为

$$\min\{1,\exp[H(\boldsymbol{z},\boldsymbol{v})-H(\boldsymbol{z}^*,\boldsymbol{v}^*)]\} \tag{6.42}$$

HMC 法中的蛙跳积分可以使状态变量在样本空间中移动较大的距离而达到新的状态，该状态与初始状态相互独立，并有较高的接受率。一般来说，蛙跳法需要进行多次迭代，就高斯分布而言，迭代次数是 $\sigma_{\max}/\sigma_{\min}$ 量级(σ 是目标抽样概率密度函数的标准差)。而对于 Metropolis-Hastings 算法而言，探索空间通过随机游走完成，达到近似独立状态所需要的步骤数为 $(\sigma_{\max}/\sigma_{\min})^2$ 量级，因此 HMC 抽样算法具有更快的收敛性以及更高的接受概率。

HMC 抽样的目标函数为最优重要性抽样密度函数 h_{opt}，将其定义式(6.9)代入式(6.31)中可得

$$E(\boldsymbol{z})=-\ln\left\{I\left[G(\boldsymbol{z})<0\right]\right\}-\ln\left[f(\boldsymbol{z})\right]+C \tag{6.43}$$

其中，C 为与 $\boldsymbol{z}$ 不相关的常数；$f(\boldsymbol{z})$ 为状态变量的概率密度函数。根据此结果，势能对状态变量 $\boldsymbol{z}$ 分量的偏导数为

$$\frac{\partial E}{\partial \boldsymbol{z}_i}=-f'(\boldsymbol{z}_i)/f(\boldsymbol{z}) \tag{6.44}$$

将式(6.43)、式(6.44)代入蛙跳更新步骤之后便可利用 HMC 对 h_{opt} 进行抽样。

6.4.2　混合高斯模型

为提高抽样效率，在 HMC-Kriging 方法中引入如下混合高斯模型：

$$p(\boldsymbol{z})=\sum_{k=1}^{K}\pi_k N(\boldsymbol{z}\mid\boldsymbol{\mu}_k,\boldsymbol{R}_k) \tag{6.45}$$

引入一个二值 K 维随机变量 $\boldsymbol{\gamma}$，对此变量采用“1-of-K”表示方法，即 $\gamma_k\in\{0,1\}$ 且 $\sum_{k=1}^{K}\gamma_k=1$，则 $\boldsymbol{\gamma}$ 的概率密度函数为

$$p(\boldsymbol{\gamma})=\prod_{k=1}^{K}\pi_k^{\gamma_k} \tag{6.46}$$

其中，参数 π_k 满足以下两个约束条件：

$$\begin{cases}0\leqslant\pi_k\leqslant 1\\ \sum_{k=1}^{K}\pi_k=1\end{cases} \tag{6.47}$$

定义 $\boldsymbol{z}$ 关于 $\boldsymbol{\gamma}$ 的条件分布概率密度函数 $p(\boldsymbol{z}\mid\boldsymbol{\gamma})$ 表达形式为

$$p(\boldsymbol{z}\mid\gamma_k=1)=N(\boldsymbol{z}\mid\boldsymbol{\mu}_k,\boldsymbol{R}_k) \tag{6.48}$$

亦可表示为

$$p(\boldsymbol{z}\mid\boldsymbol{\gamma})=\prod_{k=1}^{K}N(\boldsymbol{x}\mid\boldsymbol{\mu}_k,\boldsymbol{R}_k)^{\gamma_k} \tag{6.49}$$

$\boldsymbol{x}$，$\boldsymbol{z}$ 的联合概率分布为 $p(\boldsymbol{z},\boldsymbol{\gamma})=p(\boldsymbol{\gamma})p(\boldsymbol{z}\mid\boldsymbol{\gamma})$，从而可知，关于 $\boldsymbol{z}$ 的边缘概率分布即为混合高斯分布：

$$p(\boldsymbol{z})=\sum_{\boldsymbol{\gamma}}p(\boldsymbol{\gamma})p(\boldsymbol{z}\mid\boldsymbol{\gamma})=\sum_{k=1}^{K}\pi_k N(\boldsymbol{z}\mid\boldsymbol{\mu}_k,\boldsymbol{R}_k) \tag{6.50}$$

由贝叶斯定理可以给出 $\boldsymbol{\gamma}$ 的后验分布为

$$p(\gamma_k=1\mid\boldsymbol{z})=\frac{p(\gamma_k=1)p(\boldsymbol{z}\mid\gamma_k=1)}{\sum_{j=1}^{K}p(\gamma_j=1)p(\boldsymbol{z}\mid\gamma_j=1)}=\frac{\pi_k N(\boldsymbol{z}\mid\boldsymbol{\mu}_k,\boldsymbol{R}_k)}{\sum_{j=1}^{K}\pi_j N(\boldsymbol{z}\mid\boldsymbol{\mu}_j,\boldsymbol{R}_j)} \tag{6.51}$$

其中，π_k 可看作 γ_k 的先验分布。为了通过样本集估计混合高斯分布，首先需要得到 N 个样本的似然函数，根据式(6.50)可得对数似然函数为

$$L=\sum_{n=1}^{N}\ln\left[\sum_{k=1}^{K}\pi_k N(\boldsymbol{z}_n\mid\boldsymbol{\mu}_k,\boldsymbol{R}_k)\right] \tag{6.52}$$

为进行最大似然估计，需要得到对数似然函数的驻值条件。首先对于各分量均值 $\boldsymbol{\mu}_k$ 求偏导：

$$0=\sum_{n=1}^{N}\frac{\pi_k N(\boldsymbol{z}_n\mid\boldsymbol{\mu}_k,\boldsymbol{R}_k)}{\sum_j \pi_j N(\boldsymbol{z}_n\mid\boldsymbol{\mu}_j,\boldsymbol{R}_j)}\boldsymbol{R}_k^{-1}(\boldsymbol{z}_n-\boldsymbol{\mu}_k) \tag{6.53}$$

解之即得

$$\boldsymbol{\mu}_k=\frac{1}{N_k}\sum_{n=1}^{N}p(\gamma_k=1\mid\boldsymbol{z}_n)\boldsymbol{z}_n \tag{6.54}$$

其中，N_k 可以看作分配到聚类 k 的样本数量，表达式如下：

$$N_k=\sum_{n=1}^{N}p(\gamma_k=1\mid\boldsymbol{z}_n) \tag{6.55}$$

类似地，分别令对数似然函数对各分量的协方差矩阵 $\boldsymbol{R}_k$ 的导数为 0，可得

$$\boldsymbol{R}_k=\frac{1}{N_k}\sum_{n=1}^{N}p(\gamma_k=1\mid\boldsymbol{z}_n)(\boldsymbol{z}_n-\boldsymbol{\mu}_k)(\boldsymbol{z}_n-\boldsymbol{\mu}_k)^{\mathrm{T}} \tag{6.56}$$

对于参数 π_k 而言，最大化似然函数是一个有约束优化问题，因此需要引入如下拉格朗日函数：

$$\ln L+\lambda\left(\sum_{k=1}^{K}\pi_k-1\right) \tag{6.57}$$

推导其驻值条件可得

$$0=\sum_{n=1}^{N}\frac{N(\boldsymbol{z}_n\mid\boldsymbol{\mu}_k,\boldsymbol{R}_k)}{\sum\limits_{j}\pi_j N(\boldsymbol{z}_n\mid\boldsymbol{\mu}_j,\boldsymbol{R}_j)}+\lambda \tag{6.58}$$

将式(6.58)两边乘以 π_k 并利用式(6.47)对 k 求和可发现，$\lambda=-N$，所以可得参数 π_k 表达式为

$$\pi_k=\frac{N_k}{N} \tag{6.59}$$

值得注意的是，结果式(6.54)、式(6.56)和式(6.59)并非显式结果，因为 $\gamma(z_{n_k})$ 中包含所有待求参数。因此，通常使用期望最大化(expectation maximization, EM)算法进行迭代求解上述参数，具体流程如下所述。

(1) 初始化均值 $\boldsymbol{\mu}_k$、协方差 $\boldsymbol{R}_k$ 和混合系数 π_k。

(2) E 步骤，使用当前参数值计算 $p(\gamma_k=1|z_n)$：

$$p(\gamma_k=1|z_n)=\frac{\pi_k N(z_n|\boldsymbol{\mu}_k,\boldsymbol{R}_k)}{\sum_{j=1}^{K}\pi_j N(z_n|\boldsymbol{\mu}_j,\boldsymbol{R}_j)} \tag{6.60}$$

(3) M 步骤，使用当前 $p(\gamma_k=1|z_n)$ 重新更新参数：

$$\boldsymbol{\mu}_k^{\text{new}}=\frac{1}{N_k}\sum_{n=1}^{N}p(\gamma_k=1|z_n)\boldsymbol{x}_n \tag{6.61}$$

$$\boldsymbol{R}_k^{\text{new}}=\frac{1}{N_k}\sum_{n=1}^{N}p(\gamma_k=1|z_n)(\boldsymbol{x}_n-\boldsymbol{\mu}_k^{\text{new}})(\boldsymbol{x}_n-\boldsymbol{\mu}_k^{\text{new}})^{\text{T}} \tag{6.62}$$

$$\pi_k^{\text{new}}=\frac{N_k}{N} \tag{6.63}$$

其中，N_k 如式(6.55)所示。

(4) 检查其收敛性，若不满足收敛条件则返回步骤(2)。

6.4.3 混合蒙特卡罗-Kriging 抽样

目前，一种常见的确定重要性抽样密度函数的方法是核密度估计方法，该方法无须对样本分布进行预假定，对不同分布形式的样本有较好的适应性。然而，随着待拟合的样本点数量或维度的增加，其效率会急剧下降，而且该方法对无效样本点的敏感性较高。本小节介绍一种混合蒙特卡罗-Kriging(HMC-Kriging)方法，该方法结合了 HMC 和自适应 Kriging 代理模型的优势，不仅具有较好的样本适应性，而且有更好的收敛性和计算效率。HMC-Kriging 的具体步骤总结如下，其流程图如图 6.1 所示。

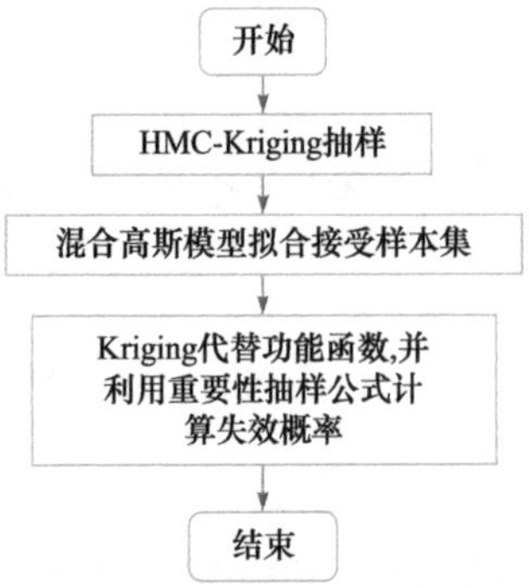

图 6.1　HMC-Kriging 方法总体流程图

(1) 利用 HMC-Kriging 抽样方法在最优重要性抽样密度函数 h_{opt} 上抽样，同时训练 Kriging 代理模型；

(2) 利用混合高斯模型拟合接受样本点的概率密度函数；

(3) 利用训练好的 Kriging 代理模型代替功能函数，并利用重要性抽样公式计算失效概率以及变异系数。

图 6.1 中，HMC-Kriging 抽样方法是最为核心的步骤，是 HMC 抽样和 Kriging 代理模型交互的过程，在 HMC 抽样的同时训练 Kriging 代理模型。HMC-Kriging 抽样方法大体分为三个阶段。

第一阶段为预处理阶段，对各种参数进行初始化，并进行初始样本以及功能函数的标准化。在预处理阶段，共有七项参数需要初始化，这对于算法而言是十分重要的，如下所述。

(1) 起始点 $\boldsymbol{x}_0$，要求 $G(\boldsymbol{x}_0)<0$。

(2) 功能函数的相关参数，如初始功能函数(坐标转换前)、坐标转换函数与逆转换函数、随机变量的分布信息等。

(3) 预抽样中 HMC 的步长，该步长根据功能函数的表达形式进行选择，对于单失效域问题，选择步长为 0.3～0.5 即可；对于多失效域问题，为扩大探索空间，步长可选择为 2.0。

(4) 迭代 HMC 步长，可取在 0.3～0.5。

(5) 预抽样个数，根据 Kriging 二次基函数模型所需的最小训练点适当选取，即 $p \geqslant 0.5\times(n+1)\times(n+2)$，其中 n 为样本空间维度。

(6) HMC 法中每个起始点抽样个数，即“接受样本+拒绝样本”，本书取 500。

(7) 最大迭代次数，即防止算法不收敛而设置的最大迭代次数，可根据功能函数的非线性程度以及样本空间的维度适当选择。

样本空间标准化也是 HMC-Kriging 抽样第一阶段中的重要步骤，若不进行抽样空间标准化，则对于数量级相差非常大的随机变量， HMC 蛙跳步骤会产生巨大的误差，使状态变量瞬间移动到无穷大或无穷小处，可能导致 HMC 抽样不收敛。不失一般性，对于任意连续可逆的联合概率分布函数 $F(\boldsymbol{m})$，对应的概率密度函数为 $f(\boldsymbol{m})$，有且仅有唯一的逆函数 $F^{-1}(\boldsymbol{t})$，对于任意连续可积函数 g 关于随机变量 $\boldsymbol{m}$ 的期望可表示为

$$E(g)=\int_{-\infty}^{+\infty} g(\boldsymbol{m})f(\boldsymbol{m})\mathrm{d}\boldsymbol{m} \tag{6.64}$$

为了将变量 $\boldsymbol{m}$ 标准空间化，首先映射到概率分布空间 $\boldsymbol{t}$，如下式所示：

$$\begin{aligned}E(g)&=\int_{-\infty}^{+\infty} g(\boldsymbol{m})\mathrm{d}F(\boldsymbol{m})\\&=\int_0^1 g\left[F^{-1}(\boldsymbol{t})\right]\mathrm{d}\boldsymbol{t}\end{aligned} \tag{6.65}$$

其次，将概率分布空间下的 $\boldsymbol{t}$ 映射到标准正态空间，令 $\boldsymbol{t}=\Phi(\boldsymbol{x})$，则

$$\begin{aligned}E(g)&=\int_0^1 g\{F^{-1}[\Phi(\boldsymbol{x})]\}\mathrm{d}\Phi(\boldsymbol{x})\\&=\int_{-\infty}^{+\infty} g\{F^{-1}[\Phi(\boldsymbol{x})]\}\phi(\boldsymbol{x})\mathrm{d}\boldsymbol{x}\\&=\int_{-\infty}^{+\infty} \hat{g}(\boldsymbol{x})\phi(\boldsymbol{x})\mathrm{d}\boldsymbol{x}\end{aligned} \tag{6.66}$$

其中，Φ 为标准正态分布函数；ϕ 为标准正态密度函数。从式(6.66)可以得到，随机变量 $\boldsymbol{m}$ 映射到标准空间下的变量 $\boldsymbol{x}$，实际上只需对功能函数进行改动，即

$$\begin{cases} g(\boldsymbol{x}) = g\left[N(\boldsymbol{x})\right] \\ N(\boldsymbol{x}) = F^{-1}\left[\Phi(\boldsymbol{x})\right] \end{cases} \tag{6.67}$$

这样就可以进行标准空间正态化，对于常用的分布，具体的 $N(\boldsymbol{x})$ 表示如下所述。

(1) 任意高斯分布：

$$N(\boldsymbol{x}) = \boldsymbol{R}^{-\frac{1}{2}}(\boldsymbol{x} - \boldsymbol{\mu}) \tag{6.68}$$

其中，$\boldsymbol{R}$ 为原分布 $\boldsymbol{m}$ 的协方差矩阵。

(2) 对数正态分布：

$$N(\boldsymbol{x}) = \boldsymbol{R}_{\ln}^{-\frac{1}{2}}\left[\ln(\boldsymbol{x}) - \boldsymbol{\mu}_{\ln}\right] \tag{6.69}$$

其中，$\boldsymbol{m}$ 原分布概率密度函数为

$$f(\boldsymbol{m}; \boldsymbol{\mu}_{\ln}, \boldsymbol{R}_{\ln}) = \frac{1}{(2\pi)^{D/2}\left|\boldsymbol{R}_{\ln}\right|^{1/2}} \exp\left[-\frac{1}{2}(\ln \boldsymbol{x} - \boldsymbol{\mu}_{\ln})^{\mathrm{T}} \boldsymbol{R}_{\ln}^{-1} (\ln \boldsymbol{x} - \boldsymbol{\mu}_{\ln})\right] \tag{6.70}$$

其中，$\boldsymbol{\mu}_{\ln}, \boldsymbol{R}_{\ln}$ 分别为对数均值和对数协方差矩阵。

(3) 均匀分布：

$$N(\boldsymbol{x}) = \Phi(\boldsymbol{x}) \tag{6.71}$$

第二阶段为 HMC 预抽样阶段，该阶段利用 HMC 算法抽取初始样本点，并用以初始化 Kriging 代理模型。与采用拉丁超立方法初始化 Kriging 代理模型的策略相比，HMC 有较大优势。对于多失效域问题，可以通过适当增加初始 HMC 步长以防止预抽样样本点局部收敛在单一失效域中。对于单一失效域或多失效域相连通的问题，可以选择较小的步长，在预抽样过程中，记录所有落在失效域的样本点，作为第三阶段的抽样中心，这样 HMC 可以在所有失效域内抽样。值得注意的是，为了使 HMC 能够全面地探索失效域空间，每次完整抽样后检查失效点是否小于 3 个，若小于，则再次抽取原初始样本点数量一半的样本点，直到总体失效点不小于 3 个为止。最后利用 HMC 抽样的样本点初始化 Kriging 代理模型。

第三阶段为 HMC 抽样与 Kriging 代理模型的交互阶段，在训练 Kriging 代理模型过程中抽取 h_{opt} 上的样本点。首先利用 Kriging 代理模型完全代替功能函数，进行 HMC 抽样。值得注意的是，HMC 抽样基于第一阶段预抽取的所有失效点作为初始点进行抽样，再将所有样本点组合起来作为完整的样本集合。之后引进 AK-MCS 和 AK-IS 法中的 U 学习函数判断最佳候选训练点，然后将此训练

点加入训练集当中更新 Kriging 代理模型，注意此流程中第三阶段是唯一调用功能函数的步骤。随后继续利用 HMC 法进行新一轮的抽样，如此循环往复，直到满足收敛条件为止。最后输出 Kriging 代理模型以及接受、拒绝样本点。接受、拒绝样本点即为最后一次循环下 HMC 法抽取的所有样本点的集合。HMC-Kriging 抽样的流程图如图 6.2 所示。

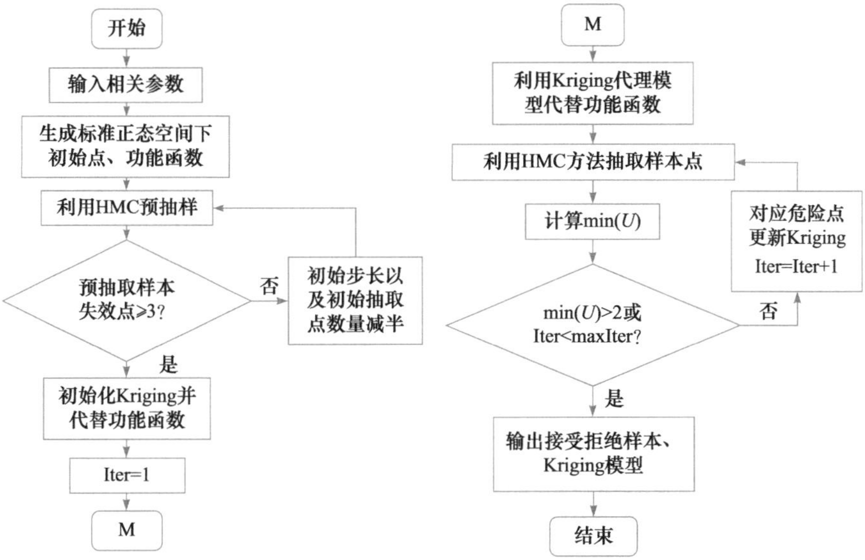

图 6.2 HMC-Kriging 抽样方法流程图

6.4.4 典型数值算例分析

这里将通过两个算例对 HMC-Kriging 算法的有效性进行验证，并以 10^6 次 MCS 的结果为基准与 HL-RF 法、AK-IS 以及 KAIS 法进行比较，深入分析 HMC-Kriging 方法的性能。

例 6-1 强非线性、多 MPP 问题

本例功能函数为

$$\begin{cases} g_1 = 2 - x_2 + \exp\left(-0.1x_2^2 + 0.2x_1^4\right) \\ g_2 = 4.5 - x_1 x_2 \\ G(\boldsymbol{x}) = \min(g_1, g_2) \end{cases} \tag{6.72}$$

其中，随机变量 x_1、x_2 相互独立且服从标准正态分布。此例功能函数呈现出强非线性特征，而且具有两个 MPP(分别为 $(0,3)$ 和 $(2.125,2.125)$)，求解难度较大。不同方法的可靠性分析结果如表 6.1 所示。

表 6.1　例 6-1 的不同方法可靠性分析结果

算法	调用次数	失效概率	变异系数	相对误差/%
MCS	5×10^7	3.477×10^{-3}	0.0024	参照标准
HL-RF	21	1.300×10^{-3}	—	62.6
HL-RF+AK-IS	18+2	1.700×10^{-3}	0.04	51.1
KAIS	100+65	1.745×10^{-3}	0.05	49.8
HMC-Kriging	15+50	3.431×10^{-3}	0.15	1.3

由于本例是双 MPP 问题，HL-RF 只能收敛到一个 MPP 上，因此有着较大误差，相对误差达到 62.6%。同样地，基于 HL-RF 法的 AK-IS 法虽然精度有所提升，但由于只能对其中一个失效域进行重要性抽样，因此失效概率近似为精确解的一半，相对误差率达 51.1%。这也说明了两个 MPP 分别对应于两片失效域，且与原点距离相同。KAIS 法类似于 AK-IS 法，同样有着接近 50%的相对误差，由此可见单纯的马尔可夫链蒙特卡罗法抽样无法对两片不连通的区域抽样。而 HMC-Kriging 方法求解的失效概率为 3.431×10^{-3}，误差率仅为 1.3%。由图 6.3 可以看出，HMC-Kriging 方法可以很好地捕捉标准空间下的多片失效域重要性区域，而且其接受样本主要集中在 h_{opt} 密度较大的区域。

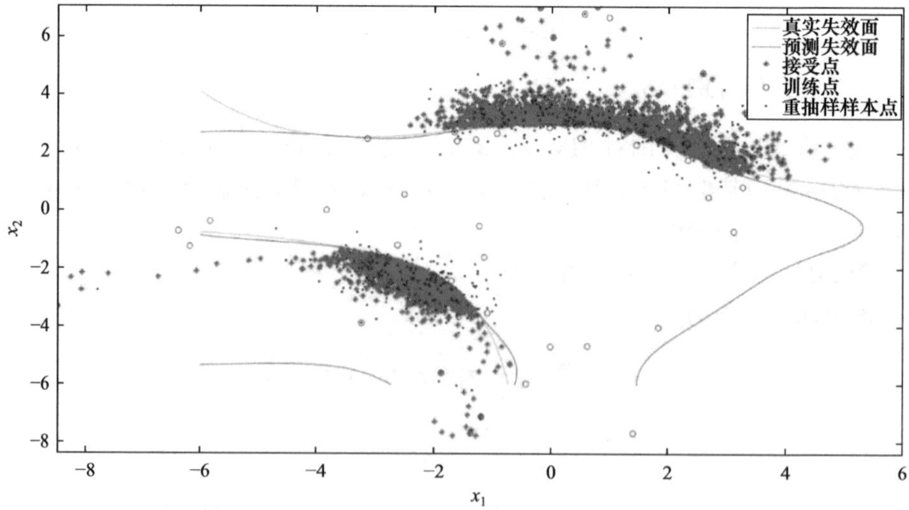

图 6.3　例 6-1 中 HMC-Kriging 方法最终样本分布情况

例 6-2　屋顶可靠性分析问题[25]

如图 6.4 所示，该屋顶结构顶绳与压杆材料为混凝土，而底绳与拉杆由钢构成，结构承受均匀分布的载荷 q 作用。在结构分析中，均匀分布载荷等效为三个节点载荷，其大小为 $P=ql/4$。本例以结构最大竖直位移作为功能函数，其表达式为

$$G=u_{\alpha}-\frac{ql^2}{2}\frac{3.81}{A_{\mathrm{c}}E_{\mathrm{c}}}+\frac{1.13}{A_{\mathrm{s}}E_{\mathrm{s}}} \tag{6.73}$$

其中，u_{α} 为最大允许位移，其值为 0.03m；E 和 A 分别表示杨氏模量以及横截面面积，下标 s 和 c 分别表示钢铁材料以及混凝土材料；所有随机变量都服从高斯分布，其具体参数如表 6.2 所示。

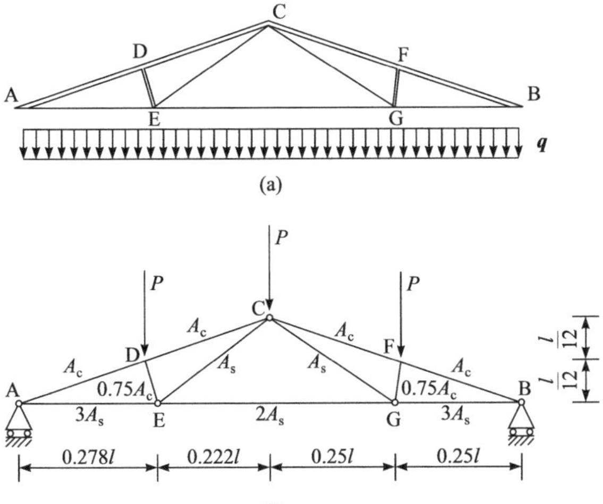

图 6.4　屋顶结构示意图

表 6.2　例 6-2 中随机变量分布参数

变量	均值	变异系数
q/(N/m)	20000	0.07
l/m	12	0.01
A_s/m^2	9.82×10^{-4}	0.06
A_c/m^2	0.04	0.12
E_s/(N/m^2)	1×10^{11}	0.06
E_c/(N/m^2)	2×10^{10}	0.06

本例属于多维可靠性分析问题，不同方法的计算结果如表 6.3 所示。可以看到，HL-RF 的失效概率为 7.5604×10^{-3}，相对误差最大为 19.1401%；基于 HL-RF 的 AK-IS 法精度有非常大的提高，误差为 0.9529%，计算量仅为 78 次；KAIS

法与基于 HL-RF 的 AK-IS 法精度接近，但功能函数调用激增至 215 次；HMC-Kriging 方法的失效概率计算结果为 9.3586×10^{-3}，相对误差与基于 HL-RF 的 AK-IS 法和 KAIS 相当，但功能函数调用仅为 62 次，综合性能最佳。

表 6.3　例 6-2 的不同方法可靠性分析结果

算法	调用次数	失效概率	变异系数	相对误差/%
MCS	10^7	9.3500×10^{-3}	0.3255	参照标准
HL-RF	40	7.5604×10^{-3}	—	19.1401
HL-RF+AK-IS	32+46	9.2609×10^{-3}	0.5395	0.9529
KAIS	100+115	9.3033×10^{-3}	0.05	0.4995
HMC-Kriging	32+30	9.3586×10^{-3}	0.8985	0.0909

6.5　基于混合蒙特卡罗-Kriging 的时变可靠性分析方法

6.5.1　基于极值方法的时变可靠性分析的基本理论

时变可靠性指的是结构在某一时间段内完成预定功能的能力，与之对应的概念是时变失效概率，其定义如下：

$$P_{\mathrm{ft}}=\mathrm{Prob}\{g[\boldsymbol{x},\boldsymbol{y}(t),t]<0,\exists t\in[t_0,t_1]\} \tag{6.74}$$

其中，$[t_0,t_1]$为服役期间；$\boldsymbol{x}$ 为静态随机变量；$\boldsymbol{y}(t)$为时变随机源。$\boldsymbol{y}(t)$的建模方式一般有两种：一种是当 $\boldsymbol{y}(t)$与时间具有显式关系时，可以将其看作静态随机变量与时间 t 的函数，例如结构参数的退化过程；另一种是将 $\boldsymbol{y}(t)$ 视为随机过程进行概率建模，例如结构承受的动载荷等。

时变可靠性分析方法有很多种，例如首次穿越率方法、极值方法等。其中，极值方法概念简洁、容易理解，被广泛应用于实际工程。极值方法是将目标时间域离散成若干时间节点，把时变可靠性分析问题转化成由各个时间节点构成的串联系统可靠性分析问题，因此，时变失效概率的表达式可以写成

$$P_{\mathrm{ft}}=\mathrm{Prob}\{g_{\min,t}\left[\boldsymbol{x},\boldsymbol{y}(t),t\right]<0,t\in[t_0,t_1]\} \tag{6.75}$$

这样，原始的时变问题被简化为一个非时变问题，常见的可靠性分析方法，例如抽样方法、代理模型方法，都可以方便地用于求解时变可靠性分析问题。

6.5.2　时变可靠性分析的蒙特卡罗方法

蒙特卡罗方法计算时变失效概率的公式如下：

$$P_{\mathrm{ft}}(t_0,t_e)=\sum_{i=1}^{N} I_t\left[\boldsymbol{x}^{(i)},\boldsymbol{y}^{(i)}(t)\right]/N \tag{6.76}$$

其中，$I_t\left[\boldsymbol{x}^{(i)},\ \boldsymbol{y}^{(i)}(t)\right]$是时变示性函数，对于给定的$\boldsymbol{X}=\boldsymbol{x}^{(i)}$，$\boldsymbol{Y}(\boldsymbol{t})=\boldsymbol{y}^{(i)}(\boldsymbol{t})$，有

$$I_t\left[\boldsymbol{x}^{(i)},\ \boldsymbol{y}^{(i)}(t)\right]=\begin{cases}1, & 若\ G\left[\boldsymbol{X},\boldsymbol{Y}(t),t\right]<0，\ \exists t\in[t_0,t_e]\\ 0, & 若\ G\left[\boldsymbol{X},\boldsymbol{Y}(t),t\right]>0，\ \forall t\in[t_0,t_e]\end{cases} \tag{6.77}$$

其中，$G\left[\boldsymbol{X},\boldsymbol{Y}(t),t\right]<0,\exists t\in[t_0,t_e]$可等效为$G_{\min}\left[\boldsymbol{X},\boldsymbol{Y}(t),t\right]<0,t\in[t_0,t_e]$。不难看出，求解非时变问题类似，蒙特卡罗法通过大量样本计算结构的时变失效概率，效率很低，难以直接应用于实际工程。其具体实现步骤如下：

(1) 选择合理的近似时间离散时刻，$t_1,t_2,\cdots,t_n$；

(2) 分别对静态随机变量$\boldsymbol{X}$以及时变随机变量抽样，这里选为高斯随机过程变量在离散时间点$t_1,t_2,\cdots,t_n$上进行抽样，抽样总数为n_{mcs}；

(3) 求得每一个样本序列在这些离散时刻对应功能函数的最小值，即$g_{\min,t}(\boldsymbol{x},\boldsymbol{y}_t,t)$；

(4) 记录这些最小值小于0的个数，记为$n_{\min}$；

(5) 计算最终的时变失效概率，其公式为

$$P_{\mathrm{ft}}=\frac{n_{\min}}{n_{\mathrm{mcs}}} \tag{6.78}$$

6.5.3 等效随机过程转换法

等效随机过程转换(equivalent stochastic process transformation，eSPT)法由Wang和Chen[26]提出，是一种基于Kriging代理模型的时变可靠性分析方法。该算法主要分为两部分。第一部分为静态可靠性代理模型拟合阶段，该阶段将随机过程$\boldsymbol{Y}(t)$转化成可描述其全部信息的静态随机变量$\boldsymbol{Y}_m$，然后建立一种主动学习的Kriging代理模型，进行可靠性分析。该算法的第二部分为用训练好的Kriging代理模型代替功能函数，并通过6.5.2节的时变蒙特卡罗法求解最终时变失效概率。

eSPT法第一部分的主要目的是在样本区间内充分训练Kriging代理模型，其主动学习策略函数为

$$\begin{cases}\varPsi(\boldsymbol{x}_{\mathrm{c}}^{(i)})=\left[1-\mathrm{Prob}_{\mathrm{c}}(\boldsymbol{x}_{\mathrm{c}}^{(i)})\right]\times f_x(\boldsymbol{x}_{\mathrm{c}}^{(i)})\times\sqrt{\hat{e}(\boldsymbol{x}_{\mathrm{c}}^{(i)})}\\ \boldsymbol{x}_{\mathrm{c}}^{(i)}=\underset{i}{\mathrm{argmax}}\ \varPsi(\boldsymbol{x}_{\mathrm{c}}^{(i)})\end{cases},\quad i=1,2,\cdots,n_{\mathrm{c}} \tag{6.79}$$

其中，$\boldsymbol{x}_{\mathrm{c}}^{(i)}$ 是第 i 个候选样本点；$\mathrm{Prob}_{\mathrm{c}}(*)$ 为 Kriging 分类正确率，其定义式如下：

$$\mathrm{Prob}_{\mathrm{c}}(\boldsymbol{x}_{\mathrm{c}}^{(i)})=\Phi\left(\frac{\left|g(\boldsymbol{x}_{\mathrm{c}}^{(i)})\right|}{\sqrt{\hat{e}(\boldsymbol{x}_{\mathrm{c}}^{(i)})}}\right) \tag{6.80}$$

式中，$\Phi(*)$ 为标准正态分布的联合分布函数；$g(\boldsymbol{x}_{\mathrm{c}}^{(i)})$ 、$\hat{e}(\boldsymbol{x}_{\mathrm{c}}^{(i)})$ 分别为 Kriging 代理模型在 $\boldsymbol{x}_{\mathrm{c}}^{(i)}$ 点处的均值和方差。主动学习的收敛条件为

$$\mathrm{CCL}=E(\mathrm{Prob}_{\mathrm{c}})=\frac{1}{N}\sum_{i=1}^{n_{\mathrm{c}}}\mathrm{Prob}_{\mathrm{c}}(\boldsymbol{x}_{\mathrm{c}}^{(i)})<0.999 \tag{6.81}$$

由式(6.79)可以看出，该算法选点准则偏向于选择错误率、概率密度、方差综合乘积高的候选样本点。式(6.81)的收敛准则相比于 $U_{\min}>2$ 的条件更加宽松，因此收敛较快，同时保持了求解精度的合理性。

对于静态随机变量 $\boldsymbol{Y}_m$ 的选择，eSPT 法使用随机过程 $\boldsymbol{Y}(t)$ 在几个均匀离散时间点处对应的边缘分布的平均值代表 $\boldsymbol{Y}(t)$ 所有抽样可能分布的信息。

综上，可以总结出 eSPT 法的总体流程：

(1) 利用高斯随机过程理论对 $\boldsymbol{Y}(t)$的概率分布进行建模；

(2) 利用基于 Kriging 的可靠性分析方法拟合出 $\boldsymbol{X},\boldsymbol{Y}_m,t$ 对应的失效面，这一步的思想与 AK-MCS 方法类似，但选点准则以及收敛准则有所改变，具体如式(6.79)、式(6.81)所示；

(3) 用拟合好的代理模型 $\hat{g}$ 代替真实时变功能函数，再运用时变可靠性分析的蒙特卡罗法计算时变失效概率。

eSPT 法通过极值方法将时变可靠性分析转化成非时变问题，借助代理模型进行蒙特卡罗模拟，有较高的计算效率与精度。6.5.4 节将在 eSPT 法基础上介绍一种计算效率更高的时变可靠性分析方法。

6.5.4　时变可靠性分析的混合蒙特卡罗-Kriging 算法

本小节在 eSPT 法基础上将 HMC-Kriging 方法扩展到时变可靠性分析中。这里不能简单地把 eSPT 法中的主动学习 Kriging 算法直接替代为 HMC-Kriging 抽样法，否则采用蒙特卡罗法求解失效概率时会产生很大的误差。HMC-Kriging 抽样法是基于重要性抽样建立的，而 eSPT 法在计算失效概率时是在整个随机变量空间取样，因此对远离“重要区域”的预测点无法准确地估计。为了解决以上问题，需要结合重要性抽样的思想，引入重要性抽样密度函数 h_{s} ，将式(6.76)变为

$$P_{\mathrm{ft}}=\int_{-\infty}^{+\infty}I\left\{g_{\min,t}(\boldsymbol{x},\boldsymbol{y}_t,t)<0,t\in[t_0,t_1]\right\}\frac{f_{\mathrm{s}}(\boldsymbol{x})}{h_{\mathrm{s}}(\boldsymbol{x})}h_{\mathrm{s}}(\boldsymbol{x})\mathrm{d}\boldsymbol{x} \tag{6.82}$$

其中，$f_s(\boldsymbol{x})$ 为随机变量 $\boldsymbol{X}$ 的联合概率密度函数。不难得出，式(6.82)的无偏估计为

$$P_{\mathrm{ft}} = \sum_{k=1}^{K} I\left\{ g_{\min,t}(\boldsymbol{x}_k, \boldsymbol{y}_{t,k}, t) < 0, t \in [t_0, t_1] \right\} \frac{f_s(\boldsymbol{x}_k)}{h_s(\boldsymbol{x}_k)} \tag{6.83}$$

其中，K 为重要性抽样总样本数。由于此式得到的样本点集中于“重要区域”，时变失效概率的精度可以得到保障。

综上，HMC-Kriging 时变可靠性分析方法流程如图 6.5 所示。

图 6.5 基于 HMC-Kriging 的时变可靠性分析方法流程图

6.5.5 典型数值算例分析

这里对两个平稳随机过程作用下的时变可靠性问题进行分析，验证 HMC-Kriging 方法在时变可靠性分析中的有效性。

例 6-3 非线性时变问题

本例的功能函数为[27]

$$G\left[\boldsymbol{X}, \boldsymbol{Y}(t), t\right] = 20 - x_1^2 x_2 + 5x_1\left[1 + y(t)\right]t - (x_2 + 1)t^2 \tag{6.84}$$

其中，参数 t 的有效区间为[0,1]；x_1 和 x_2 相互独立且均服从于均值为 3.5、标准差为 0.25 的正态分布；$y(t)$是均值为 0、标准差为 1 的高斯随机过程，其相关函数定义为

$$\rho(t_1, t_2) = \exp\left[-(t_2 - t_1)^2\right] \tag{6.85}$$

本例的可靠性分析结果如表 6.4 所示，可以看出，虽然 eSPT 方法的结果非

常精确，但是其计算量较大，功能函数调用次数达 104 次。HMC-Kriging 方法明显提高了计算效率，只需 26 次函数调用，仅为 eSPT 方法的 25%。从计算精度看，HMC-Kriging 方法的相对误差也仅为 3.39%，虽然略逊色于 eSPT 法，但足以满足实际工程需求。因此，HMC-Kriging 方法求解时变可靠性分析问题的综合性能更优。

表 6.4　例 6-3 不同方法的可靠性分析结果

方法	调用次数	时变失效概率	相对误差/%
MCS	10^5	0.3065	—
eSPT	12+92	0.3083	0.59
HMC-Kriging	16+10	0.2961	3.39

例 6-4　简支梁时变可靠性分析[28]

本例为受时变载荷和结构退化效应双重作用的简支梁时变可靠性分析问题，如图 6.6 所示，其功能函数表达式为

$$G\left[\boldsymbol{X},\boldsymbol{Y}(t),t\right]=\frac{1}{4}(a_0-2kt)(b_0-2kt)^2\sigma_u-\left[\frac{F(t)}{4}+\frac{qL^2}{8}+\frac{\rho_{\rm st}a_0b_0L^2}{8}\right] \tag{6.86}$$

其中，t 代表梁的服役时间，取值范围是[0, 5]年；材料密度 $\rho_{\rm st}=78.5\text{kN}/\text{m}^3$；$q$ 代表均布载荷；a_0 和 b_0 分别代表长和宽，两者随时间的退化率均为 $k=1\times10^{-4}\text{m}/年$；集中力 $F(t)$ 是一个平稳高斯过程，相关函数同式(6.85)。本例的随机源的统计参数如表 6.5 所示。

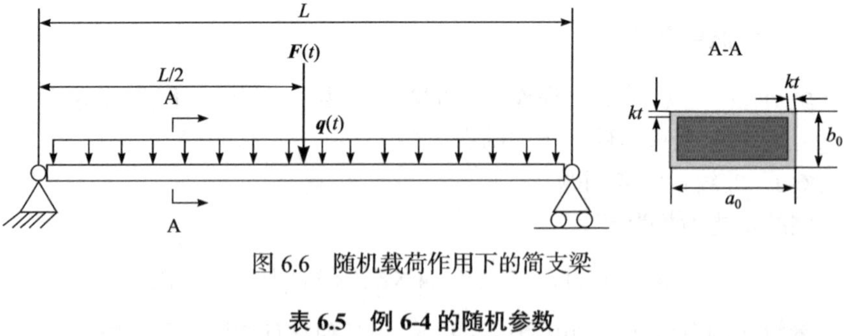

图 6.6　随机载荷作用下的简支梁

表 6.5　例 6-4 的随机参数

随机变量	分布类型	均值	标准差
a_0 / m	正态分布	0.2	0.01
b_0 / m	正态分布	0.04	4×10^{-3}
L / m	正态分布	5	0.08

续表

随机变量	分布类型	均值	标准差
σ_u / Pa	正态分布	1.5×10^{8}	2.4×10^{5}
q	正态分布	450	50
$F(t)$	高斯过程	3000	400

本例不同方法的可靠性分析结果如表 6.6 所示，从表 6.6 可知，eSPT 算法精度较高，相对误差仅为 1.08%，但是其计算量较大，需要调用 57 次功能函数。HMC-Kriging 法仅需要调用 38 次功能函数，计算误差为 2.03%，足以满足实际工程需求。

通过以上两个算例可以看出，HMC-Kriging 对于平稳随机过程作用下的时变可靠性分析问题具有非常高的效率和令人满意的精度。

表 6.6 例 6-4 不同方法的可靠性分析结果

方法	调用次数	时变失效概率	相对误差/%
MCS	10^{5}	2.1300×10^{-2}	—
eSPT	12+45	2.1070×10^{-2}	1.08
HMC-Kriging	12+26	2.0868×10^{-2}	2.03

6.6 基于主动学习 Kriging 与序列重要性抽样的随机-区间混合可靠性分析

对于随机变量和区间变量同时存在的混合可靠性分析问题，功能函数 $G(\boldsymbol{X},\boldsymbol{Y})$中的随机源包含两部分。其中，$\boldsymbol{X}$ 是随机变量，代表系统中由事物的随机本质导致的随机不确定性；$\boldsymbol{Y}$ 是区间变量，代表由对事物认知不清带来的区间不确定性。区间变量描述了人们对客观事物的一种初步认识，仅仅反映某变量的取值范围，而没有更多的概率或统计信息。所以，在考虑区间变量时，可以通过功能函数的上下界对其不确定性进行初步量化，即

$$G^{\max}(\boldsymbol{X})=\left\{\max_{\boldsymbol{Y}} G(\boldsymbol{X},\boldsymbol{Y})\middle|\ \boldsymbol{Y}\in D\right\} \tag{6.87}$$

$$G^{\min}(\boldsymbol{X})=\left\{\min_{\boldsymbol{Y}} G(\boldsymbol{X},\boldsymbol{Y})\middle|\ \boldsymbol{Y}\in D\right\} \tag{6.88}$$

其中，$D=[\boldsymbol{Y}^{\mathrm{L}}, \boldsymbol{Y}^{\mathrm{U}}]$表示区间变量的取值范围；$G^{\min}(\boldsymbol{X})$和 $G^{\max}(\boldsymbol{X})$分别表示区间变量影响下功能函数的最小值和最大值。图 6.7 给出了由 $G^{\min}(\boldsymbol{X})$和 $G^{\max}(\boldsymbol{X})$定义的安全域和失效域。由于随机变量的存在，$G^{\min}(\boldsymbol{X})$和 $G^{\max}(\boldsymbol{X})$依然是两个随机变量，因此可以进一步根据概率理论得到失效概率的上下边界，即

$$P_{\mathrm{f}}^{\max} = P\left\{\min_{\boldsymbol{Y}} G(\boldsymbol{X},\boldsymbol{Y}) < 0 \middle| \boldsymbol{Y} \in D\right\} \tag{6.89}$$

$$P_{\mathrm{f}}^{\min} = P\left\{\max_{\boldsymbol{Y}} G(\boldsymbol{X},\boldsymbol{Y}) < 0 \middle| \boldsymbol{Y} \in D\right\} \tag{6.90}$$

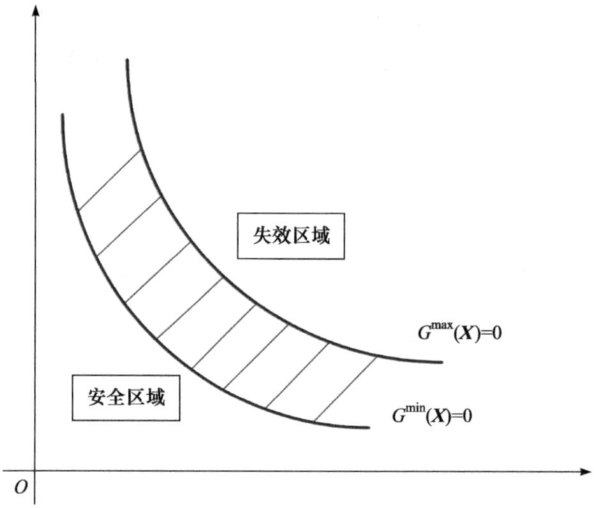

图 6.7　混合可靠性问题失效区域示意图

混合可靠性分析就是计算失效概率的上下边界，显然这是一个双层循环的过程，内层循环采用优化算法求解功能函数的极值响应，外层循环采用概率分析方法求解失效概率。李刚等[29]将序列重要性抽样方法与主动学习 Kriging 代理模型相结合，提出了一种高效的失效概率上下界计算方法，实现概率-区间混合可靠性分析。

序列重要性抽样方法通过序列的逐级采样，将初始样本逐渐转移到近似最优的重要密度函数附近。当与主动学习 Kriging 方法相结合时，Kriging 模型的近似精度需要满足以下两点需求：①保证分布序列可以无偏收敛到近似最优的重要密度函数附近；②确保最终的重要采样过程计算失效概率的准确性。因此，需要在序列重要性抽样方法的分布序列第一级和最后一级分别进行 Kriging 主动学习。第一个主动学习过程针对 SIS 分布序列的初始样本集，第一次提高 Kriging 模型的预测精度，以获得功能函数的整体近似。第二个主动学习过程针对 SIS 分布序列的最终重要样本集，第二次提升 Kriging 模型预测精度，保证最终失效概率计

算的准确性。图 6.8 为基于主动学习 Kriging 模型的序列重要性抽样方法流程图，具体步骤如下所述。

(1) 初始化 Kriging 代理模型：采用拉丁超立方抽样在变量空间产生少量初始设计样本，建立初始化的代理模型；随机变量采用均值附近 5 倍标准差作为采样范围，区间变量采样范围即为变量界限。

(2) 产生初始样本集：迭代步 j=1，为了计算失效概率的上下边界，SIS 方法中需要两个分布序列，它们初始分布相同(随机变量的初始概率分布)，可以采用相同的初始样本集 Ω_{MC}，对于随机变量，根据分布产生随机样本；对于区间变量，采用拉丁超立方抽样产生样本。

(3) 主动学习过程：使用 Kriging 模型预测初始样本集 Ω_{MC} 的预测值和预测方差，采用 U 准则识别需要更新的样本点，加入训练样本中，重新建立 Kriging 代理模型，重复上述过程直到样本集上的 U 值最小值满足 $\min(U)\geqslant 2$ 时停止更新。

(4) 构造 SIS 分布序列：需要对失效概率的上下边界分别构造 SIS 的分布序列。采用上述步骤给出的 Kriging 模型，依照式(6.20)～式(6.23)分别构造用于计算失效概率上下边界的分布序列，当两个分布序列收敛时，记录当前迭代步为 $j=M^{\mathrm{L}}$ 和 $j=M^{\mathrm{U}}$。

(5) 产生最终重要样本集：将第(4)步中 SIS 算法收敛时的重要样本作为最终的重要样本集，记为 $\boldsymbol{X}_i^{\mathrm{L}}(i=1,2,\cdots,N^{\mathrm{L}})$ 和 $\boldsymbol{X}_i^{\mathrm{U}}(i=1,2,\cdots,N^{\mathrm{U}})$，$N^{\mathrm{U}}$ 和 N^{L} 分别表示用于求解失效概率上下边界的样本数。通过以下公式给出对应的区间变量的 $\boldsymbol{Y}_i^{\mathrm{L}}$ 和 $\boldsymbol{Y}_i^{\mathrm{U}}$：

$$\boldsymbol{Y}_i^{\mathrm{U}}=\underset{Y^{\mathrm{L}}\leqslant \boldsymbol{Y}\leqslant Y^{\mathrm{U}}}{\operatorname{argmin}}\, G(\boldsymbol{X}_i^{\mathrm{U}},\boldsymbol{Y}) \tag{6.91}$$

$$\boldsymbol{Y}_i^{\mathrm{L}}=\underset{Y^{\mathrm{L}}\leqslant \boldsymbol{Y}\leqslant Y^{\mathrm{U}}}{\operatorname{argmin}}\, G(\boldsymbol{X}_i^{\mathrm{L}},\boldsymbol{Y}) \tag{6.92}$$

进而可以得到两组重要样本集 $(\boldsymbol{X}_i^{\mathrm{L}},\boldsymbol{Y}_i^{\mathrm{L}})$ 和 $(\boldsymbol{X}_i^{\mathrm{U}},\boldsymbol{Y}_i^{\mathrm{U}})$。将两组样本合并形成最终的重要样本候选集 Ω_{IS}。

(6) 主动学习过程：使用 Kriging 模型预测样本集 Ω_{IS} 的预测值和预测方差，采用 U 准则识别需要更新的样本点，加入训练样本中，重新建立 Kriging 代理模型，重复上述过程直到样本集上的 U 值最小值满足 $\min(U)\geqslant 2$ 时停止更新。

(7) 失效概率计算：根据式(6.24)和式(6.25)，采用 Kriging 模型预测失效概率的上下边界。

下面通过两个典型的数值算例说明本节方法与其他几种常用的混合可靠性分析方法之间的性能差异，包括 SIS、FORM-UUA[30]和 ALK-HRA[31]。对于每个算例，以 200×10^6 次 MCS 的结果作为参考解，其中根据随机变量概率分布产生

10^6 个样本，根据区间变量产生 200 个样本，参考解是独立运行 MCS 方法 10 次所得的平均值。

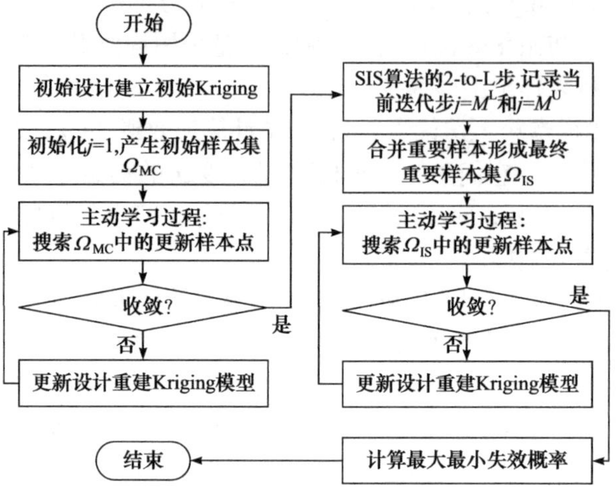

图 6.8　本节方法流程图

例 6-5　非线性数值算例

本例功能函数形式如下[29]：

$$G(\boldsymbol{X},Y)=\sin\left(\frac{5X_1}{2}\right)-\frac{\left(X_1^2+4\right)\left(X_2-1\right)}{20}+Y \tag{6.93}$$

其中，X_1 和 X_2 是相互独立的正态分布随机变量，$X_1\sim N(1.5,1)$，$X_2\sim N(2.5,1)$；Y 是区间变量，取值范围是[2,2.5]。本例中，本节方法初始样本集个数为 5000，每个中间分布取样个数为 2000。如图 6.9 所示，本例的功能函数在标准正态空间形状复杂，呈现强非线性和多峰特性，但本节方法可以准确定位失效面的两个重要区域。表 6.7 给出了本例的不同方法的计算结果，其中，相对误差(%)(U/L)表示失效概率结果与 MSC 方法参考解的相对误差，U 和 L 分别对应失效概率的上界和下界。FORM-UUA 分别采用了 441 次和 1114 次功能函数调用，总次数为 1555 次，失效概率结果误差很大，上界的相对误差达到了 274.25%。ALK-HRA 的计算量包括初始设计样本和主动学习增加的样本，共调用功能函数 51 次。本节方法的计算量包括初始设计样本与两次主动学习过程增加的样本，共调用功能函数 41 次。SIS、ALK-HRA 和本节方法的失效概率相对误差均较小，其中 SIS 方法结果最接近 MCS 参考解，但计算量很大。相比于 ALK-HRA，本节方法的计算精度更高，误差小于 1%，而且效率更高。

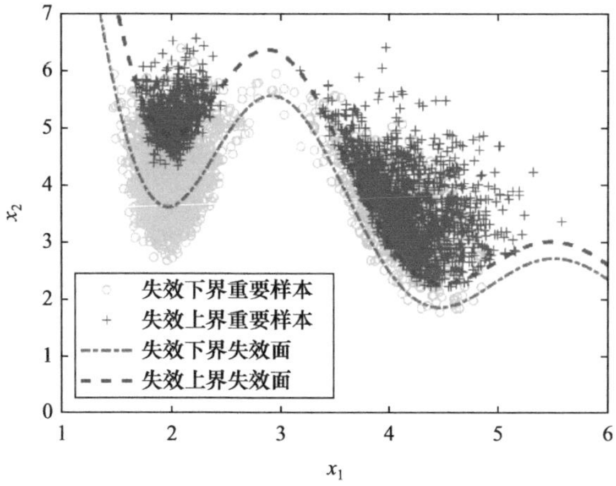

图 6.9 ALK-SIS 最后一级样本分布状况

表 6.7 例 6-5 采用不同方法的可靠性分析结果

方法	失效概率上界	失效概率下界	功能函数调用次数	相对误差/%(U/L)
MCS	0.03153	0.00604	2×10^8	—
SIS	0.03156	0.00603	2.6×10^6	0.10/0.17
FORM-UUA	0.11800	0.00810	441+1114	274.25/34.11
ALK-HRA	0.03117	0.00573	51	1.14/5.13
本节方法	0.03128	0.00598	12+23+6	0.79/0.99

例 6-6 系统可靠度评估问题

本例功能函数形式如下[29]：

$$
\begin{cases}
g_1 = Y - 1 - X_2 + \exp(-0.1X_1^2) + (0.2X_1)^4 \\
g_2 = Y^2 / 2 - X_1 X_2 \\
G(\boldsymbol{X}, Y) = \min(g_1, g_2)
\end{cases}
\tag{6.94}
$$

其中，X_1 和 X_2 是相互独立的标准正态随机变量；Y 是区间变量，取值范围是[2.5, 3.2]。标准正态空间中，本例的失效域具有多个设计点，而且失效域是断开的。FORM-UUA 无法求解多设计点问题。

在本例中，ALK-HRA 和本节方法的初始设计设置为 12。表 6.8 给出了本例采用不同方法的结果对比。尽管 SIS 精度很好，但函数调用次数太多；相比于 ALK-HRA 方法，本节方法在计算效率(功能函数调用次数 12+20+11=43)和计算精度(误差分别为 1.32%和 1.60%)方面都有优势，说明本节方法可有效解决多设计点和强非线性问题。

表 6.8　例 6-6 采用不同方法的可靠性分析结果

方法	失效概率上界	失效概率下界	功能函数调用次数	相对误差/%(U/L)
MCS	0.01517	0.001809	2×10^8	—
SIS	0.01528	0.001832	200×21000	0.73/1.27
ALK-HRA	0.01561	0.001752	12+65	2.90/3.15
本节方法	0.01537	0.001838	12+20+11	1.32/1.60

图 6.10 给出了标准正态空间中本节方法样本点逐渐向最优重要抽样函数收敛的过程，算法在 4 步迭代之后收敛到重要失效区域，准确捕捉到了最优和次优失效面，同时，重要样本的分布比例也表明了两个失效区域对于失效概率的贡献程度。

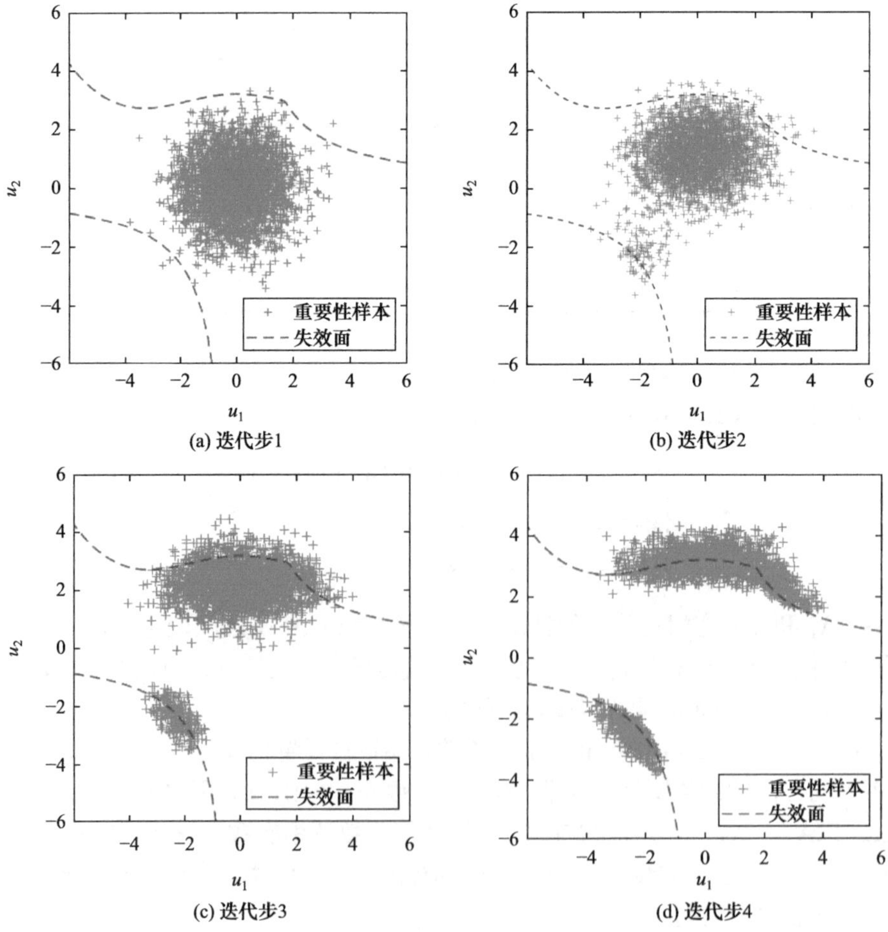

图 6.10　对应失效概率下界的本节方法的 SIS 样本收敛过程

6.7 工程应用——航空曲筋板结构屈曲承载能力可靠性分析

本节依然采用 2.6 节中的航空曲筋板结构可靠性分析问题来说明混合蒙特卡罗-Kriging 方法对于实际工程问题的适用性。此处的曲筋板结构与前文相同，但输入随机变量与极限状态函数形式略有不同，如式(6.95)所示。这里按照文献[32]中算例 6 的结构可靠性优化的参考解设置结构参数和输入变量的概率分布，详见表 6.9。

$$Y = R(X_1, X_2, X_3, X_4, X_5) - 35750 \tag{6.95}$$

其中，$R(X_1, X_2, X_3, X_4, X_5)$ 表示结构抗力，假设当 $Y<0$ 时结构失效。

表 6.9 航空曲筋板可靠性分析问题输入变量信息

随机变量	物理意义	分布类型	均值	标准差
X_1	杨氏模量	正态分布	72504MPa	2100MPa
X_2	泊松比	正态分布	0.33	0.0099
X_3	蒙皮厚度	正态分布	2.36mm	0.118mm
X_4	曲筋高度	正态分布	18mm	0.9mm
X_5	曲筋厚度	正态分布	1.5mm	0.075mm

采用混合蒙特卡罗-Kriging 方法进行可靠性分析的结果如表 6.10 所示。混合蒙特卡罗-Kriging 方法仅需要 22 次功能函数就可以准确计算出失效概率，相对误差仅为 6.67%。此外，混合蒙特卡罗-Kriging 方法的抽样方差在 10^{-8} 量级，说明计算结果是很稳定的。总的来说，对于实际工程而言，混合蒙特卡罗-Kriging 方法依然具有很高的精度、效率和稳定性。

表 6.10 混合蒙特卡罗-Kriging 方法可靠性分析结果

方法	失效概率	相对误差	抽样方差	功能函数调用次数
参考解	0.0030	—	—	—
混合蒙特卡罗-Kriging	0.0032	6.67%	2.13×10^{-8}	22

参 考 文 献

[1] Engelund S, Rackwitz R. A benchmark study on importance sampling techniques in structural

reliability[J]. Structural safety, 1993, 12(4): 255-276.

[2] Melchers R E. Importance sampling in structural systems[J]. Structural Safety, 1989, 6(1): 3-10.

[3] Schuëller G I. Efficient Monte Carlo simulation procedures in structural uncertainty and reliability analysis-recent advances[J]. Structural Engineering and Mechanics, 2009, 32(1): 1-20.

[4] Kurtz N, Song J. Cross-entropy-based adaptive importance sampling using Gaussian mixture[J]. Structural Safety, 2013, 42: 35-44.

[5] Wang Z, Song J. Cross-entropy-based adaptive importance sampling using von Mises-Fisher mixture for high dimensional reliability analysis[J]. Structural Safety, 2016, 59: 42-52.

[6] Yang D Y, Teng J G, Frangopol D M. Cross-entropy-based adaptive importance sampling for time-dependent reliability analysis of deteriorating structures[J]. Structural Safety, 2017, 66: 38-50.

[7] Geyer S, Papaioannou I, Straub D. Cross entropy-based importance sampling using Gaussian densities revisited[J]. Structural Safety, 2019, 76: 15-27.

[8] Papaioannou I, Geyer S, Straub D. Improved cross entropy-based importance sampling with a flexible mixture model[J]. Reliability Engineering & System Safety, 2019, 191: 106564.

[9] Uribe F, Papaioannou I, Marzouk Y M, et al. Cross-entropy-based importance sampling with failure-informed dimension reduction for rare event simulation[J]. SIAM/ASA Journal on Uncertainty Quantification, 2021, 9(2): 818-847.

[10] Papaioannou I, Papadimitriou C, Straub D. Sequential importance sampling for structural reliability analysis[J]. Structural Safety, 2016, 62: 66-75.

[11] Papaioannou I, Breitung K, Straub D. Reliability sensitivity estimation with sequential importance sampling[J]. Structural Safety, 2018, 75: 24-34.

[12] Beaurepaire P, Jensen H A, Schuëller G I, et al. Reliability-based optimization using bridge importance sampling[J]. Probabilistic Engineering Mechanics, 2013, 34: 48-57.

[13] 刘成立, 吕震宙. 扩展重要抽样法及其在平尾转轴可靠性分析中的应用[J]. 计算力学学报, 2005, 22(3): 349-354.

[14] 张峰, 吕震宙, 崔利杰. 基于β面截断重要抽样法可靠性灵敏度估计及其方差分析[J]. 工程数学学报, 2011, 28(2): 176-186.

[15] 史朝印, 吕震宙, 李璐祎, 等. 基于自适应 Kriging 代理模型的交叉熵重要抽样法[J]. 航空学报, 2020, 41(1): 174-185.

[16] Liu X X, Elishakoff I. A combined importance sampling and active learning Kriging reliability method for small failure probability with random and correlated interval variables[J]. Structural Safety, 2020, 82: 101875.

[17] 程耿东, 蔡文学. 结构可靠性计算的近似重要性抽样方法及其应用[J]. 工程力学, 1997, 14(2): 1-8.

[18] Botev Z I, L'Ecuyer P, Tuffin B. Markov chain importance sampling with applications to rare event probability estimation[J]. Statistics and Computing, 2013, 23(2): 271-285.

[19] 周昳鸣, 张君茹, 程耿东. 基于 Kriging 代理模型的两类全局优化算法比较[J]. 计算力学学报, 2015, 32(4): 451-456.

[20] Echard B, Gayton N, Lemaire M. AK-MCS: An active learning reliability method combining kriging and monte carlo simulation[J]. Structural Safety, 2011, 33(2): 145-154.

[21] Echard B, Gayton N, Lemaire M, et al. A combined Importance Sampling and Kriging reliability method for small failure probabilities with time-demanding numerical models[J]. Reliability Engineering and System Safety, 2013, 111: 232-240.

[22] Zhao H, Yue Z, Liu Y, et al. An efficient reliability method combining adaptive importance sampling and Kriging metamodel[J]. Applied Mathematical Modelling, 2015, 39(7): 1853-1866.

[23] Yuan X, Lu Z, Zhou C, et al. A novel adaptive importance sampling algorithm based on Markov chain and low-discrepancy sequence[J]. Aerospace Science and Technology, 2013, 29(1): 253-261.

[24] Bishop C M. Pattern Recognition and Machine Learning[M]//Information Science and Statistics. New York: Springer, 2006.

[25] Dai H Z, Zhang H, Wang W. A new maximum entropy-based importance sampling for reliability analysis[J]. Structural Safety, 2016, 63: 71-80.

[26] Wang Z, Chen W. Time-variant reliability assessment through equivalent stochastic process transformation[J]. Reliability Engineering & System Safety, 2016, 152: 166-175.

[27] Wang Z, Chen W. Confidence-based adaptive extreme response surface for time-variant reliability analysis under random excitation[J]. Structural Safety, 2017, 64: 76-86.

[28] Hu Z, Mahadevan S. A single-loop kriging surrogate modeling for time-dependent reliability analysis[J]. Journal of Mechanical Design, 2016, 138(6): 061406.

[29] 李刚, 姜龙，赵刚. 基于主动学习 Kriging 模型与序列重要抽样的随机-区间混合可靠性分析[J]. 计算力学学报, 2021, 38(4): 531-537.

[30] Du X. Unified uncertainty analysis by the first order reliability method[J]. Journal of Mechanical Design, 2008, 130(9): 091401.

[31] Yang X, Liu Y, Gao Y, et al. An active learning Kriging model for hybrid reliability analysis with both random and interval variables[J]. Struct. Multidiscip. Optim., 2015, 51(5): 1003-1016.

[32] He W, Yang H, Zhao G, et al. A quantile-based SORA method using maximum entropy method with fractional moments[J]. Journal of Mechanical Design, 2021, 143(4): 1-40.

第 7 章　可靠性分析的高维模型表征方法

7.1　引　　言

随着现代工程结构的日益精细化、复杂化、大型化，结构所涉及的不确定性因素不断增多，对复杂高维问题进行高效、准确的可靠性分析，成为当前工程领域的迫切需求。当前的可靠性分析方法在求解高维问题时，计算成本往往会随着维度的增加而急剧增长，这种现象称作“维度诅咒”。因此，如何降低模型的维度成为可靠性分析的关键。高维模型表征(high-dimensional model representation, HDMR)采用分而治之策略，将一个多维问题转化为若干低维问题，可以有效降低可靠性分析的计算成本。HDMR 的研究可以追溯到 1981 年，Efron 和 Stein[1]在用刀切法估计方差的研究中提出了方差分析(analysis of variance，ANOVA)分解的基本思想。由于该方法能够极大地提高不确定性分析的效率，在近二十多年中，很多学者对其理论和应用进行了深入的研究，并在其基础上发展出了许多不确定性分析方法。目前，两种主流的 HDMR 方法是方差分析 HDMR(ANOVA-HDMR, AHDMR)和参考点 HDMR。

AHDMR 于 20 世纪 90 年代末开始受到不确定性分析领域的关注，Rabitz 和 Aliş[2]将 ANOVA 分解引入化学工程，并将其方法命名为 AHDMR。随后，Sobol[3]在其研究中完整地阐述了 HDMR 的理论基础，推导了近似误差与 Sobol 全局灵敏度指标之间的解析表达，证明了 AHDMR 与参考点 HDMR 二者误差的关系。Li 等[4]针对输入随机变量服从均匀分布的问题分别用多项式、正交多项式和 B 样条基函数构造 AHDMR 中的成分函数，提出了一种随机抽样高维模型表征。该研究极大地提高了 AHDMR 的实用性，其思想也为之后基于 HDMR 的代理模型技术奠定了基础。

虽然 AHDMR 的数学理论完备，并对未知函数有很高的近似精度，但是其每个成分函数的表达式都需要求解归零条件，涉及复杂的积分计算。因为单次结构响应的计算都可能是很耗时的，所以，若逐一计算各个多维积分，在高维或多维问题中，其计算量一般是难以接受的。况且，力学问题的不确定性分析常涉及统计矩、失效概率的计算，这又要反复调用近似函数，更加大了计算成本。所以，相比而言，形式更为简单的参考点 HDMR 应用更为广泛，在可靠性分析领域，通常将其称为降维方法。

降维方法最初由 Rabitz 等[2,5]提出，又常被称作 cut-HDMR、anchored HDMR 等。与 AHDMR 不同，降维方法的成分函数不涉及积分计算，计算效率高于 AHDMR，非常适合于近似求解多维数值积分。因此，该方法提出后很快在土木、机械、航空航天等领域受到关注，主要应用于随机系统响应的统计矩计算。按照成分函数的截断维度可将降维方法进一步划分为单变量、双变量和广义降维方法。

Rahman 和 Xu[6]取一维成分函数近似原函数，结合基于矩的积分(moment based quadrature rule, MBQR)方法提出了一种新的统计矩计算方法，并命名为单变量降维方法(UDRM)。该方法由于效率非常高，很快受到了众多学者的关注，并在此基础上提出了很多基于统计矩的可靠性分析方法。张凯和李刚[7,8]提出了一种归一化的基于矩的积分(normalized moment based quadrature rule, NMBQR)方法，解决了传统基于矩的积分方法中数值奇异的问题，并将该方法与 UDRM 结合，计算了结构响应的前四阶统计矩，进而结合 Pearson 系统和最大熵原理开展结构可靠性分析。Zhang 和 Pandey[9]为了计算响应函数的分数阶统计矩，发展了乘积形式的 UDRM。在此基础上，张磊刚等[10]提出了一种基于失效概率的矩独立重要性测度的高效算法。虽然以输入变量均值作为参考点的 UDRM 在计算统计矩时有较高的精确性，但是在可靠性分析中，MPP 处的信息更加重要。所以，Wei 和 Rahman[11]进一步提出了基于 MPP 的 UDRM，并分别推导了当成分函数用一阶和二阶泰勒展开近似时的失效概率解析表达。

UDRM 对于输入变量的交叉项影响弱的响应函数有很高的精度，但是对于交叉项作用强的问题精度不足。为此，Xu 和 Rahman[12]提出了双变量降维方法(BDRM)。虽然 BDRM 在精度方面相对于 UDRM 有大幅度提升，但是需为此付出很大的计算成本，因为其计算统计矩的过程涉及一系列的二维积分，当问题的维度和非线性程度都比较高时，其计算量也是难以接受的。所以，目前该方法一般多用于低维问题中。为了处理更为复杂的问题，Xu 和 Rahman[12]进一步引入高阶成分函数，提出了广义降维方法，并通过泰勒级数证明了降维方法在积分意义下的收敛性。但是该方法在计算统计矩时涉及大量的多维积分，即使对于低维问题计算量也非常大。为了提高效率，Fan 等[13]在广义降维方法的基础上提出了自适应广义降维方法，该方法通过判断变量之间的耦合性来确定需要引入的高维成分函数，而其他耦合性弱的变量只引入对应的低维成分函数。虽然自适应广义降维方法的效率较原始方法有了很大的提高，但是随着输入变量维度和函数非线性程度的增加，其计算量仍然较大。总之，广义降维方法受计算效率的制约，实际应用较少。

HDMR 方法的分而治之策略巧妙缓解了高维函数带来的维度问题，给构建代理模型提供了一种非常高效的途径。Xu 和 Rahman[14]利用响应面模型拟合 HDMR 的一维成分函数，并预测结构的失效概率。因为只涉及一维函数的拟合，该方法效率非常高，在同一时期，Chowdhury 等[15-17]也对基于单变量 HDMR 的响应面方法开展了研究。随后，为了提高计算精度，Rahman 等[14,18]和 Chowdhury 等[16,19]分别在其研究中尝试用响应面方法建立双变量 HDMR 的代理模型，但是囿于计算成本，他们也只是将这种尝试停留在低维问题。最近，Rahman[20]利用正交多项式展开理论，在方差分析 HDMR 基础上提出了高精度的多项式维度分解代理模型方法。由于多项式维度分解方法具有很好的二阶收敛性[21]，便于推导 Sobol 灵敏度指标的解析表达[22]，因此能够很好地对随机系统进行敏感性分析，而且与传统多项式混沌展开方法相比，收敛效率更高[23]。为了解决含非独立输入随机变量的问题，Rahman[24]还提出了广义方差分析维度分解方法，并将其应用于全局灵敏度分析。与此同时，Ren 和 Rahman[25]还将该方法成功应用到了鲁棒性优化中。除此之外，Rahman 本人及其团队成员还对多项式维度分解方法在理论和应用方面进行了很多深入的研究，极大程度推动了该方法的发展。他们的相关研究也获得了其他学者的认同和关注。最近，越来越多基于多项式维度分解的不确定性分析方法被提出[26-29]。

综上所述，HDMR 方法通过化整为零、分而治之的思想，有效缓解了维度带来的问题，对于提升可靠性分析效率而言有重大意义，近年来应用越来越广。本章将对高维模型表征方法的基本理论进行系统阐述，并详细介绍几种最近提出的基于高维模型表征的可靠性分析方法。

7.2　高维模型表征的基本理论

高维模型表征(HDMR)是将一个多维函数表达成其一系列低维成分函数的和，进而实现模型维度的降阶，其表达形式如下：

$$y(\boldsymbol{x}) = y(x_1, x_2, \cdots, x_N) = \sum_{\boldsymbol{u} \subseteq \{1,2,\cdots,N\}} y_{\boldsymbol{u}}(\boldsymbol{x}_{\boldsymbol{u}}) \tag{7.1}$$

其中，$\boldsymbol{x}=[x_1,\ x_2,\ \cdots,\ x_N]$是 N 维输入变量，各个成分函数可以由如下归零条件唯一确定：

$$\int_{\mathbf{R}^1} y_{\boldsymbol{u}}(\boldsymbol{x}_{\boldsymbol{u}}) q_i(x_i) \mathrm{d}x_i = 0, \quad i \in \boldsymbol{u} \tag{7.2}$$

式中，$q_i(\cdot)$代表第 i 个权重函数。

本节将对两种最常用的 HDMR 方法进行介绍，即参考点 HDMR 和方差分析 HDMR。

7.2.1 参考点高维模型表征

当式(7.2)中的权函数为狄拉克函数时，即 $q(\boldsymbol{x})=\prod_{i=1}^{N}\delta(x_i-\mu_i)$，对应的函数近似格式称作参考点 HDMR，又常称作 cut-HDMR、anchored HDMR 等，其成分函数具体表达形式如下：

$$\begin{aligned}
&y_{\varnothing}=\int_{\mathbf{R}} y(\boldsymbol{x})\prod_{i=1}^{N}\delta(x_i-\mu_i)\mathrm{d}\boldsymbol{x}=y(\boldsymbol{\mu})\\
&y_1=\int_{\mathbf{R}^{N-1}} y(\boldsymbol{x})\prod_{i=2}^{N}\delta(x_i-\mu_i)\mathrm{d}x_2\mathrm{d}x_3\cdots\mathrm{d}x_N-y_{\varnothing}=y(x_1,\boldsymbol{\mu}_{-1})-y(\boldsymbol{\mu})\\
&\cdots\cdots\\
&y_{\boldsymbol{u}}(\boldsymbol{x}_{\boldsymbol{u}};\boldsymbol{\mu})=y(\boldsymbol{x}_{\boldsymbol{u}},\boldsymbol{\mu}_{-\boldsymbol{u}})-\sum_{\boldsymbol{v}\subset\boldsymbol{u}}y_{\boldsymbol{v}}(\boldsymbol{x}_{\boldsymbol{v}};\boldsymbol{\mu})
\end{aligned}\tag{7.3}$$

其中，$-\boldsymbol{u}=\{1,2,\cdots,N\}\backslash\boldsymbol{u}$。从而可以得到参考点 HDMR 的一般表达式：

$$y(\boldsymbol{x})=\sum_{\boldsymbol{u}\subseteq\{1,2,\cdots,N\}}y_{\boldsymbol{u}}(\boldsymbol{x}_{\boldsymbol{u}};\boldsymbol{\mu})\tag{7.4}$$

其中，$\boldsymbol{\mu}=[\mu_1,\mu_2,\cdots,\mu_N]$代表参考点向量。参考点的选择对截断后的近似精度有影响，对于 K 变量参考点高维模型表征方法，其参考点可以通过如下优化列式来确定[2]：

$$\boldsymbol{\mu}=\underset{\boldsymbol{\mu}}{\arg\min}\int_{\mathbf{R}^N}\left[y(\boldsymbol{x})-\sum_{\substack{\boldsymbol{u}\subseteq\{1,2,\cdots,N\}\\0\leqslant\|\boldsymbol{u}\|_0\leqslant K}}y_{\boldsymbol{u}}(\boldsymbol{x}_{\boldsymbol{u}};\boldsymbol{\mu})\right]\prod_{i=1}^{N}\delta(x_i-\mu_i)\mathrm{d}\boldsymbol{x}\tag{7.5}$$

但是为了方便起见，参考点通常取为输入随机变量的均值，所以后文中所指的参考点 HDMR 都是基于均值点的。

7.2.2 方差分析高维模型表征方法

将式(7.2)中的权重函数定义为输入变量的联合概率密度函数，便得到了 AHDMR，其成分函数及一般表达式如下：

$$\begin{aligned}
&y_{\varnothing}=\int_{\mathbf{R}^N} y(\boldsymbol{x})w(\boldsymbol{x})\mathrm{d}\boldsymbol{x}\\
&y_1=\int_{\mathbf{R}^{N-1}} y(\boldsymbol{x})w(x_2,x_3,\cdots,x_N)\mathrm{d}x_2\mathrm{d}x_3\cdots\mathrm{d}x_N-y_{\varnothing}\\
&\cdots\cdots\\
&y_{\boldsymbol{u}}(\boldsymbol{x}_{\boldsymbol{u}})=\int_{\mathbf{R}^{N-\|\boldsymbol{u}\|_0}} y(\boldsymbol{x}_{\boldsymbol{u}},\boldsymbol{x}_{-\boldsymbol{u}})w_{-\boldsymbol{u}}(\boldsymbol{x}_{-\boldsymbol{u}})\mathrm{d}\boldsymbol{x}_{-\boldsymbol{u}}-\sum_{\boldsymbol{v}\subset\boldsymbol{u}}y_{\boldsymbol{v}}(\boldsymbol{x}_{\boldsymbol{v}})\\
&y(\boldsymbol{x})=y_{\mathrm{AHDMR}}=\sum_{\boldsymbol{u}\subseteq\{1,2,\cdots,N\}}y_{\boldsymbol{u}}(\boldsymbol{x}_{\boldsymbol{u}})
\end{aligned}\tag{7.6}$$

其中，$w(\boldsymbol{x})$是输入变量的联合概率密度函数；$\|\cdot\|_0$ 代表 0 范数(向量中元素的个数)。

除了归零条件外，AHDMR 中的成分函数还有如下属性。

性质 1 各个成分函数均值为零，即

$$E\left[y_{\boldsymbol{u}}(\boldsymbol{x}_{\boldsymbol{u}})\right]=\int_{\mathbf{R}^{\|\boldsymbol{u}\|_0}} y(\boldsymbol{x}_{\boldsymbol{u}})w_{\boldsymbol{u}}(\boldsymbol{x}_{\boldsymbol{u}})\mathrm{d}\boldsymbol{x}_{\boldsymbol{u}}=0 \tag{7.7}$$

性质 2 不同的成分函数之间满足正交属性，即当 $\boldsymbol{u}, \boldsymbol{t} \in \{1,2,\cdots,N\}$，$\boldsymbol{u}, \boldsymbol{t} \neq \varnothing$，且 $\boldsymbol{u} \neq \boldsymbol{t}$ 时，由归零条件可以推导出如下关系：

$$E\left[y_{\boldsymbol{u}}(\boldsymbol{x}_{\boldsymbol{u}})y_{\boldsymbol{t}}(\boldsymbol{x}_{\boldsymbol{t}})\right]=\int_{\mathbf{R}^{\|\boldsymbol{u}\cup\boldsymbol{t}\|_0}} y_{\boldsymbol{u}}(\boldsymbol{x}_{\boldsymbol{u}})y_{\boldsymbol{t}}(\boldsymbol{x}_{\boldsymbol{t}})w_{\boldsymbol{u}\cup\boldsymbol{t}}(\boldsymbol{x}_{\boldsymbol{u}\cup\boldsymbol{t}})\mathrm{d}\boldsymbol{x}_{\boldsymbol{u}\cup\boldsymbol{t}}=0 \tag{7.8}$$

性质 3 AHDMR 的方差等于各个成分函数方差之和，即

$$\sigma_{\mathrm{AHDMR}}^2=E\left[(y_{\mathrm{AHDMR}}-y_{\varnothing})^2\right]=\sum_{\boldsymbol{u}}\sigma_{\boldsymbol{u}}^2 \tag{7.9}$$

其中，$\sigma_{\boldsymbol{u}}^2=E[(y_{\boldsymbol{u}}(\boldsymbol{x}_{\boldsymbol{u}}))^2]$。该性质可由性质 2 推导而来。

性质 4 当给定成分函数的最高维度时，AHDMR 是所有类型的 HDMR 中在均方意义下对原函数的最优近似。

证明[30] 假设当 $q(\boldsymbol{x})\neq w(\boldsymbol{x})$时的 HDMR 是 y_{others}，其均方误差(e_{others})与 AHDMR 的均方误差(e_{AHDMR})有如下关系：

$$\begin{aligned}
e_{\mathrm{others}}&=E\left[(y-y_{\mathrm{others}})^2\right]\\
&=E\left[(y-y_{\mathrm{AHDMR}}+y_{\mathrm{AHDMR}}-y_{\mathrm{others}})^2\right]\\
&=E\left[(y-y_{\mathrm{AHDMR}})^2\right]+E\left[(y_{\mathrm{AHDMR}}-y_{\mathrm{others}})^2\right]\\
&=e_{\mathrm{AHDMR}}+E\left[(y_{\mathrm{AHDMR}}-y_{\mathrm{others}})^2\right]\geqslant e_{\mathrm{AHDMR}}
\end{aligned} \tag{7.10}$$

证毕。

不难发现，式(7.6)对于以求和结构为主的函数而言，收敛速度和精确性是很高的，但对于以乘积结构为主的函数，收敛速度则较慢，截断后精度较差。为了解决这一问题，一些学者在 AHDMR 的基础上相继提出了因式分解 HDMR[31]、对数形式的 HDMR[32]与混合 HDMR 方法[33]。虽然 AHDMR 的数学理论已经很完备，并对未知函数有很高的近似精度，但是其每个成分函数的表达式都需要求解归零条件，涉及复杂的积分计算，因此，将 AHDMR 直接用于实际问题是很困难的。

7.3 基于参考点 HDMR 的可靠性分析方法

结构响应的统计矩是结构不确定性的一种表现形式，其定义如下：

$$E[Y^k]=\int_Y y^k f(y)\mathrm{d}y=\int\cdots\int_X\left[y(x_1,x_2,\cdots,x_N)\right]^k w(x_1,x_2,\cdots,x_N)\mathrm{d}x_1\mathrm{d}x_2\cdots\mathrm{d}x_N \tag{7.11}$$

其中，k 代表统计矩的阶数；$f(y)$是结构响应 Y 的概率密度函数；$w(x_1, x_2, \cdots, x_N)$是输入随机变量的联合概率密度函数。当输入变量相互独立时，式(7.11)可进一步记作

$$E(Y^k)=\int\cdots\int_X y^k(x_1,x_2,\cdots,x_N)w(x_1)w(x_2)\cdots w(x_N)\mathrm{d}x_1\mathrm{d}x_2\cdots\mathrm{d}x_N \tag{7.12}$$

其中，$w(x_j)$是输入变量 x_j 的边缘概率密度函数。

响应的统计矩不仅反映了结构的基本概率特征，而且可以用来拟合响应的概率密度函数，从而实现可靠性分析。所以，准确计算统计矩对可靠性分析而言是非常重要的。由式(7.12)可以看出，统计矩计算本质上是一个高维数值积分问题，在不同的应用背景下，可能会出现精度或效率方面的困难。为了解决计算精度与效率之间的矛盾，Rahman 和 Xu[6,12]基于参考点 HDMR 提出了计算统计矩的降维方法，实现了多维积分向若干低维积分的转化，解决了多维积分计算中的核心难题，在可靠性分析中有非常广泛的应用。目前，较为常见的两类降维方法是单变量降维和双变量降维方法。最近，He 等[34]针对输入随机变量之间存在相关性的问题，又提出了一种混合降维方法。下面将对这三种降维方法进行详细介绍。

7.3.1 单变量降维方法

令式(7.3)中$\|\boldsymbol{u}\|_0=1$，可以得到单变量降维方法的表达式：

$$y(\boldsymbol{x})\approx\sum_{j=1}^{N}y(x_j,\boldsymbol{\mu}_{-(j)})-(N-1)y(\boldsymbol{\mu}) \tag{7.13}$$

由于上式具有求和结构，因此其又称为求和形式单变量降维方法(summative UDRM, SUDRM)。为了计算分数阶统计矩，Zhang 和 Pandey[9]在 SUDRM 的基础上提出乘积形式单变量降维方法(multiplicative UDRM, MUDRM)，其实现流程如下所述。

(1) 将原函数 $y(\boldsymbol{x})$进行对数变换：

$$T(\boldsymbol{x})=\ln[y(\boldsymbol{x})] \tag{7.14}$$

(2) 对 $T(\boldsymbol{x})$按照式(7.13)展开：

$$T(\boldsymbol{x})\approx\sum_{j=1}^{N}T(x_j,\boldsymbol{\mu}_{-(j)})-(N-1)T(\boldsymbol{\mu}) \tag{7.15}$$

(3) 对式(7.15)进行指数变换：

$$y(\boldsymbol{x}) = \exp[T(\boldsymbol{x})] \cong \frac{\prod_{j=1}^{N} y(x_j, \boldsymbol{\mu}_{-(j)})}{[y(\boldsymbol{\mu})]^{N-1}} \tag{7.16}$$

为了方便说明，本书将 UDRM 作为 SUDRM 和 MUDRM 的统称。将式(7.13)和式(7.16)分别代入式(7.12)，便得到基于 UDRM 的统计矩计算公式：

$$\begin{aligned} E[Y^k] &\cong E\left\{\left[\sum_{j=1}^{N} \boldsymbol{Y}(\boldsymbol{\mu}_{-(j)}, x_j) - (N-1)\boldsymbol{Y}(\boldsymbol{\mu})\right]^k\right\} \\ &= \sum_{i=0}^{k} C_k^i E\left[\sum_{j=1}^{N} \boldsymbol{Y}(\boldsymbol{\mu}_{-(j)}, x_j)\right]^i \left[-(N-1)\boldsymbol{Y}(\boldsymbol{\mu})\right]^{k-i} \end{aligned} \tag{7.17}$$

$$E\left[Y^k\right] \cong \frac{\prod_{j=1}^{N} E\left\{\left[y(\boldsymbol{\mu}_{-(j)}, x_j)\right]^k\right\}}{\left[y(\boldsymbol{\mu})\right]^{k(N-1)}} = \frac{\prod_{j=1}^{N} \int_{X_j} \left[y(\boldsymbol{\mu}_{-(j)}, x_j)\right]^k w(x_j) \mathrm{d}x_j}{\left[y(\boldsymbol{\mu})\right]^{k(N-1)}} \tag{7.18}$$

可以看出，式(7.17)和式(7.18)将统计矩计算归结为各个单变量成分函数的一维积分问题，通常可以采用如下数值积分格式对其进行计算：

$$E\left[y^i(\boldsymbol{\mu}_{-(j)}, x_j)\right] = \int_X \left[y(\boldsymbol{\mu}_{-(j)}, x_j)\right]^i f_{X_j}(x_j) \mathrm{d}x_j \cong \sum_{l=1}^{n_j} \varpi_{j,l} \left[y(\boldsymbol{\mu}_{-(j)}, x_{j,l})\right]^i \tag{7.19}$$

其中，$x_{j,l}$ 代表第 j 个成分函数所需的第 l 个积分点；$\varpi_{j,l}$ 是相应的积分权重。所以 UDRM 的计算量为

$$n_{\mathrm{U}} = \sum_{j=1}^{N} n_j + 1 \tag{7.20}$$

其中，n_{U} 代表功能函数调用总次数；n_j 代表计算第 j 个成分函数的积分所需的功能函数调用次数。可以看出，UDRM 的效率非常高，但是该方法是将原函数通过各个单变量成分的和或积进行近似，所以，当变量之间耦合作用强时，计算精度可能会不足。

7.3.2　双变量降维方法

取式(7.3)中$\|\boldsymbol{u}\|_0 \leqslant 2$ 的成分函数便得到原函数的双变量降维近似：

$$y(\boldsymbol{x}) \cong \sum_{j_1<j_2}^{N} y(\boldsymbol{\mu}_{-(j_1,j_2)}, x_{j_1}, x_{j_2}) - (N-2)\sum_{j=1}^{N} y(\boldsymbol{\mu}_{-(j)}, x_j) + \frac{(N-1)(N-2)}{2} y(\boldsymbol{\mu}) \tag{7.21}$$

将式(7.21)代入式(7.12)可以近似计算原函数的统计矩。在此基础上，Xu[35]提出可以直接将 y^k 进行双变量近似，于是得到了更简洁的双变量降维方法(BDRM)的

统计矩计算格式：

$$\begin{aligned}E[Y^k]&=E\left[\sum_{j_1<j_2}^{N}y^k(\boldsymbol{\mu}_{-(j_1,j_2)},x_{j_1},x_{j_2})-(N-2)\sum_{j=1}^{N}y^k(\boldsymbol{\mu}_{-(j)},x_j)+\frac{(N-1)(N-2)}{2}y^k(\boldsymbol{\mu})\right]\\&=\sum_{j_1<j_2}^{N}\int_{X_{j_1}}\int_{X_{j_2}}y^k(\boldsymbol{\mu}_{-(j_1,j_2)},x_{j_1},x_{j_2})w(x_{j_1})w(x_{j_2})\mathrm{d}x_{j_1}\mathrm{d}x_{j_2}\\&\quad-(N-2)\sum_{j=1}^{N}\int_{X_j}y^k(\boldsymbol{\mu}_{-(j)},x_j)w(x_j)\mathrm{d}x_j+\frac{(N-1)(N-2)}{2}y^k(\boldsymbol{\mu})\end{aligned}\tag{7.22}$$

其中，单变量数值积分可以使用式(7.19)，双变量数值积分格式如下：

$$\begin{aligned}E\left[y^k(\boldsymbol{\mu}_{-(j_1,j_2)},x_{j_1},x_{j_2})\right]&=\int_{X_{j_1}}\int_{X_{j_2}}y^k(\boldsymbol{\mu}_{-(j_1,j_2)},x_{j_1},x_{j_2})w(x_{j_1})w(x_{j_2})\mathrm{d}x_{j_1}\mathrm{d}x_{j_2}\\&=\sum_{i_1=1}^{n_{j_1}}\sum_{i_2=1}^{n_{j_2}}\varpi_{j_1,i_1}\varpi_{j_2,i_2}y^k(\boldsymbol{\mu}_{-(j_1,j_2)},x_{j_1,i_1},x_{j_2,i_2})\end{aligned}\tag{7.23}$$

其中，x_{j_1,i_1} 代表第 j_1 个变量的第 i_1 个积分点；ϖ_{j_1,i_1} 是对应的积分权重；n_{j_1} 是变量 j_1 的积分点个数，下标为 2 的符号定义类似。所以 BDRM 的计算量为

$$n_{\mathrm{B}}=\sum_{j_1<j_2}^{N}n_{j_1}n_{j_2}+\sum_{j=1}^{N}n_j+1\tag{7.24}$$

对比式(7.20)和式(7.24)可以发现，随着问题复杂程度的增加，使用 BDRM 所需要的计算量将远大于 UDRM。

7.3.3 混合降维方法

值得注意的是，降维方法的重要前提是输入变量之间相互独立，然而，存在相关性的输入随机变量在实际工程中是非常普遍的。例如，复合材料板各方向的杨氏模量可能是相关的。又如，考虑到装配公差，机械系统的两个零件的尺寸可能是线性相关的。对于这一类问题，一般采用如下 Nataf 变换方法将存在相关性的输入随机变量映射至相互独立的变量空间，再采用降维方法对原函数进行近似。

第一步，原始空间到正态空间变换：

$$\begin{aligned}&\mathrm{T}_1:\boldsymbol{R}^2\to\boldsymbol{R}^2\\&\boldsymbol{X}\to\boldsymbol{\Psi}:\begin{bmatrix}x_i\\x_j\end{bmatrix}=\begin{bmatrix}M_i^{-1}\left[\Phi(\psi_i)\right]\\M_j^{-1}\left[\Phi(\psi_j)\right]\end{bmatrix}\end{aligned}\tag{7.25}$$

其中，$\Phi(\cdot)$是标准正态分布的累积分布函数；x_i 和 x_j 是相关系数为 ρ_{ij} 的随机变量；$M_i(\cdot)$和 $M_j(\cdot)$是对应的边缘累积分布函数。

第二步，正态空间到相互独立的标准正态空间变换：

$$\mathrm{T}_2:\boldsymbol{R}^2\to\boldsymbol{R}^2$$
$$\boldsymbol{\Psi}\to\boldsymbol{U}:\begin{bmatrix}\psi_i\\\psi_j\end{bmatrix}=\begin{bmatrix}1 & 0\\\rho_{ij}' & \sqrt{1-(\rho_{ij}')^2}\end{bmatrix}^{-1}\begin{bmatrix}u_i\\u_j\end{bmatrix}\tag{7.26}$$

其中，u_i 和 u_j 是相互独立的标准正态随机变量；ψ_i 和ψ_j 是相关系数为 ρ_{ij}' 的标准正态随机变量；ρ_{ij}' 与 ρ_{ij}之间满足如下关系：

$$\begin{aligned}\rho_{ij}&=E\left(\Xi_i\Xi_j\right)=\int_{-\infty}^{\infty}\int_{-\infty}^{\infty}\xi_i\xi_j w\left(x_i,x_j\right)\mathrm{d}x_i\mathrm{d}x_j\\&=\int_{-\infty}^{\infty}\int_{-\infty}^{\infty}\xi_i\xi_j\varphi_{ij}\left(\psi_i,\psi_j;\rho_{ij}'\right)\mathrm{d}\psi_i\mathrm{d}\psi_j\end{aligned}\tag{7.27}$$

这里，Ξ_i和 Ξ_j分别是 X_i和 X_j的标准化随机变量；φ_{ij}是二维正态概率密度函数。Lebrun 和 Dutfoy[36]已证明 Nataf 变换本质上属于一种高斯 Copula 方法。

在 Nataf 变换基础上，响应统计矩的计算公式可以写成如下形式：

$$\begin{aligned}E[Y^k]&=\int\left[y(x_1,x_2,\cdots,x_N)\right]^k w(x_1,x_2,\cdots,x_N)\mathrm{d}x_1\mathrm{d}x_2\cdots\mathrm{d}x_N\\&=\int\left[y(x_1,\cdots,u_i,\cdots,u_j,\cdots,x_N)\right]^k\\&\quad\times w(x_1)\cdots\varphi(u_i)\cdots\varphi(u_j)\cdots w(x_N)\mathrm{d}x_1\cdots\mathrm{d}u_i\cdots\mathrm{d}u_j\cdots\mathrm{d}x_N\end{aligned}\tag{7.28}$$

其中，$w(\cdot)$代表相互独立的输入随机变量的概率密度函数。可以看出，映射后的 u_i 和 u_j 之间存在强耦合性，因此在计算统计矩时，如果直接使用单变量降维方法，则可能会产生较大误差；若使用双变量或更多变量的降维方法，效率则会大大降低。

针对含相关随机变量问题的特点，He 等[34]提出一种混合降维方法，兼顾统计矩计算精度和效率。首先，观察 UDRM 和 BDRM 之间的关系，若把式(7.21)中的双变量成分进行单变量降维近似，可以得到

$$y(\boldsymbol{\mu}_{-(i,j)},x_i,x_j)=y(\boldsymbol{\mu}_{-(i)},x_i)+y(\boldsymbol{\mu}_{-(j)},x_j)-y(\boldsymbol{\mu})\tag{7.29}$$

将上式代回式(7.21)中，可以发现 BDRM 退化为 UDRM。

假设 x_{N-1} 和 x_N是相关随机变量，其余变量之间相互独立。保留式(7.21)中关于二者的双变量成分，将其余双变量成分都用单变量降维进行展开，可以得到如下表达式：

$$y(\boldsymbol{x}) \approx \sum_{i=1}^{N-2} y(\boldsymbol{\mu}_{-(i)}, x_i) + y(\boldsymbol{\mu}_{-(N-1,N)}, x_{N-1}, x_N) - (N-2)y(\boldsymbol{\mu}) \tag{7.30}$$

考虑更一般的情况，假设 x_{N-1} 和 x_N，x_{N-3} 和 x_{N-2}，…，$x_{N-(2q-1)}$和 $x_{N-(2q-2)}$ 分别为存在相关性的随机变量，其余为相互独立的随机变量。保留各组相关变量对应的双变量成分，将其余双变量成分都用单变量降维展开，则得到求和形式的混合降维方法的一般表达：

$$y(\boldsymbol{x}) \approx \sum_{i=1}^{N-2q} y(\boldsymbol{\mu}_{-(i)}, x_i) + \sum_{l=1}^{q} y(\boldsymbol{\mu}_{-[N-(2l-1),N-(2l-2)]}, x_{N-(2l-1)}, x_{N-(2l-2)}) - \left[N-(q+1) \right] y(\boldsymbol{\mu}) \tag{7.31}$$

其中，q 代表相关变量的对数。通过式(7.14)～式(7.16)可以推导出乘积形式混合降维方法：

$$y(\boldsymbol{x}) \approx \frac{\prod_{i=1}^{N-2q} y(\boldsymbol{\mu}_{-(i)}, x_i) \prod_{l=1}^{q} y(\boldsymbol{\mu}_{-\left[N-(2l-1),N-(2l-2) \right]}, x_{N-(2l-1)}, x_{N-(2l-2)})}{\left[y(\boldsymbol{\mu}) \right]^{N-(q+1)}} \tag{7.32}$$

将上式代入式(7.12)可以得到乘积形式混合降维方法计算统计矩的公式：

$$E\left[Y^k \right] = \frac{\prod_{i=1}^{N-2q} \int y^k(\boldsymbol{\mu}_{-(i)}, x_i) w(x_i) \mathrm{d}x_i}{\left\{ \left[y(\boldsymbol{\mu}) \right]^{N-(q+1)} \right\}^k} \prod_{l=1}^{q} \int y^k(\boldsymbol{\mu}_{-\left[N-(2l-1),N-(2l-2) \right]}, x_{N-(2l-1)}, x_{N-(2l-2)}) \times \varphi(u_{N-(2l-1)}) \varphi(u_{N-(2l-2)}) \mathrm{d}u_{N-(2l-1)} \mathrm{d}u_{N-(2l-2)} \tag{7.33}$$

采用与式(7.19)和式(7.23)类似的积分格式调用公式(7.33)中的一维与二维积分，因此，混合降维方法的计算量由如下公式计算：

$$n_{\mathrm{H}} = \sum_{i=1}^{q} m_i^2 + \sum_{j=1}^{N-2q} m_j + 1 \tag{7.34}$$

其中，n_{H} 是混合降维方法所需的功能函数调用次数；m_i 是计算各二维积分所需的积分点数；m_j 是计算各一维积分所需的积分点数。

7.3.1～7.3.3 节介绍了三种计算统计矩的降维方法，将其与矩方法结合便可拟合响应函数的概率分布，从而进行可靠性分析。本书以整数阶矩最大熵方法为例，给出基于三种降维方法的可靠性分析流程，如图 7.1 所示，并将在 7.3.5 节详细分析三种降维方法在可靠性分析中的性能。在此之前，为了理论的完备性，先介绍一种实用的数值积分方法，用于计算降维方法中涉及的数值积分。

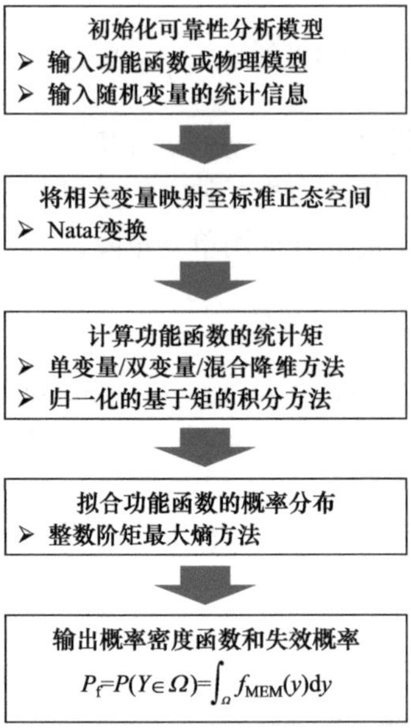
初始化可靠性分析模型
➢ 输入功能函数或物理模型
➢ 输入随机变量的统计信息
将相关变量映射至标准正态空间
➢ Nataf变换
计算功能函数的统计矩
➢ 单变量/双变量/混合降维方法
➢ 归一化的基于矩的积分方法
拟合功能函数的概率分布
➢ 整数阶矩最大熵方法
输出概率密度函数和失效概率
$P_f=P(Y\in\Omega)=\int_\Omega f_{MEM}(y)dy$

图 7.1　基于降维方法的整数阶矩最大熵方法流程图

7.3.4　归一化的基于矩的积分方法

7.3.1～7.3.3 节中的三种降维方法均涉及求解数值积分，高斯积分方法是最常用的一种数值积分方法，但只适用于特定的概率分布。表 7.1 中给出了当输入变量服从几种常见概率分布时，一维问题统计矩计算的高斯数值积分格式。这里介绍一种归一化的基于矩的积分(NMBQR)方法[7]，适用于输入随机变量服从任意分布的情形，而且具有很好的精度和数值稳定性。

表 7.1　几种常见的高斯数值积分格式

分布类型	定义域	高斯积分类型	数值积分格式
均匀分布	$[a, b]$	高斯-勒让德积分	$\sum_{i=1}^{n}\varpi_i\left[\frac{1}{2}y\left(\frac{b-a}{2}u_i+\frac{a+b}{2}\right)\right]^k$
正态分布	$(-\infty, +\infty)$	高斯-厄米积分	$\sum_{i=1}^{n}\varpi_i y^k\left(\sigma u_i+\mu\right)$
对数正态分布	$(0, +\infty)$	高斯-厄米积分	$\sum_{i=1}^{n}\varpi_i y^k\left[\exp(\sigma u_i+\mu)\right]$
指数分布	$(0, +\infty)$	高斯-拉盖尔积分	$\sum_{i=1}^{n}\varpi_i y^k\left(\frac{u_i}{\lambda}\right)$
韦布尔分布	$(0, +\infty)$	高斯-拉盖尔积分	$\sum_{i=1}^{n}\varpi_i y^k\left(\alpha u_i^{1/\beta}\right)$

传统的基于矩的积分方法经常出现数值不稳定的现象，这是由构造积分点所需的线性方程组的病态导致的。该线性方程组的系数矩阵由随机变量的原点矩组成，随着积分点的增加，或者在给定的输入随机变量的均值很大、变异系数很小的时候，该矩阵元素间量级差距会非常大，因此矩阵的条件数会变得非常病态，导致线性方程组的求解过程出现数值问题。为解决这一问题，张凯和李刚[7, 8]采用归一化的统计矩(中心矩)代替原线性方程组系数矩阵中的原点矩，来达到降低条件数的目的，并将这种方法命名为归一化的基于矩的积分(NMBQR)方法。首先，为得出 NMBQR 中随机变量 $\boldsymbol{X}_j$ 方向上的 n 个积分点 $x_{j,i}, i=1,2,\cdots,n$，建立如下方程：

$$P(u_j)=\prod_{i=1}^{n}\left[\left(\frac{x_j-\mu_j}{\sigma_j}\right)-\left(\frac{x_{j,i}-\mu_j}{\sigma_j}\right)\right]f_{\boldsymbol{X}_j}(x_j)=\prod_{i=1}^{n}(u_j-u_{j,i})f_{\boldsymbol{X}_j}(x_j) \tag{7.35}$$

其中，μ_j、σ_j 和 $f_{\boldsymbol{X}_j}(x_j)$ 分别是随机变量 $\boldsymbol{X}_j$ 的均值、标准差和概率密度函数。此外，$P(u_j)$ 还满足

$$\int_{-\infty}^{\infty}P(u_j)(u_j)^i\mathrm{d}x_j=0,\quad i=0,1,\cdots,n-1 \tag{7.36}$$

以及

$$r'_{j,k}=\sum_{i_1=1}^{n}\sum_{i_2=1,\neq i_1}^{n}\cdots\sum_{i_k=1,\neq i_1,i_2,\cdots,i_{k-1}}^{n}u_{j,i_1}u_{j,i_2}\cdots u_{j,i_k},\quad k=1,2,\cdots,n \tag{7.37}$$

那么，由式(7.36)可以得到如下线性方程组：

$$\begin{bmatrix}\mu'_{j,n-1} & -\mu'_{j,n-2} & \mu'_{j,n-3} & \cdots & (-1)^{n-1}\mu'_{j,0}\\ \mu'_{j,n} & -\mu'_{j,n-1} & \mu'_{j,n-2} & \cdots & (-1)^{n-1}\mu'_{j,1}\\ \mu'_{j,n+1} & -\mu'_{j,n} & \mu'_{j,n-1} & \cdots & (-1)^{n-1}\mu'_{j,2}\\ \vdots & \vdots & \vdots & & \vdots\\ \mu'_{j,2n-2} & -\mu'_{j,2n-3} & \mu'_{j,2n-4} & \cdots & (-1)^{n-1}\mu'_{j,n-1}\end{bmatrix}\begin{bmatrix}r'_{j,1}\\ r'_{j,2}\\ r'_{j,3}\\ \vdots\\ r'_{j,n}\end{bmatrix}=\begin{bmatrix}\mu'_{j,n}\\ \mu'_{j,n+1}\\ \mu'_{j,n+2}\\ \vdots\\ \mu'_{j,2n-1}\end{bmatrix} \tag{7.38}$$

其中，该线性方程组的系数矩阵由如下中心矩组成：

$$\mu'_{j,i}=\int_{-\infty}^{\infty}\left(\frac{x_j-\mu_j}{\sigma_j}\right)^i f_{\boldsymbol{X}_j}(x_j)\mathrm{d}x_j=\int_{-\infty}^{\infty}u_j^i f_{\boldsymbol{X}_j}(x_j)\mathrm{d}x_j,\quad i=1,2,\cdots,n \tag{7.39}$$

通过求解式(7.38)得到 $r'_{j,i}$，并由此定义如下方程：

$$u_j^n-r'_{j,1}u_j^{n-1}+r'_{j,2}u_j^{n-2}-\cdots+(-1)^n r'_{j,n}=0 \tag{7.40}$$

求解该多项式方程即可得到点 $u_{j,i}, i=1,2,\cdots,n$ ，然后通过 $u_j = \dfrac{x_j - \mu_j}{\sigma_j}$ 的线性变换，可以得到 NMBQR 的积分点 $x_{j,i}, i=1,2,\cdots,n$ 。最后，根据已经得到的 $u_{j,i}, i=1,2,\cdots,n$ ，计算相应的权值点 $\varpi_{j,i}$ ，其表达式如下：

$$\varpi_{j,i} = \frac{\int_{-\infty}^{\infty} \prod_{k=1,k\neq i}^{n} (u_j - u_{j,k}) f_{X_j}(x_j) \mathrm{d}x_j}{\prod_{k=1,k\neq i}^{n} (u_{j,i} - u_{j,k})} = \frac{\sum_{k=0}^{n-1} (-1)^k \mu_{j,n-k-1} q_{j,ik}}{\prod_{k=1,k\neq i}^{n} (u_{j,i} - u_{j,k})} \tag{7.41}$$

$$q_{j,i0} = 1, \quad q_{j,ik} = r_{j,k} - u_{j,i} q_{j,ik-1}$$

归一化的基于矩的积分方法显著提高了原算法的数值稳定性，对于数值积分而言具有重要意义。下面通过一个数值算例来说明 NMBQR 相对于 MBQR 的巨大优势。

例 7-1[8]　简支梁受力分析问题

如式(7.42)和式(7.43)所示，该功能函数含 8 个随机变量，其概率分布参数见表 7.2。

$$Y = \sigma_{\max} - S \tag{7.42}$$

其中，

$$\sigma_{\max} = \frac{Pa(L-a)d}{2LI}, \quad I = \frac{b_{\mathrm{f}} d^3 - (b_{\mathrm{f}} - t_{\mathrm{w}})(d - 2t_{\mathrm{f}})^3}{12} \tag{7.43}$$

表 7.2　输入变量的统计特性

随机变量	类型	均值	标准差
P	正态分布	6070	200
L	正态分布	120	6
a	正态分布	72	6
S	正态分布	170000	4760
d	正态分布	2.3	1/24
b_{f}	正态分布	2.3	1/24
t_{w}	正态分布	0.16	1/48
t_{f}	正态分布	0.26	1/48

我们分别讨论积分点个数为 3、4 和 5 三种情况，分别计算两种方法中每个随机变量对应的线性方程组中系数矩阵的条件数，结果如图 7.2 所示，其中横坐

标代表 8 个输入随机变量，纵坐标代表对应的矩阵条件数。可以看出，不论是对于 MBQR 还是 NMBQR，其条件数都是随着积分点的增加而增加。但是 NMBQR 增加的幅度是极小且平缓的，可以控制在合理的范围内，并不会造成数值问题，而 MBQR 则是跨数量级的增加。例如，对于变量 P，3 个积分点时条件数为 10^{20} 左右，而 4 个积分点时则增加到 10^{25} 左右。另外，在相同积分点的情况下，MBQR 的条件数远大于 NMBQR。由此可见，NMBQR 的性能要远好于 MBQR。

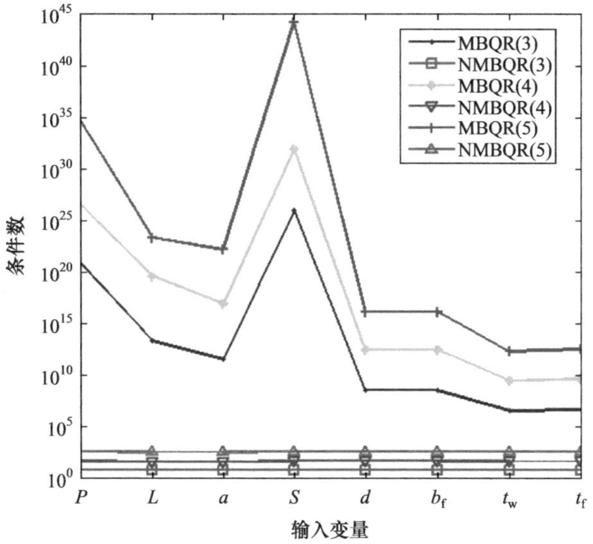

图 7.2 输入随机变量的条件数

7.3.5 典型数值算例分析

这里通过两个数值算例深入分析单变量、双变量和混合降维方法在统计矩计算和可靠性分析中的性能差异。

例 7-2[34] 框架结构可靠性分析

如图 7.3 所示，本例分析一个框架结构在随机载荷作用下的可靠性，其功能函数如下：

$$Y_2 = (X_1 + 2X_2 + 2X_3 + X_4) / (5X_5 + 5X_6) \tag{7.44}$$

其中，$X_1 \sim X_4$ 代表结构的塑性铰抗力，独立同分布于均值为 120、标准差为 12 的对数正态分布；外载荷 X_5 和 X_6 是存在相关性的随机变量，其边缘概率分布分别是均值为 50、标准差为 15 和均值为 40、标准差为 12 的对数正态分布。结构的失效域定义为 $Y_2<1$。

(1) 统计矩分析。

不同方法结果的对比如表 7.3～表 7.6 所示，单变量降维方法的精度远低于另外两种方法，尤其是对于偏度和峰度系数的估计。例如，混合降维方法计算的偏度和峰度系数的最大误差分别为 4.25%($\rho_{56}=-0.9$)和 1.79%($\rho_{56}=0.9$)，而单变量降维方法的最大误差分别为 162.43%($\rho_{56}=-0.5$)和 18.84%($\rho_{56}=0.5$)。这是因为式(7.44)的两个相关变量在分母中，经 Nataf 变换后，对应的两正态随机变量呈现强耦合性，导致单变量降维方法产生很大误差。进一步比较混合降维方法和双变量降维方法，发现两者计算精度接近，但后者计算量接近前者的十倍。综上，混合降维方法对于输入随机变量之间存在相关性的问题综合性能更优。

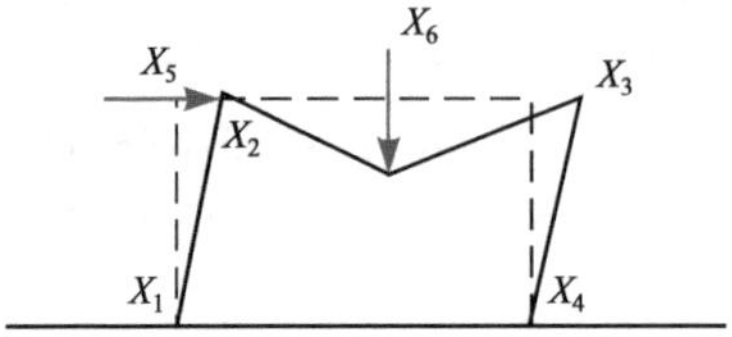

图 7.3　一跨框架结构示意图

表 7.3　例 7-2 中各方法的统计矩估计结果($\rho_{56}=0.9$)

方法	函数调用次数	均值	标准差	偏度系数	峰度系数
直接 MCS	10^6	1.7364	0.5179	0.9309	4.6248
单变量降维方法	43	1.7366	0.5118	0.8065	4.2517
相对误差	—	0.01%	1.18%	13.36%	8.07%
双变量降维方法	778	1.7369	0.5169	0.9183	4.5215
相对误差	—	0.03%	0.19%	1.35%	2.23%
混合降维方法	78	1.7369	0.5169	0.9200	4.5422
相对误差	—	0.03%	0.19%	1.17%	1.79%

表 7.4　例 7-2 中各方法的统计矩估计结果($\rho_{56}=0.5$)

方法	函数调用次数	均值	标准差	偏度系数	峰度系数
直接 MCS	10^6	1.7081	0.4546	0.8202	4.2298
单变量降维方法	43	1.7065	0.4363	0.4444	3.4331
相对误差	—	0.09%	4.03%	45.82%	18.84%
双变量降维方法	778	1.7084	0.4542	0.8009	4.1213
相对误差	—	0.02%	0.09%	2.35%	2.57%
混合降维方法	78	1.7084	0.4542	0.8162	4.2079
相对误差	—	0.02%	0.09%	0.49%	0.52%

表 7.5 例 7-2 中各方法的统计矩估计结果($\rho_{56} = -0.5$)

方法	函数调用次数	均值	标准差	偏度系数	峰度系数
直接 MCS	10^6	1.6365	0.2614	0.4107	3.3379
单变量降维方法	43	1.6320	0.2358	−0.2564	3.1168
相对误差	—	0.27%	9.79%	162.43%	6.62%
双变量降维方法	778	1.6367	0.2613	0.4020	3.2050
相对误差	—	0.01%	0.04%	2.12%	3.98%
混合降维方法	78	1.6367	0.2613	0.4185	3.3624
相对误差	—	0.01%	0.04%	1.90%	0.73%

表 7.6 例 7-2 中各方法的统计矩估计结果($\rho_{56}=-0.9$)

方法	函数调用次数	均值	标准差	偏度系数	峰度系数
直接 MCS	10^6	1.6076	0.1350	−0.5224	4.0287
单变量降维方法	43	1.6059	0.1267	−0.6145	4.2656
相对误差	—	0.11%	6.15%	17.63%	5.88%
双变量降维方法	778	1.6078	0.1353	−0.5024	4.1068
相对误差	—	0.01%	0.22%	3.83%	1.94%
混合降维方法	78	1.6078	0.1353	−0.5002	4.0746
相对误差	—	0.01%	0.22%	4.25%	1.14%

(2) 可靠性分析。

不同方法失效概率计算结果如表 7.7 所示，可以看出，混合降维方法的结果比另外两种更准确。尤其是当 $\rho_{56}=-0.5$ 时，基于单变量降维和双变量降维的方法的失效概率误差分别为 227.83%和 14.15%，而混合降维方法的误差仅为 0.45%。综上，在输入变量为非正态随机变量且存在相关性的问题中，混合降维方法能更准确地分析结构可靠性。

表 7.7 例 7-2 中各方法失效概率

相关系数	0.9	0.5	−0.5	−0.9
直接 MCS	0.04059	0.02796	0.00212	0.00049
单变量降维方法	0.04552	0.03766	0.00695	0.00060
相对误差	12.15%	34.69%	227.83%	22.45%
双变量降维方法	0.04240	0.02978	0.00182	0.00053

续表

相关系数	0.9	0.5	–0.5	–0.9
相对误差	4.46%	6.51%	14.15%	8.16%
混合降维方法	0.04250	0.02972	0.00213	0.00049
相对误差	4.71%	6.29%	0.47%	0.00%

例 7-3　同例 3-1

本例假设 X_1 和 X_2，X_3 和 X_7 为存在相关性的输入随机变量，且相关系数相同，系统的失效域为 $Y<0$。

(1) 统计矩分析。

本例有 7 个输入随机变量，属于多维可靠性分析问题。在这类问题中，计算效率通常会限制可靠性分析算法的应用。如表 7.8～表 7.11 所示，双变量降维方法的结果非常准确，但是其功能函数调用次数高达 1079 次。单变量降维方法只需要 50 次功能函数调用，但是其精度很低，四种相关系数情况下偏度系数的误差分别为：502.86%、1172.97%、826.63%和 399.83%，峰度系数的误差也在 20%左右。相关变量对数的增加意味着 Nataf 变换后强耦合作用的变量数目增加，因此可以定性得出，相关变量的对数越多，单变量降维方法得到的统计矩结果误差也越大。与二者相比，混合降维方法只需要 120 次功能函数调用即可达到与双变量降维方法相当的精度，实现了计算精度和效率的平衡。因此，对于含有多对存在相关性的输入随机变量的问题，混合降维方法也能以可接受的计算量实现精确的统计矩计算。

表 7.8　例 7-3 中各方法的统计矩估计结果(ρ=0.9)

方法	函数调用次数	均值	标准差	偏度系数	峰度系数
直接 MCS	10^6	0.5457	0.2941	–0.1120	3.0273
单变量降维方法	50	0.5453	0.3009	0.4512	3.5868
相对误差	—	0.07%	2.31%	502.86%	18.48%
双变量降维方法	1079	0.5453	0.2940	–0.1090	3.0250
相对误差	—	0.07%	0.03%	2.68%	0.08%
混合降维方法	120	0.5453	0.2956	–0.1066	3.1113
相对误差	—	0.07%	0.51%	4.82%	2.77%

表 7.9 例 7-3 中各方法的统计矩估计结果(ρ=0.5)

方法	函数调用次数	均值	标准差	偏度系数	峰度系数
直接 MCS	10^6	0.5478	0.2926	–0.0566	3.0192
单变量降维方法	50	0.5475	0.2999	0.6073	3.6973
相对误差	—	0.05%	2.49%	1172.97%	22.46%
双变量降维方法	1079	0.5475	0.2927	–0.0617	3.0152
相对误差	—	0.05%	0.03%	9.01%	0.13%
混合降维方法	120	0.5475	0.2939	–0.0555	3.1029
相对误差	—	0.06%	0.44%	1.94%	2.77%

表 7.10 例 7-3 中各方法的统计矩估计结果(ρ=–0.5)

方法	函数调用次数	均值	标准差	偏度系数	峰度系数
直接 MCS	10^6	0.5533	0.2893	0.0646	3.0309
单变量降维方法	50	0.5530	0.2980	0.5986	3.7354
相对误差	—	0.05%	3.01%	826.63%	23.24%
双变量降维方法	1079	0.5530	0.2895	0.0619	3.0160
相对误差	—	0.05%	0.07%	4.18%	0.49%
混合降维方法	120	0.5530	0.2897	0.0683	3.0619
相对误差	—	0.05%	0.14%	5.73%	1.02%

表 7.11 例 7-3 中各方法的统计矩估计结果(ρ=–0.9)

方法	函数调用次数	均值	标准差	偏度系数	峰度系数
直接 MCS	10^6	0.5554	0.2883	0.1151	3.0239
单变量降维方法	50	0.5553	0.2945	0.5753	3.6427
相对误差	—	0.02%	2.15%	399.83%	20.46%
双变量降维方法	1079	0.5553	0.2882	0.1137	3.0269
相对误差	—	0.02%	0.03%	1.22%	0.10%
混合降维方法	120	0.5553	0.2880	0.1216	3.0367
相对误差	—	0.02%	0.10%	5.65%	0.42%

(2) 可靠性分析。

不同方法的失效概率计算结果如表 7.12 所示。可以看出，混合降维与双变量降维方法的误差均在可接受的范围内，而单变量降维方法的误差比另外两种方法大一个数量级，不能正确评估系统的可靠性。由于双变量降维方法的计算量几乎是本章方法的 9 倍，所以，对于含有多对相关输入随机变量的多维可靠性分析问题，混合降维方法是更好的选择。

表 7.12 例 7-3 中各方法失效概率

相关系数	0.9	0.5	–0.5	–0.9
直接 MCS	0.0340	0.0320	0.0261	0.0239
单变量降维方法	0.0221	0.0154	0.0144	0.0132
相对误差	35.00%	51.88%	44.83%	44.77%
双变量降维方法	0.0349	0.0325	0.0262	0.0237
相对误差	2.65%	1.56%	0.38%	0.84%
混合降维方法	0.0353	0.0328	0.0264	0.0230
相对误差	3.82%	2.5%	1.15%	3.77%

7.4 基于单变量降维的自适应多项式混沌展开方法

7.4.1 多项式混沌展开方法

多项式混沌展开(PCE)方法的基本思想最早出现在对高斯随机过程的相关研究中[37]，随后由 Ghanem 和 Spanos[38]引入随机有限元分析，并因其很高的精度和二阶收敛性逐渐引起人们的关注。后来，Xiu 和 Karniadakis[39,40]的研究进一步完善了多项式混沌展开的数学理论基础，并将其拓展到输入变量服从非高斯分布的情形，极大地拓宽了适用范围。多项式混沌展开方法是基于正交多项式建立的代理模型，对于一维情况，单变量正交多项式的定义如下：

$$\left\langle \phi_i(\theta), \phi_j(\theta) \right\rangle = \int_{\Theta} \phi_i(\theta)\phi_j(\theta) f(\theta) \mathrm{d}\theta = \delta_{ij} \tag{7.45}$$

其中，$f(\theta)$是任意随机变量的概率分布函数；i 和 j 代表正交多项式的阶次；ϕ_i 可以由如下斯蒂尔切斯(Stieltjes)程序推导得到：

$$\sqrt{\beta_{n+1}}\phi_{n+1}(\theta) = (\theta - \alpha_n)\phi_n(\theta) - \sqrt{\beta_n}\phi_{n-1}(\theta), \quad n = 1, 2, \cdots \tag{7.46}$$

式中，α_n 和 β_n 由如下公式计算：

$$\begin{aligned} \alpha_n &= \langle \phi_n, \phi_n \rangle \\ \beta_n &= \frac{\langle \phi_n, \phi_n \rangle}{\langle \phi_{n-1}, \phi_{n-1} \rangle} \end{aligned} \tag{7.47}$$

表 7.13 中给出了几种常见的输入随机变量及其对应的正交多项式类型。

表 7.13 不同形式的正交多项式基底

θ	正交多项式类型	变量定义域
正态分布随机变量	厄米多项式	$(-\infty, +\infty)$
均匀分布随机变量	勒让德多项式	$[-1, 1]$
贝塔分布随机变量	雅可比多项式	$[-1, 1]$
指数分布随机变量	拉盖尔多项式	$[0, +\infty)$
伽马分布随机变量	广义拉盖尔多项式	$[0, +\infty)$

对于多维问题，多变量正交多项式可通过单变量正交多项式的张量积得到，即

$$\Phi_{\boldsymbol{i}}(\boldsymbol{\theta}) = \prod_{j=1}^{M} \phi_{i_j}(\boldsymbol{\theta}_j) \tag{7.48}$$

其中，$\Phi_{\boldsymbol{i}}(\boldsymbol{\theta})$是多变量正交多项式，$\boldsymbol{i}=[i_1, i_2,\cdots, i_M]$，$M$ 代表输入变量的个数；i_j 代表第 j 个输入变量的单变量正交多项式的阶次。可以看出，多变量正交多项式$\Phi_{\boldsymbol{i}}(\boldsymbol{\theta})$可以通过向量 $\boldsymbol{i}$ 唯一确定。通常 $\Phi_{\boldsymbol{i}}(\boldsymbol{\theta})$的阶次($d_i$)可以用 $\boldsymbol{i}$ 的 1-范数定义，即

$$d_i = \|\boldsymbol{i}\|_1 = \sum_{j=1}^{M} i_j \tag{7.49}$$

理论上，输入随机变量相互独立的多变量函数 $Y(\boldsymbol{x})$ 可以由如下表达式精确计算：

$$Y(\boldsymbol{x}) = \sum_{i=0}^{+\infty} c_i \Phi_i(\boldsymbol{\theta}) \tag{7.50}$$

其中，c_i 是正交多项式 $\Phi_i(\boldsymbol{\theta})$的待定系数；$\boldsymbol{\theta}$ 是与 $\boldsymbol{x}$ 分布类型对应的随机变量。在实际应用中，需要通过多变量正交多项式的最高阶次对式(7.50)进行截断，可以得到如下近似表达：

$$Y(\boldsymbol{x}) = \sum_{i=0}^{P-1} c_i \Phi_i(\boldsymbol{\theta}) \tag{7.51}$$

其中，P 代表正交多项式基底的个数，可以由下式计算：

$$P=\frac{(p+M)}{p!M!} \tag{7.52}$$

式中，p 是多变量正交多项式的最高阶次，满足 $d_i \leqslant p$。

式(7.51)即是多项式混沌展开代理模型，待定系数的求解决定了其最终的计算精度与效率。由式(7.52)可知，待定系数的个数随着问题的复杂程度(非线性和维度)的增加而迅速增长，采用传统的最小二乘方法会遇到维度诅咒或过拟合的问题，而一些常见的稀疏回归方法，也会因为待定系数数量过大而精度不足，甚至难以得到结果。因此，He 等[41]利用信息熵和最小二乘方法提出了一种基于单变量降维的自适应多项式混沌展开方法，可以高效准确地解决输入变量耦合性较弱的高维甚至超高维问题。

7.4.2　基于单变量降维的多项式混沌展开

将 UDRM 中的成分函数用的正交多项式基底表示成如下形式：

$$y(x_j, \boldsymbol{\mu}_{-(j)})=\sum_{i=0}^{p} c_{j,i}\phi_{j,i}(\theta_j) \tag{7.53}$$

本书将式(7.53)称作第 j 个成分函数的 PCE，据此可得两种基于 UDRM 的 PCE：

$$y(\boldsymbol{x}) \approx y' = \sum_{j=1}^{N}\sum_{i=0}^{p} c_{j,i}\phi_{j,i}(\theta_j) - (N-1)y(\boldsymbol{\mu}) \tag{7.54}$$

$$y(\boldsymbol{x}) \approx y' = [y(\boldsymbol{\mu})]^{1-N}\prod_{j=1}^{N}\sum_{i=0}^{p} c_{j,i}\phi_{j,i}(\theta_j) \tag{7.55}$$

在此基础上，可以通过 MCS 对响应进行不确定性分析。容易看出，如果 $y(\boldsymbol{x})$是以求和结构为主的函数，例如，$y=x_1+x_2$，式(7.54)(基于 SUDRM 的 PCE)可以很好地近似原始函数。如果 $y(\boldsymbol{x})$ 是以乘积结构为主的函数，例如，$y = x_1x_2$，则应采用式(7.55)(基于 MUDRM 的 PCE)。实际应用中，可以根据如下决定系数(coefficient of determination)R^2 选择 SUDRM 或 MUDRM：

$$R^2=1-\frac{\sum_i (y_i - y_i')^2}{\sum_i (y_i - E(y))^2} \tag{7.56}$$

其中，y_i 为第 i 个验证样本点处的真实响应；$E(y)$为所有验证样本点的实际响应的平均值；y_i' 为第 i 个验证样本点处的预测值。$R^2 \in [0, 1]$，其值越大说明代理模型对原函数的拟合效果越好。

一般来说，拟合一元函数比拟合多元函数更容易、更高效。因此，利用最小二乘方法即可高效准确地计算出每个成分函数的 PCE 系数。如果用 N_i 个样本来

构建第 i 个单变量分量的 PCE，则总功能函数调用次数将为

$$F_{\mathrm{e}}=\sum_{i=1}^{N} N_i \tag{7.57}$$

7.4.3 基于信息熵的自适应模型更新方法

在建模过程中，需要给定式(7.54)和式(7.55)中的多项式阶数 p 才可以通过最小二乘方法完成系数计算，确定 p 值决定了代理模型的精度和效率。p 值过小，会导致对非线性较高的问题拟合较差，而过大会浪费计算成本。为了避免对 p 不适当地指定，He 等[41]基于信息熵提出了一种自适应的多项式基底更新策略。

由于 PCE 对于均方可积函数具有均方收敛特性，所以，当多项式最高阶数 t 充分大时，式(7.53)中，$p=t$ 和 $p=t+1$ 时所得到近似函数都收敛于原函数，相应地，两种情况得到的近似函数的概率分布也收敛于原函数。所以，它们所得到预测值的熵应该非常接近。根据这一基本认知，这里提出如下自适应的正交多项式基底更新策略。

(1) 初始化 $t=1$，并令 $p=t$，用于构造第 j 个单变量成分函数(CF_j)的 PCE。通过求解最小二乘问题，可得正交多项式系数的计算公式：

$$\boldsymbol{c}=\left(\boldsymbol{H}\boldsymbol{H}^{\mathrm{T}}\right)^{-1}\boldsymbol{H}\boldsymbol{y} \tag{7.58}$$

其中，$\boldsymbol{y}$ 是设计样本点处的成分函数值；$\boldsymbol{H}$ 是由正交多项式基底构成的设计矩阵。抽取 10^6 个样本($\boldsymbol{\theta}_{\mathrm{c}}$)，并由当前的 CF_j 的 PCE 计算这些样本的估计值。根据这些样本，可以估计成分函数的熵值，记为 H_1。

(2) 假设 $t=2$，并令 $p=t$，用步骤(1)的方式得到 H_2，注意此处要用步骤(1)中的样本 $\boldsymbol{\theta}_{\mathrm{c}}$。

(3) 同理，逐步增加 t，直到连续三个 p($p=t-1$，$p=t$ 和 $p=t+1$)的熵之差小于预设值 ξ，即

$$\begin{aligned} H_t-H_{t-1}&<\xi \\ H_{t+1}-H_t&<\xi \end{aligned} \tag{7.59}$$

当满足式(7.59)时，只要 $p\geqslant t$ 即可保证所得到的 CF_i 的 PCE 收敛于真实的单变量成分函数，所以令 $p=t$。

(4) 重复 N 次步骤(1)～(3)，完成对所有成分函数的拟合，并通过式(7.54)和式(7.55)建立两个代理模型。

至此，本节构建了基于 UDRM 的 PCE 的基本流程。根据步骤(1)～(4)，可以总结出算法的流程图，如图 7.4 所示。

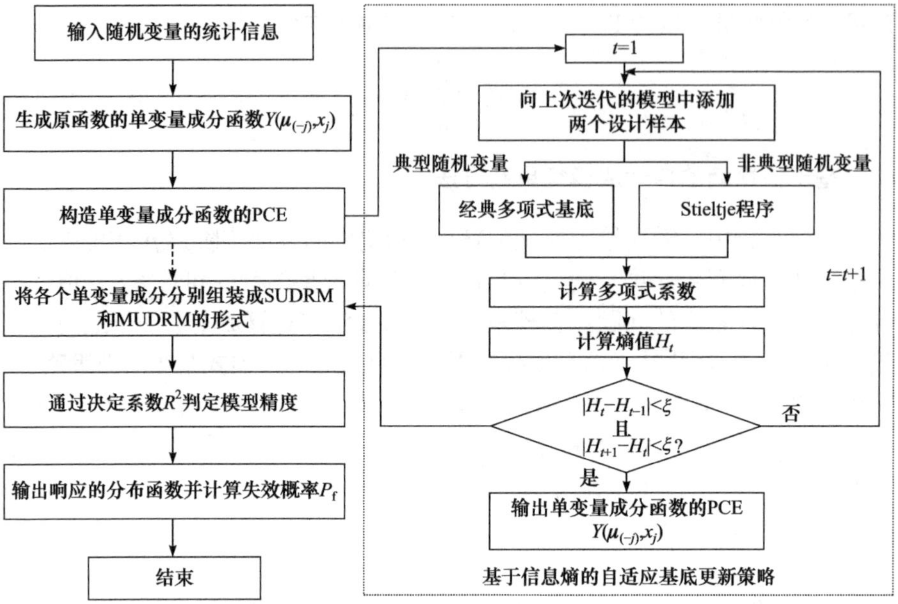

图 7.4　基于单变量降维方法的自适应多项式维度分解算法流程图

7.4.4　典型数值算例分析

例 7-4　高维问题

本例是一个经典的高维不确定性分析算例，功能函数的表达式如下[41]：

$$g = 3 - X_d + 0.01\sum_{i=1}^{d-1} X_i^2 \tag{7.60}$$

其中，$X_i, i = 1,2,\cdots,d$ 是相互独立的标准正态随机变量；d 代表输入变量的维度。为讨论维度变化对算法性能的影响，本例分别考虑了 d=50、100 和 200 三种情形，与之对应的失效域分别定义为 g<0、g<0 和 g<1。

(1) 代理模型构建。

与前面算例类似，首先建立每个单变量成分函数的 PCE。为简明起见，此处只给出了 $\boldsymbol{X}_1$ 成分函数的收敛历史。如图 7.5 所示，只需要四次迭代就可以完成该成分函数的拟合。在 d=50 的情况下，重复自适应多项式基底更新策略 50 次，得到所有单变量成分函数的 PCE 近似。随后，可以通过式(7.54)和式(7.55)得出两种基于 UDRM 的 PCE 代理模型，为了保障最小二乘方法的精度，这里采用两倍的过抽样比率。根据式(7.57)统计建模所需的功能函数调用次数为 $4\times2\times49+3\times2=398$。随机抽取 100 个验证点，并进一步由式(7.56)可以计算出基于 SUDRM 和 MUSRM 的代理模型的决定系数，分别为 1 和 0.98。可以看出原函数是以求和结构为主的函数，基于 SUDRM 的 PCE 可以非常精确地预测其响应，所以应将其用于不确定性分析。图 7.6 所示的验证点对比图也佐证了这一点。对于 d=100 和 200 的情况，可用同样的方法建立所提出代理模型，对应的功能函数调用次数分别为 798 和 1598。如图 7.7 所示，即使对于上百维的问题，本节方法(基于 UDRM 的 PCE)仍可准确高效地预测响应。

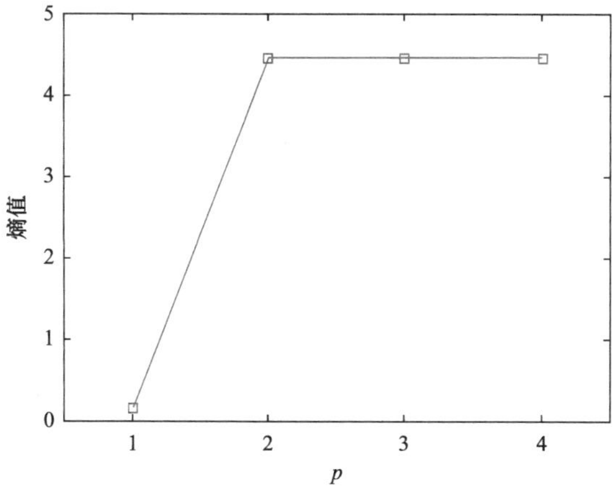

图 7.5 例 7-4 中 $\boldsymbol{X}_1$ 成分函数的收敛历史

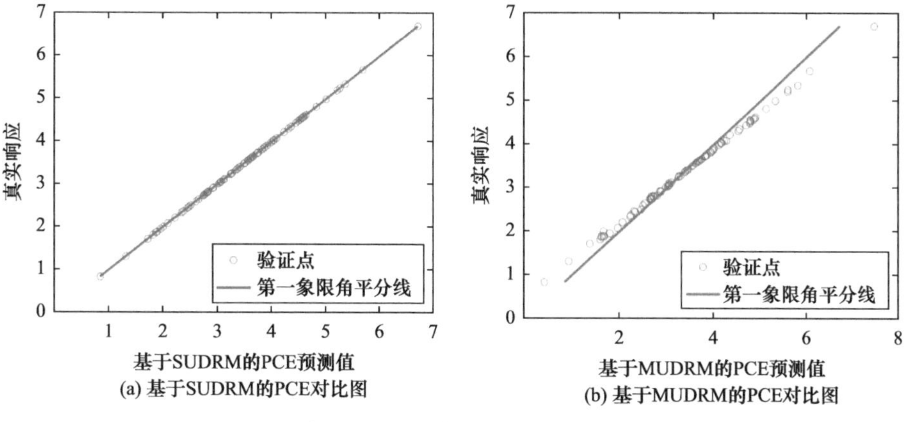

图 7.6 d=50 时的验证点对比图

(2) 可靠性分析。

高维问题的维度诅咒严重地限制了常见的 PCE 方法的应用。例如，按照 2 倍的过抽样比率，在 d=50 时使用 p=3 的完整 PCE 需要 $2(3+50)!/(3!\times 50!)=48652$ 个样本点，这对于实际工程问题而言一般是难以接受的计算量。从表 7.14 可以看出，基于最小角回归(least angle regression, LAR)的稀疏 PCE 方法，对于 d=50 和 100 的情况可以得到精确的结果，但是其计算量仍然高于本节方法。在 d=200 的情况下，由于多项式基底数量过大($(p+200)!/(p!\times 200!)$)，未能得出结果，所以

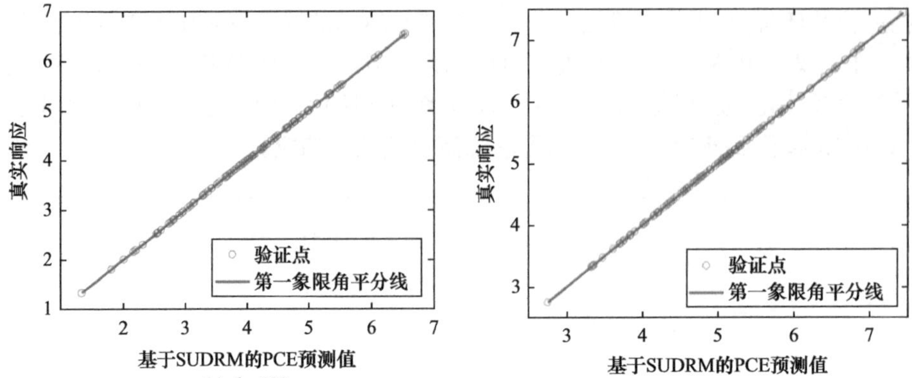

(a) $d = 100$　　(b) $d = 200$

图 7.7　基于 SUDRM 的 PCE 对比图

该方法在解决超高维问题时仍受输入变量维度的限制。相比之下，基于 UDRM 的 PCE 在保证高精度的同时，极大地提高了计算效率，仅需 398 次、798 次和 1598 次功能函数调用就可以完成高维甚至超高维可靠性分析。为展示本节方法对函数响应概率信息的捕捉能力，图 7.8 给出了三种情况的近似 CDF 与 MCS 参考解的对比图。结果表明，对于高维问题本节方法仍能准确量化响应的不确定性。由本例可知，基于 UDRM 的 PCE 不仅有较高的精度和效率，而且算法性能受维度的影响较小。

表 7.14　例 7-4 中不同方法的可靠性分析结果

d	方法	失效概率	相对误差	功能函数调用次数	失效域
50	直接 MCS	2.60×10^{-4}	—	10^7	$g < 0$
	完整 PCE	—	—	—	
	稀疏 PCE	2.55×10^{-4}	1.92%	450	
	本节方法	2.66×10^{-4}	2.31%	398	
100	直接 MCS	3.96×10^{-5}	—	10^7	$g < 0$
	完整 PCE	—	—	—	
	稀疏 PCE	4.00×10^{-5}	1.01%	1000	
	本节方法	4.05×10^{-5}	2.27%	798	
200	直接 MCS	4.58×10^{-5}	—	10^7	$g < 1$
	完整 PCE	—	—	—	
	稀疏 PCE	—	—	—	
	本节方法	4.44×10^{-5}	3.06%	1598	

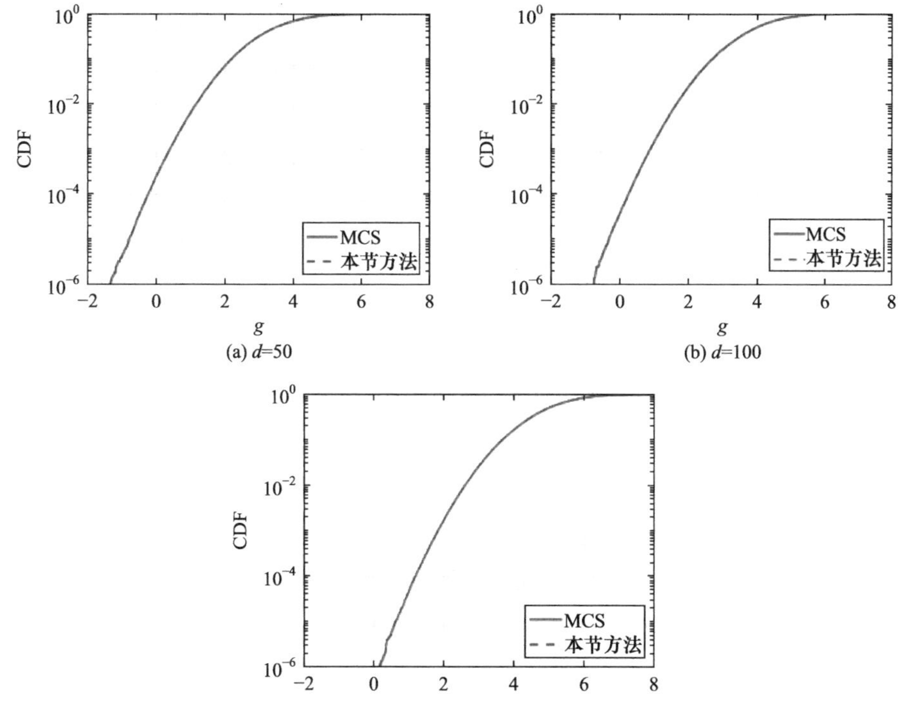

(a) d=50

(b) d=100

(c) d=200

图 7.8 g 的 CDF 对比图

例 7-5 非线性程度对高维问题的影响

本例讨论函数非线性对不确定性分析效率和精度的影响，功能函数形式如下[41]：

$$Z=\frac{(X_1^2+1)(X_2-1)}{20}-\cos\left(\frac{bX_1}{2}\right)+\sum_{i=1}^{40}X_i^2-75 \tag{7.61}$$

其中，X_i独立同分布于均值为 1.5、方差为 0.09 的正态分布；参数 b 表示 Z 沿 X_1 的非线性程度。

(1) 代理模型构建。

为讨论函数非线性程度的影响，这里分别考虑 b=2、4、6、8 和 10 的情况。由多项式基底的自适应选择策略可以得到各个单变量成分函数的近似表达。图 7.9 给出了五种情况下 X_1 成分函数的收敛历史。随着 b 的增加，原函数非线性增强，迭代历程变长。当 b=10 时，需 13 阶多项式才能收敛，为保证精度，用 3P 个样本点计算 X_1 成分函数的多项式系数，而其余情况采用 2P 个样本点。

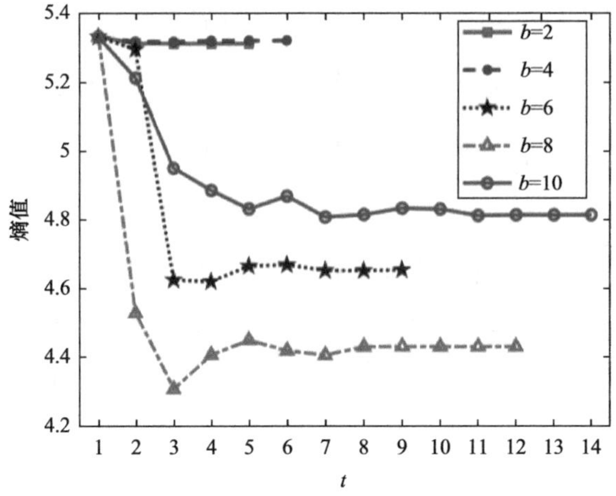

图 7.9　例 7-5 中 $\boldsymbol{X}_1$ 成分函数的收敛历史

依次拟合各单变量成分函数，最终可得到五种情况的 PCE 代理模型。作为代表，图 7.10 给出了 $b=10$ 的验证点对比图。结果表明，基于 SUDRM 的 PCE 可以精确地近似原函数，而基于 MUDRM 的 PCE 误差较大。进一步由式(7.56)得到两者的 R^2 分别为 0.9999 和 0.9882，因此将基于 SUDRM 的 PCE 用于可靠性分析。

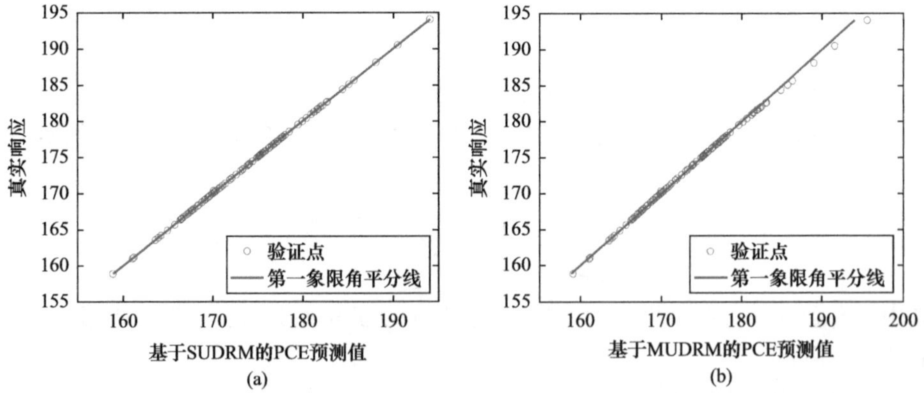

图 7.10　(a)基于 SUDRM 与(b)基于 MUDRM 的 PCE 验证点对比图($b=10$)

(2) 可靠性分析。

表 7.15 列出了不同方法的可靠性分析结果。对于 40 维问题，总共有 $(p+40)!/(40!\times p!)$个待定系数，如此庞大的计算量导致完整 PCE 方法不适用于高维问题。对于 b=2 的情况，基于最小角回归的 PCE 和基于 SUDRM 的 PCE 都能准确地预测失效概率，其相对误差均小于 1%。然而，前者的计算量几乎是后者的两倍。对于 b=4、6、8 和 10 的情况，由于候选基底数量过大，基于最小角回

归的 PCE 未能得出结果。相比于两种常见的 PCE 方法，基于 SUDRM 的 PCE 在高维、强非线性的情况下体现出了较大的优势，仅用 320～340 个设计样本点即可准确估计 10^{-4}～10^{-5} 量级的失效概率。图 7.11 给出了 b=10 情况下近似 CDF 与 MCS 参考解的对比图(因为五种情况的 CDF 拟合效果相似，所以未展示其他四个 CDF 的对比)。可以看出，基于 SUDRM 的 PCE 在响应的整个定义域内都能够很好地量化高维强非线性问题的不确定性。

表 7.15 例 7-5 中不同方法的可靠性分析结果

b	方法	失效概率	相对误差	功能函数调用次数
2	直接 MCS	3.72×10^{-4}	—	10^7
	完整 PCE	—	—	—
	稀疏 PCE	3.77×10^{-4}	1.34%	600
	本节方法	3.74×10^{-4}	0.54%	322
4	直接 MCS	1.87×10^{-4}	—	10^7
	完整 PCE	—	—	—
	稀疏 PCE	—	—	—
	本节方法	1.82×10^{-4}	2.67%	324
6	直接 MCS	2.52×10^{-4}	—	10^7
	完整 PCE	—	—	—
	稀疏 PCE	—	—	—
	本节方法	2.53×10^{-4}	0.40%	330
8	直接 MCS	4.37×10^{-4}	—	10^7
	完整 PCE	—	—	—
	稀疏 PCE	—	—	—
	本节方法	4.38×10^{-4}	0.23%	336
10	直接 MCS	4.50×10^{-4}	—	10^7
	完整 PCE	—	—	—
	稀疏 PCE	—	—	—
	本节方法	4.52×10^{-4}	0.44%	340

注：$\boldsymbol{Z}$<155 为失效域。

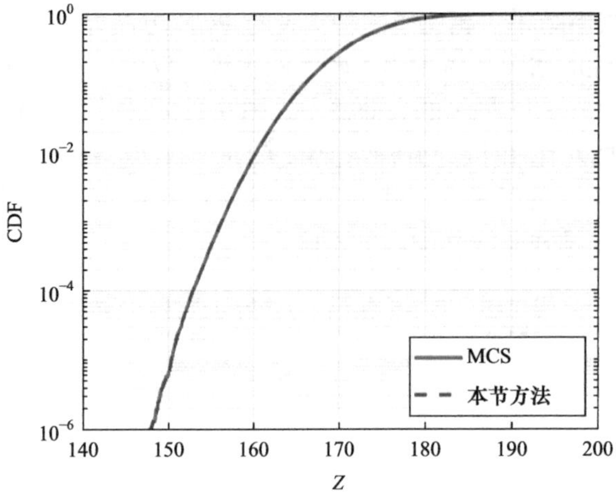

图 7.11　Z 的 CDF 对比图($b = 10$)

7.5　基于方差分析高维模型表征的多项式混沌展开方法

AHDMR 于 20 世纪 90 年代末开始受到不确定性分析领域的关注，Archer 等[42]于 1997 年将 ANOVA 分解方法进一步完善，并结合 Bootstrap 方法计算了 Sobol 全局灵敏度指标。在同一时期，Rabitz 和 Aliş[2]将 ANOVA 分解引入化学工程，并冠以 AHDMR 之名。随后，Sobol[3]在其研究中完整地阐述了 HDMR 的理论基础，推导了近似误差与 Sobol 全局灵敏度指标之间的解析表达，证明了 AHDMR 与参考点 HDMR 二者误差的关系。虽然 AHDMR 通过若干低维成分函数即可非常准确地近似原函数，但是由于其成分函数涉及多维积分，难以直接应用于实际工程。为了解决这一问题，Rahman[20]利用正交多项式提出了一种基于 AHDMR 的代理模型方法，该方法本质上是一种考虑多项式最高度数和输入变量维度双重截断的多项式混沌展开方法，本书将其记作 AHDMR-PCE。

7.5.1　基于 AHDMR 的多项式混沌展开方法

Rahman[20]将 AHDMR 的成分函数用一系列正交多项式基底表示成如下形式：

$$y_{\boldsymbol{i}_{\boldsymbol{u}}}(x_{i_1},\cdots,x_{i_{\|\boldsymbol{u}\|_0}})=\sum_{j_{\|\boldsymbol{u}\|_0}=1}^{+\infty}\cdots\sum_{j_1=1}^{+\infty}c_{\boldsymbol{u},\boldsymbol{j}_{\boldsymbol{u}}}\prod_{k=1}^{\|\boldsymbol{u}\|_0}\phi_{j_k}(\theta_{i_k}) \tag{7.62}$$

其中，$\boldsymbol{i}_{\boldsymbol{u}}=\left[i_1,i_2,\cdots,i_{\|\boldsymbol{u}\|_0}\right]$，$\boldsymbol{j}_{\boldsymbol{u}}=\left[j_1,j_2,\cdots,j_{\|\boldsymbol{u}\|_0}\right]$；$c$ 是待定系数；θ 是与 x 对应的标准化变量。对于常见的分布类型，可以选用表 7.13 中对应的多项式基底，其他分布则需使用式(7.46)。为了方便，可将式(7.62)记为更简洁的形式：

$$y_{\boldsymbol{u}}(x_{\boldsymbol{u}}) = \sum_{\boldsymbol{j}_{\boldsymbol{u}} \subset \mathbf{N}_+^{\|\boldsymbol{u}\|_0}} c_{\boldsymbol{u},\boldsymbol{j}_{\boldsymbol{u}}} \Phi_{\|\boldsymbol{j}_{\boldsymbol{u}}\|_1}(\boldsymbol{\theta}_{\boldsymbol{u}}) \tag{7.63}$$

其中，$\mathbf{N}_+^{\|\boldsymbol{u}\|_0}$ 是$\|\boldsymbol{u}\|_0$ 维正整数空间。将式(7.63)代入式(7.6)便得到原函数的精确表达：

$$y(x) = y_{\varnothing} + \sum_{\substack{\boldsymbol{u} \subset \{1,2,\cdots,N\} \\ \boldsymbol{u} \neq \varnothing}} \sum_{\boldsymbol{j}_{\boldsymbol{u}} \subset \mathbf{N}_+^{\|\boldsymbol{u}\|_0}} c_{\boldsymbol{u},\boldsymbol{j}_{\boldsymbol{u}}} \Phi_{\|\boldsymbol{j}_{\boldsymbol{u}}\|_1}(\boldsymbol{\theta}_{\boldsymbol{u}}) \tag{7.64}$$

可以看出，式(7.64)与多项式混沌展开的表达式存在很大程度上的相似性，事实上，不难证明两者在不截断的情况下是等价的。然而在实际应用中，通常需要对式(7.64)进行截断，所以在给定$\|\boldsymbol{u}\|_0 \leqslant K$，$\|\boldsymbol{j}_{\boldsymbol{u}}\|_1 \leqslant P$ 时，原函数的近似表达式为

$$y(x) \approx y_t(x) = y_{\varnothing} + \sum_{\substack{\boldsymbol{u} \subset \{1,2,\cdots,N\} \\ \boldsymbol{u} \neq \varnothing, 1 \leqslant \|\boldsymbol{u}\|_0 \leqslant K}} \sum_{\substack{\boldsymbol{j}_{\boldsymbol{u}} \subset \mathbf{N}_+^{\|\boldsymbol{u}\|_0} \\ \|\boldsymbol{j}_{\boldsymbol{u}}\|_1 \leqslant P}} c_{\boldsymbol{u},\boldsymbol{j}_{\boldsymbol{u}}} \Phi_{\|\boldsymbol{j}_{\boldsymbol{u}}\|_1}(\boldsymbol{\theta}_{\boldsymbol{u}}) \tag{7.65}$$

截断后的代理模型在均方意义下收敛于原函数，即

$$\lim_{\substack{K \to N \\ P \to +\infty}} E\left\{\left[\, y(\boldsymbol{x}) - y_{\mathrm{t}}(\boldsymbol{x}) \,\right]^2\right\} = 0 \tag{7.66}$$

由于正交多项式基底的性质，式(7.65)依然满足 AHDMR 的性质(式(7.7)～式(7.9))，并且各个成分函数的方差和原函数方差可以由其系数解析表达：

$$\sigma_{\boldsymbol{u}}^2 = \sum_{\boldsymbol{j}_{\boldsymbol{u}} \subset \mathbf{N}_+^{\|\boldsymbol{u}\|_0}, \|\boldsymbol{j}_{\boldsymbol{u}}\|_1 \leqslant P} c_{\boldsymbol{u},\boldsymbol{j}_{\boldsymbol{u}}}^2 \tag{7.67}$$

$$\sigma_{\mathrm{AHDMR}}^2 = \sum_{\boldsymbol{u}} \sigma_{\boldsymbol{u}}^2 = \sum_{\substack{\boldsymbol{u} \subset \{1,2,\cdots,N\} \\ \boldsymbol{u} \neq \varnothing, 1 \leqslant \|\boldsymbol{u}\|_0 \leqslant K}} \sum_{\substack{\boldsymbol{j}_{\boldsymbol{u}} \subset \mathbf{N}_+^{\|\boldsymbol{u}\|_0} \\ \|\boldsymbol{j}_{\boldsymbol{u}}\|_1 \leqslant P}} c_{\boldsymbol{u},\boldsymbol{j}_{\boldsymbol{u}}}^2 \tag{7.68}$$

对比式(7.65)和式(7.51)，不难发现，由于 AHDMR-PCE 考虑了变量维度的截断，其多项式基底的数目要少得多，这有利于提高计算效率。同时根据层级原理可知，成分函数对于函数近似的精度影响随着其阶数的增加而逐渐减小，所以 AHDMR-PCE 能在提高计算效率的同时保证计算精度。

AHDMR-PCE 的关键依然在于待定系数的计算，目前求解待定系数的方法主要分为投影法和回归法。投影法是计算如下多维积分：

$$c_{\boldsymbol{u},\boldsymbol{j}_{\boldsymbol{u}}} = \int_{\boldsymbol{\Theta}} y(x) \Phi_{\|\boldsymbol{j}_{\boldsymbol{u}}\|_1}(\boldsymbol{\theta}_{\boldsymbol{u}}) f(\boldsymbol{\theta}) \mathrm{d}\boldsymbol{\theta} \tag{7.69}$$

虽然目前一些数值积分方法，如降维方法[12]、稀疏网格方法[43]等，具有较高的精度，但是其求解复杂高维问题的效率和设计点选择的灵活性较差。回归法不涉及积分计算，可以通过先进的回归技术和样本点选取策略而大大降低计算成本，但是对于高维问题，常规的回归法会遇到维度诅咒或者过拟合的问题。

下面本书将介绍一种在稀疏贝叶斯学习的框架下高效的稀疏回归方法[44]和一种基于贝叶斯模型平均的基底筛选和模型更新方法[45]，这两种方法均有助于提高 PCE 的建模效率与精度。

7.5.2 基于贝叶斯理论的 AHDMR-PCE

1. 解析贝叶斯套索算法

假设有 n 个设计样本，则式(7.65)可以写成如下向量形式：

$$\begin{aligned} &\boldsymbol{y}_{\mathrm{s}}(\boldsymbol{x})=\boldsymbol{H}^{\mathrm{T}}\boldsymbol{c}+\boldsymbol{\varepsilon} \\ &\boldsymbol{H}=\left[\boldsymbol{\Phi}(\boldsymbol{\theta}_1),\boldsymbol{\Phi}(\boldsymbol{\theta}_2),\cdots,\boldsymbol{\Phi}(\boldsymbol{\theta}_n)\right] \\ &\boldsymbol{\varepsilon}=[\varepsilon_1,\varepsilon_2,\cdots,\varepsilon_n]^{\mathrm{T}} \end{aligned} \tag{7.70}$$

其中，$\boldsymbol{H}$ 是设计矩阵；$\boldsymbol{\Phi}$ 是多变量正交多项式基底构成的列向量；$\boldsymbol{c}$ 是与 $\boldsymbol{\Phi}$ 对应的待定系数向量；$\boldsymbol{\varepsilon}$ 是误差向量；符号 T 代表矩阵转置算子；$\boldsymbol{y}_{\mathrm{s}}(\boldsymbol{x})$是标准化的响应向量：

$$\boldsymbol{y}_{\mathrm{s}}(\boldsymbol{x})=\left[\frac{y(\boldsymbol{x}_1)-\mu_y}{\sigma_y},\frac{y(\boldsymbol{x}_2)-\mu_y}{\sigma_y},\cdots,\frac{y(\boldsymbol{x}_n)-\mu_y}{\sigma_y}\right]^{\mathrm{T}} \tag{7.71}$$

式中，μ_y 和 σ_y 分别代表 n 个设计点响应值的均值和标准差。得到待定系数后便可由下式进行响应预测：

$$y(\boldsymbol{x})=\sigma_y\boldsymbol{\Phi}(\boldsymbol{\theta})^{\mathrm{T}}\boldsymbol{c}+\mu_y \tag{7.72}$$

最常用的一种回归技术是最小二乘方法，即求解如下优化问题计算待定系数：

$$\boldsymbol{c}=\underset{\boldsymbol{c}}{\operatorname{argmin}}\left(\boldsymbol{y}_{\mathrm{s}}-\boldsymbol{H}^{\mathrm{T}}\boldsymbol{c}\right)^{\mathrm{T}}\left(\boldsymbol{y}_{\mathrm{s}}-\boldsymbol{H}^{\mathrm{T}}\boldsymbol{c}\right) \tag{7.73}$$

然而，当样本点数量小于待定系数的个数时，最小二乘方法便会出现过拟合问题，导致预测方差很大，严重影响预测精度。为了解决最小二乘方法所面临的困难，学者们提出了很多行之有效的稀疏回归方法，其中，套索算法因其出色的性能而被广泛应用。套索算法通过求解如下优化问题来计算待定系数 $\boldsymbol{c}$：

$$\boldsymbol{c}=\underset{\boldsymbol{c}}{\operatorname{argmin}}\left(\boldsymbol{y}_{\mathrm{s}}-\boldsymbol{H}^{\mathrm{T}}\boldsymbol{c}\right)^{\mathrm{T}}\left(\boldsymbol{y}_{\mathrm{s}}-\boldsymbol{H}^{\mathrm{T}}\boldsymbol{c}\right)+\lambda\|\boldsymbol{c}\|_1 \tag{7.74}$$

其中，$\lambda>0$，是正则化因子。在没有任何先验信息的情况下，给定一个合适的正则化因子是很困难的，目前常用的确定 λ 的方法是交叉验证。贝叶斯方法可将未知参数赋予先验分布，通过 MCMC 抽样得到参数的后验样本，进而实现参数估计，避免了未知参数赋值的困难。因此，贝叶斯套索算法逐渐发展起来。Park 和 Casella[46]提出如下贝叶斯层级模型，并利用吉布斯(Gibbs)抽样得到后验分布：

$$
\begin{aligned}
&\boldsymbol{c}|\sigma^2,\tau_j^2 \sim N\left(\mathbf{0}_{\|\boldsymbol{c}\|_0\times 1},\sigma^2\mathrm{diag}(\tau_1^2,\tau_2^2,\cdots,\tau_{\|\boldsymbol{c}\|_0}^2)\right)\\
&\sigma^2 \sim 1/\sigma^2\\
&\tau_j^2|\lambda^2 \sim \frac{\lambda^2}{2}\mathrm{e}^{-\frac{\lambda^2\tau_j^2}{2}},\quad j=1,2,\cdots,\|\boldsymbol{c}\|_0\\
&\lambda^2 \sim \mathrm{gamma}(\alpha,\beta)
\end{aligned}
\tag{7.75}
$$

虽然 Gibbs 方法广泛应用于贝叶斯套索算法，但该方法对于$\|\boldsymbol{c}\|_0$较大的问题非常耗时。下面介绍一种解析贝叶斯套索算法，能很好地克服 Gibbs 抽样的不足。

首先，为了避免伽马(gamma)分布的参数选取问题，将 ρ^2 的超先验指定为尺度不变无信息先验，所以，式(7.75)变为

$$
\begin{aligned}
&\boldsymbol{y}_{\mathrm{s}}\,|\,\boldsymbol{c},\boldsymbol{H},\sigma^2 \sim N(\boldsymbol{H}^{\mathrm{T}}\boldsymbol{c},\,\sigma^2\boldsymbol{I}_n)\\
&\boldsymbol{c}|\sigma^2,\tau_j^2 \sim N\left(\mathbf{0}_{\|\boldsymbol{c}\|_0},\sigma^2\mathrm{diag}(\tau_1^2,\tau_2^2,\cdots,\tau_{\|\boldsymbol{c}\|_0}^2)\right)\\
&\sigma^2 \sim 1/\sigma^2\\
&\tau_j^2|\rho^2 \sim \frac{\rho^2}{2}\mathrm{e}^{-\frac{\lambda^2\tau_j^2}{2}},\quad j=1,2,\cdots,\|\boldsymbol{c}\|_0\\
&\rho^2 \sim 1/\rho^2
\end{aligned}
\tag{7.76}
$$

根据条件概率的性质，后验预测分布可以记作如下积分形式：

$$
p\left(y_{\mathrm{s}}^*|\boldsymbol{y}_{\mathrm{s}}\right)=\int p\left(y_{\mathrm{s}}^*|\boldsymbol{c},\boldsymbol{\omega},\boldsymbol{y}_{\mathrm{s}}\right)p\left(\boldsymbol{c}|\,\boldsymbol{\omega},\boldsymbol{y}_{\mathrm{s}}\right)p\left(\ln(\boldsymbol{\omega})\,|\,\boldsymbol{y}_{\mathrm{s}}\right)\mathrm{d}\boldsymbol{c}\mathrm{d}\ln(\boldsymbol{\omega}) \tag{7.77}
$$

其中，y_{s}^* 是测试点 $\boldsymbol{x}^*$处标准化响应的预测值；$\boldsymbol{\omega}=[\sigma^2,\tau_1^2,\tau_2^2,\cdots,\tau_{\|\boldsymbol{c}\|_0}^2,\rho^2]$。一般而言，式(7.77)是没有解析表达的，但是可以通过下式近似计算[47]：

$$
\begin{aligned}
p\left(y_{\mathrm{s}}^*|\boldsymbol{y}_{\mathrm{s}}\right)&\approx\int p\left(y_{\mathrm{s}}^*|\boldsymbol{c},\boldsymbol{\omega}_{\mathrm{MAP}},\boldsymbol{y}_{\mathrm{s}}\right)p\left(\boldsymbol{c}|\,\boldsymbol{\omega}_{\mathrm{MAP}},\boldsymbol{y}_{\mathrm{s}}\right)\delta([\ln(\boldsymbol{\omega})]_{\mathrm{MAP}})\mathrm{d}\boldsymbol{c}\mathrm{d}\ln(\boldsymbol{\omega})\\
&=\int p\left(y_{\mathrm{s}}^*|\boldsymbol{c},\boldsymbol{\omega}_{\mathrm{MAP}},\boldsymbol{y}_{\mathrm{s}}\right)p\left(\boldsymbol{c}|\,\boldsymbol{\omega}_{\mathrm{MAP}},\boldsymbol{y}_{\mathrm{s}}\right)\mathrm{d}\boldsymbol{c}
\end{aligned}
\tag{7.78}
$$

其中，$\delta([\ln(\boldsymbol{\omega})]_{\mathrm{MAP}})$表示 $\ln(\boldsymbol{\omega})$的 MAP 处的 δ 函数，MAP 代表最大后验估计(maximum a posterior estimation)。$[\ln(\boldsymbol{\omega})]_{\mathrm{MAP}}$ 的计算是解析贝叶斯套索方法中最为关键的一步，稍后会介绍 $\boldsymbol{\omega}_{\mathrm{MAP}}$ 的具体算法。为了记号简便，本书用 $\boldsymbol{\omega}_{\mathrm{MAP}}$ 表示$[\ln(\boldsymbol{\omega})]_{\mathrm{MAP}}$所对应的 $\boldsymbol{\omega}$。现在假设 $\boldsymbol{\omega}_{\mathrm{MAP}}$ 已经得到，易得 $p(\boldsymbol{c}|\boldsymbol{\omega}_{\mathrm{MAP}},\boldsymbol{y}_{\mathrm{s}})$服从正态分布，其分布参数表达式如下：

$$\begin{aligned}\boldsymbol{\mu}_c &= 1/\sigma_{\text{MAP}}^2 \boldsymbol{\Sigma}\boldsymbol{H}\boldsymbol{y}_{\text{s}} \\ \boldsymbol{\Sigma} &= (1/\sigma_{\text{MAP}}^2 \boldsymbol{H}\boldsymbol{H}^{\text{T}} + \boldsymbol{A})^{-1}\end{aligned} \tag{7.79}$$

其中，$\boldsymbol{A}=1/\sigma_{\text{MAP}}^2\text{diag}(1/\tau_{1\text{MAP}}^2,1/\tau_{2\text{MAP}}^2,\cdots,1/\tau_{\|\boldsymbol{c}\|_0\text{MAP}}^2)$；$\boldsymbol{\mu}_c$是均值向量；$\boldsymbol{\Sigma}$代表协方差矩阵。将式(7.79)代入式(7.77)可得

$$p\left(y_{\text{s}}^*|\boldsymbol{y}_{\text{s}}\right)\approx \text{N}\left(\mu_{\text{p}},\sigma_{\text{p}}^2\right) \tag{7.80}$$

其中，μ_{p}和σ_{p}^2分别是预测均值和预测方差，二者表达式如下：

$$\begin{aligned}\mu_{\text{p}} &= \boldsymbol{\mu}_c^{\text{T}}\boldsymbol{\Phi}(\boldsymbol{\theta}^*) \\ \sigma_{\text{p}}^2 &= \sigma_{\text{MAP}}^2 + \boldsymbol{\Phi}(\boldsymbol{\theta}^*)^{\text{T}}\boldsymbol{\Sigma}\boldsymbol{\Phi}(\boldsymbol{\theta}^*)\end{aligned} \tag{7.81}$$

为了行文简洁，式(7.79)～式(7.81)的推导在 7.5.3 节单独给出。由于本书用μ_{p}作为代理模型预测值，所以σ_{p}^2也是预测误差的方差。对σ_{p}^2取均值，便得到了代理模型的均方误差(mean-square error，MSE)，σ_{g}^2：

$$\sigma_{\text{g}}^2 = E_{\boldsymbol{x}}\left[\sigma_{\text{p}}^2(\boldsymbol{x})\right] \tag{7.82}$$

2. 参数的 MAP 的计算

根据 MAP 的定义，可以得到$\boldsymbol{\omega}_{\text{MAP}}$的表达式：

$$\boldsymbol{\omega}_{\text{MAP}}=\underset{\boldsymbol{\omega}}{\text{argmax}}\, p\left[\ln(\boldsymbol{\omega})\,|\,\boldsymbol{y}_{\text{s}}\right]=\underset{\boldsymbol{\omega}}{\text{argmax}}\ln\left\{p\left[\ln(\boldsymbol{\omega})\,|\,\boldsymbol{y}_{\text{s}}\right]\right\} \tag{7.83}$$

其中，$p[\ln(\boldsymbol{\omega})|\boldsymbol{y}_{\text{s}}]$可以进一步表示为

$$\begin{aligned}p\left[\ln(\boldsymbol{\omega})\,|\,\boldsymbol{y}_{\text{s}}\right] &\propto p\left[\boldsymbol{y}_{\text{s}}|\ln(\boldsymbol{\omega})\right]p\left[\ln(\boldsymbol{\omega})\right] \\ &= \left[\int p\left(\boldsymbol{y}_{\text{s}}|\boldsymbol{c},\boldsymbol{\omega}\right)p\left(\boldsymbol{c}|\boldsymbol{\omega}\right)\text{d}\boldsymbol{c}\right]p\left[\ln(\boldsymbol{\omega})\right]\end{aligned} \tag{7.84}$$

式(7.84)中的积分计算与式(7.77)类似，此处不再赘述，直接给出其结论：

$$p\left[\ln(\boldsymbol{\omega})\,|\,\boldsymbol{y}_{\text{s}}\right]\propto \frac{\exp\left[-\dfrac{1}{2}\boldsymbol{y}_{\text{s}}^{\text{T}}\left(\sigma^2\boldsymbol{I}_n+\boldsymbol{H}^{\text{T}}\boldsymbol{A}^{-1}\boldsymbol{H}\right)^{-1}\boldsymbol{y}_{\text{s}}\right]p\left[\ln(\boldsymbol{\omega})\right]}{\left|\sigma^2\boldsymbol{I}_n+\boldsymbol{H}^{\text{T}}\boldsymbol{A}^{-1}\boldsymbol{H}\right|^{\frac{1}{2}}} \tag{7.85}$$

所以，将式(7.85)代入式(7.83)得到

$$\boldsymbol{\omega}_{\text{MAP}}=\underset{\boldsymbol{\omega}}{\text{argmax}}\, p\left[\ln(\boldsymbol{\omega})\,|\,\boldsymbol{y}_{\text{s}}\right]=\underset{\boldsymbol{\omega}}{\text{argmax}}\, L \tag{7.86}$$

其中，L的表达式为

$$
\begin{aligned}
L &= -\frac{1}{2}\left[\ln|\sigma^2 \boldsymbol{I}_n + \boldsymbol{H}^{\mathrm{T}}\boldsymbol{A}^{-1}\boldsymbol{H}| + \boldsymbol{y}_{\mathrm{s}}^{\mathrm{T}}(\sigma^2 \boldsymbol{I}_n + \boldsymbol{H}^{\mathrm{T}}\boldsymbol{A}^{-1}\boldsymbol{H})^{-1}\boldsymbol{y}_{\mathrm{s}}\right] + \ln\left\{p\left[\ln(\omega)\right]\right\} \\
&= \frac{1}{2}\left[\ln|\boldsymbol{\Sigma}| - n\ln\sigma^2 + \ln|\boldsymbol{A}| - \frac{1}{\sigma^2}\left\|\boldsymbol{y}_{\mathrm{s}} - \boldsymbol{H}^{\mathrm{T}}\boldsymbol{\mu}\right\|_2^2 - \boldsymbol{\mu}^{\mathrm{T}}\boldsymbol{A}\boldsymbol{\mu}\right] \\
&\quad + \ln\left\{p\left[\ln(\sigma^2)\right]\right\} + \sum_{j=1}^{\|\boldsymbol{c}\|_0}\ln\left\{p\left[\ln(\tau_j^2)\,|\,\rho^2\right]\right\} + \ln\left\{p\left[\ln(\rho^2)\right]\right\}
\end{aligned}
\tag{7.87}
$$

由概率守恒可知，如果随机变量 v' 与 v 满足 $v' = \ln(v)$，则两者的概率密度函数存在如下关系：$p(v')\mathrm{d}v' = p(v)\mathrm{d}v$，即 $p[\ln(v)] = v[p(v)]$，所以，分别令 $v=\sigma^2$，$v=\tau_j^2$，$v=\rho^2$，并代入三者的先验概率密度函数，可将 L 化简为

$$
L=\frac{1}{2}\left(\ln|\boldsymbol{\Sigma}| - n\ln\sigma^2 + \ln|\boldsymbol{A}| - \frac{1}{\sigma^2}\left\|\boldsymbol{y}_{\mathrm{s}} - \boldsymbol{H}^{\mathrm{T}}\boldsymbol{\mu}\right\|_2^2 - \boldsymbol{\mu}^{\mathrm{T}}\boldsymbol{A}\boldsymbol{\mu} - \rho^2\sum_{j=1}^{\|\boldsymbol{c}\|_0}\tau_j^2\right) + \sum_{j=1}^{\|\boldsymbol{c}\|_0}\ln\left(\frac{\rho^2\tau_j^2}{2}\right)
\tag{7.88}
$$

为得到式(7.86)的解，对 L 求导得到如下驻值条件：

$$
\begin{aligned}
\frac{\partial L}{\partial \ln(\tau_j^2)} &= -\frac{1}{2}\left[1 - \frac{1}{\tau_j^2\sigma^2}(\mu_j + \Sigma_{jj})\right] - \frac{\rho^2}{2}\tau_j^2 + 1 = 0 \\
\frac{\partial L}{\partial \ln(\rho^2)} &= -\frac{\rho^2}{2}\sum_{j=1}^{\|\boldsymbol{c}\|_0}\tau_j^2 + \|\boldsymbol{c}\|_0 = 0 \\
\frac{\partial L}{\partial \ln(\sigma^2)} &= \frac{1}{2}\left[n\sigma^2 - \|\boldsymbol{y}_{\mathrm{s}} - \boldsymbol{H}^{\mathrm{T}}\boldsymbol{\mu}\|^2 - \mathrm{tr}(\boldsymbol{\Sigma}\boldsymbol{H}\boldsymbol{H}^{\mathrm{T}})\right] = 0
\end{aligned}
\tag{7.89}
$$

根据式(7.89)便可得到 $\boldsymbol{\omega}_{\mathrm{MAP}}$ 的迭代算法，见表 7.16。至此，本节建立了解析贝叶斯套索算法的基本理论框架，在此基础上，下文将介绍一种多项式基底更新方法，并建立稀疏 AHDMR-PCE 代理模型。

表 7.16　参数最大后验估计的迭代算法

算法 1：参数最大后验估计的迭代算法
初始化：$k=0, \sigma_{(k)}^2=1, \tau_{j(k)}^2=1(j=1, 2, \cdots, \|\boldsymbol{c}\|_0), \rho_k^2=1, \boldsymbol{\omega}_{(k)}=[\sigma_{(k)}^2, \tau_{j(k)}^2\ (j=1, 2, \cdots, \|\boldsymbol{c}\|_0), \rho_k^2]$, $\boldsymbol{\eta}_{(k)} = 1_{\|\boldsymbol{c}\|_0+2}$,
While $\boldsymbol{\eta}_{(k)}$中某些元素大于 0.01 且 $\sigma_{(k)}^2>10^{-8}$ 用如下公式更新 $\boldsymbol{\omega}_{(k)}$: $$\tau_{j(k+1)}^2=\sqrt{\frac{\tau_{j(k)}^2 + \dfrac{\mu_{j(k)} + \Sigma_{jj(k)}}{\sigma_{(k)}^2}}{\rho_{(k)}^2}} \tag{7.90}$$ $$\rho_{(k+1)}^2=\frac{2\|\mathbf{c}\|_0}{\sum_{j}^{\|\mathbf{c}\|_0}\tau_{j(k+1)}^2}$$

续表

$\sigma^2_{(k+1)}=\dfrac{\Vert \mathbf{y}_s-\mathbf{H}^{\mathrm{T}}\boldsymbol{\mu}_{(k)}\Vert^2+\mathrm{tr}(\boldsymbol{\Sigma}_{(k)}\mathbf{H}\mathbf{H}^{\mathrm{T}})}{n}$
$\boldsymbol{\omega}_{(k+1)}=\left[\sigma^2_{(k+1)},\tau^2_{j(k+1)}\left(j=1,\ 2,\cdots,\Vert\mathbf{c}\Vert_0\right),\lambda^2_{(k+1)}\right]$
$\boldsymbol{\eta}_{(k)}=\mathrm{abs}\left\vert\boldsymbol{\omega}_{(k+1)}-\boldsymbol{\omega}_{(k)}\right\vert./\boldsymbol{\omega}_{(k)}$
k=k+1
end while
注：此处定义两个算子，①“abs|•|”表示对向量中的所有元素执行绝对值运算；②“***R***./***T***”表示用矩阵 ***R*** 中的每个元素除以矩阵 ***T*** 中的对应元素。

3. 基于贝叶斯模型平均的模型选择方法

上文提出的解析贝叶斯套索算法具有很好的基底选择能力，借助实验数据集和层级贝叶斯模型确定式(7.70)中系数的后验分布，在一定程度上可以解决维度诅咒和过拟合的问题。但是在样本点相对较少而基底规模相对较大的情况下，直接应用解析贝叶斯套索算法仍会导致预测响应的方差较大。一般来说，并不是所有多项式基底对预测模型都有显著贡献，因此可以通过对基底的重要性进行排序和序列更新候选模型的方式，进一步减小基底规模，提高最终的预测精度和建模效率。

贝叶斯模型平均(Bayesian model averaging, BMA)方法是一种通过贝叶斯定理推导而来的统计方法，在已知数据集[($\boldsymbol{x}_1$, $y(\boldsymbol{x}_1)$), ($\boldsymbol{x}_2$, $y(\boldsymbol{x}_2)$), …, ($\boldsymbol{x}_n$, $y(\boldsymbol{x}_n)$)]的情况下，将模型的先验信息与观测数据结合，估计每个模型的后验概率，进而实现目标的排序选择和定量比较[48]，从而量化并比较每个模型对数据集的表征能力。假设存在 N_c 个形如式(7.65)的多项式表达可以用作函数 $y(\boldsymbol{x})$的候选模型，根据贝叶斯定理，任意一个候选模型的后验概率可以表示为

$$p\left(y_{\mathrm{s}}^{(t)}\mid\boldsymbol{y}_{\mathrm{s}}\right)=\frac{p\left(\boldsymbol{y}_{\mathrm{s}}\mid y_{\mathrm{s}}^{(t)}\right)p\left(y_{\mathrm{s}}^{(t)}\right)}{\sum\limits_{t=1}^{N_{\mathrm{c}}}p\left(\boldsymbol{y}_{\mathrm{s}}\mid y_{\mathrm{s}}^{(t)}\right)p\left(y_{\mathrm{s}}^{(t)}\right)},\quad t=1,2,\cdots,N_{\mathrm{c}}\tag{7.91}$$

其中，$p\left(y_{\mathrm{s}}^{(t)}\right)$是第 t 个候选模型的先验概率，一般在没有特殊信息的情况下，赋予每个候选模型等概率先验，即 $p\left(y_{\mathrm{s}}^{(t)}\right)=1/N_{\mathrm{c}}$。由于式(7.91)的分母是归一化常数，因此可以得到如下关系：

$$p\left(y_{\mathrm{s}}^{(t)}\mid\boldsymbol{y}_{\mathrm{s}}\right)\propto p\left(\boldsymbol{y}_{\mathrm{s}}\mid y_{\mathrm{s}}^{(t)}\right)\tag{7.92}$$

其中，$p\left(\boldsymbol{y}_{\mathrm{s}}\mid y_{\mathrm{s}}^{(t)}\right)$通常称为贝叶斯证据，用于量化数据集在每个模型参数空间中的可能性，其值越大则候选模型的后验概率越大，说明模型 $y_{\mathrm{s}}^{(t)}$ 对数据特征的重

现能力越强。所以，贝叶斯证据的计算是贝叶斯模型平均中最重要的步骤。一般来说，贝叶斯证据难以直接准确获得，因为其涉及如下复杂的积分：

$$
\begin{aligned}
p\left(\boldsymbol{y}_{\mathrm{s}} \mid y_{\mathrm{s}}^{(t)}\right)=\int p\left(\boldsymbol{y}_{\mathrm{s}} \mid y_{\mathrm{s}}^{(t)}, \boldsymbol{c}_t, \sigma_t^2\right) p\left(\boldsymbol{c}_t \mid y_{\mathrm{s}}^{(t)}, \sigma_t^2, \boldsymbol{\tau}_t^2\right) \ldots \\
\times p\left[\ln(\sigma_t^2)\right] p\left[\ln(\boldsymbol{\tau}_t^2) \mid \rho_t^2\right] p\left[\ln(\rho_t^2)\right] \mathrm{d}\boldsymbol{c}_t \mathrm{d}\ln(\sigma_t^2) \mathrm{d}\ln(\boldsymbol{\tau}_t^2) \mathrm{d}\ln(\rho_t^2)
\end{aligned}
\tag{7.93}
$$

上式的计算分为两步，第一步是对待定系数 $\boldsymbol{c}$ 的积分，记作

$$
Q_1=\int p\left(\boldsymbol{y}_{\mathrm{s}} \mid y_{\mathrm{s}}^{(t)}, \boldsymbol{c}_t, \sigma_t^2\right) p\left(\boldsymbol{c}_t \mid y_{\mathrm{s}}^{(t)}, \sigma_t^2, \boldsymbol{\tau}_t^2\right) \mathrm{d}\boldsymbol{c}_t \tag{7.94}
$$

Q_1 的计算方法与式(7.78)的推导类似，此处不再赘述，直接给出如下结论：

$$
Q_1=\frac{1}{\sqrt{2\pi}\left|1/\sigma^2\boldsymbol{I}+\boldsymbol{H}^{\mathrm{T}}\boldsymbol{A}^{-1}\boldsymbol{H}\right|}\exp\left[-\frac{1}{2}\boldsymbol{y}_{\mathrm{s}}^{\mathrm{T}}(1/\sigma^2\boldsymbol{I}+\boldsymbol{H}^{\mathrm{T}}\boldsymbol{A}^{-1}\boldsymbol{H})^{-1}\boldsymbol{y}_{\mathrm{s}}\right] \tag{7.95}
$$

第二步是将 Q_1 代入式(7.93)，得到如下表达式：

$$
p\left(\boldsymbol{y}_{\mathrm{s}} \mid y_{\mathrm{s}}^{(t)}\right)=\int Q_1 p\left[\ln(\sigma_t^2)\right] p\left[\ln(\boldsymbol{\tau}_t^2) \mid \rho_t^2\right] p\left[\ln(\rho_t^2)\right] \mathrm{d}\ln(\sigma_t^2) \mathrm{d}\ln(\boldsymbol{\tau}_t^2) \mathrm{d}\ln(\rho_t^2) \tag{7.96}
$$

然而这种积分求解十分困难，通常需要采用近似手段进行求解。本书采用拉普拉斯近似推导其近似的解析表达。拉普拉斯近似本质上是采用高斯分布近似任意分布的一种方法，将式(7.96)中被积函数的对数记作 $L(\boldsymbol{\theta})$，并对其进行二阶泰勒展开，可以得到如下表达式：

$$
L(\boldsymbol{\theta}) \approx L(\boldsymbol{\theta}_{\mathrm{M}})-\frac{1}{2}(\boldsymbol{\theta}-\boldsymbol{\theta}_{\mathrm{M}})^{\mathrm{T}} \boldsymbol{H}_L (\boldsymbol{\theta}-\boldsymbol{\theta}_{\mathrm{M}}) \tag{7.97}
$$

其中，$\boldsymbol{H}_L$ 是 $L(\boldsymbol{\theta})$ 的黑塞矩阵，$\boldsymbol{\theta}=\left[\ln(\sigma_t^2), \ln(\boldsymbol{\tau}_t^2), \ln(\rho_t^2)\right]$；$\boldsymbol{\theta}_{\mathrm{M}}$ 是 $L(\boldsymbol{\theta})$的极大值点，可以由表 7.16 中的算法得到。将式(7.97)代入式(7.96)可得到贝叶斯证据的近似表达式：

$$
p\left(\boldsymbol{y}_{\mathrm{s}} \mid y_{\mathrm{s}}^{(t)}\right) \approx \int \exp\left[L(\boldsymbol{\theta})\right] \mathrm{d}\boldsymbol{\theta} \tag{7.98}
$$

由于 $L(\boldsymbol{\theta})$是关于自变量的二次型，所以当 $\boldsymbol{H}_L$ 正定时，可以进一步利用高斯分布的数学特性将上式简化为

$$
\begin{aligned}
p\left(\boldsymbol{y}_{\mathrm{s}} \mid y_{\mathrm{s}}^{(t)}\right) \approx \exp\Big\{ Q_1(\boldsymbol{\theta}_{\mathrm{M}}) + p\left[\ln(\sigma_t^2)_{\mathrm{M}}\right] + p\left[\ln(\boldsymbol{\tau}_t^2)_{\mathrm{M}} \mid \rho_t^2\right] + \cdots \\
+ p\left[\ln(\rho_t^2)_{\mathrm{M}}\right] + \frac{1}{2}\left(\left\|\boldsymbol{\tau}_t^2\right\|_0 + 2\right)\ln(2\pi) - \frac{1}{2}\ln(|\boldsymbol{H}_L|) \Big\}
\end{aligned}
\tag{7.99}
$$

为了简化表达，通常将式(7.99)进一步取对数得到一种等价的贝叶斯证据：

$$\mathrm{BE}=\ln\left[p\left(\boldsymbol{y}_{\mathrm{s}}\mid y_{\mathrm{s}}^{(t)}\right)\right]\approx Q_1(\boldsymbol{\theta}_{\mathrm{M}})+p\left[\ln(\sigma_t^2)_{\mathrm{M}}\right]+p\left[\ln(\boldsymbol{\tau}_t^2)_{\mathrm{M}}\mid\rho_t^2\right]+\cdots$$
$$+p\left[\ln(\rho_t^2)_{\mathrm{M}}\right]+\frac{1}{2}(\left\|\boldsymbol{\tau}_t^2\right\|_0+2)\ln(2\pi)-\frac{1}{2}\ln(|\boldsymbol{H}_L|) \tag{7.100}$$

对数变换不改变函数的单调性，保证了式(7.100)也可以用来衡量贝叶斯证据的大小，但实际应用中一般并不直接将其用于模型选择。首先，Q_1 的意义不明确；其次，对于高维问题，$\boldsymbol{H}_L$ 计算困难且正定性不易保证。所以，通常采用一些信息准则代替贝叶斯证据进行模型选择，例如贝叶斯信息准则(Bayesian information criterion)等。但是这些信息准则一般偏向于选择参数数目更少的模型，但是实际工程往往更关注预测误差而非参数数目。因此，对于代理模型而言，如果更多的参数能够使预测误差降低，我们理应选择参数更多的而非满足上述信息准则的模型。所以，接下来本书介绍一种能够体现设计点局部精度的最大后验估计信息准则(MAP information criterion, MAPIC)代替贝叶斯证据。

在对未知数据点进行预测时，参数的 MAP 起到更重要的作用。因此，在进行模型选择的过程中，应该着重考虑 MAP 的影响，即根据后验概率 $p\left(y_{\mathrm{s}}^{(t)}\mid\boldsymbol{y}_{\mathrm{s}},\varsigma_{\mathrm{MAP}}\right)$ 的大小进行选择。由贝叶斯定理可以得到如下表达式：

$$p\left(y_{\mathrm{s}}^{(t)}\mid\boldsymbol{y}_{\mathrm{s}},\varsigma_{\mathrm{MAP}}\right)=\frac{p\left(\boldsymbol{y}_{\mathrm{s}}\mid y_{\mathrm{s}}^{(t)},\varsigma_{\mathrm{MAP}}\right)p\left(y_{\mathrm{s}}^{(t)}\right)}{\sum_{t=1}^{N_{\mathrm{c}}}p\left(\boldsymbol{y}_{\mathrm{s}}\mid y_{\mathrm{s}}^{(t)},\varsigma_{\mathrm{MAP}}\right)p\left(y_{\mathrm{s}}^{(t)}\right)}\propto p\left(\boldsymbol{y}_{\mathrm{s}}\mid y_{\mathrm{s}}^{(t)},\varsigma_{\mathrm{MAP}}\right) \tag{7.101}$$

将 $p\left(\boldsymbol{y}_{\mathrm{s}}\mid y_{\mathrm{s}}^{(t)},\varsigma_{\mathrm{MAP}}\right)$ 取自然对数可以得到 MAPIC 的表达式：

$$\begin{aligned}\mathrm{MAPIC}&=\ln\left[p\left(\boldsymbol{y}_{\mathrm{s}}\mid y_{\mathrm{s}}^{(t)},\varsigma_{\mathrm{MAP}}\right)\right]\\&=-\frac{1}{2}\left[\boldsymbol{y}_{\mathrm{s}}-\boldsymbol{\Phi}(\boldsymbol{x})_t^{\mathrm{T}}\boldsymbol{c}_{\mathrm{MAP}}\right]^{\mathrm{T}}(\boldsymbol{\Sigma}_{\mathrm{MAP}})^{-1}\left[\boldsymbol{y}_{\mathrm{s}}-\boldsymbol{\Phi}(\boldsymbol{x})_t^{\mathrm{T}}\boldsymbol{c}_{\mathrm{MAP}}\right]\\&\quad-\frac{1}{2}\sum_{i=1}^{N_{\mathrm{s}}}\ln(\sigma_{\mathrm{MAP}i}^2)-\frac{N_{\mathrm{s}}}{2}\ln(2\pi)\end{aligned} \tag{7.102}$$

其中，$\boldsymbol{\Sigma}_{\mathrm{MAP}}=\mathrm{diag}(\sigma_{\mathrm{MAP1}}^2,\sigma_{\mathrm{MAP2}}^2,\cdots,\sigma_{\mathrm{MAP}(N_{\mathrm{s}})}^2)$；$\sigma_{\mathrm{MAP}i}^2$ 是第 i 个设计点方差的后验估计。式(7.102)右端第一项代表给定 MAP 条件下的设计点预测误差，第二项为设计点的变异性，代表了后验的修正作用，第三项体现设计点数目的影响。所以，MAPIC 可以代表由设计点影响的局部精确性。

除了局部精度，模型的全局预测精度也是不确定性分析关注的重点，本书采用式(7.82)作为模型全局精度的度量。式(7.82)包含两层含义，σ_{p}^2 是预测值的方差，即预测误差的平方的均值，体现的是模型不确定性。$E_{\boldsymbol{x}}\left[\sigma_{\mathrm{p}}^2(\boldsymbol{x})\right]$ 代表整个输入随机变量空间的预测方差的均值，体现输入的随机不确定性。全局精度参数很好地反映了预测模型的不确定性，并且综合衡量了输入空间预测点的误差。为了最大程度上选择有利于提高计算精度的多项式基底，将最大后验信息准则与全局精度参数结合，得到一种面向模型精度的模型选择准则，也就是将使 MAPIC 增加或 σ_g^2 减小的基底均选入预测模型。

4. 基于交叉熵的低保真度先验模型

基于 7.5.2 节 1～3 的理论，可以建立函数的稀疏 AHDMR-PCE，但是得到的结果很可能精度不足。原因在于对目标系统没有特别认知的情况下，贝叶斯模型平均中的模型先验信息采用的是等概率先验，然而这明显是一种不合理的先验分配方式。例如，由基底$[1, 1, \cdots, 1]_{1\times N}$构成的预测模型表示响应与输入随机变量无关，在直接使用贝叶斯模型平均时，该预测模型分配的先验概率与其他模型一样，都是 $1/N_c$。但我们知道一般的随机系统都是与输入随机变量有关的，用$[1, 1, \cdots, 1]_{1\times N}$预测响应一般是不可能准确的，所以该模型应该分配 0 作为先验概率。不加预处理地使用贝叶斯模型平均是把明知错误的模型作为候选，加大了模型的认知不确定性，极大地影响最终的预测精度。

为了给贝叶斯模型平均提供一个较好的先验基础，可以建立由各个单变量成分函数的 PCE 构成的低保真度先验模型。虽然这样的低保真度模型对于变量之间耦合作用较强的问题精度不足，但能反映响应的基本统计信息，例如均值和标准差等，所以可以提供合理的先验信息。在此基础上，这里通过上文提出的模型选择准则序列添加、筛选高维成分函数的多项式基底，并由解析贝叶斯套索算法完成回归分析，提炼出最终的高保真度模型。这里将以 3.2.3 节中介绍的交叉熵作为收敛准则，建立由各个单变量成分函数的 PCE 构成的低保真度先验模型，即

$$y(\boldsymbol{x}) \approx \sum_{j=1}^{N}\sum_{i=0}^{P_t} c_{j,i}\phi_{j,i}(\theta_j) \tag{7.103}$$

其中，$c_{j,i}$ 和 P_t 是待定参数，分别代表待定系数和单变量成分函数中多项式基底的最高阶数，其余符号含义同前。$c_{j,i}$ 可以通过解析贝叶斯套索算法得到，多项式最高级阶数 P_t借助交叉熵确定，具体步骤如下所述。

(1) 初始化集合 $\boldsymbol{U}$ 用于存储有效多项式基底，并令 P_t=1，在给定 N_s 个设计样本点的条件下，用解析贝叶斯套索算法得到一组预测模型。

(2) 令 P_t=P_t+1，并用解析贝叶斯套索算法再次得到一组预测模型，计算连续两次迭代中预测模型的概率分布的交叉熵 D。

(3) 如果 D 小于设置的阈值，则说明继续增加多项式基底不能再为低保真度模型提供新的信息，可以结束迭代并将所有多项式基底加入 $\boldsymbol{U}$；如果 D 大于所设置的阈值，则返回(2)，直到 D 满足收敛条件。

得到单变量低保真度先验模型后，便可在其基础上采用解析贝叶斯套索算法

和最大后验信息准则继续提炼最终的高保真度代理模型。综上所述，可以得出建立 AHDMR-PCE 的步骤。首先，获取样本点及其对应的函数响应值，然后基于交叉熵建立出低保真度模型，随后通过面向模型精度的模型选择准则序列添加并筛选高维成分函数的多项式基底，并通过解析贝叶斯套索算法得到过程中的预测模型和全局精度参数，当全局精度参数满足收敛条件后，结束迭代并输出最终的高保真度模型。我们将上述方法的实现流程总结在图 7.12 中。

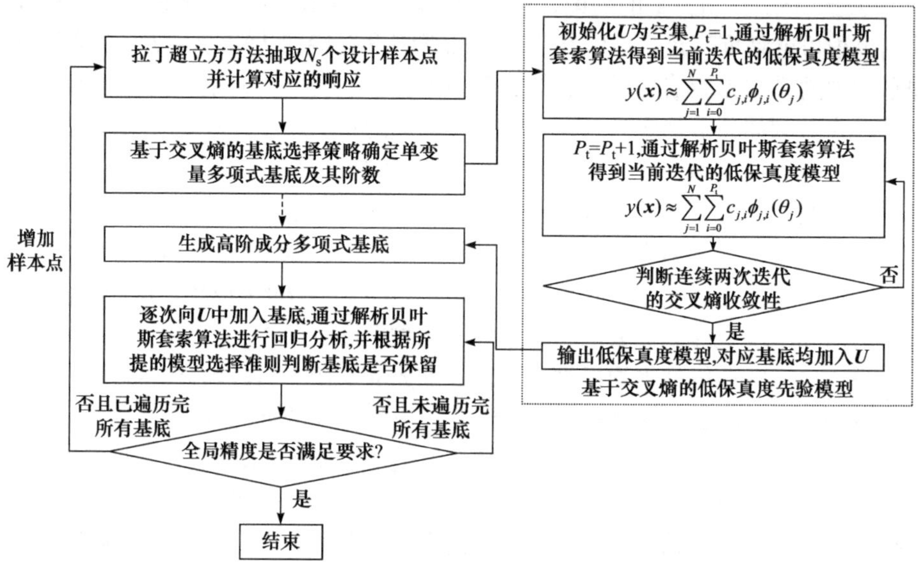

图 7.12　基于贝叶斯理论的 AHDMR-PCE 流程图

7.5.3　后验预测分布的相关推导

式(7.78)中包含两部分：其一，由高斯模型假设可知 $p(y_s^*|\boldsymbol{c},\ \boldsymbol{\omega}_{\text{MAP}},\ \boldsymbol{y}_s)$服从正态分布 $N(\boldsymbol{\Phi}(\boldsymbol{\theta}^*)^{\text{T}}\boldsymbol{c},\ \sigma_{\text{MAP}}^2)$，这里，$\boldsymbol{\theta}^*$是与 $\boldsymbol{x}^*$对应的标准化随机变量；其二，$p(\boldsymbol{c}|\boldsymbol{\omega}_{\text{MAP}}, \boldsymbol{y}_s)$可以由贝叶斯定理表示为

$$p(\boldsymbol{c}|\ \boldsymbol{\omega}_{\text{MAP}}, \boldsymbol{y}_s) \propto p(\boldsymbol{y}_s|\ \boldsymbol{c}, \boldsymbol{\omega}_{\text{MAP}})\, p(\boldsymbol{c}|\ \boldsymbol{\omega}_{\text{MAP}}) \tag{7.104}$$

由式(7.76)可知，$p(\boldsymbol{y}_s|\boldsymbol{c},\ \boldsymbol{\omega}_{\text{MAP}})$ 和 $p(\boldsymbol{c}|\boldsymbol{\omega}_{\text{MAP}})$都是已知的正态分布，所以二者相乘后依然是正态分布。$p(\boldsymbol{y}_s|\boldsymbol{c},\ \boldsymbol{\omega}_{\text{MAP}})$和 $p(\boldsymbol{c}|\boldsymbol{\omega}_{\text{MAP}})$都是正态分布，将二者代入式(7.104)可得

$$\begin{aligned} p(\boldsymbol{c}|\ \boldsymbol{\omega}_{\text{MAP}}, \boldsymbol{y}_s) &\propto p(\boldsymbol{y}_s|\ \boldsymbol{c}, \boldsymbol{\omega}_{\text{MAP}})\, p(\boldsymbol{c}|\ \boldsymbol{\omega}_{\text{MAP}}) \\ &\propto \exp\left\{-\frac{1}{2}\left[\boldsymbol{c}^{\text{T}}\left(\frac{\boldsymbol{H}\boldsymbol{H}^{\text{T}}}{\sigma_{\text{MAP}}^2}+\boldsymbol{A}\right)\boldsymbol{c}-\frac{2}{\sigma_{\text{MAP}}^2}\boldsymbol{y}_s^{\text{T}}\boldsymbol{H}^{\text{T}}\boldsymbol{c}\right]\right\} \end{aligned} \tag{7.105}$$

不难看出，式(7.105)表示高斯概率密度函数，其协方差矩阵是二次项系数的逆矩阵，其均值向量可以由一次项系数和二次项系数之比求得，即

$$p\left(\boldsymbol{c} | \boldsymbol{\omega}_{\mathrm{MAP}}, \boldsymbol{y}_{\mathrm{s}}\right) = N(\boldsymbol{\mu}_{\boldsymbol{c}}, \boldsymbol{\Sigma}) \tag{7.106}$$

其中，

$$\begin{aligned} \boldsymbol{\mu}_{\boldsymbol{c}} &= 1/\sigma_{\mathrm{MAP}}^2 \boldsymbol{\Sigma H y}_{\mathrm{s}} \\ \boldsymbol{\Sigma} &= (1/\sigma_{\mathrm{MAP}}^2 \boldsymbol{H H}^{\mathrm{T}} + \boldsymbol{A})^{-1} \end{aligned} \tag{7.107}$$

将设计样本点的似然函数和式(7.106)代入式(7.78)，得到如下表达式：

$$\begin{aligned} p\left(y_{\mathrm{s}}^* | \boldsymbol{y}_{\mathrm{s}}\right) &\approx \int p\left(y_{\mathrm{s}}^* | \boldsymbol{c}, \boldsymbol{\omega}_{\mathrm{MAP}}, \boldsymbol{y}_{\mathrm{s}}\right) p\left(\boldsymbol{c} | \boldsymbol{\omega}_{\mathrm{MAP}}, \boldsymbol{y}_{\mathrm{s}}\right) \mathrm{d}\boldsymbol{c} \\ &\propto \int \exp\left\{-\frac{1}{2\sigma_{\mathrm{MAP}}^2}\left[y_{\mathrm{s}}^* - \boldsymbol{\Phi}^{\mathrm{T}}\left(\boldsymbol{x}^*\right)\boldsymbol{c}\right]^2\right\} \exp\left[-\frac{1}{2}\left(\boldsymbol{c} - \boldsymbol{\mu}_{\boldsymbol{c}}\right)^{\mathrm{T}} \boldsymbol{\Sigma}^{-1}\left(\boldsymbol{c} - \boldsymbol{\mu}_{\boldsymbol{c}}\right)\right] \mathrm{d}\boldsymbol{c} \end{aligned} \tag{7.108}$$

将式(7.108)进一步展开，并舍掉与 y_{s}^* 和 $\boldsymbol{c}$ 无关的项，得到

$$p\left(y_{\mathrm{s}}^* | \boldsymbol{y}_{\mathrm{s}}\right) \propto \exp\left[-\frac{1}{2\sigma_{\mathrm{MAP}}^2}\left(y_{\mathrm{s}}^*\right)^2\right] \int \exp\left[-\frac{1}{2}\left(\boldsymbol{c}^{\mathrm{T}} \boldsymbol{\Omega c} - 2\boldsymbol{c}^{\mathrm{T}} \boldsymbol{\Gamma}\right)\right] \mathrm{d}\boldsymbol{c} \tag{7.109}$$

其中，

$$\begin{aligned} \boldsymbol{\Omega} &= \frac{\boldsymbol{\Phi}\left(\boldsymbol{x}^*\right)\boldsymbol{\Phi}^{\mathrm{T}}\left(\boldsymbol{x}^*\right)}{\sigma_{\mathrm{MAP}}^2} + \boldsymbol{\Sigma}^{-1} \\ \boldsymbol{\Gamma} &= \frac{y_{\mathrm{s}}^* \boldsymbol{\Phi}\left(\boldsymbol{x}^*\right)}{\sigma_{\mathrm{MAP}}^2} + \boldsymbol{\Sigma}^{-1} \boldsymbol{\mu}_{\boldsymbol{c}} \end{aligned} \tag{7.110}$$

可以看出，式(7.109)中的被积函数是高斯分布的核，将其进一步构造成标准的高斯分布形式，可以得到

$$p\left(y_{\mathrm{s}}^* | \boldsymbol{y}_{\mathrm{s}}\right) \propto \exp\left[-\frac{1}{2\sigma_{\mathrm{MAP}}^2}\left(y_{\mathrm{s}}^*\right)^2 + \frac{1}{2}\boldsymbol{\Gamma}^{\mathrm{T}} \boldsymbol{\Omega}^{-1} \boldsymbol{\Gamma}\right] \times \int \exp\left\{-\frac{1}{2}\left[(\boldsymbol{c} - \boldsymbol{\Omega}^{-1}\boldsymbol{\Gamma})^{\mathrm{T}} \boldsymbol{\Omega}(\boldsymbol{c} - \boldsymbol{\Omega}^{-1}\boldsymbol{\Gamma})\right]\right\} \mathrm{d}\boldsymbol{c} \tag{7.111}$$

由高斯分布的性质可知，式(7.111)中的积分为常数，因此 $p(y_{\mathrm{s}}^* | \boldsymbol{y}_{\mathrm{s}})$ 又满足如下关系：

$$p\left(y_{\mathrm{s}}^* | \boldsymbol{y}_{\mathrm{s}}\right) \propto \exp\left[-\frac{1}{2\sigma_{\mathrm{MAP}}^2}\left(y_{\mathrm{s}}^*\right)^2 + \frac{1}{2}\boldsymbol{\Gamma}^{\mathrm{T}} \boldsymbol{\Omega}^{-1} \boldsymbol{\Gamma}\right] \tag{7.112}$$

将式(7.110)和式(7.112)联合来看，可以知道式(7.112)的右端也是高斯分布的

核。所以，通过进一步构造可得到 $p(y_s^*|\boldsymbol{y}_s)$ 的表达式：

$$p\left(y_s^*|\boldsymbol{y}_s\right)=N(\mu_p,\sigma_p^2) \tag{7.113}$$

其中，

$$\begin{aligned}\mu_p&=\frac{\sigma_{MAP}^2\boldsymbol{\Phi}^T(\boldsymbol{x}^*)\boldsymbol{\Omega}^{-1}\boldsymbol{\Sigma}^{-1}\boldsymbol{\mu}_c}{\sigma_{MAP}^2-\boldsymbol{\Phi}(\boldsymbol{x}^*)^T\boldsymbol{\Omega}^{-1}\boldsymbol{\Phi}(\boldsymbol{x}^*)}\\ \sigma_p^2&=\left[\frac{1}{\sigma_{MAP}^2}-\frac{\boldsymbol{\Phi}(\boldsymbol{x}^*)^T\boldsymbol{\Omega}^{-1}\boldsymbol{\Phi}(\boldsymbol{x}^*)}{(\sigma_{MAP}^2)^2}\right]^{-1}\end{aligned} \tag{7.114}$$

由 Sherman-Morrison 公式可将 $\boldsymbol{\Omega}^{-1}$ 等价表示成如下形式：

$$\boldsymbol{\Omega}^{-1}=\boldsymbol{\Sigma}-\frac{\boldsymbol{\Sigma\Phi}\left(\boldsymbol{x}^*\right)\boldsymbol{\Phi}^T\left(\boldsymbol{x}^*\right)\boldsymbol{\Sigma}}{\sigma_{MAP}^2+\boldsymbol{\Phi}^T\left(\boldsymbol{x}^*\right)\boldsymbol{\Sigma\Phi}\left(\boldsymbol{x}^*\right)} \tag{7.115}$$

将式(7.115)代入式(7.114)可以得到式(7.81)。

7.5.4 典型数值算例分析

本小节通过两种常用的 PCE 方法和基于贝叶斯理论的 AHDMR-PCE (B-AHDMR-PCE)对两个典型数值算例进行不确定性分析，详细比较三种方法的性能差异。

例 7-6 具有稀疏性的高维函数[49]

本例的函数表达式如下：

$$V(\boldsymbol{x})=\boldsymbol{a}_1^T\boldsymbol{x}+\boldsymbol{a}_2^T\sin(\boldsymbol{x})+\boldsymbol{a}_3^T\cos(\boldsymbol{x})+\boldsymbol{x}^T\boldsymbol{Kx} \tag{7.116}$$

其中，$\boldsymbol{x}$ 是 15 维的输入随机向量，其分量独立同分布于均值为 0、标准差为 0.5 的正态分布；向量 $\boldsymbol{a}_1$，$\boldsymbol{a}_2$，$\boldsymbol{a}_3$ 和矩阵 $\boldsymbol{K}$ 是人为设定的权重因子，用于调节函数表达式的稀疏性以及不同输入随机变量对函数响应方差的贡献。

B-AHDMR-PCE 在低保真度先验模型建模过程中经历三次迭代后收敛，所以确定 P_t=4。在提炼高保真度模型的阶段，从(15+4)!/(15!×4!)=3876 个候选基底中筛选出 166 个，其准确描述了原函数的稀疏特性。三种方法的结果与 MCS 参考解的对比如表 7.17 所示，完整 PCE 方法因过拟合未能得到结果，LAR 方法的偏度系数误差非常大，BCS 的方差预测不准确。相比之下，在相同样本量的条件下，B-AHDMR-PCE 的统计矩估计精度有量级上的提高，而且失效概率计算最为准确。图 7.13 给出了不同方法的累积概率分布曲线，直观地展示了各方法的不确定性分析精度(尤其是在概率分布尾部拟合方面)的差异。图 7.14 给出了 B-AHDMR-PCE 的验证点的预测值和真实值的对比图，可以看出该方法具有较高的全局预测性能。

表 7.17 例 7-6 中不同方法的结果

方法	样本数量	均值(相对误差)	方差(相对误差)	偏度系数(相对误差)	峰度系数(相对误差)	σ_g^2	P_f(相对误差)
B-AHDMR-PCE	300	13.7599 (0.01%)	15.4537 (0.10%)	−0.3296 (0.34%)	3.1391 (0.10%)	7.9212×10^{-6}	7.78×10^{-4} (1.77%)
完整 PCE	—	—	—	—	—	—	—
LAR (P_t=3)	300	13.8774 (0.84%)	14.2781 (7.61%)	−0.1550 (52.40%)	3.0216 (3.29%)	—	3.20×10^{-4} (59.55%)
BCS	300	13.8562 (0.75%)	13.3823 (13.24%)	−0.3019 (8.84%)	3.1003 (1.14%)	—	2.07×10^{-4} (72.40%)

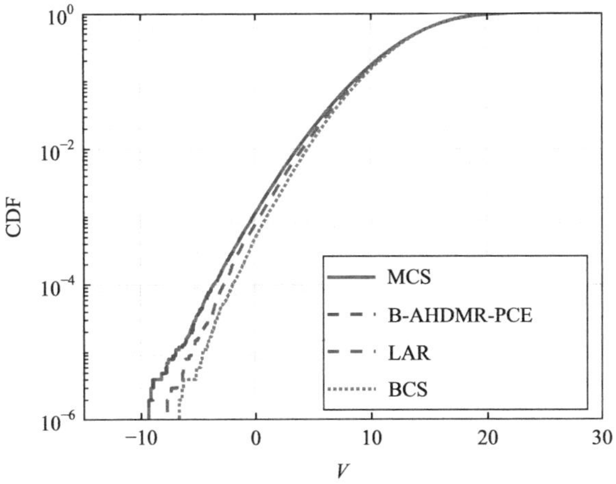

图 7.13 例 7-6 的 CDF 对比图

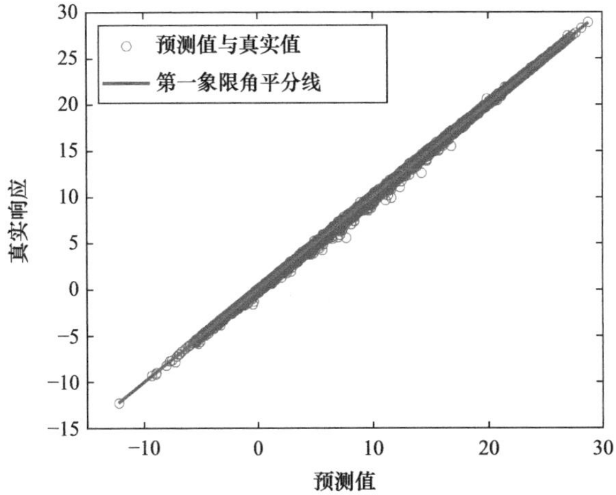

图 7.14 例 7-6 的验证点对比图

例 7-7[45] 强非线性问题

接下来考虑一个高维强非线性问题，其函数表达式如下：

$$Y(\boldsymbol{x})=3-\frac{5}{n}\sum_{i=1}^{n}ix_i+\frac{1}{n}\sum_{i=1}^{n}ix_i^3+\ln\left[\frac{1}{3n}\sum_{i=1}^{n}i(x_i^2+x_i^4)\right] \tag{7.117}$$

其中，n=20，各输入随机变量独立同分布于均值为 1、标准差为 0.2 的正态分布。

本例用 300 个拉丁超立方样本对原函数进行拟合。B-AHDMR-PCE 先利用这些样本点构建低保真度先验模型，随后由面向模型精度的模型选择准则和解析贝叶斯套索算法进一步提炼高保真度模型，最终得到含 244 个多项式基底的代理模型。表 7.18 列出了不同方法的不确定性分析结果，可以看出，无论对于统计矩计算还是失效概率预测，B-AHDMR-PCE 都有很大优势。图 7.15 给出了不同方法的 CDF 结果，由于原函数非线性程度很高而且候选基底数量较多，BCS 的结果与参考解相去甚远，LAR 相比于 BCS 方法在精度上有较大提高，但从概率分布尾部的拟合情况来看，B-AHDMR-PCE 的精确性最高。图 7.16 给出了 B-AHDMR-PCE 在验证点处的预测值与真实值的对比图，可以看出，其全局预测精度也比较令人满意。

表 7.18 例 7-7 中不同方法的结果

方法	样本数量	均值 (相对误差)	方差 (相对误差)	偏度系数 (相对误差)	峰度系数 (相对误差)	σ_g^2	P_f (相对误差)
本章方法	300	−35.6744 (0.00%)	0.9859 (0.61%)	0.4623 (1.09%)	3.2905 (0.20%)	2.5929×10^{-4}	4.87×10^{-4} (3.17%)
完整 PCE	300	—	—	—	—	—	—
LAR($P_t=3$)	300	−35.6702 (0.01%)	0.9968 (0.42%)	0.4863 (7.38%)	3.3108 (1.41%)	—	2.39×10^{-4} (48.49%)
BCS	300	−35.7881 (0.31%)	0.4662 (52.99%)	0.3366 (25.53%)	3.1451 (3.79%)	—	3.00×10^{-6} (99.49%)

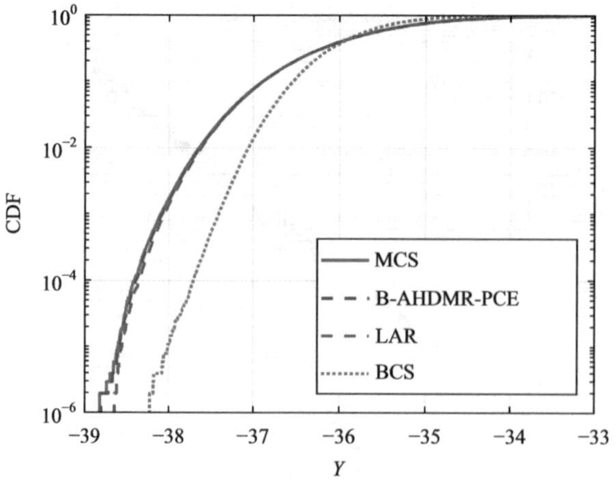

图 7.15 例 7-7 的 CDF 对比图

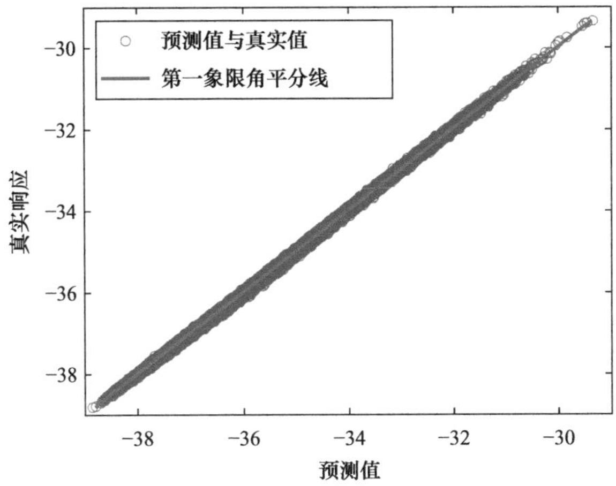

图 7.16 例 7-7 的验证点对比图

7.6 工 程 应 用

本节采用的工程案例同 3.5 节，不同点在于此处仅对载荷强度的随机性进行建模。假设 15 个截面的水动力载荷压差极值 p 是随机源，独立同分布于均值是 0.25MPa、变异系数是 0.1 的正态分布。图 7.17 为一组随机样本的弯矩响应的有限元分析结果。由于连接面的作用，响应分布呈现出非连续性质，同时可以看出，不同时刻响应极值发生的位置均在连接面处。在整个水下航行体结构中连接面属于薄弱环节，所以在总体设计过程中应该重点关注此处响应的不确定性。本节通过 7.5 节介绍的 B-AHDMR-PCE，对水下航行体连接面在 0～0.3s 内的弯矩响应进行预测，进而开展不确定性分析。

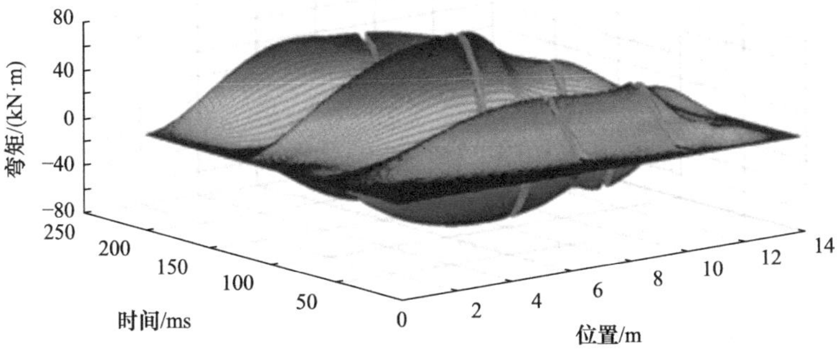

图 7.17 弯矩时空分布图

水下航行体结构服役过程中受到的外力作用很复杂，其不确定性分析实质是一个高维时变问题。因为结构安全评估通常关注危险截面的最大内力，所以本节通过极值法求解该时变问题，即分析连接件处时程响应的最大值的不确定性。为预测极值响应，需要对连接截面处时程曲线上每个时间点的响应建立代理模型。本节将 0～0.3s 的时间域离散成 300 个时间节点，建立 300 个代理模型得到预测时程曲线，进一步对任意一组样本的预测时程曲线取最大值，得到该样本时程曲线的最大值。值得注意的是，对于每一组外载荷设计样本，都可以得到包含所有时间点的时程曲线，因此，只需要同一批次的设计点即可建立所有代理模型，具体建模步骤如图 7.18 所示。

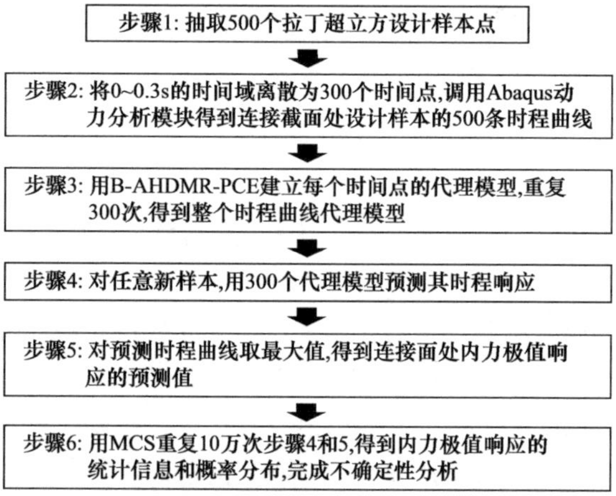

步骤1: 抽取500个拉丁超立方设计样本点
步骤2: 将0~0.3s的时间域离散为300个时间点,调用Abaqus动力分析模块得到连接截面处设计样本的500条时程曲线
步骤3: 用B-AHDMR-PCE建立每个时间点的代理模型,重复300次,得到整个时程曲线代理模型
步骤4: 对任意新样本,用300个代理模型预测其时程响应
步骤5: 对预测时程曲线取最大值,得到连接面处内力极值响应的预测值
步骤6: 用MCS重复10万次步骤4和5,得到内力极值响应的统计信息和概率分布,完成不确定性分析

图 7.18　水下航行体内力极值响应不确定性分析流程图

需要说明的是，我们借助 Abaqus 进行有限元建模和分析得到真实动力响应，并将 10 万次 MCS 的有限元分析结果作为参考解，每次有限元分析耗时约 90s，所以共需大约 2500h。因为采用 3 台计算机同时计算，而且每台计算机同时运行 5 个 Abaqus 程序，所以实际耗费 2500h/15≈167h 得到参考解。

7.6.1　弯矩时程响应曲线的预测

图 7.19 和图 7.20 给出了部分验证点的时程分析结果，可以看出两个截面弯矩的预测结果与真实曲线几乎相同，这说明弯矩响应的预测具有非常高的精度。另外，还发现连接件 2(坐标位置为 6m 处)的弯矩时程曲线幅值大于连接件 1(坐标位置为 3.2m 处)，但是前者总体呈“M”形状，后者呈现出多段“S”形状，即前者波动性小于后者。图 7.21 进一步给出了弯矩响应时程曲线的包络对比图，可以发现，两个连接件的包络图预测曲线与真实结果非常接近，但连接件 2 的结果更加准确，而且其弯矩变化范围比连接件 1 大。类似地，可以看出，连接件 2 包络曲线的波动性比连接件 1 小。

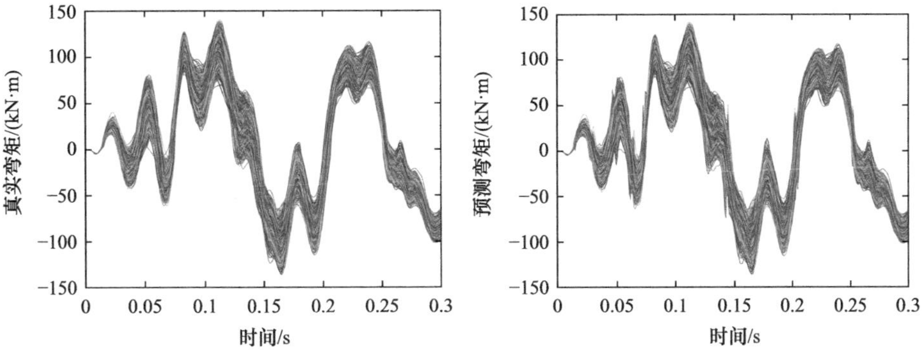

(a) 真实弯矩时程曲线　(b) 预测弯矩时程曲线

图 7.19　连接件 1 处弯矩响应时程曲线对比

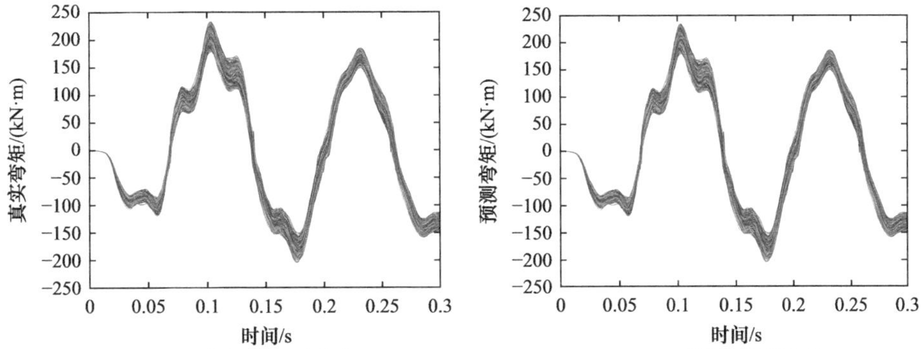

(a) 真实弯矩时程曲线　(b) 预测弯矩时程曲线

图 7.20　连接件 2 处弯矩响应时程曲线对比

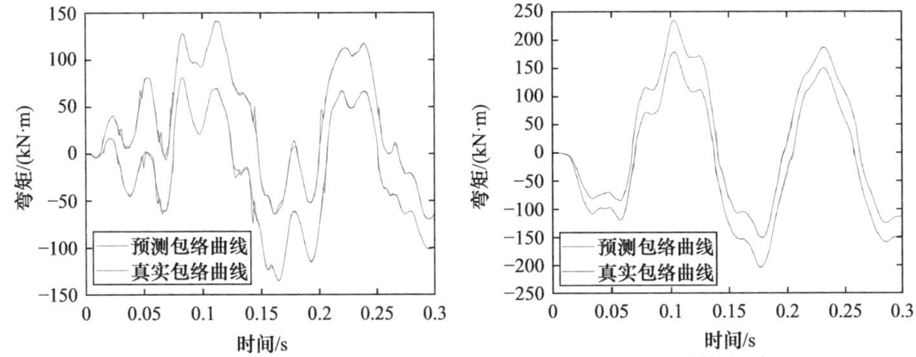

(a) 连接件1对比图　(b) 连接件2对比图

图 7.21　弯矩时程曲线包络图的对比

7.6.2　弯矩极值响应的不确定性分析

在横向水动力载荷作用下，弯曲失效是水下航行体的主要失效模式之一，因此极值弯矩响应的不确定性分析对结构的安全评估有重要的意义。两个连接件的统计信息预测值如表 7.19 和表 7.20 所示。由表中结果可以看出，B-AHDMR-PCE 可以非常精确地预测极值弯矩的统计矩，误差最大的是连接面 2 的偏度系数，仅为 5.79%，并且两个连接面的代理模型均有非常高的全局预测精度，决定系数均在 0.999 以上。从两表的均值和方差可看出，两个截面极值弯矩的变异系数在 0.05 左右，变异性较小。但是两截面承受的弯矩值差距较大，连接件 2 约为连接件 1 的两倍。因此，就弯矩失效模式而言，连接件 2 更危险，在设计过程中应着重考虑此处的抗弯强度。图 7.22 给出了两个连接件最大弯矩的预测 CDF 曲线，可以看出，B-AHDMR-PCE 可以精确捕捉到弯矩的概率信息，这为不确定性分析提供了高效算法。

表 7.19 连接件 1 最大弯矩的统计信息

统计指标	预测值	误差
均值	113.0671	0.01%
方差	41.5318	0.01%
偏度系数	0.4319	1.16%
峰度系数	3.3724	0.27%
决定系数	0.9990	—

表 7.20 连接件 2 最大弯矩的统计信息

统计指标	预测值	误差
均值	207.6878	0.00%
方差	54.1338	0.05%
偏度系数	0.0062	5.79%
峰度系数	3.0212	0.02%
决定系数	0.9995	—

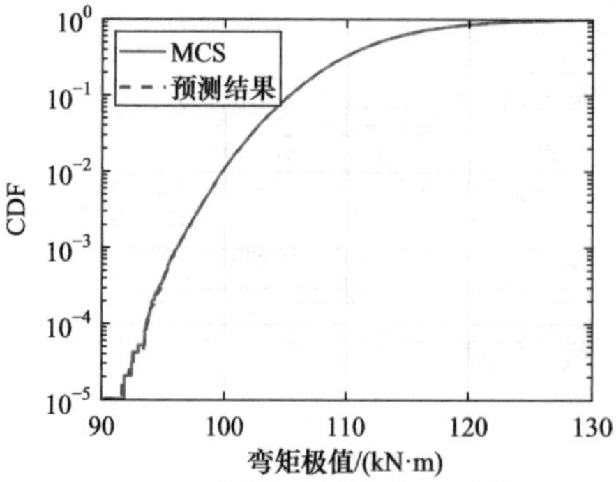

(a) 连接件1处响应的CDF曲线

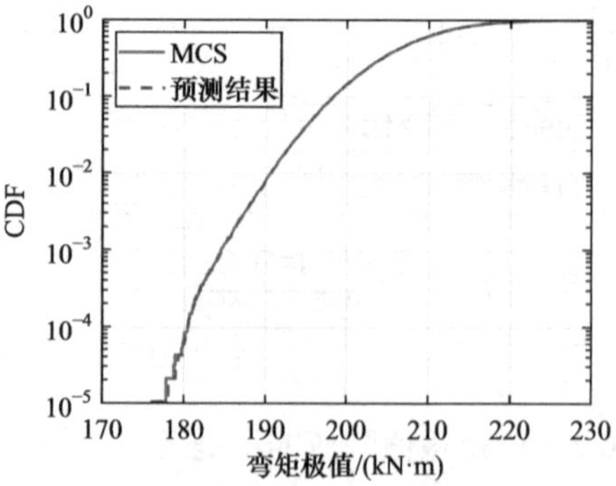

(b) 连接件2处响应的CDF曲线

图 7.22 连接件最大弯矩响应的 CDF 曲线

参 考 文 献

[1] Efron B, Stein C. The jackknife estimate of variance[J]. The Annals of Statistics, 1981, 9(3): 586-596.

[2] Rabitz H, Aliş Ö F. General foundations of high-dimensional model representations[J]. Journal of Mathematical Chemistry, 1999, 25(2): 197-233.

[3] Sobol I M. Theorems and examples on high dimensional model representation[J]. Reliability Engineering and System Safety, 2003, 79(2): 187-193.

[4] Li G, Wang S W, Rabitz H. Practical approaches to construct RS-HDMR component functions[J]. The Journal of Physical Chemistry A, 2002, 106(37): 8721-8733.

[5] Shorter J A, Ip P C, Rabitz H A. An efficient chemical kinetics solver using high dimensional model representation[J]. The Journal of Physical Chemistry A, 1999, 103(36): 7192-7198.

[6] Rahman S, Xu H. A univariate dimension-reduction method for multi-dimensional integration in stochastic mechanics[J]. Probabilistic Engineering Mechanics, 2004, 19(4): 393-408.

[7] 张凯, 李刚. 基于改进降维法的可靠度分析[J]. 计算力学学报, 2011, 28(2): 187-192.

[8] Li G, Zhang K. A combined reliability analysis approach with dimension reduction method and maximum entropy method[J]. Structural and Multidisciplinary Optimization, 2011, 43(1): 121-134.

[9] Zhang X, Pandey M D. Structural reliability analysis based on the concepts of entropy, fractional moment and dimensional reduction method[J]. Structural Safety, 2013, 43: 28-40.

[10] 张磊刚, 吕震宙, 陈军. 基于失效概率的矩独立重要性测度的高效算法[J]. 航空学报, 2014, 35(8): 2199-2206.

[11] Wei D, Rahman S. Structural reliability analysis by univariate decomposition and numerical integration[J]. Probabilistic Engineering Mechanics, 2007, 22(1): 27-38.

[12] Xu H, Rahman S. A generalized dimension-reduction method for multidimensional integration in stochastic mechanics[J]. International Journal for Numerical Methods in Engineering, 2004, 61(12): 1992-2019.

[13] Fan W, Wei J, Ang A H S, et al. Adaptive estimation of statistical moments of the responses of random systems[J]. Probabilistic Engineering Mechanics, 2016, 43: 50-67.

[14] Xu H, Rahman S. Decomposition methods for structural reliability analysis[J]. Probabilistic Engineering Mechanics, 2005, 20(3): 239-250.

[15] Chowdhury R, Rao B N, Prasad A M. High-dimensional model representation for structural reliability analysis[J]. Communications in Numerical Methods in Engineering, 2009, 25(4): 301-337.

[16] Chowdhury R, Rao B N. Assessment of high dimensional model representation techniques for reliability analysis[J]. Probabilistic Engineering Mechanics, 2009, 24(1): 100-115.

[17] Chowdhury R, Rao B N. Hybrid high dimensional model representation for reliability analysis[J]. Computer Methods in Applied Mechanics and Engineering, 2009, 198(5-8): 753-765.

[18] Rahman S, Wei D. A univariate approximation at most probable point for higher-order reliability analysis[J]. International Journal of Solids & Structures, 2006, 43(9): 2820-2839.

[19] Rao B N, Chowdhury R. Enhanced high-dimensional model representation for reliability analysis[J]. International Journal for Numerical Methods in Engineering, 2009, 77(5): 719-750.

[20] Rahman S. A polynomial dimensional decomposition for stochastic computing[J]. International Journal for Numerical Methods in Engineering, 2008, 76(13): 2091-2116.

[21] Rahman S. Statistical moments of polynomial dimensional decomposition[J]. Journal of Engineering Mechanics, 2010, 136(7): 923-927.

[22] Rahman S. Global sensitivity analysis by polynomial dimensional decomposition[J]. Reliability Engineering & System Safety, 2011, 96(7): 825-837.

[23] Rahman S, Yadav V. Orthogonal polynomial expansions for solving random eigenvalue problems[J]. Int. J. Uncertain. Quantif., 2011, 1(2): 163-187.

[24] Rahman S. A generalized ANOVA dimensional decomposition for dependent probability measures[J]. SIAM/ASA Journal on Uncertainty Quantification, 2014, 2(1): 670-697.

[25] Ren X, Rahman S. Robust design optimization by polynomial dimensional decomposition[J]. Structural and Multidisciplinary Optimization, 2013, 48(1): 127-148.

[26] Tang K, Congedo P M, Abgrall R. Adaptive surrogate modeling by ANOVA and sparse polynomial dimensional decomposition for global sensitivity analysis in fluid simulation[J]. Journal of Computational Physics, 2016, 314: 557-589.

[27] Tang K, Wang J M, Freund J B. Adaptive sparse polynomial dimensional decomposition for derivative-based sensitivity[J]. Journal of Computational Physics, 2019, 391: 303-321.

[28] Lu K. Statistical moment analysis of multi-degree of freedom dynamic system based on polynomial dimensional decomposition method[J]. Nonlinear Dynamics, 2018, 93(4): 2003-2018.

[29] Cortesi A F, Jannoun G, Congedo P M. Kriging-sparse polynomial dimensional decomposition surrogate model with adaptive refinement[J]. Journal of Computational Physics, 2019, 380: 212-242.

[30] Rahman S. Approximation errors in truncated dimensional decompositions[J]. Mathematics of Computation, 2014, 83(290): 2799-2819.

[31] Tunga M A, Demiralp M. A factorized high dimensional model representation on the nodes of a finite hyperprismatic regular grid[J]. Applied Mathematics and Computation, 2005, 164(3): 865-883.

[32] Demiralp M. Logarithmic high dimensional model representation[C]. 6th WSEAS International Conference on Mathematics (MATH'06), 2006: 157-161.

[33] Tunga B, Demiralp M. A Novel Hybrid High-Dimensional Model Representation (HDMR) Based on The Combination of Plain and Logarithmic High-Dimensional Model Representations[M]//Mastorakis N, Sakellaris J. Advances in Numerical Methods. Boston: Springer, 2009: 101-111.

[34] He W, Li G, Hao P, et al. Maximum entropy method-based reliability analysis with correlated input variables via hybrid dimension-reduction method[J]. Journal of Mechanical Design, 2019, 141(10): 101405.

[35] Xu J. A new method for reliability assessment of structural dynamic systems with random parameters[J]. Structural Safety, 2016, 60: 130-143.

[36] Lebrun R, Dutfoy A. Do Rosenblatt and Nataf isoprobabilistic transformations really differ?[J]. Probabilistic Engineering Mechanics, 2009, 24(4): 577-584.

[37] Wiener N. The homogeneous chaos [J]. American Journal of Mathematics, 1938, 60(4): 897-936.

[38] Ghanem R G, Spanos P D. Stochastic Finite Elements: A Spectral Approach[M]. Berlin: Springer, 2003.

[39] Xiu D, Karniadakis G E. The Wiener-Askey polynomial chaos for stochastic differential equations[J]. SIAM Journal on Scientific Computing, 2002, 24(2): 619-644.

[40] Xiu D, Karniadakis G E. Modeling uncertainty in flow simulations via generalized polynomial chaos[J]. Journal of Computational Physics, 2003, 187(1): 137-167.

[41] He W, Zeng Y, Li G. An adaptive polynomial chaos expansion for high-dimensional reliability analysis[J]. Structural and Multidisciplinary Optimization, 2020, 62(4): 2051-2067.

[42] Archer G E B, Saltelli A, Sobol I M. Sensitivity measures, anova-like techniques and the use of bootstrap[J]. Journal of Statistical Computation and Simulation, 1997, 58(2): 99-120.

[43] He J, Gao S, Gong J. A sparse grid stochastic collocation method for structural reliability analysis[J]. Structural Safety, 2014, 51: 29-34.

[44] He W, Li G, Nie Z. An adaptive sparse polynomial dimensional decomposition based on Bayesian compressive sensing and cross-entropy[J]. Structural and Multidisciplinary Optimization, 2022, 65(1): 26.

[45] He W, Li G, Nie Z. A novel polynomial dimension decomposition method based on sparse Bayesian learning and Bayesian model averaging[J]. Mechanical Systems and Signal Processing, 2022, 169: 108613.

[46] Park T, Casella G. The bayesian lasso[J]. Journal of the American Statistical Association, 2008, 103(482): 681-686.

[47] Tipping M E. Sparse Bayesian learning and the relevance vector machine[J]. Journal of Machine Learning Research, 2001, 1(3): 211-244.

[48] Hoeting J A, Madigan D, Raftery A E, et al. Bayesian model averaging: A tutorial[J]. Statistical Science, 1999, 14(4): 382-401.

[49] Oakley J E, O'Hagan A. Probabilistic sensitivity analysis of complex models: A Bayesian approach[J]. Journal of the Royal Statistical Society Series B: Statistical Methodology, 2004, 66(3): 751-769.

第 8 章　基于混沌控制的结构可靠性优化设计方法

8.1　引　　言

由于不确定性在实际工程中不可避免，传统的确定性结构优化设计无法提供真正的最优设计方案，因此基于可靠性的优化设计(reliability-based design optimization, RBDO)日益受到重视。与确定性优化的根本不同在于，可靠性优化考虑了不确定性因素，建立包含失效概率约束的优化列式。根据不确定性的类型，可靠性优化可分为概率和非概率两类。本书将讨论概率可靠性优化(简称可靠性优化)问题。

RBDO 的求解策略可分为三大类：双层循环法、解耦法、单循环法。双层循环法是把 RBDO 分为内外两层循环，其中外层循环是确定性优化，内层循环是可靠性分析。Nikolaidis 和 Burdisso[1]最早通过 HL 可靠性指标来代替失效概率约束，提出了可靠性指标法(reliability index approach, RIA)，降低了 RBDO 求解难度。然而 Tu 等[2]、Lee 等[3]指出，非线性程度较高的功能函数的最可能失效点(MPP)求解困难，容易出现不收敛的现象。与此同时，可靠性分析的逆问题引起了学者们的关注。Tu 等[2]建立基于一次二阶矩的逆可靠性问题的优化列式，定义了最可能目标点(most probable target point, MPTP)的概念，并在此基础上提出功能度量法(performance measure approach, PMA)求解 RBDO 问题。PMA 因简单、稳定等优点而受到广泛关注。MPTP 的求解直接决定了 PMA 的精度、效率以及收敛性。Wu 等[4]利用 KKT 条件把 MPTP 计算转化为一系列利用功能函数和导数求解的迭代格式，提出了改进均值(advanced mean value, AMV)法。AMV 法概念清晰、表达式简单，但对于非凸函数可能出现振荡现象[3]。为了解决这一问题，学者们开展了许多相关研究。Youn 等[5]在 AMV 法基础上提出了共轭均值(conjugate mean value, CMV)法以及混合均值(hybrid mean value, HMV)法。但无论是 CMV 法还是 HMV 法，都难以求解非线性程度较高的凹功能函数的逆可靠性分析问题[6]。杨迪雄和易平[7-9]从混沌理论的角度分析了逆可靠性分析中混沌、周期、振荡的原因，同时用稳定转换法改善 AMV 法的收敛性能[10]。为了分析逆可靠性分析算法收敛失败的原因，建立适用于不同类型、不同非线性程度功能函数的逆可靠性分析方法，Meng 等[11]提出了混合混沌控制方法，揭示了逆可靠性分析收敛失败的机理，并在此基础上进一步建立了稳健性更强、精确性更高、适用性更强的可靠性优化方法[12]。

虽然双层循环法可以准确、稳定地收敛到最优点，但是由于需要反复迭代，导致计算成本过大。尤其是采用差分计算概率约束的灵敏度时，外层可靠性指标的差分会导致内层可靠性分析循环的反复迭代，造成计算量的急剧增长。解耦方法通过对可靠性分析循环与确定性优化循环的分离以达到对原问题解耦的目的。解耦法在每次可靠性分析求解完成之后再对设计变量进行确定性优化，然后不断重复概率约束求解和确定性优化直至找到最优解。在解耦法当中，最典型的是 Du 和 Chen[13]提出的序列优化与可靠性评定方法，被认为是效果最好的解耦法之一[14,15]。除此之外，还有一些其他行之有效的解耦方法，典型的如程耿东和许林[16,17]提出的序列近似规划方法。该方法用功能函数对设计变量和随机变量的灵敏度近似真实可靠性指标的灵敏度信息，并把确定性优化中序列近似优化思想引入 RIA 中让内层和外层优化同时收敛，因此有很高的计算效率，受到学者的广泛好评[15]。随后，易平和程耿东[18,19]进一步把序列近似规划的思想引入 PMA，建立了基于功能度量法的序列近似规划方法。此外，还有 Qu 和 Haftka[20]提出的概率充足因子法等。

单循环方法采用 KKT 条件或者重新构造优化列式得到可靠性优化问题的单循环优化列式，以提高计算效率。在可靠性优化研究的早期，Madsen 和 Friis-Hansen[21]用一次二阶矩方法的 KKT 优化条件代替原来的概率约束，把原嵌套的双层优化模型转化为单循环的优化模型。Kuschel 和 Rackwitz[22]改进了该方法，将原 RBDO 问题重新构造为成本约束下求最大可靠性的问题，并随后进一步解决了时变可靠性约束下的优化问题[23]。Kirjner-Neto 等[24]基于半无限规划方法，用单循环的思想把可靠性优化问题重新构造成一系列确定性子优化问题。与此同时，Chen 等[25]提出了单循环单向量方法，通过对极限状态函数进行分位数近似后建立了单循环方法。Liang 等[26]使用了单循环单向量方法的概念提出了单循环方法[27]。单循环方法通过可靠性分析的一阶近似实现了优化问题的高效求解，但是该类做法也可能会导致可靠性分析的精度不足，容易造成复杂约束问题的求解失败。如何在保证该类算法计算效率的同时改善其收敛性能，是该类方法面临的难题。

尽管上述基于梯度的 RBDO 方法发展迅速并被广泛应用于实际工程设计中，但是对某些复杂 RBDO 问题仍难以求解，例如多局部最优解、离散设计域等。启发式算法是模拟自然现象或社会现象的具有全局搜索能力的优化算法，适应于传统梯度类方法无法求解的复杂问题。Deb 等[28]在遗传算法的基础上提出了 NSGA-Ⅱ，并将其引入可靠性优化中，指出用启发式算法的意义在于解决多目标可靠性优化、多局部最优解以及最大需求可靠性等问题[29,30]。由于启发式算法的多样性，与之结合的可靠性优化方法也有多种，例如，Chen 等[31]基于细胞演化算法求解 MPTP；Yang 和 Hsieh[32]以及 Li 和 Chen[33]把粒子群算法应用到可靠性优化设计中，类似的研究还有很多，此处不一一列举。总的来说，启发式算法可以解决梯度类 RBDO 算法的不足，但是在计算效率上面临巨大挑战。如何高效运用启发式算法求解 RBDO 问题，未来需要进一步开展研究。

综上，当前的研究主要围绕提升可靠性优化算法的效率、精度与收敛性这三方面性能而开展。然而，目前的方法在处理强非线性功能函数、非正态随机变量、大变异系数、高可靠性指标等问题的时候，仍然容易出现收敛速度过慢甚至不收敛现象。本章将系统阐述可靠性优化的理论与方法，从可靠性优化内层的逆可靠性分析出发，由内而外地剖析结构可靠性优化问题，层层递进地讨论可靠性优化中的关键环节，并介绍几种最近提出的稳健性强、计算效率高以及普适性好的可靠性优化算法。

8.2 结构可靠性优化设计的基本理论方法

结构可靠性优化设计(RBDO)的数学模型可以表述为

$$
\begin{aligned}
&\text{find} && \boldsymbol{d}, \boldsymbol{\mu}_{\boldsymbol{x}} \\
&\min_{\boldsymbol{d}, \boldsymbol{\mu}_{\boldsymbol{x}}} && C(\boldsymbol{d}, \boldsymbol{\mu}_{\boldsymbol{x}}) \\
&\text{s.t.} && P_{\mathrm{f}}\left[G_i(\boldsymbol{d}, \boldsymbol{x}) \leqslant 0\right] \leqslant P_i^t, \quad i=1,2,\cdots,n_p \\
& && \boldsymbol{d}^{\mathrm{L}} \leqslant \boldsymbol{d} \leqslant \boldsymbol{d}^{\mathrm{U}}
\end{aligned}
\tag{8.1}
$$

其中，$\boldsymbol{d}$ 和 $\boldsymbol{x}$ 分别表示设计变量和随机变量；$\boldsymbol{\mu}_{\boldsymbol{x}}$ 是随机变量 $\boldsymbol{x}$ 的均值；$\boldsymbol{d}^{\mathrm{L}}$ 和 $\boldsymbol{d}^{\mathrm{U}}$ 分别是设计变量 $\boldsymbol{d}$ 的上、下界；$C(\boldsymbol{d}, \boldsymbol{\mu}_{\boldsymbol{x}})$是目标函数，一般取结构的总重量、总体积、总费用等；G_i 是结构的第 i 个功能函数；P_{f} 是当前设计方案的失效概率；P_i^t 是第 i 个功能函数的最大许可失效概率。RBDO 模型中也可以包括确定性的约束。

区别于传统的确定性优化设计，结构可靠性优化考虑输入变量的不确定性，其关键在于如何处理概率约束(注：本书未考虑目标函数的不确定性)。下面分别对双层循环方法、解耦法和单循环方法进行简要回顾。

8.2.1 双层循环方法

顾名思义，双层循环方法就是把基于 RBDO 的计算分为内外两层循环(图 8.1)，其中外层循环是确定性优化，内层循环是可靠性分析。首先对当前迭代步优化计算完成后暂停外层循环迭代，转入内层进行可靠性分析并求解出所需的可靠性和灵敏度信息，然后将其代入外层优化的可靠性约束中，并继续重复之前的迭代过程直至收敛。根据对可靠性约束处理方式的不同，双层循环方法又分为可靠性指标法和功能度量法。下面分别对这两种方法进行介绍。

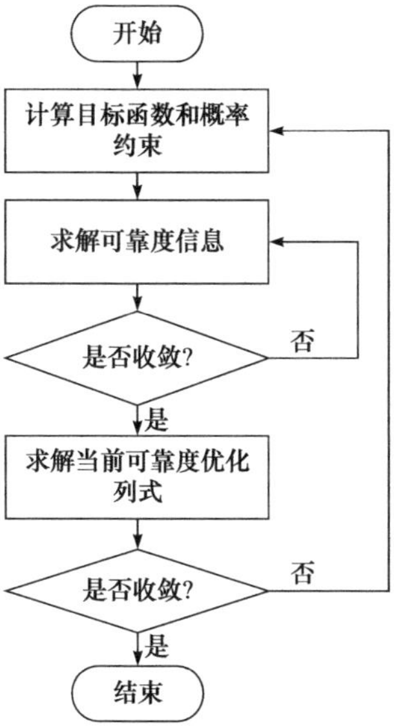

图 8.1 双层循环方法流程图

1. 可靠性指标法

可靠性指标法(RIA)表达式如下：

$$
\begin{aligned}
&\text{find} \quad && \boldsymbol{d}, \boldsymbol{\mu}_{\boldsymbol{x}} \\
&\min_{\boldsymbol{d}, \boldsymbol{\mu}_{\boldsymbol{x}}} && C(\boldsymbol{d}, \boldsymbol{\mu}_{\boldsymbol{x}}) \\
&\text{s.t.} && \beta_i(\boldsymbol{d}, \boldsymbol{x}) \geqslant \beta_i^t, \quad i = 1, 2, \cdots, m \\
& && \boldsymbol{d}^{\mathrm{L}} \leqslant \boldsymbol{d} \leqslant \boldsymbol{d}^{\mathrm{U}}
\end{aligned}
\tag{8.2}
$$

其中，β_i是当前设计点的可靠性指标；β_i^t 表示第 i 个概率约束的许用可靠性指标。

RIA 本质上是一个双层嵌套优化问题。如图 8.2 所示，RIA 的计算流程分内外两层优化循环，其中内层循环是可以通过一阶可靠性理论计算可靠性指标；外层循环是求解可靠性优化列式(8.2)，常用序列线性规划、序列二次规划、移动渐近线法等梯度类算法。在求解时首先需要初始化设计变量 $\boldsymbol{d}^0$ 和随机变量 $\boldsymbol{x}^0$，然后利用 Rosenblatt 或者 Nataf 变换把随机变量 $\boldsymbol{x}^0$ 变换为标准正态变量 $\boldsymbol{u}^0$，并计算当前设计变量的可靠性指标约束及其灵敏度，继而把求得的可靠性指标约束值及其灵敏度信息传递到外部的确定优化列式中，同时计算目标函数值及其灵敏度，并用梯度类优化方法更新设计变量，反复迭代直至最后收敛到最优解。

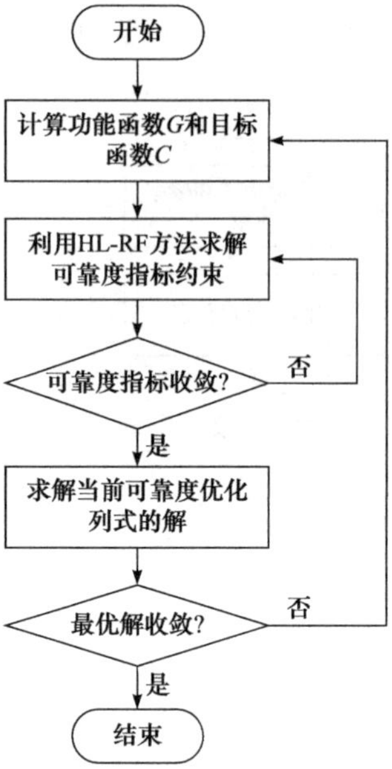

图 8.2　可靠性指标法计算流程

2. 功能度量法

可靠性指标法通常计算量比较大，且收敛性较差，所以 Tu 和 Choi[2]提出了功能度量法(PMA)。该方法通过求解逆可靠性分析问题把可靠性指标约束转化成了功能度量约束，这样就将内层优化从一个目标简单、约束复杂的优化问题转换为一个目标复杂、超球面等式约束的优化问题，降低了求解难度。因为 PMA 也是建立在一阶可靠性理论基础之上，所以失效概率和可靠性指标之间仍然满足

$$P_{\mathrm{f}}(\boldsymbol{d}) \approx \Phi\left[-\beta(\boldsymbol{d})\right] \tag{8.3}$$

用许用可靠性指标 β^t 表示许用失效概率 $P^t \approx \Phi(-\beta^t)$，从而式(8.1)中的概率约束转化为

$$\beta = -\Phi^{-1}\left[F_{\boldsymbol{d}}(0)\right] \geqslant \beta^t \tag{8.4}$$

对式(8.4)进行逆变换后可以得到

$$F_{\boldsymbol{d}}^{-1}\left[\Phi(-\beta^t), \boldsymbol{d}\right] \geqslant 0 \tag{8.5}$$

其中，$F_{\boldsymbol{d}}$ 代表设计点处极限状态函数的累积概率分布函数。本书将式(8.5)左端称为功能度量值，并简记为 G，将其代入 RBDO 模型后，式(8.2)可转化为

$$\begin{aligned}&\text{find} && \boldsymbol{d}, \boldsymbol{\mu}_{\boldsymbol{x}} \\ &\min_{\boldsymbol{d}, \boldsymbol{\mu}_{\boldsymbol{x}}} && C(\boldsymbol{d}, \boldsymbol{\mu}_{\boldsymbol{x}}) \\ &\text{s.t.} && G_i \geqslant 0, \qquad i = 1, 2, \cdots, m \\ & && \boldsymbol{d}^{\mathrm{L}} \leqslant \boldsymbol{d} \leqslant \boldsymbol{d}^{\mathrm{U}}\end{aligned} \tag{8.6}$$

其中，G_i 是第 i 个约束函数的功能度量值。在 PMA 中，功能度量值可根据如下逆可靠性问题得到：

$$\begin{aligned}&\min_{\boldsymbol{u}} && G_i(\boldsymbol{u}) \\ &\text{s.t.} && \|\boldsymbol{u}\| = \beta_i^t\end{aligned} \tag{8.7}$$

式(8.7)中的最优解称为最小性能目标点(MPTP)。图 8.3 中给出了在二维随机空间中最小性能目标点的几何意义。从图中可以看出，最小性能目标点在位于目标可靠性环(β 曲面)上且极限状态函数值最小。也就是说，最小性能目标点所在的极限状态曲面和目标可靠性曲线相切。综合式(8.6)与式(8.7)来看，PMA 的计算流程也分为内外两层(图 8.4)，其内层是功能度量值的计算，当找到最小性能目标点后，把该点功能度量值的信息传递到外层后反复迭代直至得到最优解。

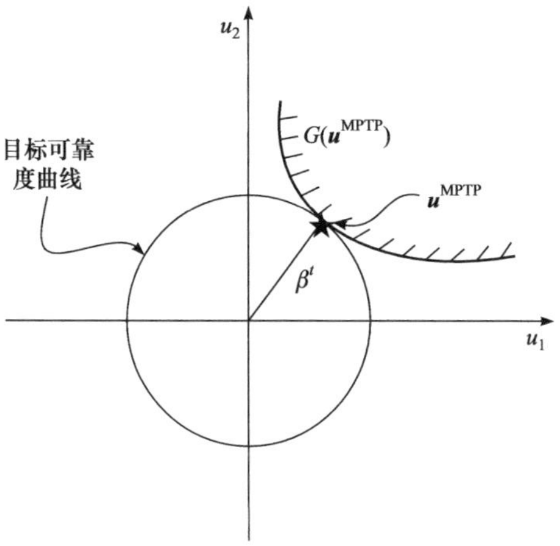

图 8.3 标准正态空间中最小性能目标点

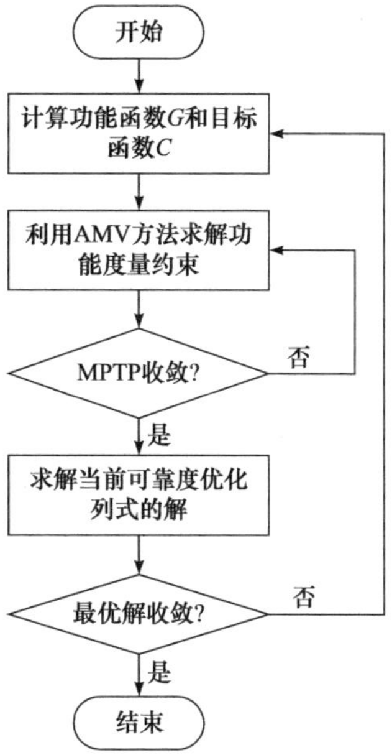

图 8.4 功能度量法的计算流程

8.2.2 解耦法

Guo 等[34]指出，双层优化列式计算结果的正确性关键在于其内层优化列式的计算结果是否正确。虽然在保证可靠性信息求解准确的前提下，双层循环可靠性优化算法可以准确、稳定地收敛到最优点，但是由于需要反复迭代，计算成本过大。解耦方法将可靠性求解与确定性优化分离以提高计算效率。如图 8.5 所示，解耦法在每次可靠性分析求解完成之后再对设计变量进行确定性优化，然后不断重复概率约束循环求解和确定性优化求解直至找到最优解。下面将介绍几种典型的解耦方法。

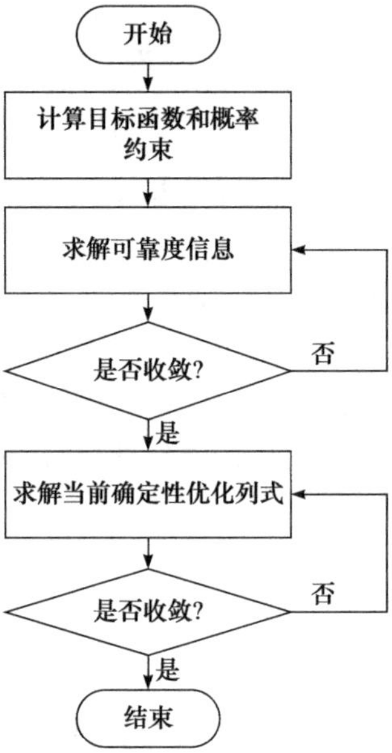

图 8.5　解耦法的流程图

1. 序列优化与可靠性评定方法

序列优化与可靠性评定(SORA)方法被认为是效果最好的解耦法之一[14,15]，如图 8.6 所示，SORA 把原问题转化为一系列确定性子优化问题后逐步迭代逼近原模型的最优解。该方法的数学模型为

$$
\begin{aligned}
&\text{find} \quad \boldsymbol{d}, \boldsymbol{\mu}_{\boldsymbol{x}} \\
&\min_{\boldsymbol{d}, \boldsymbol{\mu}_{x}} \quad f(\boldsymbol{d}, \boldsymbol{\mu}_{\boldsymbol{x}}) \\
&\text{s.t.} \quad G_i(\boldsymbol{d}, \boldsymbol{\mu}_{\boldsymbol{x}} - \boldsymbol{s}_{\boldsymbol{x}}^{k+1}, \boldsymbol{P}_{\text{MPTP}}) \geqslant 0, \qquad i = 1, 2, \cdots, m \\
&\qquad \boldsymbol{d}^{\text{L}} \leqslant \boldsymbol{d} \leqslant \boldsymbol{d}^{\text{U}}
\end{aligned}
\tag{8.8}
$$

其中，$\boldsymbol{d}$ 是设计变量；$\boldsymbol{\mu}_{\boldsymbol{x}}$ 是随机变量均值，在可靠性优化问题中常选为设计变量；$\boldsymbol{s}_{\boldsymbol{x}}^{k+1}$ 代表随机变量第 k 步的平移向量，一般通过下式计算：

$$
\begin{aligned}
\boldsymbol{s}_{\boldsymbol{x}}^{k+1} &= \boldsymbol{\mu}_{\boldsymbol{x}}^{k} - \boldsymbol{x}_{\mathrm{MPTP}}^{k} \\
\boldsymbol{x}_{\mathrm{MPTP}}^{k} &= T^{-1}(\boldsymbol{u}_{\mathrm{MPTP}}^{k})
\end{aligned}
\tag{8.9}
$$

式中，$\boldsymbol{u}_{\mathrm{MPTP}}^{k}$是在标准正态空间中第 k 步的最小性能目标点；$\boldsymbol{x}_{\mathrm{MPTP}}^{k}$是$\boldsymbol{u}_{\mathrm{MPTP}}^{k}$在真实物理空间对应的最小性能目标点。图 8.7 给出了 SORA 和平移向量的原理示意图，为简明起见，图中忽略了设计变量 $\boldsymbol{d}$ 和随机变量 $\boldsymbol{P}$，在第 k 步首先算出最小性能目标点 $\boldsymbol{x}_{\mathrm{MPTP}}^{k}$ 和平移向量 $\boldsymbol{s}^{k+1}$。然后，在第 k+1 步时，假设随机变量均值在极限状态 $G_i(\boldsymbol{x})=0$ 上，然后按式(8.8)中的方式进行平移，进而保证此时的约束满足可靠性需求。

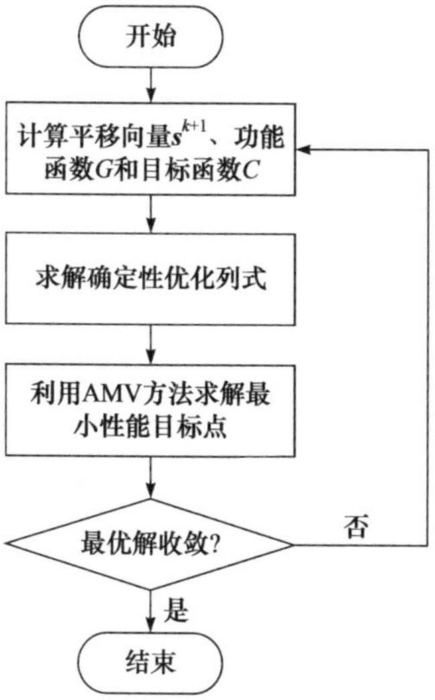

图 8.6　SORA 的计算流程

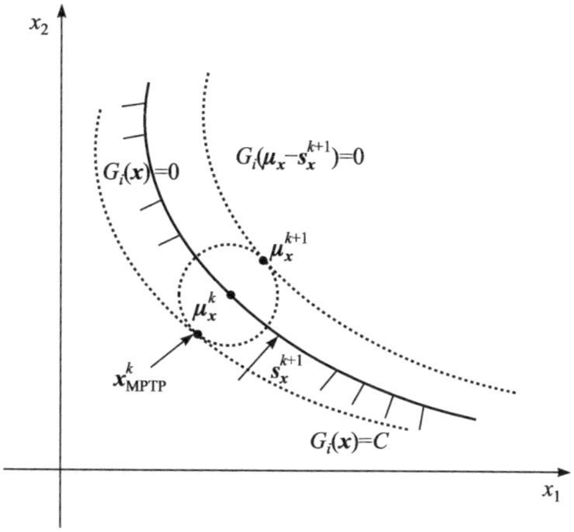

图 8.7　SORA 原理示意图

2. 序列近似规划方法

程耿东和许林[16,17]提出的序列近似规划(sequential approximate programming, SAP)方法也是一种行之有效的解耦法。该方法把 RIA 的可靠性指标在当前设计点处泰勒展开，通过迭代求解这些子问题来逐渐逼近原问题的真实解，其数学模型为

$$
\begin{aligned}
&\text{find} && \boldsymbol{d}, \boldsymbol{\mu}_{\boldsymbol{x}} \\
&\min_{\boldsymbol{d},\boldsymbol{\mu}_{\boldsymbol{x}}} && C(\boldsymbol{d}, \boldsymbol{\mu}_{\boldsymbol{x}}) \\
&\text{s.t.} && \beta_i^k(\boldsymbol{d}, \boldsymbol{x}) \geqslant \beta_i^t,\quad i=1,2,\cdots,m;\ k=1,2,\cdots \\
& && \boldsymbol{d}^{\mathrm{L}} \leqslant \boldsymbol{d} \leqslant \boldsymbol{d}^{\mathrm{U}}
\end{aligned}
\tag{8.10}
$$

其中，k 是指当前迭代的步数；$\beta_i^k(\boldsymbol{d},\boldsymbol{x})$ 用如下一阶泰勒展开近似：

$$\beta_i^k(\boldsymbol{d},\boldsymbol{x})=\beta_i(\boldsymbol{d}^{k-1},\boldsymbol{x})+\left[\nabla_{\boldsymbol{d}}\beta_i(\boldsymbol{d}^{k-1},\boldsymbol{x})\right]^{\mathrm{T}}(\boldsymbol{d}-\boldsymbol{d}^{k-1}) \tag{8.11}$$

式中，$\beta_i(\boldsymbol{d}^{k-1},\boldsymbol{x})$ 对应第 k–1 步的真实可靠性指标值，需要进行可靠性分析得到，但是这么做又恢复为双层可靠性优化方法。因此，SAP 把式(8.11)用下式替代：

$$\beta_i^k(\boldsymbol{d},\boldsymbol{x})=\hat{\beta}_i(\boldsymbol{d}^{k-1},\boldsymbol{x})+\left[\nabla_{\boldsymbol{d}}\hat{\beta}_i(\boldsymbol{d}^{k-1},\boldsymbol{x})\right]^{\mathrm{T}}(\boldsymbol{d}-\boldsymbol{d}^{k-1}) \tag{8.12}$$

其中，$\hat{\beta}_i(\boldsymbol{d}^{k-1},\boldsymbol{x})$ 是第 k–1 步的近似可靠性指标值，可由下式计算得到：

$$\begin{aligned}\hat{\beta}_i(\boldsymbol{d}^{k-1})&=\frac{G_i(\boldsymbol{d}^{k-1},\boldsymbol{u}_i^{k-1})-(\boldsymbol{u}_i^{k-1})^{\mathrm{T}}\nabla_{\boldsymbol{u}}G_i(\boldsymbol{d}^{k-1},\boldsymbol{u}_i^{k-1})}{\left\|\nabla_{\boldsymbol{u}}G_i(\boldsymbol{d}^{k-1},\boldsymbol{u}_i^{k-1})\right\|}\\ \boldsymbol{u}_i^k&=-\hat{\beta}_i(\boldsymbol{d}^{k-1})\frac{\nabla_{\boldsymbol{u}}G_i(\boldsymbol{d}^{k-1},\boldsymbol{u}_i^{k-1})}{\left\|\nabla_{\boldsymbol{u}}G_i(\boldsymbol{d}^{k-1},\boldsymbol{u}_i^{k-1})\right\|}\end{aligned} \tag{8.13}$$

这里 $\boldsymbol{u}_i^k$ 是近似的 MPP，用于计算第 k+1 步的近似可靠性指标。在可靠性优化列式的求解中需要得知灵敏度信息，因此其计算成本很高。SAP 则通过直接差分计算极限状态函数对设计变量的灵敏度，简化了可靠性指标灵敏度的求解过程，其计算公式为

$$\nabla_{\boldsymbol{d}}\hat{\beta}_i(\boldsymbol{d}^{k-1})=\nabla_{\boldsymbol{d}}G_i(\boldsymbol{d}^{k-1},\boldsymbol{u}_i^{k-1})\Big/\left\|\nabla_{\boldsymbol{u}}G_i(\boldsymbol{d}^{k-1},\boldsymbol{u}_i^{k-1})\right\| \tag{8.14}$$

具体可靠性指标计算与精度分析见文献[16]。随后，程耿东和易平[18,19]又把序列近似规划的策略拓展到 PMA 上，通过对概率约束的功能度量值进行序列近似展开把 PMA 转换成一系列子优化列式，同时将功能度量值对设计变量的灵敏度也进行了解耦。

8.2.3　单循环方法

如图 8.8 所示，单循环方法(single loop approach, SLA)是通过重新构造可靠性优化列式，将原双层循环转化为单循环问题，避免反复进行可靠性分析，从而达到节约计算成本的目的。

SLA 首先在当前优化设计点把式(8.7)用 KKT 条件展开：

$$\nabla G(\boldsymbol{u})+\lambda\left[\nabla H(\boldsymbol{u})\right]=0 \tag{8.15}$$

其中，$H(\boldsymbol{u})=\|\boldsymbol{u}\|-\beta^t$；$\lambda$ 是拉格朗日乘子。因为 $\nabla H(\boldsymbol{u})=2\cdot\boldsymbol{u}$ 且拉格朗日乘子非负，所以可以得到如下关系：

$$\boldsymbol{u} = -[\|\nabla G\|/(2\lambda)] \cdot (\nabla G/\|\nabla G\|) \tag{8.16}$$

因为 $\boldsymbol{u}$ 在目标可靠性曲面上且 $\nabla G/\|\nabla G\|$ 是单位向量，所以 $\|\nabla G\|/(2\lambda)$ 的值等于 β^t，于是式(8.16)变为

$$\boldsymbol{u} = -\beta^t \boldsymbol{\alpha}, \quad \boldsymbol{\alpha} = \nabla G_{\boldsymbol{u}}(\boldsymbol{d}, \boldsymbol{x}, \boldsymbol{p}) / \|\nabla G_{\boldsymbol{u}}(\boldsymbol{d}, \boldsymbol{x}, \boldsymbol{p})\| \tag{8.17}$$

其中，$\boldsymbol{\alpha}$ 是极限状态函数 $G(\boldsymbol{d},\boldsymbol{x},\boldsymbol{p})$对于标准正态随机变量 $\boldsymbol{u}$ 的方向向量。将上式代入式(8.6)和式(8.7)，可以得到 SLA 的优化列式：

$$\begin{aligned}
&\text{find} && \boldsymbol{d}, \boldsymbol{\mu}_{\boldsymbol{x}} \\
&\min_{\boldsymbol{d}, \boldsymbol{\mu}_{\boldsymbol{x}}} && C(\boldsymbol{d}^k, \boldsymbol{\mu}_{\boldsymbol{x}}) \\
&\text{s.t.} && G_i(\boldsymbol{d}^k, \boldsymbol{x}_i^k) \geqslant 0, \quad i = 1, 2, \cdots, m \\
& && \boldsymbol{d}^{\mathrm{L}} \leqslant \boldsymbol{d} \leqslant \boldsymbol{d}^{\mathrm{U}}
\end{aligned} \tag{8.18}$$

其中，$\boldsymbol{x}_i^k$ 表示第 k 步迭代的随机变量向量，可由下式求得：

$$\boldsymbol{x}_i^k = \boldsymbol{\mu}_{\boldsymbol{x}}^k - \boldsymbol{\alpha}_i^k \boldsymbol{\sigma}_{\boldsymbol{x}} \beta_i^t, \quad \boldsymbol{\alpha}_i^k = \boldsymbol{\sigma}_{\boldsymbol{x}} \nabla_{\boldsymbol{x}} G_i(\boldsymbol{d}^k, \boldsymbol{x}_i^{k-1}) / \|\boldsymbol{\sigma}_{\boldsymbol{x}} \nabla_{\boldsymbol{x}} G_i(\boldsymbol{d}^k, \boldsymbol{x}_i^{k-1})\| \tag{8.19}$$

可以看出，SLA 在第 k 步用近似的 MPTP 替换真实的 MPTP，以达到随机变量和设计变量同步收敛的目的(图 8.9)。虽然 SLA 借助 KKT 条件能大大减小可靠性优化的计算成本，但是在处理非线性程度较高的问题时收敛性可能较差。

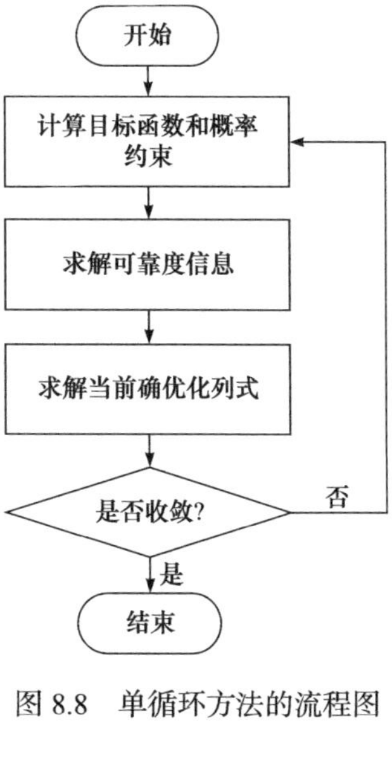

图 8.8 单循环方法的流程图

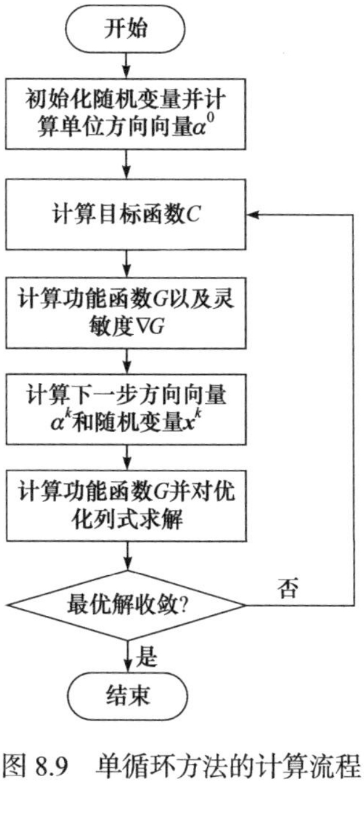

图 8.9 单循环方法的计算流程

8.3　逆可靠性分析方法

功能度量值计算需要用到逆可靠性分析的概念，即式(8.7)，本节将详细介绍其常见求解算法。不难看出，式(8.7)的最优解 $\boldsymbol{u}^*$是在半径为 β^t 的超球面上极限状态函数值最小的点，即最小性能目标点(MPTP)。该优化问题可用序列近似规划、序列二次规划、移动渐近线法等数学规划方法求解。然而考虑到计算效率和应用方便，实际工程中常用改进均值法等数值方法。

8.3.1　改进均值法

改进均值(AMV)法由于迭代格式简单、求解效率高而被广泛地应用到逆可靠性分析中。易平[35]根据如下 KKT 条件详细推导了 AMV 方法：

$$\begin{aligned}&\nabla_{\boldsymbol{u}}(\|\boldsymbol{u}^*\|)+\lambda\nabla_{\boldsymbol{u}}G(\boldsymbol{u}^*)=0\\&\|\boldsymbol{u}^*\|=\beta^t\end{aligned}\tag{8.20}$$

上式可以进一步写为

$$\begin{aligned}&\frac{\boldsymbol{u}^*}{\|\boldsymbol{u}^*\|}+\lambda\nabla_{\boldsymbol{u}}G(\boldsymbol{u}^*)=0\\&\|\boldsymbol{u}^*\|=\beta^t\end{aligned}\tag{8.21}$$

两边同乘 $\nabla_{\boldsymbol{u}}G^{\mathrm{T}}$，则公式变为

$$\frac{\nabla_{\boldsymbol{u}}G(\boldsymbol{u}^*)\cdot\boldsymbol{u}^*}{\|\boldsymbol{u}^*\|}+\lambda\|\nabla_{\boldsymbol{u}}G(\boldsymbol{u}^*)\|^2=0\tag{8.22}$$

化简后可得

$$\cos\alpha+\lambda\|\nabla_{\boldsymbol{u}}G(\boldsymbol{u}^*)\|=0\tag{8.23}$$

其中，α 代表向量 $\nabla_{\boldsymbol{u}}G(\boldsymbol{u}^*)$ 和 $\boldsymbol{u}^*$之间的夹角。由于 MPTP 是 $G(\boldsymbol{u}^*)$ 在半径为 β^t 超球面上对应函数值最小的点，所以 $\nabla_{\boldsymbol{u}}G(\boldsymbol{u}^*)$ 和 $\boldsymbol{u}^*$ 方向相反，即 $\alpha=180°$，所以 $\lambda=\dfrac{1}{\|\nabla_{\boldsymbol{u}}G(\boldsymbol{u}^*)\|}$。又由于 $\|\boldsymbol{u}^*\|=\beta^t$，所以，式(8.21)可表示成

$$\boldsymbol{u}^*=-\|\boldsymbol{u}^*\|\lambda\nabla_{\boldsymbol{u}}G(\boldsymbol{d},\boldsymbol{u}^*)=-\beta^t\frac{\nabla_{\boldsymbol{u}}G(\boldsymbol{d},\boldsymbol{u}^*)}{\|\nabla_{\boldsymbol{u}}G(\boldsymbol{d},\boldsymbol{u}^*)\|}\tag{8.24}$$

将上式改写成迭代格式可得

$$\boldsymbol{u}^{k+1}=-\beta^t\frac{\nabla_{\boldsymbol{u}}G(\boldsymbol{d},\boldsymbol{u}^k)}{\left\|\nabla_{\boldsymbol{u}}G(\boldsymbol{d},\boldsymbol{u}^k)\right\|} \tag{8.25}$$

上述迭代公式称为 AMV 方法，该方法虽然能高效地求解简单的逆可靠性分析问题，但是对于具有凹函数、非线性程度高的极限状态函数、目标可靠性指标较大以及含非正态分布随机变量的逆可靠性问题，可能会出现不收敛现象。

8.3.2 共轭均值法和混合均值法

为了改善 AMV 方法的收敛性能，Youn 等[5]提出了共轭均值(CMV)法，该方法通过寻找新的下降方向来改进迭代格式的收敛性。

$$\begin{gathered}\boldsymbol{u}_{\mathrm{CMV}}^0=\boldsymbol{0},\ \ \boldsymbol{u}_{\mathrm{CMV}}^1=\boldsymbol{u}_{\mathrm{AMV}}^1,\ \ \boldsymbol{u}_{\mathrm{CMV}}^2=\boldsymbol{u}_{\mathrm{AMV}}^2\\ \boldsymbol{u}_{\mathrm{CMV}}^{k+1}=\beta^t\frac{\boldsymbol{n}(\boldsymbol{u}_{\mathrm{CMV}}^k)+\boldsymbol{n}(\boldsymbol{u}_{\mathrm{CMV}}^{k-1})+\boldsymbol{n}(\boldsymbol{u}_{\mathrm{CMV}}^{k-2})}{\left\|\boldsymbol{n}(\boldsymbol{u}_{\mathrm{CMV}}^k)+\boldsymbol{n}(\boldsymbol{u}_{\mathrm{CMV}}^{k-1})+\boldsymbol{n}(\boldsymbol{u}_{\mathrm{CMV}}^{k-2})\right\|},\quad k\geqslant 2\end{gathered} \tag{8.26}$$

$$\boldsymbol{n}(\boldsymbol{u}_{\mathrm{CMV}}^k)=-\frac{\nabla_{\boldsymbol{u}}G(\boldsymbol{d},\boldsymbol{u}_{\mathrm{CMV}}^k)}{\left\|\nabla_{\boldsymbol{u}}G(\boldsymbol{d},\boldsymbol{u}_{\mathrm{CMV}}^k)\right\|} \tag{8.27}$$

其中，$\boldsymbol{u}_{\mathrm{CMV}}^k$ 和 $\boldsymbol{u}_{\mathrm{AMV}}^k$ 分别表示 CMV 方法和 AMV 方法在第 k 步的随机变量；$\boldsymbol{u}_{\mathrm{AMV}}^1$ 和 $\boldsymbol{u}_{\mathrm{AMV}}^2$ 可由式(8.25)计算得到；$\boldsymbol{n}(\boldsymbol{u}_{\mathrm{CMV}}^k)$ 表示随机变量 $\boldsymbol{u}_{\mathrm{CMV}}^k$ 的下降方向。如图 8.10 所示，对于凹极限状态函数，$\boldsymbol{u}^1$、$\boldsymbol{u}^2$ 和 $\boldsymbol{u}^3$ 在迭代过程中会出现振荡现象。CMV 方法用相同的权重，将这三个方向向量结合提供一个新的下降方向，可以有效减少迭代点的振荡，改善凹函数的收敛性能。但是对于凸功能函数，CMV 方法会使下降的幅度减小，导致收敛速度较慢。因此，需要进一步准确判别函数的凹凸性。

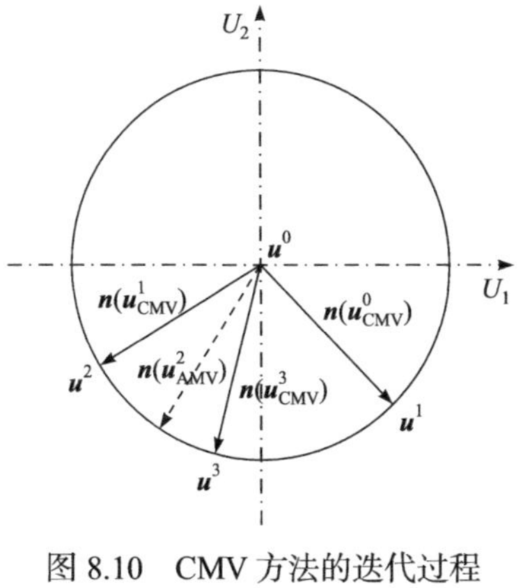

图 8.10 CMV 方法的迭代过程

混合均值(HMV)法采用如下准则来判断函数的凹凸性：

$$\varsigma^{k+1}=(\boldsymbol{n}^{k+1}-\boldsymbol{n}^{k})\cdot(\boldsymbol{n}^{k}-\boldsymbol{n}^{k-1})\begin{cases}>0, & 凸函数\\ \leqslant 0, & 凹函数\end{cases} \tag{8.28}$$

其中，ς^{k+1}是第 k+1 步的准则值；$\boldsymbol{n}^k$表示在第 k 步的方向向量。该准则可根据极限状态函数的类型自适应选择迭代算法，图 8.11 中给出了该判定准则的原理示意图：当向量 $\boldsymbol{n}^k-\boldsymbol{n}^{k-1}$ 和 $\boldsymbol{n}^{k+1}-\boldsymbol{n}^k$ 的方向相同时，如图 8.11(a)所示，两向量之间夹角 θ^k 为锐角，准则值大于 0，则功能函数为凸函数，这时迭代点会沿着同一个方向逐渐收敛到最优解，应使用 AMV 方法更新随机变量；若 $\boldsymbol{n}^k-\boldsymbol{n}^{k-1}$ 和 $\boldsymbol{n}^{k+1}-\boldsymbol{n}^k$ 方向相反，如图 8.11(b)所示，两向量之间夹角 θ^k 为钝角，准则值小于等于 0，则说明迭代点发生振荡，可判定极限状态函数为凹函数，应使用 CMV 算法更新随机变量。HMV 方法对于弱非线性程度的凹函数求解效果较好，但对非线性程度较高的函数仍会出现收敛速度慢甚至不收敛的情况。

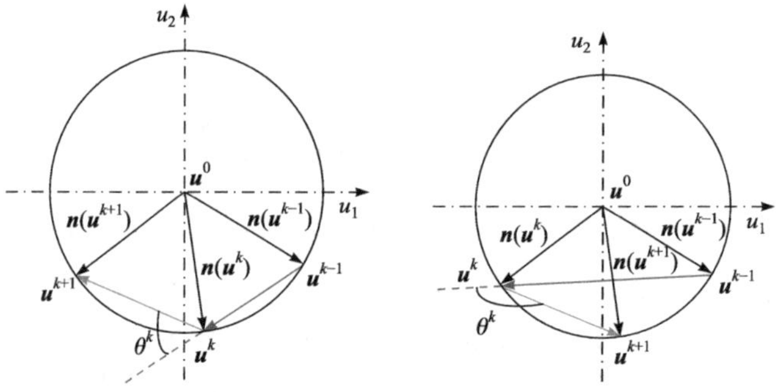

(a) 凸函数　　　　(b) 凹函数

图 8.11　函数判定准则

8.3.3　基于混沌控制的改进均值法

Yang 和 Yi[7]采用混沌原理分析了 AMV 方法产生周期解和混沌解的机理，并利用稳定转换法[36]对其进行混沌控制，具体表达式如下：

$$\begin{aligned}&\boldsymbol{u}^{k+1}=\boldsymbol{u}^{k}+\lambda\boldsymbol{C}\left[f(\boldsymbol{u}^{k})-\boldsymbol{u}^{k}\right],\ 0<\lambda\leqslant 1\\&f(\boldsymbol{u}^{k})=\boldsymbol{u}_{\mathrm{AMV}}^{k+1}=-\beta^{t}\frac{\nabla_{\boldsymbol{u}}G(\boldsymbol{d},\boldsymbol{u}_{\mathrm{AMV}}^{k})}{\left\|\nabla_{\boldsymbol{u}}G(\boldsymbol{d},\boldsymbol{u}_{\mathrm{AMV}}^{k})\right\|}\end{aligned} \tag{8.29}$$

式(8.29)称为逆可靠性分析的混沌控制(CC)方法，其中，λ 是控制因子，一般取值范围为 0 到 1。λ 越小，对迭代过程的控制越严格且迭代次数会越多；反之，则控制越宽松且迭代次数越少。但是 λ 不能太大，否则会导致不收敛。矩阵

$\boldsymbol{C}$ 是 $n \times n$ 的对合矩阵，一般采用单位矩阵，此时式(8.29)变为

$$\boldsymbol{u}^{k+1} = \boldsymbol{u}^{k} + \lambda\left[f(\boldsymbol{u}^{k}) - \boldsymbol{u}^{k}\right], \quad 0 < \lambda \leqslant 1 \tag{8.30}$$

其中，$f(\boldsymbol{u}^{k})$ 可通过下式求得：

$$f(\boldsymbol{u}^{k}) = \boldsymbol{u}_{\mathrm{AMV}}^{k+1} = -\beta^{t} \frac{\nabla_{\boldsymbol{u}} G(\boldsymbol{d}, \boldsymbol{u}_{\mathrm{AMV}}^{k})}{\left\|\nabla_{\boldsymbol{u}} G(\boldsymbol{d}, \boldsymbol{u}_{\mathrm{AMV}}^{k})\right\|} \tag{8.31}$$

若 $\lambda=0$，则式(8.30)变成 $\boldsymbol{u}^{k+1}=\boldsymbol{u}^{k}$，即迭代点一直保持不变。若 $\lambda=1$，则式(8.30)表示对 AMV 方法不控制。图 8.12 中给出了一个二维随机变量的迭代过程。可以看出，CC 方法通过减小迭代步长来达到提高收敛性能的目的。而控制因子 λ 越小则表示迭代步长缩减越小，算法的收敛性就越好，同时意味着计算效率就越低。而且当控制因子恒定时，迭代点越接近 β 环则收敛速度越慢，这是因为，越到边界则上一步迭代点和当前迭代点的差 $\boldsymbol{u}^{k+1}-\boldsymbol{u}^{k}$ 越小，其增加的向量 $\lambda[f(\boldsymbol{u}^{k}) - \boldsymbol{u}^{k}]$就越小，函数收敛的速度就越慢。且当收敛准则精度不够时，将会导致随机变量不能到达 β 环上，产生计算误差。所以需要采用更高的收敛精度以保证能准确求解 MPTP。

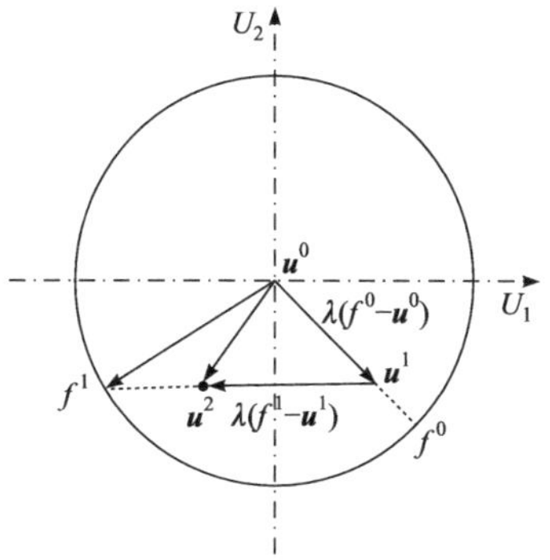

图 8.12 基于混沌控制 AMV 方法的迭代过程

8.4 基于混合混沌控制的可靠性优化方法

对比 AMV 方法，其他改进的 MPTP 搜索算法通过不同的策略提高了算法的稳健性。其中，HMV 方法仅适合弱非线性的功能函数，对于强非线性功能函数的收敛性较差；CC 方法虽然通过控制迭代步长改善了收敛性，但也降低了计算效率，同时需要更高的计算精度来保证随机变量处于 β 环上，进一步导致计算成本的增加。所以，这些方法在可靠性优化中的应用都有一定局限性，需要高效、稳健的 MPTP 搜索算法。

8.4.1 基于修正混沌控制的改进均值法

本小节介绍一种修正混沌控制(MCC)[11]方法，该方法在保证算法稳健性的同时可以提高计算效率，其迭代公式如下：

$$\boldsymbol{u}^{k+1} = \beta^t \frac{\tilde{\boldsymbol{n}}(\boldsymbol{u}^{k+1})}{\left\|\tilde{\boldsymbol{n}}(\boldsymbol{u}^{k+1})\right\|}$$

$$\tilde{\boldsymbol{n}}(\boldsymbol{u}^{k+1}) = \boldsymbol{u}^k + \lambda \boldsymbol{C}\left[f(\boldsymbol{u}^k) - \boldsymbol{u}^k\right],\ 0 < \lambda \leqslant 1 \tag{8.32}$$

$$f(\boldsymbol{u}^k) = \boldsymbol{u}_{\mathrm{AMV}}^{k+1} = -\beta^t \frac{\nabla_U G(\boldsymbol{d}, \boldsymbol{u}_{\mathrm{AMV}}^k)}{\left\|\nabla_U G(\boldsymbol{d}, \boldsymbol{u}_{\mathrm{AMV}}^k)\right\|}$$

其中，$\tilde{\boldsymbol{n}}(\boldsymbol{u}^{k+1})$ 表示 $\boldsymbol{u}^{k+1}$ 的下降方向。

由 8.3 节的分析可知，稳定转换法是通过减少每一步迭代步长来达到改进收敛性的目的。而由逆可靠性分析的定义可知，AMV 方法的振荡主要沿着 β 球(或圆)。如图 8.13 所示，可以把混沌控制控制方向分解为沿着向量 $f(\boldsymbol{u}^k)-\boldsymbol{u}^k$ 的方向和沿 β 球(或圆)的方向两部分，根据最小性能目标点的定义可知，CC 方法在环向上的步长控制对全局收敛性能的贡献很小，所以无须控制随机变量向量在环向的步长。由式(8.30)可知，新产生的向量为 $\boldsymbol{u}^{k+1}$，把该向量 $\tilde{\boldsymbol{n}}(\boldsymbol{u}^{k+1})$ 认为是新产生向量的方向向量，然后对此方向向量标准化($\dfrac{\tilde{\boldsymbol{n}}(\boldsymbol{u}^{k+1})}{\left\|\tilde{\boldsymbol{n}}(\boldsymbol{u}^{k+1})\right\|}$)，沿该向量的方向用公式 $\boldsymbol{u}^{k+1} = \beta^t \dfrac{\tilde{\boldsymbol{n}}(\boldsymbol{u}^{k+1})}{\left\|\tilde{\boldsymbol{n}}(\boldsymbol{u}^{k+1})\right\|}$ 一直延长到 β 球(或圆)上。对比式(8.32)和式(8.29)，MCC 方法仅增加了一个公式，且公式中 β^t 和 $\tilde{\boldsymbol{n}}(\boldsymbol{u}^{k+1})$ 都是已知的，不需要增加额外的计算成本。同时，当迭代点接近 MPTP 时，MPTP 会一直处于 β 球(或圆)上，保证迭代点满足目标可靠性指标的需求。

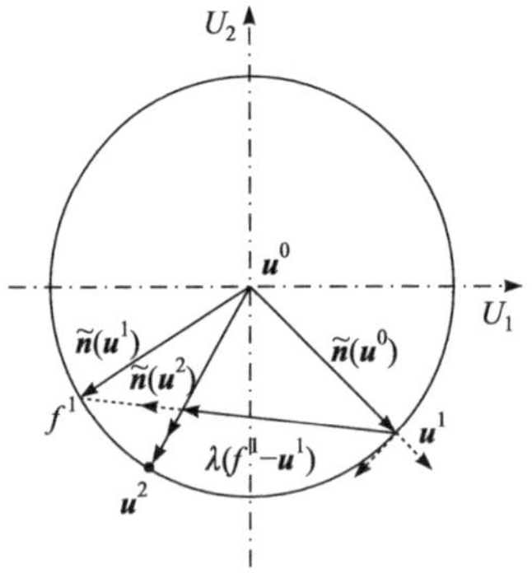

图 8.13　基于修正混沌控制的 AMV 方法的迭代过程

下面通过两个非线性功能函数来验证 MCC 方法的收敛性，同时与 AMV、HMV 和 CC 方法比较，来说明 MCC 方法的高效性和稳健性。所有算例的收敛精度为 10^{-6} 且混沌控制因子 λ=0.1。此外，所有算法的初始迭代点都选取为随机变量均值点。

例 8-1　含有拐点的三次方功能函数[11]：

$$G(\boldsymbol{x}) = x_1^3 + x_2^3 - 18 \tag{8.33}$$

其中，随机变量 x_1 与 x_2 相互独立，且 $x_1 \sim N(10,5)$，$x_2 \sim N(9.9,5)$。本例的目标可靠性指标设为 β^t=3.0。

最小性能目标点的计算结果和迭代历程分别在表 8.1 和图 8.14 给出。如图 8.14 所示，AMV 方法在 β 环上不断地振荡且始终无法找到正确解。HMV 方法和 CC 方法虽然能够准确地找到 MPTP，但是收敛速度较慢，需要的迭代次数较多。HMV 方法是通过共轭下降方向逐渐缩减振荡幅度并最终达到收敛的目的，但控制效果较差。CC 方法是对迭代步长进行控制，从圆心逐渐逼近到 MPTP。而 MCC 方法把迭代过程中的随机变量延长到 β 环上，避免了在当前迭代点径向上的控制，让迭代点从 β 环上不断接近真实的 MPTP，大幅提升了计算效率。同时 MCC 方法能够保证随机变量一直处于 β 环上，避免了迭代点在接近 β 环时步长过小、收敛速度过慢的问题。

表 8.1 最小性能目标点计算结果(例 8-1)

方法	功能函数值	迭代次数
AMV	—	—
HMV	–31.066	165
CC	–31.066	138
MCC	–31.065	31

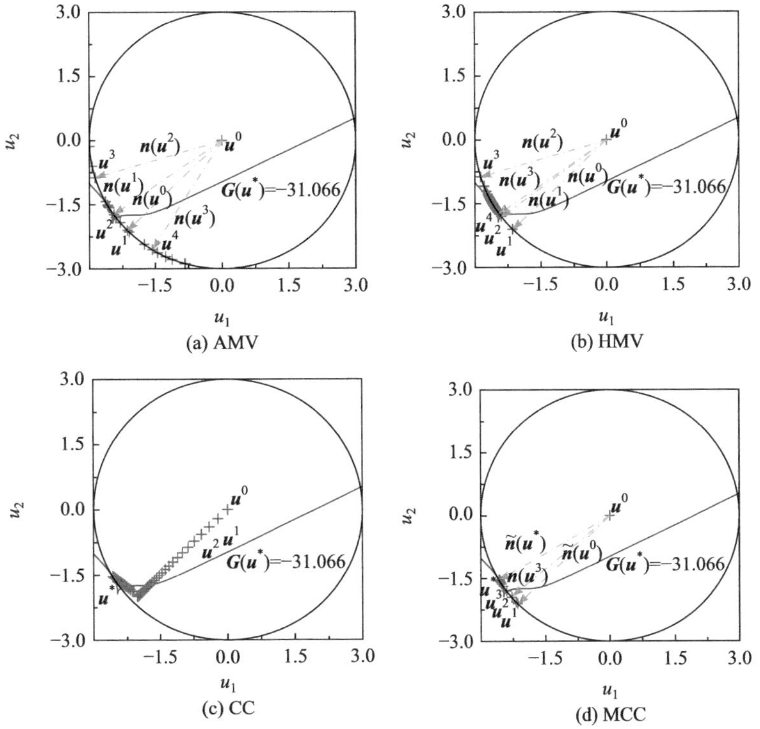

图 8.14 不同方法对比(例 8-1)

例 8-2 强非线性功能函数[11]：

$$G(\boldsymbol{x}) = x_1^4 + 2x_2^4 - 20 \tag{8.34}$$

其中，随机变量 x_1 和 x_2 相互独立，且 $x_1 \sim N(10,5^2)$，$x_2 \sim N(12,5^2)$。本例的目标可靠性指标设置为 $\beta_t=2.5$。

表 8.2 和图 8.15 分别给出了四种不同算法的计算结果和迭代历史。从图中不难看出，极限状态函数为凹且在 MPTP 附近曲率较大。AMV 方法产生了一个周期为 2 的振荡解。HMV 方法虽然能够减小迭代点振荡的幅度，但是产生了另外一个小振幅的周期解。CC 方法能够稳定地收敛到 MPTP，但是收敛速度较慢，且迭代点越接近 β 环其收敛的速度越慢，这也造成了需要较小的收敛精度才能让随机变量到达 β 环上。相比之下，MCC 方法不仅收敛性能好而且效率高。从表 8.2 中可以看出，仅需要 13 次迭代便可得到非常准确的结果，相比于原始的混沌控制方法，速度提高了接近 10 倍且能够保证解在 β 环上，这能够给可靠性优化的求解提供足够准确的可靠性信息。

表 8.2　最小性能目标点计算结果(例 8-2)

方法	功能函数值	迭代次数
AMV	—	—
HMV	—	—
CC	50.3144	124
MCC	50.3098	13

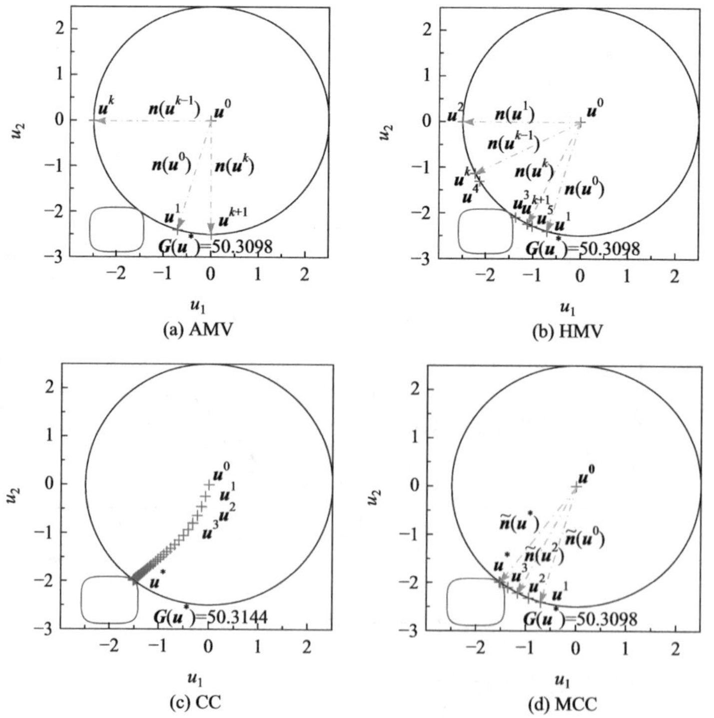

图 8.15　不同方法对比(例 8-2)

8.4.2 可靠性优化的混合混沌控制算法

MCC 方法虽然在 CC 方法的基础上提高了凹功能函数的计算效率，但是对于凸功能函数反而会增加计算量，因此，Meng 等[11]进一步引入了 HMV 方法的函数类型判定准则，提出了混合混沌控制(hybrid chaos control, HCC)方法。与 HMV 方法类似，当随机变量在迭代过程中发生振荡时，采用 MCC 方法进行迭代；否则，采用适合于凸函数的 AMV 方法进行迭代。其具体的步骤如下所述。

(1) 选择随机变量的均值作为初始点，把随机变量变换成标准正态分布，然后计算该点极限状态函数的函数值以及灵敏度信息。

(2) 用 AMV 方法计算更新前三次的随机变量并用式(8.28)判断函数的类型。

(3) 如果极限状态函数是凸函数，则采用式(8.25)更新下一步的随机变量；如果极限状态函数是凹函数，则采用式(8.32)计算新的随机变量。

(4) 如果迭代点满足精度需求，则进入下一步；否则返回步骤(2)继续迭代。

(5) 输出 MPTP 和对应的极限状态函数值。

Meng 等[11]还把 HCC 算法引入 SORA 方法中，提出了一种新的可靠性优化方法，其优化的数学模型同式(8.8)和式(8.9)，但其中的 $\boldsymbol{x}_{\mathrm{MPTP}}^{k}$ 由 HCC 计算得到。算法的详细流程如下所述。

(1) 输入初始迭代点($\boldsymbol{d}^0$，$\boldsymbol{\mu}_{\boldsymbol{x}}^{0}$)，初始化 k=0。

(2) 由 HCC 得到($\boldsymbol{\mu}_{\boldsymbol{x}}^{k},\boldsymbol{\mu}_{\boldsymbol{P}}$)对应的 MPTP($\boldsymbol{x}^{k}{}_{\mathrm{MPTP}}$, $\boldsymbol{P}^{k}{}_{\mathrm{MPTP}}$)。

(3) 计算偏移向量($\boldsymbol{s}_{\boldsymbol{x}}^{k+1}$，$\boldsymbol{s}_{\boldsymbol{P}}^{k+1}$)。

(4) 求解式(8.9)的确定性优化子问题，得到($\boldsymbol{d}^{k+1}$，$\boldsymbol{\mu}_{\boldsymbol{x}}^{k+1}$)。

(5) 检查是否收敛，如果收敛，则执行步骤(6)；否则 k=k+1，则执行步骤(2)。

(6) 输出结果。

下面采用两个典型的可靠性优化问题来考察基于 HCC 的 SORA 方法的效果。本节将 PMA 和 SORA 与不同的 MPTP 计算方法(AMV、HMV、CC、MCC)分别两两结合并进行分析对比，即 PMA+AMV 方法、PMA+HMV 方法、PMA+CC 方法、PMA+MCC 方法、SORA+AMV 方法、SORA+HMV 方法、SORA+CC 方法、SORA+MCC 方法。所有算法的计算效率都用函数的调用次数表示，且可靠性计算和外部确定性优化算法的收敛精度都是 10^{-3}。

例 8-3 含强非线性约束的可靠性优化问题

本例含有三个概率约束，其可靠性优化数学模型如下[11]：

$$\min_{\mu_x} \quad -\frac{\left(\mu_{x_1}+\mu_{x_2}-10\right)^2}{30}-\frac{\left(\mu_{x_1}-\mu_{x_2}+10\right)^2}{120}$$

$$\begin{aligned}
\text{s.t.}\quad & \operatorname{Prob}\left[G_i(\boldsymbol{x})<0\right]\leqslant\Phi\left(-\beta^t\right),\quad i=1,2,3\\
& 0\leqslant\mu_{x_1}\leqslant 10,\ \ 0\leqslant\mu_{x_2}\leqslant 10\\
& G_1(\boldsymbol{x})=x_1^2x_2/20-1\\
& G_2(\boldsymbol{x})=1-(Y-6)^2-(Y-6)^3+0.6(Y-6)^4-Z\\
& G_3(\boldsymbol{x})=80/\left(x_1^2+8x_2+5\right)-1\\
& Y=0.9063x_1+0.4226x_2,\ \ Z=0.4226x_1-0.9063x_2\\
& x_i\sim N\left(\mu_{x_i},0.3^2\right),\quad i=1,2\\
& \mu_{\boldsymbol{x}}^0=[5,5]^{\mathrm{T}},\ \ \beta^t=3
\end{aligned}\tag{8.35}$$

由于第二个约束函数非线性程度较高，所以本例的求解难度较大。图 8.16 和图 8.17 分别给出了 PMA 和 SORA 的迭代历史，表 8.3 汇总了不同方法的结果。本例以文献[37]的结果作为参考解，评价不同方法的精确性。对于 PMA 而言，AMV 方法不能收敛到正确的 MPTP，导致为外循环提供的可靠性信息不准，所以基于 AMV 的方法在优化过程中设计变量不断振荡且无法收敛到最优解。

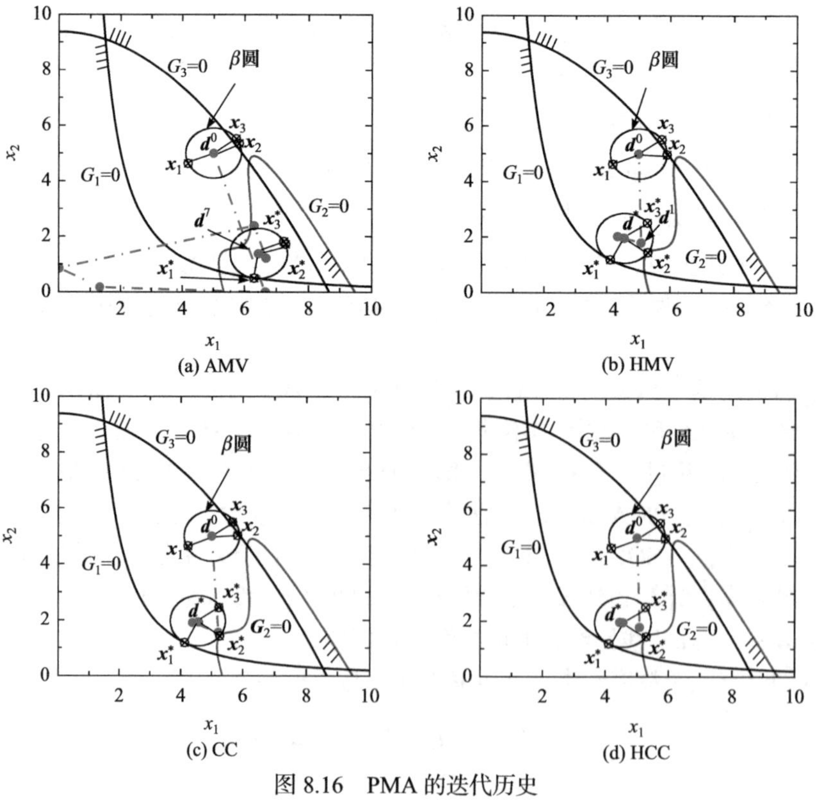

图 8.16　PMA 的迭代历史

HMV 方法虽然能够正确求解 MPTP，但是计算效率较低，收敛速度过慢，所以其 HMV 的优化方法效率较低。CC 方法虽然能够稳定求解可靠性信息，但是收敛速度也非常慢，且最优点的目标函数和其精确解存在一定的误差。混沌控制因子取 0.5 时效果更好，迭代步长较大，求解效率更高。当控制因子是 0.1 时，随机变量在 β 环附近迭代速度变得非常慢，大大增加了计算成本。基于 HCC 的方法的最优点和参考解一致而且效率最高，当控制因子为 0.1 时函数调用次数远小于控制因子为 0.5 时的函数调用次数，这是由该优化问题的第二个极限状态函数的强非线性所致。

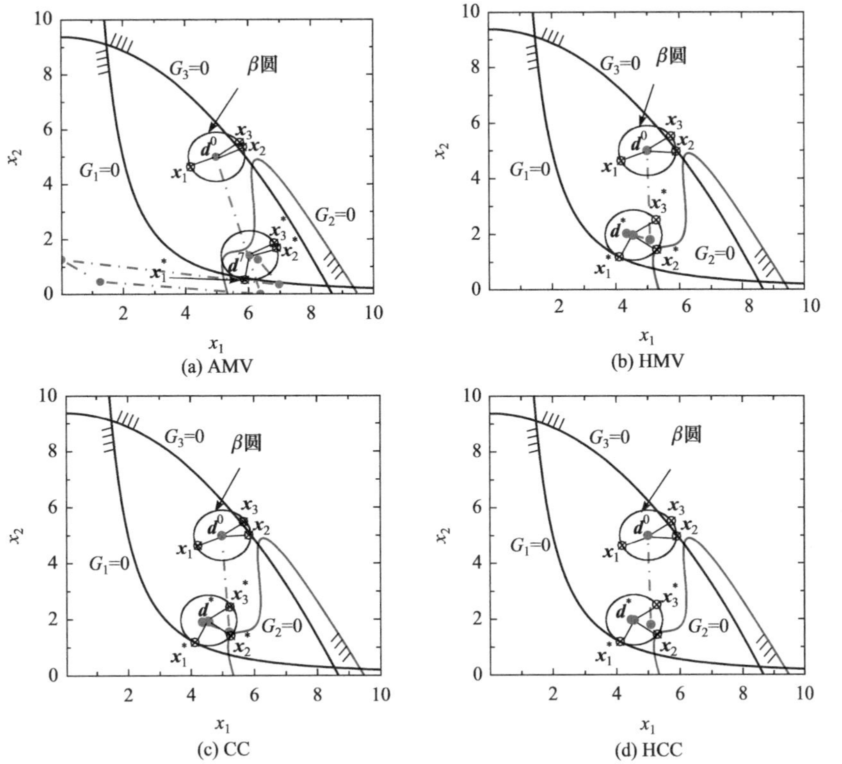

图 8.17 SORA 的迭代历史

表 8.3 可靠性优化计算结果(例 8-3)

方法	内循环方法	优化次数	函数调用次数	最优解	β_{MCS}^{1}	β_{MCS}^{2}	β_{MCS}^{3}
PMA	AMV	—	—	—	—	—	—
	HMV	5	975	−1.7247(4.5581,1.9645)	2.95	3.19	Inf
	CC (λ=0.5)	5	933	−1.7251(4.5576,1.9637)	2.95	3.19	Inf
	CC (λ=0.1)	5	1665	−1.7443(4.5732,1.9195)	2.85	3.09	Inf
	HCC (λ=0.5)	5	786	−1.7248(4.5582,1.9644)	2.95	3.19	Inf
	HCC (λ=0.1)	5	273	−1.7248(4.5582,1.9644)	2.95	3.19	Inf

续表

方法	内循环方法	优化次数	函数调用次数	最优解	β_{MCS}^{1}	β_{MCS}^{2}	β_{MCS}^{3}
SORA	AMV	—	—	—	—	—	—
	HMV	7	698	−1.7247(4.5581,1.9645)	2.95	3.19	Inf
	CC(λ=0.5)	5	742	−1.7251(4.5576,1.9637)	2.95	3.19	Inf
	CC(λ=0.1)	5	1154	−1.7443(4.5732,1.9195)	2.85	3.09	Inf
	HCC(λ=0.5)	7	566	−1.7247(4.5581,1.9645)	2.95	3.19	Inf
	HCC (λ=0.1)	7	217	−1.7247(4.5581,1.9645)	2.95	3.19	Inf

注：Inf 表示可靠指标为无穷大。

对于 SORA 方法而言，AMV 和 HMV 方法与采用 PMA 优化策略时的结果类似。CC 方法的确定性优化次数要少于其他的计算方法，从图中可以看出，CC 方法和 HCC 方法的迭代历史不一致，这是由 CC 方法未能在 β 环上所致。SORA+HCC 的计算效率最高，计算次数仅是 SORA+HMV 的三分之一。但是无论是 CC 方法还是 HCC 方法，混沌控制因子对优化问题的影响都较大，因此需要试算。

例 8-4　焊接梁可靠性优化问题[38]

图 8.18 给出焊接梁模型可靠性优化的示意图，包括 4 个随机变量和 5 个约束函数。其目标函数是结构的焊接成本，概率约束包括剪切力、结构弯矩、屈曲和结构位移。所有的随机变量都是相互独立的。焊接梁的可靠性优化模型为

$$
\begin{aligned}
\min_{\boldsymbol{\mu}_x}\quad & f = c_1\mu_{x_1}^2\mu_{x_2} + c_2\mu_{x_3}\mu_{x_4}\left(z_2+\mu_{x_2}\right) \\
\text{s.t.}\quad & \mathrm{Prob}\left(G_i<0\right)\leqslant \Phi\left(-\beta_i^t\right), j=1,2,\cdots,5 \\
& G_1=\tau/z_6-1,\ G_2=\sigma/z_7-1 \\
& G_3=x_1/x_4-1,\ G_4=\delta/z_5-1 \\
& G_5=1-P_c/z_1 \\
& \tau=\left(t^2+\frac{2thx_2}{2R}+h^2\right)^{1/2} \\
& t=\frac{z_1}{\sqrt{2}x_1x_2},\ h=\frac{MR}{J} \\
& \sigma=\frac{6z_1z_2}{x_3^2x_4},\ \delta=\frac{4z_1z_2^3}{z_3x_3^3x_4} \\
& M=z_1\left(z_2+\frac{x_2}{2}\right),\ R=\frac{\sqrt{x_2^2+\left(x_1+x_3\right)^2}}{2} \\
& J=\sqrt{2}x_1x_2\left[x_2^2/12+\left(x_1+x_3\right)^2/4\right]
\end{aligned}
\tag{8.36}
$$

其中，

$$
\begin{aligned}
&P_{\mathrm{c}}=\frac{4.013x_3x_4^3\sqrt{z_3z_4}}{6z_2^2}\left(1-\frac{x_3}{4z_2}\sqrt{\frac{z_3}{z_4}}\right)\\
&z_1=2.6688\times10^4,\ z_2=3.556\times10^2\\
&z_3=2.0685\times10^5,\ z_4=8.274\times10^5\\
&z_5=6.35,z_6=93.77,\ z_7=2.0685\times10^2\\
&c_1=6.74135\times10^{-5},c_2=2.93585\times10^{-6}\\
&\beta_1^{\mathrm{t}}=\beta_2^{\mathrm{t}}=\cdots=\beta_5^{\mathrm{t}}=3.0\\
&3.175\leqslant\mu_{\boldsymbol{x}_1}\leqslant50.8,0\leqslant\mu_{\boldsymbol{x}_2}\leqslant254\\
&0\leqslant\mu_{\boldsymbol{x}_3}\leqslant254,0\leqslant\mu_{\boldsymbol{x}_4}\leqslant50.8\\
&\boldsymbol{x}_i\sim N\left(\mu_{\boldsymbol{x}_i},0.1693^2\right)\quad i=1,2\\
&\boldsymbol{x}_i\sim N\left(\mu_{\boldsymbol{x}_i},0.0107^2\right)\quad i=3,4\\
&\mu_{\boldsymbol{x}}^0=[6.208,157.82,210.62,6.208]^{\mathrm{T}}
\end{aligned}
\tag{8.37}
$$

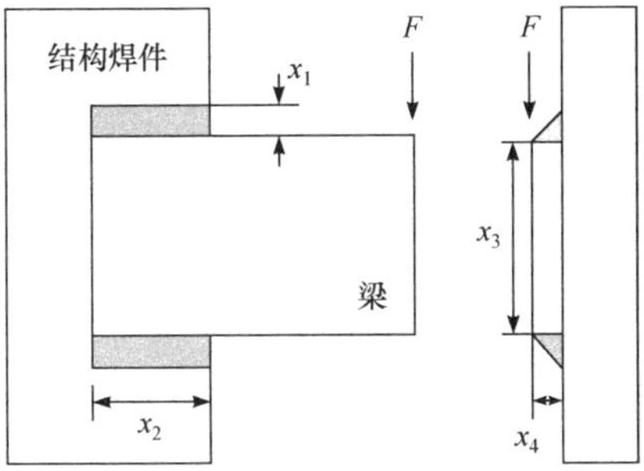

图 8.18　焊接梁结构模型

本例中算法的混沌控制因子取值为 0.5，并以文献[38]的结果为参考解进行对比。如表 8.4 所示，无论是对 PMA 还是 SORA，除 CC 方法以外，其他 MPTP 的搜索方法都收敛到(5.73, 200.90, 210.60, 6.24)，与参考解一致。与例 8-3 类似，除了 PMA+HCC 方法以外，其他 AMV、HMV 和 HCC 具有相同的内循环次数和外部迭代次数，所以 PMA+AMV、PMA+HMV 和 PMA+HCC 的总函数调用次数相同。CC 方法的计算结果出现误差且不能满足目标可靠性的需求，需要选择严格的收敛标准才能收敛到正确解。SORA+HCC 方法体现出了很好的稳健性和高效性。

表 8.4　可靠性优化计算结果(例 8-4)

方法	内循环方法	优化次数	函数调用次数	最优解
PMA	AMV	6	455	2.5913
	HMV	6	455	2.5913

续表

方法	内循环方法	优化次数	函数调用次数	最优解
PMA	CC	4	275	2.4757
	HCC	6	495	2.5913
SORA	AMV	6	441	2.5913
	HMV	6	441	2.5913
	CC	8	615	2.5306
	HCC	6	441	2.5913

8.5　基于自适应混沌控制的可靠性优化方法

混沌控制因子在 CC 方法和 HCC 方法中起着重要的作用，决定了算法的计算效率和精度。人为设定的混沌因子值不具有客观性，而且不利于算法的稳定性，因此需要一种合理的方式确定混沌因子。为了解决这个问题，Li 等[39]提出自适应混沌控制(adaptive chaos control, ACC)方法。ACC 方法能够根据功能函数非线性的程度自适应地更新混沌控制因子，极大拓展了算法的适用性，并进一步节约了计算成本。此外，可靠性优化算法的性能不仅由可靠性分析方法决定，而且受外层优化策略影响。所以，Li 等[12]提出了一种概率约束的判定方法，把单层方法和双层方法有机结合起来，提高了计算效率，而且保证了算法精度和稳健性。

8.5.1　基于自适应混沌控制的改进均值法

根据随机变量在迭代过程中前后迭代点夹角的变化规律，可以利用如下公式对混沌控制因子进行更新：

$$\lambda=\begin{cases}0.2\lambda, & 0.2\theta^k>\theta^{k-1}\\ \lambda\theta^{k-1}/\theta^k, & \theta^k>\theta^{k-1}\geqslant 0.2\theta^k\\ \lambda, & \theta^k\leqslant\theta^{k-1}\end{cases} \tag{8.38}$$

其中，θ^k 表示随机变量向量 $\boldsymbol{u}^k$ 和 $\boldsymbol{u}^{k+1}$ 之间的夹角，表征随机变量的振荡程度。

将式(8.28)、式(8.32)和式(8.38)结合，便得到自适应混沌控制(ACC)方法。图 8.19 给出了 ACC 方法自适应地更新混沌控制因子的示意图，当夹角 $\theta^k\leqslant\theta^{k-1}$ 时，迭代点 $\boldsymbol{u}^{k+1}$ 比 $\boldsymbol{u}^{k-1}$ 更接近迭代点 $\boldsymbol{u}^k$，说明夹角在迭代过程中逐渐减小，随机变量可以逐渐收敛到最小性能目标点，此时混沌控制因子没必要更新；当 $\theta^k>\theta^{k-1}\geqslant 0.2\theta^k$ 时，迭代点 $\boldsymbol{u}^{k-1}$ 比 $\boldsymbol{u}^{k+1}$ 更接近迭代点 $\boldsymbol{u}^k$，说明随机变量在迭代的过程中发生了振荡，混沌控制因子根据前后夹角的比值来更新($0<\theta^{k-1}/\theta^k<1$)；

当 $0.2\theta^k > \theta^{k-1}$ 时，为了防止控制因子更新幅度过大而产生额外的计算成本，将混沌控制因子更新比值下界设为 0.2。图 8.20 给出了 ACC 方法的流程图，具体实施步骤如下：

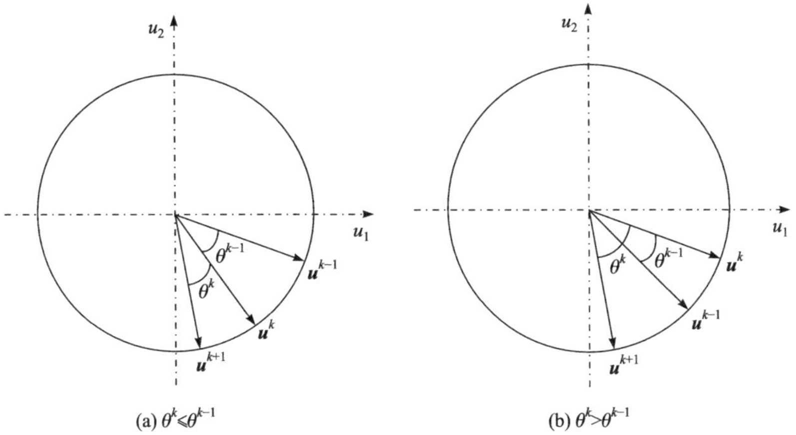

图 8.19 最小性能目标点搜索过程

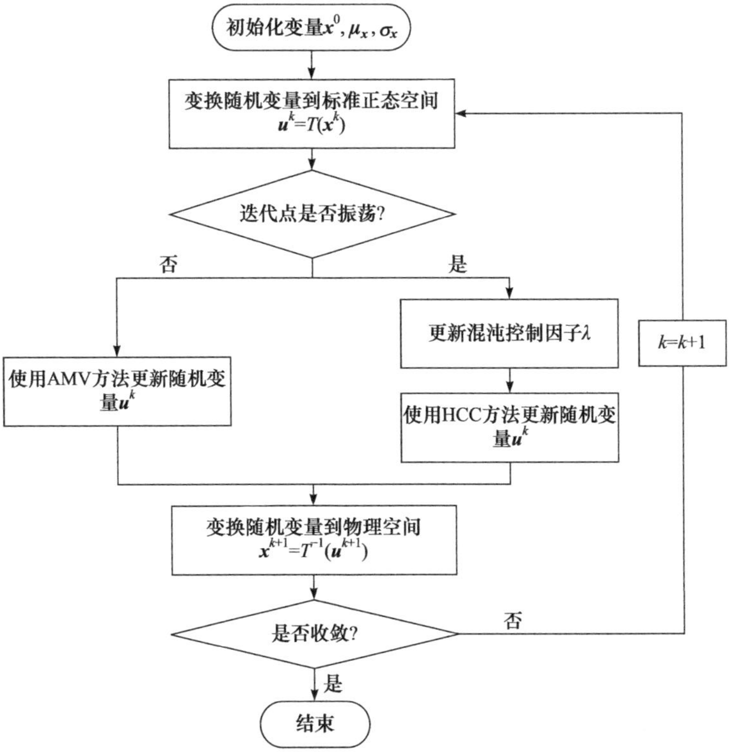

图 8.20 ACC 方法的流程图

(1) 选择随机变量的均值作为初始点，并用 Rosenblatt 变换等方法把随机变量变换成标准正态分布，然后计算该点极限状态函数值以及灵敏度信息。

(2) 用 AMV 方法更新前三次的随机变量迭代点并用式(8.29)判断极限状态函数的凹凸类型。

(3) 如果极限状态函数是凸函数，则使用 AMV 方法更新下一步的随机变量；如果功能函数是凹函数，则用式(8.38)更新混沌控制因子，然后采用式(8.28)和式(8.32)计算下一步的随机变量。

(4) 如果前后迭代点误差满足精度需求，则停止迭代；否则返回步骤(2)继续迭代直至收敛。

(5) 输出 MPTP 和极限状态函数的值。

8.5.2　改进的自适应混沌控制算法

ACC 算法中基于角度的混沌控制因子更新公式虽然可以自适应地调整混沌控制因子大小，但同时也存在以下问题：①向量$\left(\tilde{\boldsymbol{n}}^{k+1}-\tilde{\boldsymbol{n}}^{k}\right)$和向量$\left(\tilde{\boldsymbol{n}}^{k}-\tilde{\boldsymbol{n}}^{k-1}\right)$的夹角关系不能直接反映迭代振荡行为；②ACC 算法的混沌控制因子更新的自适应性有待进一步加强。为了弥补这些不足，李彬等[40]通过引入基于迭代点位置的振荡判据，建立了一种新的混沌控制因子循环更新策略，从而提出了基于改进自适应混沌控制的逆可靠性分析算法，简称改进的自适应混沌控制(improved adaptive chaos control，IACC)算法。

逆可靠性分析算法的振荡行为与迭代点的位置有直接关系，以二维随机变量问题为例，如图 8.21(a)所示，不振荡时三个迭代点$\boldsymbol{u}^{k-1}$、$\boldsymbol{u}^{k}$和$\boldsymbol{u}^{k+1}$在β环(二维随机变量问题下目标可靠性指标超球面表示为β环)上依次排列，而振荡时$\boldsymbol{u}^{k+1}$位于$\boldsymbol{u}^{k-1}$、$\boldsymbol{u}^{k}$之间或者$\boldsymbol{u}^{k-1}$位于$\boldsymbol{u}^{k}$、$\boldsymbol{u}^{k+1}$之间。三个连续迭代点$\boldsymbol{u}^{k-1}$、$\boldsymbol{u}^{k}$和$\boldsymbol{u}^{k+1}$的位置关系可通过$\left(\boldsymbol{u}^{k+1}-\boldsymbol{u}^{k}\right)$、$\left(\boldsymbol{u}^{k}-\boldsymbol{u}^{k-1}\right)$两向量的夹角$\varphi^{k+1}$确定，而$\varphi^{k+1}$及其余弦值$\xi^{k+1}$可分别表示为

$$\varphi^{k+1}=\arccos\left[\frac{\left(\boldsymbol{u}^{k+1}-\boldsymbol{u}^{k}\right)\cdot\left(\boldsymbol{u}^{k}-\boldsymbol{u}^{k-1}\right)}{\left\|\boldsymbol{u}^{k+1}-\boldsymbol{u}^{k}\right\|\cdot\left\|\boldsymbol{u}^{k}-\boldsymbol{u}^{k-1}\right\|}\right] \tag{8.39}$$

$$\xi^{k+1}=\cos\left(\varphi^{k+1}\right) \tag{8.40}$$

如图 8.21(b)所示，$\boldsymbol{u}^{k+1}$位于$\boldsymbol{u}^{k-1}$、$\boldsymbol{u}^{k}$之间，迭代过程发生振荡，而向量$\tilde{\boldsymbol{n}}^{k-1}$、$\tilde{\boldsymbol{n}}^{k}$和$\tilde{\boldsymbol{n}}^{k+1}$并不能直接反映迭代点的振荡行为，在 ACC 算法的振荡判据下可能发生振荡判断失败，因此 ACC 算法的振荡判据需要改进。IACC 采用如下判据判定迭代是否发生振荡：当夹角φ^{k+1}为锐角时，$\xi^{k+1}>0$，说明三个连续迭代

点 $\boldsymbol{u}^{k-1}$ 、$\boldsymbol{u}^{k}$ 和 $\boldsymbol{u}^{k+1}$ 依次排列，迭代过程不会振荡；当夹角 φ^{k+1} 为直角或钝角时，$\xi^{k+1} \leqslant 0$ ，说明三个连续迭代点 $\boldsymbol{u}^{k-1}$ 、$\boldsymbol{u}^{k}$ 和 $\boldsymbol{u}^{k+1}$ 错序排列，迭代过程发生振荡。

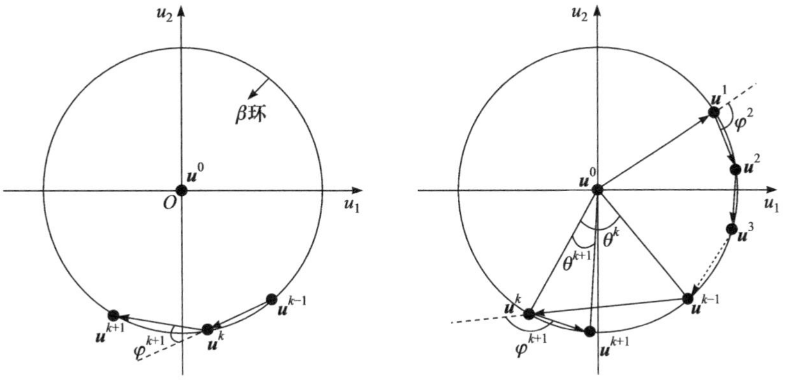

(a) 不振荡情况　　(b) 振荡情况

图 8.21　IACC 算法的 MPTP 搜索过程

为实现自适应地调整混沌控制因子，IACC 算法采用如下公式进行逆可靠性分析：

$$\begin{cases} \boldsymbol{u}^{k+1} = \beta \dfrac{\tilde{\boldsymbol{n}}^{k+1}}{\left\|\boldsymbol{v}^{k+1}\right\|} \\ \tilde{\boldsymbol{n}}^{k+1} = \boldsymbol{u}^{k} + \lambda^{k}\boldsymbol{C}\left(\boldsymbol{F}^{k} - \boldsymbol{v}^{k}\right) \\ \boldsymbol{F}^{k} = -\beta \dfrac{\nabla G\left(\boldsymbol{u}^{k}\right)}{\left\|\nabla G\left(\boldsymbol{u}^{k}\right)\right\|} \end{cases} \tag{8.41}$$

其中，

$$\lambda^{k} = \begin{cases} \min\left(\lambda_{t}, \lambda^{k-1}\right), & 10^{-4} \leqslant \lambda_{t} \leqslant 1 \\ \min\left(\lambda_{tt}, \lambda^{k-1}\right), & \lambda_{t} < 10^{-4} \end{cases} \tag{8.42}$$

式中，λ_t 和 λ_{tt} 表示两种情况下的中间参数，用于与上一个迭代步的混沌控制因子 λ^{k-1} 进行大小比较。$\varepsilon \leqslant \lambda_t \leqslant 1$ 表示当前迭代振荡可以通过设置合理的混沌控制因子来消除；而 $\lambda_t < \varepsilon$ 表示无论混沌控制因子如何设置，当前迭代振荡都无法消除。

在 IACC 算法中，混沌控制因子循环更新策略体现于式(8.42)的中间参数 λ_t 和 λ_{tt} 在单次迭代步内的循环更新。首先，中间参数 λ_t 的确定方法如下所述。

(1) 初始化参数 λ_t 的取值范围为[$\lambda_t^{\mathrm{L}}, \lambda_t^{\mathrm{U}}$]，定义参数 λ_t 的值为 $\lambda_t = \left(\lambda_t^{\mathrm{L}} + \lambda_t^{\mathrm{U}}\right)/2$，将参数 λ_t 作为临时混沌控制因子，可以得到下一个迭代点的临时值 $\tilde{\boldsymbol{u}}^{k+1}$ ：

$$\tilde{\boldsymbol{u}}^{k+1}=\beta\frac{\boldsymbol{u}^k+\lambda_t\boldsymbol{C}\left(\boldsymbol{F}^k-\boldsymbol{u}^k\right)}{\left\|\boldsymbol{u}^k+\lambda_t\boldsymbol{C}\left(\boldsymbol{F}^k-\boldsymbol{u}^k\right)\right\|}=\tilde{\boldsymbol{u}}^{k+1}(\lambda_t)=\tilde{\boldsymbol{u}}^{k+1}\left(\frac{\lambda_t^{\mathrm{L}}+\lambda_t^{\mathrm{U}}}{2}\right) \tag{8.43}$$

式中，$\tilde{\boldsymbol{u}}^{k+1}$ 是参数 λ_t 的函数，可表示为 $\tilde{\boldsymbol{u}}^{k+1}(\lambda_t)$。

(2) 为了确定 $\tilde{\boldsymbol{u}}^{k+1}$，需要不断调整参数 λ_t 的上、下界。当迭代不振荡时，λ_t 应该适当增大，那么当前 λ_t 值可以用于替代 λ_t 的下界值；反之，当迭代振荡时，λ_t 应该适当减小，那么当前 λ_t 值可以用于替代 λ_t 的上界值。因此，参数 λ_t 可以按照如下方式更新：

$$\lambda_t=\frac{\lambda_t^{\mathrm{L}}+\lambda_t^{\mathrm{U}}}{2}=\begin{cases}\dfrac{\lambda_t+\lambda_t^{\mathrm{U}}}{2}, & \xi^{k+1}>0\\[2mm] \dfrac{\lambda_t^{\mathrm{L}}+\lambda_t}{2}, & \xi^{k+1}\leqslant 0\end{cases} \tag{8.44}$$

(3) 当参数 λ_t 的上、下界满足 $\left|\lambda_t^{\mathrm{U}}-\lambda_t^{\mathrm{L}}\right|\leqslant\varepsilon$ 时，将 λ_t 的当前值代入式(8.42)。

对于当前迭代振荡无法消除的情况，需要采用中间参数 λ_{tt} 求得小振荡下的迭代解。将参数 λ_{tt} 作为临时混沌控制因子代入式(8.41)，得到下一个迭代点的临时值 $\tilde{\boldsymbol{u}}^{k+1}$：

$$\tilde{\boldsymbol{u}}^{k+1}=\beta\frac{\boldsymbol{u}^k+\lambda_{tt}\boldsymbol{C}\left(\boldsymbol{F}^k-\boldsymbol{u}^k\right)}{\left\|\boldsymbol{u}^k+\lambda_{tt}\boldsymbol{C}\left(\boldsymbol{F}^k-\boldsymbol{u}^k\right)\right\|}=\tilde{\boldsymbol{u}}^{k+1}(\lambda_{tt}) \tag{8.45}$$

式中，$\tilde{\boldsymbol{u}}^{k+1}$ 是参数 λ_{tt} 的函数，可表示为 $\tilde{\boldsymbol{u}}^{k+1}(\lambda_{tt})$。根据向量 $\boldsymbol{u}^k$ 和 $\tilde{\boldsymbol{u}}^{k+1}$ 求得角度 θ^{k+1}，同时 θ^{k+1} 也是参数 λ_{tt} 的函数：

$$\theta^{k+1}=\arccos\left(\frac{\boldsymbol{u}^k\cdot\tilde{\boldsymbol{u}}^{k+1}}{\left\|\boldsymbol{u}^k\right\|\cdot\left\|\tilde{\boldsymbol{u}}^{k+1}\right\|}\right)=\arccos\left(\frac{\boldsymbol{u}^k\cdot\tilde{\boldsymbol{u}}^{k+1}(\lambda_{tt})}{\left\|\boldsymbol{u}^k\right\|\cdot\left\|\tilde{\boldsymbol{u}}^{k+1}(\lambda_{tt})\right\|}\right)=\theta^{k+1}(\lambda_{tt}) \tag{8.46}$$

振荡不代表不能收敛，如图 8.21(b)所示，虽然迭代点 $\boldsymbol{u}^{k+1}$ 位于 $\boldsymbol{u}^{k-1}$、$\boldsymbol{u}^k$ 之间，振荡无法避免，但振荡有收敛趋势。针对该情况，首先需要适当增大当前混沌控制因子。为使增大后的混沌控制因子确保振荡小且快速收敛，参数 λ_{tt} 需满足如下关系：

$$0.2\leqslant\theta^{k+1}(\lambda_{tt})/\theta^k\leqslant 0.25 \tag{8.47}$$

图 8.22 为 IACC 算法的流程图，其主要步骤如下所述。

(1) 设定目标可靠性指标 β，k=0，初始化迭代点 $\boldsymbol{u}^0$ 为标准正态空间原点，初始混沌控制因子 λ^0=1。

(2) 基于 IACC 算法迭代式求得下一个迭代点 $\boldsymbol{u}^{k+1}$。

(3) 根据如下条件判断迭代是否收敛：

$$k \geqslant k_{\max} \text{ 或 } \varDelta \leqslant \delta \tag{8.48}$$

其中，k 为当前迭代次数；$k_{\max}$ 为允许的最大迭代次数，取为 400；$\varDelta = \left\|\boldsymbol{u}^{k+1} - \boldsymbol{u}^{k}\right\| / \left\|\boldsymbol{u}^{k+1}\right\|$ 表示相邻迭代解间的相对变化量；δ 为迭代解间相对变化量收敛阈值，取为 10^{-4}。

若不满足收敛条件，则 $k=k+1$ 且进入步骤(4)；如果满足，则进入步骤(5)。

(4) 根据混沌控制因子循环更新策略，确定当前迭代步的混沌控制因子大小 λ^k，返回步骤(2)。

(5) 通过 Rosenblatt 变换将 $\boldsymbol{u}^{k+1}$ 从 $\boldsymbol{U}$ 空间转换至 $\boldsymbol{X}$ 空间得到 $\boldsymbol{x}^{k+1}$，并将当前迭代点作为逆可靠性分析的 MPTP。

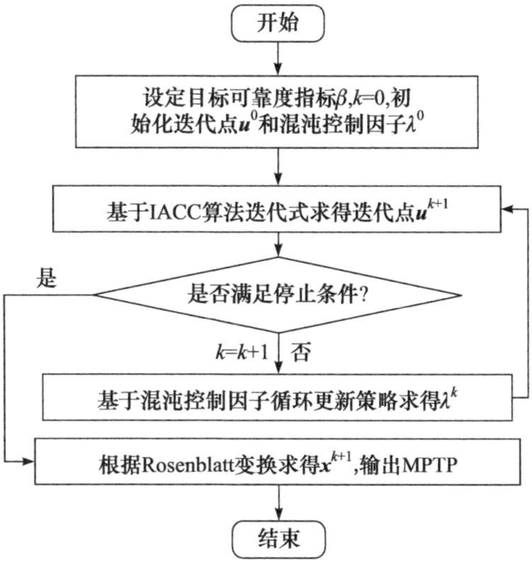

图 8.22 IACC 算法流程图

与传统逆可靠性分析算法相比，IACC 算法可以自适应地提供更合适的混沌控制因子，从而有效控制振荡。此外，在循环更新混沌控制因子时，每个迭代步求得的极限状态函数及其梯度可以在混沌控制因子循环过程中被反复利用。因此，IACC 算法的混沌控制因子循环更新策略不会增加额外计算量。

8.5.3 基于自适应混合循环的可靠性优化方法

如前所述，尽管双层循环方法能够较稳健地求解可靠性优化问题，但计算效率较低。单循环方法能够高效地求解可靠性优化问题，但是对于非线性程度高的功能函数收敛性较差。本小节介绍一种自适应混合循环方法(adaptive hybrid loop approach, AHLA)，该方法能够充分利用单循环和双层循环优化方法各自的优点。

Li 等[12]提出了以下函数类型判定准则，自适应地判别迭代点是否在概率约束的边界发生振荡：

$$\xi_i^k = G_i^{(k-1)} \cdot G_i^{(k)}, \quad i = 1, 2, \cdots, n_G$$
$$\hat{n}_i^{\,k} = \begin{cases} \hat{n}_i^{\,k} + 1, & \mathrm{sgn}(\xi_i^k) = -1 \\ \hat{n}_i^{\,k}, & \mathrm{sgn}(\xi_i^k) = 1 \end{cases} \tag{8.49}$$
$$N^k = \max\{\hat{n}_i^{\,k}\}, \quad i = 1, 2, \cdots, n_G$$

式中，$G_i^{(k)}$ 和 $\mathrm{sgn}(\xi_i^k)$ 分别代表第 i 个约束在第 k 步迭代的功能函数和判定准则。如图 8.23 所示，$\mathrm{sgn}(\xi_i^k) = -1$ 时表示迭代点在概率约束边界振荡。N^k 是所有约束中穿越概率约束边界的次数的最大值，如果 N^k 小于 2，则表示迭代点逐渐收敛到最优解，应该选择 SLA 方法；如果 N^k 大于等于 2，则表示迭代点在概率约束边界振荡，应该选择 PMA 方法。

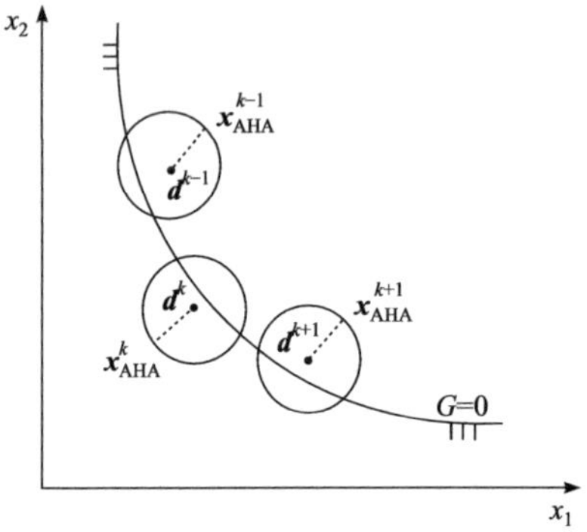

图 8.23　函数类型判定准则

可靠性优化的单层法 SLA 虽然能够提高计算效率，但是在每次得到近似 MPTP/后还需要再次计算该点的极限状态函数和梯度，这样无疑额外增加了计算量。另外，如图 8.24 所示，SLA 是用第 k–1 步 MPTP/ $\boldsymbol{x}_{\mathrm{MPTP}}^{k-1}$ 的梯度信息来计算第 k 步 MPTP/ $\boldsymbol{x}_{\mathrm{MPTP}}^{k}$，也就是说，用上一迭代步 β 环的梯度信息来计算当前迭代步 β 环信息，这明显是不适合的。为解决这些问题，AHLA 采用一种 SLA 的平移向量方法，通过保留第 k–1 步随机变量在标准正态空间的 MPTP/ $\boldsymbol{u}_{\mathrm{MPTP}}^{k-1}$ 信息，然后随着外层设计变量由 $\boldsymbol{d}^{k-1}$ 到 $\boldsymbol{d}^{k}$，随机变量从标准正态空间重新变换到物理空间，此时把第 k–1 步 β 环上的信息平移到第 k 步的 β 环。所以，对于非线性程度较低的功能函数，没必要再次计算功能函数值，可以使用平移向量方法解可靠性优化结果；对于非线性程度较高的功能函数，单层方法的可靠性信息不能找到可靠性优化的最优解，此时应该选择双层迭代策略 PMA+ACC 方法进行迭代。综上所述，AHLA 可分为以下几个步骤(图 8.25)：

(1) 初始化随机变量和设计变量，并计算目标函数值和最大边界穿越次数 N。

(2) 把随机变量转换到标准正态空间。

(3) 如果最大边界穿越次数小于等于 2，表示设计变量在迭代中没有遇到困难，则计算当前迭代点的功能函数值和灵敏度信息，并采用改进的 SLA 方法计算最优点；如果最大边界穿越次数大于 2，则表示设计变量在概率约束边界振荡，此时得到极限状态函数值和灵敏度信息后采用 ACC 方法计算最小性能目标点，同时采用 PMA 方法搜索最优点。

(4) 如果迭代点误差满足计算精度需求，则进入步骤(5)；否则返回步骤(2)。

(5) 输出最优点的设计变量、目标函数以及约束的信息。

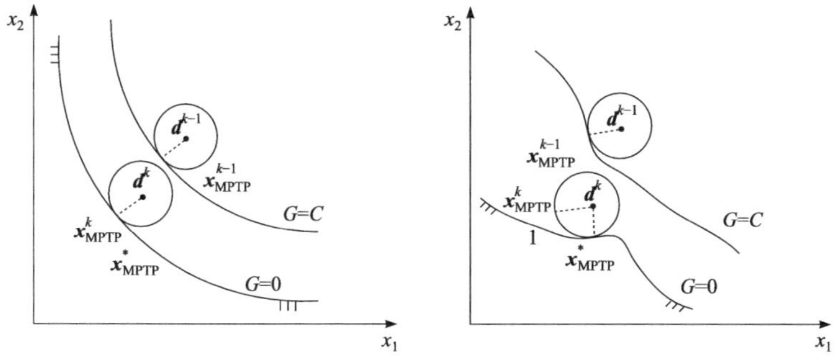

图 8.24　平移向量方法

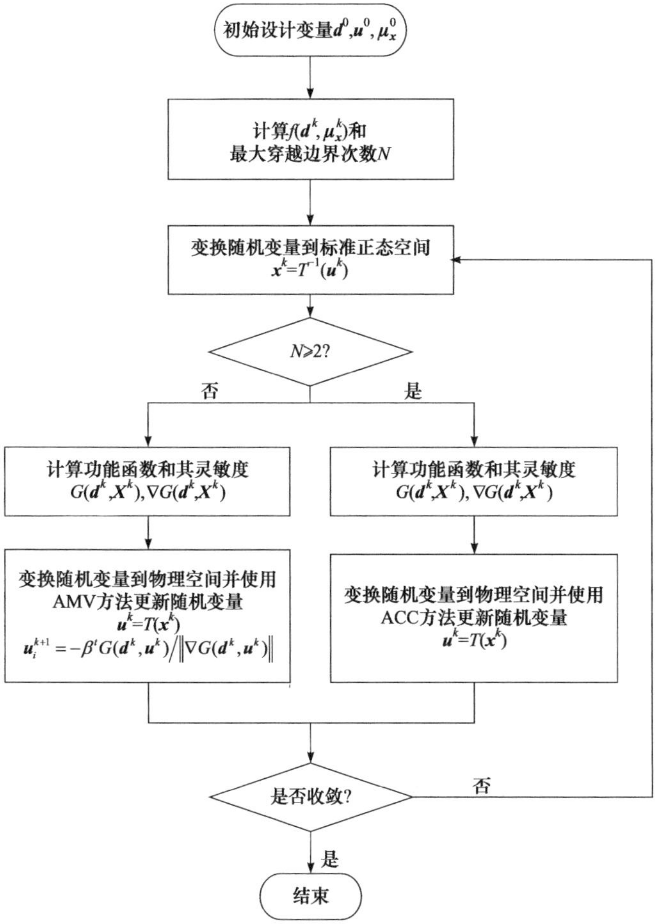

图 8.25　AHLA 的流程图

8.5.4 典型数值算例分析

这里通过两个标准算例来考察 AHLA 的效果。其中，例 8-5 着重讨论变异性对结果的影响，例 8-6 讨论强非线性约束下不同初始点的影响。其中，RIA 方法的验算点采用 HL-RF 迭代方法计算；PMA 和 SORA 方法的 MPTP 都是由 HMV 方法计算；ALM 和 AHLA 方法的 MPTP 则使用 ACC 方法，以区分不同自适应策略的优劣。所有算法内部和外部优化算法的收敛精度分别是 10^{-6} 和 10^{-3}，且最优点的计算结果都用蒙特卡罗模拟验证，样本点数量是 10^7。

例 8-5　含不同标准差的非线性约束函数

本例数值模型如下：

$$
\begin{aligned}
\min \quad & \mu_{x_1}+\mu_{x_2} \\
\text{s.t.} \quad & \text{Prob}\,[G_i(x)<0]\leqslant \Phi(-\beta^{\text{t}}), \quad i=1,2,3 \\
& 0\leqslant \mu_{x_1}\leqslant 10, \quad 0\leqslant \mu_{x_2}\leqslant 10 \\
& G_1(x)=x_1^2x_2/20-1 \\
& G_2(x)=(x_1+x_2-5)^2/30+(x_1-x_2-12)^2/120-1 \\
& G_3(x)=80/(x_1^2+8x_2+5)-1 \\
& \beta^{\text{t}}=2
\end{aligned}
\tag{8.50}
$$

其中，随机变量 x_1 和 x_2 相互独立，且都服从均值为 5.0、标准差为 σ 的耿贝尔分布，这分别考虑取为 σ=0.3 和 σ=1.0 两种情况。随机变量均值点选为设计变量初始点。

表 8.5 和表 8.6 中分别列出了标准差是 0.3 和 1.0 时的可靠性优化的结果。从表中可以看出，当标准差是 0.3 时，除 RIA 之外的所有可靠性优化方法都能收敛到正确解。PMA 的效率较差且其约束可靠性指标的蒙特卡罗计算结果略大于目标可靠性指标，这是由非正态随机变量变换为标准正态随机变量时产生了误差导致的。SORA 虽然通过对优化列式解耦而一定程度上提高了计算效率，但是提高的幅度有限。SLA 仅需要计算一次可靠性信息，极大地提高了计算效率。ALM 只是在接近约束边界时加快了速度。AHLA 计算效率较高，仅仅略低于 SLA。当标准差为 1 时，整体上看，各种方法的性能和标准差为 0.3 时的情况类似。但是对于 SLA 来说，虽然能够找到一个解，但是该点的可靠性指标小于目标可靠性，不满足可靠性优化约束。

表 8.5 可靠性优化计算结果(σ=0.3)

方法	优化次数	函数调用次数	目标函数	设计变量	β_1^{MCS}	β_2^{MCS}	β_3^{MCS}
RIA	—	—	—	—	—	—	—
PMA	5	699	6.01	(3.2387,2.7713)	2.062	2.077	Inf
SORA	5	522	6.01	(3.2387,2.7713)	2.062	2.077	Inf
SLA	5	126	6.01	(3.2387,2.7713)	2.062	2.077	Inf
ALM	5	657	6.01	(3.2387,2.7713)	2.062	2.077	Inf
AHLA	6	174	6.01	(3.2387,2.7713)	2.062	2.077	Inf

表 8.6 可靠性优化计算结果(σ=1.0)

方法	优化次数	函数调用次数	目标函数	设计变量	β_1^{MCS}	β_2^{MCS}	β_3^{MCS}
RIA	—	—	—	—	—	—	—
PMA	4	687	7.9223	(3.8912,4.0311)	2.018	2.208	2.255
SORA	4	493	7.9223	(3.8912,4.0311)	2.018	2.208	2.255
SLA	8	189	7.8069	(3.9752,3.8317)	2.020	1.817	2.275
ALM	4	474	7.9223	(3.8912,4.0311)	2.018	2.208	2.255
AHLA	7	336	7.9223	(3.8912,4.0311)	2.018	2.208	2.255

例 8-6 含强非线性约束函数问题受不同初始点的影响

本例同例 8-3。为全面检验在不同初始点情况下可靠性优化算法的稳健性，这里选择了三个不同的初始解：(0.5, 0.5)、(5.0, 5.0)和(15.0, 15.0)。

表 8.7 给出了可靠性优化结果，其中 RIA 稳健性最差，没有找到正确解。HMV 方法可以找到正确的 MPTP，因此 PMA 和 SORA 都能找到可靠性优化最优解。相比之下，解耦策略 SORA 计算效率比 PMA 更高。由于 SLA 使用近似可靠性信息，迭代点在约束边界振荡且无法收敛。ALM 采用双层方法时首先下降到约束边界附近，但当采用单层方法时迭代点在约束边界振荡且无法收敛。AHLA 的计算效率最高，初始点(0.5, 0.5)、(5.0, 5.0)和(15.0, 15.0)的函数调用次数分别是 405、324 和 417，分别仅有 SORA 方法的约三十五分之一、六分之一和十分之一。其他方法对于设计变量的初始值较敏感，当初始迭代点离真实解较远时，函数调用次数急剧增加，尤其是 PMA 和 SORA，主要原因是外层优化的每步迭代概率约束都需大量的可靠性分析。但 AHLA 对初始点敏感程度较低，随着设计变量初始点同最优点距离的增加，函数调用次数增加并不明显。

表 8.7　可靠性优化计算结果(例 8-6)

方法	$\beta_{\min}^{\mathrm{MCS}}$	x_0=(0.5, 0.5)		x_0=(5.0, 5.0)		x_0=(15.0, 15.0)	
		目标函数	函数调用次数	目标函数	函数调用次数	目标函数	函数调用次数
RIA	—	—	—	—	—	—	—
PMA	2.95	−1.7247	8880	−1.7247	2793	−1.7247	6315
SORA	2.95	−1.7247	14322	−1.7247	1796	−1.7247	3992
SLA	—	—	—	—	—	—	—
ALM	—	—	—	—	—	—	—
AHLA	2.95	−1.7247	405	−1.7247	324	−1.7247	417

为了显示 AHLA 的算法原理，表 8.8 进一步给出了从初始点(5.0, 5.0)开始迭代时的历史。可以看出，当迭代点离概率约束边界较远时，AHLA 采用改进的 SLA 可以迅速收敛到约束边界附近；然后当迭代点在约束边界附近出现振荡时，转用 PMA+ACC 方法收敛到真实解。

表 8.8　初始点(5.0, 5.0)AHLA 的迭代历史(例 8-6)

迭代	设计变量	函数调用次数	N
0	(5.0,5.0)	12	0
1	(5.9367,1.2842)	12	1
2	(5.2510,1.4166)	12	1
3	(5.0671,1.7203)	12	1
4	(4.2299,2.0568)	12	2
5	(4.6656,1.8886)	111	3
6	(4.5557,1.9635)	66	4
7	(4.5581,1.9645)	60	4
8	(4.5581,1.9645)	27	5

本节介绍了一种适用于不同类型功能函数的可靠性优化方法。总体来说，ACC 方法是根据 CC 方法的原理，结合随机变量在标准正态空间中迭代角度的变化规律，能够根据功能函数的类型自适应地调整混沌控制因子，避免混沌控制因子需要试算的问题，在方便应用的同时提高了最小性能目标点的计算效率。自适应混合循环方法根据设计变量在概率约束边界振荡与否来判定函数类型，从而把单循环和双层循环方法有机结合起来，集成了两者各自在效率和稳健性上的优势。

8.6 工程应用——加筋柱壳结构的可靠性优化设计

加筋柱壳是航天领域最常用的结构之一，是未来航天结构技术发展的低成本结构技术方向之一[41]。如图 8.26 所示，筋条不仅能够提高壳体的极限承载力，而且能够减小结构对初始缺陷的敏感性。目前对于加筋柱壳结构的研究主要集中在三个方面：稳定性分析及快速设计、优化设计和缺陷敏感性设计。运载火箭在发射阶段需要承受巨大的推力，使加筋柱壳要受到强烈的轴压作用，容易导致其轴压失稳。加筋柱壳结构按照失稳形态又可分为局部和整体失稳两种情况，其中局部失稳又可能是筋条失稳或蒙皮失稳。

图 8.26 运载火箭的加筋柱壳结构

初始几何缺陷在运载火箭上普遍存在，且薄壁结构的轴压极限承载力对缺陷极其敏感，导致承载力远小于完善的模型极限承载力[42]。轻量化设计是加筋柱壳获得更好的经济效益的重要手段，然而对于薄壁结构，其缺陷敏感性会随着加筋壳质量的减小而增强，这给优化方案的可靠性带来很大挑战。此外，加筋柱壳结构往往存在多个局部最优解且含有离散设计变量[43]，而传统的梯度类可靠性优化方法无法求解此类复杂问题，因此需要借助演化算法。同时，为了解决演化类算法计算量过大的问题，还需要借助代理模型辅助优化过程，才能实现优化设计。

Li 等[39]考虑加筋柱壳制造公差以及缺陷的随机性，基于 ACC 和 Kriging 方法建立了加筋柱壳结构的可靠性优化模型，并通过混合可靠性优化方法完成了加筋柱壳的可靠性优化设计。首先，结合 ACC 方法和 Kriging 模型提出基于代理模型的混合可靠性优化策略，用 Kriging 代理模型对实际物理模型的目标函数和结构响应分别进行近似，并采用 ACC 方法保证 MPTP 求解的稳健性和高效性。然后在可靠性优化算法的外循环中采用粒子群算法，保证在整个设计可行域找到全局最优解。最后，通过与初始设计和确定性优化设计方案的比较，说明了可靠性优化设计的优势。

8.6.1　加筋柱壳可靠性优化设计数学模型

如图 8.27 所示，加筋柱壳采用正置正交的内加筋方式，对于一个直径为 3m 的加筋柱壳结构，外凸的双曲母线可以在一定程度上减少壳体的缺陷敏感性。所以，把双曲母线的外凸幅度也选为设计变量之一。图中 t_{r} 表示筋条的宽度，h 表示筋条的高度，t_{s} 表示蒙皮的厚度，L 表示壳体的长度，D 表示壳体的直径。α 是无量纲的几何缺陷幅值，其定义如下：

$$\alpha=\delta/(h+t_{\mathrm{s}}) \tag{8.51}$$

所有这些参数的初始设计值如表 8.9 所示，结构初始的质量是 358kg，优化的目标是在最小化结构质量的同时满足不确定性约束，其可靠性优化数学模型为

$$\begin{aligned}
&\text{find} && \{\mu_w,\mu_{t_{\mathrm{r}}},\mu_h,\mu_{t_{\mathrm{s}}},N_{\mathrm{c}},N_{\mathrm{a}}\}\\
&\min && W\\
&\text{s.t.} && P_{\mathrm{f}}\left[P_{\mathrm{m}}(w,t_{\mathrm{r}},h,t_{\mathrm{s}},N_{\mathrm{c}},N_{\mathrm{a}},\alpha)>P_{\mathrm{m}}^{\mathrm{t}}\right]\leqslant P_{\mathrm{f}}^{\mathrm{t}}\\
& && \beta^{\mathrm{t}}=3
\end{aligned} \tag{8.52}$$

其中，N_{c} 表示环向筋条的数目，N_{a} 表示轴向筋条的数目，P_{m} 代表极限屈曲承载能力；无量纲几何缺陷幅值是主要的不确定性因素，服从正态分布 $N(0.5, 0.05^2)$；其他的几何参数 t_{r}, t_{s}, w 和 h 考虑成标准差是 0.05 的正态分布，其均值 $\mu_{t_{\mathrm{r}}},\mu_{t_{\mathrm{s}}},\mu_w,\mu_h$ 则选为设计变量。N_{c} 和 N_{a} 是确定性的整数设计变量，需要在优化过程中进行整数化处理。加筋壳运载火箭常用铝合金作为模型材料，其弹性模量 E=70GPa，密度 ρ=2.7×10^{-6}kg/mm^3，泊松比 ν=0.33，屈服应力 σ_{s}=300MPa，极限应力 σ_{b}=300MPa，极限屈曲荷载 $P_{\mathrm{m}}^{\mathrm{t}}$=8280kN。

极限屈曲承载力采用 Abaqus 软件进行显式屈曲分析得到，加载总位移为 20mm，壳单元采用 S4R，每个节点有三个平动和三个转角自由度，整个加筋柱壳包括 55080 个节点。这里主要考虑含一阶模态特征缺陷，几何模型如图 8.28 所示。采用 P4 2.9GHz CPU、4GB 内存的计算机，单次有限元分析需耗费约 1.8h。

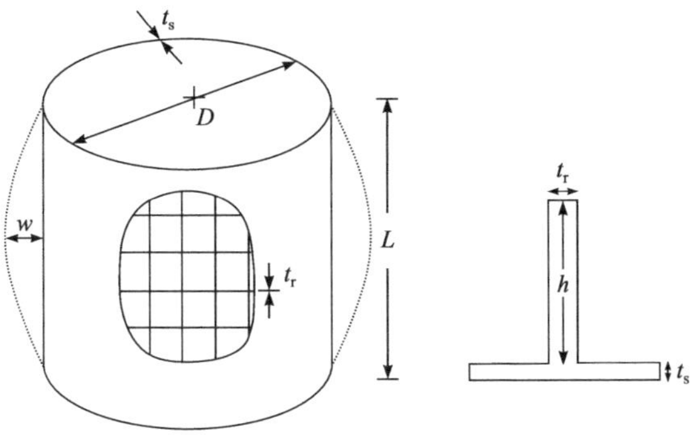

图 8.27 加筋柱壳模型示意图

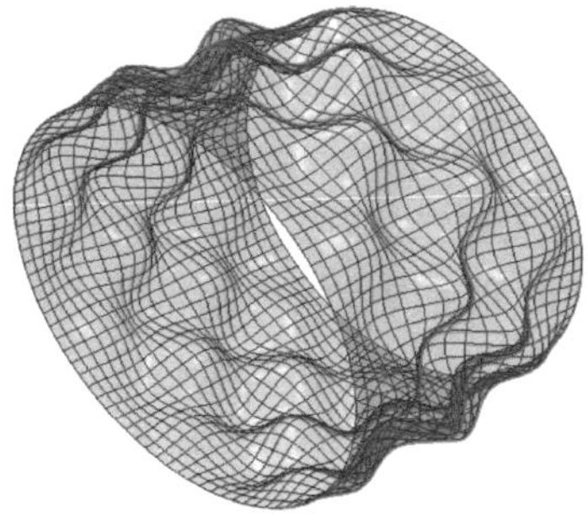

图 8.28 含一阶特征模态缺陷的加筋柱壳 (放大 10 倍)

表 8.9 加筋柱壳初始设计参数

D /mm	L/mm	t_r/mm	h/mm	t_s/mm	N_c	N_a	w
3000.0	2000.0	9.0	15.0	4.0	26	90	0.0

8.6.2 基于 Kriging 模型的可靠性优化方法

由于本工程问题单次有限元分析需要的时间过长，同时优化过程又需要大量的结构重分析，因此需要借助高效的代理模型方法才能实现优化设计。有鉴于此，本小节通过 Kriging 代理模型模拟结构的极限屈曲承载能力。因为代理模型的引入，优化过程中结构响应计算的成本几乎可以忽略不计，所以可以采用演化类算法寻求最优设计方案，保证解的全局最优属性。在整个可靠性优化过程中，代理模型的精度起到决定性作用。不仅需要足够的局部精度来提供满足要求的可靠性信息，而且需要充足的全局精度来找到外层最优解，因此本小节采用如下统计指标检验代理模型的局部精度和全局精度：

$$\%\mathrm{RMSE} = 100\frac{\sqrt{(1/n)\sum_{i=1}^{n}(y_i-\tilde{y}_i)^2}}{(1/n)\sum_{i=1}^{n}y_i}$$

$$\%\mathrm{AvgErr} = 100\frac{(1/n)\sum_{i=1}^{n}\left|y_i-\tilde{y}_i\right|}{(1/n)\sum_{i=1}^{n}y_i}$$

$$\%\text{MaxErr} = \max\left[\frac{100\left|y_i - \tilde{y}_i\right|}{(1/n)\sum_{i=1}^{n} y_i}\right] \tag{8.53}$$

其中，%RMSE、%AvgErr 分别表示均方根百分误差和平均百分误差，衡量了代理模型在设计域内的整体误差；%MaxErr 表示最大百分误差，衡量了代理模型在设计域内的最大误差。三个指标越小，说明 Kriging 代理模型的精度越高，这里所有误差指标的精度取 10%。

如果 Kriging 模型满足精度需求，则使用 PMA+PSO 找到可靠性优化的解，同时对该点的精度进行验证。如果 Kriging 模型精度不满足要求，则更新样本点重新构造代理模型。最后形成了包含外层代理模型更新、中层 PSO 方法抽样以及内层 ACC 逆可靠性分析在内的三层嵌套的优化循环，其计算流程如图 8.29 所示。

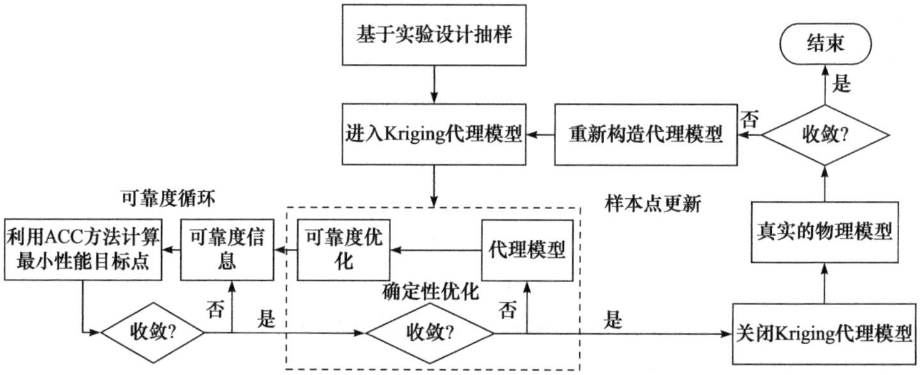

图 8.29　基于 Kriging 的混合可靠性优化方法

(1) 在整个设计域采用优化拉丁超立方方法抽取样本点，一般样本点个数取设计变量维度的 10 倍以上。

(2) 用抽取的样本点对目标和功能函数分别建立 Kriging 模型，同时用均方根百分误差、平均百分误差和最大百分误差对所有代理模型的精度进行验证。如果 Kriging 模型满足要求，则进入下一步；否则，将验证点加入样本点重新构造代理模型直至满足精度需求。

(3) 用 Kriging 模型构造可靠性优化模型，同时用 PSO 方法进行外层确定性优化计算，用 ACC 方法计算最小性能目标点，最后得到全局最优解。

(4) 把可靠性优化的最优解与真实的物理模型进行验证，当满足精度需求时，进入下一步；否则，把全局最优解加入样本点重新构造 Kriging 模型并返回到步骤(3)继续迭代。

(5) 反复迭代直至计算结果收敛。

(6) 输出最优点的设计变量、目标函数以及约束的相关信息。

8.6.3 不同设计方案结果对比

首先采用拉丁超立方在全域均匀地抽取 191 个样本点，并同时均匀抽取 18 个样本点留作代理模型精度检验；然后对质量 W 和载荷 P 分别构建 Kriging 代理模型。当代理模型构建完成以后，用均方根百分误差、平均百分误差和最大百分误差对代理模型精度进行检验。从表 8.10 可以看出，所有的误差指标都在 10%以内，可以认为满足精度要求。

表 8.10 考虑缺陷敏感性的代理模型误差

误差指标	W	P
%RMSE	1.5	5.1
%AvgErr	1.4	4.3
%MaxErr	3.6	9.3

图 8.30 给出了可靠性优化质量 W 的迭代历史，其中图中迭代点的跳跃是由外部更新样本后可靠性优化重新计算而形成的，可以看出样本点在更新五次之后收敛。由于承载力响应的非线性较强，Kriging 代理模型和有限元模型之间的误差在首次可靠性优化后高达 12%。而在样本点更新五次后，误差最终下降到仅有 1.4%。表 8.11 给出了初始设计、确定性最优设计以及可靠性优化设计的三种不同方案结果对比。最优点结果都通过蒙特卡罗模拟法进行抽样验证，抽取的样本点数量是 10^7。从表中可以看出，在经过一定次数的迭代以后，所有的优化方法都在满足误差的情况下收敛到最优解，其中确定性优化和可靠性优化的最优点

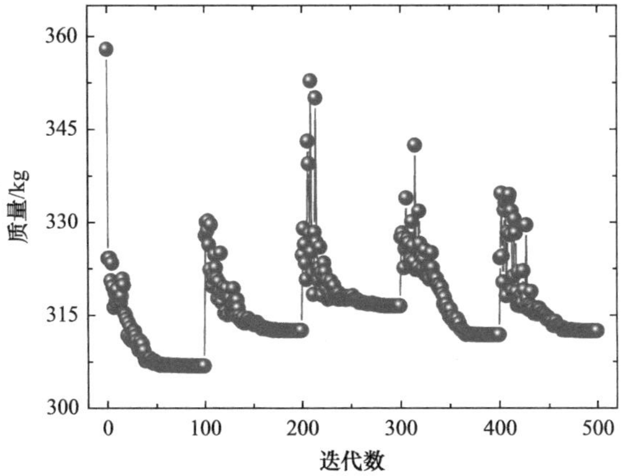

图 8.30 有限元模型的迭代历史

分别是 (55.29, 8.11, 14.72, 3.53, 21, 95)和(64.56, 8.0, 14.98, 3.58, 23, 95)。比较三种不同的设计方案，初始设计方案效果最差，不仅经济成本最高，而且失效概率也高达 36.75%。确定性优化设计方案获得的经济效益最明显，质量减小了 14.8%，但失效概率却达到 42.32%。可靠性优化设计最合理，相比于初始设计减重 11.4%，质量略大于确定性设计方案，但失效概率只有 0.13%，不仅减小了结构质量，获得了可观的经济效益，而且在考虑缺陷以及尺寸的不确定性影响下，保证了加筋柱壳的安全性能。

表 8.11　不同设计方案的比较

方案	最优点	有限元分析次数	失效概率
初始设计	358 kg	—	36.75%
确定性最优设计	305 kg	213	42.32%
可靠性优化设计	317 kg	214	0.13%

参考文献

[1] Nikolaidis E, Burdisso R. Reliability based optimization: A safety index approach [J]. Computers & Structures, 1988, 28 (6): 781-788.

[2] Tu J, Choi K K, Park Y H. A new study on reliability-based design optimization [J]. Journal of Mechanical Design, 1999, 121 (4): 557-564.

[3] Lee J O, Yang Y S, Ruy W S. A comparative study on reliability-index and target-performance-based probabilistic structural design optimization [J]. Computers & Structures, 2002, 80 (3-4): 257-269.

[4] Wu Y T, Millwater H R, Cruse T A. Advanced probabilistic structural analysis method for implicit performance functions [J]. AIAA Journal, 1990, 28 (9): 1663-1669.

[5] Youn B D, Choi K K, Park Y H. Hybrid analysis method for reliability-based design optimization [J]. Journal of Mechanical Design, 2003, 125 (2): 221-232.

[6] Youn B D, Choi K K, Du L. Adaptive probability analysis using an enhanced hybrid mean value method [J]. Structural and Multidisciplinary Optimization, 2005, 29 (2): 134-148.

[7] Yang D X, Yi P. Chaos control of performance measure approach for evaluation of probabilistic constraints [J]. Structural and Multidisciplinary Optimization, 2009, 38 (1): 83-92.

[8] 易平，杨迪雄. 基于功能度量法的概率优化设计的收敛控制 [J]. 力学学报，2008,40(1): 128-134.

[9] 杨迪雄，易平. 概率约束评估的功能度量法的混沌控制 [J]. 计算力学学报，2008, 25 (5): 647-653.

[10] Yang D X, Xiao H. Stability analysis and convergence control of iterative algorithms for reliability analysis and design optimization [J]. Journal of Mechanical Design, 2013, 135 (3): 034501.

[11] Meng Z, Li G, Wang B P, et al. A hybrid chaos control approach of the performance measure functions for reliability-based design optimization [J]. Computers & Structures, 2015, 146(1): 32-43.

[12] Li G, Meng Z, Hu H. An adaptive hybrid approach for reliability-based design optimization [J]. Structural and Multidisciplinary Optimization, 2015, 51(5): 1051-1065.

[13] Du X, Chen W. Sequential optimization and reliability assessment method for efficient probabilistic design [J]. Journal of Mechanical Design, 2004, 126 (2): 225-233.

[14] Valdebenito M, Schuëller G. A survey on approaches for reliability-based optimization [J]. Structural and Multidisciplinary Optimization, 2010, 42 (5): 645-663.

[15] Aoues Y, Chateauneuf A. Benchmark study of numerical methods for reliability-based design optimization [J]. Structural and Multidisciplinary Optimization, 2010, 41 (2): 277-294.

[16] Cheng G D, Xu L, Jiang L. A sequential approximate programming strategy for reliability-based structural optimization [J]. Computers & Structures, 2006, 84 (21): 1353-1367.

[17] 程耿东, 许林. 基于可靠度的结构优化的序列近似规划算法 [J]. 计算力学学报, 2006, 23 (6): 641-646.

[18] Yi P, Cheng G D. Further study on efficiency of sequential approximate programming for probabilistic structural design optimization [J]. Structural and Multidisciplinary Optimization, 2008, 35 (6): 509-522.

[19] Yi P, Cheng G D, Jiang L. A sequential approximate programming strategy for performance-measure-based probabilistic structural design optimization [J]. Structural Safety, 2008, 30 (2): 91-109.

[20] Qu X, Haftka R T. Reliability-based design optimization using probabilistic sufficiency factor [J]. Structural and Multidisciplinary Optimization, 2004, 27 (5): 314-325.

[21] Madsen H, Friis Hansen P. A comparison of some algorithms for reliability based structural optimization and sensitivity analysis [C]//Rackwitz R, Thoft-Christensen P. Reliability and Optimization of Structural Systems '91. Berlin: Springer, 1992: 443-451.

[22] Kuschel N, Rackwitz R. Two basic problems in reliability-based structural optimization [J]. Mathematical Methods of Operations Research, 1997, 46 (3): 309-333.

[23] Kuschel N, Rackwitz R. Optimal design under time-variant reliability constraints [J]. Structural Safety, 2000, 22 (2): 113-127.

[24] Kirjner-Neto, Polak E, Der Kiureghian A. An outer approximations approach to reliability-based optimal design of structures [J]. Journal of Optimization Theory and Applications, 1998, 98 (1): 1-16.

[25] Chen X, Hasselman T, Neill D J, et al. Reliability based structural design optimization for practical applications [C]//Proceedings of the 38th Structures, Structural Dynamics, and Materials Conference, Kissimmee. Reston: AIAA, 1997: 2724-2732.

[26] Liang J, Mourelatos Z P, Tu J. A single-loop method for reliability-based design optimisation [J]. International Journal of Product Development, 2008, 5 (1/2): 76-92.

[27] Liang J, Mourelatos Z P, Nikolaidis E. A single-loop approach for system reliability-based design optimization [J]. Journal of Mechanical Design, 2007, 129 (12): 1215-1224.

[28] Deb K, Pratap A, Agarwal S, et al. A fast and elitist multiobjective genetic algorithm: NSGA-Ⅱ [J]. IEEE Transactions on Evolutionary Computation, 2002, 6 (2): 182-197.
[29] Deb K, Padmanabhan D, Gupta S, et al. Handling uncertainties through reliability-based optimization using evolutionary algorithms [R]. KanGAL Report, 2006.
[30] Daum D A, Deb K, Branke J. Reliability-based optimization for multiple constraints with evolutionary algorithms [C]//2007 IEEE Congress on Evolutionary Computation, Singapore. IEEE, 2007: 911-918.
[31] Chen C T, Chen M H, Horng W T. A cell evolution method for reliability-based design optimization [J]. Applied Soft Computing, 2014, 15: 67-79.
[32] Yang I, Hsieh Y H. Reliability-based design optimization with discrete design variables and non-smooth performance functions: AB-PSO algorithm [J]. Automation in Construction, 2011, 20 (5): 610-619.
[33] Li J, Chen J. Solving time-variant reliability-based design optimization by PSO-t-IRS: A methodology incorporating a particle swarm optimization algorithm and an enhanced instantaneous response surface[J]. Reliability Engineering & System Safety, 2019, 191: 106580.
[34] Guo X, Bai W, Zhang W, et al. Confidence structural robust design and optimization under stiffness and load uncertainties [J]. Computer Methods in Applied Mechanics and Engineering, 2009, 198 (41-44): 3378-3399.
[35] 易平. 概率结构优化设计的高效算法研究 [D].大连:大连理工大学, 2007.
[36] Pingel D, Schmelcher P, Diakonos F K. Stability transformation: A tool to solve nonlinear problems [J]. Physics Reports, 2004, 400 (2): 67-148.
[37] Youn B D, Choi K K, Du L. Enriched performance measure approach for reliability-based design optimization [J]. AIAA Journal, 2005, 43 (4): 874-884.
[38] Ju B H,Lee B C. Reliability-based design optimization using a moment method and a kriging metamodel [J]. Engineering Optimization, 2008, 40 (5): 421-438.
[39] Li G, Meng Z, Hao P, et al. A hybrid reliability-based design optimization approach with adaptive chaos control using Kriging model[J]. International Journal of Computational Methods, 2016, 13(1): 1650006.
[40] 李彬, 李刚. 基于 Armijo 准则的自适应稳定转换法[J]. 计算力学学报, 2018, 35(4): 399-407.
[41] Noor A K, Venneri S L, Paul D B, et al. Structures technology for future aerospace systems [J]. Computers & Structures, 2000, 74 (5): 507-519.
[42] Hilburger M W, Nemeth M P, Starnes J H Jr., Shell buckling design criteria based on manufacturing imperfection signatures [J]. AIAA Journal, 2006, 44 (3): 654-663.
[43] 郝鹏. 面向新一代运载火箭的网格加筋柱壳结构优化研究 [D]. 大连: 大连理工大学, 2013.

第 9 章　结构可靠性优化的 SORA 方法

9.1 引　　言

第 8 章介绍了三类结构可靠性优化方法，即双层循环方法、单循环方法和解耦方法。可靠性优化的双层循环方法计算量较大，而单循环方法通过可靠性一阶近似实现了优化问题的高效求解，但是也可能会导致可靠性分析的精度不足，容易造成复杂约束问题的求解失败。相比而言，解耦方法将可靠性计算与确定性优化分离，兼顾计算效率和稳定性，具有出色的综合性能。目前最为流行的解耦方法是 Du 和 Chen[1]提出的序列优化与可靠性评定(SORA)方法，该方法让确定性优化和可靠性分析循环并行计算，同时引入转移向量方法把确定性约束通过平移转换为概率约束，保证了概率约束的精确性。在此 SORA 方法的基础上，人们发展出了一系列很有创新性的可靠性优化算法，拓展了算法设计的理论框架以及应用范围。Cho 和 Lee[2,3]则用凸规划方法把可靠性优化列式转化为一系列凸设计域内的子规划列式，并引入了混合均值法改进 SORA 方法的计算性能。然而，由于混合均值法本身收敛性的限制，该方法在求解非线性问题时容易出现收敛速度过慢甚至不收敛现象。为了克服传统可靠性优化算法依赖于一阶可靠性理论的不足，Li 等[4]提出了一种基于分位点的 SORA 方法，该方法将可靠性优化的解耦过程放在概率空间进行，通过失效概率对应的极限状态函数的分位点构造 SORA 方法的平移向量，很好地避免了 MPTP 的计算，拓展了可靠性优化的理论框架，为构建新的可靠性优化算法提供了新的思路。在此基础上，He 等[5]将分数阶最大熵方法引入可靠性优化，取得了较好的效果。由于基于分位点的 SORA 方法对可靠性分析算法的选择灵活性更强，对计算效率和求解策略的提升潜力很大，逐渐引起了学者们的关注。Zhang 等[6]将最大熵方法与基于分位点的 SORA 方法结合，建立了一种新的可靠性优化算法。Zhang 和 Shafieezadeh[7]提出了一种自适应 Kriging 代理模型方法，并将其应用于基于分位点的 SORA 方法，极大提高了可靠性优化的效率。Wang 等[8]分别用 Edgeworth 级数展开方法和最大熵方法求解分位点，并提出了一种序列优化策略，分阶段修正分位点的平移向量，建立了一种高效的基于分位点的 SORA 方法。

本章首先深入分析 SORA 方法在寻优过程中未能找到真实最优解的原因，针对这一问题介绍一种考虑历史可靠性信息的 SORA 方法；然后，详细介绍最近提出的分位点 SORA 方法，该方法从概率空间建立 SORA 方法的理论框架，彻底摆脱结构可靠性优化对一阶可靠性理论的依赖，为结构可靠性优化算法的研究开辟新的途径。

9.2 SORA 方法近似边界分析

如 8.2.2 节所述，SORA 方法把可靠性分析和确定性优化解耦，在求解每一步子优化问题时，将失效面 $G(\boldsymbol{d},\boldsymbol{\mu}_x,\boldsymbol{\mu}_p)=0$ 按照 $\boldsymbol{s}$ 向量平移，用平移后的边界 $G_i(\boldsymbol{d}, \boldsymbol{\mu}_x-\boldsymbol{s}_x^{k+1}, \boldsymbol{\mu}_p-\boldsymbol{s}_p^{k+1})=0$ 来近似替代真实可靠性边界 $P_{\mathrm{f}}[G_i(\boldsymbol{d},\boldsymbol{x},\boldsymbol{p})\leqslant 0]\leqslant R_i$。虽然这种做法相比于 PMA 而言，在计算效率方面有很大提高，但是可靠性边界的近似所引起的误差使 SORA 方法对于一些特殊问题的计算精度和稳定性欠佳。本书将可靠性边界的近似造成的误差分成两种：一种是近似可行域比真实可行域大，即近似可行域扩大；另一种是近似可行域比真实可行域小，即近似可行域缩小。这两种情况都可能对优化结果造成不利影响。本节将通过具体实例详细分析 SORA 方法迭代过程中对真实可靠性边界的近似情况，探讨其在求解 RBDO 问题时出现振荡、混沌和提前收敛等现象的原因。

9.2.1 近似可行域扩大

本小节通过一个典型数值算例(由文献[9]中 3.4 节的例子修改)说明近似可行域比真实可行域大对 SORA 方法带来的不利影响。

例 9-1 强非线性约束问题

$$
\begin{aligned}
&\text{find} \quad \boldsymbol{\mu}=[\mu_1,\mu_2]^{\mathrm{T}}\\
&\min \quad (\mu_1-2.9)^2+(\mu_2-3.7)^2\\
&\text{s.t.} \quad \mathrm{Prob}[G_i(\boldsymbol{x})\leqslant 0]\leqslant \Phi(-\beta^{\mathrm{t}}),\ \ i=1,2\\
&\qquad G_1(\boldsymbol{x})=-x_1\sin(4x_1)-1.1x_2\sin(4x_2)\\
&\qquad G_2(\boldsymbol{x})=x_1+x_2-3\\
&\qquad x_i\sim N(\mu_i,0.2),\ \ i=1,2\\
&\qquad \boldsymbol{\mu}^0=[2.83,3.52]^{\mathrm{T}},\ \ \beta^{\mathrm{t}}=2,\ \ 0\leqslant\mu_1\leqslant 3.7,\ \ 0\leqslant\mu_2\leqslant 4
\end{aligned}
\tag{9.1}
$$

其中，x_1 和 x_2 是相互独立的两个随机设计变量；$\boldsymbol{\mu}^0$ 代表初始设计。该案例的约束 G_1 不仅非线性程度较高，并且在最优解处包含两个 MPTP。

表 9.1 展示了传统 SORA 方法对该问题的迭代过程，可以看出，第 7 步的设计变量结果已经和第 5 步相同，即在第 7 步时，SORA 算法已经发生振荡。图 9.1 给出了 SORA 振荡后迭代示意图，图中 $\boldsymbol{x}^k$ 和 $\boldsymbol{x}^{k+1}$ 是振荡后第 k 步和第 k+1 步

最优点，$\boldsymbol{x}_{\mathrm{MPTP}}^{k}$和 $\boldsymbol{x}_{\mathrm{MPTP}}^{k+1}$是其对应 MPTP，点画线为第 k 步和第 k+1 步采用的近似边界，实线为 G_1 确定性边界，$\boldsymbol{x}_{\mathrm{opt}}$ 为真实最优解，虚线为真实可靠性边界。从图中可以看出，在最优解附近，G_1 的非线性程度较高，即便相邻较近的两个点 $\boldsymbol{x}^k$ 和 $\boldsymbol{x}^{k+1}$ 可靠性信息(MPTP)相差很大，可靠性边界形状和确定性边界形状也会相差很大，导致采用确定性边界平移代替可靠性边界时，近似的可行域比真实可行域大，产生较大的误差，所以每次迭代都会引入多余的可行域(图中阴影部分)。而在这多出的可行域内，恰好存在比最优解 $\boldsymbol{x}_{\mathrm{opt}}$ 目标函数更低的点 $\boldsymbol{x}^k$ 和 $\boldsymbol{x}^{k+1}$，因此迭代过程发生振荡。

表 9.1 SORA 求解例 9-1 的迭代过程

迭代	优化解	MPTP(G_1)	目标函数值
0	(2.5000,2.5000)	—	1.6000
1	(2.8284,3.5244)	(3.2011,3.6697)	0.0360
2	(2.5415,3.3202)	(2.2302,3.5715)	0.2728
3	(3.0362,3.2772)	(3.3634,3.5073)	0.1973
4	(2.5580,3.2604)	(2.2490,3.5145)	0.3102
5	(3.0347,3.2747)	(3.3622,3.5044)	0.1991
6	(2.5578,3.2607)	(2.2489,3.5148)	0.3101
7	(3.0347,3.2747)	(3.3622,3.5044)	0.1991
8	(2.5578,3.2607)	(2.2489,3.5148)	0.3101

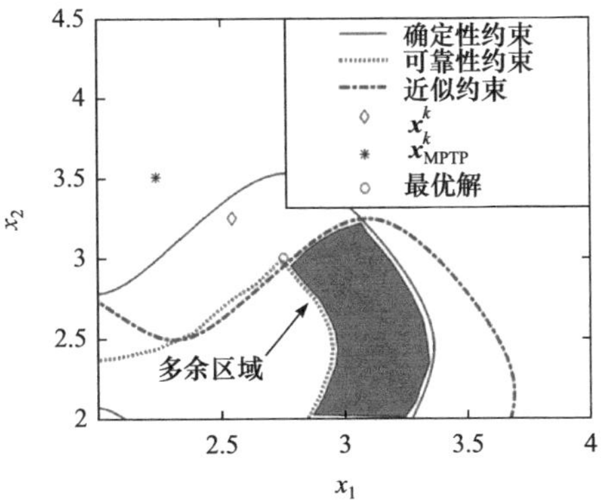

(a) 第k步迭代

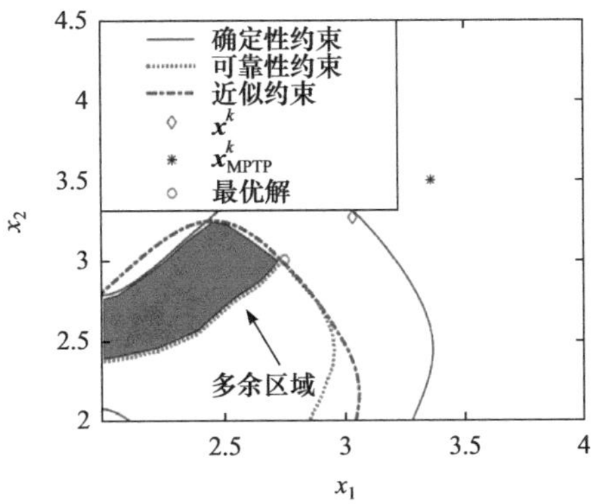

(b) 第k+1步迭代

图 9.1 SORA 振荡原因分析

9.2.2 近似可行域缩小

本小节构造一个数值算例说明近似可行域比真实可行域小对 SORA 方法

的影响。

例 9-2　线性约束问题

$$
\begin{aligned}
&\text{find}\quad \boldsymbol{\mu}=[\mu_1,\mu_2]^{\mathrm{T}}\\
&\min\quad \mu_2^2+(\mu_1-2)^2\\
&\text{s.t.}\quad \operatorname{Prob}\left[G_i(\boldsymbol{x})<0\right]\leqslant\Phi(-\beta^{\mathrm{t}})\\
&\qquad G_1=x_2-0.361914\,x_1\\
&\qquad x_i\sim N(\mu_i,0.2\mu_i),\quad 0\leqslant\mu_i\leqslant 3,\quad i=1,2\\
&\qquad \beta^{\mathrm{t}}=3,\quad \boldsymbol{\mu}^0=[2,2]^{\mathrm{T}}
\end{aligned}
\tag{9.2}
$$

该问题的真实最优解是(1,1)，表 9.2 展示了 SORA 法求解该问题的迭代过程，可以看出，SORA 进行了 8 步迭代便提前收敛到(1.4679,1.4702)。图 9.2 为 SORA 收敛结果图，粗实线表示确定性边界，虚线为真实的可靠性边界，点画线为 SORA 法收敛时采用的近似可靠性边界，菱形为 SORA 求得的最优解，圆圈表示真实最优解。从图中可以看出，由于均值的改变，随机变量的分布参数 σ 也随之改变，导致每一点的可靠性信息相差较大，也使得可靠性边界和确定性边界形状差别较大，当采用一个点的可靠性信息(MPTP)近似替代所有点的可靠性信息时，就会造成较大的近似误差。可以看出，无论确定性边界怎样平移，采用近似边界替代可靠性边界时，近似可行域都比真实可行域小，会丢失左下角虚线和点画线围成的三角形阴影区域，而最优解恰好在该区域，所以 SORA 方法提前收敛，无法求得最优解。

表 9.2　SORA 求解例 9-2 的迭代过程

迭代	优化解	MPTP(G_1)	目标函数值
0	(2.0000,2.0000)	—	4
1	(1.3600,1.7684)	(1.5788,0.7462)	3.5367
2	(1.4159,1.6138)	(1.6731,0.6909)	2.9455
3	(1.4433,1.5383)	(1.7217,0.6643)	2.6762
4	(1.4565,1.5018)	(1.7459,0.6516)	2.5509
5	(1.4628,1.4844)	(1.7576,0.6455)	2.4920
6	(1.4658,1.4671)	(1.7632,0.6426)	2.4642
7	(1.4672,1.4721)	(1.7659,0.6412)	2.4510
8	(1.4679,1.4702)	(1.7672,0.6406)	2.4447

综上所述，SORA 法中的近似可靠性边界与真实边界存在一定差距，如果在迭代过程中每次采用的近似边界都比真实边界范围大，并且每次多出的区域内都存在比最优解目标函数更低的点，则在迭代过程中就会发生振荡现象，算法无法

收敛；如果近似边界比真实边界范围小，并且恰好最优解在丢失的这块可行域边界内，就会导致 RBDO 算法提前收敛。

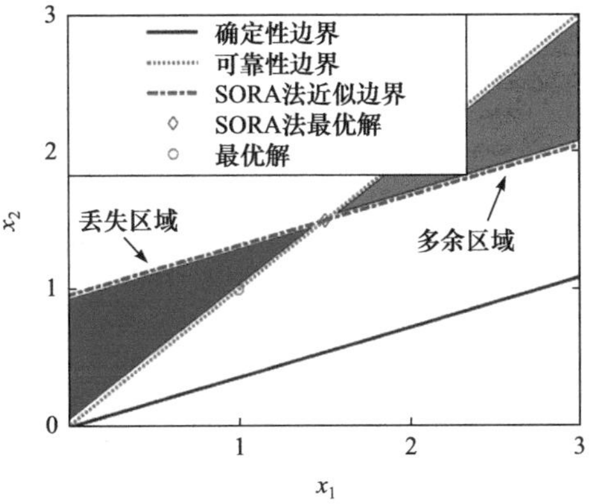

图 9.2 SORA 早熟原因

9.3 考虑历史可靠性信息的 SORA 方法

SORA 方法进行优化时只用了前一步最优解的可靠性信息，当功能函数非线性程度较高或者设计变量分布参数随均值变化时，可能会使不同设计点对应的可靠性信息(如 MPTP)相差较大。如果只用前一步的可靠性信息替代所有点的可靠性信息来拟合可靠性近似边界，则会以偏概全，导致近似可靠性边界和真实的可靠性边界相差较大，出现 9.2.1 节和 9.2.2 节的情况，使 SORA 方法振荡或提前收敛。如图 9.3 所示，本节介绍一种考虑历史可靠性信息的 SORA 方法，通过保存迭代过程中每一步的可靠性信息，提高近似可靠性边界的精度，同时对近似可靠性边界进行惩罚，避免丢失真实最优解，进而提高 SORA 方法的求解精度和稳定性。

针对近似可行域扩大的情况，本书通过建立设计点与平移向量之间的 Kriging 代理模型，充分利用历史可靠性信息，把引入的多余可行域剔除，避免设计点再次走到该区域，进而解决 SORA 方法振荡的问题。当 SORA 法求解完当前点偏移向量 $\boldsymbol{s}_x^{k+1}$ 后，用前 k+1 步的$[(\boldsymbol{d}^0,\boldsymbol{\mu}_x^0), (\boldsymbol{d}^1,\boldsymbol{\mu}_x^1), \cdots, (\boldsymbol{d}^k,\boldsymbol{\mu}_x^k)]$和$[\boldsymbol{s}_x^1, \boldsymbol{s}_x^2,\cdots, \boldsymbol{s}_x^{k+1}]$建立 $\boldsymbol{s}$ 关于$(\boldsymbol{d},\boldsymbol{\mu}_x)$的 Kriging 代理模型 $S(\boldsymbol{d},\boldsymbol{\mu}_x)$，这样优化迭代历程中的可靠性信息都能得到保存，提高了 SORA 利用的可靠性信息量，可以提升当前设计点可行域边界的近似精度，提高了 SORA 方法的稳定性。

为解决近似可行域缩小的问题，本书采用一种惩罚技术，人为扩大可行域边界，保证采取的近似边界范围较大概率地比真实可行域范围大，从而使最优解所

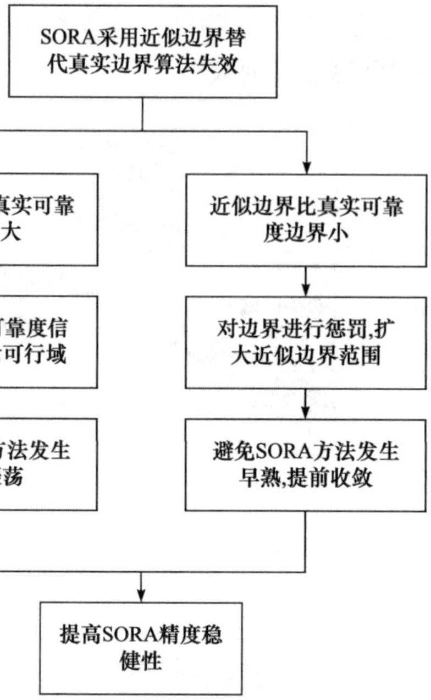

图 9.3　考虑历史可靠性信息的 SORA 法

在区域不会因为近似边界误差而丢失，避免 SORA 方法的提前收敛。如图 9.4 所示，圆点为建立 Kriging 代理模型的样本点，粗实线为 Kriging 预测的函数曲线，根据 Kriging 理论假设，在任意一点 $\boldsymbol{x}^*$ 处，可能的真实函数值服从 $f(\boldsymbol{x}^*)\sim N(\hat{f}(\boldsymbol{x}^*),\mathrm{MSE})$，其中 $\hat{f}(\boldsymbol{x}^*)$为 Kriging 代理模型在 $\boldsymbol{x}^*$处的预测值，MSE 为预测方差。为了保证近似边界不会丢失可行域，需要对 Kriging 预测边界进行惩罚，取 Kriging 预测值的 95%分位数($f_{0.95}$)作为惩罚后的边界，即图 9.4 的虚线，从而保证了近似边界比真实边界范围大的可能性为 95%。

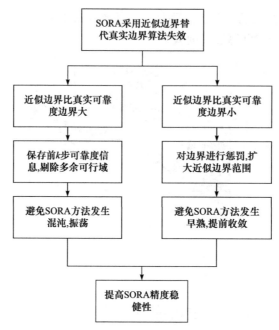

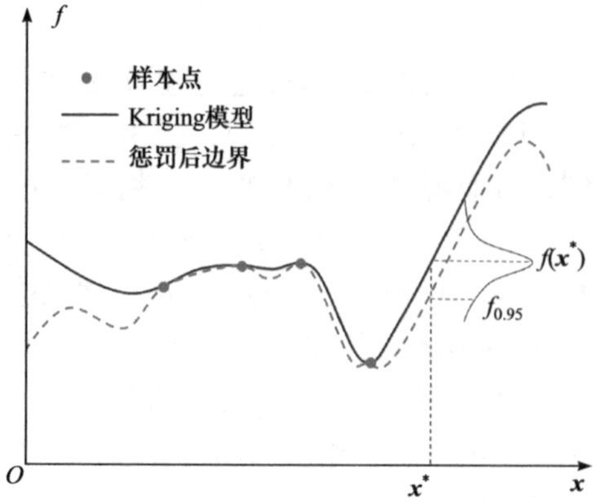

图 9.4　边界惩罚方法

综上所述，可以得到考虑历史可靠性信息的 SORA 方法，其优化列式如下：

$$\begin{aligned}&\text{find}\quad \boldsymbol{d},\boldsymbol{\mu}_{\boldsymbol{x}}\\&\min\quad f(\boldsymbol{d},\boldsymbol{\mu}_{\boldsymbol{x}})\\&\text{s.t.}\quad G_i\left[\boldsymbol{d},\boldsymbol{\mu}_{\boldsymbol{x}}-\boldsymbol{S}_i(\boldsymbol{d},\boldsymbol{\mu}_{\boldsymbol{x}})\right]\geqslant 0,\quad i=1,2,\cdots,n_p\\&\qquad \boldsymbol{d}^{\mathrm{L}}\leqslant\boldsymbol{d}\leqslant\boldsymbol{d}^{\mathrm{U}},\quad \boldsymbol{\mu}_{\boldsymbol{x}}^{\mathrm{L}}\leqslant\boldsymbol{\mu}_{\boldsymbol{x}}\leqslant\boldsymbol{\mu}_{\boldsymbol{x}}^{\mathrm{U}}\end{aligned}\tag{9.3}$$

其中，

$$\begin{aligned}&\boldsymbol{s}_i^{k+1}=\boldsymbol{\mu}_x^k-\boldsymbol{x}_{\mathrm{MPTP}}^k\\&\boldsymbol{x}_{\mathrm{MPTP}}^k=T^{-1}(\boldsymbol{u}_{\mathrm{MPTP}}^k)\\&\left.\begin{aligned}&[(\boldsymbol{d}^0,\boldsymbol{\mu}_{\boldsymbol{x}}^0),(\boldsymbol{d}^1,\boldsymbol{\mu}_{\boldsymbol{x}}^1),\cdots,(\boldsymbol{d}^k,\boldsymbol{\mu}_{\boldsymbol{x}}^k)]\\&[\boldsymbol{s}_i^1,\boldsymbol{s}_i^2,\cdots,\boldsymbol{s}_i^{k+1}]\end{aligned}\right\}\Rightarrow\boldsymbol{S}_i(\boldsymbol{d},\boldsymbol{\mu}_{\boldsymbol{x}})\end{aligned}\tag{9.4}$$

这里，$\boldsymbol{S}_i(\boldsymbol{d},\boldsymbol{\mu}_{\boldsymbol{x}})$ 为应用$[(\boldsymbol{d}^0,\boldsymbol{\mu}_x^0)$，$(\boldsymbol{d}^1,\boldsymbol{\mu}_x^1),\cdots,(\boldsymbol{d}^k,\boldsymbol{\mu}_x^k)]$和$[\boldsymbol{s}_x^1$，$\boldsymbol{s}_x^2,\cdots$，$\boldsymbol{s}_x^{k+1}]$建立的 $\boldsymbol{s}$ 关于$(\boldsymbol{d},\boldsymbol{\mu})$的 95%分位数代理模型。具体流程如图 9.5 所示，详述如下：

(1) 输入初始迭代点$(\boldsymbol{d}^0,\boldsymbol{\mu}_x^0)$，设置 k=0；

(2) 应用式(9.4)进行逆可靠性分析，求得偏移向量 $\boldsymbol{s}_i^{k+1}$；

(3) 建立(更新) $\boldsymbol{s}$ 关于$(\boldsymbol{d},\boldsymbol{\mu})$的 95%分位数代理模型 $\boldsymbol{S}_i(\boldsymbol{d},\boldsymbol{\mu}_{\boldsymbol{x}})$；

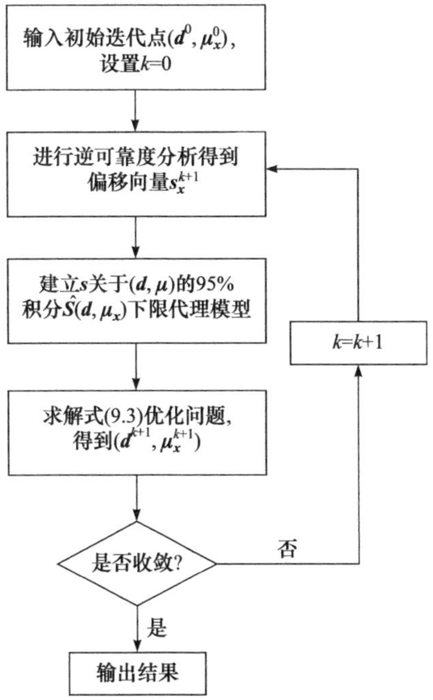

图 9.5 修正 SORA 流程图

(4) 求解式(9.3)的确定性优化子问题，得到$(\boldsymbol{d}^{k+1}, \boldsymbol{\mu}_x^{k+1})$；

(5) 检查是否收敛，如果收敛，则执行步骤(6)，否则 $k=k+1$，执行步骤(2)；

(6) 输出结果。

总的来说，本节通过考虑历史可靠性信息，剔除由可行域边界近似误差引入的比最优解目标值低的区域，通过对边界的惩罚，保证近似可行域边界范围大于真实边界，避免丢失最优解，可以提高传统 SORA 方法的计算精度和稳定性。下面通过两个数值算例验证本节方法的性能。

例 9-3　三杆桁架可靠性优化问题[10]

如图 9.6 所示，本例是实际工程中常用的三杆桁架结构，其优化列式如下：

$$
\begin{aligned}
&\text{find}: \boldsymbol{\mu}_x=[\mu_{x1},\mu_{x2}]^{\mathrm{T}}\\
&\min \quad f(\boldsymbol{\mu}_x)=l(2\sqrt{2}\mu_{x1}+\mu_{x2})\\
&\text{s.t.} \quad \mathrm{Prob}[G_i(\boldsymbol{x})\leqslant 0]\leqslant \Phi(-\beta^{\mathrm{t}}), \quad i=1,2,3\\
&\qquad G_1(\boldsymbol{x})=1-\frac{\sqrt{2}x_1+x_2}{\sqrt{2}x_1^2+2x_1x_2}\frac{P}{\sigma}\\
&\qquad G_2(\boldsymbol{x})=1-\frac{x_2}{\sqrt{2}x_1^2+2x_1x_2}\frac{P}{\sigma}\\
&\qquad G_3(\boldsymbol{x})=1-\frac{1}{\sqrt{2}x_2+x_1}\frac{P}{\sigma}\\
&\qquad 0\leqslant \mu_{xi}\leqslant 3, x_i\sim N(\mu_{xi},[\mathrm{cov}\times\mu_{xi}]^2),\ i=1,2\\
&\qquad \boldsymbol{\mu}_{\boldsymbol{x}}^0=[1,1]^{\mathrm{T}}, l=100\mathrm{cm}, \quad \beta^{\mathrm{t}}=3\\
&\qquad P\sim N(2,0.2^2)\mathrm{kN}, \quad \sigma\sim N(2,0.15^2)\mathrm{kN/cm^2}
\end{aligned}
\tag{9.5}
$$

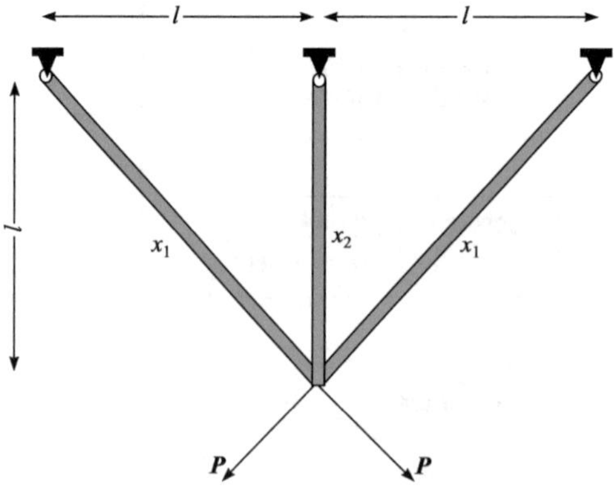

图 9.6　三杆桁架模型

本例优化目标为：三杆桁架整体质量最小，且三种不同工况下结构的应力需满足可靠性需求，本例包含四个相互独立的随机变量(x_1, x_2, P, σ)，其中 x_1, x_2 为随机设计变量，分别代表左右两侧杆的面积和中间杆的面积，其均值分别为 μ_{x1}, μ_{x2}；P, σ 为两个随机参数；长 l 为 100cm；σ 为结构随机材料参数；P 为随机外载荷。

取变异系数分别为 0.05、0.10、0.15 和 0.20 四种情况进行可靠性优化，优化结果如表 9.3 和表 9.4 所示。从表中可以看出，随着可靠性约束复杂程度和随机变量个数的增加，可靠性分析计算量大幅增加，双层循环方法弊端显现，计算量远高于解耦法。随着两个随机设计变量的变异系数的增加，不同点的可靠性信息的差异越来越大，导致求解 RBDO 难度增加，三种 RBDO 求解方法计算量(约束函数调用次数)均有所增加。深入分析还可以看出，变异系数的增加也使得解耦法近似边界误差越来越大，所以 SORA 方法的提前收敛现象越来越明显，求得的最优解目标函数值与 PMA 相比差距越来越大。本节方法不仅可以得到和 PMA 接近的结果，而且具有解耦法计算效率高的优势，计算量要小于 PMA 算法。

表 9.3 例 9-3 中不同变异系数情况下不同算法的优化结果

方法	最优解			
	0.05	0.10	0.15	0.20
PMA	389.37 (1.1595,0.6143)	419.25 (1.2374,0.6926)	480.98 (1.4096,0.8229)	600.56 (1.7640,1.0163)
SORA	389.44 (1.1716,0.5806)	420.60 (1.2912,0.5541)	488.58 (1.5454,0.5147)	627.60 (2.0500,0.4778)
本节方法	389.32 (1.1616,0.6077)	419.23 (1.2406,0.6834)	480.80 (1.4032,0.8391)	600.45 (1.7557,1.0387)

表 9.4 例 9-3 中不同算法的计算量(约束函数调用次数)

方法	约束函数调用次数			
	0.05	0.10	0.15	0.20
PMA	1419	1599	1721	1913
SORA	497	895	1256	1990
本节方法	773	1311	1289	1318

同时从本例可以看出，随机变量变异性较大(例如含地震载荷等)，会使确定性边界和可靠性边界差别较大，采用确定性边界近似替代可靠性边界时产生较大近似误差，SORA 方法出现混沌、振荡、提前收敛情况，导致 SORA 方法失效。

例 9-4　减速器可靠性优化问题[11]

为了研究近似误差给解耦法求解带来的影响，本书对原问题进行了适当修改，增大了随机设计变量 $\boldsymbol{x}_5$ 和 $\boldsymbol{x}_7$ 的标准差 σ_5 和 σ_7，同时用一个非线性程度较高的功能函数替换了原来非线性程度较低的可靠性约束的功能函数 G_{11}。修改后的可靠性优化模型如下：

$$
\begin{aligned}
&\text{find}\quad \boldsymbol{\mu}=[\mu_1,\mu_2,\mu_3,\mu_4,\mu_5,\mu_6,\mu_7]^{\mathrm{T}}\\
&\min\quad f(\boldsymbol{\mu})=0.7854\mu_{x1}\mu_{x2}^2(3.3333\mu_{x3}^2+14.9334\mu_{x3}-43.0934)\\
&\qquad\qquad -1.508\mu_{x1}(\mu_{x6}^2+\mu_{x7}^2)+7.477(\mu_{x6}^3+\mu_{x7}^3)+0.7854(\mu_{x4}\mu_{x6}^3+\mu_{x5}\mu_{x7}^2)\\
&\text{s.t.}\quad \mathrm{Prob}[G_i(\boldsymbol{x})>0]\leqslant \Phi(-\beta^{\mathrm{t}})\\
&\qquad G_1(\boldsymbol{x})=\frac{27}{x_1x_2^2x_3}-1,\quad G_2(\boldsymbol{x})=x\frac{397.5}{x_1x_2^2x_3^2}-1,\quad G_3(\boldsymbol{x})=\frac{1.93x_4^3}{x_2x_3x_6^4},\quad G_4(\boldsymbol{x})=\frac{1.93x_5^3}{x_2x_3x_7^4}\\
&\qquad G_5(\boldsymbol{x})=\frac{\sqrt{(745x_4/(x_2x_3))^2+16.9\times10^6}}{0.1x_6^3}-1100\\
&\qquad G_6(\boldsymbol{x})=\frac{\sqrt{(745x_5/(x_2x_3))^2+157.5\times10^6}}{0.1x_7^3}-850\\
&\qquad G_7(\boldsymbol{x})=x_2x_3-40,\quad G_8(\boldsymbol{x})=5-\frac{x_1}{x_2},\quad G_9(\boldsymbol{x})=\frac{x_1}{x_2}-12\\
&\qquad G_{10}(\boldsymbol{x})=\frac{1.5x_6+1.9}{x_4}-1\\
&\qquad G_{11}(\boldsymbol{x})=\frac{(x_5-7.6541)^2}{5}+\frac{(x_7-6.3541)^2}{50}-0.02\\
&\qquad \beta^{\mathrm{t}}=3(p^{\mathrm{t}}=0.99865)\\
&\qquad 2.6\leqslant\mu_{x1}\leqslant3.6,\quad 0.7\leqslant\mu_{x2}\leqslant0.8,\quad 17\leqslant\mu_{x3}\leqslant28,\quad 7.3\leqslant\mu_{x4}\leqslant8.3\\
&\qquad 7.3\leqslant\mu_{x5}\leqslant8.3,\quad 2.9\leqslant\mu_{x6}\leqslant3.9,\quad 5.0\leqslant\mu_{x7}\leqslant5.5\\
&\qquad x_i\sim N(\mu_{xi},0.005^2),\quad i=1,2,3,4,6\\
&\qquad x_i\sim N(\mu_{xi},0.022^2),\quad i=5,7\\
&\qquad \boldsymbol{\mu}^0=[3.5000,0.7000,17.0000,7.3000,7.6506,3.3502,5.3542]^{\mathrm{T}}
\end{aligned}
\tag{9.6}
$$

优化结果如表 9.5 和表 9.6 所示。从表中可以看出，对于高维多约束 RBDO 问题，一个约束非线性增加导致总迭代次数增加，使得双层循环方法计算量成倍增加。SORA 由于近似误差而没能收敛。本节算法通过边界修正而成功收敛，并且得到了和 PMA 十分接近的结果，计算效率也高于 PMA 算法。

表 9.5 例 9-4 中不同变异系数情况下各算法优化结果

方法	调用次数	最优解
PMA(HMV)	8064	3113.52(3.5765,0.7,17,7.3,7.6529,3.3652,5.4201)
SORA(HMV)	—	—
本节方法	7379	3113.52(3.5765,0.7,17,7.3,7.6529,3.3652,5.4201)

表 9.6 例 9-4 的可靠性验证结果

方法	$P^M_{1,2,3,4,6,7,9,10}$	P^M_5	P^M_8	P^M_{11}
PMA (HMV)	1	0.99862	0.99863	0.99771
SORA(HMV)	—	—	—	—
本节方法	1	0.99862	0.99863	0.99771

从本例可以看出，传统 SORA 相比于 PMA 虽然计算效率提高，但是计算精度和计算稳定性都有所降低。考虑历史可靠性信息的 SORA 方法可以有效避免传统 SORA 的振荡，既有解耦法求解效率高的特性，又具有 PMA 计算精度高和鲁棒性好的特点，更好地平衡了 RBDO 问题精度、效率和稳定性，整体性能更加优异。

9.4 可靠性优化的概率空间解耦方法

传统的 SORA 方法是建立在一阶可靠性理论的基础之上，通过求解 MPTP 得到偏移向量，在设计空间把 RBDO 问题进行解耦，转化为一系列确定性优化子问题，从而达到解耦可靠性分析循环和确定性优化循环的目的。因此，对于强非线性、多 MPTP 等问题，可能会出现算法精度较差或振荡等现象。虽然 9.3 节中的方法一定程度上解决了传统 SORA 方法在边界近似方面存在的问题，但是其算法基础与传统 SORA 相同，对于 MPTP 难以求解或多 MPTP 问题，平移向量的变化可能不连续，从而严重影响优化算法性能。受 SORA 方法的启发，Li 等[4]提出了一种基于分位点的 SORA(quantile-based SORA，简称分位点 SORA) 方法，该方法在概率空间通过分位点求得平移距离，从而对 RBDO 问题进行解耦，摆脱了一阶可靠性算法的束缚，为结构可靠性优化提供了新的思路，下面对该方法进行详细介绍。

9.4.1 基于分位点的 SORA 方法

分位点 SORA 首先计算得到当前最优点以及给定失效概率 R_i 对应的分位点，然后计算两个分位点的距离 c_i^{k+1}，接着把失效面 $G_i(\boldsymbol{d},\boldsymbol{\mu}_x,\boldsymbol{\mu}_p)=0$ 平移到

$G(\boldsymbol{d},\boldsymbol{\mu}_x,\boldsymbol{\mu}_p)=c_i^{k+1}$，用平移后的失效面近似替代真实可靠性约束边界，从而保证给定失效概率对应的分位点不断向 0 靠近。最后收敛时对于有效的可靠性约束，给定失效概率对应的分位点和 0 对应的分位点重合，即有效约束的失效概率等于给定失效概率。分位点 SORA 的优化列式如下：

$$\begin{aligned}&\text{find}\quad \boldsymbol{d},\boldsymbol{\mu}_x\\&\min\quad f(\boldsymbol{d},\boldsymbol{\mu}_x,\boldsymbol{\mu}_p)\\&\text{s.t.}\quad G_i(\boldsymbol{d},\boldsymbol{\mu}_x,\boldsymbol{\mu}_p)>c_i^{k+1}\\&\qquad\ \boldsymbol{d}^{\mathrm{L}}\leqslant\boldsymbol{d}\leqslant\boldsymbol{d}^{\mathrm{U}},\quad \boldsymbol{\mu}_x^{\mathrm{L}}\leqslant\boldsymbol{\mu}_x\leqslant\boldsymbol{\mu}_x^{\mathrm{U}}\end{aligned}\tag{9.7}$$

其中，

$$\begin{aligned}&c_i^{k+1}=c_{i\mu x}^k-c_{ip}^k\\&c_{i\mu x}^k=G_i(\boldsymbol{d}^k,\boldsymbol{\mu}_x^k,\boldsymbol{\mu}_p)\\&P_{\mathrm{f}}\left[G_i(\boldsymbol{d}^k,\boldsymbol{\mu}_x^k,\boldsymbol{\mu}_p)<c_{ip}^k\right]=R_i\end{aligned}\tag{9.8}$$

式中，$(\boldsymbol{d}^k,\ \boldsymbol{\mu}_x^k)$为当前最优点；$c_{i\mu x}^k$ 为当前最优设计点对应的函数值；c_{ip}^k 为给定失效概率 R_i 对应的分位点；c_i^{k+1}为第 i 个约束概率空间的移动距离；R_i 为第 i 个约束的给定失效概率值。

图 9.7 为概率空间中的分位点 SORA 示意图。在第 k 步迭代中，图中曲线为在当前最优点$(\boldsymbol{d}^k,\ \boldsymbol{\mu}_x^k,\ \boldsymbol{\mu}_p)$处可靠性约束的累积概率密度曲线。从左到右四个分位点分别表示：①给定失效概率对应的分位点，满足 $P[(G_i(\boldsymbol{d}^k,\ \boldsymbol{\mu}_x^k,\ \boldsymbol{\mu}_p)<c_{ip}^k)]=R_i$；②确定性边界对应的分位点；③当前最优点对应的分位点；④平移后的约束对应的分位点。图 9.8 为设计空间中基于分位点的解耦法求解示意图，从下到上四条曲线分别对应图 9.7 从左到右四个分位点。

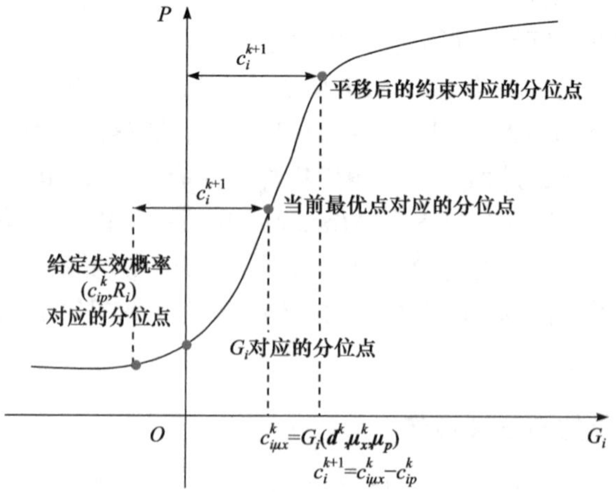

图 9.7　概率空间解耦示意图

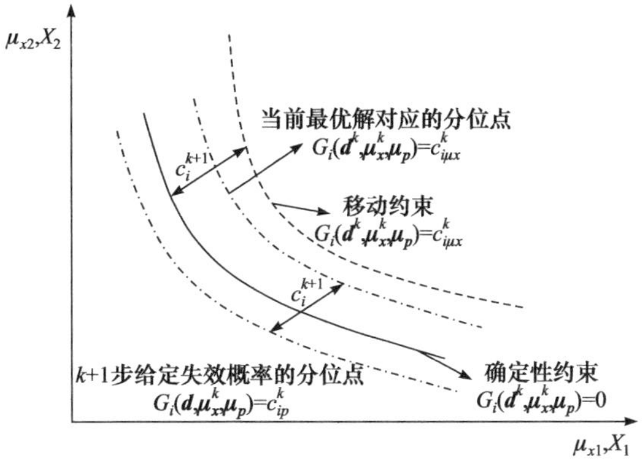

图 9.8 设计空间求解示意图

需要指出的是，分位点 SORA 在概率空间通过当前最优点与给定失效概率分别对应的分位点之间的距离，来近似替代最优解与确定性边界分别对应的分位点之间的距离。在概率空间计算得到移动距离后，用确定性约束的等值线 $G(\boldsymbol{d},\boldsymbol{\mu}_x,\boldsymbol{\mu}_p)= c_i^{k+1}$ 近似替代真实的可靠性约束边界，从而达到把可靠性分析循环和确定性优化循环解耦的目的。随着迭代步的增长，给定失效概率对应的分位点不断向确定性边界靠近，即图 9.7 左边两点以及图 9.8 下边两条曲线逐渐靠近。

分位点 SORA 通过在概率空间对 RBDO 解耦，摆脱了解耦法对 MPTP 的依赖，拓展了 RBDO 的理论框架，克服了传统 SORA 方法求解多 MPTP、强非线性等复杂问题的不足，为求解 RBDO 问题开辟了新的思路。在分位点 SORA 中，分位点的计算对算法的精度和效率起到决定性作用，Li 等[4]和 He 等[5]分别将主动学习 Kriging 和分数阶矩最大熵与分位点 SORA 相结合，准确估计分位点平移向量，下面分别对两种方法进行介绍。

9.4.2 基于主动学习 Krging 的分位点 SORA 方法

为了高效准确地计算分位点，Li 等[4]基于 Kriging 方法建立了一种高效的样本点更新策略。首先采用均匀抽样或者拉丁超立方抽样产生初始样本点建立初始代理模型，然后在使用代理模型过程中逐渐在预测精度较差或求解目标方向不断加点以提高代理模型预测精度，用较少的样本点建立满足精度需求的代理模型，降低计算量。

Kriging 代理模型在 $\boldsymbol{x}$ 点处的真实函数值服从 $N(\hat{G}(\boldsymbol{x}),\mathrm{MSE})$，其中 $\hat{G}(\boldsymbol{x})$ 是代理模型预测值，MSE 是待测点的预测方差。在利用抽样法计算可靠性时，只要功能函数的正负号判断准确即可，因此可以得到，预测值 $\hat{G}(\boldsymbol{x})$ 和函数真实值 $G(\boldsymbol{x})$符号相同的概率为

$$p(\boldsymbol{x}) = \Phi\left[\frac{\tilde{G}(\boldsymbol{x}) - 0}{\sqrt{\text{MSE}}}\right] \tag{9.9}$$

在每次迭代中，找出候选样本点的正负号预测最不准的点：

$$\boldsymbol{x} = \underset{\boldsymbol{x}}{\operatorname{argmin}}\, p(\boldsymbol{x}) = \underset{\boldsymbol{x}}{\operatorname{argmin}} \left\{ \Phi\left[\frac{\tilde{G}(\boldsymbol{x}) - 0}{\sqrt{\text{MSE}}}\right] \right\} \tag{9.10}$$

通常认为，若所有候选点的 p 都大于 0.95，则当前代理模型精度足够，无须更新；否则，说明 Kriging 模型精度有待提高，选择 p 值最小的候选点加入训练样本集。

可靠性优化的目标函数经常是结构造价或者重量等非线性较低的函数，初始代理模型精度已经较高，只需要将每次最优点($\boldsymbol{d}^k$, $\boldsymbol{\mu}_x^{k+1}$, $\boldsymbol{\mu}_p$)加入代理模型，加强目标函数在最优解附近的精度即可。为避免代理模型样本点过近出现过拟合的情况，代理模型样本点在标准正态空间的最小间距应大于 0.2β。

综上所述，基于主动学习 Kriging 的分位点 SORA 方法具体流程如图 9.9 所示，各步骤总结如下：

(1) 输入初始迭代点($\boldsymbol{d}^0$, $\boldsymbol{\mu}_x^0$)，设置 k=0，$c_{\mu x}^k$=0，c_p^k=0；

(2) 采用拉丁超立方抽样生成初始样本点，建立初始 Kriging 代理模型；

(3) 计算概率空间移动距离 $c_i^{k+1}=c_{i\mu x}^k - c_{ip}^k$；

(4) 求解式(9.7)的确定性优化问题，得到最优解($\boldsymbol{d}^{k+1}$,$\boldsymbol{\mu}_x^{k+1}$)；

(5) 计算($\boldsymbol{d}^{k+1}$, $\boldsymbol{\mu}_x^{k+1}$, $\boldsymbol{\mu}_p$)对应的分位点 $c_{\mu x}^{k+1}=G(\boldsymbol{d}^{k+1}, \boldsymbol{\mu}_x^{k+1}, \boldsymbol{\mu}_p)$，用蒙特卡罗模拟(MCS)和当前代理模型计算可靠度，得到当前最优点($\boldsymbol{d}^{k+1}$, $\boldsymbol{\mu}_x^{k+1}$)的失效概率对应的分位点 c_{ip}^{k+1}；

(6) 判断可靠性约束和目标函数 Kriging 代理模型精度是否满足要求，如果满足，执行下一步，否则加入新的样本点更新代理模型；

(7) 检查结果是否收敛，如果收敛，输出结果，否则 k=k+1，返回步骤(3)。

可以看出，代理模型样本点更新、可靠性计算、可靠性优化同时进行，从每次 MCS 样本点中找出预测不准的点，保证了约束可靠性计算准确，把每次的最优解加入代理模型，保证了目标函数在下降方向精度不断提高。随着可靠性优化的进行，通过序列迭代，样本点不断加入，优化结果向最优解靠近，样本点逐渐分布在最优解附近，提高了样本点利用率；并且当代理模型精度足够时，通过学习函数可以停止加点。因此，基于主动学习 Kriging 的分位点 SORA 方法可以用于大型复杂工程问题，高效准确地求得优化结果。下面通过两个典型数值算例说明基于主动学习 Kriging 的分位点 SORA 方法的性能。

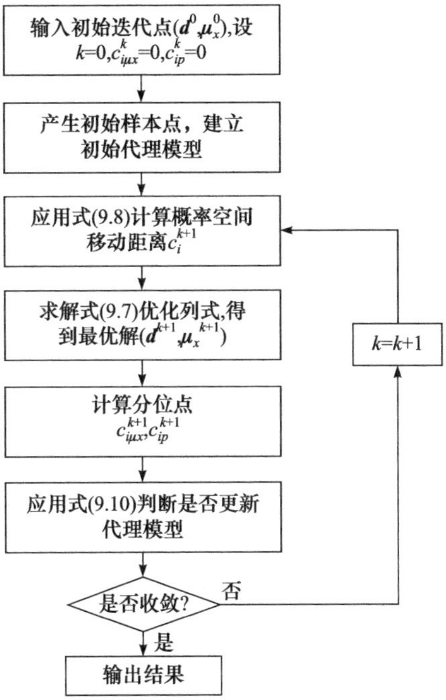

图 9.9　基于主动学习 Kriging 的分位点 SORA 方法流程图

例 9-5　同例 8-3

由于本例约束 G_2 强非线性，因此采用基于 MPTP 的方法会产生较大计算误差。应用基于主动学习 Kriging 的分位点 SORA 方法计算结果如图 9.10 所示，粗实线为确定性边界，虚线为 Kriging 代理模型预测的确定性边界，× 为建立 Kriging 代理模型所需样本点，圆圈为基于主动学习 Kriging 的分位点 SORA 方法求得的最优解，点画线为最优解对应的 β 圆。从样本点的分布可以看出，随着可靠性优化的进行，迭代逐渐向最优解靠近，大部分样本点分布在最优解周围的有效可靠性约束的边界，对于非线性程度低的有效约束 G_1，少量样本点便能得到较高的精度，所以样本点更新少；对于非线性程度较高的约束 G_2，样本点更新多；对于无效约束 G_3，则基本没有样本点更新。通过学习函数，使代理模型更新的样本点最大程度地用在提高 RBDO 的精度上，对于离最优解较远的区域则样本点分布少，尽管该区域代理模型拟合不准确，但其并不影响最后可靠性优化问题的求解，从而避免了代理模型样本点的浪费，提高了样本点利用率，降低了求解 RBDO 问题的计算量。

PMA、SORA 和基于主动学习 Kriging 的分位点 SORA 方法结果如表 9.7 所示，调用次数表示目标函数和约束函数求解 RBDO 问题的总调用次数，P_i^M 表示用 10^7 次 MCS 抽样验证各种算法最优解可靠性约束的值。标准解由可靠性优化

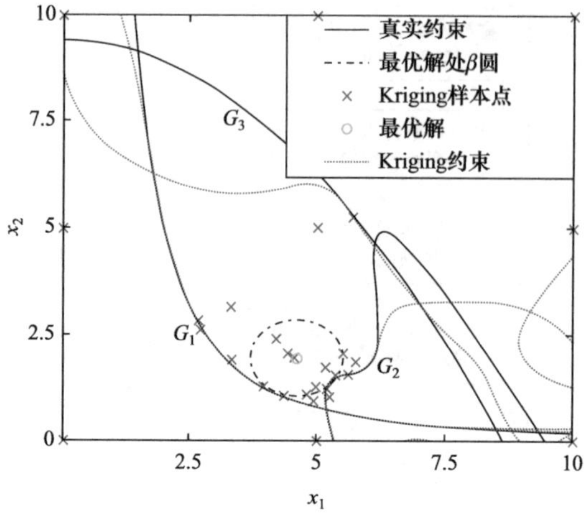

图 9.10　例 9-5 设计空间结果示意图

算法采用双层循环方法的 PMA，内层可靠性计算采用 10^7 次 MCS 抽样得到。通过和标准解比较，PMA 和 SORA 法由于内层可靠性都采用基于一阶可靠性理论的 HMV 算法，得到了相同的结果，但是由于约束 G_2 非线性程度较高，使用一阶可靠性理论误差较大，PMA 和 SORA 得到的最优解对于有效约束 G_2 的可靠性仅为 0.99932，高于目标可靠性值 0.99868，优化并没有完全到达有效约束边界，使得最优解的目标函数值($f_{\text{opt}}=-1.7247$)高于标准解($f=-1.7332$)。

表 9.7　例 9-5 中不同算法优化结果

方法	调用次数	优化解	P_1^M	P_2^M	P_3^M
SORA(HMV)	698	−1.7247 (4.5581,1.9645)	0.99842	0.99932	1
PMA(HMV)	975	−1.7247 (4.5581,1.9645)	0.99842	0.99932	1
基于主动学习 Kriging 的分位点 SORA 方法	116	−1.7314 (4.6234,1.9465)	0.99868	0.99868	1
标准解	—	−1.7332 (4.6239,1.9423)	0.99865	0.99868	1

基于主动学习的 Kriging 方法仅用 29 个样本点，总共进行 116 次目标函数和约束函数计算便建立较为精确的代理模型，然后 RBDO 的求解全部基于目标函数和约束的代理模型进行。由于采用 MCS 计算可靠性，基于主动学习的 Kriging 方法对于约束 G_2 的可靠性计算精度要高于 HMV，得到的目标函数值($f_{\text{opt}}=-1.7314$)比 PMA 和 SORA 更加接近标准解。可以看出，基于主动学习 Kriging 的分位点 SORA 在处理强非线性问题时可靠性计算准确，计算量要小于 SORA 和 PMA。

例 9-6 同例 9-1

基于主动学习 Kriging 的分位点 SORA 方法求得结果如图 9.11 所示，图中各符号含义和例 9-5 相同。从图中可以看出，由于初始迭代点选为确定性优化的最优解，并且 RBDO 最优解和确定性优化最优解相离较近，这使代理模型更新的样本点都加在了最优解附近区域，迅速地提高了代理模型在最优解附近的精度，尽管可靠性约束 G_1 的功能函数非线性程度很高，Kriging 代理模型性也能预测比较准确。由一阶可靠性理论可知，RBDO 问题收敛时，最优解对应的 β 圆应与有效的可靠性约束失效面边界相切，从图中可以看出，基于主动学习 Kriging 的分位点 SORA 方法求得的最优解 β 圆与 G_1 的失效面之间有一段距离，这是因为 G_1 非线性程度高，导致一阶可靠性理论产生较大误差。

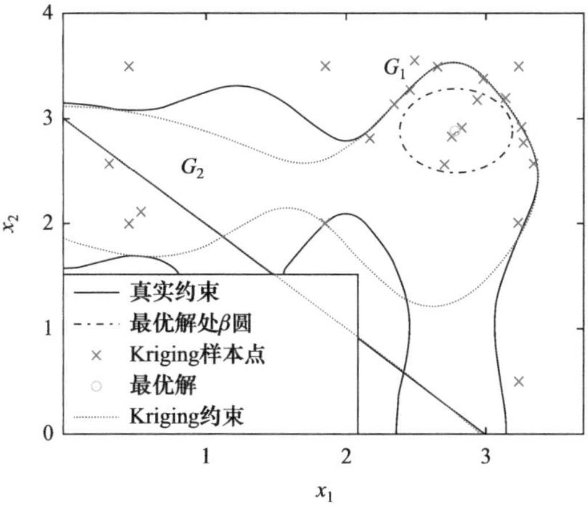

图 9.11 例 9-6 设计空间结果示意图

PMA、SORA 和基于主动学习 Kriging 的分位点 SORA 方法的结果如表 9.8 所示。通过和标准解对比发现，在处理强非线性问题时，PMA 算法一方面由于内层需要反复调用可靠性计算循环，导致其计算量偏大，目标函数和约束函数总共调用次数为 1458 次；另一方面，由于一阶可靠性理论的误差，尽管 PMA 得到的解(f_{opt}=0.4737)比标准解(f=0.6828)目标函数值低，但是其最优解对于可靠性约束 G_1 的可靠性值只有 0.9432，不满足给定的可靠性约束。而对于多设计点可靠性优化问题，SORA 法在点(2.5576, 3.2612)和点(3.0344, 3.2741)之间振荡，收敛失败。这是由于对于多设计点问题，SORA 求解过程不是通过序列迭代逐渐靠近最优解，而是在两个设计点之间不断跳跃，导致算法收敛失败。基于主动学习 Kriging 的分位点 SORA 仅用 25 个样本点，通过 75 次目标函数和约束函数的调用便准确得到了和标准解相近的解。通过对比可以看出，相比于 PMA 和 SORA 法，基于主动学习 Kriging 的分位点 SORA 在处理强非线性和多设计点可靠性优化问题时，具有求解效率高、结果准确、算法稳健的优点，综合性能更好。

表 9.8　例 9-6 不同算法优化结果

方法	调用次数	最优解	P_1^M	P_2^M
SORA(HMV)	—	—	—	—
PMA(HMV)	1458	0.4737 (2.7717, 3.0238)	0.9432	1
基于主动学习 Kriging 的分位点 SORA 方法	75	0.6864 (2.7870, 2.8793)	0.9774	1
标准解	—	0.6828 (2.7863, 2.8816)	0.9772	1

9.4.3　基于分数阶矩最大熵的分位点 SORA 方法

He 等[5]将分数阶矩最大熵方法引入 RBDO，把基于拉普拉斯变换的分数阶矩最大熵方法（Laplace transformation-based fractional moment-based maximum entropy method）与分位点 SORA 方法结合，解决了传统 RBDO 方法依赖于 MPTP 的不足，其主要步骤总结如下。

(1) 输入初始优化设计($\boldsymbol{d}^0, \boldsymbol{\mu}^0$)。

(2) 计算当前设计中约束函数的值。

(3) 使用数值积分方法，如稀疏网格数值积分(SGNI)法[12]，计算约束中响应的 PDF 的拉普拉斯变换，然后使用 LT-FM-MEM 求得响应的 PDF。

(4) 根据 PDF，导出相应的 CDF：

$$F(y)=\int_{-\infty}^{y} f_{\mathrm{e}}(t)\mathrm{d}t=\int_{-\infty}^{y}\exp\left(-\lambda_0-\sum_{i=1}^{n}\lambda_i \mathrm{e}^{-\mathrm{i}\beta t}\right)\mathrm{d}t \tag{9.11}$$

(5) 根据式(9.11)可推导出当前迭代步的目标可靠性指标对应的分位数的表达式：

$$q=\operatorname{argmin}\left(\left|F(q)-\Phi(-\beta^{\mathrm{T}})\right|\right)=\operatorname{argmin}\left[\left|\int_{-\infty}^{q}\exp\left(-\lambda_0-\sum_{i=1}^{n}\lambda_i \mathrm{e}^{-\mathrm{i}\beta t}\right)\mathrm{d}t-\Phi(-\beta^{\mathrm{T}})\right|\right] \tag{9.12}$$

(6) 计算概率空间中的平移向量。

(7) 求解式(9.7)中的确定性子优化问题，保存当前最优解。

(8) 如果连续两次迭代中的解满足以下终止条件：

$$\frac{\left\|(\boldsymbol{d}^k,\boldsymbol{\mu}_x^k)-(\boldsymbol{d}^{k-1},\boldsymbol{\mu}_x^{k-1})\right\|}{\left\|(\boldsymbol{d}^{k-1},\boldsymbol{\mu}_x^{k-1})\right\|}\leqslant 10^{-3} \tag{9.13}$$

则输出当前最优解，结束优化过程；否则，使用当前最优解更新最后一个最优解，重复步骤(2)~(8)。

图 9.12 给出了上述各步骤的流程图。

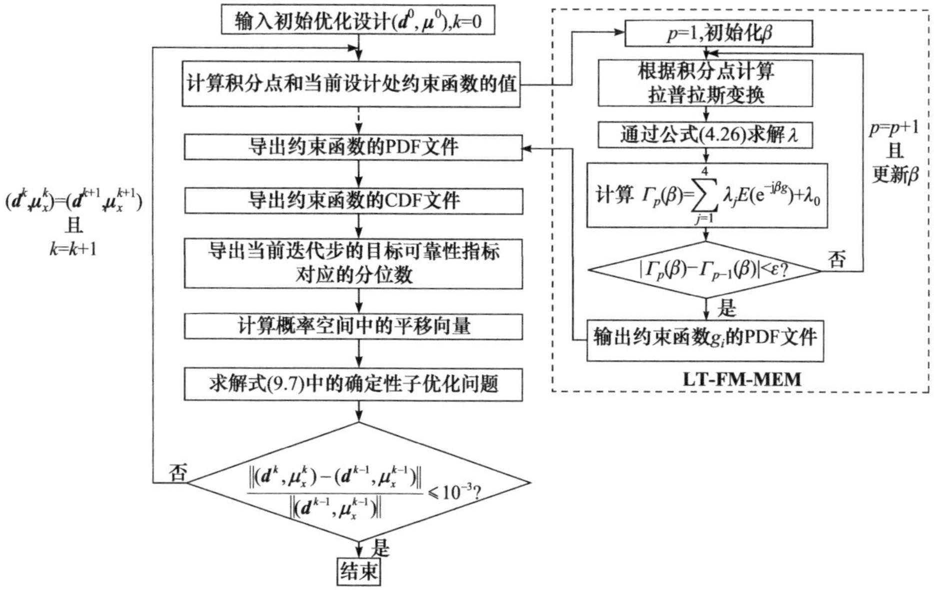

图 9.12 基于分数阶矩最大熵的分位点 SORA 方法流程图

下面通过两个典型数值算例，说明基于分数阶矩最大熵的分位点 SORA 方法与几种常用的可靠性优化方法之间的性能差异，包括近似 SORA 方法[13]、传统 SORA 方法和 PMA，这三种方法的逆可靠性分析都采用混合均值(HMV)法。

例 9-7 含非正态输入随机变量的可靠性优化问题

本例可靠性优化问题的模型与例 9-3 相同，但是输入随机变量的分布类型和参数不同，输入随机变量的信息详见表 9.9。

表 9.9 三杆桁架可靠性优化问题随机变量分布参数

变量	分布类型	均值	变异系数
x_1 /cm²	正态分布	设计变量	0.1
x_2 /cm²	正态分布	设计变量	0.1
L /kN	对数正态分布	2	0.1
σ/(kN/cm²)	极值 I 型分布	2	0.075

各种方法的迭代历程如图 9.13 所示，相应的可靠性优化结果详见表 9.10。

从结果中可以看出，由于一阶泰勒展开对含有非正态随机变量的非线性约束函数造成较大误差，近似 SORA 方法无法收敛。传统 SORA 方法效率最高，但其结果并非可行解。在本例中，PMA 的计算成本最大但得到一个非可行解，效果最差。可以看出，由于非正态随机变量的原因，上述三种常见的可靠性优化方法都不能得到准确的最优解。相比之下，基于分数阶矩最大熵的分位点 SORA 方法在精度上优于上述三种方法，而且仅需调用 1690 次功能函数，在 PMA 和传统 SORA 之间，可以很好地平衡计算精度和效率。

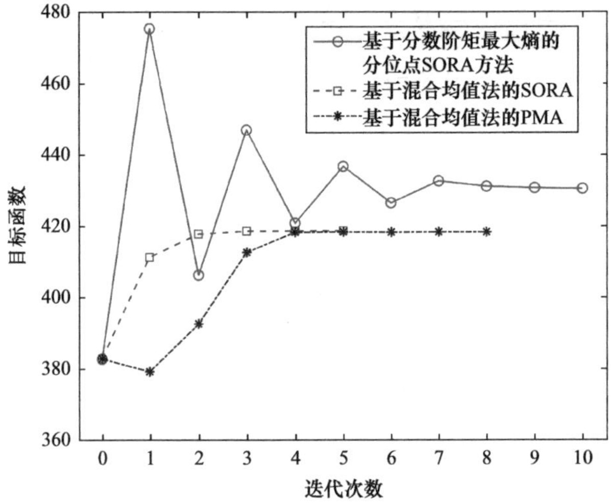

图 9.13　例 9-7 中不同方法的迭代历程

表 9.10　例 9-7 中不同方法的优化结果

方法	函数调用次数	最优解	最优目标函数	β^1_{MCS}	β^2_{MCS}	β^3_{MCS}
参考解	—	1.287 0.665	430.49	2.75	Inf	3.80
PMA	3600	1.241 0.673	418.36	2.63	Inf	3.74
近似 SORA	—	—	—	—	—	—
传统 SORA	835	1.270 0.597	418.74	2.62	Inf	3.63
基于分数阶矩最大熵的分位点 SORA 方法	1690	1.287 0.665	430.48	2.75	Inf	3.79

注："Inf" 表示约束函数失效概率为 0。

例 9-8　非线性问题[14]

本例可靠性优化模型如下：

$$
\begin{aligned}
\text{find} \quad & \boldsymbol{\mu}=[\mu_{x1},\mu_{x2}] \\
\min \quad & \mu_{x1}+\mu_{x2} \\
\text{s.t.} \quad & \text{Prob}[G_i(\boldsymbol{x})\leqslant 0]\leqslant \Phi(-\beta^{\text{t}}),\ \ i=1,2,3 \\
& 0\leqslant \mu_{x1}\leqslant 10,\ \ 0\leqslant \mu_{x2}\leqslant 10 \\
& G_1(\boldsymbol{x})=\frac{x_1^2x_2}{20}-1 \\
& G_2(\boldsymbol{x})=\frac{(x_1+x_2-5)^2}{30}+\frac{(x_1-x_2-12)^2}{120}-1 \\
& G_3(\boldsymbol{x})=\frac{80}{x_1^2+8x_2+5}-1 \\
& x_i\sim N(\mu_{xi},0.3),\quad i=1,2,\quad \boldsymbol{\mu}^0=[5,5],\quad \beta^{\text{t}}=3.5
\end{aligned}
\tag{9.14}
$$

本例不同方法的收敛历史如图 9.14 所示，PMA 和近似 SORA 需要 5 次迭代，传统 SORA 需要 4 次迭代，而基于分数阶矩最大熵的分位点 SORA 方法需要 8 次迭代。在可靠性优化问题中，迭代次数越多并不意味着计算量越大，因为优化过程包括逆可靠性分析和确定性优化。例如，基于分数阶矩最大熵的分位点 SORA 方法总共只需要调用 486 次功能函数，计算量在四种方法中处于中等水平。表 9.11 列出了这四种方法的最终结果。对于本例而言，PMA 效率低且不准确。虽然近似 SORA 和传统 SORA 效率最高，但从其最优解的约束可靠性指标来看，它们的结果并非可行解。与参考解相比，这三种方法的前两个可靠性指标在概率空间的相对误差均大于 12%。相比之下，基于分数阶矩最大熵的分位点

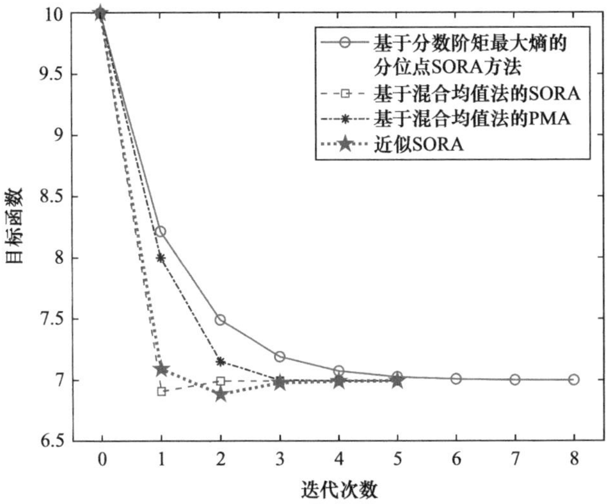

图 9.14 例 9-8 中不同方法的迭代历程

SORA 综合了 LT-FM-MEM 和分位点 SORA 的优点，具有非常高的精度和令人满意的效率。可见，当约束条件涉及非线性函数和高可靠指标时，精确的逆可靠性分析方法在可靠性优化问题中起重要作用。

表 9.11　例 9-8 中不同方法的可靠性优化结果

方法	函数调用次数	最优解	最优目标函数	β^1_{MCS}	β^2_{MCS}	β^3_{MCS}
参考解	—	3.534, 3.463	6.997	3.50	3.50	Inf
PMA	765	3.521, 3.475	6.996	3.47	3.54	Inf
近似 SORA	60	3.521, 3.474	6.996	3.46	3.54	Inf
传统 SORA	309	3.521, 3.475	6.996	3.47	3.54	Inf
基于分数阶矩最大熵的分位点 SORA 方法	486	3.535, 3.463	6.998	3.51	3.50	Inf

9.5　考虑历史可靠性信息的分位点 SORA 方法

9.3 节介绍了一种考虑历史可靠性信息的 SORA 方法，用于解决传统 SORA 方法由边界近似引起的振荡或者早熟问题。但是，该方法是以一阶可靠性理论为基础，当面对多 MPTP 问题时，偏移向量不连续会导致代理模型的病态。如图 9.15 所示，粗实线为确定性边界，圆圈为最优解，虚线为最优解对应的 β 圆，从图中可以看出，最优点处存在两个 MPTP，带箭头的细实线为最优解对应

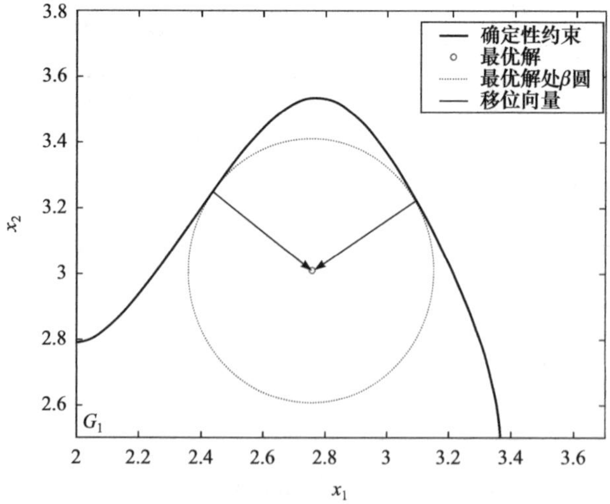

图 9.15　考虑历史可靠性信息的 SORA 方法失效原因分析

的两个偏移向量 $\boldsymbol{s}$。此时，在建立偏移向量 $\boldsymbol{s}$ 关于 $\boldsymbol{\mu}$ 的代理模型时，偏移向量 $\boldsymbol{s}$ 会发生跳跃，导致 $\boldsymbol{s}$ 关于 $\boldsymbol{\mu}$ 不连续，得到的代理模型精度较差。当然，不止多设计点问题，当极限状态函数为分段函数、极值函数等，$\boldsymbol{s}$ 关于 $\boldsymbol{\mu}$ 也可能不连续，这会致使算法失败。分位点 SORA 方法巧妙地将原 RBDO 问题在概率空间进行解耦，为解决这一问题提供有效途径。

本节介绍一种考虑历史可靠性信息的分位点 SORA 方法，将 9.3 节方法与分位点 SORA 方法结合，解决由可靠性边界近似引起的振荡、提前收敛等问题。我们依然采用保存历史可靠性信息和对边界进行惩罚两种手段对分位点 SORA 方法进行改进，相应的 RBDO 优化列式可以写成

$$\begin{aligned}
\text{find}\quad & \boldsymbol{d},\boldsymbol{\mu}_{\boldsymbol{x}} \\
\min\quad & f(\boldsymbol{d},\boldsymbol{\mu}_{\boldsymbol{x}}) \\
\text{s.t.}\quad & G_i(\boldsymbol{d},\boldsymbol{\mu}_{\boldsymbol{x}}) > C_i(\boldsymbol{d},\boldsymbol{\mu}_{\boldsymbol{x}}) \\
& \boldsymbol{d}^{\mathrm{L}} \leqslant \boldsymbol{d} \leqslant \boldsymbol{d}^{\mathrm{U}},\ \ \boldsymbol{\mu}_{\boldsymbol{x}}^{\mathrm{L}} \leqslant \boldsymbol{\mu}_{\boldsymbol{x}} \leqslant \boldsymbol{\mu}_{\boldsymbol{x}}^{\mathrm{U}}
\end{aligned} \tag{9.15}$$

其中，

$$\left.\begin{array}{l}
[(\boldsymbol{d}^0,\boldsymbol{\mu}_x^0),(\boldsymbol{d}^1,\boldsymbol{\mu}_x^1),\cdots,(\boldsymbol{d}^k,\boldsymbol{\mu}_x^k)] \\
[c_i^1,c_i^2,\cdots,c_i^{k+1}]
\end{array}\right\} \Rightarrow C_i(\boldsymbol{d},\boldsymbol{\mu}_{\boldsymbol{x}}) \tag{9.16}$$

式中，左侧符号定义同式(9.8)；$C_i(\boldsymbol{d},\ \boldsymbol{\mu}_{\boldsymbol{x}})$是以前 k 步设计点为输入，对应的分位点平移向量为输出的 Kriging 代理模型预测分布的 95% 分位数。相比于 9.3 节的方法，采用建立分位点平移向量的代理模型更加稳定。对于复杂功能函数，尽管随着均值变化，MPTP 可能变化剧烈，但是只要其极限状态函数连续，概率空间的 PDF 曲线就会随均值连续变化，对应的分位点变化就相对稳定、连续。所以，分位点平移向量的稳定性、连续性要优于 MPTP 平移向量。下面通过三个数值算例对考虑历史可靠性信息的分位点 SORA 方法的性能进行深入分析，并通过同 PMA、SORA、分位点 SORA 方法和 9.3 节方法的对比，来验证本节方法对于 MPTP 变化剧烈的问题的稳定性。PMA 和 SORA 采用混合均值(HMV)法计算 MPTP，所有方法外层优化均采用序列二次优化算法。

例 9-9 同例 9-1

本例为多 MPTP 问题的典型代表，优化结果如表 9.12 所示。可以看到，对于功能函数非线性较高的问题，PMA 计算量大。多个 MPTP 导致 SORA 和考虑历史可靠性信息的 SORA 方法都不能收敛。如果不考虑一次二阶矩的误差，以 PMA 的解作为标准解的话，由于近似边界产生的影响，分位点 SORA 最优解目标函数值高于 PMA 算法，发生了提前收敛现象。本节方法的结果和 PMA 十分相近，并且效率要高于 PMA 算法。从本例可以看出，尽管功能函数存在多 MPTP 问题，但是多 MPTP 映射到概率空间也只有一个分位点与之对应，计算出

的概率空间移动距离 c 相比于 SORA 的偏移向量 $\boldsymbol{s}$ 要稳定、连续，性能更好。

表 9.12　例 9-9 的不同算法优化结果

方法	调用次数	最优解	P_1^M	P_2^M
PMA(HMV)	1458	0.4737(2.7717, 3.0238)	0.94344	1
SORA(HMV)	—	—	—	—
分位点 SORA	454	0.5737(2.7889, 2.9806)	0.96336	1
9.3 节方法	—	—	—	—
本节方法	1194	0.4862(2.7618, 3.0166)	0.94681	1

如图 9.16 所示，考虑历史可靠性信息的分位点 SORA 方法在经过多设计点时，分位点的变化是连续稳定的，能够有效避免在 MPTP 跳跃而发生振荡。除此之外还可以观察到近似边界在最优解处凹凸不平，这是由边界惩罚引起的。由于功能函数在最优点附近非线性程度高，导致不同点概率空间偏移距离 c 差距较大，如果不对边界进行惩罚，受前面误差较大的点影响就会丢失最优解所在可行域，造成算法提前收敛。

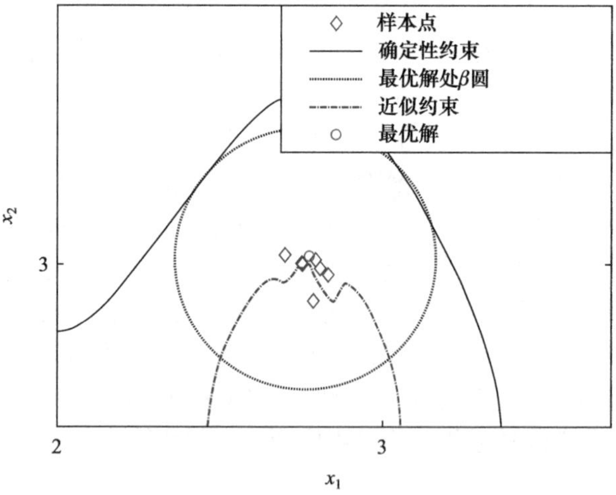

图 9.16　本节方法求解例 9-9 的示意图

例 9-10　多 MPTP 问题

本例优化列式如下：

$$
\begin{aligned}
&\text{find} \quad \boldsymbol{\mu} = [\mu_{x1}, \mu_{x2}]^{\mathrm{T}} \\
&\min \quad 0.7\mu_{x1} + 0.9\mu_{x2} \\
&\text{s.t.} \quad \mathrm{Prob}\left[G_i(\boldsymbol{x}) < 0\right] \leqslant \Phi(-\beta^{\mathrm{t}})
\end{aligned}
$$

$$G_1 = -x_1\left[0.6+\ln\left(\frac{x_1}{x_1+x_2}\right)\right]-x_2\left[0.6+\ln\left(\frac{x_2}{x_1+x_2}\right)\right]-0.5 \tag{9.17}$$

$$x_i \sim N(\mu_{xi}, 0.5^2),\quad 0.3 \leqslant \mu_{xi} \leqslant 10,\quad i=1,2$$

$$\beta^{\mathrm{t}}=3,\quad \boldsymbol{\mu}^0=[2.72, 2.65]^{\mathrm{T}}$$

其中，两个随机设计变量 x_1, x_2 相互独立，并且服从正态分布，均值为 μ_{x1}, μ_{x1}；约束 G_1 非线性程度较高，并且在最优点处含有两个 MPTP。为减少计算量，初始迭代点为确定性优化最优解(2.72, 2.65)。

本例结果如表 9.13 所示，基本结论同例 9-9，PMA 由于可靠性约束功能函数非线性程度高，所以计算量大。SORA 和考虑历史可靠性信息的 SORA 方法由于 MPTP 跳跃，导致平移向量跳跃，算法不收敛。分位点 SORA 方法由于近似误差，提前收敛。本节方法成功得到最优解，而且效率比 PMA 高。

表 9.13 例 9-10 不同算法优化结果

方法	调用次数	最优解	P_1^M
PMA(HMV)	2188	7.0329(4.3949,4.3961)	0.99712
SORA(HMV)	—	—	—
分位点 SORA	325	7.1928(4.5545,4.4496)	0.99798
9.3 节方法	—	—	—
本节方法	1127	7.0893(4.4172,4.4414)	0.99748

如图 9.17 所示，本例随机变量标准差 σ 较大，并且约束 G_1 的非线性程度也

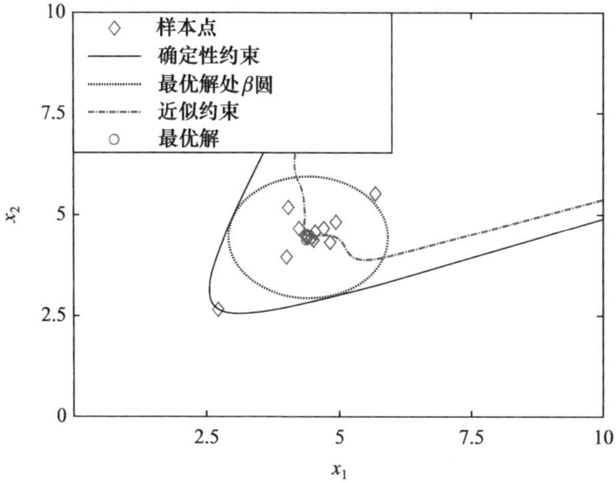

图 9.17 本节方法求解例 9-10 的示意图

很高，相邻的两点偏移向量 **s** 角度相差 180°，使得基于 MPTP 的算法在效率或稳定性方面的性能较差。然而，当在概率空间处理这类问题时，分位点移动距离 c 的变化剧烈程度远小于偏移向量 **s**，这些问题都迎刃而解。因此，分位点 SORA 方法在稳定性上更为出色。本节方法综合了分位点方法和 9.3 节方法的优势，为解决可靠性优化问题提供了有力的工具。

例 9-11　多约束问题

本例同样是对减速器模型进行了修改，增大随机设计变量 x_5 和 x_7 标准差，同时是用一个非线性更高的约束函数替换了非线性程度较低的约束函数 G_{11}，优化列式如下：

$$
\begin{aligned}
&\text{find } \boldsymbol{\mu}=[\mu_1,\mu_2,\mu_3,\mu_4,\mu_5,\mu_6,\mu_7]^{\mathrm{T}}\\
&\min f(\boldsymbol{\mu})=0.7854\mu_{x1}\mu_{x2}^2(3.3333\mu_{x3}^2+14.9334\mu_{x3}-43.0934)\\
&\qquad -1.508\mu_{x1}(\mu_{x6}^2+\mu_{x7}^2)+7.477(\mu_{x6}^3+\mu_{x7}^3)+0.7854(\mu_{x4}\mu_{x6}^3+\mu_{x5}\mu_{x7}^2)\\
&\text{s.t.}\quad \mathrm{Prob}[G_i(\boldsymbol{x})>0]\leqslant \Phi(-\beta^{\mathrm{t}})\\
&\quad G_1(\boldsymbol{x})=\frac{27}{x_1x_2^2x_3}-1,\ \ G_2(\boldsymbol{x})=\frac{397.5}{x_1x_2^2x_3^2}-1,\ \ G_3(\boldsymbol{x})=\frac{1.93x_4^3}{x_2x_3x_6^4},\ \ G_4(\boldsymbol{x})=\frac{1.93x_5^3}{x_2x_3x_7^4}\\
&\quad G_5(\boldsymbol{x})=\frac{\sqrt{[745x_4/(x_2x_3)]^2+16.9\times10^6}}{0.1x_6^3}-1100\\
&\quad G_6(\boldsymbol{x})=\frac{\sqrt{[745x_5/(x_2x_3)]^2+157.5\times10^6}}{0.1x_7^3}-850\\
&\quad G_7(\boldsymbol{x})=x_2x_3-40,\ \ G_8(\boldsymbol{x})=5-\frac{x_1}{x_2},\ \ G_9(\boldsymbol{x})=\frac{x_1}{x_2}-12,\ \ G_{10}(\boldsymbol{x})=\frac{1.5x_6+1.9}{x_4}-1\\
&\quad G_{11}(\boldsymbol{x})=-0.906x_5-0.423x_7+9.19+5[0.906x_5-0.423x_7-4.663)]^2\\
&\quad \beta^{\mathrm{t}}=3\quad (p^{\mathrm{t}}=0.99865)\\
&\quad 2.6\leqslant\mu_{x1}\leqslant3.6,\ \ 0.7\leqslant\mu_{x2}\leqslant0.8,\ \ 17\leqslant\mu_{x3}\leqslant28,\ \ 7.3\leqslant\mu_{x4}\leqslant8.3\\
&\quad 7.3\leqslant\mu_{x5}\leqslant8.3,\ \ 2.9\leqslant\mu_{x6}\leqslant3.9,\ \ 5.0\leqslant\mu_{x7}\leqslant5.5\\
&\quad x_i\sim N(\mu_{xi},0.005^2),\qquad i=1,2,3,4,6\\
&\quad x_i\sim N(\mu_{xi},0.022^2),\qquad i=5,7\\
&\quad \boldsymbol{\mu}^0=[3.5000,0.7000,17.0000,7.3000,7.6506,3.3502,5.3542]^{\mathrm{T}}
\end{aligned}
\tag{9.18}
$$

由于约束 1～10 的极限状态函数 G_1~G_{10} 转化到标准正态空间后几乎为线性，一旦对其边界惩罚就会引入较多的非可行域部分，导致算法计算量偏大，因此只对约束 11 采取 95% 的积分下限惩罚，其余 10 个约束不进行惩罚。选取确定性优化最优解(3.5000, 0.7000, 17.0000, 7.3000, 7.7243, 3.3502, 5.2910)作为可靠性优化的初始迭代点，最终计算结果如表 9.14 和表 9.15 所示。当极限状态函数非线性程度增加后，外层循环次数激增，导致各算法计算量均较大。虽然本例可靠性约束 11 的极限状态数并不存在多设计点，但是 MPTP 随着均值变化剧烈，前后两次偏移后近似约束相差很大，代理模型无法准确学习出 $\boldsymbol{s}$ 关于 $\boldsymbol{\mu}$ 的关系，这使 SORA 和考虑历史可靠性信息的 SORA 难以收敛。由于 G_{11} 非线性程度较高，G_{11} 按分位点移动后的近似边界和真实可靠性边界相差较大，分位点 SORA 出现提前收敛的现象。而考虑历史可靠性信息的分位点 SORA 则充分利用了分位点 SORA 的稳定性方面的优势，而且具有与 PMA 相近的精度，效率处于各种方法的中间水平。本例也再次说明利用分位点在处理复杂极限状态函数时，相比于 MPTP 要稳定，其原因就在于尽管在本例中 MPTP 随均值变化剧烈，但是转化到概率空间后，分位点随设计变量均值的变化要相对平缓连续。

表 9.14 例 9-11 的不同算法优化结果

方法	调用次数	最优解
PMA(HMV)	12030	3073.6(3.5765,0.7,17,7.3,7.7266,3.3652,5.3569)
SORA(HMV)	—	—
分位点 SORA	3037	3083.4 (3.5765,0.7,17,7.3,7.7615,3.3652,5.3707)
9.3 节方法	—	—
本节方法	8183	3073.7(3.5765,0.7,17,7.3,7.7286,3.3652,5.3569)

表 9.15 例 9-11 的可靠性验证结果

方法	$P^M_{1,2,3,4,7,9,10}$	P^M_5	P^M_6	P^M_8	P^M_{11}
PMA(HMV)	1	0.99863	0.99931	0.99866	0.99749
SORA(HMV)	—	—		—	—
分位点 SORA	1	0.99864	0.99994	0.99863	0.99925
9.3 节方法	—	—	—	—	—
本节方法	1	0.99863	0.99930	0.99865	0.99757

9.6 工 程 应 用

本节对 2.6 节的开孔曲筋板进行可靠性优化，将其极限屈曲承载力作为结构可靠性约束，其可靠性优化模型如下：

$$\begin{aligned} &\text{find} \quad \boldsymbol{\mu}=[\mu_t,\mu_h,\mu_{tc}]^{\mathrm{T}} \\ &\min \quad f(\boldsymbol{\mu})=W \end{aligned}$$

$$
\begin{aligned}
\text{s.t.}\quad & P_{\mathrm{f}}[g(t,h,t_{\mathrm{c}},E,\nu)>0]\leqslant \Phi(-\beta^{\mathrm{t}}) \\
& g(t,h,t_{\mathrm{c}},E,\nu)=35750-P_{\mathrm{cr}}(t,h,t_{\mathrm{c}},E,\nu) \\
& t\sim N(\mu_t,(0.05\mu_t)^2),\ \ h\sim N(\mu_h,(0.05\mu_h)^2) \\
& t_{\mathrm{c}}\sim N(\mu_{t\mathrm{c}},(0.05\mu_{t\mathrm{c}})^2),\ \ \boldsymbol{\mu}^0=[1.65,14,2.45]^{\mathrm{T}} \\
& E\sim N(72504,2100^2),\ \ \nu\sim N(0.33,0.0099^2) \\
& 0.8\leqslant \mu_t\leqslant 2.4\mathrm{mm},\ \ 8\leqslant \mu_h\leqslant 18\mathrm{mm},\ \ 1.5\leqslant \mu_{t\mathrm{c}}\leqslant 3.5\mathrm{mm} \\
& \beta^{\mathrm{t}}=2.75\ \ (p^{\mathrm{t}}=0.997)
\end{aligned}
\tag{9.19}
$$

其中，$\boldsymbol{\mu}$ 表示随机设计变量均值；P_{cr} 为结构极限屈曲承载力，由 Abaqus 线性屈曲分析得到；许用可靠性指标 β^{t} 为 2.75。各个变量物理含义和分布特性如表 9.16 所示。

表 9.16　开孔曲筋板模型中随机变量含义和分布特性

变量类型	名称	变量描述	分布类型	均值	标准差	单位
随机设计变量	$\boldsymbol{t}$	蒙皮厚度	正态分布	μ_t	$0.05\mu_t$	mm
随机设计变量	$\boldsymbol{t}_{\mathrm{c}}$	筋条厚度	正态分布	$\mu_{t\mathrm{c}}$	$0.05\mu_{t\mathrm{c}}$	mm
随机设计变量	$\boldsymbol{h}$	筋条高度	正态分布	μ_h	$0.05\mu_h$	mm
随机参数	$\boldsymbol{E}$	弹性模量	正态分布	72504	2100	MPa
随机参数	$\boldsymbol{\nu}$	泊松比	正态分布	0.33	0.0099	—

本例采用基于主动学习 Kriging 的分位点 SORA 方法对加劲板结构进行优化，并与文献[15]中效率最高的方法进行比较，优化结果如表 9.17 所示。基于主动学习 Kriging 的分位点 SORA 方法采用拉丁超立方方法抽取了 50 个初始样本点，在优化过程中逐渐加入 28 个样本点后，收敛得出最优解。采用主动学习 Kriging 代理模型能把样本点最大限度地分布在利于优化求解的区域，样本点利用率高，可以节省大量的样本点，从而减少了有限元分析次数。另外，由于一次二阶矩的误差，文献[15]的曲筋板结构失效概率为 0.004，高于给定的失效概率 0.003，比预期值增加了 33%。基于主动学习 Kriging 的分位点 SORA 方法的优化解(f=3.0505)虽然比文献中的解(f=3.0289)质量增加了 1% 左右，但是能满足失效概率要求，是更为合理的最优解，体现了该方法的优势。

表 9.17　不同算法优化结果

方法	样本点	优化解	PM1
PMA (HDMV) [15]	200	3.0289(2.3593,18,1.3571)	0.996(β=2.65)
基于主动学习 Kriging 的分位点 SORA	78	3.0505(2.3629,18,1.5000)	0.997(β=2.75)

参 考 文 献

[1] Du X, Chen W. Sequential optimization and reliability assessment method for efficient probabilistic design [J]. Journal of Mechanical Design, 2004, 126 (2): 225-233.

[2] Cho T, Lee B. Reliability-based design optimization using convex approximations and sequential optimization and reliability assessment method [J]. Journal of Mechanical Science and Technology, 2010, 24 (1): 279-283.

[3] Cho T M, Lee B C. Reliability-based design optimization using convex linearization and sequential optimization and reliability assessment method [J]. Structural Safety, 2011, 33 (1): 42-50.

[4] Li G, Yang H, Zhao G. A new efficient decoupled reliability-based design optimization method with quantiles[J]. Structural and Multidisciplinary Optimization, 2020, 61(2): 635-647.

[5] He W, Yang H, Zhao G, et al. A quantile-based SORA method using maximum entropy method with fractional moments[J]. Journal of Mechanical Design, 2021, 143(4): 041702.

[6] Zhang Z, Deng W, Jiang C. A PDF-based performance shift approach for reliability-based design optimization[J]. Computer Methods in Applied Mechanics and Engineering, 2021, 374: 113610.

[7] Zhang C, Shafieezadeh A. A quantile-based sequential approach to reliability-based design optimization via error-controlled adaptive Kriging with independent constraint boundary sampling[J]. Structural and Multidisciplinary Optimization, 2021, 63(5): 2231-2252.

[8] Wang Z, Li H, Chen Z, et al. Sequential optimization and moment-based method for efficient probabilistic design[J]. Structural and Multidisciplinary Optimization, 2020,62(1): 387-404.

[9] Lee T H, Jung J J. A sampling technique enhancing accuracy and efficiency of metamodel-based RBDO: Constraint boundary sampling[J]. Computers & Structures, 2008, 86(13/14): 1463-1476.

[10] Hao P, Wang B, Li G, et al. Hybrid framework for reliability-based design optimization of imperfect stiffened shells[J]. AIAA Journal, 2015, 53(10): 2878-2889.

[11] Lee I, Choi K K, Zhao L. Sampling-based RBDO using the stochastic sensitivity analysis and dynamic Kriging method[J]. Structural and Multidisciplinary Optimization, 2011, 44(3): 299-317.

[12] He J, Gao S, Gong J. A sparse grid stochastic collocation method for structural reliability analysis[J]. Structural Safety, 2014, 51: 29-34.

[13] Yi P, Zhu Z, Gong J. An approximate sequential optimization and reliability assessment method for reliability-based design optimization[J]. Structural and Multidisciplinary Optimization, 2016, 54(6): 1367-1378.

[14] Yang R J, Gu L. Experience with approximate reliability-based optimization methods[J]. Structural and Multidisciplinary Optimization, 2004, 26(1): 152-159.

[15] Keshtegar B, Hao P. A hybrid descent mean value for accurate and efficient performance measure approach of reliability-based design optimization[J]. Computer Methods in Applied Mechanics and Engineering, 2018, 336: 237-259.

第 10 章　基于后验偏好的结构风险优化方法

10.1　引　　言

风险的内涵包含不确定性源、不确定性的可能性及不确定性的影响，广义来说，不确定性带来的不良结果即为风险。所以，不确定性控制和风险控制有内在的一致性，换言之，考虑不确定性的结构优化本质上也是风险优化。从决策者的角度出发，风险优化可以分为两种，即基于先验偏好的单目标结构优化设计和基于后验偏好的多目标结构优化设计。目前前者的研究占据主流，因为其简单且有效。然而，单目标优化列式只能提供一个偏好解，决策者的决策能力会受到影响；而提供多个折中解可以显著改进决策者的决策能力，此时基于后验偏好的结构优化设计变得更加重要。

基于后验偏好的可靠性优化可以看作是多目标优化与 RBDO 技术的结合，在这方面已经有较多的研究。Deb 等采用遗传算法求解了单目标和两目标 RBDO 问题[1]，包括三种情况，即包含多个局部最优解的 RBDO 问题、考虑初始造价和最不利失效模式的两目标优化问题，以及具体构件或系统目标可靠性下的两目标优化问题。对于第一个问题，Deb 采用快速功能度量法求解内环问题。根据文献中给出的结果，采用演化算法和功能度量法求解 RBDO 时无须保证每一个内环问题均收敛至约束边界。在大多数情况下，功能度量法在确定的设计变量组合下只需迭代两步就能保证外环问题的最终收敛性，其中单目标和多目标问题所采用的外环算法均为基本的遗传算法。虽然 Deb 并未明确指出内环问题不需完全收敛的本质原因，但这种数值技巧在提高 RBDO 的求解效率上却有着非常明显的作用，可以将平均函数分析次数降低至原先的三分之一。受 Deb 工作的启发，Sahoo 等求解了最大化系统可靠性和最小化初始造价的两目标问题[2]。Srivastava 和 Deb 利用贝叶斯(Bayesian)理论处理多目标 RBDO 中的不完善信息[3]。而 Casciati 进一步将先进的差分演化算法与单循环方法结合[4]，以提高效率，算例结果进一步证实，对于中等程度及弱非线性问题，演化算法与内环问题的一阶近似结合能显著改进效率且保证收敛性。目前学者们已经逐渐认识到采用多目标启发式算法求解基于后验偏好的 RBDO 问题的必要性，而且其在处理内环传播至外环的误差噪声和强非线性的功能函数时也展现出一定优势。因此从不确定性优化的角度考察，多目标启发式算法是面向基于后验偏好的结构风险优化需求的算法。

基于后验偏好的风险优化实际上是面向设计过程的决策(decision making oriented towards design processing)。因为基于先验偏好的优化实际上已经指定了设计方案，设计者的任务是将其求解出来；而基于后验偏好的优化，给出的是一系列不同偏好的解决方案，决策者可以按照不同需求从中选择合适的方案。这种思路实际上就是土木工程领域基于性能的设计方法，即投资-效益准则，可以看作是基于后验偏好的多目标优化模型。投资者、业主和工程师之间能够就建筑的性能进行讨论，采用投资-效益准则，确定建筑的目标性能[5]。这表明性能化的建筑结构设计是一个决策过程，需要通过多目标优化和决策手段更好地求解。Liu等[6]将加权和形式的全寿命总费用分解为初始材料总价和服役期内的总费用两个性能目标，采用遗传算法近似Pareto前沿以供决策，通过在初始总价和未来费用之间折中。Fragiadakis等同样考虑这两个目标，研究了地震作用下基于性能的钢结构全寿命多目标优化设计[7]。Okasha和Frangopol在两目标优化的基础上，额外考虑造价、可靠性和冗余度的三目标优化问题，并将该模型应用于桥梁结构设计[8]。冗余度指标是通过系统可靠性与首个破坏构件可靠性的函数定义的，因此其优化格式同样在风险优化的范畴之内。

综上所述，现有基于后验偏好的结构防灾优化仅考虑了决策者在初始造价和期望损失之间的偏好，即决策者只能在“投资”和“效益”两个目标之间折中，而无法在不同的失效概率及相应的损失之间折中，从而受到损失估计之中存在的大量模型不确定性的影响，其真实决策能力受到限制。此外，不同的多目标优化格式所对应的全局最优解不同，其反映决策者偏好的方式和能力也不尽相同。因此，调整优化格式，进而改变设计流程，也可以改进决策者的决策能力。本章将从调整设计系统中的不确定性和风险等级的角度出发，重新解读可靠性优化和鲁棒性优化的风险优化本质及其优缺点，并在此基础上深入探讨更有效的结构风险优化方法。

10.2 结构风险优化的基本理论

10.2.1 风险优化的基本概念

一般来说，风险的定义应该由三个问题构成：“产生的不利事件是什么？”“产生不利事件的可能性是多少？”以及“不利事件对应的后果是什么？”。在此基础上，Kaplan 与 Garrick[9]给出了风险的量化定义：

若 A_i 为第 i 个失效事件，p_i 为第 i 个失效事件发生的可能性，x_i 是某种衡量第 i 个失效事件相关不良后果的指标，N 为所考虑的失效事件的数量，则风险的

三元总体为

$$\langle A_i, p_i, x_i \rangle, \quad i = 1, 2, \cdots, N \tag{10.1}$$

作为一种事件标记，A_i 一般具有语言特征(例如“失效”)。p_i 可以有不同的计算方法，例如系统某个固定使用期内失效事件发生的概率，或是系统全寿命期限内失效事件发生的概率。该风险定义在概念上是完备的，但应用于工程优化设计问题时通常转化为如下的风险变量形式：

$$\text{risk} = p_i \square x_i, \quad i = 1, 2, \cdots, N \tag{10.2}$$

在目标函数中同时考虑初始造价与期望损失，可得到如下风险优化格式：

$$\min_{\boldsymbol{u}} \quad w_1 C_{\mathrm{I}} W(\boldsymbol{u}) + w_2 \sum_{i=1}^{N} C_{\mathrm{REF}i} P_i(\boldsymbol{u}, \boldsymbol{\theta}) \tag{10.3}$$

其中，$\boldsymbol{u}$ 是设计变量向量；$\boldsymbol{\theta}$ 是不确定性参数向量；$P_i(\boldsymbol{u}, \boldsymbol{\theta})$ 和 $C_{\mathrm{REF}i}$ 分别是第 i 个失效事件的失效概率和损失系数；C_{I} 是材料质量 W 所对应的单位造价；w_1 和 w_2 为风险偏好系数。当考虑全寿命总费用时，贴现率和时间相关项也应包含在损失系数之中。考虑到论证的简洁，本书未考虑贴现率和时间相关项。

目前在不确定性优化的范畴内，有两种最具代表性的优化格式。一种是基于可靠性的优化设计格式：

$$\begin{aligned} &\min_{\boldsymbol{u}} \ C_{\mathrm{I}} W(\boldsymbol{u}) \\ &\text{s.t.} \quad P_i(\boldsymbol{u}, \boldsymbol{\theta}) < P_i^{\mathrm{T}}, \quad i = 1, 2, \cdots, N \end{aligned} \tag{10.4}$$

其中，P_i^{T} 为第 i 个失效事件的目标失效概率。

另一种是鲁棒性优化设计格式：

$$\min_{\boldsymbol{u}} m_f(\boldsymbol{u}, \boldsymbol{\theta}) + \beta \sigma_f(\boldsymbol{u}, \boldsymbol{\theta}) \tag{10.5}$$

其中，m_f 和 σ_f 分别是性能 f 的均值与标准差，鲁棒性优化是在最小化性能指标及其变异性之间取舍。考虑到实际工程中这两个目标有时是冲突的，设计者通过增加权重 β 可以得到更鲁棒的解 $\boldsymbol{u}$，此处鲁棒的定义即为相应解所对应的性能 f 对系统的不确定性输入 $\boldsymbol{\theta}$ 不敏感。

基于可靠性的优化设计是通过定义失效概率上界将风险控制在设计者预先指定的阈值之下，因此属于结构风险优化方法。鲁棒性优化中，减少性能本身的变异性与降低给定极限状态下的失效概率有内在的一致性。进一步看，性能的变异性与失效概率之间存在某种非线性关系，而改变权重 β 同样将反映为对失效概率及相应风险的一定程度的控制，因此鲁棒性优化同样属于结构风险优化方法。

10.2.2　广义风险模型

风险建模与不确定性建模有内在的一致性。所以，本书从不确定性建模出发，介绍风险建模中涉及的相关概念，并在广义不确定性理论(generalized theory of uncertainty，GTU) [10]的理论框架下解读不确定性建模。GTU 的核心理念是，确定性及不确定性建模都是对变量在其取值集合内定义的一种广义约束。

如图 10.1(a)所示，在现有信息的基础上，如果某个函数可精确取值为 2.5，则该建模方式是确定性的，广义约束为单个实值函数。在 GTU 的范畴内，确定性建模与不确定性建模的区别仅体现在变量所受到的广义约束的不同。当被约束变量为随机变量时，概率密度函数即为广义约束。如图 10.1(b)所示，若将 2.5 定义为服从高斯分布的随机变量的均值，则从客观概率的角度看，2.5 表示相同条件下重复试验出现频率最高的值；而从贝叶斯理论的角度看，2.5 可以表示人类“认为”其出现概率最大的值，其中包含了主观的因素。当样本数量稀少时，不足以得出概率密度函数，该广义约束本身存在不确定性。此时认识不确定性可用于表征认识状态的缺乏，其特点是在当前系统的范畴内，通过添加信息量(样本或专家意见)，可以降低系统中的认识不确定性，从而降低相应的潜在风险。依据 Ang 与 Tang[11,12]的研究，随机不确定性和认识不确定性的组合不确定性 p 可以表示为如下形式：

$$p = p_{\mathrm{a}} p_{\mathrm{e}} \tag{10.6}$$

其中，p_{a} 是随机变量；p_{e} 是表示认识不确定性的随机变量，但将认识不确定性表示为随机变量的做法仍存有争议。如图 10.1(c)所示，表示仅对变量的取值范围有充分认知的不确定性描述方法。为了表示对样本区间内完全无知的状态，当只有有限样本可用时，组合不确定性变量的 CDF 可建模为如图 10.1(d)所示的概率上界和下界。

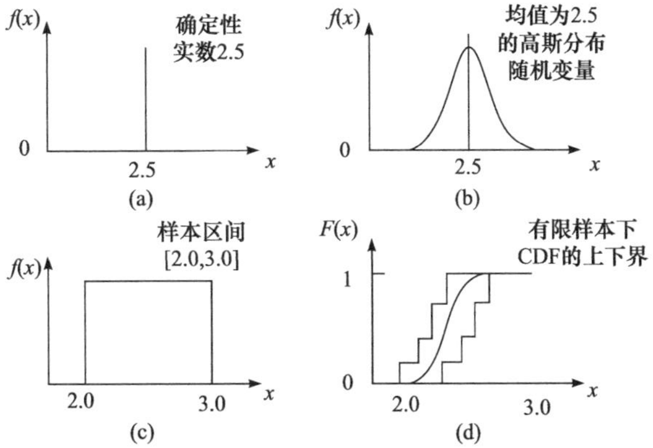

图 10.1　确定性变量、随机变量与 CDF 区间

很多情况下，认识不确定性不仅产生于有限样本导致的信息不完备，还存在于对事件的定义。事件的定义本身并不对应于发生的频率或主观概率，而是对应于不同数值隶属于该定义的不同程度[13]。例如提出如下问题：在实数区间[0, 10]内，属于概念“一些”的值是多少？很明显，对于单个个体而言，这个概念本身并不涉及事件发生的频率或概率，而是某个数值隶属于某个概念的可能度。可能度的数学定义如下：

对于任意的 $x \in \mathbf{R}$, $\mu(x)$为将 x 由 $\mathbf{R}$ 映射至[0,1]的单峰函数，且满足 $\sup_{x\in\mathbf{R}}\mu(x)=1$，则函数 $\mu(x)$为模糊变量 x 的正则可能度分布，该模糊变量为正则模糊变量，本书仅考虑正则模糊变量及相应的可能度分布。可能度分布一般为由隶属度函数建模的广义约束，而单值实数与区间数是特殊的隶属度函数。

如图 10.2 所示，在第一种情况下，实数 2.5 属于“一些”的概念的可能度为 1，除此之外的实数属于“一些”的概念的可能度为 0，很显然这偏离了人类的认知。另一种情况下，对于 $x\in[2.0, 3.0]$，$\mu(x)=1$；而对于 $x\in(-\infty, 2.0)\cup(3.0, +\infty)$，$\mu(x)=0$。通过定义不同的区间的可能度，可以得到不同的可能度分布函数，例如高斯模糊数或梯形模糊数。更加精确的模糊数建模同样降低了人类对某个概念的认识不确定性。模糊数的隶属度即表示可能度，其中隶属度为 1 的区间为模糊数的核，隶属度为 0 的区间为模糊数的支撑集。故当考虑多种不确定性时，式(10.3)～式(10.5)中的 $\boldsymbol{\theta}$ 一般同时包含随机变量、模糊变量与区间变量等。

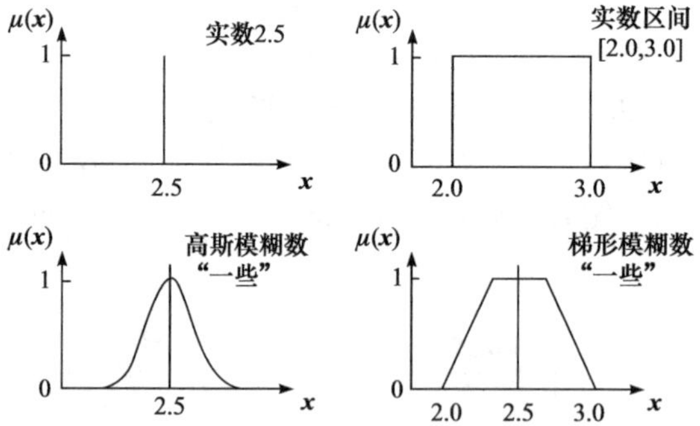

图 10.2 实数变量、区间变量与模糊变量

由上述定义可知，结构风险建模中物理响应同时由两种广义约束定义，这两种广义约束分别对应于随机性和认识不确定性。认识不确定性建模本身又可划分为两部分：一部分是概率测度的认识不确定性，体现为 PDF 或 CDF 的不确定性；另一部分是人类对事件本身定义的不确定性，随着可用信息量的多少，采用不同的区间数或模糊数进行描述。从这个角度看，随机变量与模糊变量联合在物理响应空间定义了双重广义约束。该广义约束称为两模态广义约束[10]，并有三种类型(Ⅰ型两模态分布、Ⅱ型两模态分布和Ⅲ型两模态分布)。下面我们介绍其

相关概念。

1. Ⅰ型两模态分布(标准两模态分布)

若 x 是在样本空间 U_1 内取值的一阶基本变量(随机实数)，$A_1, A_2, \cdots, A_n$ 是在认知空间 U_2 内取值的二阶基本变量(模糊数)，则有

$$p_i = \mathrm{Prob}(x = A_i),\quad i = 1,2,\cdots,n \tag{10.7}$$

其中，p_i 为Ⅰ型粒度概率值，且 $\sum_i p_i = 1$；x 服从两模态分布。此时概率空间的每个样本仍为确定性实数，而 A_i 是认知空间(而非样本空间)内的第 i 个事件，故 A_i 本身并无随机性，只有模糊性。标准两模态分布的变量是具有可能度分布的概率值。

2. Ⅱ型两模态分布(随机模糊数)

若 $A_1, A_2, \cdots, A_n$ 是在认知空间 U_2 内取值的基本事件(模糊数)，则有

$$P_i = \mathrm{Prob}(X = A_i),\quad i = 1,2,\cdots,n \tag{10.8}$$

其中，P_i 为Ⅱ型粒度概率值，且 $\sum P_i = 1$；X 服从两模态分布；P_i 为粒度概率值，此时概率空间的样本即为模糊数。

Ⅰ型两模态分布中的概率值由样本空间 U_1 传播至认知空间 U_2，而Ⅱ型两模态分布的样本概率值在认知空间 U_2 内直接分配，故当给定Ⅱ型两模态分布，且 A_n 的条件可能度的均值已知时，粒度概率值 P_i 方可确定。Ⅱ型两模态分布的变量是具有概率密度分布的模糊数。Ⅲ型两模态分布建立在 Dempster-Shafer 证据理论体系内[14,15]，用于结构优化中的风险建模尚需要更多的理论支持。

通过对随机性和认识不确定性进行协同建模，两模态分布实现了对概率密度分布的广义化。具体看，两模态分布保留了可列性(即逻辑全知性，主观者能穷尽试验的所有样本)，而事件 $A_1, A_2, \cdots, A_n$ 不再是两两不相容的事件。如图 10.3 所示，当Ⅰ型两模态分布将 PDF 值映射至一个新的离散认知(事件)空间时，由于下级样本空间到上级认知空间的存在多值映射关系，此离散事件空间不再满足可加性原理。换言之，每个随机事件的样本仍然满足可加性原理，但在概念描述的层次上两个事件存在共用的内变量及概率事件。而在Ⅱ型两模态分布中，以模糊数形式存在的样本本身就不满足可加性原理。

如图 10.4 所示，具体到结构优化问题，若定义某个设计变量组合对应的所有可能的物理响应 X 为论域 U，那么系统输入 $\boldsymbol{\theta}$ 的不确定性将导致 X 的不确定性。广义地看，X 也是由以 PDF 形式定义的广义约束所约束的变量。但是当专家进行风险评估时，整个系统中除了存在随机性之外，还存在大量的认识不确定

性。由于这种多源不确定性作用，设计者无法进行直接基于物理响应量的待定解优劣比较。

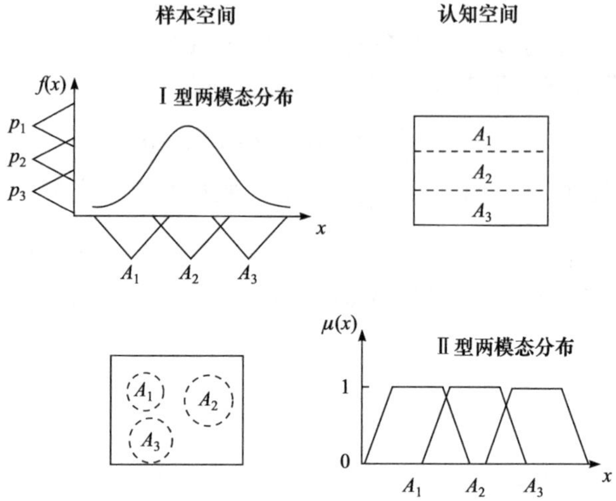

图 10.3　I 型与 II 型两模态分布

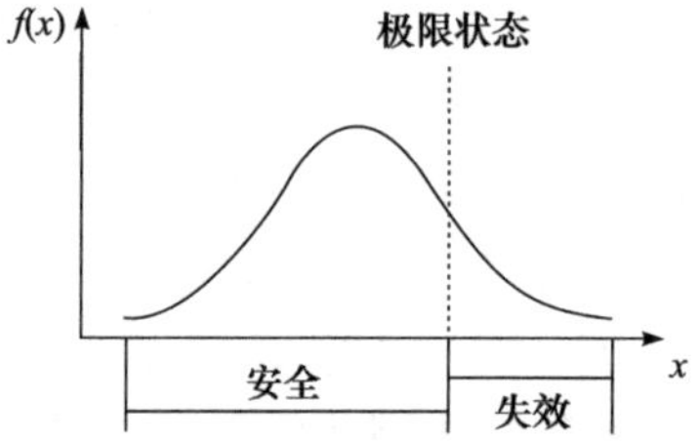

图 10.4　失效概率定义的两模态特性

基于广义不确定性原理及两模态分布的定义，可靠性优化和风险优化通过引入极限状态，将概率空间划分成一个由两部分组成的认知空间，即安全/失效域。此时 $\boldsymbol{x}$ 受到如下两模态的广义约束: $P_0\backslash A_0$, $P_1\backslash A_1$。A_0 和 A_1 即为安全和失效事件，而 P_0 和 P_1 为相应的粒度概率值，则失效概率为

$$\text{Prob(failure)} = \int_{\mathbf{R}} \mu(x) f(x) \mathrm{d}x \tag{10.9}$$

其中，$\mu(x)$是 x 的区间子集；$f(x)$是 $\boldsymbol{x}$ 的 PDF，对于安全和失效分别表示为$(-\infty, r]$和$[r, +\infty)$，表明响应 x 满足“安全”或者“失效”这个概念的程度，这里 r 为传统可靠性分析极限状态中的抗力。这样就将信息从概率空间抽象到认知空间，并提供了语言描述(安全/失效)。该失效概率值可用于解的比较及随后的优化设计。

由此可知，失效概率的取值由两部分决定，包括定义物理事件偶然不确定性的 PDF 和定义“失效”概念的认识不确定性的隶属度(区间)函数，且传统的可靠

性分析及风险分析均建立在Ⅰ型两模态分布的基础之上。Ⅱ型两模态分布对应的结构优化问题中响应为随机变量，失效评估概念为模糊(区间)变量，所以Ⅱ型问题可视为在系统输入 $\boldsymbol{\theta}$ 中考虑随机和模糊变量的情况，是Ⅰ型问题的一种推广。考虑到论证的简洁与明晰，本书将仅在Ⅰ型两模态分布的范畴内讨论风险建模和相应的结构风险优化问题。

考虑到随机性的等级一般不可调整，不同的两模态分布必然对应于不同的认识不确定性等级。由此可以判断，不同的两模态分布对应于不同的结构风险分析方法，并为在结构风险优化中进行风险管理奠定了理论基础。由于失效概率是一种具有两模态特性的信息粒，依据信息价值理论[16]，增加/降低认识不确定性等级将带来社会资源的节省/消耗，但结构优化领域的学者较少研究信息量的价值及调整信息量的作用，因此不确定性及风险管理的作用在一定程度上被忽略了。

10.2.3 风险优化的多目标决策本质

有意识决策是人类的一种最基本的能力，是人类生活中普遍存在的一种行为。决策在狭义上是指从若干可能的方案中，按照某种标准(准则)选择其中的一个，而该标准的满足方式可以是最优、满意或合理等。决策在广义上是指为了实现特定的目标，根据客观的可能性，在现有信息的基础上,采用某种工具和方法,对影响目标实现程度的各种因素进行综合分析、逻辑判断与权衡后，对未来行为作出决定的全过程。

1. 多目标决策、优化及偏好

结构风险优化本质上是一个投资-效益的决策问题，因此需要同时权衡多个性能目标。包含多个性能目标的决策问题属于多准则决策问题[17]，而准则、属性和目标是多准则决策相关的三个关键词。如果将准则定义为决定设计性能有效性的某种度量指标，则其有两种具体表现形式，即属性和目标。属性是决策事物(待定设计)所具有的特点、性质或效能，例如产品的初始造价，结构的最不利位移或汽车的舒适度。属性的一个重要特征是可度量性。可度量性可以是定量的，例如初始造价的具体数值；或是定性的，例如汽车的舒适度高、一般或者低。可度量性决定了待定设计的可比较性和可排序性。而目标则是决策者对属性的某种追求，例如，决策者一般希望最小化汽车的初始造价，而最大化其舒适度。

基于这三个关键词的基本定义，多准则决策可以分为多属性决策和多目标决策。两者的共性是，对待定解的评价和判断准则不是唯一的，且决策过程所包含的多个准则之间经常是冲突、矛盾和不可兼得的。例如购买汽车时，低价格和高舒适性一般很难兼得。另一方面，不同准则的量纲一般不一致，例如舒适性一般采用语言变量描述，而价格则具有显式的经济指标表示方法，因此经常需要引入归一化或适当的变换以保证决策过程的可执行性。

多属性决策和多目标决策之间也存在显著的差别。多属性决策时，决策者在有限的决策空间(有限集)上进行决策；而多目标决策时，决策者在无限集上进行决策。具体看，前者直接对产品的若干方案进行评价和选择，后者则是对产品方案进行设计。但应该注意的是，两个过程的最终结果都是一个唯一的解，该解称为偏好解。“偏好”一般是指消费者对消费品组合的一种排序。在多准则决策的范畴内，偏好是指每个决策者在不同准则之间的倾向性。

人类作为一类典型的决策者，一次可以定义的偏好是有限的。因此，与人类决策能力相符的决策过程应该是在一个势(离散集合中包含的元素的数目)很小的离散集上进行的多属性决策。但结构设计问题基本都是多目标决策问题，因此面向结构设计需求的多目标决策过程应该分解为多目标优化和多属性决策两部分进行。

如图 10.5 所示，Pareto 解集是设计空间可行域的一个子集。对于离散变量设计问题，Pareto 解集一般为离散集；而对于连续变量设计问题，Pareto 解集是一个连续集。对于实际工程问题，Pareto 解集通常不可预知。在不考虑 Pareto 前沿多模态特性的情况下，对应于每一组的决策者偏好，Pareto 前沿和 Pareto 解集的值通常有一一对应的关系。上述多目标最优性也称为 Pareto 最优性。所以多目标优化问题的最优解不是单个最优解，而是一个最优解集。依据引入决策者偏好的方式不同，结构设计中的多目标决策可以分为基于先验(决策者)偏好、基于后验(决策者)偏好和基于交互式(决策者)偏好的过程。

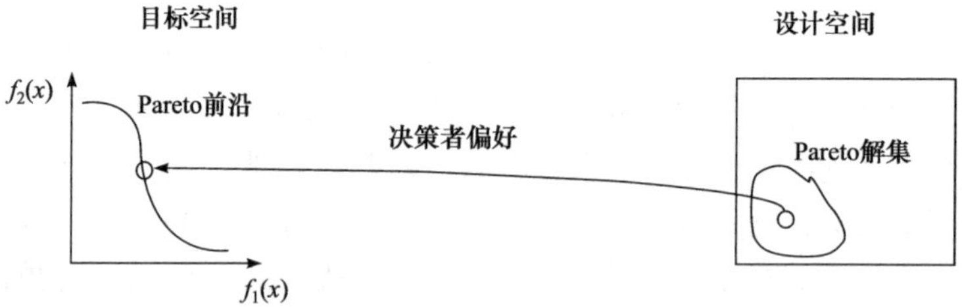

图 10.5　Pareto 前沿、Pareto 解集与决策者偏好的关系

如图 10.6 所示，基于先验偏好的决策过程中，决策者预先给出确定性的、多个目标之间的偏好关系，此时多目标问题被转化为单目标问题，且决策过程在优化前就已经结束。通过求解该单目标优化问题，所得的解即为多目标决策的最终偏好解。

如图 10.7 所示，基于后验偏好的决策过程中，决策者首先构造并求解一个多目标优化问题，随后进行基于该优化问题 Pareto 前沿的近似集的多属性决策。此时多目标优化和多属性决策过程是完全解耦的。

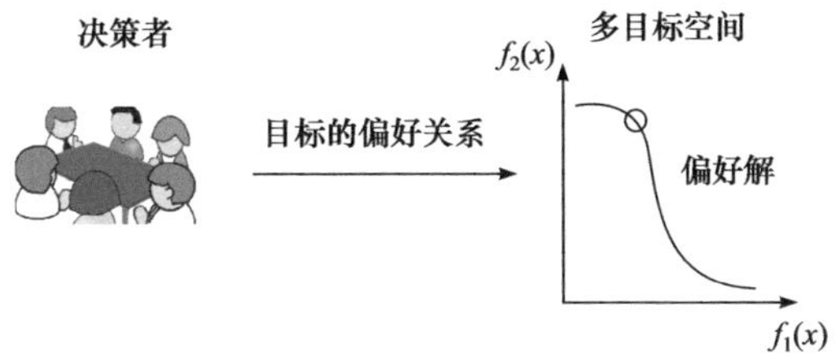

图 10.6 基于先验偏好的多目标决策

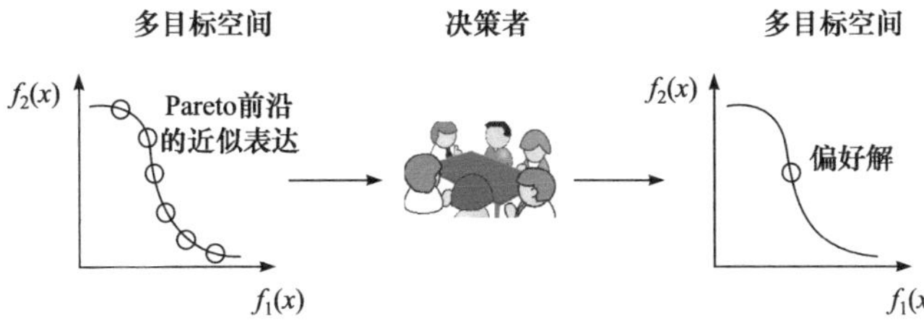

图 10.7 基于后验偏好的多目标决策

如图 10.8 所示，基于交互式偏好的决策过程中，决策者同样首先构造并求解一个多目标优化问题，但并不在优化算法完全收敛后进行决策，而是在一定迭代步后从当前近似集中选取少数待定解构成近似集。决策者依据此近似集进行多属性决策，并得到结果。该结果可以是一个偏好解，或当前近似集的排序关系。随后决策者将该多属性决策结果重新输入多目标优化求解器，以引导之后的寻优过程，最终得到的解即为相应多目标决策过程的偏好解。由此可知，基于交互式偏好的多目标决策是序列迭代进行的多目标优化和多属性决策过程。

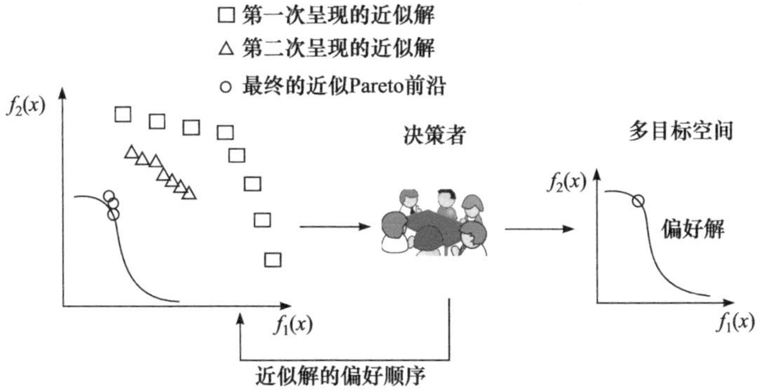

图 10.8 基于交互式偏好的多目标决策

2. 结构风险优化中的决策者偏好

一般来说，决策者往往指定目标性能，通过数学优化方法寻找设计空间中与其偏好相吻合的变量组合。当物理模型中包含不确定性参数时，决策者需要预先指定极限状态以定义失效概率，或采用不确定性响应的数值特征(例如统计矩)，优化问题方可求解。此时除初始造价外，决策的准则不再是确定性的物理响应，而是失效概率或响应的数值特征。如果决策者选择预先定义目标性能，则可得如图 10.9 所示的基于先验(决策者)偏好的不确定性优化设计流程，即当前广泛研究的单目标不确定性优化，其两种典型的格式为式(10.4)与式(10.5)分别给出的可靠性优化与鲁棒性优化，其中，先验决策偏好分别为失效概率上界与偏好系数 β。

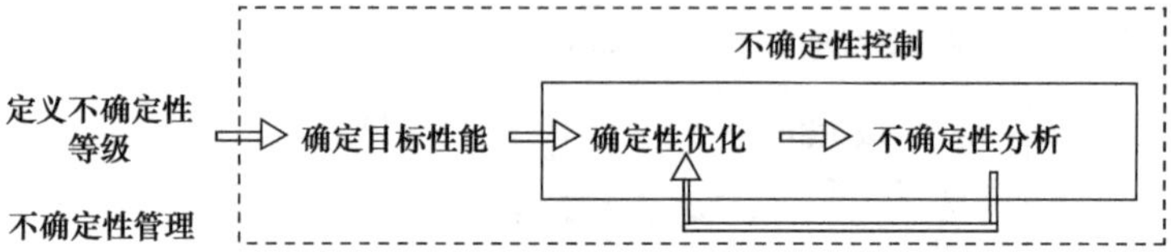

图 10.9　基于先验偏好的不确定性优化设计流程

虽然风险控制设计中包含了对风险等级的定义和调整，但很明显，由于预先定义了系统中的不确定性等级，不确定性管理，即设计一个“设计过程”的过程，并未包含于这个流程中。而一旦确定目标性能，决策过程实际上已经结束。实线框意味着前述的双环嵌套特性，即内环是在当前设计变量下进行一个不确定性分析过程(例如可靠性分析)，而外环则是在固定的最不利不确定参数组合下进行确定性优化。实际工程中，决策者需要在不同的性能之间比较、取舍、折中，以确定其真正的偏好解，因此直接给出精确的目标性能是非常困难的。在这种情况下，图 10.9 中的流程还原为图 10.10。此时决策者不再预先指定目标性能，而是预先指定多个目标，这样通过求解一个多目标不确定性优化问题，决策者得到由多个折中解组成的有限集，继而可以依据这个集合进行更准确的决策。

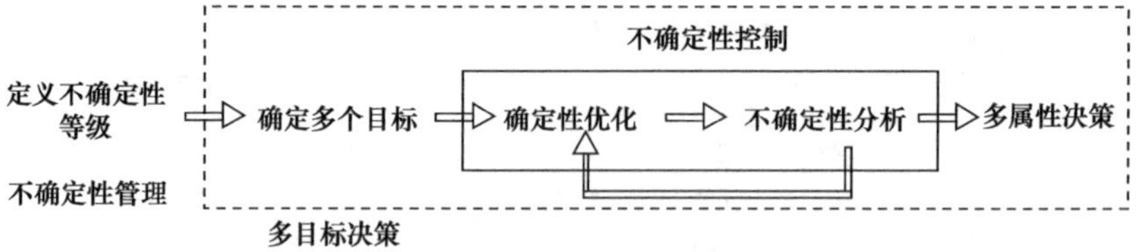

图 10.10　基于后验偏好的不确定性优化设计流程

基于 10.2.1 节和 10.2.2 节的基本概念可知，依据有限集进行决策是多属性决策过程；而如果包含之前的多目标优化过程，则决策是在一个无限集上进行(仅针对数值优化问题)，因此基于后验偏好的不确定性优化是一个多目标决策过程。当仅考虑一个性能指标时，可靠性优化和鲁棒性优化问题分别对应于式(10.10)与式(10.11)中的基于后验偏好的多目标优化问题：

$$\min_{\boldsymbol{u}} \left[W(\boldsymbol{u}), P(\boldsymbol{u}, \boldsymbol{\theta})\right] \tag{10.10}$$

$$\min_{\boldsymbol{u}} \left[m_f(\boldsymbol{u},\boldsymbol{\theta}), \sigma_f(\boldsymbol{u},\boldsymbol{\theta}) \right] \tag{10.11}$$

许多情况下，决策者不但无法预先指定目标性能，而且无法直接给出合理的设计过程。如图 10.11 所示，决策者可以凭借多属性决策的结果，判断采用新的设计过程(新的优化格式)能否改善产品性能，从而决定是否调整系统中的不确定性等级和优化设计格式，以获得具有更高性能的设计方案，这是一个不确定性(风险)管理过程。该过程是一个双环问题，每一个内环问题均是一个完整的多目标决策过程。

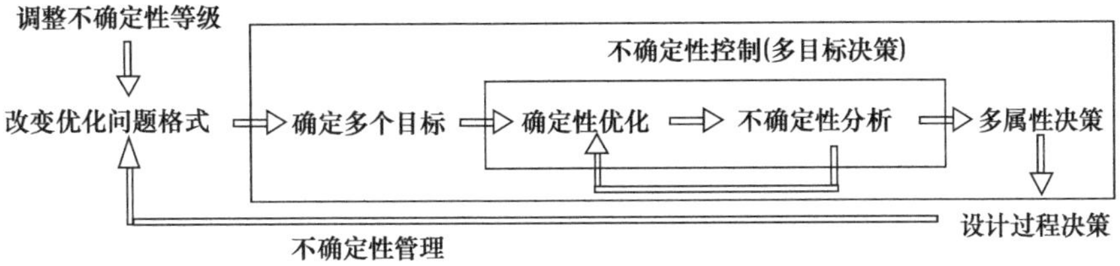

图 10.11　基于双层后验偏好的不确定性优化设计流程

由不确定性优化与广义风险建模的一致性可知，基于广义不确定性原理的结构风险设计问题本质上均为多目标决策过程，区别仅在于多目标决策过程中采用的是先验、后验或交互式的偏好。基于先验偏好的单目标结构风险优化最为简单且有效。当所设计的系统中包含大量不确定性因素时，决策者的决策能力会受到显著影响，而基于后验偏好的多目标决策过程可以显著改进决策者的决策能力，因此在结构风险优化中引入后验偏好变得尤其重要。在此基础上，不同的多目标优化格式所对应的全局最优解不同，其反映决策者偏好的方式和能力也不尽相同。通过对结构风险设计过程中的认识不确定性进行更精细化的建模，可以避免系统中的潜在不确定性所带来的决策风险。依据信息价值理论，任何精细化地认识不确定性建模的代价是增加信息所消耗的资源，而专家的决策偏好作为一种信息资源是有限的。因此定义过多的先验决策偏好同样会带来潜在的决策风险。通过引入后验偏好，适当增加优化问题的计算复杂度，可以降低对于决策信息量的需求及决策复杂度，从而降低多目标决策过程中的整体认识不确定性。由此可知，调整优化格式，进而改变设计流程，可以从不同的方面改进决策者的决策能力。

10.3　多目标优化方法

风险优化的多目标决策本质决定了其与多目标优化密不可分的联系。多目标优化理论不仅为决策提供了理论依据，而且为风险优化提供了有力工具。目前已有研究表明，自然启发随机算法在结构优化中的应用对于提升结构优化领域的整体学术水平有重要贡献[18]。因此，本书将在多目标优化理论的框架下深入探讨基于后验偏好的结构风险优化方法。在此之前，本节首先对多目标优化方法的基本理论进行系统介绍。

10.3.1　多目标优化的基本概念

无约束多目标优化列式的一般表达如下：

$$\begin{aligned}&\min\ \ \boldsymbol{y}=\boldsymbol{f}(\boldsymbol{u})=\{f_1(\boldsymbol{u}),f_2(\boldsymbol{u}),\cdots,f_m(\boldsymbol{u})\}\\&\text{s.t.}\ \ \boldsymbol{u}\in\boldsymbol{\Omega}\end{aligned}\tag{10.12}$$

其中，$\boldsymbol{\Omega}$ 为设计空间；$\boldsymbol{u}\in\boldsymbol{\Omega}$ 表示设计向量；$\boldsymbol{f}:\boldsymbol{\Omega}\to\boldsymbol{R}^m$ 定义了目标空间 $\boldsymbol{R}^m$ 中的 m 维目标向量；$\{\boldsymbol{f}(\boldsymbol{u})|\boldsymbol{u}\in\boldsymbol{\Omega}\}$称作可达目标集；$\boldsymbol{y}$ 表示目标函数空间的目标向量。通常将 $m>3$ 的多目标优化问题称为高维多目标优化问题。由式(10.12)，可以定义如下多目标优化问题的基本概念 。

定义 1　占优

给定 m 个目标及任意两个设计变量向量 $\boldsymbol{u}_1$ 与 $\boldsymbol{u}_2$，若满足

$$\forall i\in(1,\ 2,\cdots,m),[f_i(\boldsymbol{u}_1)\leqslant f_i(\boldsymbol{u}_2)]\wedge\exists j\in(1,\ 2,\cdots,m),[f_j(\boldsymbol{u}_1)<f_j(\boldsymbol{u}_2)]\tag{10.13}$$

则定义为 $\boldsymbol{u}_1$ 相对于 $\boldsymbol{u}_2$ 占优。当且仅当不存在 $\boldsymbol{u}\in(\boldsymbol{u}_1,\ \boldsymbol{u}_2,\ \cdots,\ \boldsymbol{u}_n)\in\boldsymbol{\Omega}$，满足 $\boldsymbol{u}$ 相对于 $\boldsymbol{u}_1$ 占优，则 $\boldsymbol{u}_1$ 是 $\boldsymbol{\Omega}$ 中的非被占优解。

定义 2　弱占优

给定 m 个目标及任意两个设计变量向量 $\boldsymbol{u}_1$ 与 $\boldsymbol{u}_2$，若满足

$$\forall i\in(1,\ 2,\cdots,m),[f_i(\boldsymbol{u}_1)\leqslant f_i(\boldsymbol{u}_2)]\tag{10.14}$$

则定义为 $\boldsymbol{u}_1$ 相对于 $\boldsymbol{u}_2$ 弱占优。当且仅当不存在 $\boldsymbol{u}\in(\boldsymbol{u}_1,\ \boldsymbol{u}_2,\ \cdots,\ \boldsymbol{u}_n)\in\boldsymbol{\Omega}$，满足 $\boldsymbol{u}$ 相对于 $\boldsymbol{u}_1$ 弱占优，则 $\boldsymbol{u}_1$ 是 $\boldsymbol{\Omega}$ 中的弱非被占优解。

定义 3　全局 Pareto 解集

在设计变量空间 $\boldsymbol{\Omega}$ 中，所有类似于 $\boldsymbol{u}_1$ 的非被占优解的集合为 Pareto 解集 $\boldsymbol{P}$，记作

$$\boldsymbol{P}=\left\{\boldsymbol{u}\in\boldsymbol{\Omega}\middle|\exists\boldsymbol{v}\in\boldsymbol{\Omega},f_i(\boldsymbol{v})\leqslant f_i(\boldsymbol{u}),i\in(1,2,\cdots,m)\right\}\tag{10.15}$$

其中，$\boldsymbol{P}$ 的每一个解称为 Pareto 最优解。

定义 4　局部Pareto解集

在设计变量空间，若对于$\boldsymbol{u}\in\boldsymbol{\Omega}$，其邻域内不存在解 $\boldsymbol{y}'$，满足$\|\boldsymbol{y}-\boldsymbol{y}'\|_\infty\leqslant\varepsilon$(其中$\varepsilon$是任意小量)，使得 $\boldsymbol{y}'$ 相对于$\boldsymbol{y}$占优，则类似于$\boldsymbol{y}$的解的集合构成$\boldsymbol{\Omega}$中的局部Pareto解集。局部Pareto解集在目标域内的映射为局部Pareto前沿。

定义 5 理想目标向量(理想点)

对于给定的多目标优化问题，$\boldsymbol{y}^*$是理想目标向量，满足 $\boldsymbol{y}^*=[f_1(\boldsymbol{u}_1), f_2(\boldsymbol{u}_2),\cdots, f_m(\boldsymbol{u}_m)]^{\mathrm{T}}$，当 $\boldsymbol{u}_i=\arg\min\{f_i(\boldsymbol{u})|\boldsymbol{u}\in\boldsymbol{\Omega}\}$，$i=1,2,\cdots,m$。一般由于目标之间的非共线性，理想点在当前可行域内是不存在的。

定义 6 最低点

对于给定的多目标优化问题，最低点 $\boldsymbol{y}^{\mathrm{nad}}=[f_1^{\mathrm{nad}}(\boldsymbol{u}_1), f_2^{\mathrm{nad}}(\boldsymbol{u}_2),\cdots, f_m^{\mathrm{nad}}(\boldsymbol{u}_m)]^{\mathrm{T}}$，其中 $f_i^{\mathrm{nad}}=\sup\{f_i(\boldsymbol{u})|\boldsymbol{u}\in\boldsymbol{P}\}$，$i=1,2,\cdots,m$，即 Pareto 解集中第 i 个目标函数的上界。理想点和最低点联合定义式(10.16)中的归一化目标函数，可用于避免不同目标函数的量纲或数量级对决策和优化过程的影响。

$$f_i^{\mathrm{norm}}=\frac{f_i-y_i^*}{f_i^{\mathrm{nad}}-y_i^*} \tag{10.16}$$

定义 7 全局 Pareto 前沿

对于最小化多目标优化问题，目标函数空间的下边界称为全局 Pareto 前沿，简称 Pareto 前沿，同时 Pareto 前沿也是 Pareto 解集在目标函数空间中的映射，可表示为

$$\boldsymbol{P}_{\mathrm{F}}=\left\{\boldsymbol{f}\left(\boldsymbol{u}\right)\middle|\boldsymbol{u}\in\boldsymbol{P}\right\} \tag{10.17}$$

结合目标共线性的定义可知，目标空间维度为 m 的多目标优化问题的 Pareto 前沿的维度 D，满足 $0\leqslant D\leqslant m$，且当 $D=0$ 时，Pareto 前沿退化为理想点。

从形状上，可以将 Pareto 前沿分为凸 Pareto 前沿和非凸 Pareto 前沿。如图 10.12 所示的双目标优化问题，其中，凸 Pareto 前沿指该 Pareto 前沿上任意两点的连线(如虚线 AB)均在目标函数空间内；而非凸 Pareto 前沿指该 Pareto 前沿上存在某两点的连线(如虚线 CD)会出现在目标函数空间外。此外不难发现，最小化双目标优化问题的 Pareto 前沿是单调递减的。

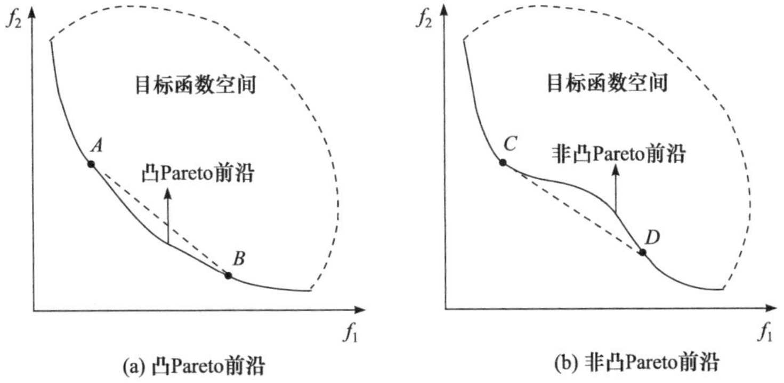

图 10.12 双目标优化问题的 Pareto 前沿

定义 8　目标共线性及冗余目标

考虑任意两个目标 f_1 和 f_2，若对于 $\Delta\kappa>0$，$\nabla f_1(\boldsymbol{u})=\kappa\nabla f_2(\boldsymbol{u})$，则定义 f_1 和 f_2 在 $\boldsymbol{u}$ 处局部共线性，否则 f_1 和 f_2 在 $\boldsymbol{u}$ 处局部非共线性。在多目标优化问题的可行域内，若分别以 f_1 和 f_2 为目标的两个单目标问题具有不同的全局最优解，则定义 f_1 和 f_2 为全局非共线性。若 f_1 和 f_2 在多目标问题的 Pareto 前沿及其邻域内均局部共线性，则 f 和 f_2 中之一对于该多目标问题是冗余目标。

10.3.2　梯度类多目标优化算法

梯度类多目标优化算法将式(10.12)的多目标优化问题转化为一组序列求解的单目标优化问题，主要包括全局准则法、字典序法、最小-最大法、指数加权法、目标规划法、加权求和法和 ε 约束法，其中加权求和法和 ε 约束法是应用最广的两种梯度类多目标优化方法。因此，这里对这两种方法进行详细介绍。

1. 加权求和法[19]

加权求和法可同时用于基于先验和后验偏好的决策过程，其优化列式可以写作

$$\begin{aligned}&\min_{\boldsymbol{u}} \quad F^{\mathrm{ws}}(\boldsymbol{u}\,|\,\boldsymbol{w})=\sum_{i=1}^{m}w_i f_i(\boldsymbol{u})\\&\text{s.t.}\quad \boldsymbol{u}\in\boldsymbol{\Omega}\end{aligned}\tag{10.18}$$

其中，$\boldsymbol{w}=(w_1,w_2,\cdots,w_m)$代表决策者对于不同目标偏好的权重向量，并满足 $\sum_{i=1}^{m}w_i=1$，$w_i>0$。对于凸问题的每一个 Pareto 最优解，都存在一组 $\boldsymbol{w}$ 所对应的加权求和问题，而这个单目标问题的最优解就是决策者在目标空间内偏好的体现，此时可以实现基于先验偏好的多目标决策过程。如图 10.13(a)所示的两目标优化问题，固定的权重向量(w_1, w_2)定义了二维目标空间中的一个最速下降方向，该下降方向的垂线与 Pareto 前沿的切点即为相应加权求和问题的最优解。对于一般的多目标问题，通过在超平面 $\sum_{i=1}^{m}w_i=1$ 上列举均匀分布的权重向量，并序列求解每一组权重所对应的子问题，可以得到 Pareto 前沿的近似集，随后进行基于该近似集的多属性决策，从而实现基于后验偏好的多目标决策。

但如图 10.13(b)所示，如果 Pareto 前沿是非凸的，则加权求和问题将收敛于下降方向的垂线与非凸 Pareto 前沿凸区间的切点，而非真实的最优解。很明显，随着 Pareto 前沿非凸程度的增加，加权求和问题的最优解逐渐偏离权重向量(w_1,w_2)所对应的真实最优解，此时可以转而求解如下加权距离问题[20]：

$$\min_{\boldsymbol{u}} \quad F^{\mathrm{wm}}(\boldsymbol{u} \mid \boldsymbol{w}, \boldsymbol{y}^*) = \left(\sum_{i=1}^{m} w_i \left| f_i(\boldsymbol{u}) - y_i^* \right|^p \right)^{1/p} \tag{10.19}$$
$$\text{s.t.} \quad \boldsymbol{u} \in \boldsymbol{\Omega}$$

其中，参数 p 的取值为 1 至∞的任何实数。应该注意到，当 p=1 时，加权距离法退化为加权求和法；当 p=2 时，该问题的目标为最小化目标空间内任意点至理想点的欧几里得距离的加权和。当 p 值足够大时，加权距离问题转化为如下的 Chebyshev 问题：

$$\min_{\boldsymbol{u}} \quad F^{\mathrm{te}}(\boldsymbol{u} \mid \boldsymbol{w}, \boldsymbol{y}^*) = \max_{1 \leqslant i \leqslant m} \{ w_i \left| f_i(\boldsymbol{u}) - y_i^* \right| \} \tag{10.20}$$
$$\text{s.t.} \quad \boldsymbol{u} \in \boldsymbol{\Omega}$$

其中，$\boldsymbol{y}^*$是理想目标。在非极限情况下，依然存在一组 $\boldsymbol{w}$ 所对应的 Chebyshev 问题，这个单目标问题的最优解就是决策者在目标空间内偏好的体现。Chebyshev 问题的目标是最小化相应偏好下不同目标函数到理想点距离中的最大值。由图 10.14 可知，随着 p 值的增加，加权距离问题的光滑性逐渐下降，而相应地其捕捉 Pareto 前沿局部非凸特性的能力也逐渐增加。

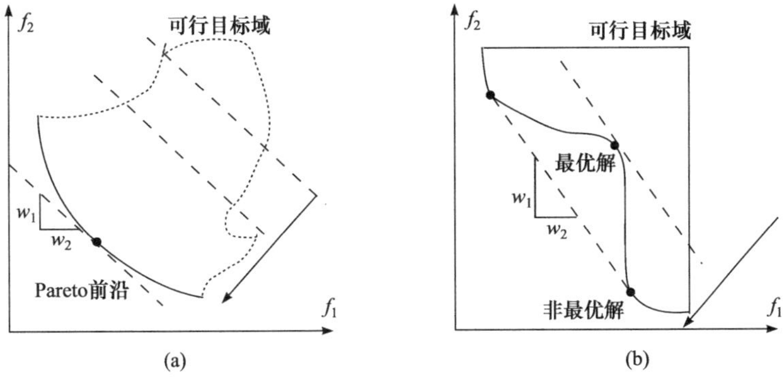

图 10.13 加权求和法及其在处理非凸 Pareto 前沿时的缺点

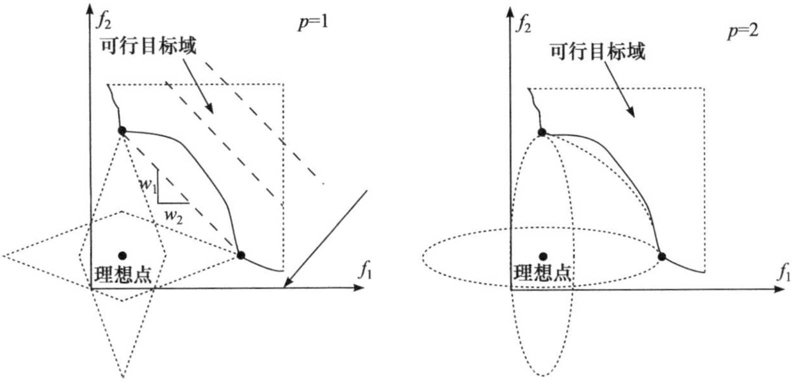

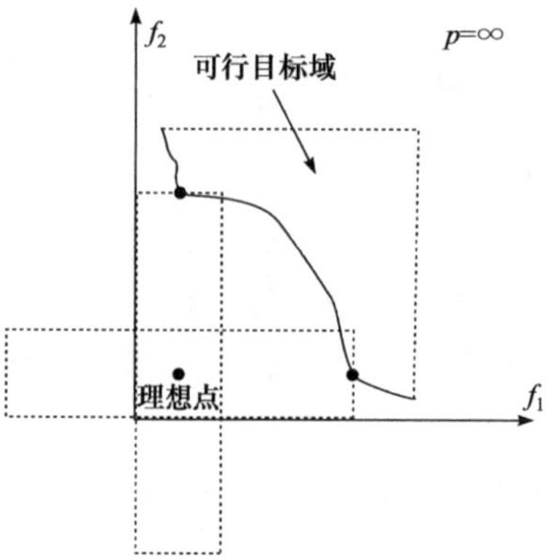

图 10.14　加权距离法

2. ε 约束法[21]

ε 约束法也是采用梯度类方法求解多目标问题的常用方法。当式(10.12)中目标向量中只保留第 i 个目标函数时，其余 $m-1$ 个目标函数则以约束的形式存在，此时有如下的 ε 约束问题：

$$\begin{aligned}&\min_{\boldsymbol{u}} f_i(\boldsymbol{u})\\&\text{s.t. } f_j(\boldsymbol{u})<\varepsilon_j,\quad j=1,2,\cdots,m;\ j\neq i\\&\qquad \boldsymbol{u}\in\boldsymbol{\Omega}\end{aligned}\tag{10.21}$$

其中，参数 ε_j 定义了第 j 个目标函数的上界。如果对上式的约束函数给定明确偏好，则不等式约束可表示为等式约束，即

$$\begin{cases}\min\ f_i(\boldsymbol{u})\\ \text{s.t.}\ \ f_j(\boldsymbol{u})=\varepsilon_j,\quad j=1,2,\cdots,m;\ j\neq i\\ \qquad \boldsymbol{u}\in\boldsymbol{\Omega}\end{cases}\tag{10.22}$$

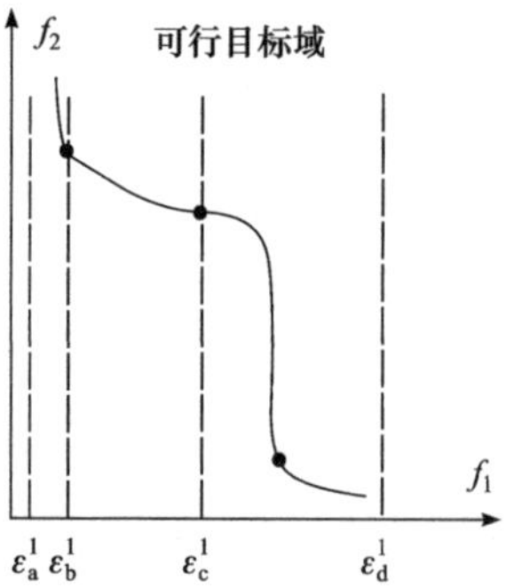

图 10.15　ε 约束法示意图

以双目标优化问题 $\min\{f_1(\boldsymbol{u}),f_2(\boldsymbol{u})\}$ 为例，对 ε 约束法进行图解，如图 10.15 所示，将函数 f_2 作为优化的目标函数，函数 f_1 作为约束函数，图中 ε_b^1、ε_c^1 为函数 f_1 轴上预先给定的 ε 参数值。当 ε 约束法选取不同的参数值时，可以在 Pareto 前沿上寻优得到各自的最优解，即每个 ε 参数值与 Pareto 最优解一一对应。ε 约束法不受非凸 Pareto 前沿的影响，而且通过序列求解包含不同 ε_j 值组合的单目标优化问题，可以求得一个多目标问题的近似集，进行基于该近似集的多属性决策。但是 ε 约束法的缺点同样明显，

图 10.15 中的ε_a^1、ε_d^1明显并不在可行域内，采用ε_a时算法无法收敛到任何解，而采用ε_d时，所有的搜索空间都将是可行域，此时梯度类算法只能收敛至目标的上界。

10.3.3 多目标演化算法

梯度类算法的典型特点是计算效率较高，但处理多目标问题时仍存在三个难点。首先，多目标问题被转化为一组序列求解的单目标问题，多属性决策过程需要一个在目标域内均匀分布且高度收敛的多目标优化问题的近似集，但由于设计空间至目标空间的映射通常是非线性的，均匀分布的权重(加权求和/距离法)和均匀分布的ε参数组合并不对应于均匀分布的近似集；其次，Chebyshev 问题本身是一个非光滑的目标函数，需要引入例如 K-S 函数的光滑技术方可采用基于梯度的方法求解，一旦问题本身的非光滑特性超过光滑技术能力的范围，最终的近似集将不是原问题最优解的高度近似；最后，高维 Pareto 前沿的近似需要大量的近似解，此时采用偏好组合的方式近似高维 Pareto 前沿计算效率低下，亦不利于随后的多属性决策过程。

不同于基于梯度的方法，多目标演化算法(MOEA)首先初始化一个解集，然后通过选择、交叉和变异算子识别非被占优解集，使当前迭代步的近似集逐步逼近 Pareto 解集，并且在单次优化过程后就输出 Pareto 前沿的高度近似。在文献[22]明确指出了遗传算法对多目标优化问题的适用性之后，Schaffer 正式提出了向量评估遗传算法(vector evaluated genetic algorithms, VEGA)[23]。虽然 VEGA 本质上仍是加权求和法，且容易陷入局部最优方向，但可视为多目标演化算法的雏形。Goldberg [24]首先将非占优排序和基于共享机制的小生境技术引入 MOEA。在此基础上，MOEA 的发展经历了三个时期，包括第一代多目标演化算法(20 世纪 80 年代中期至 20 世纪 90 年代中期)、第二代多目标演化算法(20 世纪 90 年代中期至 2002 年)和第三代多目标演化算法(2003 年至今)。

1. 第一代多目标演化算法

第一代多目标演化算法实现了算法与多目标优化问题的有机结合，其中的代表性算法为 MOGA(multi-objective genetic algorithm)、NSGA(non-dominated sorting genetic algorithm)及 NPGA(niched-Pareto genetic algorithm)。

Fonseca 和 Fleming 首先提出基于 Pareto 占优的多目标演化算法[25]，其思想是通过个体的占优关系进行优劣比较，基于得到的排序结果分配适应度，从而使种群尽快收敛到问题的 Pareto 前沿。首先基于 Pareto 占优对所有个体进行分级排序，规定全部非占优个体的等级为 1，其余个体的等级则为优于它的个体数加 1。然后基于 Goldberg 提出的插值方法为每层个体分配适应度，以评估个体在当前环境下的生存能力。等级越低则适应度越高，等级相同则适应度相同。如果同一等级包含若干个体，则将这些个体进行适应度平均，使其拥有同等的生存机会，借助基于目标向量空间的小生境技术实现适应度共享，保证种群多样性，以防收敛到局部最优。MOGA 效率高且数值实现简单，但收敛速度慢且对共享参数较敏感，选择压力大易导致早熟。但由于在目标向量空间共享适应度，所以不存在适应度与待定解之间的多值映射问题。

Srinivas 和 Deb[26]提出了另一种基于 Pareto 占优思想的多目标遗传算法 NSGA。首先基于 Pareto 占优将全部非占优个体定义为等级 1，该等级个体基于决策向量空间共享适应度。而后暂不考虑这些个体，从剩余种群中搜索下一等级非占优个体，分配给它较差的总体适应度并进行共享，确保前一等级任意个体的共享适应度优于后一等级。依次类推，直到整个种群的分级完毕。此时最高等级的非占优个体具有最高的适应度，易使种群收敛到 Pareto 前沿；同时共享函数又能使每层中稀疏区域的个体拥有更多的繁殖机会，从而保持了种群的多样性。NSGA 采用比例选择算子产生下一代。与 MOGA 相比，NSGA 收敛速度较快，且 Pareto 最优解分布均匀，允许一值多解情况的存在。但该方法需反复执行多次分级排序，因此效率偏低，计算复杂度高，而且没有采取精英保留策略，易造成非占优个体的丢失。从本质上来说，NSGA 仍未摆脱对共享参数的依赖。

NPGA 是由 Horn 等[27]学者在 1994 年提出的基于 Pareto 占优关系的竞赛选择机制多目标演化算法。其具体思想为：从当前种群中随机抽取个体对，将其与由一定数量随机挑选的其他个体组成的一个子种群进行比较。若有一个不被子种群的占优，则该个体在竞赛中胜出而进入下一代；假如二者都占优或都被占优于子种群，则基于小生境技术共享适应度，适应度大的获得繁衍机会。该算法是基于部分种群来得到 Pareto 最优解，因而运算效率高，能快速搜索到较好的 Pareto 最优解，并能保持较长的种群更新期。然而不足之处在于 NPGA 不仅对共享参数敏感，还对竞赛规模很敏感。如果竞赛规模太小，易产生过多的非占优个体，影响算法的收敛性；而竞赛规模太大，又易发生早熟现象。

2. 第二代多目标演化算法

第一代多目标演化算法采用基于 Pareto 占优关系的选择算子与基于适应度共享的种群多样性保持机制，而 MOEA 领域普遍认为精英保留策略的引入是第二代多目标演化算法诞生的标志。精英保留策略是指在进化过程中对非占优个体进行识别、保存，并避免由演化算子的随机性而导致其丢失的机制，以提高算法的效率和收敛性。虽然早期的研究已涉及这一概念，但公认的里程碑式的贡献源于 1999 年 Zitzler 和 Thiele[28] 提出的 SPEA(strength Pareto evolutionary algorithm)，此后该策略便在多目标演化算法中流行起来，并涌现出一批经典的算法。这一时期的算法开始追求效率，基于小生境技术的适应度共享机制不再是保持种群多样性的唯一手段，一些更高效的选择策略被相继提出。其中比较有代表性的算法包括 SPEA2，PAES (Pareto archived evolution strategy)及 NSGA-Ⅱ。

SPEA 算法首次明确提出了精英保留策略，即建立外部种群以保存非占优个体，还引入了占优强度的概念来实现外部种群和当前种群的适应度分配。首先为每代存放到外部种群中的非占优个体分配适应度，即所谓的占优强度；而当前种群个体的适应度则为外部种群中占优它的个体的强度之和加 1，这是为了确保当前种群任意个体的适应度大于外部种群的个体，并规定适应度越低的个体其被选择的概率越高。基于这种赋值策略，该算法无须给定参数就可实现适应度的共享。当外部种群的个体数低于容量上限时，保留全部搜索到的非占优个体；而当超出容量上限时，则采用聚类技术进行删除，以保持种群的多样性和分布均匀性。该技术的基本思想为：抑制拥挤区域个体的繁衍，鼓励稀疏区域个体的繁殖。显然，这种适应度分配策略使算法的效率很大程度上依赖于外部种群的个体数量。若外部种群的规模过大，就会导致选择压力变小而降低收敛速度；而规模过小，则无法达到精英保留策略的效果。因此，当前种群和外部种群之间的规模平衡是该算法成功运行的关键。

当选择压力特别小时，SPEA 退化为单纯的随机搜索；聚类技术只用于外部种群的非占优排序，且用这种方式控制外部种群的大小可能会造成 Pareto 最优解的丢失。鉴于此，Zitzler 等提出了 SPEA 的改进版本 SPEA2[29]，包括如下改进：①引入了一种原始适应度分配策略，同时考虑个体的占优和被占优的情形；②采用 k 个最近邻域个体估算待定解的密度，以衡量个体间的拥挤度，以区分原始适应度相同的个体，提高搜索精度；③设计了一种新的外部种群更新方法。在进化过程中，先把当前种群的非占优个体存放到外部种群，当这些个体数目低于外部种群规模时，则把某些占优个体也放进来，以保证种群多样性；当超出外部种群规模时，采用截断策略来限制外部种群过度增长并维护分布的均匀性，同时确保边界个体不丢失。尽管相比于 SPEA，该算法的计算复杂度仍为 $O(mN^3)$(其中 m 为目标数，N 为种群个体数)，但采用基于领域规则的选择方法可以大大增强解分布的均匀性，继而为随后的多属性决策提供便利。

PAES[30]是一种基于变异的 MOEA，同时引入了自适应网格机制，以保持种群多样性。PAES 采用基于 $\mu+\lambda$ 选择机制和外部种群。外部种群用于保存先前发现的非占优个体，并作为参考用来与每个变异后的个体进行优劣对比。当采用最简单的 1+1 选择机制时，PAES 的搜索过程为：首先使用 1+1 进化机制对当前种群的某个体施加变异操作，接着比较变异前后个体的优劣关系，保留较好的一个；若变异后的个体好于当前个体，则再与外部种群的非占优个体作比较，优胜劣汰，从而不断更新当前种群和外部种群。该算法采用了目标空间内的网格划分以保持种群的多样性和当前近似集分布的均匀性，即变异前后的个体和外部种群的个体互为非占优时，就采用拥挤排序策略来作出裁决。拥挤排序过程为先将目标空间分为若干网格区域，每个个体按其目标值分配到某一格子里，然后基于所在区域的拥挤度来判断是否保留该个体。由于这种机制是自适应的，所以为后来很多演化算法所采纳。

Corne 等[31]提出了 PESA (Pareto envelope-based selection algorithm)。与 PAES 不同的是，该算法创建了一个较小的内部种群和一个较大的外部种群。在搜索过程中把内部种群的非占优个体保存于外部种群，并采用拥挤度排序的方式添加新个体。而对于拥挤度相同的个体，则进行随机淘汰。为进一步提高算法的效率，Corne 等[32]在 2001 年又提出了改进版本 PESA-Ⅱ，以区域选择替代个体选择。PESA-Ⅱ对于高维问题能保证较好的收敛性，但对于网格数量的依赖性，以及选择算子中仅能挑选单一个体，使得其在保持种群多样性时效果一般。

NSGA-Ⅱ[33]是 Deb 等基于两种先进技术提出的 NSGA 的改进版本。首先，NSGA-Ⅱ采用快速非占优排序将算法复杂度由 $O(mN^3)$降低到 $O(mN^2)$ (其中 m 为目标数，N 为种群个体数)；其次，NSGA-Ⅱ采用基于拥挤距离的小生境技术，保证了近似集分布的高度均匀性，为随后的多属性决策带来了便利。拥挤距离与目标函数值紧密相关，用于评估个体所在区域的拥挤度。NSGA-Ⅱ采用 $\mu+\lambda$ 选择机制，混合子代和父代的精英策略。NSGA-Ⅱ是公认最经典的多目标演化算法之一，已成为多目标优化问题的主流求解工具，其算法流程如下所述。

(1) 随机生成大小为 N 的初始种群 P_0，在快速非占优排序操作后采用遗传算子(包含竞赛选择、模拟二进制交叉算子和多项式变异算子)得到规模为 N 的子代种群 Q_0。

(2) 将第 t 代父代种群 P_t 与第 t 代子代种群 Q_t 合并，并生成规模为 $2N$ 的过渡种群，用于非占优分级排序。

(3) 对种群 R_t 实施环境选择，生成规模为 N 的新父代种群 P_t+1，将种群 R_t 中等级较低的非占优解集依次复制到种群 P_t+1，直到 P_t+1 的规模大于 N，通过拥挤距离比较算子截断最后进入的非占优解集，即计算该层个体的拥挤度并按降序排列，移除排序较低的多余个体。

(4) 利用遗传操作得到新的子代种群 Q_t+1。

(5) 重复(2)～(4)步至达到预先设定的演化代数上限。

同期还有一些比较有特点的算法，如 MOMGA(multi-objective messy genetic algorithm)[34]、NPGA 的改进版本 NPGA2[35]以及采用小种群和重启动策略的 micro-GA (micro-genetic algorithm)[36]等。

3. 第三代多目标演化算法

多目标演化算法极强的适用性引起了学界广泛关注，基于前人的开创性工作，多目标演化算法的性能在过去的二十年取得了长足的发展。其在基础研究方面的应用深入物理、化学、制药等方向，而工业实践则更加广泛，遍布管理、制造、电子、航空航天、结构、机械与控制工程等各个领域。随着 benchmark 函数集的建立和通用、开源的软件平台的开发，多目标演化计算领域进入了飞速发展的第三阶段。这一阶段的代表研究方向主要有如下四个。

(1) 启发式算法。启发式算法是模拟自然界中群体现象或规律的一类随机搜索算法，除了遗传算法，粒子群优化[37]、差分演化[38]、模拟退火[39]、人工免疫系统[40]等性能出众的替代启发算子也被拓展至多目标优化算法，这些算法大多数基于 Pareto 占优更新机制。Mirjalili 等提出了多目标灰狼优化算法[41]，通过外部存档来搜索和保存 Pareto 最优解，并利用存档定义灰狼群体的社会等级，在多目标搜索空间中模拟灰狼的捕食行为。Huang 和 Zhang[42]提出了一种基于能量转换和爆炸变异的多策略自适应多目标粒子群算法，基于粒子耗散能作为反馈信息来制定自适应优化策略，并为粒子配备记忆间隔来选择最佳粒子，从而形成融合索引以维护外部存档。

(2) 基于分解的演化算法。这类算法将多目标优化问题分解成多个单目标优化子问题，在进化框架下对子问题同时优化。基于分解的算法表现出了优异的性能，其中包括在选择算子中分解种群的胞元遗传算法[43]、基于分解的文化基因算法[44]、基于分解的多目标演化算法(MOEA/D，multi-objective evolutionary algorithm based on decomposition) [45]，以及 MOEA/D 的动态资源分配版本 MOEA/D-DRA (MOEA/D with dynamic resource allocation) [46]。目前，基于分解的演化算法的研究进展主要集中在聚合函数设计以及权重向量设置上。Qi 等[47]提出了带自适应权重向量的两阶段 MOEA/D 方法(MOEA/D-AWA)，第一阶段采用固定权重使种群达到一定收敛程度，第二阶段基于 Pareto 前沿对权重向量进行自适应更新。Wang 等[48]提出了基于局部权重求和的聚合函数来改进基于分解的演化算法(MOEA/D-LWS)，并在 MOEA/D 的其他变体比较中具有较强的竞争力。

(3) 高维问题的求解。随着目标空间维度增加，其种群中非占优个体呈现指数级增长，大部分多目标演化算法的搜索能力被极大削弱。考虑到实际工程中的准则数目经常多于 3 个，学者们开始发展面向高维多目标优化问题的演化算法[49]。Deb 和 Jain[50]提出了基于参考点的非支配排序进化多目标优化算法(NSGA-Ⅲ)，该算法相比于 NSGA-Ⅱ的不同之处在于，将拥挤度距离改为参考点法，保证种群的多样性，求解 2～15 个目标的高维多目标测试问题具有良好效果。Cheng 等[51]提出了基于参考向量引导的高维多目标演化算法(reference vector guided evolutionary algorithm, RVEA)，采用角度惩罚距离标量化来平衡高维目标空间中解的收敛性和多样性，并根据目标函数的尺度动态调整参考向量的分布。

Tian 等[52]提出了 SparseEA 求解高维稀疏多目标优化问题，采用控制初始化种群和子代解的稀疏度策略进行种群更新。

(4) 交互式多目标决策。多目标演化算法始终是为多目标决策服务，所以也有学者致力于发展基于交互式偏好的多目标演化算法[53,54]，以更高效、准确地体现决策者的偏好。Li 等[55]在基于分解的多目标演化算法开发了交互式框架，包括咨询、偏好获取和优化部分：咨询是指搜索过程中每隔几代人之后，决策者对候选方案进行评分；偏好获取是指从决策者行为中逐步学习近似值函数，对决策者的偏好信息进行建模；优化模块是指利用有偏参考点指导搜索过程。Tomczyk 和 Kadziński[56]提出了一种新的交互式多目标优化协同进化算法 CIEMO/D，在基于稳态分解的进化框架中共同进化出一组子种群，其每个亚群体进化采用不同偏好模型驱动，可探索目标空间中的各个区域，从而增加了找到决策者最首选解决方案的机会。

纵观多目标演化算法的发展历程，改进多目标优化算法的收敛性、输出面向多属性决策需求的均匀分布的近似 Pareto 集，始终是多目标演化算法研究的核心议题。

10.4 基于粒度概率的后验偏好风险优化理论

结构风险优化本质上是一种多目标决策问题，本节将在多目标优化理论的基础上系统阐述结构风险优化的相关概念。

10.4.1 基于广义不确定性理论的粒度风险优化

当专家进行风险评估时，整个系统中同时存在随机性与认识不确定性。由于这种联合的不确定性作用，专家无法直接根据物理响应量进行决策，因此有必要引入新的决策变量。如图 10.16(a)所示，RBDO 和传统风险优化是通过引入极限状态，将概率空间划分成一个由两部分组成的认知空间，即安全/失效域，此时我们得到 10.2.2 节所述的两模态分布。这样就将信息从概率空间抽象到认知空间，并提供了语言描述(安全/失效)。这种认识本身受响应的随机性影响，所以它们对应于一个离散累积密度分布。此时风险优化格式为

$$\min_{\boldsymbol{u}} w_1 C_1 W(\boldsymbol{u}) + w_2 \sum_{i=1}^{N} C_{\mathrm{REF}i} P_i(\boldsymbol{u}, \boldsymbol{\theta}) \tag{10.23}$$

在结构实际服役过程中，其任何性能的失效都是一个渐变的过程。当性能与材料属性变化直接相关时，其退化过程可以通过损伤力学给出完善的解释。在灾害事件中，例如强震、台风和巨浪，损伤演化也是从已经存在潜在损伤的薄弱位

置开始的。此时安全/失效是对结构性能退化状态的一种最粗糙的划分，则 P_0 和 P_1 为最粗糙的粒度概率。精细化的认识划分能带来更精确的损失状态评估，并有助于我们在结构和构件的最终失效前引入多层次的性能恢复技术，例如保养、维修、加固和翻新。从这个角度看，认知状态的精细化程度是受到可用的性能恢复技术限制的。当引入多层损伤状态时，则有一个新的两模态(对应于概率空间和认知空间)广义约束 $s:\sum_j P_j \setminus A_j$，这里 j=1, 2, ⋯, M，M 是损伤状态数量，A_j 是未破坏 (UD)/轻微破坏(MD)/严重破坏(SD)/完全破坏(CD)四个状态之一(图 10.16 (b))。Prob(A_j)是 P_j 的粒度概率值，有如下表达式：

$$\mathrm{Prob}(A_j)=\int_{\mathbf{R}}\mu_j(s)f(s)\mathrm{d}s \tag{10.24}$$

其中，$\mu_j(s)$表示第 j 个损伤事件 A_j 所对应的区间函数。很明显，此时离散累积概率分布中的随机事件数量增加到 4 个。

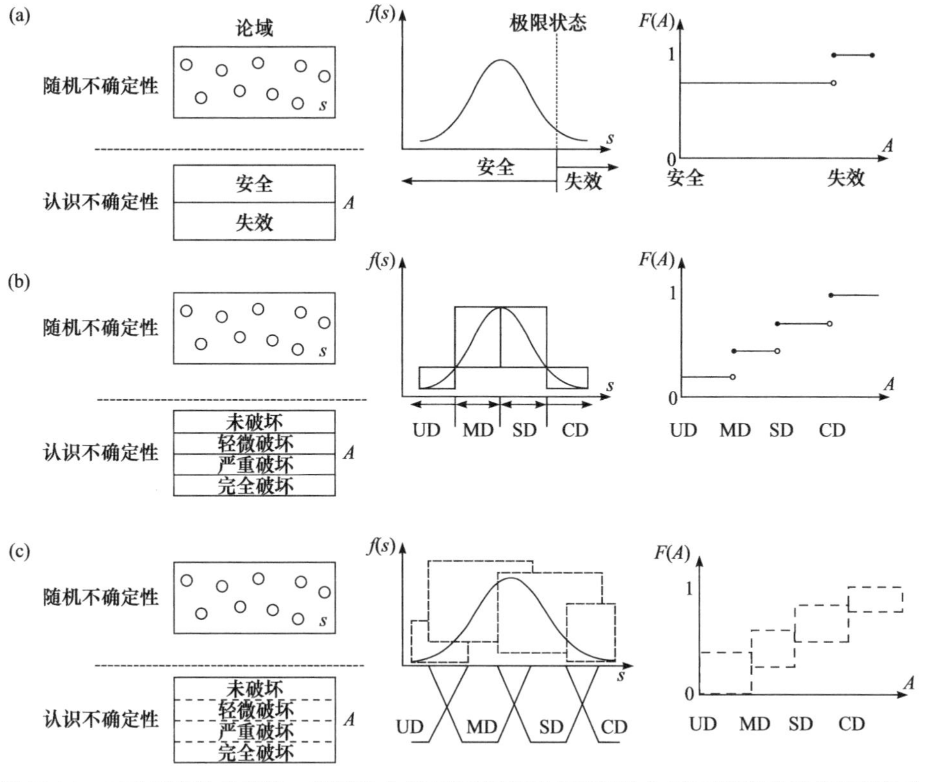

图 10.16 三种概率粒化等级：粗糙粒化/基于区间变量的精细粒化/基于模糊变量的精细粒化

但是，仅仅通过增加认知状态的数量是无法进行精确的失效状态描述的。结构的失效评估中主要存在两种认识不确定性，一种是认知状态的数量，另一种来源于损伤边界的不确定性。损伤评估专家通常只能对破坏状态的一部分给出高置信度的评估，但是给出如图 10.16(b)所示的清晰明确的损伤边界是不可能的，因为这不符合人类的实际认知状态。相比于区间变量，梯形模糊变量作为一种广义区间，能够精确地对这种不确定性进行建模。如图 10.16(c)所示，梯形模糊变量的核定义了损伤评估者对于该范围内的响应有 0% 的确定性属于当前损伤状态；而梯形模糊变量的支集定义损伤评估者对于该范围内的响应有 100% 的确定性属于当前损伤状态。在有更多可用信息的情况下，可以采用非线性模型对梯形模糊变量的非核支集进行非线性建模。为了论证的简洁，本书采用线性的建模方式。

式(10.24)中的 $\mu_j(s)$为 s 的模糊子集，具有隶属度函数描述，并对两种认识不确定性进行显式建模。这样式(10.23)所对应的风险优化格式被拓展成

$$\min_{\boldsymbol{u}}\ w_1 C_{\mathrm{I}} W(\boldsymbol{u}) + w_2 \sum_{i=1}^{N}\sum_{j=1}^{M} C_{\mathrm{REF}ij}\mathrm{Prob}_{ij}(\boldsymbol{u},\boldsymbol{\theta}) \tag{10.25}$$

其中，$C_{\mathrm{REF}ij}$ 和 Prob_{ij} 分别是第 i 个失效模式的第 j 个损伤状态所对应的损失系数和粒度失效概率值。第二项中的嵌套加权求和格式清楚地表明，粒度概率的精确化是在每一个失效模式内部进行的。但是，通过与式(10.23)对比可知，该风险优化格式同样不具备对前述的第二种认识不确定性进行显式建模的能力，因为损伤边界的模糊性在式(10.24)中被期望算子平均化。为弥补这个缺点，可采用 Yager[57]提出的粒度概率计算公式：

$$\mathrm{Prob}(A_j) = \bigcup_{\alpha}\left\{\frac{\alpha}{\mathrm{Prob}(\mu_\alpha)}\right\} \tag{10.26}$$

其中，每个 α 所对应的 $\mathrm{Prob}(\mu_\alpha)$ 是对应于 α 截集的确定性粒度概率。α 截集概念如下所述。

对于隶属度函数 $\mu(\boldsymbol{s})$，α 截集为满足如下条件的区间：

$$\mu_\alpha = \{\boldsymbol{s} \mid \mu(\boldsymbol{s}) \geqslant \alpha\} \tag{10.27}$$

其中 $\alpha \in [0,1]$。结合粒度概率的概念，可得如下风险优化格式：

$$\min_{\boldsymbol{u}}\ w_1 C_{\mathrm{I}} W(\boldsymbol{u}) + w_2 \sum_{i=1}^{N}\sum_{j=1}^{M} C_{\mathrm{REF}ij}\mathrm{Prob}_{ij}(\boldsymbol{u},\boldsymbol{\theta}) \tag{10.28}$$

由于式(10.28)中的粒度概率是模糊数，需要对其进行去模糊化方可求解。但任何单值的去模糊化方法均会丢失对第二种认识不确定性的显式建模，从而忽略对相应风险的建模。李荣钧[58]在其专著中给出了非单值的去模糊化和模糊数排序方法，其中最简单的是基于模糊数的概率数值特征的方法，此时式(10.28)转化为如下格式：

$$\min_{\boldsymbol{u}} \ w_1 C_{\mathrm{I}} W(\boldsymbol{u}) + w_2 \sum_{i=1}^{N}\sum_{j=1}^{M} C_{\mathrm{REF}ij}\left[m_{\mathrm{Prob}}(\boldsymbol{u},\boldsymbol{\theta}) + \beta\sigma_{\mathrm{Prob}}(\boldsymbol{u},\boldsymbol{\theta})\right] \tag{10.29}$$

很明显，这种风险优化格式嵌入了鲁棒优化的格式。其中，m 和 σ 分别为模糊粒度概率的均值和标准差：

$$m_{\mathrm{Prob}} = \frac{\int_{\mathbf{R}} x\mu(x)\mathrm{d}x}{\int_{\mathbf{R}} \mu(x)\mathrm{d}x} \tag{10.30}$$

$$\sigma_{\mathrm{Prob}} = \left[\frac{\int_{\mathbf{R}} x^2\mu(x)\mathrm{d}x}{\int_{\mathbf{R}} \mu(x)\mathrm{d}x} - m_{\mathrm{Prob}}^2\right]^{1/2} \tag{10.31}$$

值得注意的是，C_{REF} 与粒度概率的数值特征的乘积仍然是以经济指标为单位的期望损失值，故式(10.29)的总费用定义不会受到引入鲁棒优化格式的影响。

至此，我们可以从不确定性分析的角度给出粒度风险的定义。在失效事件的层面上，粒度风险是不同的损伤状态；在事件可能性的层面上，粒度风险是粒度概率值或其数值特征；在失效结果的层面上，粒度风险是由粒度概率值带来的损失。所以，基于粒度概率的结构风险优化本质上是一个粒度概率的运算、比较、排序问题。式(10.23)、式(10.25)和式(10.29)是不同概率粒化等级所对应的结构风险优化格式，其中式(10.29)同时考虑了风险优化所需要的随机性和模糊性。很自然地，在进行不确定性优化之前，比较式(10.23)、式(10.25)和式(10.29)之间的优劣是面向设计过程的决策。换言之，基于粒度概率的结构风险优化本身包含了如图 10.9～图 10.11 所示的不确定性设计的多环特性，那么当采用后验偏好时，它能否改进决策者的决策能力，继而实现不确定性管理？本书将在 10.4.2 节对该问题进行深入讨论。

10.4.2 基于后验偏好的粒度风险优化

1. 粒度风险优化的多目标优化格式

这里基于 10.3 节中的多目标优化理论，对式(10.23)、式(10.25)和式(10.29)之间的区别进行更严格的讨论。依据目标共线性的定义可知，给定设计变量 $\boldsymbol{u}$，初始材料总质量 $W(\boldsymbol{u})$和粒度概率是最小认知不可分目标，同时粒度概率连接了设计空间和决策认知空间，结合图 10.17 的直观表示，可得式(10.23)、式(10.25)和式(10.29)对应的多目标优化格式：

$$\min_{\boldsymbol{u}} \ (W, \mathrm{Prob}_1(\mathrm{failure}), \mathrm{Prob}_2(\mathrm{failure}), \cdots, \mathrm{Prob}_i(\mathrm{failure})) \tag{10.32}$$

$$\min_{u}\ (W, \mathrm{Prob}_{1j}, \mathrm{Prob}_{2j}, \cdots, \mathrm{Prob}_{ij}) \tag{10.33}$$

$$\min_{u}\ (W, m_{\mathrm{Prob}1j}, \sigma_{\mathrm{Prob}1j}, m_{\mathrm{Prob}2j}, \sigma_{\mathrm{Prob}2j}, \ldots, m_{\mathrm{Prob}ij}, \sigma_{\mathrm{Prob}ij}) \tag{10.34}$$

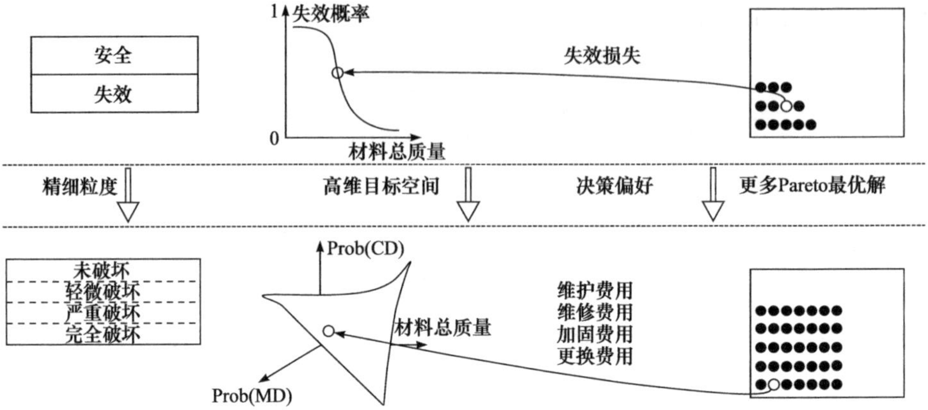

图 10.17　精细化粒度与多目标优化之间的关系

为了论述方便，本书称格式式(10.32)～式(10.34)分别为传统风险优化(CRDO)、粒度风险优化-Ⅰ(GRDO-Ⅰ)、粒度风险优化-Ⅱ(GRDO-Ⅱ)。

由于 Prob(Safe)和 Prob(UD)所对应的损失系数极小，不考虑为目标。当优化问题只包含一个失效模式时，式(10.32)中仅包含两个目标，式(10.33)和式(10.34)中分别包含 4 个和 7 个目标。理论上，式(10.33)和式(10.34)对应于更复杂的占优关系、更高维的目标空间和更多的 Pareto 最优解，但实际情况由式(10.33)和式(10.34)中所包含的非冗余目标决定。如果式(10.33)和式(10.34)中的非冗余目标超过两个，则相比于 CRDO，它们必定可以在多目标优化的定义下改进决策者的决策能力。

2. 多目标粒度风险优化的若干困难

通过改变风险优化格式实现不确定性管理的本质在于扩张多目标空间，即更有竞争力或者更符合决策者偏好的解很有可能落在更高维的 Pareto 前沿之上。但是，如何搜索到这个解是一个非常困难的问题。决策是决策者在认知空间和准则空间之间信息交换的结果，那么根据这种信息交换的原理，以多目标优化为基础的多目标决策有三种策略，即基于先验偏好、后验偏好和交互式偏好。一种最简单的先验偏好方法是加权求和法，即式(10.18)。通过参考式(10.23)和式(10.25)，可以明确风险偏好是主观权重，而损失系数是客观权重。但是当问题涉及非经济相关损失，例如人员伤亡等时，C_{REF} 也被归类于主观权重，因为此时该系数反映了决策者对于最小化相关目标的偏好程度。此外，式(10.29)中的 β 也属于一种主观风险偏好。那么从广义的角度看，这些系数的积所对应的就是 $\boldsymbol{\lambda}$ 的各个分量。所以，式(10.23)、式(10.25)和式(10.29)分别是式(10.32)、式(10.33)和式(10.34)的加权求和问题。考虑到加权求和法难以求解非凸问题，我们可以转而求解如式(10.20)所示的 Chebyshev 问题。在非极限情况下，依然存在一个 $\boldsymbol{\lambda}$ 所对应的 Chebyshev 问题，这个单目标问题的最优解就是决策者在目标空间内偏好的体现。

加权求和格式和 Chebyshev 格式面对的共同困难是 $\boldsymbol{\lambda}$ 中包含的大量认识不确定性。基于模糊偏好的方法在一定程度上能解决这个问题，但相关方法并不一定适用于结构风险优化。结构风险优化本身是一个总费用最小化问题，因此总费用对于各个分量中的认识不确定性非常敏感。从多准则决策的角度看，这种认识不确定性会使权重偏离决策者的真实偏好。如果采用基于后验偏好的方法，就可以解决这个困难，因为决策者直接根据目标函数值进行决策，决策过程中不涉及任何非确定的损失系数。一旦决策过程结束，最终的偏好解隐含地确定了一个与之对应的权向量 $\boldsymbol{\lambda}$，因此基于后验偏好的结构风险优化是更先进的方法。但是，这种方法带来如下三个难点。

(1) 当目标数超过三个时，多目标问题转化为高维多目标问题。基于后验偏好的高维多目标优化问题的求解是一个困难的前沿领域。

(2) 高维多目标问题的近似集是一个高维集合，包含大量近似解。基于后验偏好的决策方法直接根据目标值进行决策，而一个典型的决策者在反复比较高维数据集的元素时面临困难。

(3)结构风险优化需要对总费用进行还原，而现有基于后验偏好的多目标优化算法大多无法完成这个任务。

3. 基于 MOEA/D 的风险优化

为了解决上述困难，一个具有竞争力的多目标优化算法是必需的。已有的研究中，可以在显式地控制近似集中解数量的同时保证收敛性的方法主要有两种。一种是在超平面 $\sum_{i=1}^{m} f_i = 1$ 内预先设置多个目标值的参考点，然后采用多目标演化算法直接逼近参考目标值。基于参考点的多目标演化算法能很好地解决前述的第一个和第二个难点，但是其不具有还原总费用的能力，因此，参考点法不是面向风险优化的算法。

第二种方法是在超平面 $\sum_{i=1}^{m} f_i = 1$ 内预先设置多个权重向量，如果这些向量分布合理，则相邻向量之间的信息具有一定的相似性。基于这个理念，Zhang 和 Li[45]提出了基于分解的多目标演化算法(MOEA/D)。MOEA/D 通过分解机制将多目标优化问题分解为一系列的子问题，每个子问题对应于一个权向量 $\boldsymbol{\lambda}$。我们可以采用多种不同的子问题格式，包括式(10.18)和式(10.20)。不同于梯度类算法的是，MOEA/D 并不序列求解这些子问题，而是采用这些子问题同时逼近 Pareto 前沿。其中，传统的选择、交叉和变异算子独立地作用于每一个权向量 $\boldsymbol{\lambda}$ 所对应的子种群，而该子种群的邻域解也服从相同的更新准则，这样所有子问题的近似解就自动构成了原 Pareto 解集的近似集。最终的近似解和权向量有一一对应的关系，所以每个近似解所对应的总费用可以在优化后还原用于辅助决策。值得注意的是，此时问题已经由一个多目标决策问题简化为一个多属性决策问题。

但是单独使用 MOEA/D 并无法完全克服前述的三个难点。只有当多目标优化问题的 Pareto 前沿和超平面 $\sum_{i=1}^{m} f_i = 1$ 接近重合时，均匀分布的权向量才能产生均匀分布的解集，对于复杂的结构风险优化问题，这个条件显然不满足。而非均匀分布的近似解集会严重影响决策者的决策能力。另一方面，MOEA/D 在处理高维多目标问题时，需要广泛分布的权向量覆盖高维超平面 $\sum_{i=1}^{m} f_i = 1$，而这会使得近似集的势激增，同样影响决策者的决策能力。

为了在保证收敛性的同时呈现给决策者少量的解，我们引入如下过滤准则。首先只保留权重从 CD 到 MD 逐渐递减的子问题所对应的解。这样做有明显的实际工程意义，因为更严重的损伤状态损失系数通常更大。随后，在该过滤集中计算如下邻域距离指标：

$$V_j = \prod_{i=1}^{k} L_2^{NN_i^j} \tag{10.35}$$

其中，$L_2^{NN_i^j}$ 是第 j 个解到其第 i 个相邻解的欧几里得距离。注意到 $k=m+1$ 而 m 是目标数，所以，这个指标特别适合衡量高维多目标近似集内解分布的均匀性。在求得所有解的邻域距离后，我们对距离进行排序，并只保留具有最大邻域距离的 10 个解。

所以，在辅以过滤准则之后，MOEA/D 和基于粒度概率的后验偏好风险优化有内在的一致性。首先，在广泛的实证测试中，MOEA/D 求解高维多目标问题有很好的收敛性；其次，过滤准则能在一个势很小的近似集中保持解分布的均匀性，方便决策；最重要的是，MOEA/D 能还原总费用，这是绝大多数多目标演化算法不具备的能力。

10.4.3　三类风险优化列式的性能比较

在本节的理论基础之上，Hu 和 Li[59]通过两杆桁架的风险优化问题深入分析了式(10.32)～式(10.34)对应的三种后验风险优化列式的性能差异，讨论了三者之间最优性的变化，剖析了风险控制机理。如图 10.18(a)所示，设计变量 x_1 和 x_2 分别是两杆桁架截面的平均面积和支撑半间距，取值范围分别为[2, 20]cm^2 和[0.1, 1.6]m。设计的目标是在结构承受轴向受拉载荷且强度失效时最小化目标向量式(10.32)～式(10.34)。初始材料总质量为 $2\rho x_1\sqrt{1+x_2^2}$，材料密度 ρ=250kg/m^3。随机变量为材料抗拉强度(单位 MPa) $S\sim N(1.05\times10^3, 6.25\times10^4)$，截面积(单位 cm^2)的扰动 $\varepsilon\sim N(0,0.01x_1^2)$，以及静力载荷 L(单位 kN)$\sim N(1\times10^3, 6.25\times10^4)$。对于 GRDO-Ⅱ，正态分布的载荷对应 GRDO-Ⅱ-1 问题。此外，考虑另一个随机载荷工况(GRDO-Ⅱ-2)，该随机载荷对应的双峰 PDF 为 $f(\theta_1,\theta_2)=0.4f_A(\theta_1)+0.6f_B(\theta_2)$，其中 $f_A(\theta_1)$和 $f_B(\theta_2)$分别对应于随机变量 Θ_1 和 Θ_2 的 PDF，分别为 $N(2\times10^2, 4\times10^2)$和 $N(1.2\times10^3, 3.6\times10^3)$。两杆内力相同，因此它们同有如下极限状态函数：

$$g=1.0-L\sqrt{1+x_2^2}/[(x_1+\varepsilon)S] \tag{10.36}$$

如图 10.18(b)所示，损伤状态 CD、SD、MD 和 UD 分别由如下梯形模糊数建模：

$$\mu(g,-\infty,-2.5,-2)=\max\{\min[1,(-2-g)/0.5],0\} \tag{10.37}$$

$$\mu(g,-2.5,-2,-0.75,-0.25)=\max\{\min[(g+2.5)/0.5,1,(-0.25-g)/0.5],0\} \tag{10.38}$$

$$\mu(g,-0.75,-0.25,0.25,0.75)=\max\{\min[(g+0.75)/0.5,1,(0.75-g)/0.5],0\} \tag{10.39}$$

$$\mu(g,0.25,0.75,1)=\max\{\min[(g-0.25)/0.5,1],0\} \tag{10.40}$$

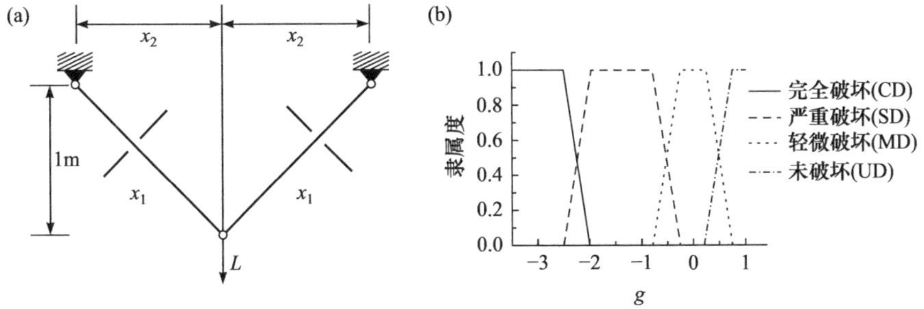

图 10.18 (a)两杆桁架结构；(b)模糊损伤状态隶属度函数

对于 CRDO 问题，$g<0$ 定义为结构失效。由于结构响应有解析表达，因此可以采用抽样方法计算粒度概率值，此处抽取样本数为 1×10^5。对于模糊粒度概率值，α 截集数取为 60。多目标优化算法则采用 MOEA/D 的一个改进版本：MOEA/D-DRA，其参数由表 10.1 给出。相比于 MOEA/D，该算法采用更先进的差分进化算子，而且针对不同的子问题分配不同的计算量，提高了收敛速度。

表 10.1　MOEA/D-DRA 参数

分解方法	加权求和/Chebyshev
种群数	220 (4 目标问题)/268 (7 目标问题)
邻域解数	0.1 × 种群数
重组	差分进化 (rand/1/bin)
交叉	p_c=1.0, F=0.5
变异	多项式变异, p_m=0.1
最大代数	50

1. 粒度风险优化-Ⅰ(GRDO-Ⅰ)

这里首先对 GRDO-Ⅰ和 CRDO 多目标最优性进行比较；为了论证的严格，采用穷举法得出了两者的 Pareto 前沿。这里对两个设计变量均设置了 100 的离散度，因此可以分别得到 10000 个由式(10.32)和式(10.33)求解的目标向量值；随后针对这 10000 个解进行非占优过滤，这样就可以得到相应问题的条件全局最优 Pareto 前沿，其中的“条件”为 100 的设计变量离散度和 10^5 个拉丁超立方样本。四个目标分别为材料总质量、Prob(CD)、Prob(SD)和 Prob(MD)。

随后通过 MOEA/D 研究 GRDO-Ⅰ的收敛性。超体积指标(I_{HV})定义了被一组近似集占优的区域的积分，其表达式如下：

$$I_{\mathrm{HV}} = \bigcup_{i=1}^{|C|} v_i \tag{10.41}$$

其中，C 是当前近似集的势；v_i 是以连接第 i 个解和参考点的直线为对角线的超立方的体积。为了避免数值问题，需要对超体积指标进行归一化，即 $I_{\mathrm{HV}}=I_{\mathrm{HVA}}/I_{\mathrm{HVO}}$，其中 I_{HVA} 和 I_{HVO} 分别对应于 MOEA/D 的近似集和穷举法所得的 Parato 前沿(图 10.19 (a))所对应的 I_{HV} 值。很明显，$I_{\mathrm{HV}}=1$ 表示精确近似。由于 MOEA/D 算法本身的随机性，这里对每种工况运行 100 次，并将性能指标表示为 I_{HV}=中位数的形式。采用加权求和法时，$I_{\mathrm{HV}}=0.9440$，采用 Chebyshev 法时，$I_{\mathrm{HV}}= 0.9745$。这些性能指标值与图 10.19(b)和图 10.19(c)吻合。因此，采用 Chebyshev 法的合理性得到了验证。

由于粒度概率的建模采用凸模糊集，而且加权求和本身是一个凸近似，所以图 10.19(b)对应的近似 Pareto 前沿也是序列求解单目标加权求和问题所得的近似 Pareto 前沿，由此可知，粒度概率之间的冲突关系也是非凸的。但是加权求和法和 Chebyshev 法之间的性能差距并不是特别明显，尽管如此，此后的决策相关结果都采用 Chebyshev 法的结果。图 10.19(d)给出了 CRDO 的二维 Pareto 前沿，很明显，材料总重和粒度概率之间的非凸关系普遍存在。

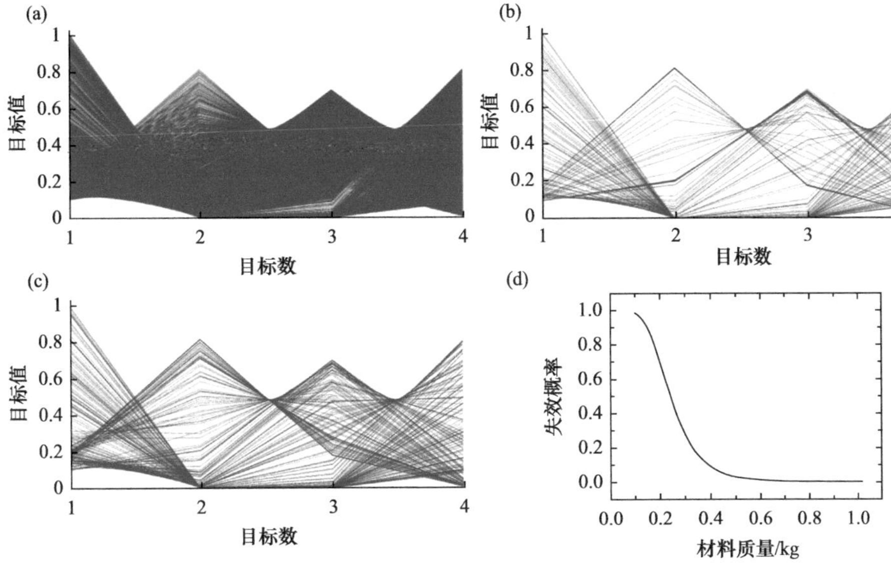

图 10.19　GRDO-Ⅰ和 CRDO 的 Pareto 前沿

采用过滤准则的第一步后，可以从 220 个近似解中得到 35 个解。随后，采用基于邻域距离的均匀性保持方法过滤出 10 个解以供决策。由于设计空间到目标空间的非线性映射，权重分布的均匀性并不一定对应于解在目标空间分布的均匀性。从图 10.20(a)可以看出，如果最大化权重的均匀性，则会产生很明显的解聚集现象，对应一个较低的 I_{HV}=0.6715；而在过滤的近似集上保持均匀性，如图 10.20(b)所示，可以得到更高的 I_{HV}=0.7638。因此，MOEA/D 辅以过滤准则求解 GRDO-Ⅰ的必要性不言而喻。

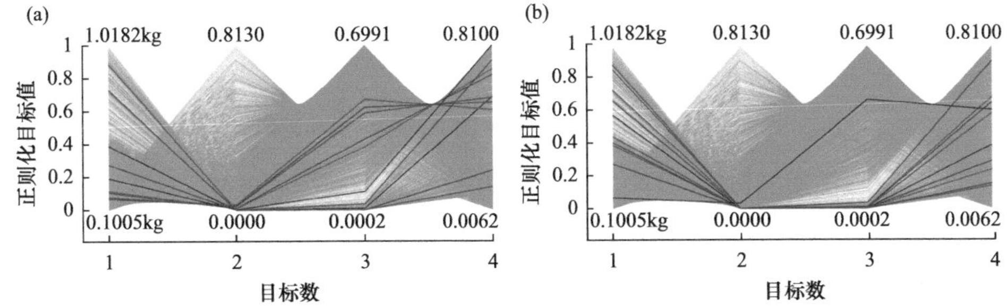

图 10.20　最大化 GRDO-Ⅰ权重/过滤解分布均匀性

为了检验 GRDO-Ⅰ风险优化格式的性能，图 10.21 给出了 CRDO 和 GRDO-Ⅰ的结果对比图。正如我们在 10.3.1 节所提到的，CRDO 对应于最粗糙的概率粒化，相对而言，GRDO-Ⅰ通过精细的概率粒化对应于更多的 Pareto 最优集。通过穷举法，CRDO 的最优解只占总设计空间的 1.43%(图 10.21(a))，而 GRDO-Ⅰ中该比例激增到 23.40%(图 10.21(b))。需要注意的是，材料总质量和 Prob(failure)之间的占优关系对 x_2 并不敏感。即使我们的目标是一个非常安全的设计，x_2 也是几乎无法利用的。所以 x_2 在 CRDO 中是一个冗余设计变量。但是一旦采用 GRDO-Ⅰ格式，x_1 和 x_2 便同时得到了充分利用，且 Pareto 解集广泛地分布在设计空间中。在此，我们定义这种现象为引入更精细的粒度概率所得到的“设计自由度放松”。

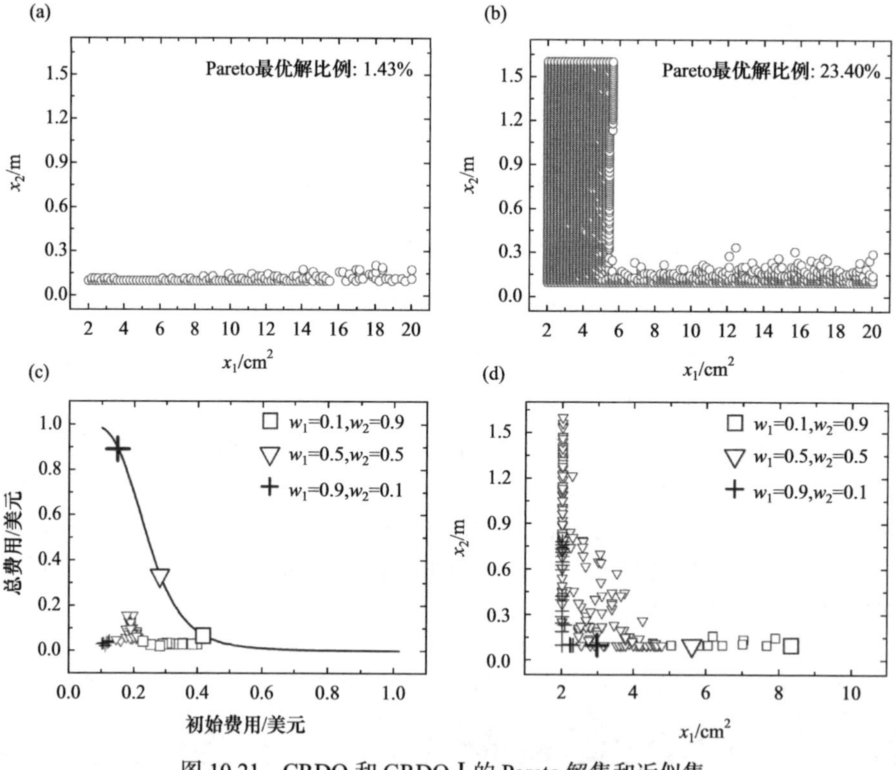

图 10.21　CRDO 和 GRDO-Ⅰ的 Pareto 解集和近似集

随后，在固定的风险偏好下进一步分析设计自由度放松现象。首先，给材料赋 1 美元/kg 的单价，同时赋予失效事件 1 美元的损失系数，这样可以把 CRDO 的 Pareto 前沿映射到二维经济指标的准则空间。在固定的风险偏好下，选择出分别对应于权重系数(w_1, w_2)=(0.1, 0.9)，(0.5, 0.5)和(0.9, 0.1)的三个偏好解。对于 GRDO-Ⅰ，将材料总质量对应的权重 w_1 固定，将 1 美元的损失系数以权重的形式分配到三个粒度概率目标上。随后采用新的权重组合和 MOEA/D 求解 GRDO-Ⅰ问题。过滤后的解如图 10.21(c)所示。很明显，CRDO 的解被 GRDO-Ⅰ的解占优。

高维多目标问题对应于更复杂的占优关系，所以在相同的风险偏好下其最优解对应于更少的总费用。如图 10.21(d)所示，这些解或是更安全的或是更经济的，但是引起的总费用增长均不如 CRDO 明显。当然，设计自由度放松的程度是风险偏好相关的。当$(w_1, w_2)=(0.1, 0.9)$时，35 个 GRDO-Ⅰ 过滤解中只有 13 个占优 CRDO 解；而对于另外两种情况，所有的 GRDO-Ⅰ 过滤解均相对于 CRDO 解占优。换言之，只要决策者对于总损失最小化的偏好不是特别大，相比于 CRDO，GRDO-Ⅰ 能得到更高性能的解。

2. 粒度风险优化-Ⅰ (GRDO-Ⅱ)

上文验证了 GRDO-Ⅰ 相较于 CRDO 的优势，但 GRDO-Ⅰ 仅能控制随机性带来的风险，而忽略了模糊性带来的风险。这里通过求解 GRDO-Ⅱ 问题论证模糊性相关风险建模的必要性。在 GRDO-Ⅱ 中，7 个目标分别为材料总质量、$m_{\text{Prob(CD)}}$、$m_{\text{Prob(SD)}}$、$m_{\text{Prob(MD)}}$、$\sigma_{\text{Prob(CD)}}$、$\sigma_{\text{Prob(SD)}}$ 和 $\sigma_{\text{Prob(MD)}}$。如图 10.22(a)~(c)所示，三者分别代表穷举法、MOEA/D 求解的加权求和法和 MOEA/D 求解的 Chebyshev 法的结果。两组 MOEA/D 的求解结果和穷举法所得的 Pareto 前沿的上下界几乎一致，但加权求和法所得解的分布比较稀疏，遗漏了相当数量的折中解，而 Chebyshev 法的结果接近穷举法。对应这两种情况，分别求得 I_{HV}=0.8653(0.0147)和 I_{HV}=0.9142(0.0086)，这与图 10.22(b)和(c)的直观表示吻合。通过对比图 10.21(b)和图 10.23，可以发现在两种随机载荷工况下，两组 GRDO-Ⅱ

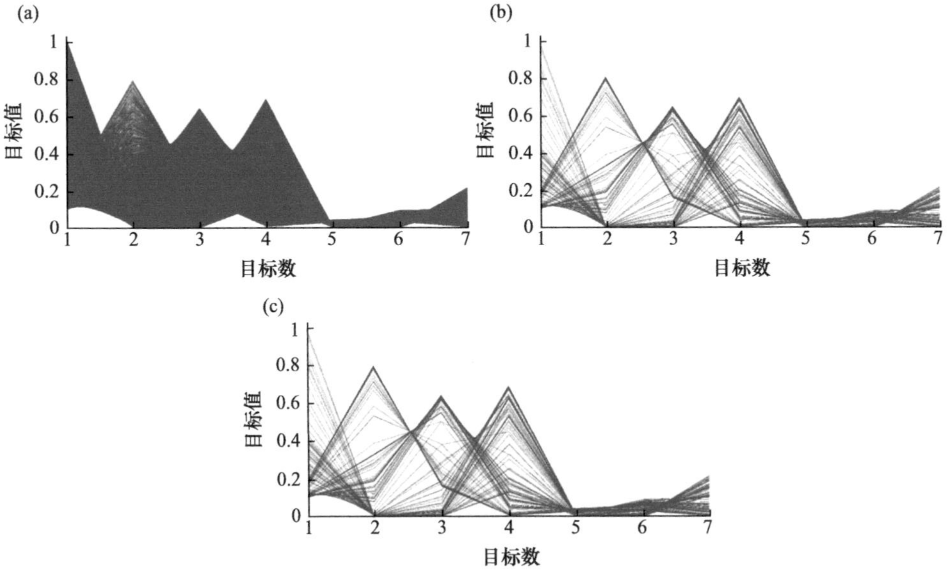

图 10.22 GRDO-Ⅱ 的 Pareto 前沿

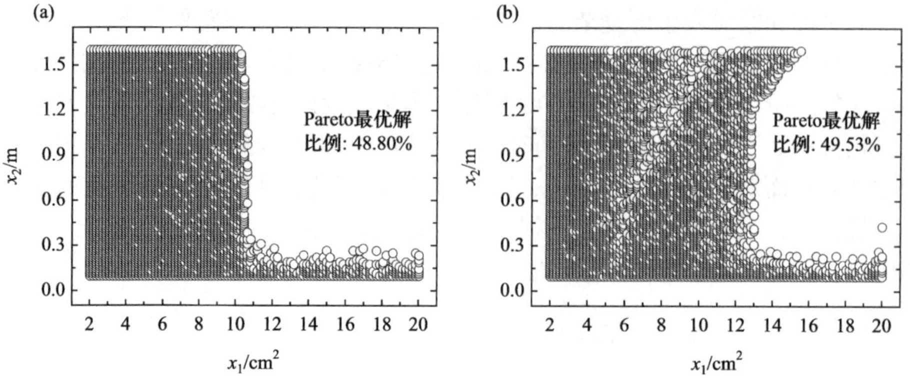

图 10.23　GRDO-Ⅱ-1 和 GRDO-Ⅱ-2 的 Pareto 解集

的多目标最优性和 GRDO-Ⅰ都完全不同，并且可以得到更多的 Pareto 最优解。对于 GRDO-Ⅱ-1，比例从 23.40%增加到 48.80%。而复杂的输入 PDF 也略微增加 Pareto 最优解的数量，对于 GRDO-Ⅱ-2，比例从 48.80%增加到 49.53%。所以设计自由度的放松程度不仅与目标域维度和风险建模精度有关，还与输入 PDF 的复杂性有关。

采用过滤准则的第一步后，从 220 个近似解中得到 36 个解。随后，采用基于邻域距离的均匀性保持方法过滤出 10 个解以供决策。对于 GRDO-Ⅱ-1，如果最大化权重的均匀性，则会产生很明显的解聚集现象(图 10.24(a))，对应一个较低的 I_{HV}=0.6823；而在过滤的近似集上保持均匀性(图 10.24(b))，可以得到更高的 I_{HV}= 0.7509。从 GRDO-Ⅱ-2 的结果中可以看出，复杂的输入 PDF 会使得均匀分布的权重产生更加偏离均匀分布的近似解集。如果最大化权重的均匀性(图 10.24(c))，则得到 I_{HV}=0.5576，这几乎是不可接受的。而保持近似集的均匀性(图 10.24(d))，可以得到 I_{HV}=0.7147，基本满足需求。因此 MOEA/D 辅以过滤准则求解 GRDO-Ⅱ的重要性更加明显。

3. 近似解的性能比较

在图 10.24(b)中，分别以三角和圆标记解 A 和 B。表 10.2 列出了解 A 和 B 所对应的偏好信息，这些信息也可以看作性能回复技术所需要的造价，各个偏好信息之间的相对比例如果与实际工程吻合，则该解可以看作偏好解。同时，也可以将权重和目标值进行加权求和，并采用无量纲的总费用进行决策。为了保证解 A 和解 B 有相同的初始单价，需要对 B 的权重进行调整，但各分量之间相对比例要不变，这样 B 的多目标最优性不会受到影响。对应于 B 的 $m_{\mathrm{Prob(CD)}}$、$m_{\mathrm{Prob(SD)}}$和 $m_{\mathrm{Prob(MD)}}$与解 A 相比都较大，但它们对应的权重小，因此 B 的总费用比 A 少 9.36%。一般来说，B 比 A 更合理。

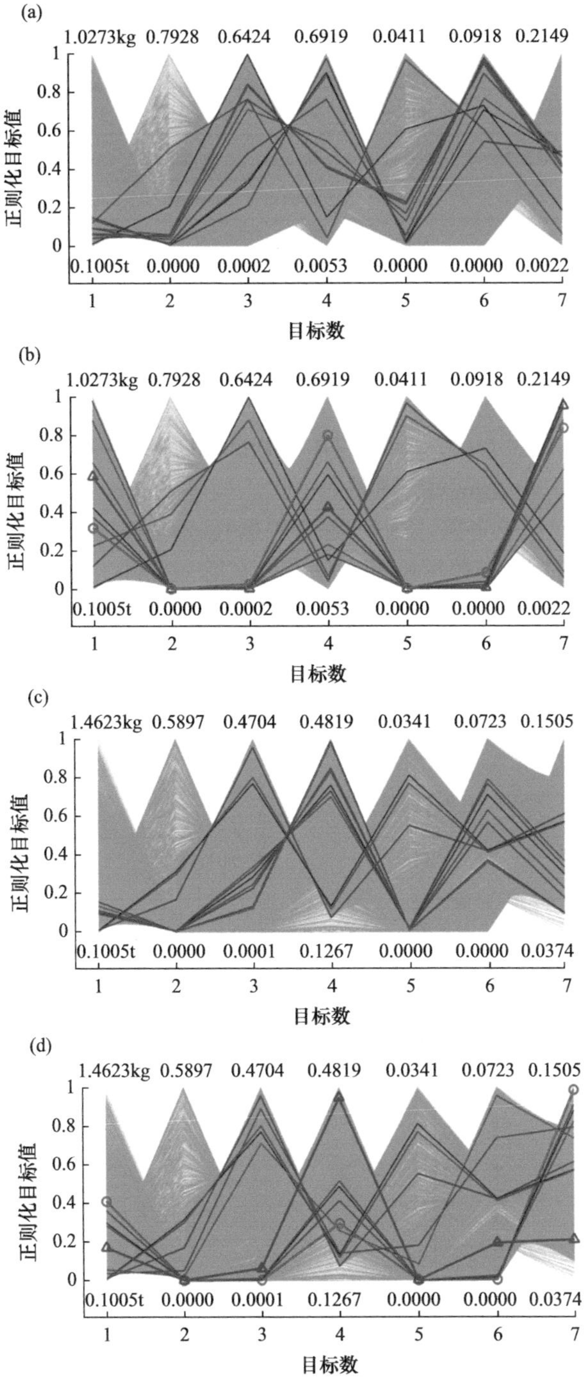

图 10.24 最大化 GRDO-Ⅱ权重/过滤解分布均匀性

表 10.2　解 A 和 B 的具体信息

A 的权重	0.0300	0.4112	0.2252	0.0560	0.0524	0.2041	0.0211
B 的权重	0.0300	0.2447	0.0540	0.0211	0.0067	0.0694	0.0636
	材料质量/kg	$m_{\text{Prob(CD)}}$	$m_{\text{Prob(SD)}}$	$m_{\text{Prob(MD)}}$	$\sigma_{\text{Prob(CD)}}$	$\sigma_{\text{Prob(SD)}}$	$\sigma_{\text{Prob(MD)}}$
A	0.6404	0.0000	0.0018	0.2955	0.0000	0.0006	0.2039
B	0.3937	0.0005	0.0171	0.5530	0.0000	0.0078	0.1795
	x_1 /cm	x_2 /m	总费用				
A	12.744	0.1	0.0406				
B	8.202	0.762	0.0368				

通过表 10.2 还可看出，Prob(CD)与 Prob(SD)的均值和标准差同时达到最小化，而 $m_{\text{Prob(MD)}}$和 $\sigma_{\text{Prob(MD)}}$无法同时最小化。如果决策者认为最小化 Prob(MD)由模糊性带来的变异性更重要，则他/她必须牺牲 Prob(MD)的均值性能。$m_{\text{Prob(MD)}}$与 $\sigma_{\text{Prob(MD)}}$之间的折中与鲁棒解的概念有内在的一致性。为了深入探讨风险优化中解的鲁棒性，基于 10.3.1 节的共线性概念，将 Pareto 解集映射到均值和标准差的二维准则空间。如图 10.25 所示，对于 Prob(CD)和 Prob(SD)，只需要其均

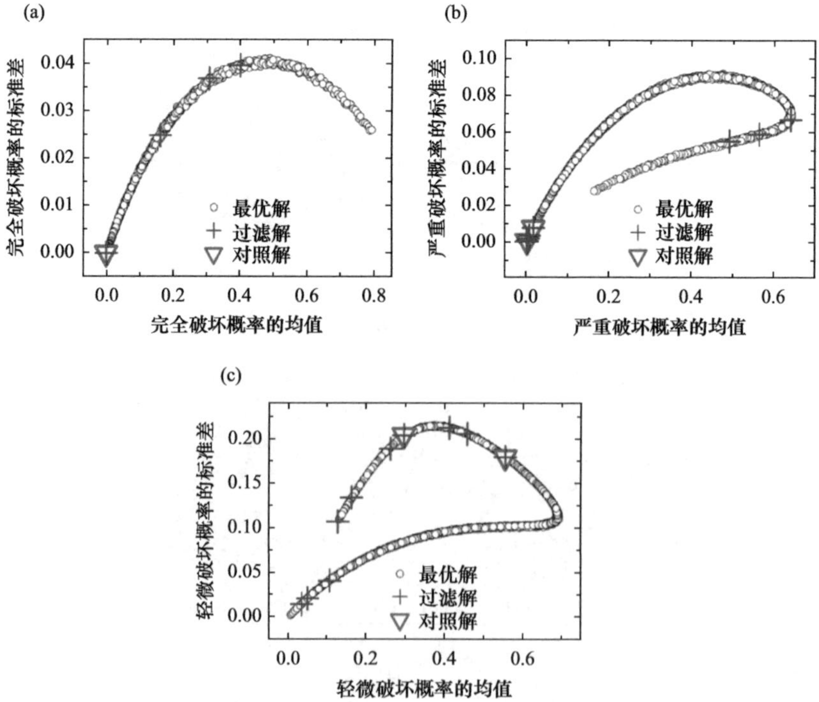

图 10.25　GRDO-Ⅱ-1 中的共线性关系

值就可以和其他目标构造多目标占优关系；对于 Prob(MD)，均值和标准差之间相互冲突，特别是在两个偏好解的位置。

图 10.26(a)和(b)以两模态分布形式给出了 GRDO-Ⅱ-1 的风险控制机理。可以看出解 B 比解 A 更鲁棒，这本质上是通过调整设计变量，改变 PDF 的形状与位置而完成的。其中，粒度概率的均值由落入梯形模糊集支集内的概率密度的积分决定，而粒度概率的标准差则由落入梯形模糊集非核支集的概率密度的积分决定。由于 Prob(CD)和 Prob(SD)所对应的概率量较少，故不足以满足鲁棒性的需求。通过相应的可能度分布(图 10.26(c)～(e))我们可以看到，解 A 和 B 的 Prob(CD)和 Prob(SD)的可能性分布形状类似；而对于 Prob(MD)，两者的偏斜方向是不同的，这是实现鲁棒性的可能性分布的几何需求。对于包含复杂随机输入的 GRDO-Ⅱ-2，我们可以通过图 10.27 看到，Prob(MD)的均值和标准差对应于更复杂的冲突关系，而且全局非共线性。更重要的是，这两个目标具有连续的、多个层次的复杂折中关系。

图 10.28(a)和(b)给出了 GRDO-Ⅱ-2 的两模态分布。很明显，输入载荷的复杂分布产生了复杂的物理响应分布。图 10.28(d)将解 C 和 D 分别标记为三角和

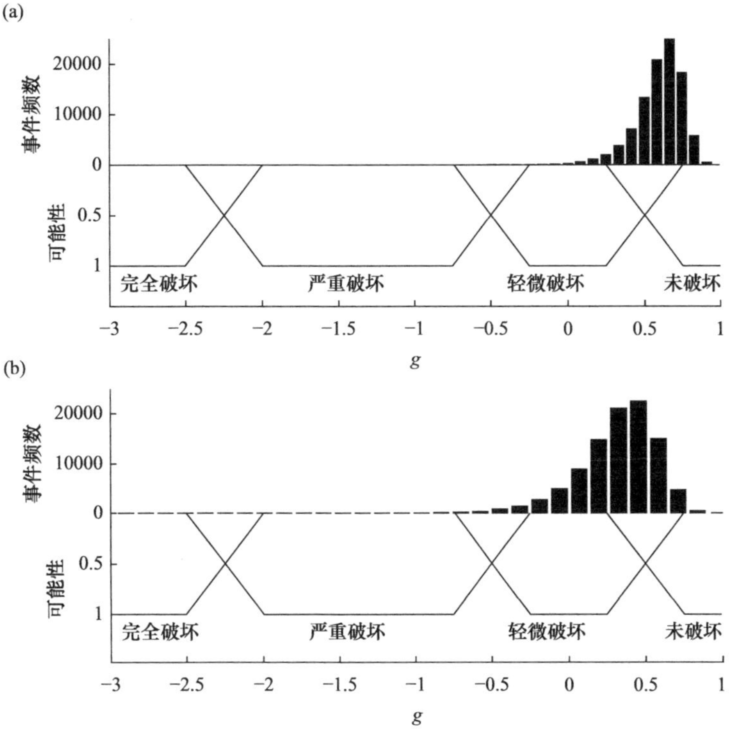

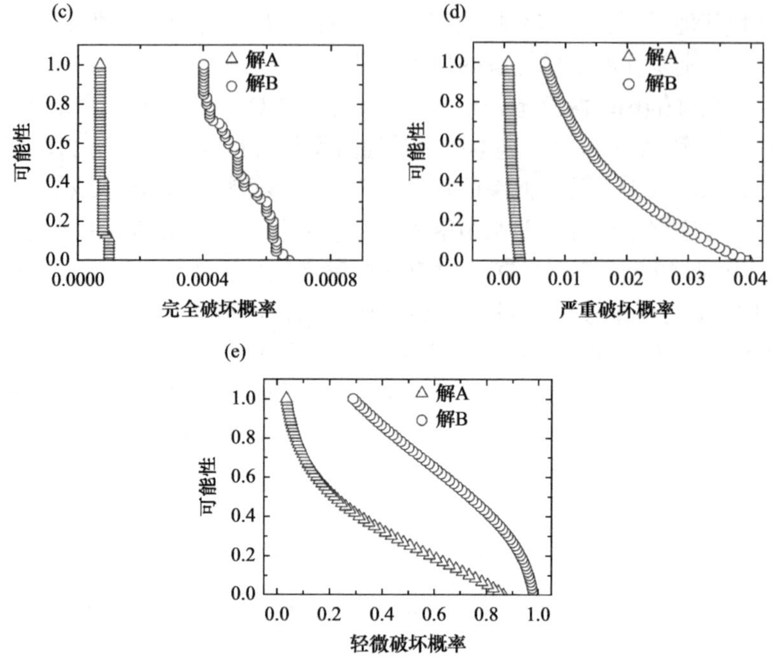

图 10.26　GRDO-Ⅱ-1 的两模态分布

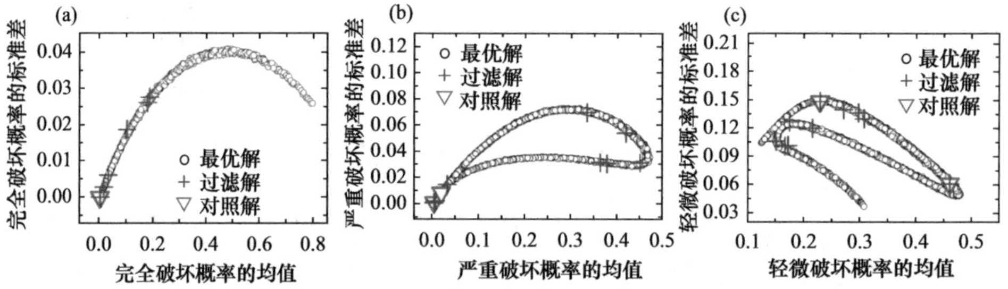

图 10.27　GRDO-Ⅱ-2 中的共线性关系

圆圈。在此种工况下，因为解 D 比解 C 鲁棒得多，且鲁棒解的作用非常明显，通过调整 PDF 的位置和形态，解 D 对应的高概率密度区域很好地避开了模糊损伤区间，所以由于对损伤状态的认识不确定性产生的风险非常小，而这种风险在解 C 中体现得很明显(图 10.28(a))。这样看来，具有固定目标向量的 GRDO-Ⅱ具有很强的风险控制能力；而通过比较 CRDO、GRDO-Ⅰ和 GRDO-Ⅱ发现，调节风险优化格式可以实现风险管理。

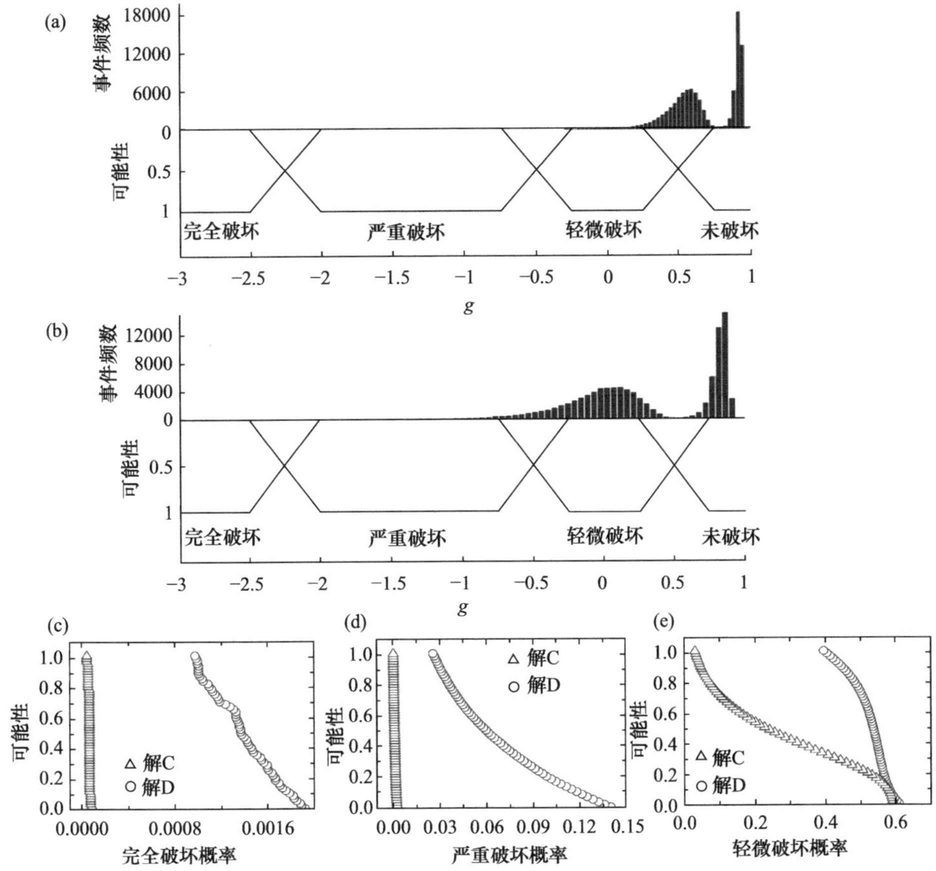

图 10.28 GRDO-Ⅱ-2 的两模态分布

10.5 基于后验偏好的高层建筑抗风风险优化设计

发展结构风险优化方法的迫切需求来源于实际工程。系统中的不确定性越大，决策者对于风险的控制越重要且困难。在基于性能的建筑结构防灾设计中，从外部载荷、结构到性能评估都存在大量不确定性，所以风险优化是面向结构防灾设计需求的。学者们很早就认识到结构风险优化在建筑结构抗震设计中的重要性，并且进行了广泛的应用，但是大多工作缺乏深入的理论研究并局限在先验方法，也还没有应用于抗风设计。Li 和 Hu[60]针对高层建筑抗风设计，深入探讨了基于先验偏好的风险优化在此类问题上的局限性，并进一步建立了基于后验偏好的高层建筑抗风设计的风险优化格式，提出了面向实际工程需求的特种算法，在保证理论严谨性的同时，达到简化决策过程、方便设计应用的目的。本节将对这些研究进展进行介绍。

10.5.1 高层建筑抗风设计的风险优化模型

传统的抗风设计理论包含最大极限状态与适用性极限状态。前者包含结构构件的破坏，而后者侧重非结构构件性能与人员的可居住性能。对于非台风区域的高层建筑，可居住性能对于其设计起主导作用。可居住性能不满足会带来失效事件。所以，采用结构风险优化进行抗风设计就是在初始的安全储备(造价)和期望损失之间进行平衡。从结构优化的角度，调整结构构件的尺寸，可以改变主体结构的刚度，随之调节频率和振型，使结构达到预期性能。但是已有的研究表明，单纯调节结构刚度分布很难满足可居住性能的需求，因为加速度响应对于刚度相关的参数并不敏感，而是质量敏感的。通过在高层建筑顶端设置智能调质阻尼器控制加速度响应，高层建筑抗风设计可以表达为如下的刚度和振动控制协同风险优化问题：

$$\min_{\boldsymbol{x}}\ C_{\mathrm{T}}=w_1\left[C_{\mathrm{U}}\sum_{i=1}^{L}(\rho_i l_i x_i)+C_{\mathrm{D}}\right]+w_2\left(\sum_{j=1}^{N+1}p_j C_{1j}\right)+w_3\left(\sum_{k=1}^{2}p_k C_{2k}C_{\mathrm{L}}\right) \tag{10.42}$$

$$\text{s.t.}\ p\left(\frac{U}{H}\geqslant\delta_{\mathrm{Top}}\right)\leqslant p_{\mathrm{D}}^{\mathrm{T}};\quad p\left(\frac{V}{H}\geqslant\delta_{\mathrm{Top}}\right)\leqslant p_{\mathrm{D}}^{\mathrm{T}};\quad p\left(\frac{\sqrt{U^2+V^2}}{H}\geqslant\delta_{\mathrm{Top}}\right)\leqslant p_{\mathrm{D}}^{\mathrm{T}} \tag{10.43}$$

$$p\left(\frac{u_j-u_{j-1}}{h}\geqslant\delta_j\right)\leqslant p_j^{\mathrm{T}};\quad p\left(\frac{v_j-v_{j-1}}{h}\geqslant\delta_j\right)\leqslant p_j^{\mathrm{T}};\quad p\left(\frac{\sqrt{(u_j-u_{j-1})^2+(v_j-v_{j-1})^2}}{h}\geqslant\delta_j\right)\leqslant p_j^{\mathrm{T}} \tag{10.44}$$

$$p[(1-\gamma)a_{\mathrm{Peak}}\geqslant a_{\mathrm{Peak}}^{\mathrm{T}}]\leqslant p_{\mathrm{Peak}}^{\mathrm{T}};\quad p[(1-\gamma)\sigma_\alpha\geqslant\sigma_\alpha^{\mathrm{T}}]\leqslant p_{\mathrm{RMS}}^{\mathrm{T}},\quad \alpha=x,y,\theta \tag{10.45}$$

$$\boldsymbol{x}\in\boldsymbol{X}\subset D^L \tag{10.46}$$

式(10.46)定义了一个 L 维的设计空间，D 是每一个离散设计变量的离散集。在适用性设计中，由于结构构件的损失可以忽略，相关的期望损失可以分为非结构构件损失和可居住性能损失，这两种损失的参考值分别采用 C_{1j} 和 C_{2k} 两组系数表示，注意，此处为论证方便而忽略了贴现率，p_j 和 p_k 即为相应的失效概率值。C_{L} 是一组额外的转换系数，是可居住性能损失与相关经济损失的传递函数。在此基础上，w_1、w_2、w_3 分别对应初始总费用、非结构构件经济损失和可居住性能经济损失的风险偏好。调整三者之间的比例，可以对式(10.42)中的三个加权求和项进行不同程度的最小化。本书将在 10.5.3 节中从多目标优化的角度，给予这些系数严格的数学定义。

式(10.42)中的第一个加权求和项包含初始材料总费用和智能调质阻尼器的费用，其中 ρ_i、l_i 和 x_i 分别表示第 i 个结构构件的密度、长度与截面面积。智能调

质阻尼器的费用 C_D 有如下表达式[61]：

$$C_D = (16.1m^* + 1.9)\gamma^2 - (6.8m^* + 1.7)\gamma + (1.5m^* + 2.2) \tag{10.47}$$

其中，m^*与 γ 分别是结构的广义质量与指定的加速度折减系数。式(10.42)中的系数包含了调质阻尼器费用相关的关键参数，能够很好地与结构构件费用进行平衡，当然，对于不同的结构系统相关系数会略微变化。当 γ 取定值时，该问题是一个尺寸优化问题；当定义 γ 为设计变量时，可以进行刚度和振动控制的协同优化，本书将对两种优化的结果进行详细分析。

考虑到风灾本身包含多种灾害事件，本书采用分级性能方法进行风险建模。现代抗风设计方法中包含两种风险建模方法，第一种是广泛采用的设计风速法，此时失效概率及相关风险是设计风速的函数。另一种是全概率方法，即将所有设计风速下的失效概率与平均风速的 PDF 进行卷积，可以得到一个时间相关的失效概率和一个失效回归周期。考虑到计算效率并与现有规范吻合，这里采用设计风速法；而进行全寿命设计时应该采用全概率方法。

在设计风速法中，每一种目标性能都对应于一个风速的回归周期。其中，50 年回归周期风速对应于弹性位移性能和非结构构件的损失。式(10.43)和式(10.44)中，p_D 与 p_j 分别对应于顶点位移与层间位移的失效概率，其中 δ_{Top}=1/500 与 δ_j=1/400 分别是最大容许阈值。式(10.43)和式(10.44)中的三个约束分别对应于顺风向、横风向和最不利方向。由于非结构构件损失会带来不可逆的结果，故将其最大容许失效概率定义为 6.68%。可居住性能于式(10.45)中定义，两个约束分别定义最不利峰值加速度和最不利均方加速度相关性能的最大失效概率。10 年回归周期风速对应于峰值加速度性能和罕遇风下的人员振动感受以及业务损失[62]；5 年回归周期风速对应于均方加速度性能和常遇风下人员的振动容忍性和可居住性损失[63]；1 年回归周期风速对应于人员的日常振动感受[64]，这种性能相关的损失微乎其微，所以只定义于约束之中，其余性能损失相关的风险应该定义于目标函数(10.42)之中。可居住性能由于结果可逆，最大失效概率定义为 50%。注意，所有平动和扭转方向上的加速度响应都对应于加速度折减系数 γ。

综上所述，该风险优化格式中的失效模式总数为 N+3，即 N 个层间位移性能、1 个顶点位移性能、2 个最不利加速度性能。所有的失效模式都以串联的方式定义，因此，违反任意约束的设计都是不可行解。

10.5.2 高层建筑抗风设计中的不确定性量化与传播

单目标的可靠性优化中的失效概率的求解精度对于优化结果的准确性至关重要，而准确的失效概率求解则依赖于准确的不确定性量化与传播。本书采用三维封闭解进行随机参数建模，并保证随机不确定性的传播经过“激励-响应-性能”

链。三维封闭解是一个频域动力分析模型，由 Solari 首先提出并完善[65,66]。叶丰[67]在前人工作的基础上丰富了三维封闭解可以处理的气动外形类型，为本研究中的不确定性量化和传播提供了理论基础。

作为一种准定常模型，三维封闭解同时考虑了激励和结构两方面的动力特性，所以与基于规范的静力组合和等效静力风载荷相比更加准确。进行不确定性传播时，三维封闭解的计算效率远高于线弹性时程分析，当考虑激励中的不确定性时更是如此。当然，三维封闭解对于流固耦合和特征湍流的建模精确性仍有欠缺，所以在实际设计中，可以采用基于本征正交分解的降阶方法。这种方法可以直接利用风洞试验数据并进行基础变量随机性建模，而且不会明显降低计算效率。

平面对称高层建筑的模态之间不存在耦合效应，三维风致响应可通过顺风向、横风向和扭转方向分别计算。其中，顺风向、横风向、尾流的折减功率谱分别表示为

$$\frac{fS_u(f)}{\sigma_u^2}=\frac{4f_u^2}{6(1+f_u^2)^{4/3}},\quad f_u=\frac{1200f}{U_{10}} \tag{10.48}$$

$$\frac{fS_v(f)}{\sigma_v^2}=\frac{4f_v^2}{6(1+f_v^2)^{4/3}},\quad f_v=\frac{800f}{U_{10}} \tag{10.49}$$

$$\frac{fS_s(f)}{\sigma_s^2}=\frac{A_sB_s(f/f_s)^{2+C_s}}{(1-f^2/f_s^2)^2+B_sf^2/f_s^2},\quad A_s=3.5,\quad B_s=0.028,\quad C_s=1.4 \tag{10.50}$$

式(10.50)中，$f_s=StU(z)/B(z)$为旋涡脱落频率，这里 St、$U(z)$与 $B(z)$分别为施特鲁哈尔(Strouhal)数以及高度 z 处的平均风速和结构特征尺寸。

不确定性建模的首要任务是对上述功率谱进行随机建模。当一个随机变量可控时，可以定义其分布函数含有参数不确定性。例如，正态分布的均值和标准差的估计本身具有随机性。考虑样本不确定性，则 10m 高度处的平均风速 U_{10} 本身具有随机性。考虑如下极值风速的耿贝尔模型：

$$X(n)=m-\sigma\ln\left[-\ln\left(1-\frac{1}{n}\right)\right] \tag{10.51}$$

其中，

$$m=E(X)-0.45s(X) \tag{10.52}$$

$$\sigma=0.78s(X) \tag{10.53}$$

给定风速回归周期 n 下，设计风速 $X(n)$的随机性来源于位置参数 m 和尺度参数 σ。进一步看，来源于 $E(X)$和 $s(X)$的点估计。对于年最大风速，可以采用 50 个样本，而对于每日最大风速，则可采用 365 个样本。表 10.3 中参数的随机性产

生了如图 10.29 所示的风速谱的随机性。对应于 50 年、10 年、5 年和 1 年的回归周期，设计风速分别为 40.6m/s、34.0m/s、30.5m/s 和 29.6m/s。

表 10.3　随机变量的概率特征(风速相关参数)

变量	分布	变量描述	均值	变异系数	单位
C_z	对数正态	指数衰减系数	8.0	0.1	—
$E(x)$	正态	年最大风速均值点估计	26.3	0.03	m/s
$S^2(x)$	正态	年最大风速方差点估计	34.9	0.2	—
$E(x)$	正态	平均日最大风速均值点估计	11.6	0.02	m/s
$S^2(x)$	正态	平均日最大风速方差点估计	18.7	0.07	—
—	对数正态	粗糙度系数	0.3	0.1	—
I_u	对数正态	顺风向湍流度	$-0.055(z/H)+0.1533$	0.17	%
I_v	对数正态	横风向湍流度	$0.88I_u(z)$	0.17	%

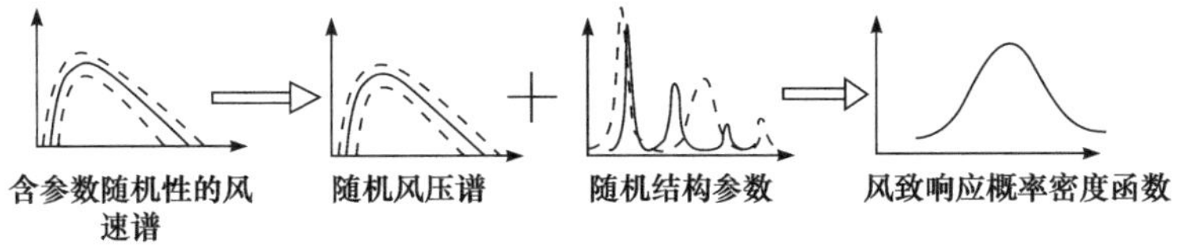

图 10.29　封闭解中的不确定性传播

考虑不同高度处随机激励之间的相关性，脉动和旋涡脱落分量在高度 z_1 和 z_2 处的竖向相关函数分别表示为

$$\mathrm{Coh}_{\varepsilon}(z_1,z_2,f)=\exp\left(-\frac{fC_z\left|z_1-z_2\right|}{\overline{U}}\right),\quad \varepsilon=u,v \tag{10.54}$$

$$\mathrm{Coh}_{s}(z_1,z_2)=\exp\left(-\frac{\left|z_1-z_2\right|}{HL_{\mathrm{w}}}\right) \tag{10.55}$$

其中，C_z、$\overline{U}$、H 和 L_{w} 分别表示指数衰减系数、z_1 和 z_2 处风速的平均、建筑高度，以及尾流与结构特征尺寸比，L_{w} 可设置为 1。考虑到大型结构特征值分析的计算量和随后的不确定性优化，采用比较粗糙离散度对外部激励进行近似建模，即一个楼层对应于一个随机过程分量。当然，在计算资源允许时，基于蒙特卡罗方法是一个更精确的选择。

随后基于准定常理论，可以采用广义气动力系数作为风速谱和激励谱之间的传递函数，进一步得到楼层激励谱：

$$S_{F_\alpha,F_\alpha}(f)=\int_0^H\int_0^H q_{z_1}q_{z_2}\lambda_\alpha^2 c_{\alpha\varepsilon}^2\eta_{\alpha\varepsilon}^2 J_\varepsilon(z_1)J_\varepsilon(z_2)\varphi_\alpha(z_1)\varphi_\alpha(z_2)S_{\varepsilon\varepsilon}(z_1,z_2,f)\,\mathrm{d}z_1\mathrm{d}z_2$$

$$\alpha=x,y,\theta;\quad \varepsilon=u,v,s \tag{10.56}$$

$$S_{\varepsilon\varepsilon}(z_1,z_2,f)=\frac{fS_\varepsilon(f)}{\sigma_\varepsilon^2}\times \mathrm{Coh}_\varepsilon(z_1,z_2,f),\quad \varepsilon=u,v,s \tag{10.57}$$

式(10.56)中，q_{z_1}与q_{z_2}是速度压力；$c_{\alpha\varepsilon}$是广义气动力系数，对应于 ε 方向上的激励和 α 方向上的响应；$\eta_{\alpha\varepsilon}$是相应的建筑气动外形参数；$\lambda_x=\lambda_y=B$，$\lambda_\theta=B^2$，$B=\sqrt{bd}$，这里 b 和 d 分别是平行和垂直于顺风向的结构平面特征尺寸；$J_\varepsilon=\{2I_u, I_v, 1\}$，这里 I_u与 I_v分别是顺风向和横风向湍流度；φ_α是 α 方向的一阶振型。$c_{\alpha\varepsilon}$和 $\eta_{\alpha\varepsilon}$的随机建模如表 10.4 中所示。结合之前风速谱中的随机性，可得到随机激励谱。随后可以将如下的传递函数用于连接激励和响应：

$$|H_\alpha(f)|^2=\frac{1}{(2\pi f_\alpha)^4}\frac{1}{[1-(f/f_\alpha)^2]^2+[2(\xi_\alpha+\xi_{A\alpha})f/f_\alpha]^2},\quad \alpha=x,y,\theta;\ \xi_{A\theta}=0 \tag{10.58}$$

此时可得如下响应功率谱：

$$S_{\alpha\alpha}(z,f)=\varphi_\alpha^2(z)\frac{S_{F_\alpha,F_\alpha}(f)}{m_\alpha^{*2}}|H_\alpha(f)|^2,\ \alpha=x,y,\theta \tag{10.59}$$

其中，f_α、m_α^*、ξ_α、$\xi_{A\alpha}$ 分别是 α 方向上的一阶频率、一阶广义质量、结构阻尼比和气动阻尼比。需要注意的是，本书出于论证的方便采用了振幅不相关的结构阻尼比，且假设气动阻尼比的随机性来源于折减风速的随机性(此处忽略了扭转方向上的气动阻尼比)。结合结构参数的随机性，可得风致响应的 PDF，其中，结构位移和转角均方响应为

$$\sigma_\alpha(z)=\sqrt{\int_0^\infty S_{\alpha\alpha}(z,f)\mathrm{d}f},\quad \alpha=x,y,\theta \tag{10.60}$$

与如下的平均分量叠加：

$$\bar{u}(z)=q_z Bc_{xu}\eta_{xu} \tag{10.61}$$

可以得到顺风向最不利峰值位移：

$$u(z)=\bar{u}(z)+\sqrt{g_x^2\sigma_x^2(z)+b^2g_\theta^2\sigma_\theta^2(z)/4} \tag{10.62}$$

峰值因子为

$$g_\alpha=\sqrt{2\ln f_\alpha T}+0.5772/\sqrt{2\ln f_\alpha T},\quad \alpha=x,y,\theta \tag{10.63}$$

其中，f_α 为 α 方向响应随机过程的平均穿零率，一般采用基频近似；而 T 是前述的平均观测时间，取为 600s。横风向峰值响应只有如下的脉动分量：

$$v(z)=\sqrt{g_y^2\sigma_y^2(z)+d^2g_\theta^2\sigma_\theta^2(z)/4} \tag{10.64}$$

需要指出，在计算式(10.62)和式(10.64)时，可以把背景分量和共振分量分别考虑，以提高计算效率。

表 10.4 随机变量的数值特征(气动特性相关参数)

变量	分布	变量描述	均值		变异系数	单位
			0°	90°		
c_{xu}	对数正态	气动力与气动外形系数	1.5	1.5	0.1	—
η_{xu}	对数正态		1.08	0.88	0.1	—
c_{yv}	对数正态		−1.13	−1.39	0.1	—
η_{yv}	对数正态		0.84	0.94	0.1	—
$c_{\theta v}$	对数正态		0.44	1.1	0.1	—
$\eta_{\theta v}$	对数正态		0.75	1.58	0.1	—
c_{ys}	对数正态		0.1	0.2	0.1	—
η_{ys}	对数正态		1.31	1.31	0.1	—
$c_{\theta s}$	对数正态		0.5	0.5	0.1	—
$\eta_{\theta s}$	对数正态		1.5	0.67	0.1	—
ξ_{Ax}	—	顺风向气动阻尼比	$0.000075U^{*2}-0.00014U^*-0.001$			%
ξ_{Ay}	—	横风向气动阻尼比	$\dfrac{0.0025(1-(U^*/9.8)^2)(U^*/9.8)+0.000125(U^*/9.8)^2}{(1-(U^*/9.8)^2)^2+0.0291(U^*/9.8)^2}$			%
St	对数正态	施特鲁哈尔数	0.2		0.1	—

因为不同方向上的最大加速度之间具有相关性，所以峰值加速度响应的计算较为困难。通常计算最不利加速度响应时，应该按照下式考虑不同方向的均方响应之间的协方差：

$$a_{\text{peak}}=\sqrt{g_x^2\sigma_{\ddot{x}}^2+g_y^2\sigma_{\ddot{y}}^2+(b^2+d^2)g_\theta^2\sigma_{\ddot{\theta}}^2/4+br_{\ddot{y}\ddot{\theta}}g_yg_\theta\sigma_{\ddot{y}}\sigma_{\ddot{\theta}}-dr_{\ddot{x}\ddot{\theta}}g_xg_\theta\sigma_{\ddot{x}}\sigma_{\ddot{\theta}}} \tag{10.65}$$

其中，$r_{\ddot{y}\ddot{\theta}}$ 和 $r_{\ddot{x}\ddot{\theta}}$ 是相应响应分量之间的相关系数。这些系数的量化是非常困难的，所以我们采用如下表达式近似 a_{peak}[68]：

$$a_{\text{peak}}=\rho_{\text{J}}\sqrt{g_x^2\sigma_{\ddot{x}}^2+g_y^2\sigma_{\ddot{y}}^2+(b^2+d^2)g_\theta^2\sigma_{\ddot{\theta}}^2/4} \tag{10.66}$$

一般 ρ_J 的取值在 0.7～1.0。通过对 ρ_J 进行随机建模，解决了确定性 ρ_J 取值的局限性。此处，取其均值为 0.85，并采用截断的正态分布进行建模。

需要注意的是，上述响应随机性并非来源于单次时程的随机性，而是来源于考虑遍历性基础上的混合基础变量和参数随机性，与此同时，单次时程的随机性已经通过峰值因子消去了。通过进一步结合表 10.5 中目标性能阈值 R 中的随机性，便完成了整个三维封闭解的不确定性量化，以及“激励-响应-性能”链之中的不确定性传播。

表 10.5　随机变量的数值特征(结构参数和阈值)

变量	分布	变量描述	均值	变异系数	单位
ξ_α	对数正态	α 方向的模态阻尼比	1	0.15	%
f_α	对数正态	α 方向的基频	—	0.07	Hz
ρ_J	截断正态	联合响应因子	0.85	0.1	—
R	对数正态	层间位移阈值	1/400	0.1	—
R	对数正态	顶点位移阈值	1/500	0.1	—
R	对数正态	振动感受阈值(RMS)	$\exp(-3.65-0.41\ln f_\alpha)$	0.1	m/s^2
R	对数正态	振动感受阈值(峰值)	0.25	0.1	m/s^2

10.5.3　高层建筑抗风设计的高维多目标优化模型

由多目标优化理论可知，式(10.42)中实际上包含两层决策者偏好。第一层偏好即为前述的风险偏好，但从多目标优化的角度看，损失系数 C_{1j}、C_{2k}、C_L 均为偏好系数，而初始总费用 C_I 和失效概率 p_j、p_k 则为目标函数。结合如下约束多目标优化定义：

$$\begin{aligned} &\min_{\boldsymbol{x}} \ \boldsymbol{f}(\boldsymbol{x})=\left[f_1(\boldsymbol{x}), f_2(\boldsymbol{x}), \cdots, f_i(\boldsymbol{x})\right]^{\mathrm{T}} \\ &\text{s.t.}\ g_j(\boldsymbol{x})\leqslant 0, \quad j=1,2,\cdots,k \end{aligned} \tag{10.67}$$

此处给出式(10.42)的两种高维多目标优化格式，即基于后验偏好的风险优化格式：

$$\boldsymbol{f}=\left(C_{\mathrm{I}}, \sum_{j=1}^{N+1} Pf_{\mathrm{Dis}j} C_{1j}, Pf_{\mathrm{Peak}}, Pf_{\mathrm{RMS}}\right) \tag{10.68}$$

$$\boldsymbol{f}=(C_{\mathrm{I}}, Pf_{\mathrm{Dis1}}, Pf_{\mathrm{Dis2}}, \cdots, Pf_{\mathrm{Dis}(N+1)}, Pf_{\mathrm{Peak}}, Pf_{\mathrm{RMS}}) \tag{10.69}$$

基于 10.3 节中的多目标优化理论，式(10.69)是式(10.42)的多目标问题，式(10.42)是式(10.69)的完全加权求和问题；而式(10.68)是部分加权求和问题，对应于非结构构件损失可以估计的情况。对于引入上述两种优化格式，有如下必要性。

第一，10.3.2 节明确指出了加权求和法在处理非凸 Pareto 前沿时的缺点。但应该注意，如果偏好解对应的失效概率很小，即决策者的偏好解落在 Pareto 前沿的尾部，则加权求和法仍然适用。但是对于可居住性能，最大失效概率为 50%，则偏好解很可能落在高维 Pareto 前沿的非凸区域上，而加权求和格式无法求得该偏好解。考虑到位移性能 6.68% 的最大失效概率，式(10.68)的部分加权求和格式仍然适用。

第二，性能化设计当中的损失估计一直是一个难题，结构的损伤损失一般包括直接经济损失和间接经济损失两部分。结构的直接经济损失一般是指结构构件的维修或替换、非结构构件和设备的维护费用等。而结构的间接经济损失则是由结构的功能失效、人员的伤亡、心理和经济等多方面的影响造成的，这种损失的估计是非常困难的。从风险优化格式的角度看，C_{1j}、C_{2k}、C_{L}、w_1、w_2、w_3包含了大量的模型不确定性，而且极难量化。更加困难的是，给定n个失效模式，则损失估计的误差是在一个n+1维目标空间内累计，而非如同式(10.42)所显式的求和那样简单。决策者需要更多的信息以降低损失系数中的不确定性。

式(10.68)和式(10.69)的风险优化列式可以解决上述两个问题，但是，两者分别包含 4 个和 N+4 个目标，是高维多目标优化问题。如果只考虑 4 个目标，可以采用 MOEA/D 求解。但是式(10.69)的求解难度超出了 MOEA/D 的性能极限。高层建筑的失效模式一般较多，若考虑 45 层高层建筑，则式(10.69)中包含 49 个目标。如果采用 MOEA/D 求解，就需要在超平面 $\sum_{i=1}^{49} f_i = 1$ 预先设置权重向量，并进行优化，这是不可接受的计算量。因此需重新探索面向高层建筑抗风设计需求的高维多目标演化算法。

10.5.4 基于微型粒子群与主成分分析的高维多目标优化方法

对于超高维多目标问题，要选用合适的多目标演化算法，并针对问题特点对目标空间进行降维，剔除冗余目标，降低求解难度，两种手段缺一不可。首先，选择微型多目标粒子群算法[69]，而非普适的多目标演化算法。该算法采用每隔一定代数就重新初始化的策略保持种群的多样性，因此可以在很小的种群数(少至 5 个)下高效近似 Pareto 前沿。由于小种群策略，算法的每一次运行需要的总函数分析次数就很少，适用于不确定性优化。标准的粒子群算法采用如下算子更新解的位置：

$$\boldsymbol{x}_i(t+1) = \boldsymbol{x}_i(t) + \boldsymbol{v}_i(t+1) \tag{10.70}$$

$$\boldsymbol{x}_i(t) + \boldsymbol{r}_1 c_1 \left[\boldsymbol{x}_{\mathrm{L}} - \boldsymbol{x}_i(t)\right] + \boldsymbol{r}_2 c_2 \left[\boldsymbol{x}_{\mathrm{G}} - \boldsymbol{x}_i(t)\right] \tag{10.71}$$

其中，$\boldsymbol{v}_i(t)$和 $\boldsymbol{x}_i(t)$分别是第 i 个粒子在第 t 代的速度向量和位置向量；$\boldsymbol{x}_{\mathrm{L}}$ 是第 i 个

粒子找到的历史最优解；$\boldsymbol{x}_G$ 是所有粒子找到的历史最优解；加速度系数 c_1 和 c_2 代表对最优解 $\boldsymbol{x}_L$ 和 $\boldsymbol{x}_G$ 的“信度”；$\boldsymbol{r}_1$ 和 $\boldsymbol{r}_2$ 是两个在[0,1]内均匀分布的随机数向量，以增加全局搜索能力。特别应该注意的是，虽然失效概率值严格地在[0,1]内取值，但是优化过程中目标域的归一化仍然是必需的。

随后，为了对目标空间降维，这里再次利用共线性的概念(详见 10.3.2 节)，并采用基于学习核的主成分分析(PCA)[70]方法将每个目标定义为在目标域内均匀分布的随机变量。这样，多目标优化算法的演化过程本身是一个在目标域内抽样的过程，且近似集对应于目标向量样本 $\boldsymbol{f}$。首先，将 $\boldsymbol{f}$ 映射至正交基下：

$$\boldsymbol{Y}=\boldsymbol{e}^{\mathrm{T}}\boldsymbol{f} \tag{10.72}$$

然后，求解如下的优化列式：

$$\begin{aligned}
&\max \boldsymbol{e}_i^{\mathrm{T}}\left[E(\boldsymbol{ff}^{\mathrm{T}})\right]\boldsymbol{e}_i,\ \ i=1,2,\cdots,p\\
&\text{s.t}.\ \|\boldsymbol{e}_i\|_2=1\\
&\operatorname{cov}(\boldsymbol{e}_i^{\mathrm{T}}\boldsymbol{f},\boldsymbol{e}_k^{\mathrm{T}}\boldsymbol{f})=e_i^{\mathrm{T}}\sum e_j-0,\quad j=1,2,\cdots,i-1
\end{aligned} \tag{10.73}$$

该优化列式的目标为最大化 $\boldsymbol{Y}$ 的变异性，通过对 $\boldsymbol{Y}$ 的相关矩阵进行特征值分解，可以得到所有主成分(PC)对变异性的总贡献：

$$\sum_{i=1}^{p}\operatorname{var}(Y_i)=\sum_{i=1}^{p}\lambda_i=\sum_{i=1}^{p}\operatorname{var}(X_i)=p \tag{10.74}$$

$\lambda_1\geqslant\lambda_2\geqslant\cdots\geqslant\lambda_p\geqslant0$ 即为相关矩阵的特征值，第 i 个主成分的贡献为 $\lambda_i/\sum_{i=1}^{p}\lambda_i$，而前 m 个主成分的贡献为 $\sum_{i=1}^{m}\lambda_i/\sum_{i=1}^{p}\lambda_i$。这两个指标表征了 $\boldsymbol{Y}$ 所携带的信息量，若 f_{ij} 是第 j 个主成分的第 i 个分量，考虑到任何主成分的欧几里得范数均为 1，则第 i 个目标的总贡献为

$$\sum_{j=1}^{p}\lambda_j f_{ij}^2/\sum_{j=1}^{p}\lambda_j \tag{10.75}$$

如果目标值是线性子空间的样本，则标准主成分分析适用。但对于复杂的多目标优化问题，线性变换不能够准确地识别复杂高维目标空间内的低维流形。因此，进一步采用内积特征映射的方式将目标样本映射至特征空间：

$$K_{ij}=\varPhi(\boldsymbol{f}_i)\varPhi(\boldsymbol{f}_j) \tag{10.76}$$

随后求解如下半正定规划问题：

$$\begin{aligned}
&\max \operatorname{tr}\left(\boldsymbol{K}\right)=\sum_{i=1}^{p}K_{ii}\\
&\text{s.t.}\ K_{ii}-2K_{ij}+K_{jj}=G_{ii}-2G_{ij}+G_{jj}
\end{aligned}$$

$$\eta_{ij}=1 \tag{10.77}$$
$$\sum_{ij}K_{ij}=0$$
$$K\geqslant 0$$

其中，最大化核矩阵的迹等价于将流形展开至其具有最大变异性的状态。第一个约束保证了展开和未展开流形的局部等距性；第二个约束则保证了核矩阵的内积以原点为中心。该优化列式所得的核矩阵能直接用于前述的特征值分解和主成分分析，以及随后的目标域降维。首先识别目标的数量至其累计变异性贡献达到 95%，然后选择正负贡献最大的主成分各一条，若累计贡献率未达到，则继续添加主成分分量。采用主成分分析识别非冗余目标后，进一步采用它们的相关矩阵进行降维。

图 10.30 给出了微型粒子群算法-主成分分析的算法流程。很明显，基于目标域降维和后验偏好的风险优化具有三环特性。内环是标准的不确定性传播问题，中间环是在确定的目标域维度下求解一个基于可靠性的多目标优化问题，而外环则是基于学习核主成分分析的目标域降维算法，该嵌套循环一直迭代至连续两步外环算法均无法识别冗余目标为止。表 10.6 给出了算法参数。

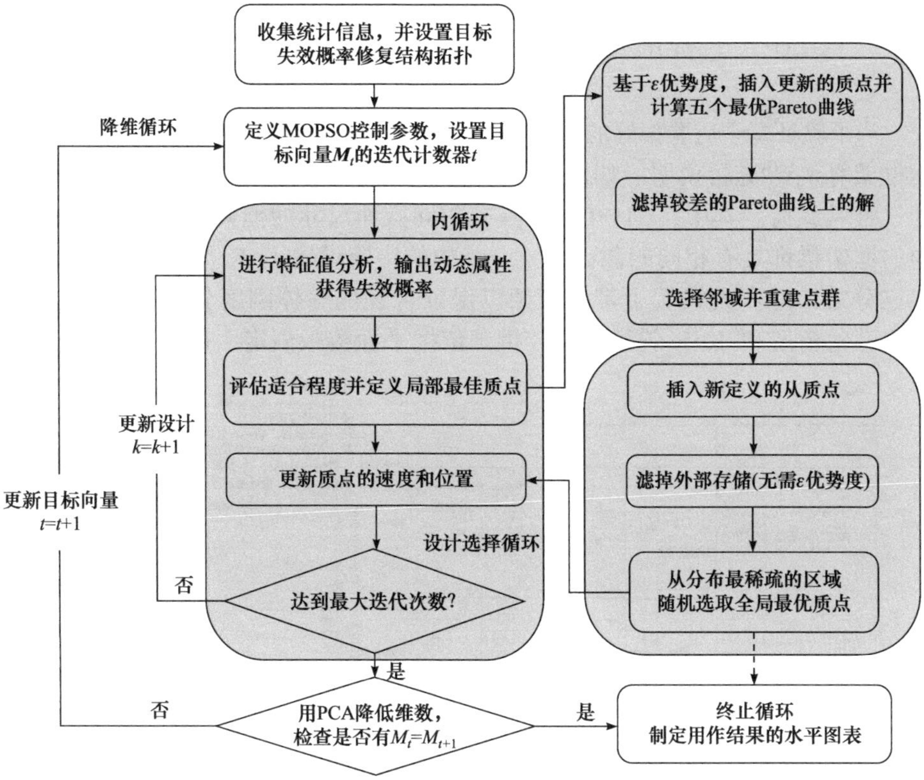

图 10.30 混合算法流程

表 10.6　微型多目标粒子群算法控制参数

参数	取值
种群数	5
最大代数	1000
速度权重 w	[0,1]内均匀分布
认知参数 c_1	1.8
社会参数 c_2	1.8
辅助解集容量	100
最终解集容量	100 (ε 占优无需此参数)
重初始化代数	100
变异机制/变异率	多项式变异/0.1

10.6　工程应用——高层框架结构抗风风险优化

为了验证基于后验偏好的结构风险优化方法的可行性，这里采用一个 45 层钢框架算例[60]进行说明。如图 10.31 所示，该高层框架结构受两个入射方向的三维风载荷。其中，C1～C6 是具有相同截面尺寸的框架柱分组，而所有层内的框架梁都具有相同的截面尺寸，结构的中跨设置了 K 形斜撑，三分之一和三分之二总高处设置了带状桁架以保证合理的整体刚度分布。梁柱之间刚接而带状桁架和 K 形斜撑采用铰接。依据平面楼板假定，楼板面内的所有节

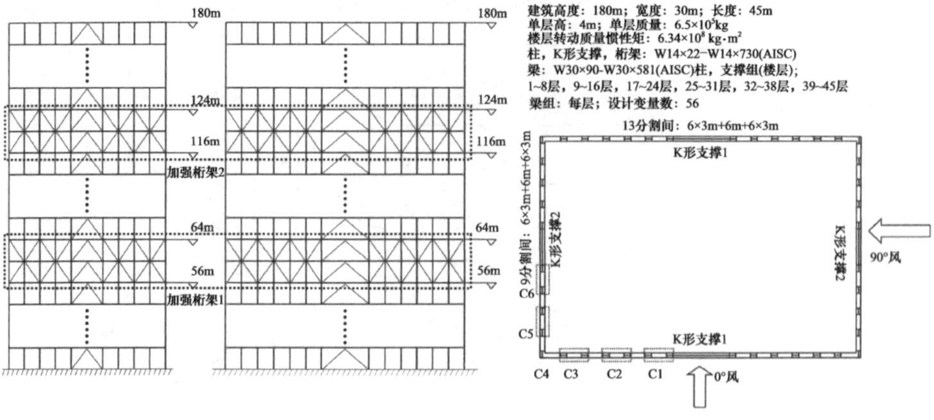

图 10.31　45 层高层钢框架

点具有相同的平动和扭转自由度。所有的钢结构截面参考美国钢结构协会规范选取，设计变量总数为 56，单位钢材造价取为 3700 美元/t。优化前首先对结构强度进行校核，并得到构件截面的设计变量的下界，详见表 10.7。

表 10.7 强度校核验证初始设计

楼层数	1～8	9～16	17～24	25～31	32～38	39～45
柱	W14 × 500	W14 × 455	W14 × 342	W14 × 257	W14 × 193	W14 × 145
梁	W30 × 391	W30 × 357	W30 × 326	W30 × 261	W30 × 211	W30 × 191
K 形斜撑	W14 × 211		带状桁架 1	W14 × 211	带状桁架 2	W14 × 211
	振型 1 (平动)		振型 2 (平动)		振型 3 (扭转)	
频率	0.195Hz		0.229Hz		0.475Hz	

1. 可靠性分析

为了保证可靠性计算精度，这里采用蒙特卡罗模拟求解失效概率。通过图 10.32 可以看出，对于该问题，需要 10^5 个拉丁超立方样本才可以较为准确地计算失效概率。采用三维封闭解大大降低了计算量，但背景分量响应的数值积分计算仍然比较耗时。另一方面，如果采用强度设计方案且不采用振动控制装置，加速度相关的性能完全无法满足，这也进一步说明了刚度和振动控制协同优化的必要性。

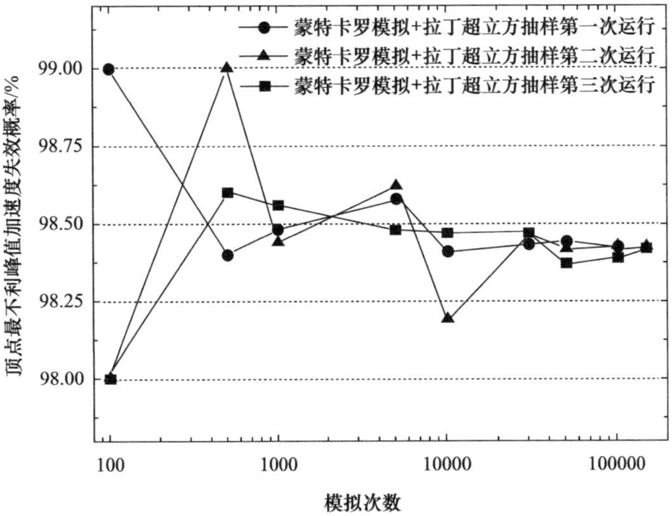

(a) 顶点最不利峰值加速度失效概率

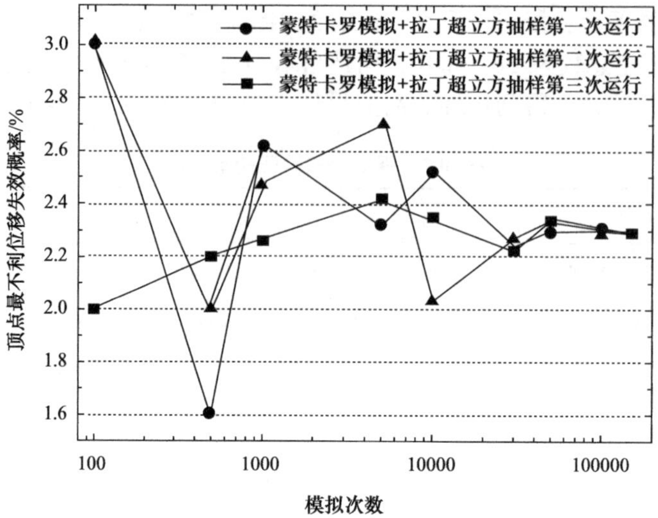

(b) 顶点最不利位移失效概率

图 10.32　拉丁超立方样本量需求

2. 目标空间降维方法

考虑到智能调质阻尼器的费用与加速度折减系数呈单调递增关系，此处取 γ=0.5 为代表值验证目标域降维算法的有效性。对于每一个待定解，均需要进行一次完整的结构特征值分析，微型多目标粒子群算法的最大代数设置为 1000，则对于每一个固定的目标向量，最大结构特征值分析的次数为 5000。根据图 10.31 给出的离散设计变量集，设计空间由 3.65×10^{16} 个设计变量组合构成。算法在目标域降维的每一步只搜索设计空间的一个极小的比例(1.37×10^{-13})，获得 Pareto 前沿的高度近似，用于主成分分析。这对算法的性能提出了很大的挑战，而且有必要引入严格的收敛性判据，保证微型多目标粒子群算法在求解每一个固定目标向量问题时均高度收敛，以保证目标空间降维的准确性。为此，可以采用如下 4 个性能指标：

近似集到 Pareto 前沿中央区域的距离

$$\mathrm{minsum}(\Psi)=\min_{x\in\Psi}\sum_{i=1}^{K}f_i \tag{10.78}$$

近似集到 Pareto 前沿边缘区域的距离

$$\mathrm{summin}(\Psi)=\sum_{i=1}^{K}\min_{x\in\Psi}f_i \tag{10.79}$$

近似集在目标域内分布的延伸度

$$\mathrm{range}(\Psi)=\sum_{i=1}^{K}\left(\max_{x\in\Psi}f_i-\min_{x\in\Psi}f_i\right) \tag{10.80}$$

和最终解集中近似解的数量。

本节考虑的算例为 45 层钢框架，式(10.68)和式(10.69)中目标数分别为 4 和 49。对于 4 目标问题，首先检查外部解集内解的数量对目标域降维的影响。当采用 ε 占优时，对归一化的目标空间采取不同的离散度，即每一个目标轴的离散度分别为 20、30 和 40。对每种工况运行 5 次，每种工况下收敛性最好的结果如图 10.33(a)~(d)所示(分别对应于上述 4 个指标)。考虑到收敛性指标是在归一化的目标空间内得出的，前三种指标的理论上界即为目标数。很明显，在三种情况下算法均表现出很好的收敛性。通过对三种工况的对比发现，30 的离散度更加合理，因为此时算法对 Pareto 前沿的中央和边缘区域的近似都较好，虽然解分布的延伸度略微逊色。同时，微型粒子群算法展现了很高的收敛速度，而且 1000 的最大代数足够分辨出收敛性不再明显改进的极限代数。

在这三种情况下，分别对 4 目标问题采用主成分分析进行目标空间维度缩减。在表 10.8～表 10.10 中(非冗余目标由白色高亮显示)，不同的目标域离散度对应于不同的非冗余目标识别顺序，但是在三种情况下，同时考虑 95% 的最小贡献率，4 目标问题并不包含冗余目标。但是重新检查 4 个目标的相关矩阵(表 10.11～表 10.13)可以看出，Pf_{RMS}、Pf_{Peak} 和非结构构件损失(NSE loss)可以认为是近似共线性的。除了初始总费用 C_{I}，Pf_{RMS} 和另外两个目标相比，包含了更多的变异性，所以只需保留 C_{I} 和 Pf_{RMS} 两个非冗余目标，就可以近似原先 4 维目标空间内解的占优关系。

对于更加困难的 49 目标问题，也可以采用类似的方法进行处理。首先，通过图 10.33(e)~(h)可以看到，基于 ε 占优的微型粒子群算法即使对于 49 目标问题也展现了较好的收敛性，这为主成分分析提供了严格支持。采用主成分分析可以将目标域维度从 49 降低到 13，随后依据相关矩阵识别出的非冗余目标是 C_{I}、Pf_{RMS}、Pf_{Dis7}、Pf_{Dis12}、Pf_{Dis18}、Pf_{Dis26} 和 Pf_{Dis45} (其中下标的数字代表楼层数)。遗憾的是，由于多目标演化算法的随机性，虽然不同初始种群最终得到的非冗余目标向量均包含 C_{I} 和 Pf_{RMS}，但是层间位移性能各不相同，而且 7 个性能指标对于随后的多属性决策仍然不太方便。

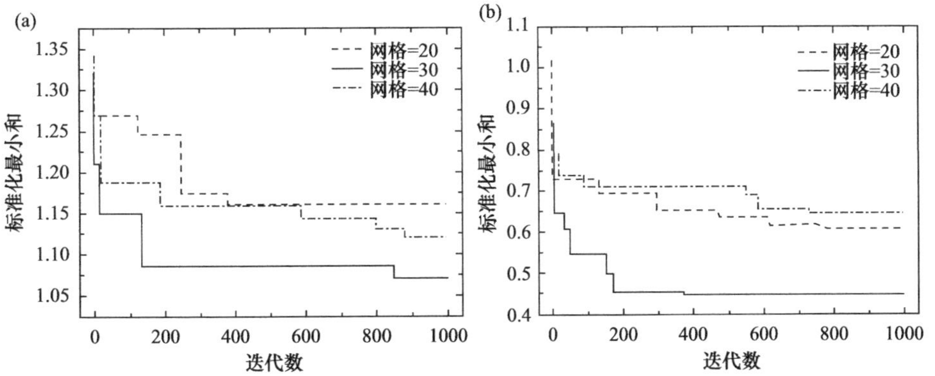

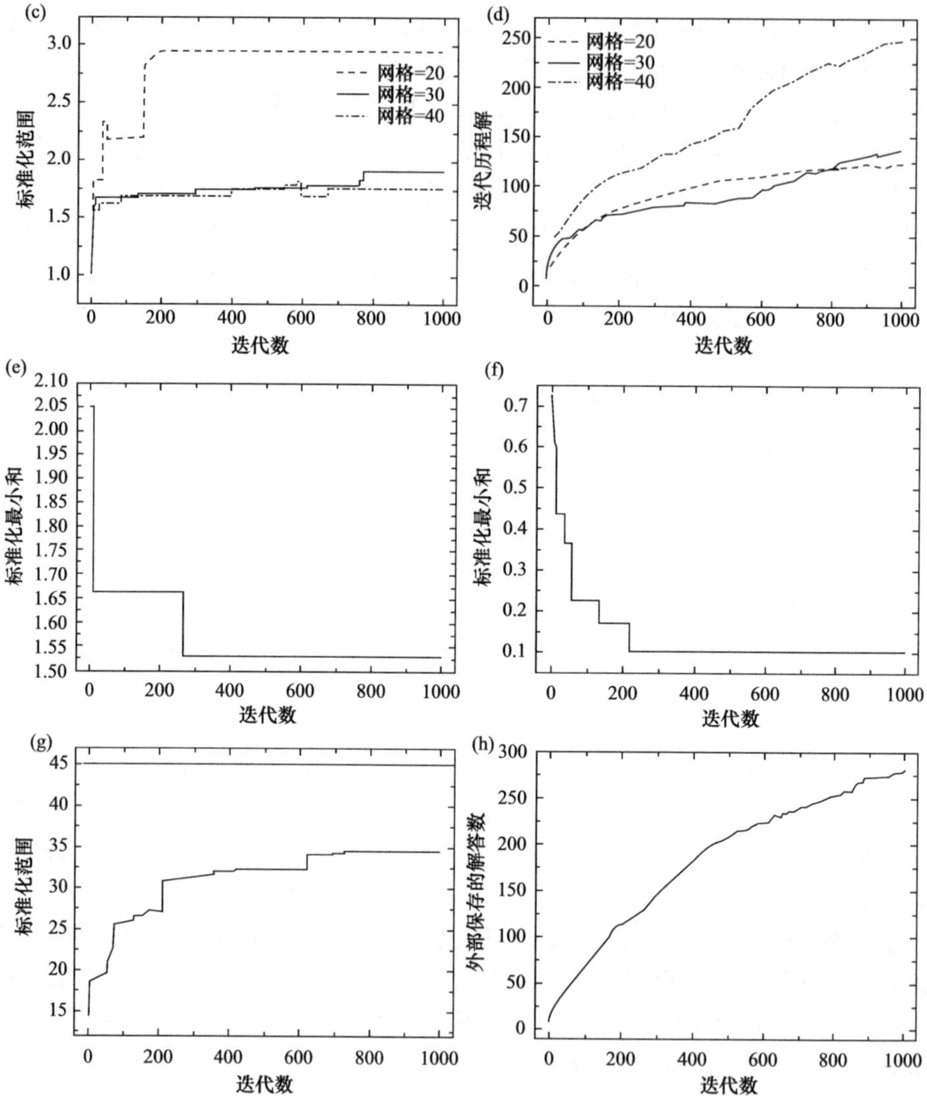

图 10.33　Micro-MOPSO 收敛历史

(a)～(d) 4 目标问题；(e)～(h) 49 目标问题

表 10.8　4 目标问题主成分(目标域离散度=20)

	PC_1	PC_2	PC_3
C_I	–0.8637	–0.0164	0.0611
Pf_{RMS}	0.3470	–0.0980	0.7874
Pf_{Peak}	0.2652	–0.6441	–0.5146

续表

	PC_1	PC_2	PC_3
NSE loss	0.2514	0.7584	−0.3340
累计贡献率	77.44%	95.52%	100.00%

表 10.9 4 目标问题主成分(目标域离散度=30)

	PC_1	PC_2	PC_3
C_I	0.7810	−0.3331	0.1704
Pf_{RMS}	0.0823	0.8363	−0.2092
Pf_{Peak}	−0.3588	−0.4290	−0.6612
NSE loss	−0.5044	−0.0742	0.7000
累计贡献率	59.12%	90.58%	100.00%

表 10.10 4 目标问题主成分(目标域离散度=40)

	PC_1	PC_2	PC_3
C_I	−0.8358	−0.0018	0.2267
Pf_{RMS}	0.1995	0.7615	−0.3611
Pf_{Peak}	0.1461	−0.6364	−0.5689
NSE loss	0.4902	−0.1233	0.7032
累计贡献率	59.02%	92.28%	100.00%

表 10.11 4 目标问题相关矩阵(目标域离散度=20)

	C_I	Pf_{RMS}	Pf_{Peak}	NSE loss
C_I	1.0000	−0.8931	−0.7512	−0.7602
Pf_{RMS}	−0.8931	1.0000	0.7796	0.6801
Pf_{Peak}	−0.7512	0.7796	1.0000	0.4168
NSE loss	−0.7602	0.6801	0.4168	1.0000
贡献率	60.22%	12.28%	14.13%	13.37%

表 10.12 4 目标问题相关矩阵(目标域离散度=30)

	C_I	Pf_{RMS}	Pf_{Peak}	NSE loss
C_I	1.0000	−0.8080	−0.4758	−0.2927
Pf_{RMS}	−0.8080	1.0000	0.5998	0.0430
Pf_{Peak}	−0.4758	0.5998	1.0000	0.1259
NSE loss	−0.2927	0.0430	0.1259	1.0000
贡献率	39.83%	22.82%	17.52%	19.83%

表 10.13　4 目标问题相关矩阵(目标域离散度=40)

	C_I	Pf_{RMS}	Pf_{Peak}	NSE loss
C_I	1.0000	−0.8784	−0.3323	−0.5116
Pf_{RMS}	−0.8784	1.0000	0.4996	0.2953
Pf_{Peak}	−0.3323	0.4996	1.0000	0.1605
NSE loss	−0.5116	0.2953	0.1605	1.0000
贡献率	41.62%	22.64%	17.23%	18.51%

为了克服这个困难，假设如果对于包含 $\max(Pf_{Dis})$ 或非结构构件损失的两个 4 目标问题包含高度相近的多目标占优关系，则决策者感兴趣的目标性能可以在采取 $\max(Pf_{Dis})$ 进行优化之后，进行额外的随机分析得到。这样即可采用最不利位移性能 $\max(Pf_{Dis})$ 作为非结构构件损失的代理目标。为了验证这种策略的正确性，表 10.14 中的三种不同的层间非结构构件损失函数，即均匀、线性和二次损失函数。而对于顶点位移，损失系数取为 5×10^5 美元。如表 10.15～表 10.20 所示，经过主成分分析和相关矩阵分析，均匀的损失系数下 $\max(Pf_{Dis})$ 与非结构构件损失相关性高达 0.9446，而对于更加复杂的损失函数，两者的相关性依然很高。所以，$\max(Pf_{Dis})$是非结构构件损失非常好的替代目标，可以用于解决超高维目标问题带来的困难。

表 10.14　非结构构件损失函数

函数类型	损失系数/美元
均匀	1000000
线性	$41000N$
二次	$-3874N^2+182000N-338700$

表 10.15　基于主成分分析的非结构构件损失和 $\max(Pf_{Dis})$共线性验证(离散度=20)

	PC_1	PC_2	PC_3	PC_4
C_I	−0.8916	−0.0468	−0.0480	0.0244
Pf_{RMS}	0.2848	−0.5680	−0.6212	—
Pf_{Peak}	0.2029	−0.3940	0.7769	—
NSE loss	0.2270	0.4299	−0.0896	0.7454
$\max(Pf_{Dis})$	0.1769	0.5788	−0.0181	—
累计贡献率	69.63%	90.98%	98.74%	100%

表 10.16 基于相关矩阵的非结构构件损失和 max(Pf_{Dis})共线性验证(离散度=20)

	C_I	Pf_{RMS}	Pf_{Peak}	NSE loss	max(Pf_{Dis})
C_I	1.0000	−0.8280	−0.5930	−0.6172	−0.5438
Pf_{RMS}	−0.8280	1.0000	0.7156	0.5708	0.4398
Pf_{Peak}	−0.5930	0.7156	1.0000	0.6321	0.5517
NSE loss	−0.6172	0.5708	0.6321	1.0000	0.9446
max(Pf_{Dis})	−0.5438	0.4398	0.5517	0.9446	1.0000
贡献率	55.42%	15.54%	10.86%	8.3%	9.88%

表 10.17 基于主成分分析的非结构构件损失和 max(Pf_{Dis})共线性验证(离散度=30)

	PC_1	PC_2	PC_3	PC_4
C_I	0.7090	−0.5429	−0.0305	0.0410
Pf_{RMS}	−0.4996	−0.2862	−0.5351	−0.4268
Pf_{Peak}	−0.4606	−0.2362	0.6042	0.4086
NSE loss	0.0807	0.5404	−0.4358	0.5582
max(Pf_{Dis})	0.1706	0.5249	0.3971	−0.5811
累计贡献率	56.15%	91.00%	97.80%	100.00%

表 10.18 基于相关矩阵的非结构构件损失和 max(Pf_{Dis})共线性验证(离散度=30)

	C_I	Pf_{RMS}	Pf_{Peak}	NSE loss	max(Pf_{Dis})
C_I	1.0000	−0.8204	−0.7490	−0.3626	−0.2226
Pf_{RMS}	−0.8204	1.0000	0.7783	0.0550	0.1385
Pf_{Peak}	−0.7490	0.7783	1.0000	0.0559	0.0531
NSE loss	−0.3626	0.0550	0.0559	1.0000	0.8309
max(Pf_{Dis})	−0.2226	0.1385	0.0531	0.8309	1.0000
贡献率	38.51%	19.22%	16.71%	12.52%	13.05%

表 10.19 基于主成分分析的非结构构件损失和 max(Pf_{Dis})共线性验证(离散度=40)

	PC_1	PC_2	PC_3	PC_4
C_I	−0.8925	−0.0028	−0.0558	−0.0188
Pf_{RMS}	0.1931	−0.7055	0.5117	0.0557
Pf_{Peak}	0.2655	−0.0005	−0.4101	−0.7492
NSE loss	0.1889	0.7087	0.5090	0.0548
max(Pf_{Dis})	0.2450	0.0000	−0.5548	0.6574
累计贡献率	81.78%	92.80%	99.21%	100.00%

表 10.20　基于相关矩阵的非结构构件损失和 $\max(Pf_{Dis})$ 共线性验证(离散度=40)

	C_I	Pf_{RMS}	Pf_{Peak}	NSE loss	$\max(Pf_{Dis})$
C_I	1.0000	–0.8730	–0.7548	–0.7443	–0.8204
Pf_{RMS}	–0.8730	1.0000	0.7996	0.7982	0.9708
Pf_{Peak}	–0.7548	0.7996	1.0000	0.6278	0.7756
NSE loss	–0.7443	0.7982	0.6278	1.0000	0.7748
$\max(Pf_{Dis})$	–0.8204	0.9708	0.7756	0.7748	1.0000
贡献率	65.16%	10.22%	7.29%	10.12%	7.22%

3. 两目标刚度与振动控制优化

前文在加速度折减系数为 0.5 时进行了目标维度缩减，因此很有必要在其他容许加速度折减系数下考察 Pf_{RMS} 和 $\max(Pf_{Dis})$的共线性关系。由于解析方法几乎不可行，因此考虑在典型的 γ 取值范围(0.4~0.7)求解包含 Pf_{RMS} 和 $\max(Pf_{Dis})$的两目标优化问题。由图 10.34(a)可知，当 γ<0.5 时，Pf_{RMS} 和 $\max(Pf_{Dis})$之间存在冲突关系；而当 γ>0.5 时，Pf_{RMS} 和 $\max(Pf_{Dis})$为共线性。这种现象从结构优化的角度很容易理解，因为在较小加速度折减下，需要更合理的刚度分布控制加速度和位移响应，最小化 Pf_{RMS} 的刚度分布和最小化 $\max(Pf_{Dis})$的刚度分布一般不一致；而在较高的加速度折减下，存在一种刚度分布使两者同时最小化。所以，在较低的振动控制等级下，需要求解一个 3 目标优化问题。但是采用更高振动控制等级的最优初始总费用更低，因此不需要考虑 3 目标优化的情况。

通过识别冗余目标，可以将问题简化为一个仅包含 C_I 和 Pf_{RMS} 的两目标优化问题。图 10.34(b)给出了不同加速度折减系数下 Pareto 前沿的近似集。其中，

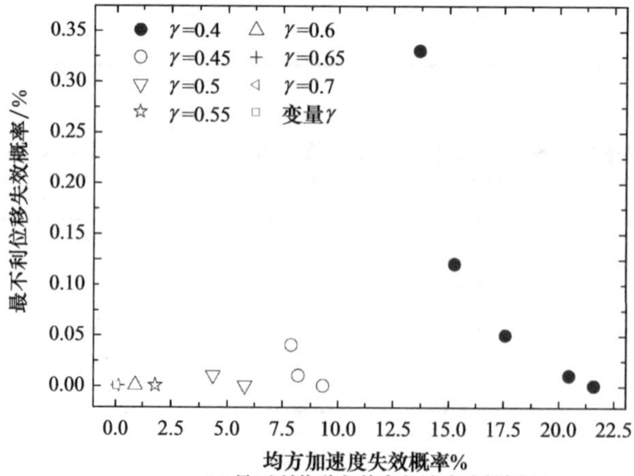

(a) 最不利位移与均方加速度失效概率

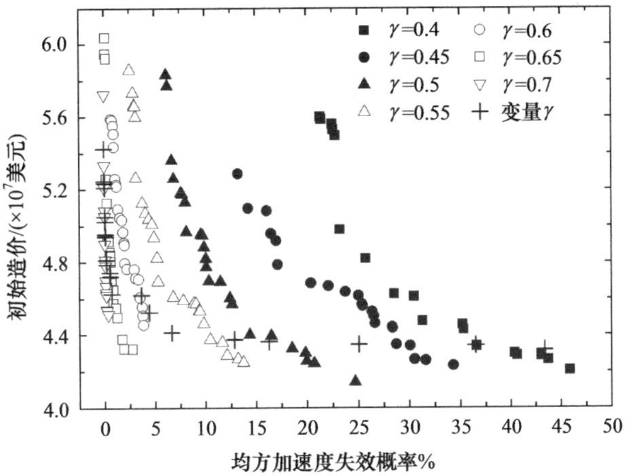

(b) 初始造价与均方加速度失效概率

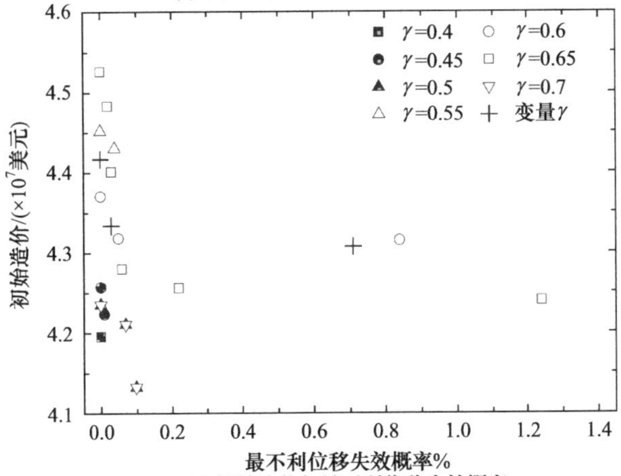

(c) 初始造价与最不利位移失效概率

图 10.34 目标的共线性关系

中等程度的振动控制对应的近似集有最好的分布延伸度。而一旦 $\gamma>0.6$，Pf_{RMS} 分布在较窄的范围内。当 γ 在 0.45～0.65 时，近似集具有最好的分布均匀性，而且近似集的势更大。由图 10.34(c)可知，较低的振动控制等级下，$\max(Pf_{\text{Dis}})$几乎都趋近于零，此时非结构构件损失几乎不存在。而 γ 取较大的值时，调节刚度降低加速度性能失效概率的需求随之降低，因此存在少量的折中解。很明显，一旦 γ 的值是可调节的，原先两目标问题的占优关系将发生显著的变化，但并不会给决策带来更多的困难。当然，也可将 γ 定义为设计变量，用于求解刚度和振动控制协同优化问题。

本节以提升高层建筑整体抗风能力为目标，针对非结构构件损失难以准确评估以及业务损失无可用模型的现状，提出了基于降维法的高层建筑抗风设计高维多目标优化方法，揭示了高层建筑整体抗风风险优化的双重偏好本质，以及基于后验偏好的风险优化与高维多目标优化的一致性。更重要的是，我们将高层建筑抗风适用性设计由一个非常困难的高维多目标决策问题，简化为一个非常简单的低维多属性决策问题。相应地，决策者可以直接根据建筑的性能指标进行风险决策，这对于提高决策者的决策能力是大有裨益的。

参 考 文 献

[1] Deb K, Gupta S, Daum D, et al. Reliability-based optimization using evolutionary algorithms [J]. IEEE Trans. Evol. Comput., 2009, 13(5):1054-1074.

[2] Sahoo L, Bhunia A K, Kapur P K. Genetic algorithm based multi-objective reliability optimization in interval environment [J]. Comput. Ind. Eng., 2013, 62(1):152-160.

[3] Srivastava R, Deb K. An evolutionary based Bayesian design optimization approach under incomplete information [J]. Eng. Opt., 2012, 45(2):141-165.

[4] Casciati S. Differential evolution approach to reliability-oriented optimal design [J]. Probab Eng Mech, 2014, 36: 72-80.

[5] 李刚, 程耿东. 基于性能的结构抗震设计——理论、方法与应用[M]. 北京: 科学出版社, 2004.

[6] Liu M, Wen Y K, Burns S A. Life cycle cost oriented seismic design optimization of steel moment frame structures with risk-taking preference [J]. Eng. Struct., 2004, 26(10): 1407-1421.

[7] Fragiadakis M, Lagaros N D, Papadrakakis M. Performance-based multiobjective optimum design of steel structures considering life-cycle cost [J]. Struct. Multidisc. Optim., 2006, 32(1): 1-11.

[8] Okasha N M, Frangopol D M. Lifetime-oriented multi-objective optimization of structural maintenance considering system reliability, redundancy and life-cycle cost using GA [J]. Struct. Saf., 2009, 31(6):460-474.

[9] Kaplan S, Garrick B J. On the quantitative definition of risk [J]. Risk Anal., 1981, 1(1): 11-27.

[10] Zadeh L A. Generalized theory of uncertainty (GTU)—Principal concepts and ideas [J]. Comput. Stat. Data. Anal., 2006, 51(1): 15-46.

[11] Ang A H S, Tang W H. Probability Concepts in Engineering Planning and Design—Volume Ⅰ: Basic Principles [M]. New York: John Wiley & Sons, Inc., 1975.

[12] Ang A H S, Tang W H. Probability Concepts in Engineering Planning and Design—Volume Ⅱ: Decision, Risk and Reliability [M]. New York: John Wiley & Sons, Inc., 1984.

[13] Pedrycz W, Gomide F. Fuzzy Systems Engineering: Toward Human-Centric Computing [M]. Hoboken: John Wiley & Sons, Inc., 2007.

[14] Dempster A P. Upper and lower probabilities induced by a multivalued mapping [J]. The Annals of Mathematical Statistics, 1967,38(2): 325-339.

[15] Shafer G. A Mathematical Theory of Evidence [M]. Princeton: Princeton university press, 1976.

[16] Howard R A. Information value theory [J]. IEEE Trans. Syst. Man. Cybern., 1966, 2(1): 22-26.

[17] 岳超源. 决策理论与方法[M]. 北京: 科学出版社, 2003.

[18] Le Riche R, Haftka R T. On global optimization articles in SMO[J]. Structural and Multidisciplinary Optimization, 2012, 46(5): 627-629.

[19] Marler R T, Arora J S. The weighted sum method for multi-objective optimization: New insights[J]. Structural and Multidisciplinary Optimization, 2010, 41(6): 853-862.

[20] Miettinen K. Nonlinear Multi-Objective Optimization [M]. Norwell: Kluwer, 1999.

[21] Mavrotas G. Effective implementation of the ε-constraint method in multi-objective mathematical programming problems[J]. Applied Mathematics and Computation, 2009, 213(2): 455-465.

[22] Rosenberg R S. Simulation of genetic populations with biochemical properties [D]. Ann Arbor,Michigan: University of Michigan, 1967.

[23] Schaffer J D. Multiple objective optimization with vector evaluated genetic algorithms [C]// Proceedings of the 1st International Conference on Genetic Algorithms. ACM, 1985: 93-100.

[24] Goldberg D E. Genetic Algorithm sin Search, Optimization and Machine Learning [M]. Boston: Addison-Wesley Longman Publishing Company, 1988.

[25] Fonseca C M, Fleming P J. Genetic algorithms for multiobjective optimization: Formulation, discussion and generation [C]// Proceedings of the 5th International Conference on Genetic Algorithms. ACM, 1993: 416-423.

[26] Srinivas N, Deb K. Muiltiobjective optimization using nondominated sorting in genetic algorithms [J]. Evol. Comput., 1994, 2(3): 221-248.

[27] Horn J, Nafpliotis N, Goldberg D E. A niched Pareto genetic algorithm for multiobjective optimization [C]. Proceedings of the 1st IEEE Conference on Evolutionary Computation, Orlando, FL, USA,1994, 1: 82-87.

[28] Zitzler E, Thiele L. Multiobjective evolutionary algorithms: A comparative case study and the strength Pareto approach [J]. IEEE Trans. Evol. Comput., 1999, 3(4): 257-271.

[29] Zitzler E, Laumanns M, Thiele L. SPEA2: Improving the strength Pareto evolutionary algorithm [C]. EUROGEN 2001, Athens, Greece, 2002: 95-100.

[30] Knowles J, Corne D. The Pareto archived evolution strategy: A new baseline algorithm for Pareto multiobjective optimisation [C]. Proceedings of the 1999 Congress on Evolutionary Computation, 1999: 98-105.

[31] Corne D, Knowles J, Oates M J. The Pareto envelope-based selection algorithm for multi-objective optimization [C]//Proceedings of the 6th International Conference on Parallel Problem Solving from Nature. ACM, 2000: 839-848.

[32] Corne D, Jerram N R, Knowles J, et al. PESA-Ⅱ: Region-based selection in evolutionary multi-objective optimization [C]. Proceedings of the 3rd Annual Conference on Genetic and Evolutionary Computation, San Francisco. ACM, 2001:283-290.

[33] Deb K, Pratap A, Agarwal S, et al. A fast and elitist multiobjective genetic algorithm: NSGA-Ⅱ [J]. IEEE Trans. Evol. Comput., 2002, 6(2): 182-197.

[34] van Veldhuizen D, Lamont G. Multiobjective optimization with messy genetic algorithms [C]. Proceedings of the 2000 ACM symposium on Applied computing, Villa Olmo, Como, Italy. ACM, 2000: 470-476.

[35] Erickson M, Mayer A, Horn J. The niched Pareto genetic algorithm 2 applied to the design of groundwater remediation systems [C]// Proceedings of the First International Conference on

Evolutionary Multi-Criterion Optimization. ACM, 2001,1993: 681-695.
[36] Coello Coello C A, Pulido G T. A micro-genetic algorithm for multiobjective optimization [C]// Proceedings of the First International Conference on Evolutionary Multi-Criterion Optimization. ACM, 2001, 1993: 126-140.
[37] Reyes-Sierra M, Coello Coello C A. Multi-objective particle swarm optimizers: A survey of the state-of-the-art [J]. Int. J. Comput. Int. Res., 2006, 2(3): 287-308.
[38] Kukkonen S, Lampinen J. GDE3: The third evolution step of generalized differential evolution [C]. 2005 IEEE Congress on Evolutionary Computation, 2005: 443-450.
[39] Bandyopadhyay S, Saha S, Maulik U, et al. A simulated annealing-based multiobjective optimization algorithm: AMOSA [J]. IEEE Trans. Evol. Comput., 2008, 12(3): 269-283.
[40] Gao J, Wang J. WBMOAIS: A novel artificial immune system for multiobjective optimization [J]. Comput. Oper. Res., 2010, 37(1): 50-61.
[41] Mirjalili S, Saremi S, Mirjalili S M, et al. Multi-objective grey wolf optimizer: A novel algorithm for multi-criterion optimization [J]. Expert. Syst. Appl., 2016, 47: 106-119.
[42] Huang W, Zhang W. Adaptive multi-objective particle swarm optimization with multi-strategy based on energy conversion and explosive mutation [J]. Appl. Soft. Comput., 2021, 113: 107937.
[43] Nebro A, Durillo J, Luna F, et al. A cellular genetic algorithm for multiobjective optimization [C]. Proc. of the Workshop on Nature Inspired Cooperative Strategies for Optimization (NICSO 2006), Granada, Spain, 2006: 25-36.
[44] Mei Y, Tang K, Yao X. Decomposition-based memetic algorithm for multiobjective capacitated arc routing problem [J]. IEEE Trans. Evol. Comput., 2011, 15(2): 151-165.
[45] Zhang Q F, Li H. MOEA/D: A multiobjective evolutionary algorithm based on decomposition [J]. IEEE Trans. Evol. Comput., 2007, 11(6): 712-731.
[46] Zhang Q F, Liu W, Li H. The performance of a new version of MOEA/D on CEC09 unconstrained MOP test instances [C]//2009 IEEE Congress on Evolutionary Computation, Trondheim, Norway. IEEE, 2009:203-208.
[47] Qi Y, Ma X, Liu F, et al. MOEA/D with adaptive weight adjustment [J]. Evol. Comput., 2014, 22(2): 231-264.
[48] Wang R, Zhou Z, Ishibuchi H, et al. Localized weighted sum method for many-objective optimization [J]. IEEE Trans. Evol. Comput., 2018, 22(1): 3-18.
[49] Ishibuchi H, Tsukamoto N, Nojima Y. Evolutionary many-objective optimization: A short review [C]// 2008 IEEE Congress on Evolutionary Computation, Hong Kong, China. IEEE, 2008: 2419-2426.
[50] Deb K, Jain H. An evolutionary many-objective optimization algorithm using reference-point-based nondominated sorting approach, part I: Solving problems with box constraints [J]. IEEE Trans. Evol. Comput., 2014, 18(4): 577-601.
[51] Cheng R, Jin Y, Olhofer M, et al. A reference vector guided evolutionary algorithm for many-objective optimization [J]. IEEE Trans. Evol. Comput., 2016, 20(5): 773-791.
[52] Tian Y, Zhang X, Wang C, et al. An evolutionary algorithm for large-scale sparse multiobjective optimization problems [J]. IEEE Trans. Evol. Comput., 2020, 24(2): 380-393.

[53] Battiti R, Passerini A. Brain-computer evolutionary multiobjective optimization: A genetic algorithm adapting to the decision maker [J]. IEEE Trans. Evol. Comput., 2010, 14(5): 671-687.

[54] Deb K, Sinha A, Korhonen P J, et al. An interactive evolutionary multiobjective optimization method based on progressively approximated value functions [J]. IEEE Trans. Evol. Comput., 2010, 14(5): 723-739.

[55] Li K, Chen R, Savić, D, et al. Interactive decomposition multiobjective optimization via progressively learned value functions [J]. IEEE Trans. Fuzzy. Syst., 2019, 27(5): 849-860.

[56] Tomczyk M K, Kadziński M. Decomposition-based co-evolutionary algorithm for interactive multiple objective optimization [J]. Information Sciences, 2021, 549: 178-199.

[57] Yager R R. A note on probabilities of fuzzy events [J]. Inform. Sci., 1979, 18(2):113-129.

[58] 李荣钧. 模糊多准则决策理论与应用[M]. 北京: 科学出版社, 2002.

[59] Hu H, Li G. Granular risk-based design optimization[J]. IEEE Transactions on Fuzzy Systems, 2015, 23(2): 340-353.

[60] Li G, Hu H. Risk design optimization using many-objective evolutionary algorithm with application to performance-based wind engineering of tall buildings[J]. Structural Safety, 2014, 48: 1-14.

[61] Huang M F, Tse K T, Chan C M, et al. Integrated structural optimization and vibration control for improving wind-induced dynamic performance of tall buildings [J]. Int. J. Struct. Stab. Dyn., 2011, 11: 1139-1161.

[62] Melbourne W H, Palmer T R. Accelerations and comfort criteria for buildings undergoing complex motions [J]. J. Wind Engrg. Ind. Aero Dyn., 1992, 41(1-3): 105-116.

[63] National Standard of the People's Republic of China. Technical Specification for Concrete Structures of Tall Building: JGJ 3—2002 [S]. Beijing: New World Press.

[64] Bases for design of structures—Serviceability of buildings and walkways against vibrations: ISD 10137: 2007 [S]. International Organization for Standardization, 2007.

[65] Solari G. Alongwind response estimation: Closed form solution [J]. J. Struct. Div., 1982, 108(1): 225-244.

[66] Piccardo G, Solari G. 3D wind-excited response of slender structures: Closed-form solution [J]. J. Struct. Eng. ASCE, 2000, 126(8): 936-943.

[67] 叶丰. 高层建筑顺、横风向和扭转方向风致响应及静力等效风荷载研究[D]. 上海: 同济大学, 2004.

[68] Isyumov N, Fediw A A, Colaco J, et al. Performance of a tall building under wind action [J]. J. Wind Engrg. Ind. Aero Dyn., 1992, 42(1-3): 1053-1064.

[69] Fuentes Cabrera J C, Coello Coello C A C. Micro-MOPSO: A multi-objective particle swarm optimizer that uses a very small population size [M]// Nedjah N, dos Santos Coelho L, de Macedo Mourelle L. Multi-Objective Swarm Intelligent Systems: Theory & Experiences. Berlin, Heidelberg: Springer, 2010: 83-104.

[70] Lawrence K S, Kilian Q W, Fei S, et al. Spectral methods for dimensionality reduction [M]// Semi-supervised Learning. Cambridge: The MIT Press, 2006.

索 引

（按汉语拼音字母次序排列）